中国建筑设计院有限公司结构方案评审录

（第一卷）

朱炳寅　王大庆　刘　旸　主编

中国建筑工业出版社

图书在版编目（CIP）数据

中国建筑设计院有限公司结构方案评审录（第一卷）/朱炳寅，王大庆，刘旸主编. —北京：中国建筑工业出版社，2017.10

ISBN 978-7-112-21032-9

Ⅰ. ①中… Ⅱ. ①朱… ②王… ③刘… Ⅲ. ①建筑设计-设计方案 Ⅳ. ①TU2

中国版本图书馆 CIP 数据核字（2017）第 180481 号

本书共收录 2015 年 10 月底到 2016 年上半年期间我院项目的结构评审报告，共 84 项（不包括保密项目），其中，2015 年 25 项，2016 年上半年 59 项，评审报告主要内容如下：

1. 工程简介，包括工程概况、结构方案、地基基础方案等，配以必要的效果图和平面图，这部分内容主要由工种负责人提供，经编者修改整理。主要说明工程的特点、结构方案和结构布置。

2. 结构方案评审表，是评审的主要文件（表单），评审前需核查统一技术条件的编制和部门评审情况，表单提出了评审的时机控制要求、参会人员要求和评审意见的回复要求等，记录评审会议的主要结论。

3. 评审会议纪要，是评审的辅助文件，作为评审意见的补充和说明。简单工程不提供会议纪要。

责任编辑：赵梦梅　刘瑞霞　李笑然
责任设计：王国羽
责任校对：姜小莲

中国建筑设计院有限公司结构方案评审录（第一卷）
朱炳寅　王大庆　刘　旸　主编
*
中国建筑工业出版社出版、发行（北京海淀三里河路 9 号）
各地新华书店、建筑书店经销
霸州市顺浩图文科技发展有限公司制版
北京君升印刷有限公司印刷
*
开本：880×1230 毫米　1/16　印张：26　字数：818 千字
2018 年 1 月第一版　2018 年 5 月第三次印刷
定价：**68.00** 元
ISBN 978-7-112-21032-9
（30675）

版权所有　翻印必究
如有印装质量问题，可寄本社退换
（邮政编码 100037）

前　言

中国建筑设计院有限公司的所有项目都应进行结构方案评审（两级评审，部门评审和公司评审），对结构方案的评审可以把握结构设计大局，提高结构设计水平并有利于确保施工图质量总体上符合我院的整体水平，还可以避免因结构方案问题的返工，提高结构设计效率并减轻结构设计工作量，多年来我们一直坚持在做这项很有意义的工作。

结构方案评审的基本出发点是提请结构设计人员从一开始就注重概念设计，关注结构方案的合理性，做到体系合理、结构平面、抗侧力构件布置合理，关注竖向荷载和水平作用的传力途径，关注地基基础方案的合理性和可实施性等问题，关注结构方案比选，关注结构设计的经济性，避免返工，提高结构设计效率，减小结构设计工作量。

结构方案评审不是用流程去限制设计，而是通过评审过程培养结构设计人员的大局观，并应用到实际工程中。结构方案评审其实并不神秘，大致可划分为“规定动作”和“自选动作”，“规定动作”是结构设计中的一般补充设计计算要求，如：框架结构楼梯间四角加设框架柱的要求、楼（屋）盖整体性较差时的单榀框架承载力分析要求、上部结构在地下室顶板不完全嵌固时的不同嵌固部位承载力分析要求、超长结构的温度应力分析与控制要求、刚度和质量突变结构的弹性时程分析要求等；“自选动作”则要根据工程的具体情况确定，如：依据房屋的重要性和结构的不规则情况确定相应的抗震性能目标和性能水准、液化地基的处理要求、差异沉降的合理控制要求等。

为充分发挥方案评审对确保结构安全提高技术进步的推动作用，自 2015 年 10 月底开始，总工办（结构）适时编制《结构方案评审简报》，以让全院结构设计人员从结构评审中得以启发和提高，今天我们将 2015 年 10 月底至 2016 年上半年期间的结构方案评审简报，归类成册为《中国建筑设计院有限公司结构方案评审录》第一卷（以下简称“评审录”，因篇幅所限，评审录对简报内容进行了大幅删减），以系统地总结我们过去半年多的方案评审工作，改善和提高结构方案评审工作质量，对结构设计工作以帮助和促进，同时也使结构设计人员在全院方案评审中获益。

现就评审录的适用范围、特点等方面作如下说明：

一、适用范围

评审录主要服务于中国建筑设计院有限公司的建筑结构设计，也可作为兄弟单位结构设计和技术管理时的参考。

二、特点

编写评审录的基本出发点是为了让全体结构设计人员从结构方案评审中获益，本书共收录 2015 年 10 月底到 2016 年上半年期间我院项目的结构评审报告，共 84 项（不包括保密项目），其中，2015 年 25 项，2016 年上半年 59 项，评审报告主要内容如下：

1. 工程简介，包括工程概况、结构方案、地基基础方案等，配以必要的效果图和平面图，这部分内容主要由工种负责人提供，经编者修改整理。书中提供的图片资料（可能不够清晰，和最后的实施方案也可能有出入）主要说明工程的特点、结构方案和结构布置。

2. 结构方案评审表，是评审的主要文件（表单），评审前需核查统一技术条件的编制和部门评审情况，表单提出了评审的时机控制要求、参会人员要求和评审意见的回复要求等，记录评审会议的主要结论，为便于阅读，本书将评审的主要结论重新电脑输入。

3. 评审会议纪要，是评审的辅助文件，作为评审意见的补充和说明。简单工程不提供会议纪要。

三、方案评审组成员

方案评审组主要由院顾问总、院总和院副总组成，成员如下：陈富生、谢定南、罗宏渊、王金祥、尤天直、陈文渊、徐琳、任庆英、范重、朱炳寅、张亚东、胡纯炀、张淮湧、王载、彭永宏、王大庆等。

感谢评审组成员的辛勤工作，特别感谢谢定南、罗宏渊、王金祥三位顾问总工程师为方案评审做出的突出贡献。

四、本书分工

王大庆、刘旸负责本书的编辑整理工作，朱炳寅负责本书的校审工作。

感谢项目工种负责人提供的项目评审资料，正是由于各工种负责人的辛勤付出，才使得我们有机会分享所有工程的评审报告。

感谢全院结构设计人员的辛勤工作。

限于编者水平，不妥之处敬请指正。

编者于中国建筑设计院有限公司
电话：010-88327500
博客：搜索“朱炳寅”
邮箱：zhuby@cadg.cn

目　录

01　北京电影学院新校区一期

设计部门：第二工程设计研究院
主要设计人：施泓、周岩、张淮湧、王海峰、居易、郭俊杰

工 程 简 介

一、工程概况

本工程位于北京市通州区新城北部，北临潞苑北大街，西临潞苑东路，东临宋庄文化创意产业园。项目分为三期，一期总用地面积 140017.18m^2，总建筑面积 178800m^2，其中：地上建筑面积 148800m^2，地下建筑面积 30000 m^2。建筑功能主要有专业及基础教学楼、博物馆、公共机房、摄影棚、行政楼、图书馆、学生及教师宿舍、食堂、剧院、影院、动力中心、后勤用房等等。主楼最高为 80m，裙房最高为 24m，地下一层，其中有 3 个人防分区，1 个核 5 级、2 个核 6 级。

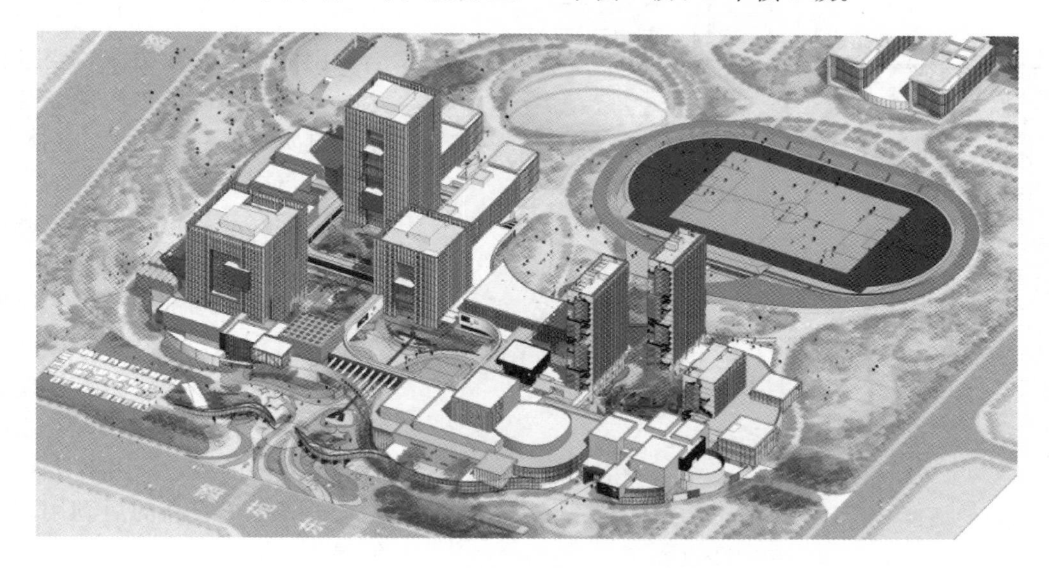

图 01-1　建筑效果图

二、结构方案

主体结构分为 A、B、C、D、E、F、G 七个部分。分述如下：

A 区功能主要为教学楼和博物馆。主楼 13 层，高约 62m，采用钢筋混凝土框架-核心筒体系，主楼侧面有部分凹进和凸出，悬臂部分采用框架梁悬挑方式。裙房采用钢筋混凝土框架-剪力墙体系，北部裙房、西侧裙房与主楼通过防震缝将地上部分完全分开。大门采用钢桁架结构。

B 区功能主要为教学楼和摄影棚等，采用结构防震缝将其分为教学主楼和裙房两部分。主楼 17 层，高约 80m，采用钢筋混凝土框架-核心筒体系，主楼侧面有部分凹进和凸出，悬臂部分采用框架梁悬挑方式。裙房与主楼通过防震缝将地上部分完全分开，采用钢筋混凝土框架-剪力墙体系，对摄影棚顶等

大跨结构采用密肋梁方式。

C 区功能主要为教学楼和图书馆等，采用结构防震缝将其分为教学主楼和两个图书馆共三部分。主楼 9 层，高约 44m，采用钢筋混凝土框架-核心筒体系（抗震等级按框架-剪力墙体系查取），主楼侧面有部分凹进和凸出，悬臂部分采用框架梁悬挑方式。裙房与主楼通过防震缝将地上部分完全分开，采用钢筋混凝土框架-剪力墙体系，局部存在托柱转换。大跨度区域，采用混凝土双向梁板结构。

D 区功能主要为宿舍楼和食堂等，采用结构伸缩缝将其分为三部分。D1 为女生宿舍、超市及校医院等，宿舍楼 17 层，高约 66m，采用钢筋混凝土框架-剪力墙体系，局部转换。裙房采用钢筋混凝土框架-剪力墙体系。D2 为男生宿舍、教师食堂等，宿舍楼 19 层，高约 73m，采用钢筋混凝土框架-剪力墙体系。裙房采用钢筋混凝土框架-剪力墙体系。D3 为教师宿舍、学生食堂等，宿舍楼 7 层，高约 30m，采用钢筋混凝土框架-剪力墙体系。裙房采用钢筋混凝土框架-剪力墙体系。

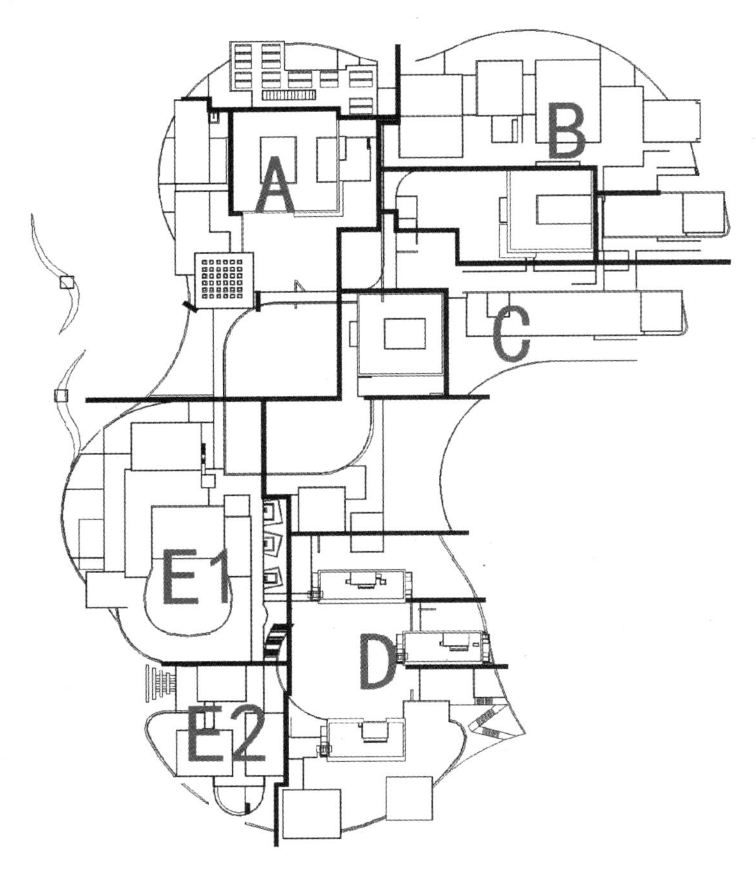

图 01-2　结构分区示意

E 区功能主要为剧院和影院，采用防震缝将其分为剧院和影院部分。剧院部分包括一个 1199 座剧院和一个黑匣子剧场，除舞台塔高度 33.12m 外，其他部分高度均小于 24m。采用钢筋混凝土框架-剪力墙体系，局部转换。剧院舞台塔及观众厅屋面采用大跨度钢桁架结构，桁架支撑于混凝土剪力墙之上并在支撑部位设置钢骨以保证传力。剧院二层看台采用框架梁悬挑方式，当悬挑长度过大时，采用预应力措施保证结构变形要求。剧院一层看台部分与主体结构脱开，避免其与周边墙体之间不均匀沉降的影响。电影院部分包括 9 个放映厅，结构高度为 20.45m，采用钢筋混凝土框架-剪力墙体系，局部转换。一层影厅看台与主体结构脱开，其他层影厅看台以斜板方式输入模型以计入其刚度。影厅屋面采用大跨度混凝土梁，对于跨度较大且高度受限的梁，采用钢骨混凝土梁。

F 区为 2 层高的后勤用房，采用钢筋混凝土框架-剪力墙体系。

G 区为体育场看台。结构分三层，采用框架-剪力墙结构，结构高度约 10m，一层为地下室，用作器材室，二层三面围土，功能包括健身房，卫生间，前厅等，三层不上人，由五榀框架支撑起来的悬挑 7.5m 的纯装饰性结构。

三、地基基础方案

本工程对 B 区全部区域、C 区行政楼、D 区教学楼（17 层、19 层）、E 区独立基础部分，拟采用振冲碎石桩以达到消除液化的目的。A～D 区主楼基础采用筏板基础，为提高地基承载力，筏板下采用 CFG 桩处理。裙房部分（包括 E 区）采用柱下独立基础或条形基础，基础下也采用 CFG 桩处理。F、G 区采用天然基础，柱下独立基础或条形基础。CFG 桩设计、施工及检测需满足《建筑地基处理技术规范》JGJ 79—2012 要求。部分需要消除液化影响的区域为两道工序：首先采用振冲碎石桩消除液化影响，其次按照提高后的地基承载力计算施工 CFG 桩，达到设计需要的地基承载力。

结构方案评审表

结设质量表（2015）

项目名称	北京电影学院新校区一期		项目等级	A/B级□、非A/B级■
			设计号	14184
评审阶段	方案设计阶段□	初步设计阶段□	施工图设计阶段■	
工程概况	建设地点:北京市通州区			
	建筑功能　教室、宿舍、摄影棚、剧院、电影院			
	建筑面积(m^2)　178800			
	层数(地上/地下)　15/1			
	高度(檐口高度)　69.8m			
	人防等级　核6/核5			
主要控制参数	设计使用年限　50年			
	结构安全等级　二级			
	抗震设防烈度、设计基本地震加速度、设计地震分组、场地类别、特征周期 8度、0.20g、第一组、Ⅲ类、0.45s			
	抗震设防类别　丙类(E区乙类)			
	主要经济指标			
结构选型	结构类型　钢筋混凝土框架-剪力墙结构			
	概念设计、结构布置　大跨屋面采用双向密肋、清水墙采用填充墙加混凝土墙叠合			
	结构抗震等级　二级框架、一级剪力墙			
	计算方法及计算程序　SATWE、YJK			
	主要计算结果有无异常(周期、周期比、位移、位移比、剪重比、刚度比、楼层承载力突变等)　位移比大于1.2			
	伸缩缝、沉降缝、防震缝　伸缩缝、防震缝			
	结构超长和大体积混凝土是否采取有效措施　考虑温度应力作用,楼板设拉通钢筋			
	有无结构超限　无			
基础选型	基础设计等级　丙级(E区及主楼是乙类)			
	基础类型　独立柱基础、墙下条基、主楼下是筏板			
	计算方法及计算程序　JCCAD			
	防水、抗渗、抗浮　P8			
	沉降分析　有			
	地基处理方案　CFG桩、振冲碎石桩消除液化			
新材料、新技术、难点等	清水混凝土墙对结构刚度的影响、结构超长计入温度应力作用、地基采用CFG桩处理,振冲碎石桩消除液化			
主要结论	采取有效措施减小清水墙刚度对结构的不利影响,平面弱连接应补充单榀承载力分析,按零刚度板模型分析构件拉力、悬挑考虑竖向地震作用,门头与建筑协商调整修改完善 加强校审 （其余审查意见见附页）			
工种负责人:施泓	日期:2015.10.30	评审主持人:朱炳寅	日期:2015.10.30	

会议纪要

2015年10月10、14、30日

"北京电影学院新校区一期"施工图设计阶段结构方案评审会

评审人：陈富生、张仕通、罗宏渊、王金祥、朱炳寅、张淮湧、胡纯炀、王大庆（10、14、30日）
谢定南、尤天直、徐琳（30日）

主持人：朱炳寅　　记录：王大庆

介　绍：周岩、施泓

结构方案：A～C区分别设缝将主楼与裙房分开，裙房再分为多个结构单元；A区大门头采用弧形钢桁架结构。D区划分为3个结构单元（主楼＋裙房）。E区划分为剧院和影院两个结构单元，剧院大跨度屋顶采用钢桁架结构。除D区学生宿舍采用混凝土剪力墙结构体系外，各区的其他结构单元均采用混凝土框架-剪力墙结构体系。

地基基础方案：B区全部以及C～E区局部采用振冲碎石桩，以消除液化。A～E区采用CFG桩复合地基，A～D区主楼为筏形基础，A～D区裙房和E区为柱下独基、墙下条基。

评审：

一、进一步细化结构不规则情况判别，相应采取有效的结构措施，并尽早与审图单位沟通、落实是否需报请超限审查。

二、与建筑专业进一步沟通、协商清水混凝土饰面的做法和施工问题，尽量采用非结构墙＋清水饰面的方式。当确需采用清水混凝土墙时，应充分注意其刚度对结构的不利影响，并进一步推敲墙体与主体结构的柔性连接做法，避免结构刚度突变。在此基础上，计算分析应真实模拟结构实际的刚度和受力状态。

三、设缝后，部分结构单元仍存在平面偏狭长、楼板不连续、平面连接弱、房屋较空旷、空间协同作用较差等情况，建议：

1. 与建筑专业进一步协商、优化结构缝布置，更合理地划分结构单元。

2. 应有针对性地补充多模型计算分析，包络设计，例如：平面弱连接补充单榀模型承载力分析、按零刚度板模型计算构件拉力、空间协同作用弱时补充相应的分块模型计算分析等。

3. 弱连接部位应进一步采取有效加强措施。

四、错层处框架柱的承载力应按中震设计。

五、大跨度构件、长悬臂构件应考虑竖向地震作用。

六、主楼

1. 适当优化大跨梁及其相邻部位的楼面梁布置和截面尺寸。大跨梁应按不考虑相邻梁、板共同作用模型复核计算，确保承载力符合要求。注意控制大跨梁的挠度、震颤。大跨梁两端小跨梁的截面尺寸不应与大跨梁相差过多。

2. 适当加强平面细腰部位的连接。

3. 塔冠的地震作用计算应考虑鞭梢效应的影响。

七、A区

1. 进一步优化裙房的结构布置，尽量避免双向、多重悬挑梁支承清水墙的情况。当确实无法避免时，应适当减小墙厚，增加梁宽；补充合适的计算模型（如梁托墙模型、零刚度板模型），包络设计；并注意计算模拟与施工顺序的一致性。

2. 建议与建筑专业协商，跨度27m的连桥适当增设框架柱，减小跨度。

八、A区大门

1. 门头弧形钢桁架结构的跨度约56m，宽度较小，应充分注意其平面外的稳定性、承载力和变形，建议与建筑专业协商更合理的方案，如改为直线形桁架、适当增设中间支点等。

2. 钢桁架的支座筒体建议按钢框架—支撑结构设计，并外包混凝土；注意支座反力的复核和处理。

3. 进一步优化钢桁架的杆件布置和节点做法，适当增设横撑、竖杆，注意节点加劲板设置。

九、B区

1. 进一步优化裙房悬挑钢桁架的杆件布置，适当增设上、下弦水平支撑，保证桁架平面外稳定，建议相关楼面梁改为钢梁，以降低施工难度。

2. 适当优化裙房的结构布置，避免混凝土墙平面外单挑梁的情况。

十、C区

1. 裙房的落地剪力墙较少，上、下层的部分剪力墙位置不对应，应进一步与建筑专业协商，优化建筑和结构方案，

续

确定合理的结构体系，进行后续设计。

2. 进一步优化图书馆长悬臂梁及其相邻部位的楼面梁布置，加强复核计算，注意悬臂梁与其相邻内跨的弯矩平衡。

十一、D区学生宿舍

1. 进一步核查计算分析，适当优化剪力墙布置、长度和厚度，尽量避免角部剪力墙转换。当确实无法避免时，转换处的下部支承构件应采用转换柱，并适当开设计算缝，复核剪力墙的平面外承载力。

2. 女生宿舍的下部楼层剪力墙偏置，建议裙房部位适当增设剪力墙，减小刚度偏心。

3. 悬挑板厚度150mm，外挑长度1.8m，应适当增加板厚，并按其内跨的较薄板厚复核悬挑板配筋；注意钢筋防腐蚀。

4. 室外楼梯休息平台悬挑梁作用于其支座墙体的附加弯矩应手算复核，保证支座墙体的承载力。注意楼梯板推力对休息平台悬挑梁的影响。

十二、D区教师宿舍

1. 与建筑专业协商增设结构缝，将平面上部的单层建筑划分为独立的结构单元。

2. 补充主楼单独模型计算分析，与主楼＋裙房整体模型包络设计。

3. 进一步优化主楼的结构布置和构件截面尺寸，适当增设、加强纵向剪力墙，适当提高平面下部的边框架刚度，尽量取消转换的纵向剪力墙。

4. 进一步优化裙房的结构布置和构件截面尺寸，剪力墙适当开洞，控制墙肢长度，并适当加大悬臂梁的截面尺寸。

5. 适当优化长悬臂钢桁架的杆件布置，其支座跨内应设置斜腹杆，上、下弦水平支撑宜为双斜杆。钢桁架及相关的受力复杂部位应采取有效加强措施。

6. 长悬臂钢桁架的构件内力分析应补充单榀桁架模型、零刚度板模型，包络设计。在计算分析基础上，长悬臂钢桁架可进一步比较平面钢桁架方案。

十三、E区剧院和影院的建筑抗震设防类别为重点设防类，其建筑结构安全等级宜取一级。

十四、E区剧院

1. 屋顶的平面钢桁架结构建议进一步比选钢网架结构。当仍采用平面钢桁架时，应适当设置垂直支撑和上弦水平支撑，下弦水平支撑应封闭、围合，支座应改为上弦支承方式。

2. 前、后台的台口柱和台口梁（桁架）应适当提高抗震性能目标，建议按中震弹性设计。

3. 建议尽早与相关厂家配合、落实舞台的荷载和工艺要求。

4. 细化舞台基坑的抗浮和挡土设计，注意计算模拟与施工顺序的一致性。

5. 适当优化型钢混凝土柱的型钢截面形式。

十五、E区影院

1. ±0.00层的嵌固条件不足，应按±0.00层嵌固和基础顶面嵌固包络设计。

2. 较多楼层的楼板开大洞，形成较多空旷大空间，建议采取有效措施，加强楼板相对完整楼层的整体性。

3. 空旷大空间的层高较高，应注意混凝土墙和填充墙的稳定性。

4. 悬臂梁计算应考虑其外部复杂节点产生的附加弯矩。

5. 进一步优化屋顶的楼面梁布置和截面尺寸，注意大跨梁与其支承柱之间的弯矩平衡。

6. 建议与建筑专业协商，影厅宜采用轻质、可拆卸看台，以减轻荷载和方便改造。

十六、进一步优化各结构单元的结构布置和构件截面尺寸，注意重点部位加强和细部处理，并处理好楼面梁在较薄剪力墙中的锚固。

十七、进一步加强校审工作。

结论：

建议根据结构方案评审表的主要结论以及会议纪要内容，对结构进一步调整、优化。

02　上海颛桥云基地项目

设计部门：第二工程设计研究院
主要设计人：王树乐、郭俊杰、张淮湧、朱炳寅、曹永超

工 程 简 介

一、工程概况

本工程为旧建筑改造项目，建设场地位于上海市闵行区颛桥镇地区。

原建筑为地上两层结构，无地下室，功能为电子工业厂房，结构形式为钢筋混凝土框架结构，2007年竣工。

改建后的建筑为地上三层建筑，无地下室。改建后的总建筑面积约为6万m^2。后续使用年限为50年。本次改造范围为厂房（1）～厂房（4）。本次改建的内容主要有：首层增加夹层；各层使用功能均改为数据机房（荷载增加）；屋顶增加设备基础结构层。

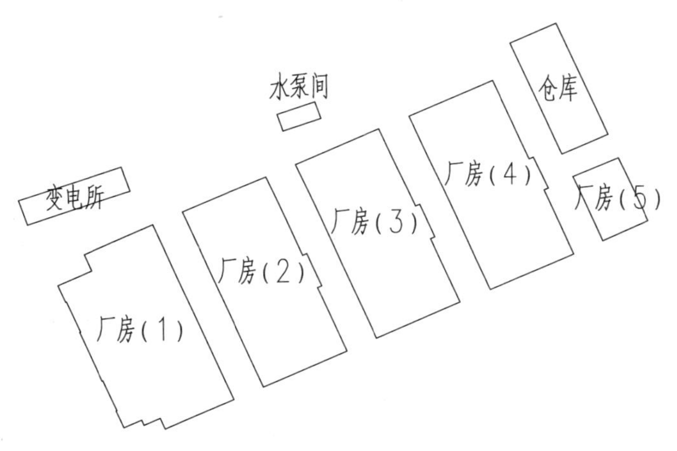

图02-1　总平面图

二、结构方案

改建后的建筑为钢筋混凝土框架结构，涉及的加固内容包括：基础加固；框架柱加固；梁加固；楼板加固等。主要加固方法如下：

1. 基础加固：采用锚杆静压桩，先施工承台，柱子及上部结构。
2. 框架柱加固：首层采用加大截面法。二层采用包钢法。
3. 梁加固：粘钢法及加大截面法。
4. 楼板加固：考虑到设备满铺及鉴定报告表明原楼板厚只有80～110mm，采用加大截面法。往上加厚50mm。
5. 屋顶设备不落在原屋顶楼板上，将柱子升高，落于新梁上。

三、地基基础方案

因本项目为加固改造工程，受施工场地的影响，基础采用锚杆静压桩方法，先施工承台，柱子及上部结构，再进行压桩，采用 300mm×300mm 的锚杆静压预制方桩，桩长 20m，单桩承载力特征值为 300kN。典型节点如下图所示。

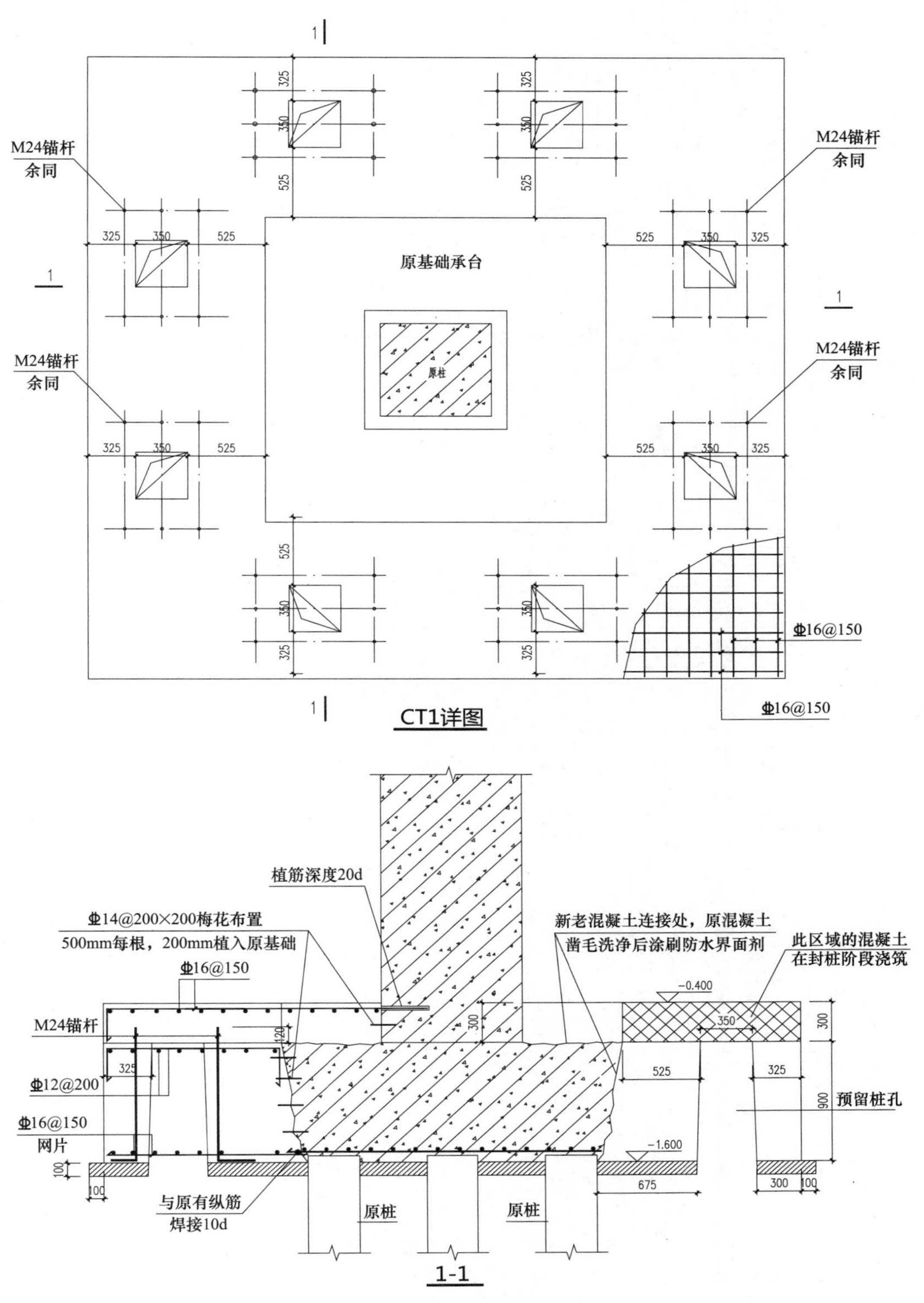

图 02-2　基础典型节点

结构方案评审表

结设质量表（2015）

<table>
<tr><td rowspan="2">项目名称</td><td colspan="2" rowspan="2">上海颛桥云基地项目</td><td>项目等级</td><td>A/B级□、非A/B级■</td></tr>
<tr><td>设计号</td><td>15134</td></tr>
<tr><td>评审阶段</td><td>方案设计阶段□</td><td>初步设计阶段□</td><td colspan="2">施工图设计阶段■</td></tr>
<tr><td rowspan="7">工程概况</td><td colspan="4">建设地点：上海市</td></tr>
<tr><td colspan="4">建筑功能　数据中心</td></tr>
<tr><td colspan="4">建筑面积(m^2)　61683</td></tr>
<tr><td colspan="4">层数(地上/地下)　4/0</td></tr>
<tr><td colspan="4">高度(檐口高度)　14.35m</td></tr>
<tr><td colspan="4">人防等级　无</td></tr>
<tr><td colspan="4"></td></tr>
<tr><td rowspan="6">主要控制参数</td><td colspan="4">设计使用年限　50年</td></tr>
<tr><td colspan="4">结构安全等级　二级</td></tr>
<tr><td colspan="4">抗震设防烈度、设计基本地震加速度、设计地震分组、场地类别、特征周期
7度、0.10g、第一组、Ⅳ类、0.90s</td></tr>
<tr><td colspan="4">抗震设防类别　丙类</td></tr>
<tr><td colspan="4">主要经济指标</td></tr>
<tr><td colspan="4"></td></tr>
<tr><td rowspan="9">结构选型</td><td colspan="4">结构类型　钢筋混凝土框架结构</td></tr>
<tr><td colspan="4">概念设计、结构布置　采用增大截面、粘钢等加固方案</td></tr>
<tr><td colspan="4">结构抗震等级　三级框架</td></tr>
<tr><td colspan="4">计算方法及计算程序　SATWE</td></tr>
<tr><td colspan="4">主要计算结果有无异常(周期、周期比、位移、位移比、剪重比、刚度比、楼层承载力突变等)　位移比大于1.2</td></tr>
<tr><td colspan="4">伸缩缝、沉降缝、防震缝　伸缩缝、防震缝</td></tr>
<tr><td colspan="4">无</td></tr>
<tr><td colspan="4">有无结构超限　无</td></tr>
<tr><td colspan="4"></td></tr>
<tr><td rowspan="6">基础选型</td><td colspan="4">基础设计等级　乙级</td></tr>
<tr><td colspan="4">基础类型　预制管桩</td></tr>
<tr><td colspan="4">计算方法及计算程序　JCCAD</td></tr>
<tr><td colspan="4">防水、抗渗、抗浮　P6</td></tr>
<tr><td colspan="4">沉降分析　有</td></tr>
<tr><td colspan="4">地基处理方案　锚杆静压桩</td></tr>
<tr><td>新材料、新技术、难点等</td><td colspan="4">锚桩静压桩</td></tr>
<tr><td>主要结论</td><td colspan="4">注意加固迭合施工对计算的影响，正确选用计算模型(板、梁、柱、基础等)，确保结构安全，严格施工顺序控制，注意加层引起的结构质量突变和刚度突变，宜进行结构体系比较</td></tr>
<tr><td colspan="2">工种负责人：郭俊杰　　日期：2015.10.30</td><td colspan="3">评审主持人：朱炳寅　　日期：2015.11.3</td></tr>
</table>

会议纪要

2015年11月3日

“上海颛桥云基地项目”施工图设计阶段结构方案评审会

评审人：陈富生、张仕通、罗宏渊、王金祥、谢定南、尤天直、徐琳、朱炳寅、王大庆

主持人：朱炳寅　　　记录：王大庆

介　绍：王树乐

结构方案：本工程为改造、加固项目。原结构为两层混凝土框架结构厂房，2007年竣工。拟增加一层，改造为数据机房，后续使用年限50年。需要新增框架柱及相应基础，另有少量框架柱加高。改造、加固涉及基础、柱、梁、板等构件，加固方法为增大截面、包钢、粘钢等。

地基基础方案：锚杆静压预制管桩＋承台。

评审：

1. 改造、加固工程量较大，涉及的构件种类和数量较多，建议细化结构体系和改造、加固方案的比选，尽量减少改造、加固工程量以及对原结构的影响，例如可考虑适当设置防屈曲支撑、新加楼层与原结构脱开等。
2. 注意新加楼层对结构质量和刚度的不利影响，避免质量和刚度突变。
3. 注意加固叠合的构造做法和施工顺序对结构计算的影响，板、梁、柱和基础等构件应正确选用计算模型，计算模拟与实际施工和受力状态一致，确保结构安全。
4. 严格控制施工顺序。
5. 进一步优化改造、加固方法及相应的节点构造，重要构件采用可靠的加固方法（如增大截面法）。
6. 当采用包钢、粘钢法加固时，应采取有效的防火、防腐措施。

结论：

建议根据结构方案评审表的主要结论以及会议纪要内容，对结构进一步调整、优化。

会议纪要

2015年11月9日

“广西南宁五象新文化街一期及民族风情街项目（文化街)”初步设计阶段结构方案评审

评审人：陈富生、张仕通、罗宏渊、王金祥、谢定南、尤天直、朱炳寅、张淮湧、王大庆

主持人：朱炳寅　　　记录：王大庆

介绍人：刘洋

结构方案：本次评审C区，我院仅负责初步设计。1号、3号、4号楼坐落于两层大底盘地下室，5号楼有1层独立地下室，2号、6～11号楼无地下室。1号楼包括3栋6层主楼以及3层裙房，分为两个结构单元：3～5号楼地下9～6层；均采用框架结构体系。2号楼分为两个结构单元，分别采用框架结构和异形柱框架结构。6～11号楼采用异形柱框架结构。

地基基础方案：场地位于山坡，上覆厚度不均匀、且未完成自重固结的填土。采用天然地基、复合地基，基础形式：1号、3～5号楼采用筏形基础；2号楼采用独立基础；6～11号楼采用独立基础、条形基础。

评审：

1. 场地位于山坡，未完成自重固结的表层填土的厚度差异较大，应进一步细化地基基础方案的分析和比选。建议根据各栋建筑的具体情况，分区域进行技术和经济分析，比选更合理的地基基础方案，并提请甲方进行地基基础方案的专项论证。充分注意高厚填土和回填土对地基承载力和基础沉降的不利影响。

2. 部分结构的层高较高、跨度较大，且异形柱的截面尺寸较小（厚度仅200mm)，应进一步优化结构布置，严格控制一字形异形柱的使用，适当增大异形柱的截面尺寸，楼梯间周边适当设置剪力墙；并注意核查异形柱的计算长度，确保承载力和稳定性。

3. 进一步优化结构布置和构件截面尺寸，尽量使框架柱（尤其是异形柱）双向与楼面梁拉结：并注意楼面梁在异形柱中锚固的可靠性，建议结构周边的一字形异形柱改为普通框架柱。

4. 进一步细化后加楼层方案及其可行性研究，注意后加楼层对主体结构的影响。

5. 框架结构的楼梯间四角适当设置框架柱，以形成封闭框架。

6. 结合“民族风情街南地块”中与本地块相关的其他评审意见，进一步优化结构及地基基础方案。

结论：

建议根据结构方案评审表的主要结论以及会议纪要内容，进一步优化结构设计。

06 VIVO 总部-C 地块

设计部门：任庆英结构设计研究室

主要设计人：王奇、任庆英、尤天直、刘文斑、李梦珂、张雄迪、李森、王磊、张晓宇、刘福、伍敏

工 程 简 介

一、工程概况

VIVO 制造中心项目为工业建筑。工程位于广东省东莞市长安镇。工程总用地面积 215994.300m^2，总建筑面积 362631.137m^2。建筑最高层数为 7 层，建筑高度为 28.0m。本工程由 16 栋主要单体建筑组成，其中 2 栋高层宿舍，2 栋垃圾转运站，1 栋门卫室，8 栋厂房，2 栋仓库，1 栋工业垃圾回收仓；高层宿舍最高 7 层，建筑高度 28.0m；地下为普通停车库和设备用房，共 1 层。地下战时为 6 级二等人员掩蔽所和物资库。

子项编号	建 筑 名 称	建筑功能	耐火等级	层数	房屋高度(m)
1	厂房 1	厂房	一级	4/1	23.45
2	厂房 2	仓库及厂房	一级	4/0	23.45
3	厂房 3	食堂	二级	3/1	17.4
4	厂房 4	综合楼	二级	1～2/0	5.0～11.0
5	厂房 5	办公楼	二级	5/0	22.2
6	员工宿舍 1	宿舍	二级	7/0	27.8
7	员工宿舍 2	宿舍	二级	7/0	27.8
8	厂房 6	动力中心	二级	2/0	13.0
9	工业垃圾回收仓	工业垃圾回收仓	二级	1/0	5.0
10	仓库 1	停车楼	二级	4/0	14.5
11	垃圾房 1	生活垃圾	二级	2/0	6.5
12	垃圾房 2	生活垃圾	二级	2/0	6.5
13	门卫室	门卫室	二级	1/0	6.8

图 06-1 建筑效果图

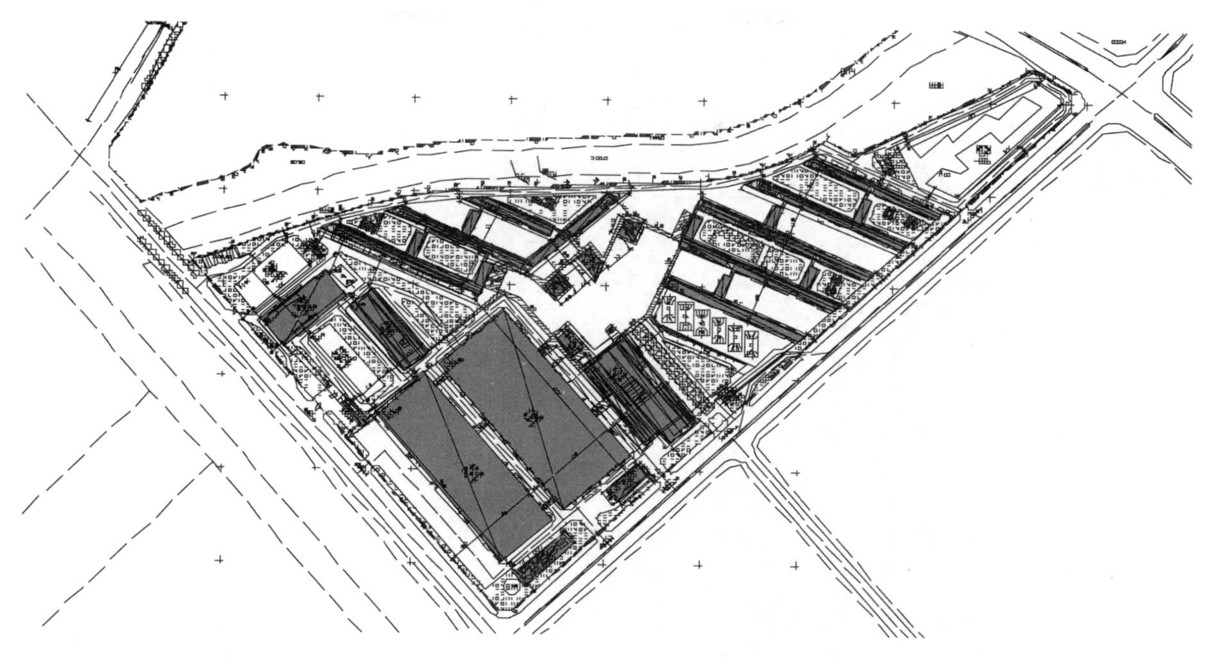

图 06-2　总平面图

二、结构方案

1. 结构体系和抗震等级

子项编号	楼　　号	结构体系	抗震等级	
			框　　架	剪　力　墙
1	厂房 1	框架结构	三级	—
2	厂房 2	框架结构	三级	—
3	厂房 3	框架结构	三级	—
4	厂房 4	框架结构	三级	—
5	厂房 5	框架结构	三级	—
6	员工宿舍 1	剪力墙结构	—	三级
7	员工宿舍 2	剪力墙结构	—	三级
8	厂房 6	框架结构	三级	—
9	工业垃圾回收仓	框架结构	三级	—
10	仓库 1	框架结构	三级	—
11	垃圾房 1	框架结构	三级	—
12	垃圾房 2	框架结构	三级	—
13	门卫室	框架结构	三级	—

2. 厂房 1、厂房 2 及员工宿舍 1、员工宿舍 2 结构长度较多地超出规范关于结构长度的限值规定。地上部分设防震缝分为多个结构单元，分缝后的结构长度仍超出规范限值，结构设计中采取计算及构造措施限制裂缝宽度。

三、地基基础方案

各楼均采用高强预应力管桩基础，以④2 层强风化花岗片麻岩为桩端持力层。根据受力情况，桩径分别选用 400mm、500mm 和 600mm。桩基布置时，考虑人工填土和淤泥层的负摩阻作用。

结构方案评审表 结设质量表（2015）

<table>
<tr><td rowspan="2">项目名称</td><td rowspan="2" colspan="2">VIVO总部-C地块</td><td>项目等级</td><td>A/B级□、非A/B级☑</td></tr>
<tr><td>设计号</td><td>13579</td></tr>
<tr><td>评审阶段</td><td>方案设计阶段□</td><td>初步设计阶段■</td><td colspan="2">施工图设计阶段□</td></tr>
<tr><td>评审必备条件</td><td colspan="2">部门内部方案讨论 有■ 无□</td><td colspan="2">统一技术条件 有■ 无□</td></tr>
<tr><td rowspan="4">工程概况</td><td colspan="2">建设地点：广东省东莞市</td><td colspan="2">建筑功能：办公、厂房、公寓、食堂等</td></tr>
<tr><td colspan="2">层数(地上/地下)：7/1</td><td colspan="2">高度(檐口高度)：28m</td></tr>
<tr><td colspan="2">建筑面积(m^2)：30万m^2</td><td colspan="2">人防等级：核6级</td></tr>
<tr><td colspan="2"></td><td colspan="2"></td></tr>
<tr><td rowspan="6">主要控制参数</td><td colspan="4">设计使用年限：50年</td></tr>
<tr><td colspan="4">结构安全等级：二级</td></tr>
<tr><td colspan="4">抗震设防烈度、设计基本地震加速度、设计地震分组、场地类别、特征周期
7度、0.10g、第一组、Ⅲ类、0.45s</td></tr>
<tr><td colspan="4">抗震设防类别：标准设防类</td></tr>
<tr><td colspan="4">主要经济指标</td></tr>
<tr><td colspan="4"></td></tr>
<tr><td rowspan="9">结构选型</td><td colspan="4">结构类型：框架结构、剪力墙结构</td></tr>
<tr><td colspan="4">概念设计、结构布置：结构布置力求均匀、对称</td></tr>
<tr><td colspan="4">结构抗震等级：根据各结构单元高度分别确定</td></tr>
<tr><td colspan="4">计算方法及计算程序：SATWE</td></tr>
<tr><td colspan="4">主要计算结果有无异常(如：周期、周期比、位移、位移比、剪重比、刚度比、楼层承载力突变等)：无</td></tr>
<tr><td colspan="4">伸缩缝、沉降缝、防震缝：地上超长结构单元通过防震缝分开</td></tr>
<tr><td colspan="4">结构超长和大体积混凝土是否采取有效措施：采取设缝及后浇带等措施</td></tr>
<tr><td colspan="4">有无结构超限：无</td></tr>
<tr><td colspan="4"></td></tr>
<tr><td rowspan="6">基础选型</td><td colspan="4">基础设计等级：乙级</td></tr>
<tr><td colspan="4">基础类型：桩基础</td></tr>
<tr><td colspan="4">计算方法及计算程序：JCCAD及理正</td></tr>
<tr><td colspan="4">防水、抗渗、抗浮：局部地下室采取抗浮措施</td></tr>
<tr><td colspan="4">沉降分析：进行沉降计算</td></tr>
<tr><td colspan="4">地基处理方案：对场地上层人工填土和淤泥进行处理</td></tr>
<tr><td>新材料、新技术、难点等</td><td colspan="4">各楼根据不同的建筑功能布局和高度选用合理的结构体系</td></tr>
<tr><td>主要结论</td><td colspan="4">注意厂房荷载取值及折减问题，优化抗浮桩布置、优化宿舍结构布置、注意腐蚀环境对结构的影响，桩及与承台的连接应采取相应措施，并确保措施有效，宿舍与建筑协商设垛
（全部内容均在此页）</td></tr>
<tr><td colspan="2">工种负责人：王奇 日期：2015.11.18</td><td colspan="3">评审主持人：朱炳寅 日期：2015.11.18</td></tr>
</table>

注意：1. 申请评审一般应在初步设计完成前，无初步设计的项目在施工图1/2阶段申请。

2. 工种负责人负责通知项目相关人员参加评审会。工种负责人、审核人必须参会，建议审定人、设计人与会。工种负责人在必要时可邀请建筑专业相关人员参会。

3. 评审后，填写《结构方案评审意见回复表》，逐条回复《结构方案评审表》和《会议纪要》中提出的评审意见，并由工种负责人、审定人签字。

07　长阳半岛中央城 4-1/8-1/9-1 楼

设计部门：第三工程设计研究院

主要设计人：任志彬、鲁昂、毕磊、尤天直、杨洋、王磊

工程简介

一、工程概况

长阳半岛·中央城项目位于北京市房山区长阳镇起步区九号地，南邻京良路、地铁房山线长阳站，西邻长泽北街，北邻康泽路，东临长政北街、长阳镇政府。用地被三条规划道路划分为 9 个可建设子地块，用地性质包括商业办公混合用地、文娱用地、停车用地、交通用地、邮政用地。

4-1 号停车场管理用房位于 9-4 地块，西临长泽北街，东、北临 03-9-2 地块，南临 03-9-9 地块。4-1 号建筑地上一层，功能为停车场管理用房，无地下。总建筑面积：40.00m^2。

8-1 号公交首末站位于 9-8 地块，西临长泽北街，东临 03-9-9 地块、北临 03-9-2 地块，南侧隔规划路与 9-12 地块相对。8-1 号楼地上二层，功能为公交首末站办公室，休息室及修车间等，无地下。总建筑面积：1328.00m^2。

9-1 号邮政子项位于 9-9 地块，东临内部规划路，西临 03-9-8 地块、北临 03-9-4 地块，南侧隔规划路与 9-12 地块相对。9-1 号楼地上四层，功能为邮政办公室，会议室，功能用房等，无地下。总建筑面积：3710.00m^2。

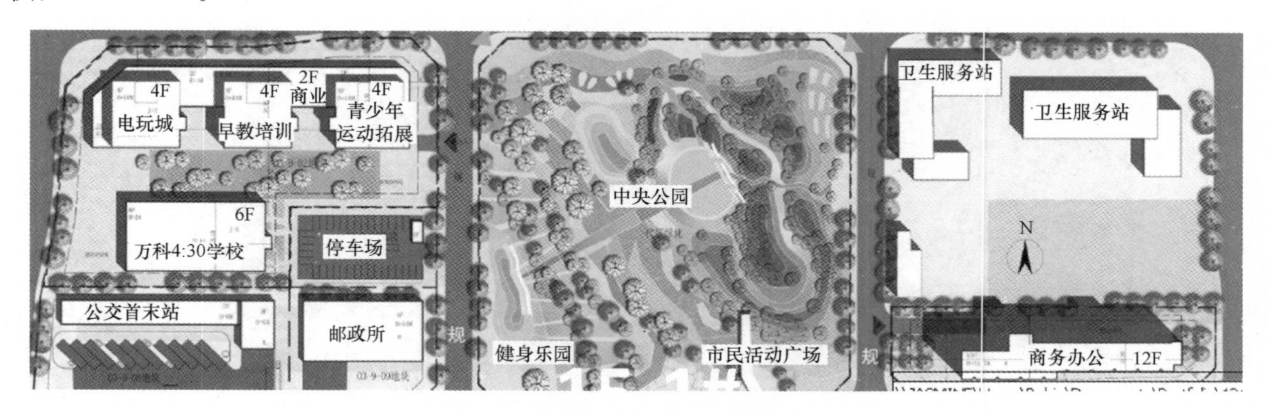

图 07-1　项目平面图

二、结构方案

4-1 号停车场管理用房建筑高度 3m，建筑层数地上 1 层，无地下，结构形式选用钢筋混凝土框架结构。

8-1 号公交首末站建筑高度 6.9m，建筑层数地上 2 层，无地下，结构形式选用钢筋混凝土框架结构。

8-1 号公交首末站建筑高度 16.2m，建筑层数地上 4 层，无地下，结构形式选用钢筋混凝土框架结构。

三、地基基础方案

4-1号停车场管理用房采用天然地基方案。基底持力层土质为新近沉积的粉砂、细砂②层，下卧粉质黏土、黏质粉土②1层，综合考虑，地基承载力标准值 f_{ka} 为120kPa。基础形式采用柱下独立基础和柱下条形基础。

08-1号公交首末站采用天然地基方案。基底持力层土质为新近沉积的粉砂、细砂②层，黏质粉土、砂质粉土②2层，下卧粉质黏土、黏质粉土②1层，综合考虑地基承载力标准值 f_{ka} 为100kPa。基础形式采用柱下独立基础和柱下条形基础。

09-1号邮政所采用天然地基方案。基底持力层土质为粉砂、细砂②层，黏质粉土、砂质粉土②2层，下卧粉质黏土、黏质粉土②1层，综合考虑地基承载力标准值 f_{ka} 为100kPa。基础形式采用柱下条形基础。

结构方案评审表

结设质量表（2015）

<table>
<tr><td rowspan="2">项目名称</td><td colspan="2" rowspan="2">长阳半岛中央城4-1/8-1/9-1号楼</td><td>项目等级</td><td>A/B级□、非A/B级■</td></tr>
<tr><td>设计号</td><td>14115</td></tr>
<tr><td>评审阶段</td><td>方案设计阶段□</td><td>初步设计阶段□</td><td colspan="2">施工图设计阶段■</td></tr>
<tr><td>评审必备条件</td><td colspan="2">部门内部方案讨论　有■　无□</td><td colspan="2">统一技术条件　有■　无□</td></tr>
<tr><td rowspan="4">工程概况</td><td colspan="2">建设地点：北京市</td><td colspan="2">建筑功能：办公、服务用房</td></tr>
<tr><td colspan="2">层数（地上/地下）：4/0</td><td colspan="2">高度（檐口高度）：16.90m</td></tr>
<tr><td colspan="2">建筑面积（m^2）：5078</td><td colspan="2">人防等级：无人防</td></tr>
<tr><td colspan="2"></td><td colspan="2"></td></tr>
<tr><td rowspan="6">主要控制参数</td><td colspan="4">设计使用年限：50年</td></tr>
<tr><td colspan="4">结构安全等级：二级</td></tr>
<tr><td colspan="4">抗震设防烈度、设计基本地震加速度、设计地震分组、场地类别、特征周期
8度、0.2g、第一组、Ⅱ类场地、0.35s</td></tr>
<tr><td colspan="4">抗震设防类别：丙类</td></tr>
<tr><td colspan="4">主要经济指标</td></tr>
<tr><td colspan="4"></td></tr>
<tr><td rowspan="9">结构选型</td><td colspan="4">结构类型：框架</td></tr>
<tr><td colspan="4">概念设计、结构布置</td></tr>
<tr><td colspan="4">结构抗震等级：框架结构，框架二级</td></tr>
<tr><td colspan="4">计算方法及计算程序：SATWE</td></tr>
<tr><td colspan="4">主要计算结果有无异常（如：周期、周期比、位移、位移比、剪重比、刚度比、楼层承载力突变等）：位移比大于1.2，小于1.4</td></tr>
<tr><td colspan="4">伸缩缝、沉降缝、防震缝：不设置</td></tr>
<tr><td colspan="4">结构超长和大体积混凝土是否采取有效措施：不超长，无大体积混凝土</td></tr>
<tr><td colspan="4">有无结构超限：无</td></tr>
<tr><td colspan="4"></td></tr>
<tr><td rowspan="6">基础选型</td><td colspan="4">基础设计等级：二级</td></tr>
<tr><td colspan="4">基础类型：柱下独立基础、条形基础</td></tr>
<tr><td colspan="4">计算方法及计算程序：JCCAD</td></tr>
<tr><td colspan="4">防水、抗渗、抗浮：无抗浮问题</td></tr>
<tr><td colspan="4">沉降分析</td></tr>
<tr><td colspan="4">地基处理方案：采用天然地基</td></tr>
<tr><td>新材料、新技术、难点等</td><td colspan="4"></td></tr>
<tr><td>主要结论</td><td colspan="4">楼梯间四角加框架柱（与建筑协商），注意地基承载力与地基沉降问题，建议与甲方商量考虑调整地基基础方案，优先采用CFG地基处理，或采用筏板基础，补偿式基础
（全部内容均在此页）</td></tr>
<tr><td colspan="2">工种负责人：任志彬　　日期：2015.11.6</td><td colspan="3">评审主持人：朱炳寅　　日期：2015.11.18</td></tr>
</table>

注意：1. 申请评审一般应在初步设计完成前，无初步设计的项目在施工图1/2阶段申请。

2. 工种负责人负责通知项目相关人员参加评审会。工种负责人、审核人必须参会，建议审定人、设计人与会。工种负责人在必要时可邀请建筑专业相关人员参会。

3. 评审后，填写《结构方案评审意见回复表》，逐条回复《结构方案评审表》和《会议纪要》中提出的评审意见，并由工种负责人、审定人签字。

08　合肥恒大广场项目

设计部门：第一工程设计研究院
主要设计人：孙海林、孙庆唐、陆颖、段永飞、霍文营、宫婷、刘会军

工程简介

一、工程概况

合肥恒大广场建设地点位于合肥市瑶海区明光路和胜利路交口，整个工程包含7个地块。本工程在4地块，为两栋高度超200m的塔楼，主要建筑功能为酒店和办公；在3层和4层存在连体将两栋塔楼连在一起，使用功能为宴会大厅。

A座塔楼，地下4层，地上共50层，主要建筑功能为办公，10层、19层、30层和41层为避难层兼设备层，地上建筑面积约10.55万m^2，主体结构高度223m。首层楼板以上设防震缝，将塔楼与两侧裙房脱开，成为独立结构单元。建筑平面尺寸为47.9m×47.5m，核心筒平面尺寸为23.6m×24.8m，从31层到顶层核心筒平面尺寸缩小为21.2m×20.9m，建筑高宽比为4.7，核心筒高宽比为9.4，采用钢筋混凝土框架-核心筒结构体系。

B座塔楼，地下4层，地上共47层，主要建筑功能为酒店和办公，11层、23层、28层和39层为避难层兼设备层，地上建筑面积约11.1万m^2，主体结构高度223m。建筑平面尺寸为47.9m×47.5m，核心筒平面尺寸为21.9m×22.10m，建筑高宽比为4.7，核心筒高宽比为10.2。采用钢筋混凝土框架-核心筒结构体系。

二、结构方案

1. 结构竖向及抗侧力体系

通过多方案比较，综合考虑建筑功能、立面造型、结构传力明确、经济合理等多种因素，本结构采用钢筋混凝土框架-核心筒结构体系。结构竖向荷载通过水平梁传至核心筒剪力墙和框架柱，再传至基础。水平荷载由外部钢筋混凝土框架和核心筒剪力墙共同承担。根据计算分析，本工程不需设置加强层。

（1）钢筋混凝土核心筒：核心筒平面尺寸为24.6m×23.6m。底层核心筒外墙厚度为1100mm，随着高度增加墙厚逐渐减小，在高区核心筒外墙厚度为400～300mm。核心筒内部剪力墙厚度为450～250mm。

（2）外部钢筋混凝土框架：框架柱采用钢筋混凝土柱，外框架采用无角柱的大跨度框架，最大柱距11m；框架柱与核心筒距离为9.8～12.6m。为了减少柱截面，降低柱轴压比，同时提高框架的延性。A塔13层以下采用型钢混凝土柱，柱截面为1700mm×1700mm；15层以上为普通钢筋混凝土柱，柱截面为1700mm×1700mm～800mm×800mm。B塔15层以下采用型钢混凝土柱，柱截面为1700mm×1700mm；17层以上为普通钢筋混凝土柱，柱截面为1700mm×1700mm～800mm×800mm。型钢混凝土柱与混凝土柱交接部位的处理，为避免承载力突变，根据计算确定型钢混凝土柱分布范围的同时，构造上向上延伸一层，A、B塔分别在14、16层形成过渡层。过渡层柱中的型钢截面根据计算结果做适当调整，过渡层柱的纵向钢筋配置根据钢筋混凝土柱的计算确定，且箍筋应全高加密。

图 08-1　建筑效果图

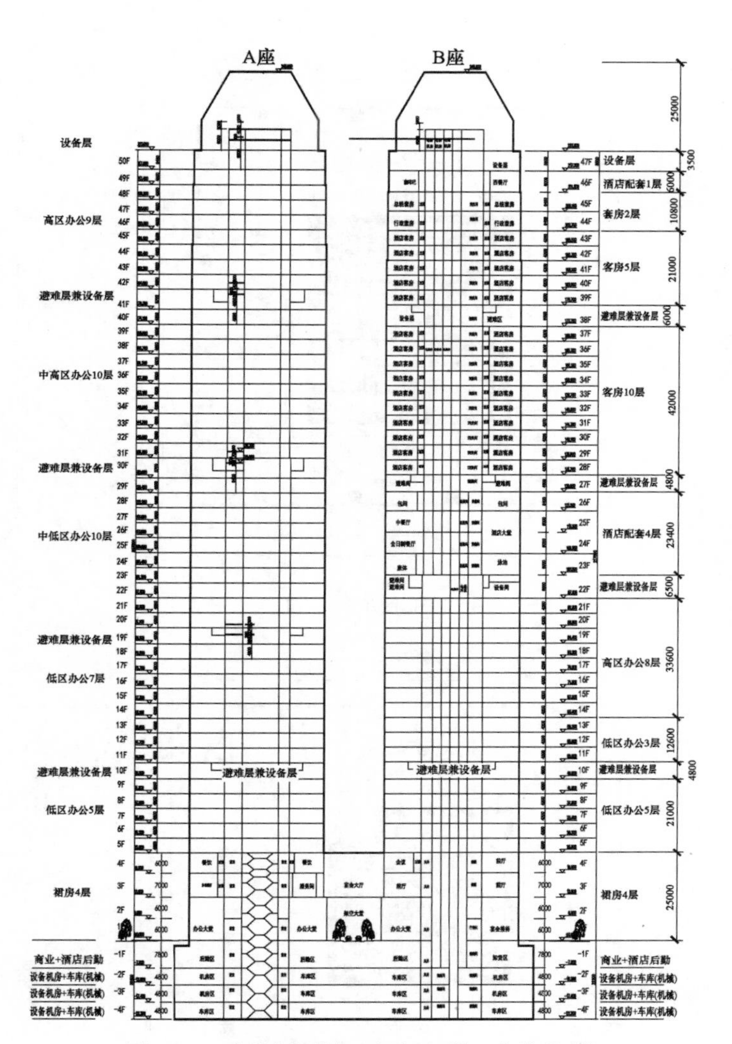

图 08-2　建筑剖面图（左为 A 塔，右为 B 塔）

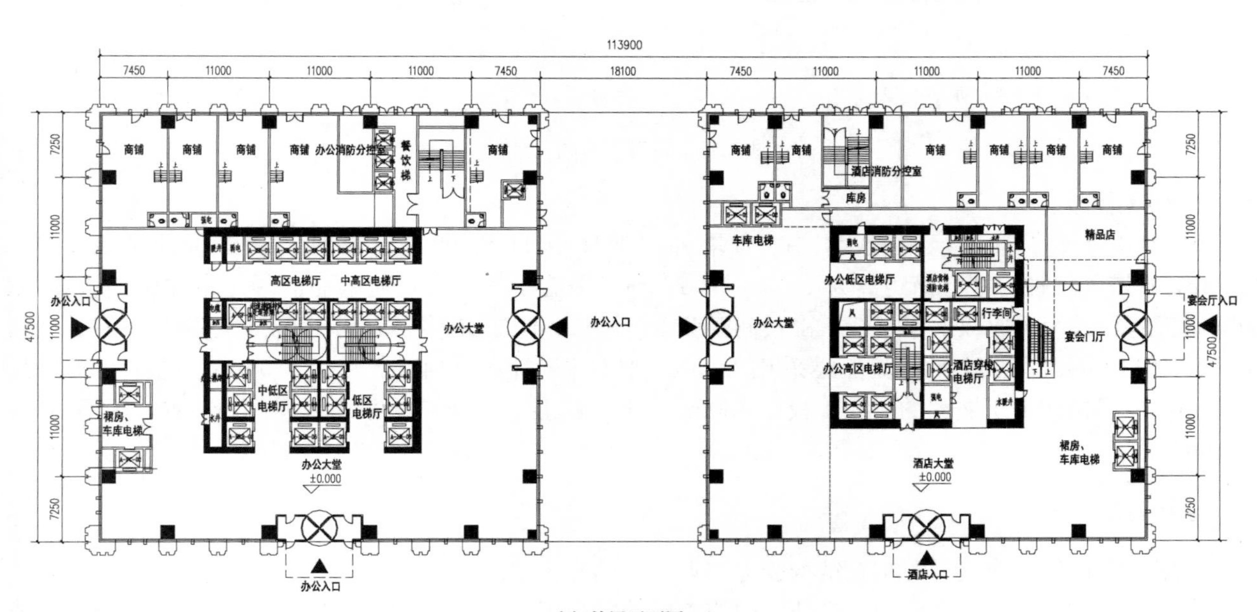

(*a*) 首层平面图

图 08-3　建筑平面图

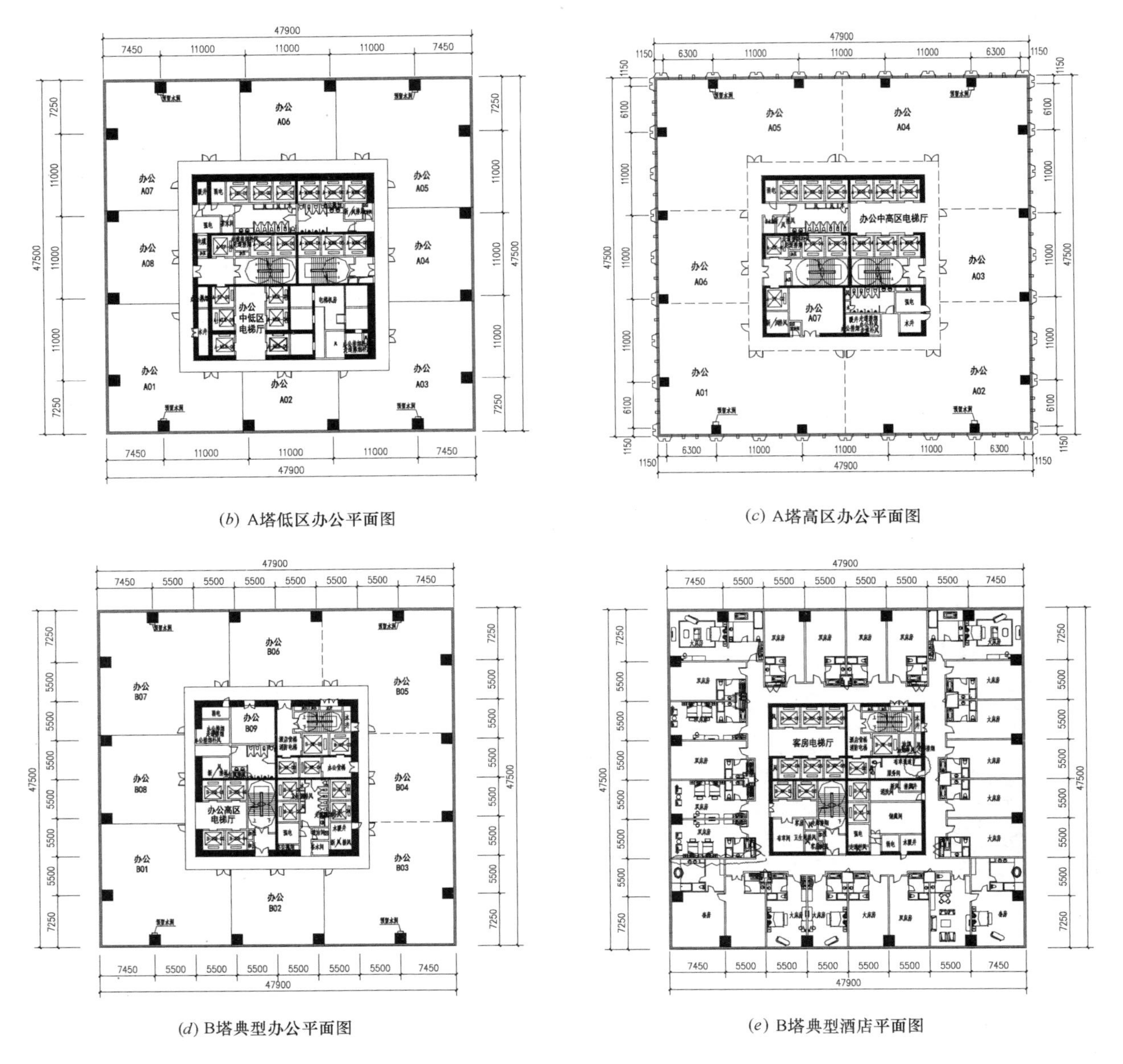

(*b*) A塔低区办公平面图　(*c*) A塔高区办公平面图

(*d*) B塔典型办公平面图　(*e*) B塔典型酒店平面图

图 08-3　建筑平面图（续）

2. 楼盖体系

A、B塔楼平面柱网尺寸较大，A、B塔外框架柱距11m，A塔外框柱与核心筒距离为9.8～12.6m，B塔外框柱与核心筒距离为12.2～13.125m。楼盖体系采用普通钢筋混凝土主次梁楼板体系。为减小板跨，采用径向双次梁布置，次梁间距为3.6～4.0m。在连体层采用150mm厚楼板。在普通楼层，采用110mm厚楼板。在设备层采用200mm厚楼板。核心筒内楼板厚130mm，屋面楼板采用120mm。一层楼面由于嵌固的需要，板厚180mm。地下二层、地下三层采用两道次梁布置，板厚110～130mm。

三、地基基础方案

根据地勘单位的建议，并结合结构受力特点，基础为桩基础。

结合工程场地的地质条件和合肥地区的施工经验，采用直径为ϕ1100后注浆钻孔灌注桩基础。混凝土灌注桩采用桩底后压浆技术，提高单桩承载力，在满足承载力和沉降的基础上减少桩长和桩数。主楼部分采用桩长35m，持力层为中等风化泥质砂岩，综合考虑单桩抗压承载力特征值取15000kN。

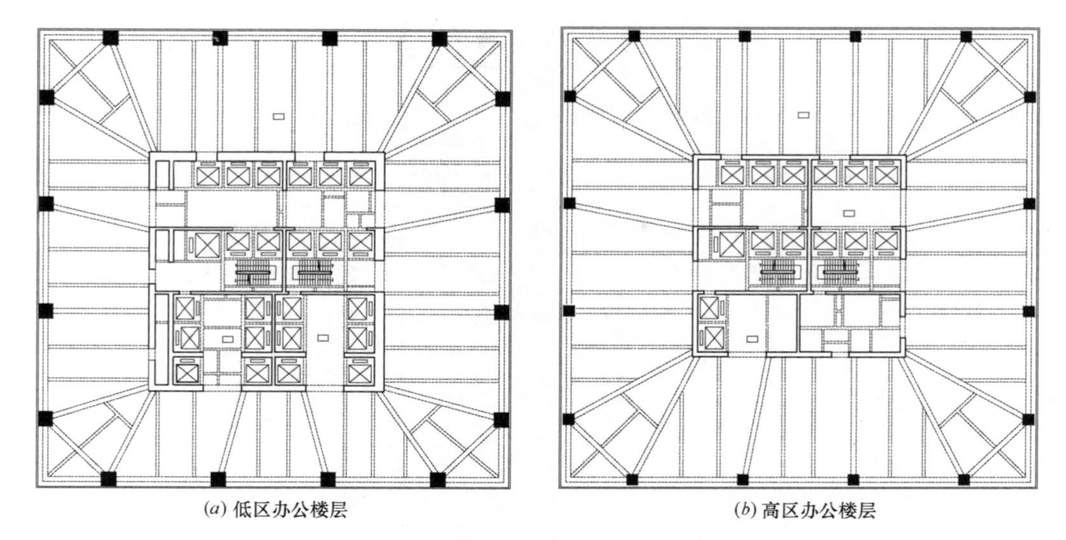

图 08-4　A 塔楼标准层结构平面布置图

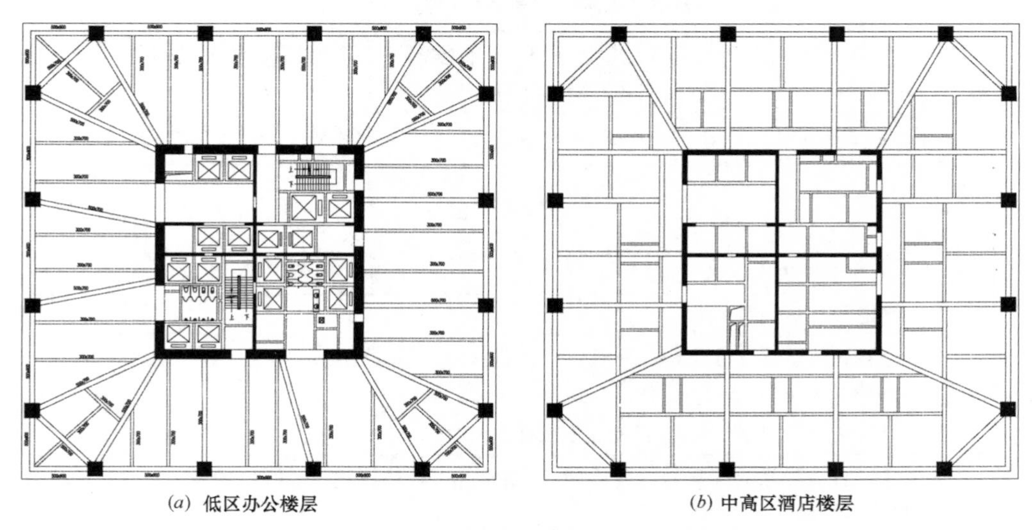

图 08-5　B 塔楼标准层结构平面布置图

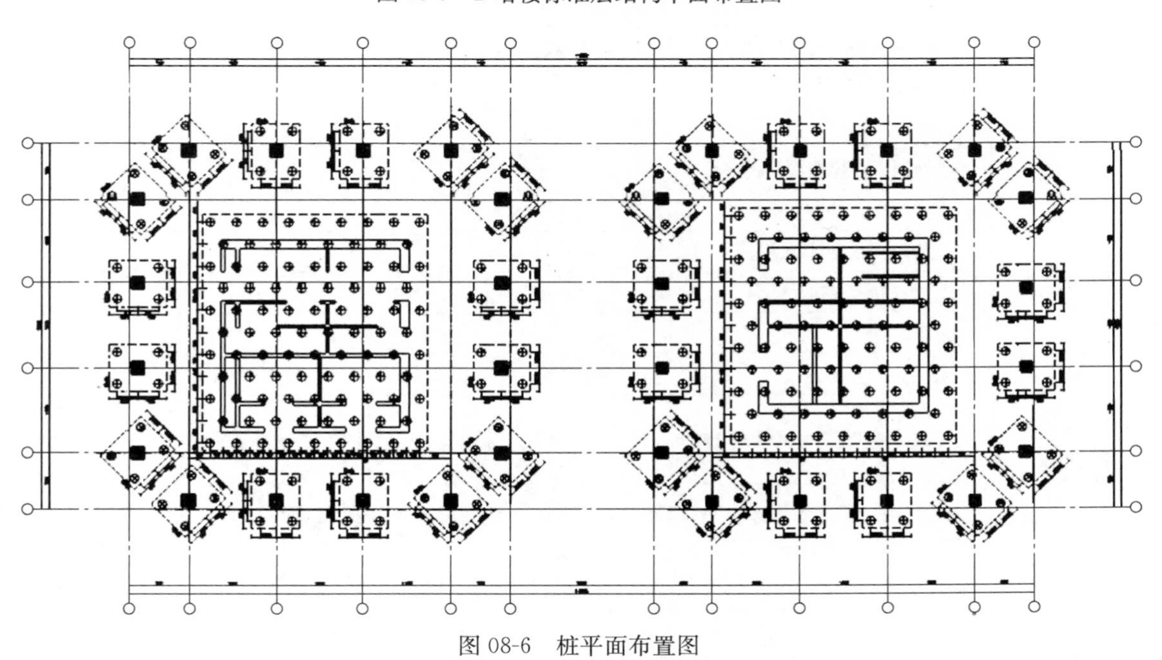

图 08-6　桩平面布置图

结构方案评审表

结设质量表（2015）

<table>
<tr><td rowspan="2">项目名称</td><td colspan="3" rowspan="2">合肥恒大广场</td><td>项目等级</td><td>A/B级□、非A/B级☑</td></tr>
<tr><td>设计号</td><td>14522</td></tr>
<tr><td>评审阶段</td><td>方案设计阶段□</td><td colspan="2">初步设计阶段☑</td><td colspan="2">施工图设计阶段□</td></tr>
<tr><td>评审必备条件</td><td colspan="2">部门内部方案讨论　有☑　无□</td><td colspan="3">统一技术条件　有☑　无□</td></tr>
<tr><td rowspan="4">工程概况</td><td colspan="2">建设地点　安徽省合肥市</td><td colspan="3">建筑功能　A座为办公，B为办公、酒店</td></tr>
<tr><td colspan="2">层数（地上/地下）　A为51层/4层、B为49层/4层</td><td colspan="3">高度（檐口高度）　A、B区结构高度223m、建筑高度245m</td></tr>
<tr><td colspan="2">建筑面积（m^2）　裙房1.66万、A座10.55万、B座11.17万</td><td colspan="3">人防等级：无</td></tr>
<tr><td colspan="2"></td><td colspan="3"></td></tr>
<tr><td rowspan="6">主要控制参数</td><td colspan="5">设计使用年限　50年</td></tr>
<tr><td colspan="5">结构安全等级　一级（底部加强区，裙房上下层），其余二级</td></tr>
<tr><td colspan="5">抗震设防烈度、设计基本地震加速度、设计地震分组、场地类别、特征周期
7度、0.10g、第一组、Ⅱ类、0.45s</td></tr>
<tr><td colspan="5">抗震设防类别　A乙类、连体乙类、B丙类</td></tr>
<tr><td colspan="5">主要经济指标</td></tr>
<tr><td colspan="5"></td></tr>
<tr><td rowspan="9">结构选型</td><td colspan="5">结构类型：框架-核心筒结构</td></tr>
<tr><td colspan="5">概念设计、结构布置</td></tr>
<tr><td colspan="5">结构抗震等级　A座框架一级，剪力墙特一级，B座框架一级，剪力墙一级
连体及上下各一层结构构件均为特一级</td></tr>
<tr><td colspan="5">计算方法及计算程序　YJK和ETABS</td></tr>
<tr><td colspan="5">主要计算结果有无异常（如：周期、周期比、位移、位移比、剪重比、刚度比、楼层承载力突变等）
刚度比超限</td></tr>
<tr><td colspan="5">伸缩缝、沉降缝、防震缝：连体不分缝</td></tr>
<tr><td colspan="5">结构超长和大体积混凝土是否采取有效措施：后浇带等</td></tr>
<tr><td colspan="5">有无结构超限：超B</td></tr>
<tr><td colspan="5"></td></tr>
<tr><td rowspan="6">基础选型</td><td colspan="5">基础设计等级：甲级</td></tr>
<tr><td colspan="5">基础类型：桩基础</td></tr>
<tr><td colspan="5">计算方法及计算程序：YJK</td></tr>
<tr><td colspan="5">防水、抗渗、抗浮</td></tr>
<tr><td colspan="5">沉降分析</td></tr>
<tr><td colspan="5">地基处理方案</td></tr>
<tr><td>新材料、新技术、难点等</td><td colspan="5">结构体型复杂，低位连体、局部存在大开洞，含短柱、跃层柱及大跨度梁</td></tr>
<tr><td>主要结论</td><td colspan="5">与建筑协商优化内筒与外墙布置，连梁作为楼面梁的支承梁时，应采取有效措施确保大震下连梁承载力，楼面梁在核心筒角部连接过于集中，优化布置，低位连体应采用零刚度板模型，梁与内筒剪力墙有效连接，优化屋顶方案，采用整体与分体模型包络设计、完善细部处理</td></tr>
<tr><td colspan="2">工种负责人：孙海林</td><td>日期：2015.11.18</td><td colspan="2">评审主持人：朱炳寅</td><td>日期：2015.11.23</td></tr>
</table>

会议纪要

2015年11月23日

“合肥恒大广场”初步设计阶段结构方案评审会

评审人：陈富生、罗宏渊、王金祥、谢定南、尤天直、徐琳、朱炳寅、陈文渊、王大庆

主持人：朱炳寅　　　记录：王大庆

介绍人：孙海林

结构方案：本工程为结构高度223m、建筑高度245m的双塔建筑：地下4层，地上裙房5层，A塔51层，B塔49层。主体结构采用混凝土框架-核心筒结构体系，框架柱、核心筒内适当设置型钢。塔冠采用钢结构。

地基基础方案：采用桩底后压浆钻孔灌注桩基础。

评审：

1. 与建筑专业进一步协商，优化核心筒的双外墙布置，建议加强双墙中靠内侧的剪力墙，适当弱化外侧墙体，并适当设置型钢混凝土柱。

2. 进一步优化楼面梁布置，尽量避免楼面梁支承于核心筒的剪力墙连梁。当确实无法避免时，建议在连梁部位形成型钢混凝土框架，并应采取有效措施，确保连梁在大震下的抗剪承载力。

3. 适当优化楼面梁布置，避免核心筒角部支承的楼面梁过于集中的现象。

4. 低位连体应补充零刚度板模型计算分析，以复核楼面梁拉力，并保证连接体两侧的楼面梁与核心筒剪力墙有效连接。

5. 结构计算分析应考虑塔冠及其鞭梢效应的影响；应采用整体模型与分体模型包络设计。注意阻尼比取值。

6. 深化、优化塔冠方案，注意塔冠推力的处理。

7. 进一步优化结构布置，完善细部处理，如：长墙肢适当开洞，处理好弧形楼梯的扭矩等。

结论：

建议根据结构方案评审表的主要结论以及会议纪要内容，进一步优化结构设计。

09　东坝南区 1105-665、666 号地居住及配套项目幼儿园、传达室

设计部门：第三工程设计研究院
主要设计人：鲁昂、毕磊、尤天直、任志彬

工 程 简 介

一、工程概况

本工程为东坝居住区的配套建设的幼儿园。东坝居住区北侧为西坝南路，南至东坝中街，东至东坝中路，西侧是东坝西环路。幼儿园位于东坝居住区的东南角。用地面积：4300m²。幼儿园为 12 班幼儿园，地上三层，局部两层，主要包括活动室、休息室、音体教室、厨房、洗衣房、办公室、晨检室、医务保健室、隔离室等功能。建筑高度 10.8m。总建筑面积 3440m²。建筑密度 30%。绿地率 30%。容积率：0.8。

图 09-1　建筑效果图

二、结构方案

幼儿园建筑高度 10.8m，建筑层数地上 3 层，无地下，结构形式选用钢筋混凝土框架结构。建筑结构的安全等级：二级，设计使用年限：50 年，建筑抗震设防类别：乙类，地基基础设计等级：三级。

传达室建筑高度 3.150m，建筑层数地上 1 层，无地下，结构形式选用钢筋混凝土框架结构。

三、地基基础方案

根据地勘报告建议，幼儿园及传达室采用天然地基方案。基底持力层土质为粉质黏土②层，综合考虑，地基承载力标准值（f_{ka}）为 130kPa。

幼儿园的基础采用天然地基上的柱下独立基础及柱下条形基础，传达室的基础采用天然地基上的柱下独立基础。

结构方案评审表

结设质量表（2015）

<table>
<tr><td rowspan="2">项目名称</td><td rowspan="2" colspan="2">**东坝南区 1105-665、666 号地居住及配套项目幼儿园、传达室**</td><td>项目等级</td><td>A/B 级□、非 A/B 级■</td></tr>
<tr><td>设计号</td><td>14087-31</td></tr>
<tr><td>评审阶段</td><td>方案设计阶段□</td><td>初步设计阶段□</td><td colspan="2">施工图设计阶段■</td></tr>
<tr><td>评审必备条件</td><td colspan="2">部门内部方案讨论　有 ■　无 □</td><td colspan="2">统一技术条件　有 ■　无 □</td></tr>
<tr><td rowspan="4">工程概况</td><td colspan="2">建设地点：北京市</td><td colspan="2">建筑功能：幼儿园</td></tr>
<tr><td colspan="2">层数（地上/地下）：3/0</td><td colspan="2">高度（檐口高度）：10.80m</td></tr>
<tr><td colspan="2">建筑面积（m^2）：3440</td><td colspan="2">人防等级：无人防</td></tr>
<tr><td colspan="2"></td><td colspan="2"></td></tr>
<tr><td rowspan="6">主要控制参数</td><td colspan="4">设计使用年限：50 年</td></tr>
<tr><td colspan="4">结构安全等级：二级</td></tr>
<tr><td colspan="4">抗震设防烈度、设计基本地震加速度、设计地震分组、场地类别、特征周期
8 度、0.2g、第一组、Ⅲ类、0.45s</td></tr>
<tr><td colspan="4">抗震设防类别：乙类</td></tr>
<tr><td colspan="4">主要经济指标</td></tr>
<tr><td colspan="4"></td></tr>
<tr><td rowspan="9">结构选型</td><td colspan="4">结构类型：框架</td></tr>
<tr><td colspan="4">概念设计、结构布置</td></tr>
<tr><td colspan="4">结构抗震等级：一级</td></tr>
<tr><td colspan="4">计算方法及计算程序：SATWE</td></tr>
<tr><td colspan="4">主要计算结果有无异常（如：周期、周期比、位移、位移比、剪重比、刚度比、楼层承载力突变等）：无异常</td></tr>
<tr><td colspan="4">伸缩缝、沉降缝、防震缝：不设置</td></tr>
<tr><td colspan="4">结构超长和大体积混凝土是否采取有效措施：不超长，无大体积混凝土</td></tr>
<tr><td colspan="4">有无结构超限：无</td></tr>
<tr><td colspan="4"></td></tr>
<tr><td rowspan="6">基础选型</td><td colspan="4">基础设计等级：丙级</td></tr>
<tr><td colspan="4">基础类型：柱下独立、柱下条形基础</td></tr>
<tr><td colspan="4">计算方法及计算程序：JCCAD</td></tr>
<tr><td colspan="4">防水、抗渗、抗浮：无抗浮问题</td></tr>
<tr><td colspan="4">沉降分析</td></tr>
<tr><td colspan="4">地基处理方案</td></tr>
<tr><td>新材料、新技术、难点等</td><td colspan="4"></td></tr>
<tr><td>主要结论</td><td colspan="4">基础埋深大，地下柱包络设计，楼面梁优化布置，优化管沟设计
（全部内容均在此页）</td></tr>
<tr><td colspan="2">工种负责人：鲁昂　　日期：2015.11.6</td><td colspan="3">评审主持人：朱炳寅　　日期：2015.11.23</td></tr>
</table>

注意：1. 申请评审一般应在初步设计完成前，无初步设计的项目在施工图 1/2 阶段申请。

2. 工种负责人负责通知项目相关人员参加评审会。工种负责人、审核人必须参会，建议审定人、设计人与会。工种负责人在必要时可邀请建筑专业相关人员参会。

3. 评审后，填写《结构方案评审意见回复表》，逐条回复《结构方案评审表》和《会议纪要》中提出的评审意见，并由工种负责人、审定人签字。

10　翠竹希望小学

设计部门：第一工程设计研究院
主要设计人：徐杉、王昊、段永飞、尤天直、石雷

工 程 简 介

一、工程概况

翠竹希望学校位于四川省苍溪县双河乡，原为双河乡小学，建成后与原教学楼共同形成教学区。主要结构形式为钢筋混凝土框架结构，本工程设计使用年限为 50 年。本工程共 6 层，建筑高度 24m，规划用地面积 5325m^2，总建筑面积 5035m^2。

图 10-1　建筑效果图

二、结构方案

本工程为山地小学建筑，结构高度低于 24m，属于多层建筑，故选用框架结构。进一步考虑到本工程结构体型较不规则，且总体长度超过 100m，故选择合理位置对结构进行分缝，将总体结构分为左右两部分进行分析计算。

考虑到山地地形对结构抗震的不利影响，结合《抗规》第 4.1.8 条，特将地震影响系数最大值放大 1.2 倍。

三、地基基础方案

本工程采用天然地基上的柱下独立基础，基础设计等级乙级。充分考虑山地地形的不利影响，以及边坡稳定及场地防洪排洪等问题。

结构方案评审表

结设质量表（2015）

<table>
<tr><td rowspan="2">项目名称</td><td rowspan="2" colspan="2">翠竹希望小学</td><td>项目等级</td><td>A/B级□、非A/B级■</td></tr>
<tr><td>设计号</td><td>15080</td></tr>
<tr><td>评审阶段</td><td>方案设计阶段□</td><td>初步设计阶段■</td><td colspan="2">施工图设计阶段□</td></tr>
<tr><td>评审必备条件</td><td colspan="2">部门内部方案讨论　有■　无□</td><td colspan="2">统一技术条件　有■　无□</td></tr>
<tr><td rowspan="4">工程概况</td><td colspan="2">建设地点　四川省苍溪县双河乡</td><td colspan="2">建筑功能　小学</td></tr>
<tr><td colspan="2">层数(地上/地下)　地上6层/无地下</td><td colspan="2">高度(檐口高度)　24m</td></tr>
<tr><td colspan="2">建筑面积(m^2)　5035</td><td colspan="2">人防等级　无人防</td></tr>
<tr><td colspan="2"></td><td colspan="2"></td></tr>
<tr><td rowspan="6">主要控制参数</td><td colspan="4">设计使用年限　50年</td></tr>
<tr><td colspan="4">结构安全等级　二级</td></tr>
<tr><td colspan="4">抗震设防烈度、设计基本地震加速度、设计地震分组、场地类别、特征周期
7度、0.10g、第二组、Ⅲ类、0.55s</td></tr>
<tr><td colspan="4">抗震设防类别　重点设防类</td></tr>
<tr><td colspan="4">主要经济指标</td></tr>
<tr><td colspan="4"></td></tr>
<tr><td rowspan="9">结构选型</td><td colspan="4">结构类型　框架结构</td></tr>
<tr><td colspan="4">概念设计、结构布置　结构体型较不规则，且结构总长度超过100m，故选择在合适位置对结构分缝进行分析计算</td></tr>
<tr><td colspan="4">结构抗震等级　框架二级(抗震构造措施提高一级)</td></tr>
<tr><td colspan="4">计算方法及计算程序　PKPM系列软件</td></tr>
<tr><td colspan="4">主要计算结果有无异常(如：周期、周期比、位移、位移比、剪重比、刚度比、楼层承载力突变等)
位移角满足规范要求，扭转位移比小于1.4，周期比约0.92，其他无异常</td></tr>
<tr><td colspan="4">伸缩缝、沉降缝、防震缝　是</td></tr>
<tr><td colspan="4">结构超长和大体积混凝土是否采取有效措施　是</td></tr>
<tr><td colspan="4">有无结构超限　无</td></tr>
<tr><td colspan="4"></td></tr>
<tr><td rowspan="6">基础选型</td><td colspan="4">基础设计等级　乙级</td></tr>
<tr><td colspan="4">基础类型　柱下独立基础</td></tr>
<tr><td colspan="4">计算方法及计算程序　PKPM系列软件、理正工具箱</td></tr>
<tr><td colspan="4">防水、抗渗、抗浮　无</td></tr>
<tr><td colspan="4">沉降分析</td></tr>
<tr><td colspan="4">地基处理方案</td></tr>
<tr><td>新材料、新技术、难点等</td><td colspan="4">山地小学建筑，边坡处理</td></tr>
<tr><td>主要结论</td><td colspan="4">应进行本工程的场地及地震安全性评价、减少场地挖填方，应特别注意水文地质情况对工程的影响，楼梯周边加框架柱，大悬挑板改用梁板结构，山区建筑平面宜再细分，平面细部处理再优化，与总图沟通把总平面的问题解决好，确保工程安全</td></tr>
<tr><td colspan="2">工种负责人：徐杉　　日期：2015.12.1</td><td colspan="3">评审主持人：朱炳寅　　日期：2015.12.1</td></tr>
</table>

注意：1. 申请评审一般应在初步设计完成前，无初步设计的项目在施工图1/2阶段申请。

2. 工种负责人负责通知项目相关人员参加评审会。工种负责人、审核人必须参会，建议审定人、设计人与会。工种负责人在必要时可邀请建筑专业相关人员参会。

3. 评审后，填写《结构方案评审意见回复表》，逐条回复《结构方案评审表》和《会议纪要》中提出的评审意见，并由工种负责人、审定人签字。

会议纪要

2015年12月1日

“翠竹希望小学”初步设计阶段结构方案评审会

评审人：陈富生、张仕通、罗宏渊、王金祥、谢定南、徐琳、朱炳寅、陈文渊、王大庆

主持人：朱炳寅　　记录：王大庆

介　绍：王昊、徐杉

结构方案：工程位于山地。建筑长度超过100m，设缝分为两个结构单元。采用混凝土框架结构体系。考虑山地效应，放大地震作用。

地基基础方案：暂无勘察报告，拟采用天然地基上的柱下独立基础。

评审：

1. 建筑位于较陡山腰，地形复杂，应特别注意工程地质和水文地质情况对工程的影响。尽早与甲方、勘察单位沟通，摸清岩土工程条件，有的放矢。提请甲方应对本工程进行场地安全性及地震安全性评价，设计时充分注意边坡稳定和防洪、排洪问题。

2. 与总图专业进一步沟通，解决好总平面问题，确保工程安全；注意减少场地挖、填方。

3. 本工程为山地建筑，建议与建筑专业进一步协商，宜对结构平面再适当细分。当确实无法再细分时，应补充相应计算分析（如分块模型等），包络设计，并对弱连接部位采取有效加强措施。

4. 250mm厚的大悬挑板（最大挑出长度3m）改用梁板结构。

5. 楼梯周边适当增设框架柱。

6. 进一步优化结构布置，注意重点部位加强及细部处理，例如优化平面转角部位的楼面梁布置等。

结论：

建议根据结构方案评审表的主要结论以及会议纪要内容，进一步优化结构设计。

11　北大生物城扩建工程　B 生物农业楼　C 生物环保楼

设计部门：第三工程设计研究院
主要设计人：许庆、任志彬、毕磊、尤天直

工程简介

一、工程概况

北大生物城扩建工程项目为整体园区扩建项目，B、C 子项均为新建建筑，位于北京市海淀区上地西路西侧原北大未名生物集团园区内，园区北侧、西侧为 70m 宽代征绿地，紧邻现状城市主干道路，西侧为拟建城市次干道路，南侧为城市绿地。总建筑面积为 21445m^2，其中地上建筑面积 12339m^2，地下建筑面积 9106m^2。建筑层数为地上 3 层，地下 2 层，生物农业楼建筑高度 13.70m，生物环保楼建筑高度 12.90m。地下二层为核 6 级物资库，1 个防护单元。主体采用钢筋混凝土框架结构，楼盖采用主次梁现浇楼板体系。

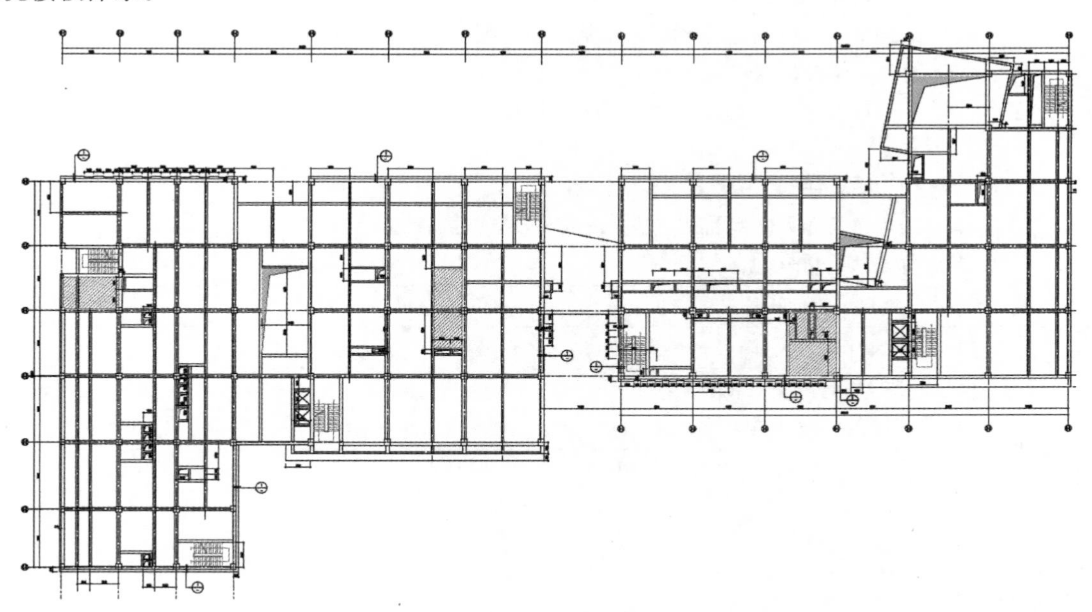

图 11-1　平面布置

二、结构方案

两栋主体建筑高度不高，形状基本规则，主体结构抗侧力体系采用现浇钢筋混凝土框架结构。两栋主体建筑之间，在二层、三层的连体部分采用钢结构连桥，两端支座一端固定，一端滑动。

三、地基基础方案

本工程有一层地下室，天然地基持力层的工程地质条件良好，同时考虑有人防功能的要求，采用筏板基础。

结构方案评审表

结设质量表（2015）

<table>
<tr><td rowspan="2">项目名称</td><td colspan="2" rowspan="2">B 生物农业楼、C 生物环保楼</td><td>项目等级</td><td>A/B 级□、非 A/B 级☑</td></tr>
<tr><td>设计号</td><td>13490-BC</td></tr>
<tr><td>评审阶段</td><td>方案设计阶段□</td><td>初步设计阶段□</td><td colspan="2">施工图设计阶段☑</td></tr>
<tr><td>评审必备条件</td><td colspan="2">部门内部方案讨论　有 ☑　无 □</td><td colspan="2">统一技术条件　有 ☑　无 □</td></tr>
<tr><td rowspan="4">工程概况</td><td colspan="2">建设地点：北京市海淀区</td><td colspan="2">建筑功能：生物制品生产、试验</td></tr>
<tr><td colspan="2">层数(地上/地下)：3/2</td><td colspan="2">高度(檐口高度)：14.35m</td></tr>
<tr><td colspan="2">建筑面积(m^2)：9103.78+12341.52</td><td colspan="2">人防等级：核 6</td></tr>
<tr><td colspan="2"></td><td colspan="2"></td></tr>
<tr><td rowspan="6">主要控制参数</td><td colspan="4">设计使用年限：50</td></tr>
<tr><td colspan="4">结构安全等级：二级</td></tr>
<tr><td colspan="4">抗震设防烈度、设计基本地震加速度、设计地震分组、场地类别、特征周期
8 度、0.2g、第一组、Ⅱ类、0.35s</td></tr>
<tr><td colspan="4">抗震设防类别：丙类</td></tr>
<tr><td colspan="4">主要经济指标</td></tr>
<tr><td colspan="4"></td></tr>
<tr><td rowspan="9">结构选型</td><td colspan="4">结构类型：框架</td></tr>
<tr><td colspan="4">概念设计、结构布置：</td></tr>
<tr><td colspan="4">结构抗震等级：框架三级、二级，剪力墙三级</td></tr>
<tr><td colspan="4">计算方法及计算程序：SATWE</td></tr>
<tr><td colspan="4">主要计算结果有无异常(如：周期、周期比、位移、位移比、剪重比、刚度比、楼层承载力突变等)：无异常</td></tr>
<tr><td colspan="4">伸缩缝、沉降缝、防震缝：无</td></tr>
<tr><td colspan="4">结构超长和大体积混凝土是否采取有效措施：地下室结构超长</td></tr>
<tr><td colspan="4">有无结构超限：无</td></tr>
<tr><td colspan="4"></td></tr>
<tr><td rowspan="6">基础选型</td><td colspan="4">基础设计等级：丙级</td></tr>
<tr><td colspan="4">基础类型：筏板基础</td></tr>
<tr><td colspan="4">计算方法及计算程序：JCCAD</td></tr>
<tr><td colspan="4">防水、抗渗、抗浮：有抗浮问题</td></tr>
<tr><td colspan="4">沉降分析</td></tr>
<tr><td colspan="4">地基处理方案</td></tr>
<tr><td>新材料、新技术、难点等</td><td colspan="4"></td></tr>
<tr><td>主要结论</td><td colspan="4">与建筑协商在两楼连接部位设双柱分缝，楼梯间周边设框架框，后浇带适当加密，平面细部处理优化，与甲方沟通明确有无特殊用房、特殊荷载</td></tr>
<tr><td colspan="2">工种负责人：许庆　　日期：2015.11.16</td><td colspan="3">评审主持人：朱炳寅　　日期：2015.12.1</td></tr>
</table>

注意：1. 申请评审一般应在初步设计完成前，无初步设计的项目在施工图 1/2 阶段申请。

2. 工种负责人负责通知项目相关人员参加评审会。工种负责人、审核人必须参会，建议审定人、设计人与会。工种负责人在必要时可邀请建筑专业相关人员参会。

3. 评审后，填写《结构方案评审意见回复表》，逐条回复《结构方案评审表》和《会议纪要》中提出的评审意见，并由工种负责人、审定人签字。

会议纪要

2015年12月1日

"北大生物城扩建工程B生物农业楼C生物环保楼"施工图设计阶段结构方案评审会

评审人：陈富生、张仕通、罗宏渊、王金祥、谢定南、徐琳、朱炳寅、陈文渊、王大庆

主持人：朱炳寅　　　记录：王大庆

介　绍：许庆

结构方案：B、C楼的地下室连为一体，地上通过连桥相连（一端固定、一端滑动）。两楼均为3/－2层，采用混凝土框架结构体系。

地基基础方案：采用天然地基上的平板式筏形基础。

评审：

1. 本工程为生物楼，应与甲方进一步沟通，提请甲方进行环境评价，并书面明确有无特殊用房和特殊荷载等，以相应采取有效措施。
2. 地下室长约120余米，仅设一条后浇带，应适当加密后浇带，并采取可靠防裂措施。
3. 与建筑专业进一步协商，优化两楼连接部位的结构布置，采用分缝方案，建议增设双柱，也可两楼外挑。
4. 楼梯间周边设置框架柱，形成封闭框架。
5. 进一步优化结构布置，注意重点部位加强及细部处理，例如优化楼板开洞处的楼面梁布置等。

结论：

建议根据结构方案评审表的主要结论以及会议纪要内容，进一步优化结构设计。

12　北京大学肖家河教工住宅项目 G 地块 GP3 号楼

设计部门：第三工程设计研究院
主要设计人：鲁昂、毕磊、尤天直、任志彬

工 程 简 介

一、工程概况

本项目位于北京市海淀区，包括 G、H 和 J 地块。H 地块东侧为城市主干路圆明园西路，南侧为肖家河中街，西侧为肖家河东路。J 地块北侧为农大南路，西侧为圆明园西路，东侧为肖家河小学。GP3 号楼分布在 G 地块的南侧。整个项目建筑面积约 $4000m^2$。地上三层，地下一层。

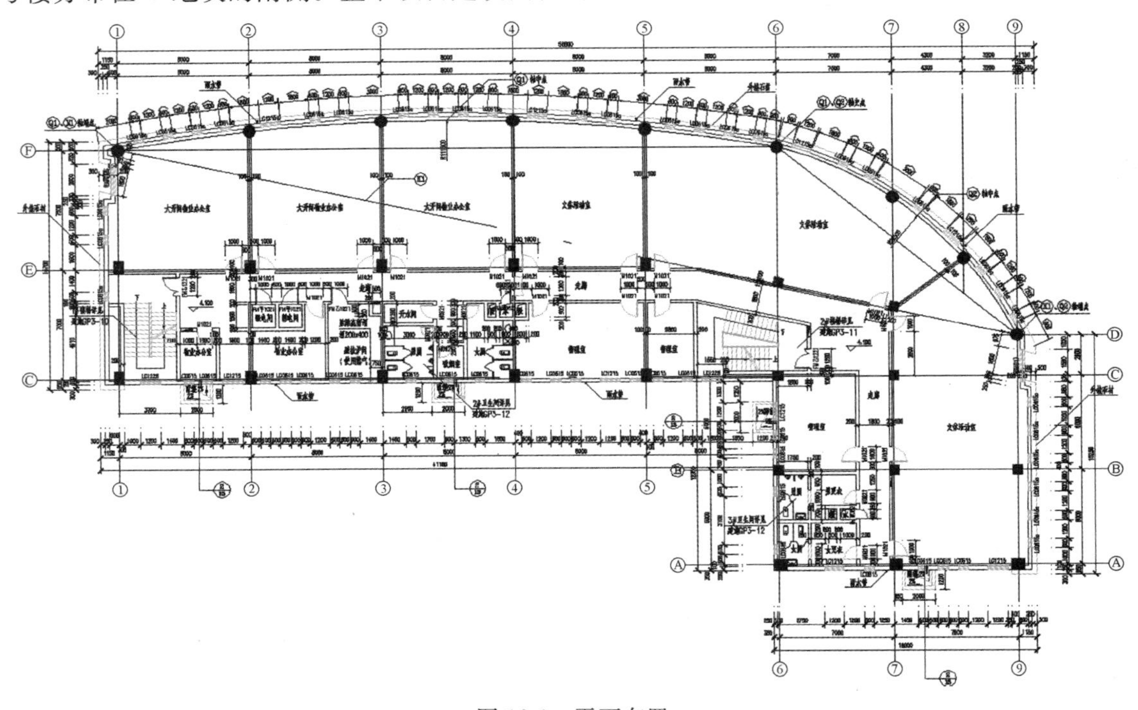

图 12-1　平面布置

二、结构方案

GP3 号楼建筑高度为 10.8m，建筑层数地上 3 层，地下 1 层，结构形式选用钢筋混凝土框架结构。建筑结构的安全等级：二级，设计使用年限：50 年，建筑抗震设防类别：丙类，地基基础设计等级：丙级。

三、地基基础方案

根据地勘报告建议，GP3 号楼采用换填地基方案，基底持力层原土质为新近沉积的细砂、粉砂④1 层，换填为级配砂石，换填层下层为卵石④层，综合考虑地基承载力标准值（f_{ka}）为 170kPa。基础形式为换填地基上的平板式筏形基础。

结构方案评审表

结设质量表（2015）

<table>
<tr><td rowspan="2">项目名称</td><td colspan="2" rowspan="2">北京大学肖家河教工住宅项目 G 地块 GP3 号楼</td><td>项目等级</td><td>A/B 级□、非 A/B 级■</td></tr>
<tr><td>设计号</td><td>10203-GP3</td></tr>
<tr><td>评审阶段</td><td>方案设计阶段□</td><td>初步设计阶段□</td><td colspan="2">施工图设计阶段■</td></tr>
<tr><td>评审必备条件</td><td colspan="2">部门内部方案讨论　有 ■　无 □</td><td colspan="2">统一技术条件　有 ■　无 □</td></tr>
<tr><td rowspan="4">工程概况</td><td colspan="2">建设地点：北京市</td><td colspan="2">建筑功能：办公</td></tr>
<tr><td colspan="2">层数(地上/地下)：3/1</td><td colspan="2">高度(檐口高度)：10.80m</td></tr>
<tr><td colspan="2">建筑面积(m²)：约 4000</td><td colspan="2">人防等级：无人防</td></tr>
<tr><td colspan="2"></td><td colspan="2"></td></tr>
<tr><td rowspan="6">主要控制参数</td><td colspan="4">设计使用年限：50 年</td></tr>
<tr><td colspan="4">结构安全等级：二级</td></tr>
<tr><td colspan="4">抗震设防烈度、设计基本地震加速度、设计地震分组、场地类别、特征周期
8 度、0.2g、第一组、Ⅱ类场地、0.35s</td></tr>
<tr><td colspan="4">抗震设防类别：丙类</td></tr>
<tr><td colspan="4">主要经济指标</td></tr>
<tr><td colspan="4"></td></tr>
<tr><td rowspan="9">结构选型</td><td colspan="4">结构类型：框架</td></tr>
<tr><td colspan="4">概念设计、结构布置</td></tr>
<tr><td colspan="4">结构抗震等级：二级</td></tr>
<tr><td colspan="4">计算方法及计算程序：SATWE</td></tr>
<tr><td colspan="4">主要计算结果有无异常(如：周期、周期比、位移、位移比、剪重比、刚度比、楼层承载力突变等)：无异常</td></tr>
<tr><td colspan="4">伸缩缝、沉降缝、防震缝：不设置</td></tr>
<tr><td colspan="4">结构超长和大体积混凝土是否采取有效措施：不超长，无大体积混凝土</td></tr>
<tr><td colspan="4">有无结构超限：无</td></tr>
<tr><td colspan="4"></td></tr>
<tr><td rowspan="6">基础选型</td><td colspan="4">基础设计等级：乙级</td></tr>
<tr><td colspan="4">基础类型：平板式筏基</td></tr>
<tr><td colspan="4">计算方法及计算程序：JCCAD</td></tr>
<tr><td colspan="4">防水、抗渗、抗浮：无抗浮问题</td></tr>
<tr><td colspan="4">沉降分析</td></tr>
<tr><td colspan="4">地基处理方案：采用换填方案</td></tr>
<tr><td>新材料、新技术、难点等</td><td colspan="4"></td></tr>
<tr><td>主要结论</td><td colspan="4">优化地基基础方案，楼梯间周边加框架柱，优化平面细部
（全部内容均在此页）</td></tr>
<tr><td colspan="2">工种负责人：鲁昂　　日期：2015.11.6</td><td colspan="3">评审主持人：朱炳寅　　日期：2015.12.1</td></tr>
</table>

注意：1. 申请评审一般应在初步设计完成前，无初步设计的项目在施工图 1/2 阶段申请。

2. 工种负责人负责通知项目相关人员参加评审会。工种负责人、审核人必须参会，建议审定人、设计人与会。工种负责人在必要时可邀请建筑专业相关人员参会。

3. 评审后，填写《结构方案评审意见回复表》，逐条回复《结构方案评审表》和《会议纪要》中提出的评审意见，并由工种负责人、审定人签字。

13　海东高职学校体育中心项目

设计部门：第一工程设计研究院
主要设计人：王鑫、罗敏杰、余蕾、尤天直、王春圆、刘迅、董越、于博宁、李季

工程简介

一、工程概况

海东高职学校体育中心项目用地位于青海省海东市乐都区内，体育中心地块东临乐阳街，西为向阳三街，北侧隔为民路为湟水河，南侧为城市主路文教路。地上建筑面积为 61413m²，地下建筑面积为 980m²，总建筑面积为 62393m²。高职学校体育中心包括体育场、体育游泳馆及各种室外运动场地。体育场建筑面积 29714 m²，建筑东西向长度约 230m，南北向长度约 25m；设有标准田径比赛场，东西两侧布置看台，设有 15000 个座席；体育场主体建筑地上 3 层，层高 6m，体育场最高点 34.5m，室内外高差 300mm。体育游泳馆建筑面积 32679m²，建筑长 178m，宽度 120m；设有比赛场地及室内训练场，可进行各类室内球类、体操等比赛。体育馆设有 5000 个固定座席，四面布置看台；体育馆主比赛厅 1 层、看台 2 层、附属功能局部 3 层，层高 6m。游泳馆设有标准 50m 比赛池，不设座席；游泳馆游泳大厅 1 层，附属功能局部地上 2 层、地下 1 层，层高地上 6m，地下 4.5m。体育游泳馆平均高度 24m，室内外高差 300mm。

图 13-1　建筑效果图

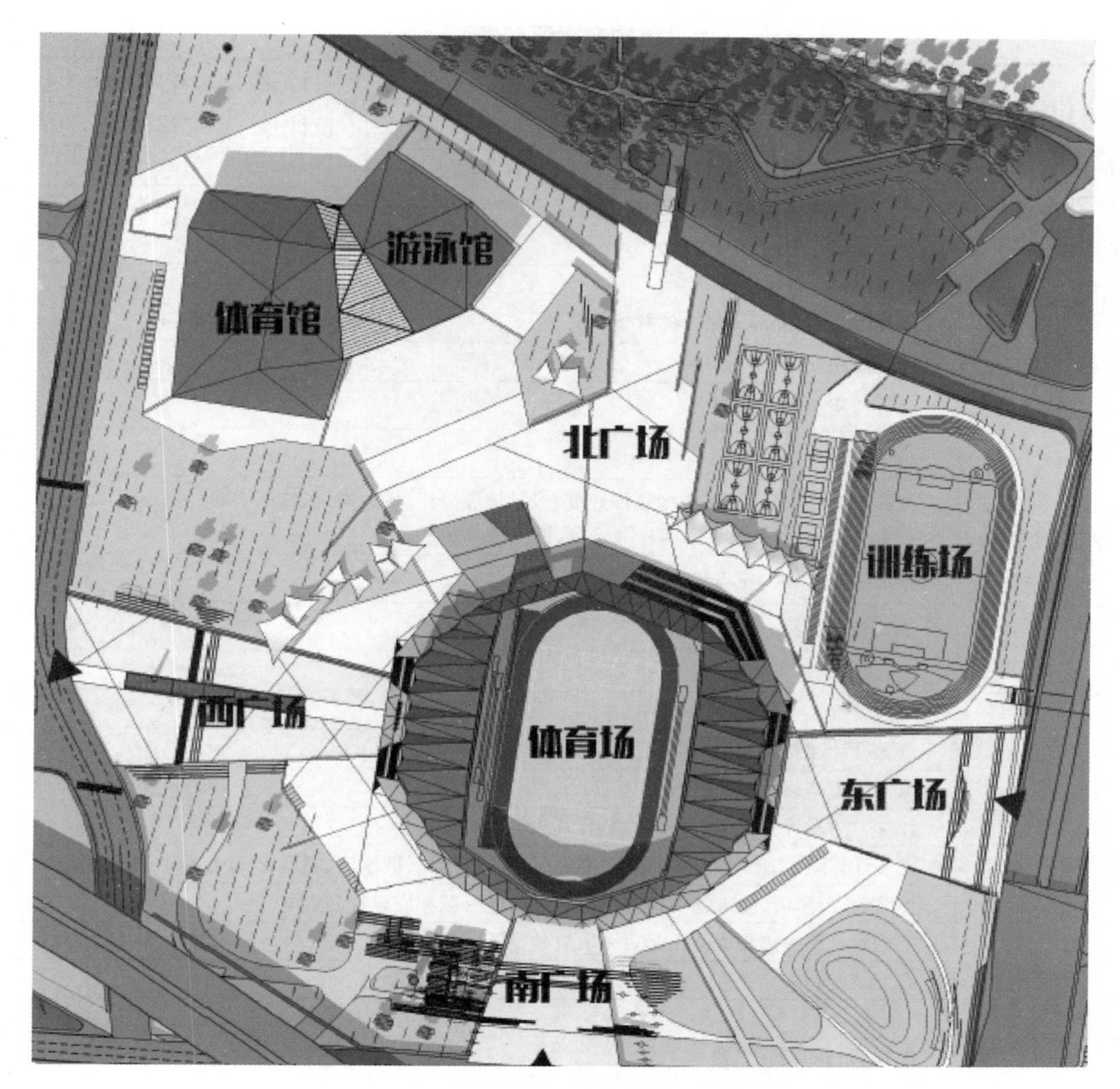

图 13-2 总平面图

二、结构方案

体育场看台分为东西两侧看台，西侧看台正中为主席台，看台上空设置钢结构挑棚屋面，东西区域的挑棚屋盖最大悬挑长度为28m，南北区域最大悬挑长度为13m。东西区看台主体为钢筋混凝土斜框架结构，平层楼盖为现浇钢筋混凝土楼板。体育场看台属于超长结构。本地区抗震设防烈度 7 度（0.10g），应满足抗震设防烈度为 8 度的抗震措施，体育场框架抗震等级为二级。

体育馆地上两层，场地双侧看台设置混凝土斜框架结构，屋盖最大跨度为75m，采用焊接空心球网架结构。游泳馆为一层通高，屋盖最大跨度为 59m，采用焊接空心球网架结构，下部采用混凝土结构。本地区抗震设防烈度 7 度（0.10g），应满足抗震设防烈度为 8 度的抗震措施，体育馆框架抗震等级为二级。

三、地基基础方案

本工程现阶段未收到地勘报告，参照相邻场地地勘报告，体育场基础选用桩基，体育游泳馆选用独立基础。

结构方案评审表

结设质量表（2015）

<table>
<tr><td rowspan="2">项目名称</td><td colspan="2" rowspan="2">**海东高职学校体育中心**</td><td>项目等级</td><td>A/B级□、非A/B级☑</td></tr>
<tr><td>设计号</td><td>14222</td></tr>
<tr><td>评审阶段</td><td>方案设计阶段□</td><td>初步设计阶段☑</td><td colspan="2">施工图设计阶段□</td></tr>
<tr><td>评审必备条件</td><td colspan="2">部门内部方案讨论　有☑　无□</td><td colspan="2">统一技术条件　有☑　无□</td></tr>
<tr><td rowspan="3">工程概况</td><td colspan="2">建设地点　青海省海东市</td><td colspan="2">建筑功能　体育活动等</td></tr>
<tr><td colspan="2">层数(地上/地下)
体育馆2层/局部1层　体育场2层/0层</td><td colspan="2">高度(檐口高度)
体育馆20m　体育场31.5m</td></tr>
<tr><td colspan="2">建筑面积(m^2)5万</td><td colspan="2">人防等级　无</td></tr>
<tr><td rowspan="6">主要控制参数</td><td colspan="4">设计使用年限　50年</td></tr>
<tr><td colspan="4">结构安全等级　二级</td></tr>
<tr><td colspan="4">抗震设防烈度、设计基本地震加速度、设计地震分组、场地类别、特征周期
7度、0.15g(安评报告要求)、第三组、Ⅲ类、0.65s</td></tr>
<tr><td colspan="4">抗震设防类别　重点设防类</td></tr>
<tr><td colspan="4">主要经济指标　无</td></tr>
<tr><td colspan="4"></td></tr>
<tr><td rowspan="9">结构选型</td><td colspan="4">结构类型　框架结构</td></tr>
<tr><td colspan="4">概念设计、结构布置</td></tr>
<tr><td colspan="4">结构抗震等级　框架二级</td></tr>
<tr><td colspan="4">计算方法及计算程序盈建科　YJKS1.6</td></tr>
<tr><td colspan="4">主要计算结果有无异常(周期、周期比、位移、位移比、剪重比、刚度比、楼层承载力突变等)　无</td></tr>
<tr><td colspan="4">伸缩缝、沉降缝、防震缝　体育场馆根据功能分区相应设置防震缝</td></tr>
<tr><td colspan="4">结构超长和大体积混凝土是否采取有效措施　是</td></tr>
<tr><td colspan="4">有无结构超限　无</td></tr>
<tr><td colspan="4"></td></tr>
<tr><td rowspan="6">基础选型</td><td colspan="4">基础设计等级　乙级</td></tr>
<tr><td colspan="4">基础类型　桩基</td></tr>
<tr><td colspan="4">计算方法及计算程序　盈建科YJKS1.6　理正结构工具箱TBS5.62版</td></tr>
<tr><td colspan="4">防水、抗渗、抗浮　无</td></tr>
<tr><td colspan="4">沉降分析</td></tr>
<tr><td colspan="4">地基处理方案　无</td></tr>
<tr><td>新材料、新技术、难点等</td><td colspan="4">平面开大洞，楼板不连续；游泳馆周边存在部分穿层柱；体育场悬挑28m的折板型屋盖结构</td></tr>
<tr><td>主要结论</td><td colspan="4">体育馆：仔细核查屋顶做法及荷重，与建施配合，优化网架高度，中庭屋顶优化结构方案；体育场：细化屋顶桁架布置，优化受力杆件布置，优化传力路径，倒L形构件拐角及根部进行圆弧化处理，钢屋盖进行分缝与不分缝比较，结构空旷，应进行多模型比较包络设计</td></tr>
<tr><td colspan="2">工种负责人：王鑫　　日期：2015.11.17</td><td colspan="3">评审主持人：朱炳寅　　日期：2015.11.24</td></tr>
</table>

注意：1. 申请评审一般应在初步设计完成前，无初步设计的项目在施工图1/2阶段申请。

2. 工种负责人负责通知项目相关人员参加评审会。工种负责人、审核人必须参会，建议审定人、设计人与会。工种负责人在必要时可邀请建筑专业相关人员参会。

3. 评审后，填写《结构方案评审意见回复表》，逐条回复《结构方案评审表》和《会议纪要》中提出的评审意见，并由工种负责人、审定人签字。

会议纪要

2015 年 11 月 24 日

“海东高职学校体育中心”初步设计阶段结构方案评审会

评审人：张仕通、罗宏渊、王金祥、谢定南、徐琳、朱炳寅、胡纯炀、王大庆

主持人：朱炳寅　　　记录：王大庆

介　绍：罗敏杰、王鑫

结构方案：包括体育游泳馆、体育场两部分。体育游泳馆设缝分为体育馆、游泳馆和共享大厅 3 个结构单元，主体结构采用混凝土框架结构体系，两馆屋盖采用抽空四角锥焊接球网架结构，共享大厅屋盖采用箱形截面钢梁。体育场设缝分为 5 个结构区段，主体结构采用混凝土框架结构体系，主看台屋盖采用折板形钢桁架结构，次看台屋盖采用箱形截面的 Γ 形悬臂结构。

地基基础方案：暂无勘察报告。参照邻近场地情况，拟采用桩基础。

评审：

一、进一步细化结构不规则情况判别，相应采取有效的结构措施，并尽早与审图单位落实是否需报请超限审查或抗震专项审查。

二、建筑抗震设防类别为重点设防类时，结构的安全等级宜取一级。

三、本工程结构较空旷，应进行多模型计算比较，包络设计。合理取用阻尼比。

四、仔细核查屋顶做法及荷载，并考虑功能变化，适当留有余地。注意荷载不均匀布置的影响。

五、短柱、错层柱、穿层柱应采取有效加强措施。

六、体育馆、游泳馆、共享大厅：

1. 与建筑专业进一步配合，优化两馆屋顶网架高度，使网架杆件和球节点的截面尺寸趋于合理。

2. 细化两馆的建筑造型做法，注意其对结构受力的影响。

3. 在两馆屋顶折角处抽空网架杆件时，应注意对网架结构受力的影响。

4. 考虑泳池水汽的腐蚀性，注意加强游泳馆钢结构的防腐措施，并适当留有余量。

5. 共享大厅屋顶箱形钢梁的跨度为 24m，且荷载不大，建议进一步优化屋盖结构，比选混凝土梁方案。

七、体育场：

1. 结构设缝分为多个区段，但建筑使用功能不分隔，人员可自由走动，各结构区段应统一抗震设防类别的取值。

2. 体育场钢屋盖建议进行分缝与不分缝的方案比选。

3. 进一步优化主看台挑篷钢桁架及其杆件布置，适当增设斜腹杆，形成稳定的结构区段，适当简化挑篷端部的杆件布置；注意优化传力路径。

4. 适当优化次看台挑篷 Γ 形构件的截面形式和截面尺寸，建议比选工字形截面，Γ 形构件的拐角及柱根部位进行圆弧化处理。

5. 进一步优化结构布置，注意细部处理（如楼梯等）。

结论：

建议根据结构方案评审表的主要结论以及会议纪要内容，进一步优化结构设计。

14　厦航总部大厦

设计部门：范重结构设计研究室
主要设计人：刘先明、李劲龙、胡纯炀、范重、尤天直

工程简介

一、工程概况

厦航总部大厦位于仙岳路与环岛干道的交汇处，系厦门市湖里区东部厦门两岸金融中心总体规划的中心。它由1栋办公楼和1栋高级酒店及附属用房组成，总建筑面积为17.32万m^2。办公楼高度约为185m，结构高度为167.25m，建筑面积为6.36万m^2，地上34层，地下3层。酒店高度约140m，结构高度约为127.65m，属于A级高度范围，建筑面积为5.64万m^2，地上33层，地下3层。正负零的绝对标高为13.60m。

办公楼采用钢框架（底层为钢管混凝土柱）-中心支撑结构体系，酒店采用钢筋混凝土框架-核心筒结构体系，裙房部分采用框架结构体系。

图14-1　项目建筑效果图

二、结构方案

1. 办公楼

办公楼高度约为185m左右，结构高度为167.15m，地上34层，地下3层，主要功能为办公。主体结构有以下特点：

（1）楼层平面整体性不强。由于建筑造型的需要，楼板平面两侧存在明显的凹口，将整体楼层分为两个相对独立的部分，可以简称为主体结构与附属结构。设计中，通过两个人行通道将两部分联系起来，协调能力较差，整体刚度较弱。

（2）核心筒较小且偏置。本项目主体结构平面长度为43m，宽度为36m，核心筒尺寸长度为11.6m，宽度为14m，且位置偏离中心，对结构整体刚度不利，易造成整体结构扭转。

（3）附属结构顶部变化较多。根据建筑造型需要，附属结构随结构高度变化不断向一边减小，这样导致结构刚度中心与质量重心不断产生偏移，附属结构局部扭转效应突出。

（4）根据建筑需要，在底部形成大空间，此时部分首层柱高度达24m，第二层结构高度为18m，这将导致整体结构刚度在首层和第二层形成薄弱层，在设计中需要加以解决。

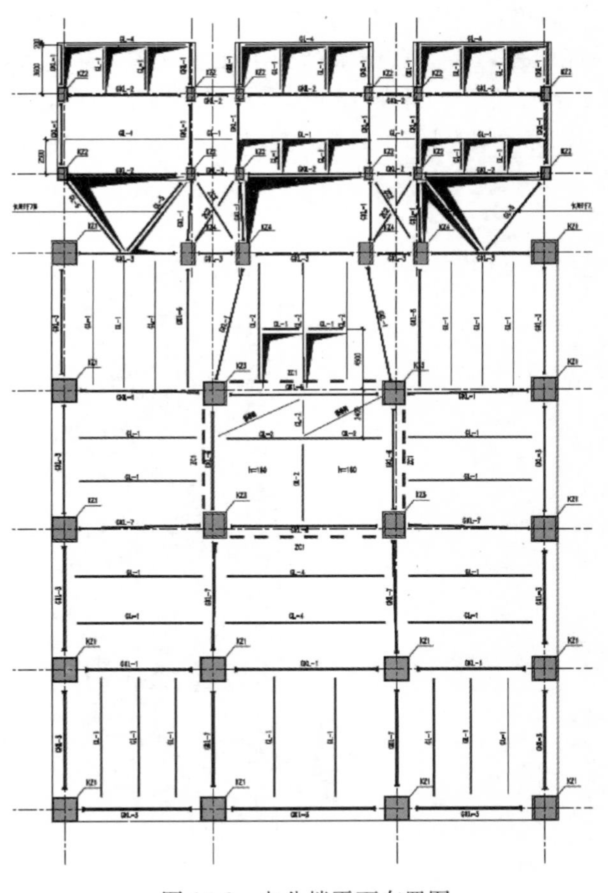

图14-2　办公楼平面布置图

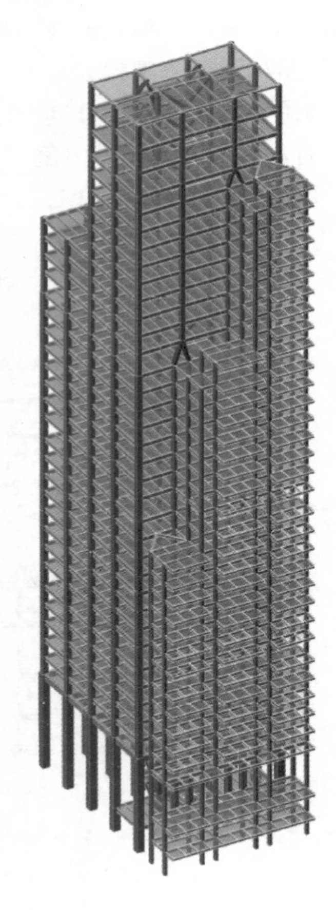

图14-3　办公楼三维模型

根据办公楼整体形式，采光电梯筒作为附属结构依附于主体结构，为减轻附属结构自重，对附属结构拟采用纯钢框架结构体系（底层采用钢管混凝土）。

主体结构采用钢管混凝土＋密柱核心筒结构体系。主体结构柱采用钢管混凝土柱，楼面梁采用钢梁，楼盖采用钢筋桁架现浇板结构体系，核心筒采用密排钢管混凝土的方案，利用密排的柱与梁形成核心筒结构。该方案的特点是各专业易于协调，易于实现；缺点为：

（1）核心筒刚度不如框架柱支撑方案，整体结构刚度不易于满足规范要求，为达到规范要求，可能需要增加造价。

（2）造价可能略高于框架柱支撑方案。

对于首层部分柱高度过长（达 24m）、刚度削弱，设计中，与建筑师配合，考虑在 6m 标高处设置柱间设置约束屈曲支撑，提高结构的刚度，保证上下层刚度比尽量合理。

对于楼盖结构，采用钢筋桁架楼承板与楼面 H 型钢梁形成组合楼板结构，采用圆头焊钉将楼板与钢梁连接为一个整体。标准层板厚 120mm。为提高部分楼层的刚度，首层混凝土楼面板厚取 200mm，加强层楼面取 200mm。

2. 酒店

酒店高度约 140m，结构高度为 127m，地上 33 层，地下 3 层，主要功能为酒店。主体结构采用钢筋混凝土框架-核心筒结构体系，楼面梁采用混凝土梁，楼盖采用现浇板结构体系。该结构体系广泛应用于超高层建筑结构体系中，施工工艺成熟，经济性能好。进行设计时，在底部混凝土柱中设置型钢，以减小柱截面尺寸，增加构件的延性。

本结构最主要的特点是根据建筑需要，结构外框在 3 层以上酒店客房部分有 7 根柱（柱距 6.8m），而 3 层以下部位仅有 4 根柱（柱距 13.6m），因此在 4 层附近需要设置转换结构。转换结构一般采用梁式转换和桁架转换层。梁式转换的特点是施工与设计简单，但构件自重较大；桁架转换结构的特点是受力明确，但结构占用高度较大，混凝土构件抗拉性能较差，需要在桁架结构中配置大量型钢，SRC 桁架的设计与施工均非常复杂，同时造成成本较高，经济性差。因此本工程拟采用梁式转换结构。目前酒店标准层面积为 $1722m^2$，中庭宽度为 9.85m，长度为 23.1m，面积为 $227.5m^2$，占总体面积的 13.2%；中庭有效宽度比为（41.4－23.1）/41.4＝44.2%。

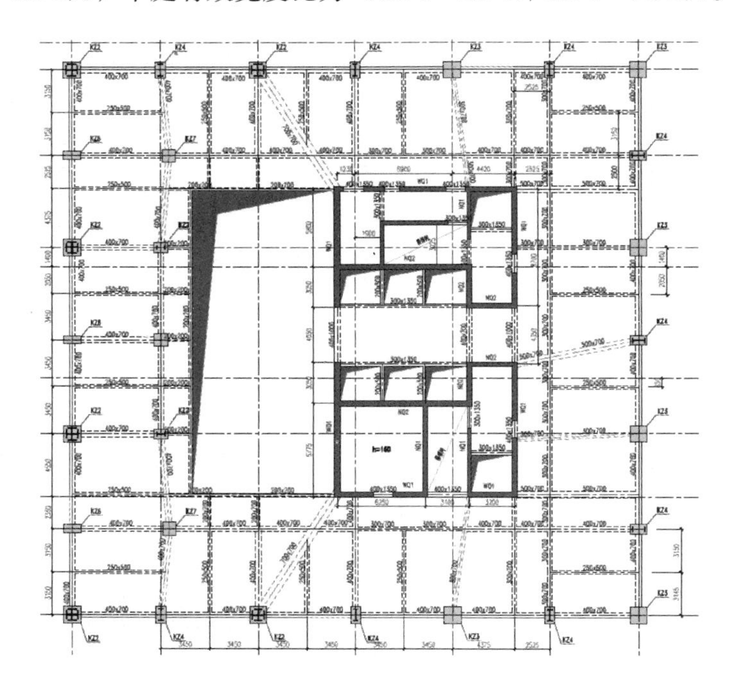

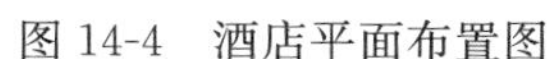

图 14-4　酒店平面布置图

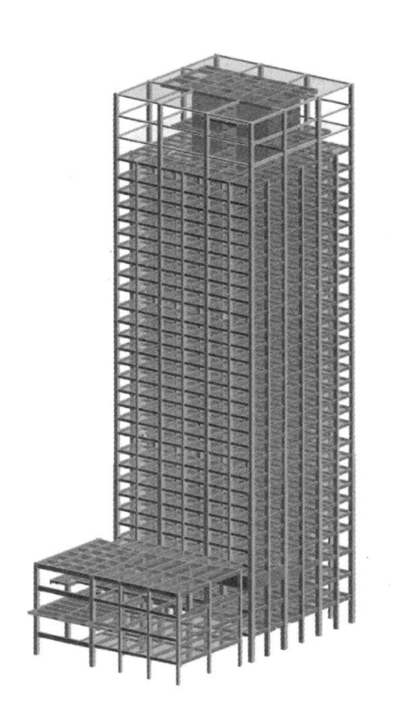

图 14-5　酒店三维模型

3. 裙房

裙房结构高度 23.85m，地上 4 层，地下 3 层，主要功能为办公、会议室、餐厅等，并设有屋顶花园，覆土厚约 1.2m。主体结构采用钢筋混凝土框架结构体系，局部大跨度屋盖采用缓粘结预应力密肋梁楼盖体系。本结构在进行楼层位移分析时采用刚性楼板假定；在进行应力计算时，则取消刚性楼板假定。

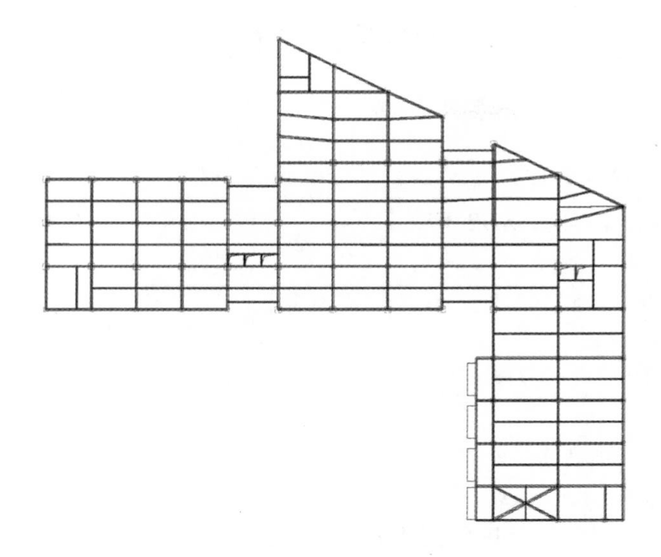

图 14-6 裙房标准层平面布置图

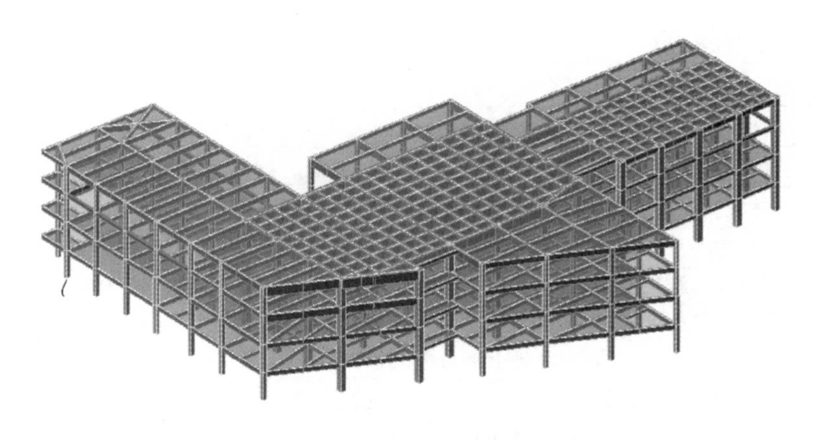

图 14-7 裙房三维模型

三、地基基础方案

根据本工程的特点，结构基础采用桩筏形式，采用变刚度调平的设计理念，通过调整桩数量、桩间距以及承台厚度，设置后浇带等措施，减小差异沉降对结构的影响，降低结构与底板的内力。

考虑到厦航总部大厦办公楼和酒店的底部内力很大，对桩的承载力要求很高。结合工程场地的地质条件和厦门地区的施工经验，对于办公楼完全采用一柱一桩的方案，桩身直径根据柱底力确定，直径分别为 1.6m、2.2m、2.6m、3.8m。钻孔灌注桩基础的桩端持力层采用第⑧a 和⑧b 层中风化辉绿岩或花岗岩，桩长为 14～21m。对于酒店，则采用柱下一柱一桩，直径分别为 1.2m、1.8m、2.2m，钻孔灌注桩基础的桩端持力层采用第⑧a 和⑧b 层中风化辉绿岩或花岗岩，桩长为 14～21m。

厦航总部大厦酒店核心筒整体荷载较大，采用均匀分布桩基础的形式，桩采用梅花形分布，整体筏板将桩连接在一起，抵抗核心筒上部结构的竖向荷载与倾覆力矩。

裙房部分与纯地下室部分基础底板建筑顶标高为－15.200m，建筑做法厚度为 400mm，采用 1000mm 厚混凝土底板将整个结构连接为一个整体。对于上部结构荷载较大的柱，采用局部加厚基础底板厚度的方法，满足抗冲切要求。根据勘察报告，抗浮设防水位建议值为－0.500m，最大水头高度达 14.700m，水浮力很大，仅通过增加底板厚度与压重措施难以满足抗浮要求，故采用抗拔锚杆作为主要抗浮措施，此时，基础底板兼作抗浮底板。

结构方案评审表 结设质量表（2015）

项目名称	厦航总部大厦	项目等级	A/B级□、非A/B级■
		设计号	12187
评审阶段	方案设计阶段□	初步设计阶段■	施工图设计阶段□
评审必备条件	部门内部方案讨论 有■ 无□	统一技术条件 有■ 无□	
工程概况	建设地点 厦门市	建筑功能 办公 酒店	
	层数(地上/地下) 办公楼(34/3) 酒店(33/3)	高度(檐口高度)办公楼185.15m,酒店141.5m	
	建筑面积(m^2) 171848	人防等级 六级	
主要控制参数	设计使用年限 50年		
	结构安全等级 二级		
	抗震设防烈度、设计基本地震加速度、设计地震分组、场地类别、特征周期 7度、0.15*g*、第二组、Ⅱ类、0.45s		
	抗震设防类别 标准设防类(丙类)		
	主要经济指标		
结构选型	结构类型 办公楼:框架支撑结构,酒店:框架核心筒结构		
	概念设计、结构布置:办公楼:框架支撑结构,酒店:框架核心筒结构		
	结构抗震等级:办公楼框架柱与支撑均为二级,酒店框架柱二级,核心筒二级		
	计算方法及计算程序:YJK和ETABS		
	主要计算结果有无异常(如:周期、周期比、位移、位移比、剪重比、刚度比、楼层承载力突变等):办公楼由于底部层高24m,刚度与承载力突变,酒店存在转换结构		
	伸缩缝、沉降缝、防震缝:地上部分办公楼、酒店与裙房均分缝		
	结构超长和大体积混凝土是否采取有效措施:裙房超长,采用温度钢筋的方法予以解决		
	有无结构超限:办公楼与酒店均存在超限,准备进行超限审查		
基础选型	基础设计等级:甲级		
	基础类型:桩基础,一柱一桩		
	计算方法及计算程序:YJK基础软件		
	防水、抗渗、抗浮:抗浮水平位于−0.5m,P8,抗浮采用锚杆		
	沉降分析:采用一柱一桩		
	地基处理方案,不需要		
新材料、新技术、难点等	1 在办公楼24m通高的底部拟采用约束屈曲支撑,提高结构的抗震性能 2 酒店在4层需要托柱转换		
主要结论	办公楼:采取措施优化竖向构件截面、优化交通核与主体的连接关系,优化水平力传递路径,合理确定桩的形式、补充弹性、弹塑性时程分析。 酒店:优化托柱转换梁布置、补充转换构件分析、补充竖向导荷下转换梁分析、补充单榀框架承载力分析,与建筑协商每隔适当楼层加强核心筒与单跨框架连接		
工种负责人:刘先明	日期:2015.12.8	评审主持人:朱炳寅	日期:2015.12.8

注意:1. 评审申请时间:一般项目应在初步设计完成之前,无初步设计的项目在离工图1/2阶段。

2. 工种负责人、审核人必须参加评审会,审定人以及项目组其他人员应尽量参会。工种负责人负责项目组与会人员的通知事宜,在必要时可邀请建筑专业相关人员出席。

3. 评审后工种负责人应填写《结构主案评审意见回复表》,逐条回复《结构方案评审表》和《会议纪要》中提出的评审意见,并在签署齐全后归档。

会议纪要

2015年12月8日

“厦航总部大厦”初步设计阶段结构方案评审会

评审人：张仕通、罗宏渊、王金祥、谢定南、徐琳、任庆英、朱炳寅、陈文渊、胡纯炀、张亚东、王大庆

主持人：朱炳寅　　　记录：王大庆

介　绍：刘先明

结构方案：含两个塔楼（办公楼、酒店）及附属裙房。办公楼34/－3层，建筑高度185.15m，结构高度167.25m；采用钢框架-支撑结构体系，下部部分楼层的框架柱采用钢管混凝土柱，底层设置防屈曲约束支撑。酒店33/－3层，建筑高度141.50m，结构高度127.65m；采用混凝土框架-核心筒结构体系，部分框架柱采用型钢混凝土柱，4层局部进行梁托柱转换。裙房采用混凝土框架结构体系，大跨度梁采用预应力。

地基基础方案：采用人工挖孔桩基础，一柱一桩。

评审：

一、本工程为超限高层建筑，应针对结构超限和不规则情况，细化、完善结构的多模型补充计算分析，补充弹性、弹塑性时程分析，并相应采取有效的结构措施，以报请超限审查。

二、本工程地下水位较高，应进一步推敲现桩基方案，摸清当地常用的桩基础形式，注意方案的可实施性，合理确定桩的形式和成桩工艺。

三、办公楼：

1. 结构计算的弹性层间位移角较小（与混凝土结构的数值相近，有较多余量），应采取措施优化结构布置和构件截面尺寸，使结构刚度趋于合理。

2. 外置交通核与主体结构连接较弱，应适当优化两者的连接关系，有效加强连接，建议与建筑专业进一步协商，将V形水平支撑改为交叉水平支撑，各层连廊设置交叉水平支撑。

3. 适当调整结构布置，优化水平力传递路径，保证水平支撑的力有效传递至筒体。

4. 外置交通核的楼板开洞较多，空间协同作用较弱，应进一步加强楼板平面刚度，建议设置交叉水平支撑，与连廊的水平支撑形成整体。

5. 进一步优化楼面梁布置，注意细部处理，例如外置交通核等部位。

四、酒店：

1. 适当优化托柱转换梁的结构布置和截面尺寸，必要时可考虑空腹桁架方案。

2. 转换构件应进行多模型补充计算分析，应补充竖向导荷下转换构件分析，确保安全。

3. 各层楼板开大洞，形成单跨框架，结构的协同作用较弱，应与建筑专业进一步协商，每隔适当楼层，有效加强单跨框架与核心筒的连接。

4. 补充单榀框架承载力分析，包络设计。

5. 进一步优化楼面梁的结构布置和截面尺寸，适当增大楼板平面刚度，有效加强框架与核心筒之间、框架与框架之间的连接，保证水平力有效传递。

结论：

建议根据结构方案评审表的主要结论以及会议纪要内容，进一步优化结构设计。

15　航站楼工程

设计部门：第二工程设计研究院
主要设计人：王超、施泓、陈文渊、马玉虎

工程简介

一、工程概况

本工程场地位于海拉尔东山机场，距市区 5km。场地地势西高东低，场地高程最大值 656.70m（高程系为 1956 年黄海高程系），最小值 654.24m，场地属风积地貌。本工程按照建筑材料主要分为钢结构及混凝土结构部分，钢结构 1 层，高度为 19.35m；混凝土结构 1 层，局部 2 层，高度 10.65m；钢结构及混凝土结构均无地下室，基础埋深为 3.25m；总建筑面积钢结构约 17000m^2，混凝土结构 6372m^2。建筑的工程概况如下表所示：

拟建物建筑材料	建筑面积(m^2)	层数	建筑高度(m)	结构类型
钢结构部分	17000	1	19.35	单层球面网壳
混凝土结构部分	6372	2	10.65	框架结构

图 15-1　建筑效果图

二、结构方案

1. 混凝土结构部分

本工程混凝土结构部分的东西总长度共 232m，属于超长结构。根据建筑需要，分为 3 块单体结构，具体划分情况见下图。

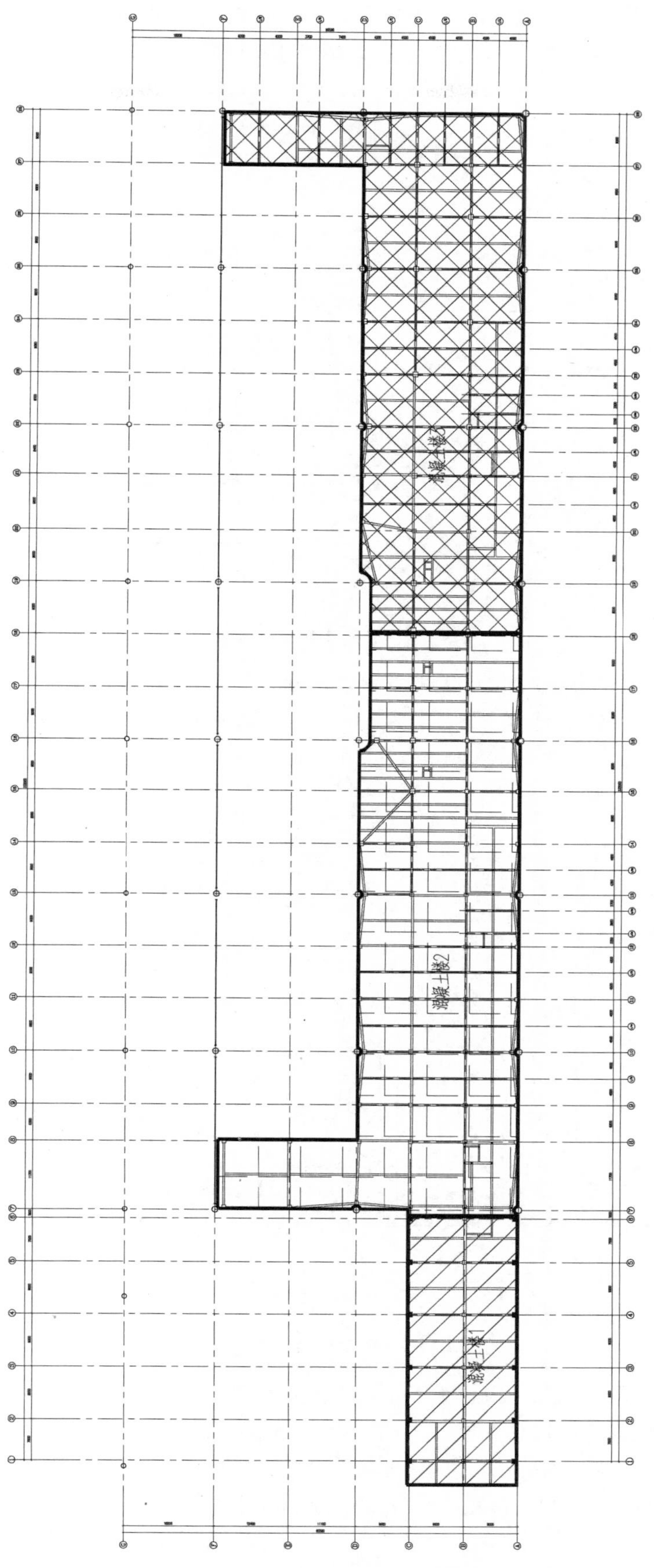

图 15-2　混凝土结构平面布置图

混凝土楼1地上2层，无地下室，屋面标高10.65m。采用框架结构体系，抗震等级三级，屋顶为大跨度框架，抗震等级提高一级，并考虑竖向地震作用。整体平面布置为矩形布置，柱截面尺寸为600mm×600mm及800mm×800mm，梁截面尺寸为300mm×600mm、300mm×800mm、400mm×700mm、300mm×1200mm。

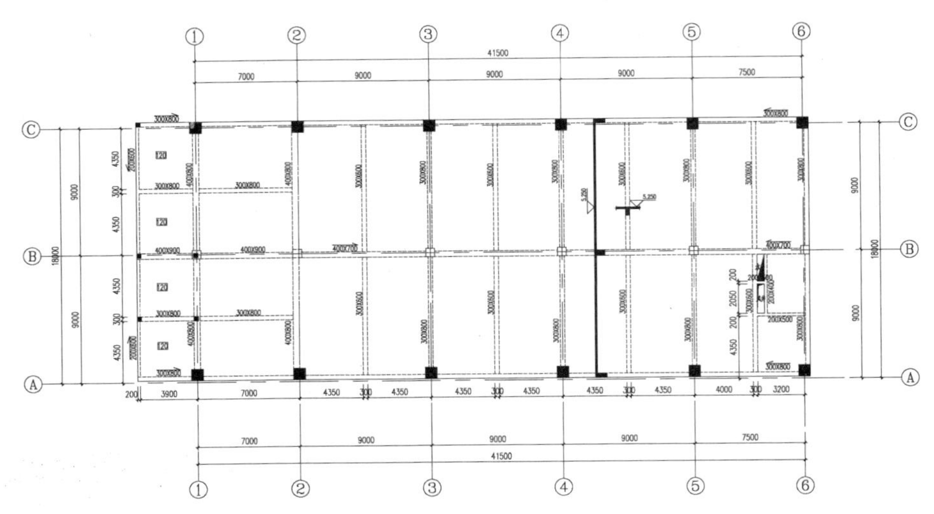

图15-3 混凝土楼1平面布置图

混凝土楼2地上1层，局部2层，无地下室，屋面标高9.0m。采用框架结构体系，抗震等级三级。整体平面布置为L形布置，柱截面尺寸为600mm×600mm及800mm×800mm，梁截面尺寸为300mm×600mm、300mm×800mm、300mm×1200mm、300mm×1100mm、200mm×400mm。结构超长，进行温度应力分析。

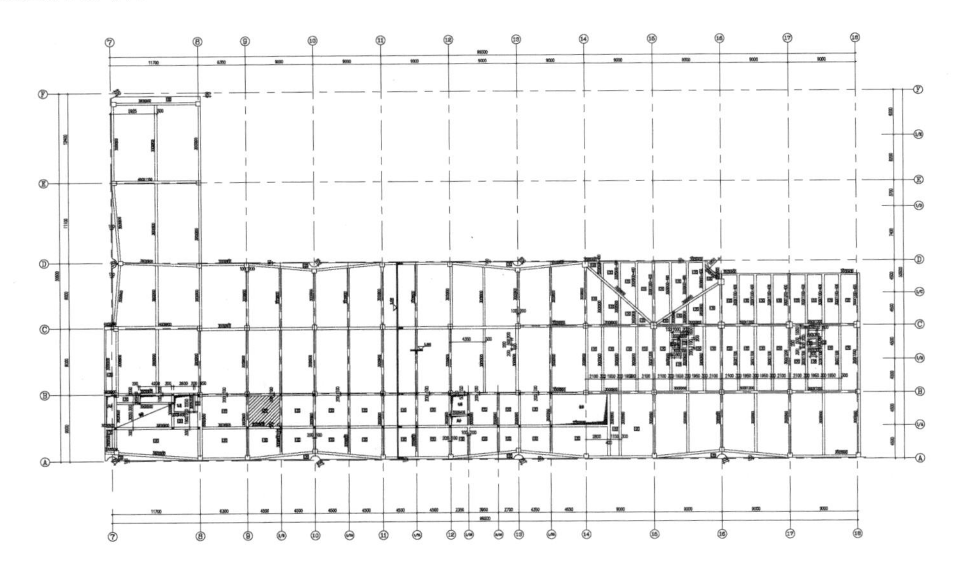

图15-4 混凝土楼2平面布置图

混凝土楼3地上1层，局部2层，无地下室，屋面标高9.0m。采用框架结构体系，抗震等级三级，屋顶为大跨度框架，抗震等级提高一级，并考虑竖向地震作用。整体平面布置为L形布置，柱截面尺寸为600mm×600mm及800mm×800mm，梁截面尺寸为300mm×600mm、300mm×800mm、300mm×1200mm、300mm×1100mm、200mm×400mm。结构超长，进行温度应力分析。

2. 钢结构部分

钢结构与混凝土结构完全脱开，地上1层，主要功能为混凝土楼2和混凝土楼3的屋顶，整体平面

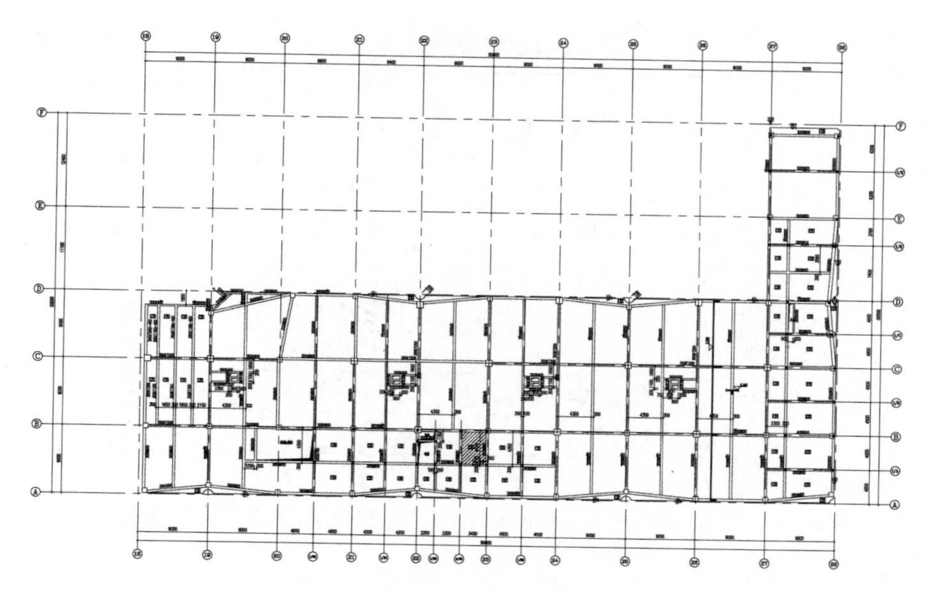

图 15-5　混凝土楼 3 平面布置图

布置为矩形布置，平面尺寸为 189m×65.5m，结构形式为单层球面网壳结构。

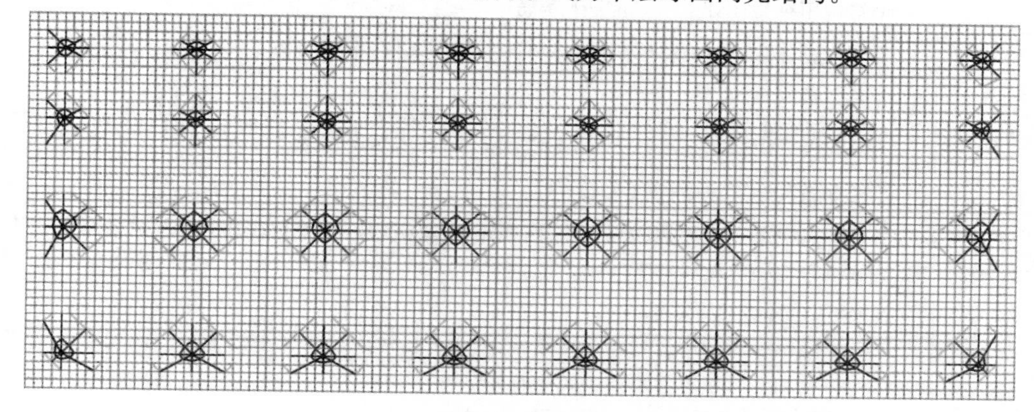

图 15-6　钢结构屋顶平面布置图

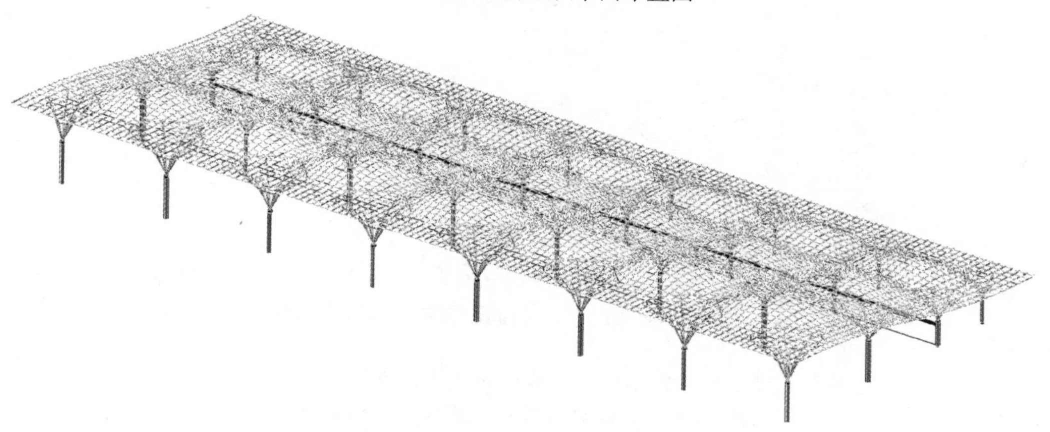

图 15-7　钢结构屋顶三维视图

三、地基基础方案

根据详勘报告，本工程基础形式采用天然地基上的柱下独立基础，持力层为②细砂层，承载力 f_{ak} =150kPa，基础埋深为 3.25m。

结构方案评审表

结设质量表（2015）

<table>
<tr><td rowspan="2">项目名称</td><td rowspan="2" colspan="2">航站楼工程</td><td>项目等级</td><td>A/B级□、非A/B级■</td></tr>
<tr><td>设计号</td><td>15486</td></tr>
<tr><td>评审阶段</td><td>方案设计阶段□</td><td>初步设计阶段□</td><td colspan="2">施工图设计阶段■</td></tr>
<tr><td>评审必备条件</td><td colspan="2">部门内部方案讨论　有■　无□</td><td colspan="2">统一技术条件　有■　无□</td></tr>
<tr><td rowspan="4">工程概况</td><td colspan="2">建设地点：内蒙古自治区海拉尔</td><td colspan="2">建筑功能：机场</td></tr>
<tr><td colspan="2">层数（地上/地下）：1/0</td><td colspan="2">高度（檐口高度）：19.35m</td></tr>
<tr><td colspan="2">建筑面积（m²）：</td><td colspan="2">人防等级</td></tr>
<tr><td colspan="2">钢结构：17000；混凝土结构：6372</td><td colspan="2">无</td></tr>
<tr><td rowspan="6">主要控制参数</td><td colspan="4">设计使用年限：50年</td></tr>
<tr><td colspan="4">结构安全等级：二级</td></tr>
<tr><td colspan="4">抗震设防烈度、设计基本地震加速度、设计地震分组、场地类别、特征周期
6度、0.05g、第一组、Ⅲ类场地土、0.45s</td></tr>
<tr><td colspan="4">抗震设防类别：重点设防类</td></tr>
<tr><td colspan="4">主要经济指标</td></tr>
<tr><td colspan="4">钢结构用钢量：85kg/m²，混凝土钢筋用钢量：41kg/m²（不含基础）</td></tr>
<tr><td rowspan="8">结构选型</td><td colspan="4">结构类型：钢结构：单层球面网壳结构；混凝土结构：框架结构</td></tr>
<tr><td colspan="4">概念设计、结构布置</td></tr>
<tr><td colspan="4">结构抗震等级：钢结构：4级；混凝土结构：3级（大跨度框架部分二级）</td></tr>
<tr><td colspan="4">计算方法及计算程序：YJK1.6.3</td></tr>
<tr><td colspan="4">主要计算结果有无异常（如：周期、周期比、位移、位移比、剪重比、刚度比、楼层承载力突变等）：主要计算结果均满足设计要求</td></tr>
<tr><td colspan="4">伸缩缝、沉降缝、防震缝：
混凝土结构与钢结构之间设置防震缝；混凝土超长部分设置伸缩缝</td></tr>
<tr><td colspan="4">结构超长和大体积混凝土是否采取有效措施：
设置伸缩缝，伸缩后浇带，进行温度应力计算</td></tr>
<tr><td colspan="4">有无结构超限　　无</td></tr>
<tr><td rowspan="6">基础选型</td><td colspan="4">基础设计等级：乙级</td></tr>
<tr><td colspan="4">基础类型：独立柱基</td></tr>
<tr><td colspan="4">计算方法及计算程序：YJK1.6.3</td></tr>
<tr><td colspan="4">防水、抗渗、抗浮：无</td></tr>
<tr><td colspan="4">沉降分析：沉降大小满足规范要求</td></tr>
<tr><td colspan="4">地基处理方案：无</td></tr>
<tr><td>新材料、新技术、难点等</td><td colspan="4">对于屋顶单层球面网壳，进行网壳全过程分析，按满跨均布荷载进行分析，考虑初始曲面形状的安装偏差的影响；采用结构的最低阶屈曲模态作为初始缺陷分布模态，最大计算值按网壳跨度的1/300取值</td></tr>
<tr><td>主要结论</td><td colspan="4">单层网壳关键是水平推力的处理，应明确边缘构件设置，与建筑协商设置封闭边缘构件（柱-柱）注意钢柱设计问题，注意风荷载对钢结构的影响。温度应力分析时应考虑混凝土收缩的影响，风吸力、风压力、不对称荷载问题</td></tr>
<tr><td colspan="2">工种负责人：王超</td><td>日期：2015.12.10</td><td>评审主持人：朱炳寅</td><td>日期：2015.12.14</td></tr>
</table>

注意：1. 评审申请时间：一般项目应在初步设计完成之前，无初步设计的项目在离工图1/2阶段。

2. 工种负责人、审核人必须参加评审会，审定人以及项目组其他人员应尽量参会。工种负责人负责项目组与会人员的通知事宜，在必要时可邀请建筑专业相关人员出席。

3. 评审后工种负责人应填写《结构主案评审意见回复表》，逐条回复《结构方案评审表》和《会议纪要》中提出的评审意见，并在签署齐全后归档。

会议纪要

2015年12月14日

"航站楼工程"施工图设计阶段结构方案评审会

评审人：陈富生、张仕通、谢定南、罗宏渊、王金祥、徐琳、朱炳寅、王大庆

主持人：朱炳寅　　　记录：王大庆

介　绍：王超

结构方案：无地下室。混凝土结构地上1层（局部2层），采用框架结构体系。钢结构与混凝土结构脱开，为钢柱支承的多波单层球面网壳结构。雪荷载考虑积雪效应放大。结构超长，进行温度应力分析，混凝土结构设置结构缝。

地基基础方案：采用天然地基上的柱下独立基础。

评审：

1. 处理好水平推力是单层网壳结构设计的关键，应明确边缘构件设置，与建筑专业进一步协商，在柱与柱之间设置封闭的边缘构件。

2. 进一步优化单层网壳结构的网格划分和杆件布置，优化传力路径。

3. 钢柱为悬臂柱，应注意其设计问题，进一步加强复核验算（如柱计算长度等），保证钢柱在柱顶水平力作用下的安全。

4. 注意风荷载对钢结构和围护结构的影响，除风压力外，尚应考虑风吸力、不对称荷载等问题。

5. 注意屋面积雪分布的不均匀性以及单层网壳的雪荷载敏感性，取用雪荷载时应有可靠依据。

6. 钢结构温度应力分析时，应考虑钢结构的温度敏感性，合理确定温度作用取值。

7. 混凝土结构温度应力分析时，应考虑混凝土收缩的影响。

8. 进一步复核混凝土长悬臂梁的挠度和裂缝。

结论：

建议根据结构方案评审表的主要结论以及会议纪要内容，进一步优化结构设计。

16　临汾市尧都区汾东棚户区改造

设计部门：第三工程设计研究院
主要设计人：鲁昂、毕磊、尤天直

工程简介

一、工程概况

本工程位于临汾市尧都区，分为两个地块，分别为3号和4号地块。3号地块东临二中路，北临康庄街道；总用地面积15393.38m²，其中建设用地面积12635.47m²，用地内规划建设两栋住宅楼、一栋配套公建及地下车库。3号地块总建筑面积57016.23m²（其中地上建筑面积41388.00m²，地下建筑面积15628.23m²），建筑高度为地上最高64.95m，建筑层数最高为地上22层，地下2层。4号地块东临二中路，西临众望路；总用地面积23168.24m²，其中建设用地面积21327.65m²，用地内规划建设三栋住宅楼及贴临的配套裙房与地下车库。4号地块总建筑面积68109.15m²（其中地上建筑面积53322.11m²，地下建筑面积14787.04m²），建筑高度为地上最高85.25m，建筑层数最高为地上29层，地下1层。

图16-1　三号地块效果图

图16-2　四号地块效果图

二、结构方案

3号地块：包括两栋主楼，通过两层地下室连为一体；一栋单独的配套楼无地下室。两栋主楼的高度分别为63.8m和60.9m，采用剪力墙结构，楼盖采用大板结构，避免房间内露出楼面梁。配套楼高度10.25m，采用框架结构，楼盖采用普通梁板结构，经济性能较好。

4号地块：包括三栋主楼，通过一层地下室连成一体。主楼高度分别为78.3m、84.1m及49.3m，采用剪力墙结构，楼盖采用大板结构，避免房间内露出楼面梁。

由于两个地块5栋主楼户型基本相同，结构墙体布置统一处理，提高图纸重复使用率。

三、地基基础方案

本工程采用变厚度筏板基础，主楼筏板厚度900～1200mm，车库筏板厚度500mm。主楼部分采用CFG桩进行地基处理，在提高地基承载力的同时有效降低了不均匀沉降的不利影响。车库采用天然地基，基础持力层为粉土，地基承载力特征值110kPa。

结构方案评审表

结设质量表（2015）

<table>
<tr><td rowspan="2">项目名称</td><td colspan="3" rowspan="2">临汾市尧都区汾东棚户区改造</td><td>项目等级</td><td>A/B级□、非A/B级■</td></tr>
<tr><td>设计号</td><td>暂无</td></tr>
<tr><td>评审阶段</td><td>方案设计阶段□</td><td colspan="2">初步设计阶段■</td><td colspan="2">施工图设计阶段□</td></tr>
<tr><td>评审必备条件</td><td colspan="2">部门内部方案讨论　有■　无□</td><td colspan="3">统一技术条件　有■　无□</td></tr>
<tr><td rowspan="4">工程概况</td><td colspan="2">建设地点：山西省临汾市尧都区</td><td colspan="3">建筑功能　住宅</td></tr>
<tr><td colspan="2">层数(地上/地下)　29/2</td><td colspan="3">高度(檐口高度)　81.08m</td></tr>
<tr><td colspan="2">建筑面积(m^2)　132026</td><td colspan="3">人防等级</td></tr>
<tr><td colspan="2"></td><td colspan="3"></td></tr>
<tr><td rowspan="6">主要控制参数</td><td colspan="5">设计使用年限：50</td></tr>
<tr><td colspan="5">结构安全等级　二级</td></tr>
<tr><td colspan="5">抗震设防烈度、设计基本地震加速度、设计地震分组、场地类别、特征周期
8度、0.20g、第一组、Ⅲ类、0.45s</td></tr>
<tr><td colspan="5">抗震设防类别　标准设防类</td></tr>
<tr><td colspan="5">主要经济指标</td></tr>
<tr><td colspan="5"></td></tr>
<tr><td rowspan="9">结构选型</td><td colspan="5">结构类型：抗震墙结构</td></tr>
<tr><td colspan="5">概念设计、结构布置</td></tr>
<tr><td colspan="5">结构抗震等级　一级/二级抗震墙</td></tr>
<tr><td colspan="5">计算方法及计算程序　YJK</td></tr>
<tr><td colspan="5">主要计算结果有无异常(如：周期、周期比、位移、位移比、剪重比、刚度比、楼层承载力突变等)无</td></tr>
<tr><td colspan="5">伸缩缝、沉降缝、防震缝</td></tr>
<tr><td colspan="5">结构超长和大体积混凝土是否采取有效措施：后浇带处理超长问题</td></tr>
<tr><td colspan="5">有无结构超限：无</td></tr>
<tr><td colspan="5"></td></tr>
<tr><td rowspan="6">基础选型</td><td colspan="5">基础设计等级　乙级</td></tr>
<tr><td colspan="5">基础类型　变厚度筏板基础　CFG桩局部地基处理</td></tr>
<tr><td colspan="5">计算方法及计算程序　YJK</td></tr>
<tr><td colspan="5">防水、抗渗、抗浮</td></tr>
<tr><td colspan="5">沉降分析</td></tr>
<tr><td colspan="5">地基处理方案</td></tr>
<tr><td>新材料、新技术、难点等</td><td colspan="5"></td></tr>
<tr><td>主要结论</td><td colspan="5">注意外挂楼梯间混凝土墙的稳定问题

（全部内容均在此页）</td></tr>
<tr><td colspan="2">工种负责人：鲁昂</td><td>日期：2015.12.10</td><td colspan="2">评审主持人：朱炳寅</td><td>日期：2015.12.14</td></tr>
</table>

注意：1. 评审申请时间：一般项目应在初步设计完成之前，无初步设计的项目在离工图1/2阶段。

2. 工种负责人、审核人必须参加评审会，审定人以及项目组其他人员应尽量参会。工种负责人负责项目组与会人员的通知事宜，在必要时可邀请建筑专业相关人员出席。

3. 评审后工种负责人应填写《结构主案评审意见回复表》，逐条回复《结构方案评审表》和《会议纪要》中提出的评审意见，并在签署齐全后归档。

17　北京大学肖家河教工住宅项目 S2P1＃楼

设计部门：第三工程设计研究院
主要设计人：鲁昂、阎钟巍、毕磊、尤天直、黄丹丹、韦申

工程简介

一、工程概况

北京大学肖家河教工住宅项目为新建项目，位于北京市海淀区海淀乡肖家河村地区。本项目 S2 地块内只有一栋新建公共建筑——S2P1 号楼，地块东侧为圆明园西路，北侧为肖家河中路，西侧与南侧为 G 地块住宅楼。本工程为餐饮、办公楼，地上七层，地下二层。地上一至二层为餐饮，三层以上为办公，地下为两层车库及设备机房；其中地下二层设有六级人防物资库。结构大屋面高度 28.70m，首层层高 5.70m，二层层高 4.00m，标准层层高 3.80m。总建筑面积 30123m^2。

图 17-1　外立面效果图

二、结构方案

S2P1 号楼为七层餐饮、办公楼，总长度为 113.4m，超出规范有关伸缩缝最大间距的要求。根据建筑功能以及平面布局，设置两道结构缝，将建筑分为平面长度适中的三部分，形成平面相对规整、体系明确的独立单元；既减小了建筑的结构单元长度，降低了温度作用的影响，又使结构体系清晰，有利于抗震。

本工程地上七层、地下二层，结构大屋面高度 28.70m，采用混凝土框架-剪力墙结构体系。利用各部分交通核及部分建筑隔墙布置剪力墙，作为主要抗侧力构件，与周边框架形成具有两道防线的抗震结构体系。主典型剪力墙截面 400mm、300mm、250mm。框架柱为矩形截面，典型柱截面为 800mm×

800mm、700mm×700mm、600mm×600mm。

楼盖采用便于施工且具有较好经济性的普通钢筋混凝土梁板体系。典型框架梁截面为400mm×650mm、400mm×600mm；典型次梁截面为300mm×600mm；典型楼板厚120mm。地下室顶板采用无次梁的混凝土大板体系，典型框架梁截面为400mm×800mm，典型楼板厚为250mm、210mm。地下二层顶板大部分为人防顶板，采用无次梁的混凝土大板体系，典型框架梁截面为600mm×900mm，典型楼板厚为300mm。

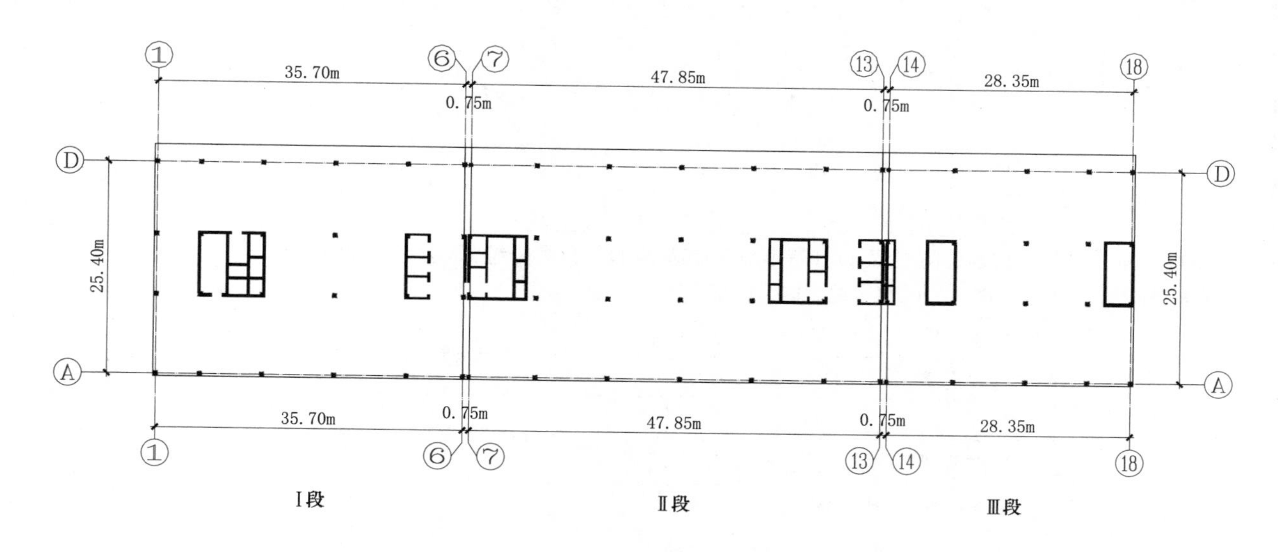

图17-2 平面布置图

三、地基基础方案

本工程地下室实际埋深约为10m，基底绝对标高约为37.820m。根据地勘报告所提供的地质剖面，本工程基底位于第四纪沉积的圆砾、卵石⑤层及细砂、中砂⑤1层；地基承载力标准值为260～300kPa。经试算，本工程可采用天然地基上的平板式筏形基础，持力层为第四纪沉积的圆砾、卵石⑤层，对局部细砂、中砂⑤1层，可采用级配砂石换填的方法进行处理。综合考虑地基承载力标准值为260kPa。

结构方案评审表

结设质量表（2015）

<table>
<tr><td rowspan="2">项目名称</td><td colspan="2" rowspan="2">北京大学肖家河教工住宅项目 S2P1 号楼</td><td>项目等级</td><td>A/B级□、非 A/B级☑</td></tr>
<tr><td>设计号</td><td>10203-S2P1</td></tr>
<tr><td>评审阶段</td><td>方案设计阶段□</td><td>初步设计阶段□</td><td colspan="2">施工图设计阶段■</td></tr>
<tr><td>评审必备条件</td><td colspan="2">部门内部方案讨论　有 ■　无 □</td><td colspan="2">统一技术条件　有 ■　无 □</td></tr>
<tr><td rowspan="4">工程概况</td><td colspan="2">建设地点　北京市海淀区肖家河村</td><td colspan="2">建筑功能　餐饮、办公</td></tr>
<tr><td colspan="2">层数(地上/地下）　2/7</td><td colspan="2">高度(檐口高度）　28.7m</td></tr>
<tr><td colspan="2">建筑面积(m^2）　30211</td><td colspan="2">人防等级　核 6 级</td></tr>
<tr><td colspan="2"></td><td colspan="2"></td></tr>
<tr><td rowspan="6">主要控制参数</td><td colspan="4">设计使用年限　50 年</td></tr>
<tr><td colspan="4">结构安全等级　二级</td></tr>
<tr><td colspan="4">抗震设防烈度、设计基本地震加速度、设计地震分组、场地类别、特征周期
8 度、0.2g、第一组、Ⅱ类、0.35s</td></tr>
<tr><td colspan="4">抗震设防类别　丙类</td></tr>
<tr><td colspan="4">主要经济指标</td></tr>
<tr><td colspan="4"></td></tr>
<tr><td rowspan="9">结构选型</td><td colspan="4">结构类型　钢筋混凝土框架-剪力墙结构</td></tr>
<tr><td colspan="4">概念设计、结构布置</td></tr>
<tr><td colspan="4">结构抗震等级　二极框架一级剪力墙</td></tr>
<tr><td colspan="4">计算方法及计算程序　弹性计算 SATWE</td></tr>
<tr><td colspan="4">主要计算结果有无异常(如:周期、周期比、位移、位移比、剪重比、刚度比、楼层承载力突变等)无异常</td></tr>
<tr><td colspan="4">伸缩缝、沉降缝、防震缝</td></tr>
<tr><td colspan="4">结构超长和大体积混凝土是否采取有效措施　设两道防震缝</td></tr>
<tr><td colspan="4">有无结构超限　无超限</td></tr>
<tr><td colspan="4"></td></tr>
<tr><td rowspan="6">基础选型</td><td colspan="4">基础设计等级　二级</td></tr>
<tr><td colspan="4">基础类型　平板式筏形基础</td></tr>
<tr><td colspan="4">计算方法及计算程序　理正和 JCCAD</td></tr>
<tr><td colspan="4">防水、抗渗、抗浮　抗浮验算满足</td></tr>
<tr><td colspan="4">沉降分析　满足要求</td></tr>
<tr><td colspan="4">地基处理方案　局部换填</td></tr>
<tr><td>新材料、新技术、难点等</td><td colspan="4"></td></tr>
<tr><td>主要结论</td><td colspan="4">优化基础方案，注意地下室周边车道挡土墙设计、明确传力路径、地下室电气夹层优化布置，上、下后浇带不连通，应明确施工控制要求，上部结构优化剪力墙布置</td></tr>
<tr><td colspan="2">工种负责人：毕磊、阎钟巍</td><td>日期：2015.12.16</td><td>评审主持人：朱炳寅</td><td>日期：2015.12.16</td></tr>
</table>

注意： 1. 评审申请时间：一般项目应在初步设计完成之前，无初步设计的项目在离工图 1/2 阶段。

2. 工种负责人、审核人必须参加评审会，审定人以及项目组其他人员应尽量参会。工种负责人负责项目组与会人员的通知事宜，在必要时可邀请建筑专业相关人员出席。

3. 评审后工种负责人应填写《结构主案评审意见回复表》，逐条回复《结构方案评审表》和《会议纪要》中提出的评审意见，并在签署齐全后归档。

会议纪要

2015 年 12 月 16 日

"北京大学肖家河教工住宅项目 S2P1 号楼"施工图设计阶段结构方案评审会

评审人：陈富生、谢定南、罗宏渊、王金祥、徐琳、朱炳寅、张淮湧、王大庆

主持人：朱炳寅　　　记录：王大庆

介　绍：阎钟巍、毕磊

结构方案：地上 7 层，地下 2 层。设缝分为 3 个结构单元，采用混凝土框架-剪力墙结构体系。

地基基础方案：采用天然地基上的平板式筏形基础，地基持力层为圆砾、卵石层。

评审：

1. 本工程的地基条件较好，房屋层数不多，建议进一步优化、比选更合理的基础方案。
2. 注意地下室周边坡道的挡土墙设计，明确传力路径，保证土压力传递至可靠的结构构件。
3. 设计文件应明确施工过程中的降水控制要求，防止地下室顶板覆土未完成时出现压重小于水浮力的情况。
4. 上、下层的后浇带不连通，设计文件应明确施工控制要求。
5. 进一步优化地下室和首层的夹层结构布置。
6. 结构的剪重比偏高（9%），刚度偏大，建议适当优化剪力墙布置。
7. 适当优化结构缝部位的双剪力墙布置，以方便施工和保证质量。

结论：

建议根据结构方案评审表的主要结论以及会议纪要内容，进一步优化结构设计。

18　北京大学教工住宅项目-肖家河幼儿园

设计部门：第三工程设计研究院
主要设计人：毕磊、杨杰、刘松华、尤天直、何羽、韦申

工 程 简 介

一、工程概况

本工程为北京大学肖家河教工住宅项目中的幼儿园子项。项目位于G地块西南侧，西临肖家河东路，南临肖家河南街，北侧、东侧为建设中的教工住宅。建设用地 9565m²，项目总建筑面积 9719m²，其中地上建筑面积 7722m²，地下建筑面积 1997m²。地上三层，地下一层。建筑檐口高度 11.45m，最高点高度 15.884m。主体采用钢筋混凝土框架结构，楼盖采用主次梁现浇楼板体系。建筑功能主要为儿童活动室及多功能厅。

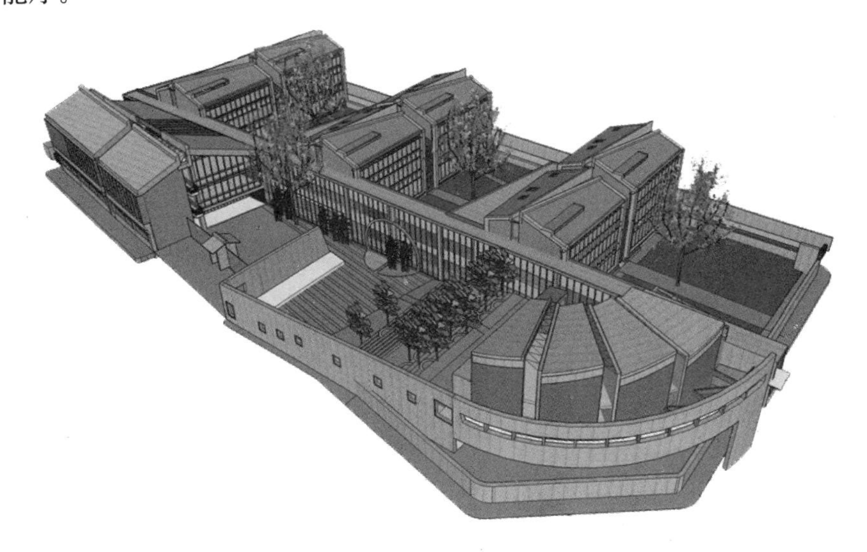

图 18-1　项目三维图

二、结构方案

幼儿园 A、B、C 部分的教室建筑外观基本一致，因此结构布局相似，均采用混凝土框架结构。D 部分为扇形的多功能厅，地上三层，没有地下室，也采用混凝土框架结构。通过防震缝把整个建筑分为 A、B+C、D 三个部分，A 和 D 部分的结构平面布置较为均匀，B 和 C 部分相当于把两栋单体建筑通过单侧的一个框架连廊连接成为一个整体。

三、地基基础方案

本工程的有地下室部分采用天然地基上的平板式筏形基础，基础持力层大部分位于新近沉积的（4-1）粉砂-细砂层，地基承载力标准值为 f_{ka}＝220kPa，另有部分基底持力层位于（3-1）砂质粉土-黏质

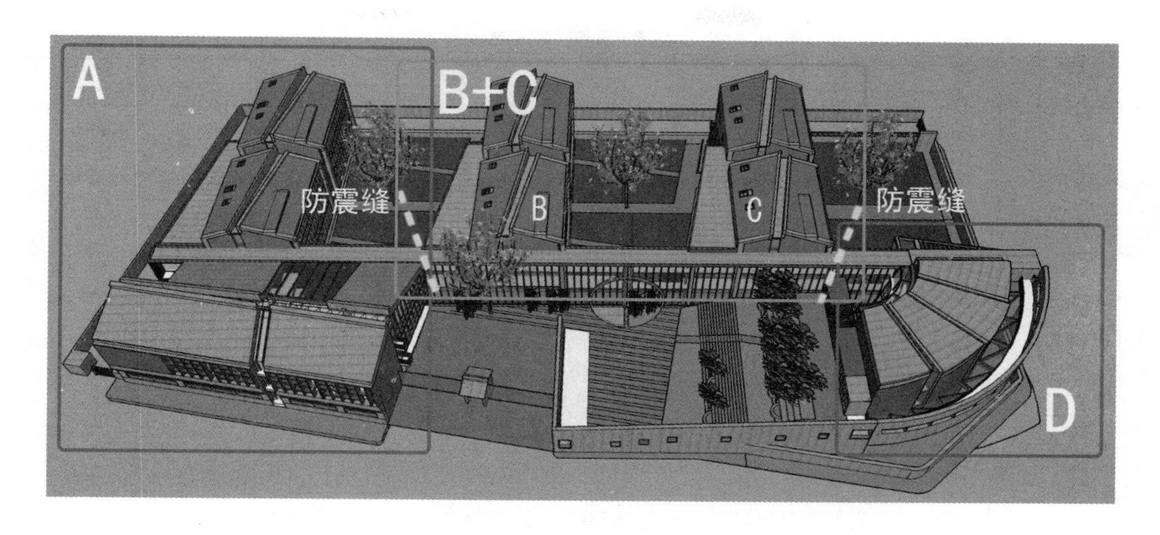

图 18-2 建筑效果图

粉土层及（3-2）粉质黏土-重粉质黏土层，该土层均为有机质腐殖质土层，应挖除并采用 2∶8 灰土换填处理，处理后的地基承载力标准值不小于 180kPa。

本工程的无地下室部分采用 CFG 桩复合地基上的独立柱基，未经修正的复合地基承载力标准值为 250kPa，基底持力层为人工堆积层-房渣土-碎石填土层及黏质粉土素填土层，应先对基底人工填土层进行碾压夯实，压实系数不小于 0.94。

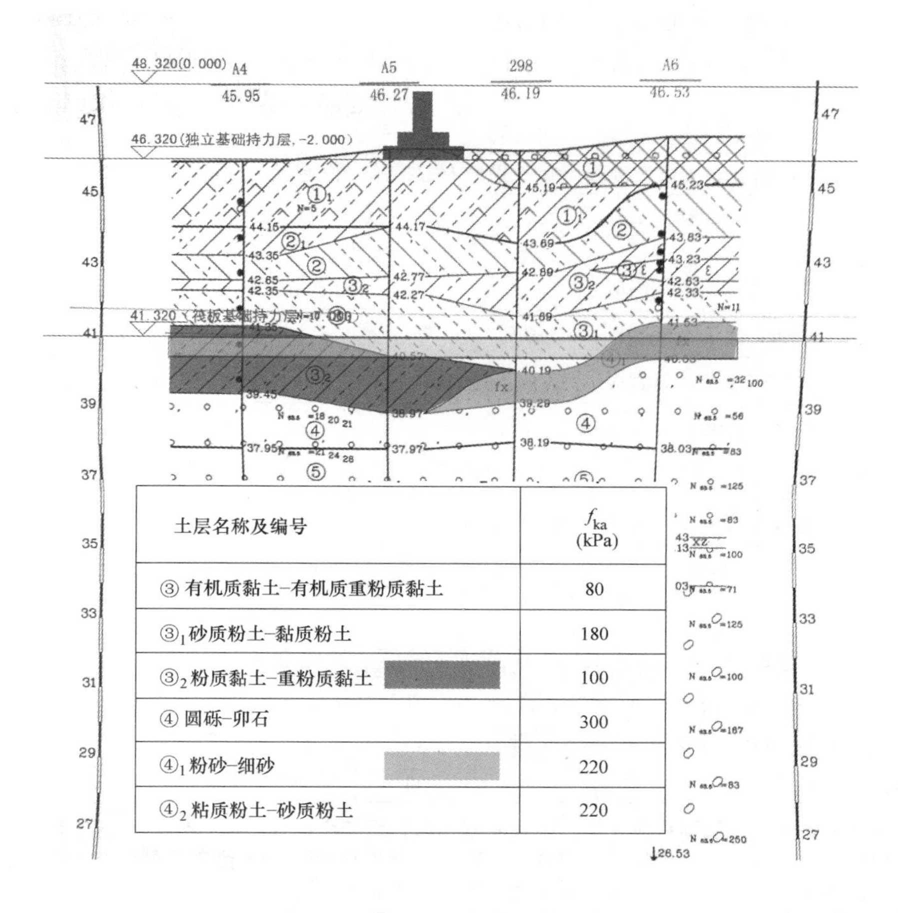

土层名称及编号	f_{ka} (kPa)
③ 有机质黏土-有机质重粉质黏土	80
③$_1$ 砂质粉土-黏质粉土	180
③$_2$ 粉质黏土-重粉质黏土	100
④ 圆砾-卵石	300
④$_1$ 粉砂-细砂	220
④$_2$ 粘质粉土-砂质粉土	220

图 18-3 工程地质剖面图

结构方案评审表

结设质量表（2015）

<table>
<tr><td rowspan="2">项目名称</td><td colspan="2" rowspan="2">北京大学教工住宅项目-肖家河幼儿园</td><td>项目等级</td><td>A/B级□、非A/B级■</td></tr>
<tr><td>设计号</td><td>10203-GP2</td></tr>
<tr><td>评审阶段</td><td>方案设计阶段□</td><td>初步设计阶段□</td><td colspan="2">施工图设计阶段■</td></tr>
<tr><td>评审必备条件</td><td colspan="2">部门内部方案讨论　有■　无□</td><td colspan="2">统一技术条件　有■　无□</td></tr>
<tr><td rowspan="4">工程概况</td><td colspan="2">建设地点：北京市海淀区肖家河地区</td><td colspan="2">建筑功能：幼儿园教室和活动室</td></tr>
<tr><td colspan="2">层数（地上/地下）　3/1</td><td colspan="2">高度（檐口高度）　11.450m</td></tr>
<tr><td colspan="2">建筑面积（m²）　9719</td><td colspan="2">人防等级</td></tr>
<tr><td colspan="2"></td><td colspan="2"></td></tr>
<tr><td rowspan="6">主要控制参数</td><td colspan="4">设计使用年限　50年</td></tr>
<tr><td colspan="4">结构安全等级　二级</td></tr>
<tr><td colspan="4">抗震设防烈度、设计基本地震加速度、设计地震分组、场地类别、特征周期
8度、0.2g、第一组、Ⅱ类场地、0.45s</td></tr>
<tr><td colspan="4">抗震设防类别　乙类</td></tr>
<tr><td colspan="4">主要经济指标</td></tr>
<tr><td colspan="4"></td></tr>
<tr><td rowspan="9">结构选型</td><td colspan="4">结构类型　框架结构</td></tr>
<tr><td colspan="4">概念设计、结构布置</td></tr>
<tr><td colspan="4">结构抗震等级　二级</td></tr>
<tr><td colspan="4">计算方法及计算程序　SATWE</td></tr>
<tr><td colspan="4">主要计算结果有无异常（如：周期、周期比、位移、位移比、剪重比、刚度比、楼层承载力突变等）
无</td></tr>
<tr><td colspan="4">伸缩缝、沉降缝、防震缝　防震缝</td></tr>
<tr><td colspan="4">结构超长和大体积混凝土是否采取有效措施　没有此类问题</td></tr>
<tr><td colspan="4">有无结构超限　无</td></tr>
<tr><td colspan="4"></td></tr>
<tr><td rowspan="6">基础选型</td><td colspan="4">基础设计等级　丙级</td></tr>
<tr><td colspan="4">基础类型　筏板基础，独立基础</td></tr>
<tr><td colspan="4">计算方法及计算程序　JCCAD</td></tr>
<tr><td colspan="4">防水、抗渗、抗浮　已考虑</td></tr>
<tr><td colspan="4">沉降分析　无</td></tr>
<tr><td colspan="4">地基处理方案　天然地基＋复合地基</td></tr>
<tr><td>新材料、新技术、难点等</td><td colspan="4"></td></tr>
<tr><td>主要结论</td><td colspan="4">A区地下室细脖子宜与建筑协商分开或加强连接，注意地面填土对地基承载力和沉降的影响，CFG桩基础应考虑地面沉降引起的负摩阻力对地基承载力的损失，结构平面连接较弱，补充结构单榀分析、分块分析，比较采用桩基的可能性</td></tr>
<tr><td colspan="2">工种负责人：毕磊、杨杰　　日期：2015-12</td><td colspan="3">评审主持人：朱炳寅　　日期：2015.12.15</td></tr>
</table>

注意：1. 评审申请时间：一般项目应在初步设计完成之前，无初步设计的项目在离工图1/2阶段。

2. 工种负责人、审核人必须参加评审会，审定人以及项目组其他人员应尽量参会。工种负责人负责项目组与会人员的通知事宜，在必要时可邀请建筑专业相关人员出席。

3. 评审后工种负责人应填写《结构主案评审意见回复表》，逐条回复《结构方案评审表》和《会议纪要》中提出的评审意见，并在签署齐全后归档。

会议纪要

2015年12月16日

“北京大学教工住宅项目-肖家河幼儿园”施工图设计阶段结构方案评审会

评审人：陈富生、谢定南、罗宏渊、王金祥、徐琳、朱炳寅、张淮湧、王大庆

主持人：朱炳寅　　　记录：王大庆

介　绍：杨杰、毕磊

结构方案：地上3层，局部地下1层。平面复杂，设缝分为3个结构单元，采用混凝土框架结构体系。

地基基础方案：地面大面积填土。地下室地基进行局部换填处理，采用平板式筏形基础。无地下室部位采用CFG桩复合地基上的独立基础。

评审：

1. 注意地面填土对地基承载力和基础沉降的影响，并做好房心土处理。

2. CFG桩＋独立基础方案应考虑地面沉降产生的负摩阻力导致地基承载力的损失，并进一步分析、比较采用桩基础的可能性。

3. 与建筑专业进一步协商，将A区地下室细腰部位设缝分开或加强连接。

4. 结构的平面连接较弱，协同作用较差，应补充单榀模型和分块模型计算分析，与整体模型包络设计，并有效加强平面连接。

5. 进一步优化C、D区结构缝部位的结构布置。

结论：

建议根据结构方案评审表的主要结论以及会议纪要内容，进一步优化结构设计。

19　玉门关游客中心改造工程

设计部门：第二工程设计研究院
主要设计人：张淮湧、周岩、施泓、朱炳寅、王树乐

工 程 简 介

一、工程概况

玉门关游客中心位于玉门关遗址核心区内，是现有的玉门关遗址管理所的位置，北侧距离小方盘城 300m，南侧距离通往雅丹的过境路约 400m，基地的东西两侧均为戈壁。总建筑面积（项目无地下室）2540m^2；建筑主檐口高度为 6.6m；建筑层数为：地上 1 层（局部 2 层）。主要建筑功能为展厅、影厅、餐厅、宿舍及配套用房。游客中心外围部分的结构形式为钢筋混凝土框架-剪力墙结构；基础采用柱下独立基础、墙下条型基础。中部建筑的功能为观景塔，地上 1 层，结构形式采用剪力墙结构，基础采用墙下条形基础。

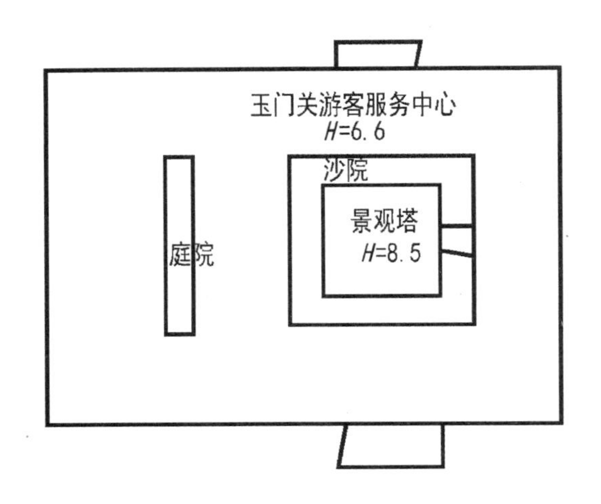

图 19-1　平面示意图

二、结构方案

1. 游客服务中心

平面呈日字形，地上 1 层，层高 6m，平面尺寸 61m×43.5m。结构体系采用混凝土框架-剪力墙结构，抗震等级：框架为四级，剪力墙为三级。建筑的南、西、东三面均有覆土，为了对挡土墙进行有效支撑及刚度分布均匀，平面内设置适当的剪力墙。结构主要截面：剪力墙厚度 300mm；框架柱截面 500mm×500mm；框架梁 300mm×700mm；次梁 300mm×650mm；厚板厚度 120mm～150mm；基础厚度 400mm。

2. 观光塔

建筑体形呈平面四角锥形，墙体内倾 10°，观光平台 6.9m，平面尺寸 13.6m×13.6m。结构体系采

用混凝土剪力墙结构。结构主要截面：剪力墙厚度 300mm；框架梁 300mm×1200mm；次梁 300mm×400mm、600mm×600mm；厚板厚度 120mm；基础厚度 400mm。

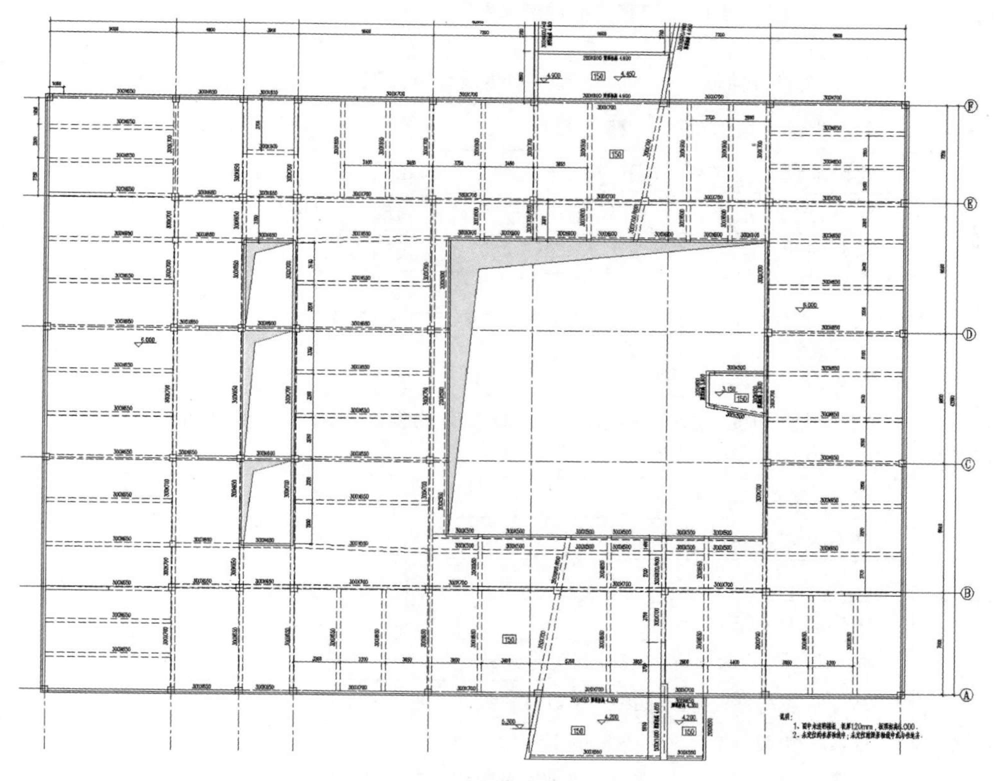

图 19-2　平面布置图

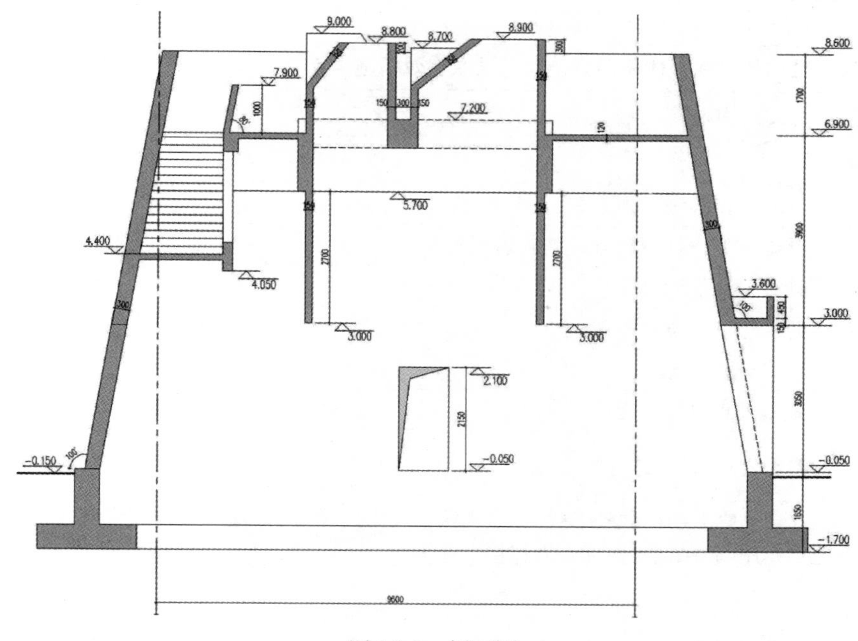

图 19-3　剖面图

三、地基基础方案

根据地勘报告，本工程以④层粉质黏土为基础持力层。承载力特征值为 150kPa。基础采用柱下独立基础、墙下条型基础。

结构方案评审表

结设质量表（2015）

<table>
<tr><td rowspan="2">项目名称</td><td colspan="2" rowspan="2">玉门关游客中心改造工程</td><td>项目等级</td><td>A/B级□、非A/B级■</td></tr>
<tr><td>设计号</td><td>15530</td></tr>
<tr><td>评审阶段</td><td>方案设计阶段□</td><td>初步设计阶段■</td><td colspan="2">施工图设计阶段□</td></tr>
<tr><td>评审必备条件</td><td colspan="2">部门内部方案讨论　有■　无□</td><td colspan="2">统一技术条件　有■　无□</td></tr>
<tr><td rowspan="4">工程概况</td><td colspan="2">建设地点　甘肃省敦煌市玉门关遗址</td><td colspan="2">建筑功能　游客接待</td></tr>
<tr><td colspan="2">层数(地上/地下)　1/0</td><td colspan="2">高度(檐口高度)　6.6m</td></tr>
<tr><td colspan="2">建筑面积(m²)　2540</td><td colspan="2">人防等级　无</td></tr>
<tr><td colspan="2"></td><td colspan="2"></td></tr>
<tr><td rowspan="6">主要控制参数</td><td colspan="4">设计使用年限　50年</td></tr>
<tr><td colspan="4">结构安全等级　二级</td></tr>
<tr><td colspan="4">抗震设防烈度、设计基本地震加速度、设计地震分组、场地类别、特征周期
7度、0.1g、三组、Ⅱ类、0.45s</td></tr>
<tr><td colspan="4">抗震设防类别　丙类</td></tr>
<tr><td colspan="4">主要经济指标</td></tr>
<tr><td colspan="4"></td></tr>
<tr><td rowspan="9">结构选型</td><td colspan="4">结构类型　框架-剪力墙</td></tr>
<tr><td colspan="4">概念设计、结构布置　三边有覆土建筑</td></tr>
<tr><td colspan="4">结构抗震等级　框架四级、剪力墙三级</td></tr>
<tr><td colspan="4">计算方法及计算程序　SATWE V2.1</td></tr>
<tr><td colspan="4">主要计算结果有无异常(如:周期、周期比、位移、位移比、剪重比、刚度比、楼层承载力突变等)
位移比大于1.4</td></tr>
<tr><td colspan="4">伸缩缝、沉降缝、防震缝　无</td></tr>
<tr><td colspan="4">结构超长和大体积混凝土是否采取有效措施　无</td></tr>
<tr><td colspan="4">有无结构超限　无</td></tr>
<tr><td colspan="4"></td></tr>
<tr><td rowspan="6">基础选型</td><td colspan="4">基础设计等级　丙</td></tr>
<tr><td colspan="4">基础类型　柱下独立柱基础墙下条基</td></tr>
<tr><td colspan="4">计算方法及计算程序　JCCAD</td></tr>
<tr><td colspan="4">防水、抗渗、抗浮　无</td></tr>
<tr><td colspan="4">沉降分析　无</td></tr>
<tr><td colspan="4">地基处理方案　无</td></tr>
<tr><td>新材料、新技术、难点等</td><td colspan="4">覆土建筑,存在悬臂挡土墙</td></tr>
<tr><td>主要结论</td><td colspan="4">注意大跨梁与墙面外连接,注意挡墙的传力路径,楼板及梁作为深受弯构件,悬挑雨篷考虑竖向地震作用,确保挑梁根部有效连接

(全部内容均在此页)</td></tr>
<tr><td colspan="2">工种负责人:周岩　　日期:2015.12.16</td><td colspan="3">评审主持人:朱炳寅　　日期:2015.12.16</td></tr>
</table>

注意：1. 评审申请时间：一般项目应在初步设计完成之前，无初步设计的项目在离工图1/2阶段。

2. 工种负责人、审核人必须参加评审会，审定人以及项目组其他人员应尽量参会。工种负责人负责项目组与会人员的通知事宜，在必要时可邀请建筑专业相关人员出席。

3. 评审后工种负责人应填写《结构主案评审意见回复表》，逐条回复《结构方案评审表》和《会议纪要》中提出的评审意见，并在签署齐全后归档。

20　固安招商中心

设计部门：第二工程设计研究院
主要设计人：张猛、施泓、朱炳寅、马玉虎

工程简介

一、工程概况

本工程位于河北省廊坊市固安县。总建筑面积为 14000m^2。建筑功能为办公、展示。

本工程为一个独立的结构单体，地上两层，无地下室。平面轴线尺寸约 135m×54m，主要柱网 9m。首层层高 6.8m，二层层高 6.2m，结构形式为钢框架结构。

图 20-1　建筑效果图

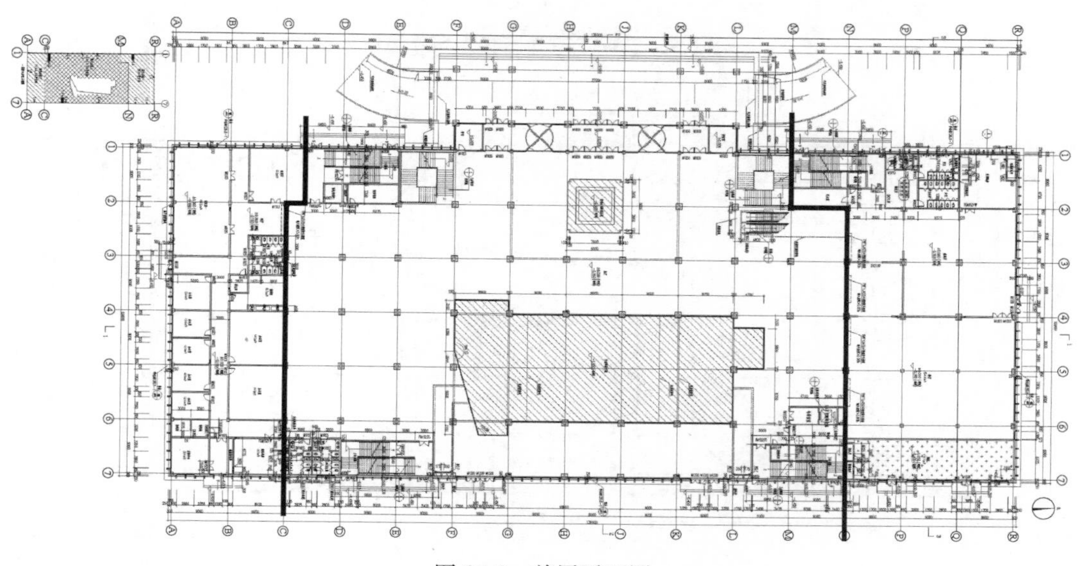

图 20-2　首层平面图

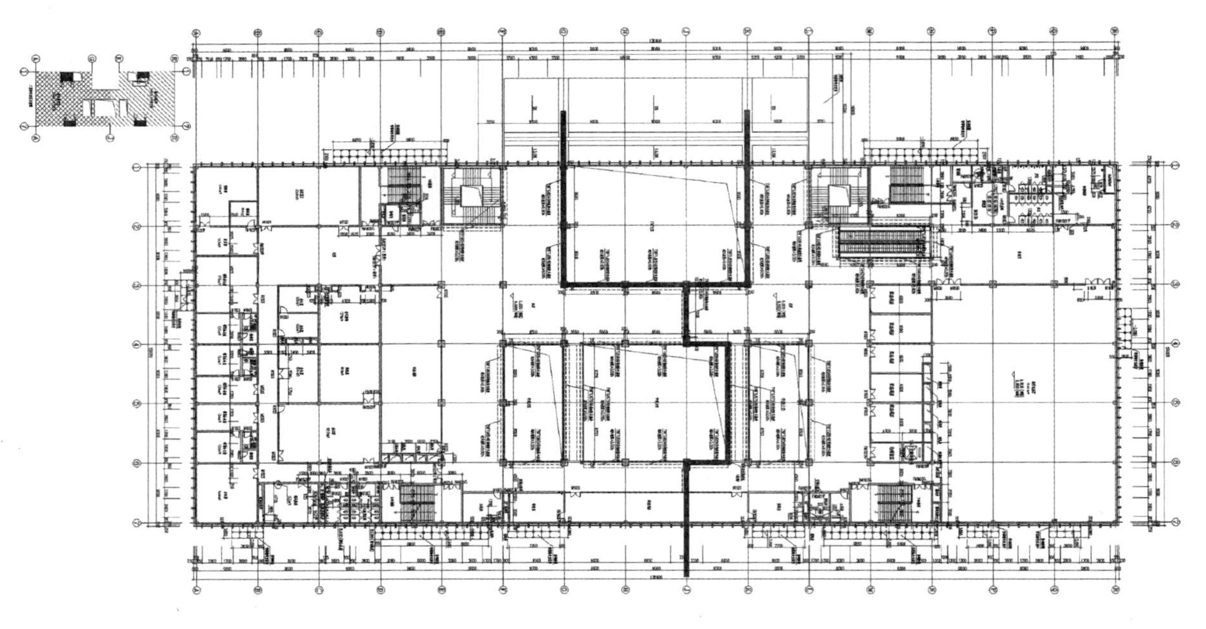

图 20-3　二层平面图

二、结构方案

1. 抗侧力体系

本工程体型规则，平面对称，可采用钢筋混凝土框架结构或钢框架结构。为满足甲方工程进度要求，采用钢框架结构，抗震等级为四级。经计算比选，采用带支撑钢框架结构可减少结构用钢量约 $4kg/m^2$，但支撑布置将对建筑使用功能、室内效果造成影响，为满足目前使用及今后功能改变的要求，经甲方确认，采用无支撑钢框架结构。

本工程平面最大尺寸 135m，属超长结构，采用不设缝的方式，主要原因为：

1）上部结构为钢框架结构，具有一定的承受温度变形能力；

2）本工程将于冬季施工并合拢，因此温度应力的作用主要为升温，对超长混凝土楼板的影响较小；

3）不设缝的方案对建筑外观及使用功能影响较小。

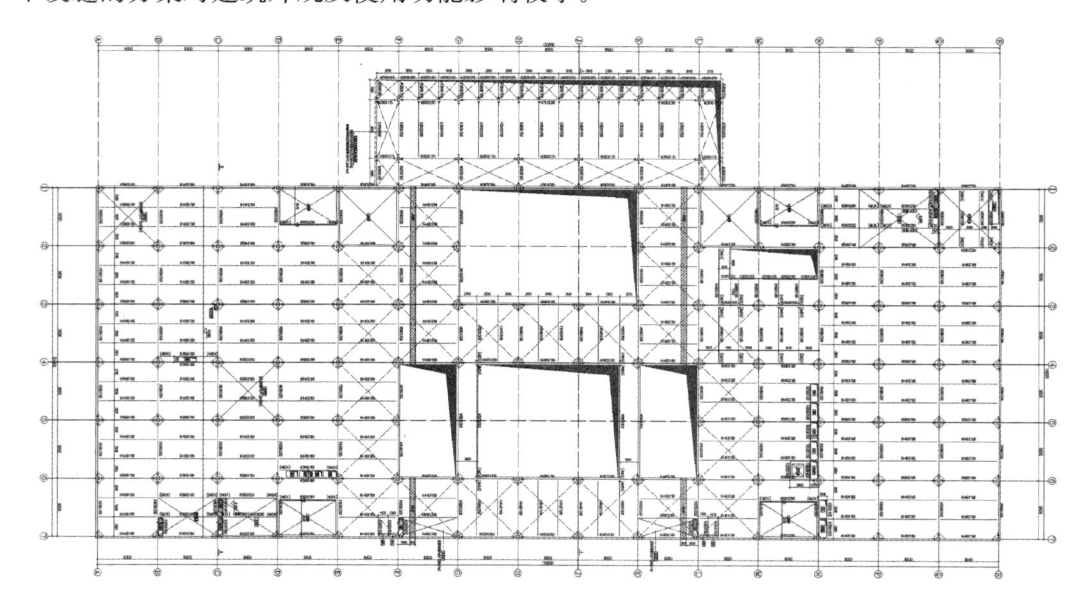

图 20-4　二层结构平面布置图

经计算比较，框架结构可承担由于升温引起的弯曲应力，不设缝方案由于温度应力引起的用钢梁增加约 3kg/m^2。经甲方确认，采用不设缝方案。

2. 楼盖体系

二层及屋面采用现浇钢筋混凝土楼盖体系，钢框架梁间设次梁，间距约 3m。

为方便施工，缩短施工周期，建议甲方采用钢筋桁架楼承板体系，楼板最小厚度不小于 100mm。为满足钢筋桁架楼承板施工要求，且为减小结构用钢量，次梁采用 3m 间距单向布置的方式。

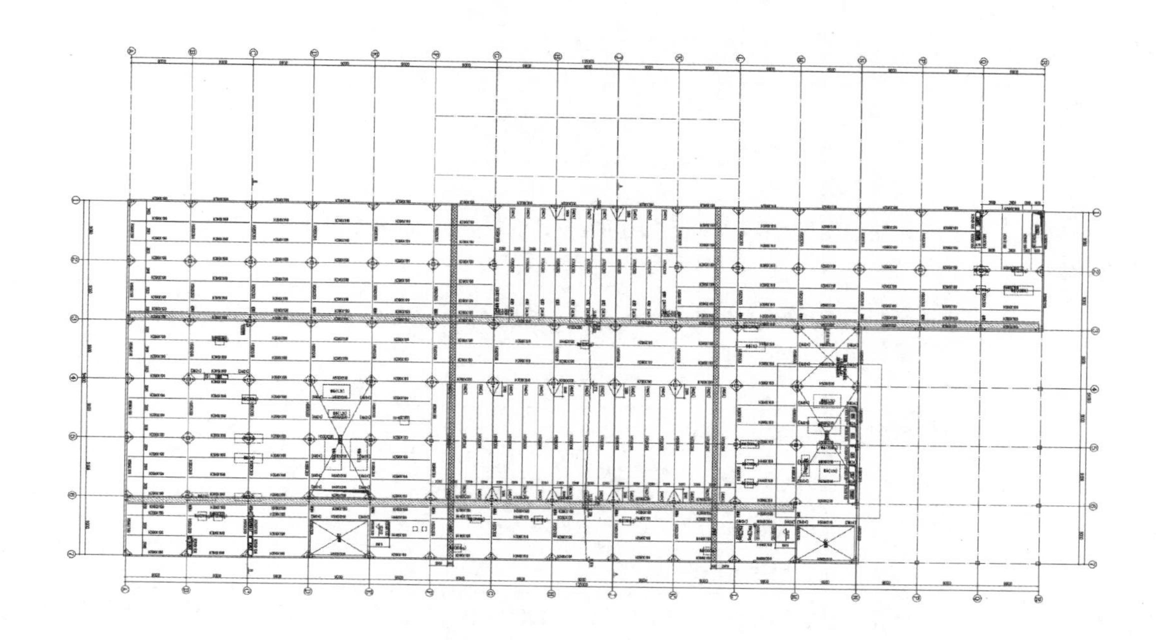

图 20-5　屋顶层结构平面布置图

3. 钢结构经济性比较

经计算比选并经甲方确认，钢柱选用箱形柱，钢主、次梁均采用采购施工速度最快的轧制实腹钢梁方案。

钢次梁按钢与混凝土组合梁设计。

4. 规则性判别及处理措施

本工程存在 2 项平面不规则（扭转不规则、楼板不连续），不存在竖向不规则。处理措施如下：

针对“扭转不规则”项，采取如下措施：

1）计入扭转影响，控制考虑偶然偏心下的扭转位移比不大于 1.5。

2）构件设计时考虑双向地震作用。

针对“楼板不连续”项，采取如下措施：

1）洞口附近楼板及弱连接位置楼板加强，厚度增加至 130mm，提高楼板配筋率不小于 0.2%，采用双层双向配筋；楼板洞口角部集中配置斜向钢筋。

2）考虑薄弱部位失效的补充计算：分体模型或单榀模型。

三、地基基础方案

方案评审时尚未收到勘察报告或可参考的地质资料。

根据经验，本工程拟采用天然地基上的独立基础。

结构方案评审表

结设质量表（2015）

项目名称	固安招商中心	项目等级	A/B级□、非A/B级■
		设计号	
评审阶段	方案设计阶段□	初步设计阶段□	施工图设计阶段■
评审必备条件	部门内部方案讨论　有■　无□	统一技术条件　有■　无□	
工程概况	建设地点：河北省廊坊市固安县	建筑功能：展示	
	层数(地上/地下)：2/0	高度(檐口高度)：13.0m	
	建筑面积(m^2)：1.4万	人防等级：无	
主要控制参数	设计使用年限：50年		
	结构安全等级：二级		
	抗震设防烈度、设计基本地震加速度、设计地震分组、场地类别、特征周期 7度、0.15g、第二组、Ⅲ类(暂定)、0.55s(暂定)		
	抗震设防类别：标准设防类		
	主要经济指标：76kg/m^2		
结构选型	结构类型：钢框架结构		
	概念设计、结构布置：均匀对称布置		
	结构抗震等级：四级		
	计算方法及计算程序：盈建科		
	主要计算结果有无异常(如：周期、周期比、位移、位移比、剪重比、刚度比、楼层承载力突变等)无		
	伸缩缝、沉降缝、防震缝：不设缝		
	结构超长和大体积混凝土是否采取有效措施：计算温度应力影响		
	有无结构超限：无		
基础选型	基础设计等级：丙类(暂定)		
	基础类型：独立基础(暂定)		
	计算方法及计算程序：盈建科、理正工具箱		
	防水、抗渗、抗浮：无		
	沉降分析：不需要		
	地基处理方案：暂无		
新材料、新技术、难点等			
主要结论	比较带支撑钢结构方案，楼面开洞洞口周边设平面交叉支撑，优化基础设计，细化温度应力计算、洞口周边梁按零刚度楼板模型补充计算、次梁可按组合梁计算、补充弹性时程分析		
工种负责人：张猛	日期：2015.12.22	评审主持人：朱炳寅	日期：2015.12.23

注意：1. 评审申请时间：一般项目应在初步设计完成之前，无初步设计的项目在离工图1/2阶段。

2. 工种负责人、审核人必须参加评审会，审定人以及项目组其他人员应尽量参会。工种负责人负责项目组与会人员的通知事宜，在必要时可邀请建筑专业相关人员出席。

3. 评审后工种负责人应填写《结构主案评审意见回复表》，逐条回复《结构方案评审表》和《会议纪要》中提出的评审意见，并在签署齐全后归档。

会议纪要

2015 年 12 月 23 日

"固安招商中心"施工图设计阶段结构方案评审会

评审人：陈富生、谢定南、罗宏渊、王金祥、尤天直、徐琳、朱炳寅、陈文渊、张淮湧、王大庆

主持人：朱炳寅　　　记录：王大庆

介　绍：张猛

结构方案：地上两层，无地下室。因工期要求，采用钢框架结构。平面尺寸 135m×54m，未设缝，进行温度应力分析。

地基基础方案：暂无勘察报告，拟采用天然地基上的柱下独立基础。

评审：

1. 结构体系宜作进一步方案比较，建议比较带支撑钢框架结构方案。

2. 结构楼面开大洞，平面连接较弱，洞口周边框架应按零刚度板模型补充计算，包络设计；洞口周边设置交叉水平支撑，有效加强平面连接。

3. 进一步优化基础和柱脚设计。

4. 细化温度应力分析，注意温度应力对结构端部梁、柱的影响。

5. 次梁可按组合梁计算，以适当优化其截面尺寸和结构用钢量。

6，补充弹性时程分析，计入突出屋面部分的鞭梢效应。

7. 注意楼梯间短柱的处理。

8. 建议框架梁、柱之间采用栓焊结合、柱外连接。注意节点和拼接部位的焊接。

结论：

建议根据结构方案评审表的主要结论以及会议纪要内容，进一步优化结构设计。

21　中国医学科学院整形外科医院改扩建工程项目

设计部门：医疗科研建筑设计研究院
主要设计人：刘一莹、刘新国、刘锋、朱炳寅、丁思华、赵雅楠、冯付

工程简介

一、工程概况

本工程位于北京市石景山区八大处路33号院、中国医学科学院整形外科医院院内，为综合医疗建筑，建筑面积9.0945万m^2。主要新建建筑包括：门诊楼、医技楼、南病房楼、北病房楼、科研教学楼、动物实验室，均为多层建筑。现状行政楼为加固改造设计。新建门诊医技病房楼地上4层、地下2层，屋面为中式坡屋顶，±0.00以上设防震缝，将地上结构分开，形成3个独立结构单元；各层地下室连为一体，形成大底盘，地下二层局部设有纯地下车库。地下二层设甲类核5级或核6级防空地下室，平时为地下车库。新建科研教学楼位于场地西侧，为独立结构单元，地上4层、地下1层，出屋面设有中式坡屋顶，地下一层平时为库房，战时为甲类核6级防空地下室。新建动物实验室位于场地西南侧，为独立结构单元，地上3层、地下1层。新建门诊医技病房楼与科研教学楼及动物实验室的地下室之间设有地下通道连接。现状行政楼始建于20世纪50年代，为地上2层木屋架砖混结构，需进行整体抗震加固，后续使用年限为30年。

图21-1　建筑效果图

二、结构方案

新建门诊医技病房楼及科研教学楼均采用全现浇钢筋混凝土框架-剪力墙结构体系，利用楼、电梯

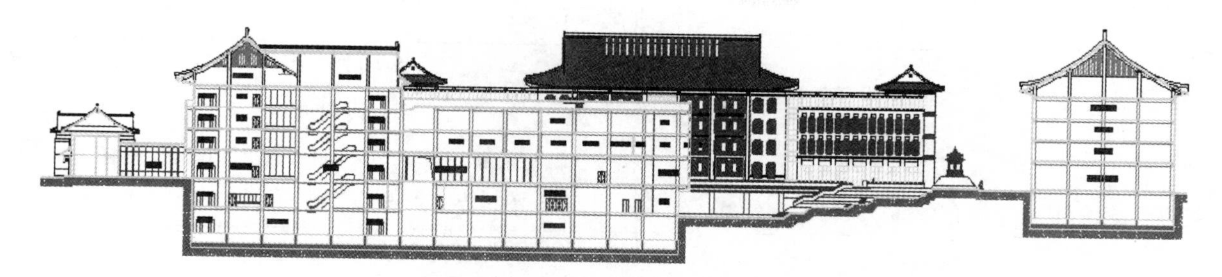

图 21-2　建筑剖面图

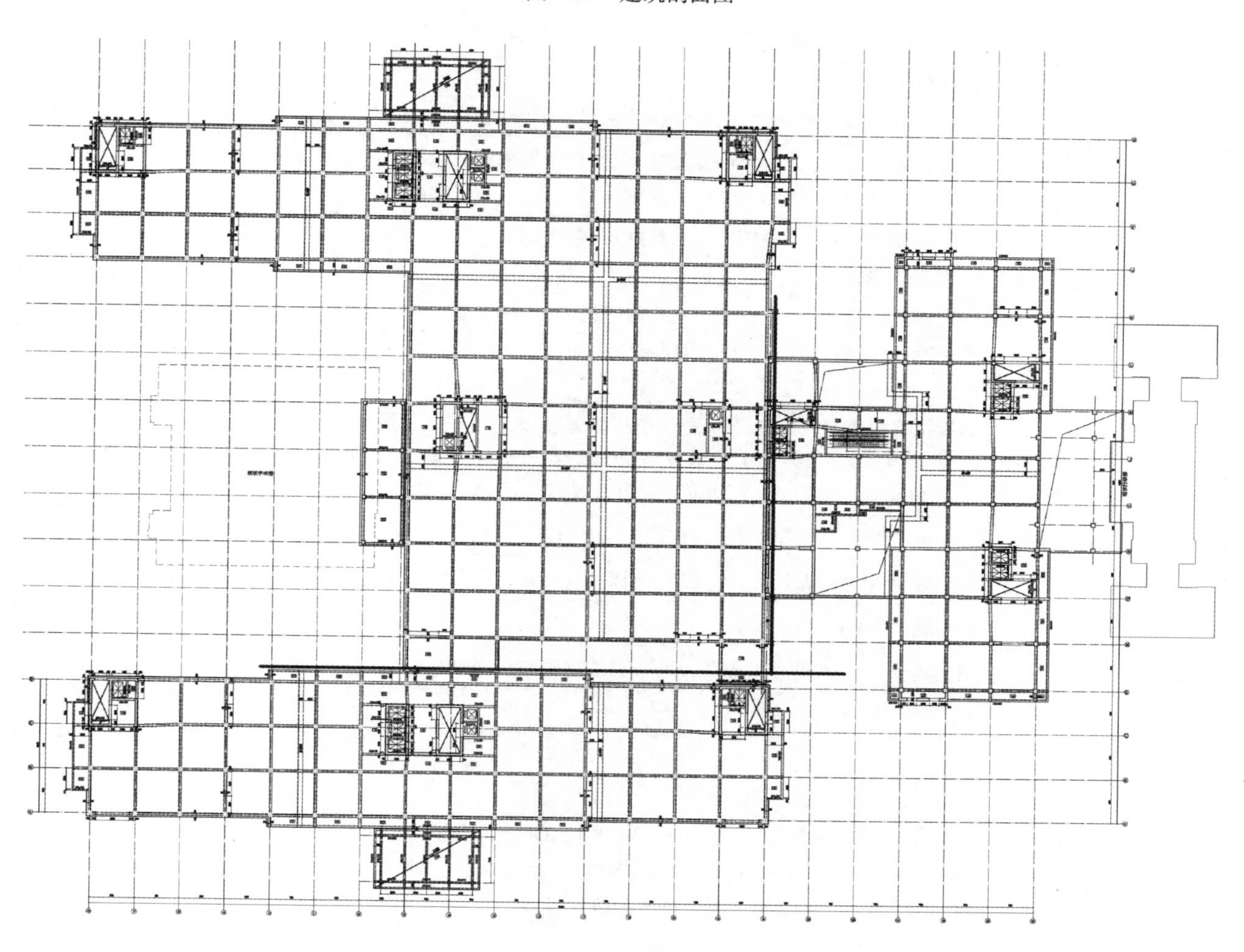

图 21-3　新建门诊医技病房楼二层平面图（结构分缝示意）

间等竖向交通元素及围护墙布置剪力墙，作为结构的主要抗侧力构件。楼板采用现浇肋梁楼盖。北侧医技病房楼结构单元的平面形状为“L”形，拐出宽度大于 30%，通过在建筑平面内合理布置剪力墙，特别是在角部设置剪力墙，较好地控制了平面扭转效应。动物实验室采用全现浇钢筋混凝土框架结构体系，楼板采用现浇肋梁楼盖。

三、地基基础方案

本工程的各新建建筑均采用天然地基上的平板式筏形基础方案。

门诊医技病房楼设有两层地下室及局部地下二层纯地下室，经核算，结构自重能够满足抗浮要求，不需要采用附加抗浮措施。

结构方案评审表

结设质量表（2015）

<table>
<tr><td rowspan="2">项目名称</td><td colspan="2" rowspan="2">中国医学科学院整形外科医院改扩建工程项目</td><td>项目等级</td><td>A/B级□、非A/B级■</td></tr>
<tr><td>设计号</td><td>15312</td></tr>
<tr><td>评审阶段</td><td>方案设计阶段□</td><td>初步设计阶段■</td><td colspan="2">施工图设计阶段■</td></tr>
<tr><td>评审必备条件</td><td>部门内部方案讨论　有■　无□</td><td colspan="3">统一技术条件　有■　无□</td></tr>
<tr><td rowspan="3">工程概况</td><td>建设地点：石景山区八大处路33号院</td><td colspan="3">建筑功能：综合医疗建筑</td></tr>
<tr><td>层数(地上/地下)　4/2</td><td colspan="3">高度(檐口高度)　16.90m/12.90m</td></tr>
<tr><td>建筑面积(m^2)　90945</td><td colspan="3">人防等级：甲类核5级或6级</td></tr>
<tr><td rowspan="5">主要控制参数</td><td colspan="4">设计使用年限：50年</td></tr>
<tr><td colspan="4">结构安全等级：新建各栋门诊医技病房楼为一级，其余均为二级</td></tr>
<tr><td colspan="4">抗震设防烈度、设计基本地震加速度、设计地震分组、场地类别、特征周期
8度、0.30g、第一组、Ⅱ类、0.40s</td></tr>
<tr><td colspan="4">抗震设防类别：新建各栋门诊医技病房楼为乙类，其余均为丙类</td></tr>
<tr><td colspan="4">主要经济指标</td></tr>
<tr><td rowspan="8">结构选型</td><td colspan="4">结构类型：钢筋混凝土框架——抗震墙结构/钢筋混凝土框架结构</td></tr>
<tr><td colspan="4">概念设计、结构布置：充分利用现有楼梯间、电梯筒等竖向交通元素，在平面内均匀布置一定数量的抗震墙作为结构的主要抗侧力构件</td></tr>
<tr><td colspan="4">结构抗震等级：1. 新建门诊医技病房楼：地上及地下一层为框架二级、抗震墙一级；
2. 新建科研教学楼：地上及地下一层为框架三级、抗震墙二级；
3. 新建动物实验室：地上及地下一层为框架二级</td></tr>
<tr><td colspan="4">计算方法及计算程序：盈建科建筑结构计算软件V2014</td></tr>
<tr><td colspan="4">主要计算结果有无异常(如：周期、周期比、位移、位移比、剪重比、刚度比、楼层承载力突变等)：无</td></tr>
<tr><td colspan="4">伸缩缝、沉降缝、防震缝：有</td></tr>
<tr><td colspan="4">结构超长和大体积混凝土是否采取有效措施：有</td></tr>
<tr><td colspan="4">有无结构超限：无</td></tr>
<tr><td rowspan="6">基础选型</td><td colspan="4">基础设计等级：三级。</td></tr>
<tr><td colspan="4">基础类型：平板式筏形基础</td></tr>
<tr><td colspan="4">计算方法及计算程序：盈建科V2014、JCCAD(V2.1版)</td></tr>
<tr><td colspan="4">防水、防渗、抗浮：防水混凝土，抗渗等级为：深度≥10m时，P8；深度<10m，P6；浮设防水位标高为56.00m(−9.90m)，不需要采用附加抗浮措施</td></tr>
<tr><td colspan="4">沉降分析：无</td></tr>
<tr><td colspan="4">地基处理方案：无</td></tr>
<tr><td>新材料、新技术、难点等</td><td colspan="4">无</td></tr>
<tr><td>主要结论</td><td colspan="4">屋顶层质量与刚度突变、补充弹性时程分析计算，注意坡屋顶混凝土施工质量，注意下沉广场抗浮问题，注意坡屋顶角部受拉梁，采取有效施工措施确保坡屋顶混凝土质量</td></tr>
<tr><td colspan="2">工种负责人：刘新国　　日期：2015.12.23</td><td colspan="3">评审主持人：朱炳寅　　日期：2015.12.23</td></tr>
</table>

注意：1. 评审申请时间：一般项目应在初步设计完成之前，无初步设计的项目在离工图1/2阶段。

2. 工种负责人、审核人必须参加评审会，审定人以及项目组其他人员应尽量参会。工种负责人负责项目组与会人员的通知事宜，在必要时可邀请建筑专业相关人员出席。

3. 评审后工种负责人应填写《结构主案评审意见回复表》，逐条回复《结构方案评审表》和《会议纪要》中提出的评审意见，并在签署齐全后归档。

会议纪要

2015 年 12 月 23 日

“中国医学科学院整形外科医院改扩建工程项目”初步设计阶段结构方案评审会

评审人：陈富生、谢定南、罗宏渊、王金祥、尤天直、徐琳、朱炳寅、陈文渊、张淮湧、王大庆

主持人：朱炳寅　　　记录：王大庆

介　绍：刘新国

结构方案：新建部分划分为门诊楼（4/一2 层）、医技及北病房楼（4/一2 层）、南病房楼（4/一2 层）、科研教学楼（4/一1 层）和动物实验室（3/一1 层）五个结构单元，均设坡屋顶。动物实验室采用混凝土框架结构体系，其他结构单元采用混凝土框架-剪力墙结构体系。与下沉庭院相关的结构单元进行两嵌固端包络设计。超长结构进行温度应力分析。行政楼进行加固改造，原结构为 2/0 层的砖木结构，后续使用年限为 30 年。

地基基础方案：新建结构单元均采用天然地基上的平板式筏形基础。

评审：

1. 针对结构不规则情况，相应采取有效的结构措施。

2. 坡屋顶的坡度较大，质量与刚度突变，应补充弹性时程分析计算。

3. 坡屋顶的坡度较大，混凝土施工质量不易保证，设计时宜适当留有余量；并应在设计文件中明确，采取有效的施工措施，确保坡屋顶的混凝土施工质量；可考虑下列措施：

（1）屋面板配置双层钢筋，设置箍筋形成暗环梁，防止混凝土下滑。

（2）采用小水灰比的混凝土以及双层模板、分段支模等。

4. 注意坡屋顶角部受拉梁，建议按拉弯构件设计。

5. 注意屋顶悬挑板的附加弯矩对屋面梁的不利影响。

6. 进一步优化坡屋顶的竖向构件和屋面梁布置。

7. 注意下沉广场的抗浮问题。

8. 进一步摸清行政楼原结构的原始资料，做到有的放矢。在此基础上，细化、优化结构加固改造方案，慎重推敲基础和木屋架加固方案。

结论：

建议根据结构方案评审表的主要结论以及会议纪要内容，进一步优化结构设计。

22　高新生活广场

设计部门：第二工程设计研究院
主要设计人：何相宇、李妍、施泓、朱炳寅、陈越、党杰、杨飞

工程简介

一、工程概况

高新生活广场位于西安市西沣路与雁环路交叉口东北角，交通便利。规划建设总用地面积 1.81 万 m^2，建设用地形状呈菱形。总建筑面积 12.5 万余 m^2，其中地上 9.2 万余 m^2，地下 3.2 万余 m^2。1 号主楼的主要功能为办公楼，地上建筑面积为 78303m^2；首层为商业及办公入口大堂，2～4 层主要为商业，5～9 层、11～17 层、19～27 层为办公，10 层、18 层为避难层。1 号、2 号、3 号裙房地上的主要功能均为商业。地下室共 2 层，局部 3 层为自行车库。地下 1 层为机动车停车库和设备用房及人防设施，人防设施平时为汽车库，战时为二等人员掩蔽所。地下 2 层为设备用房、汽车库及自行车库。

图 22-1　建筑效果图

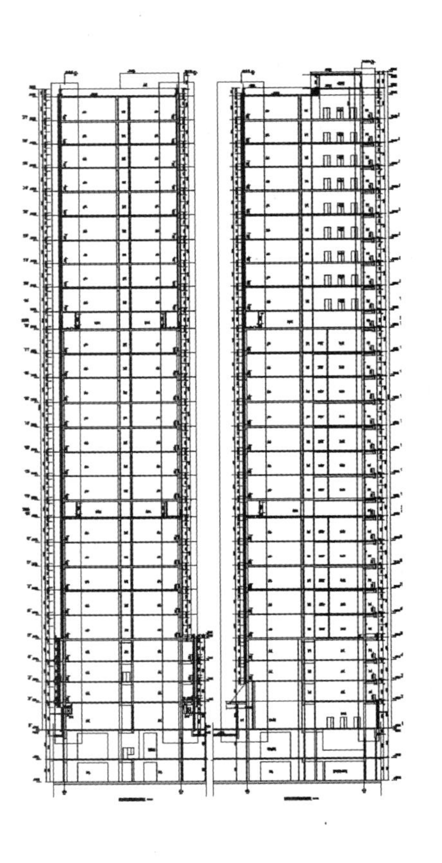

图 22-2　1 号主楼建筑剖面图

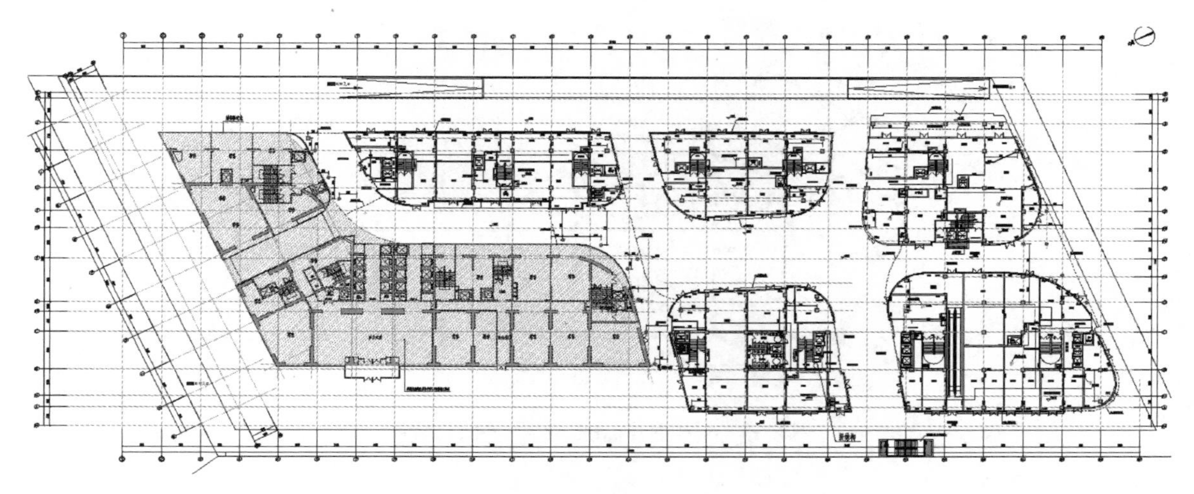

图 22-3　总平面图

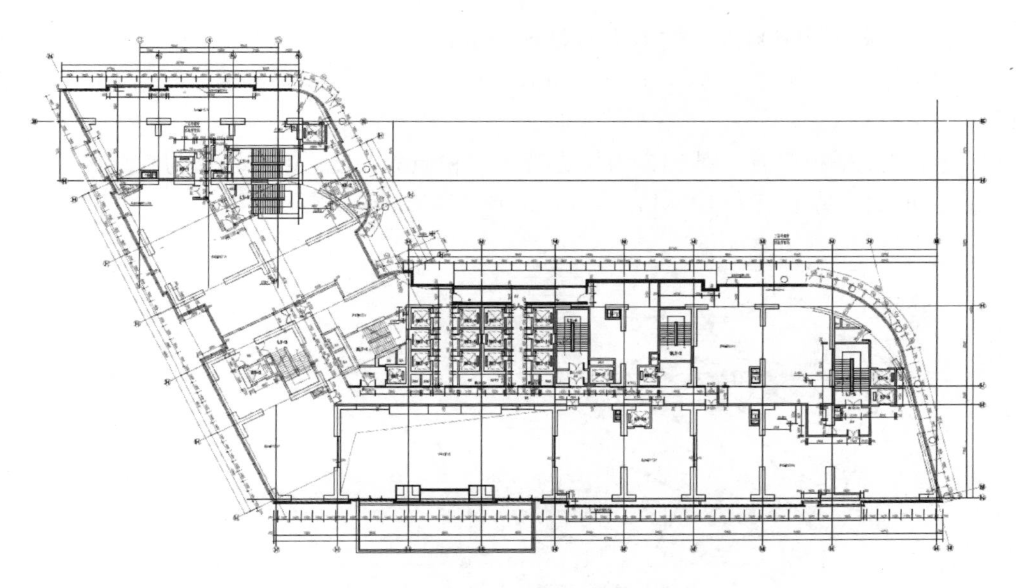

图 22-4　1 号主楼平面图

二、结构方案

1. 1 号主楼

1 号主楼的首层楼板以上设置抗震缝，除北侧与 1 号裙房局部一跨相连外，其余部分均通过防震缝与裙房脱开。结构特点为：

(1) 房屋高度为 138.70m，属于超 B 级高度结构，且高宽比大于 5。

(2) 结构平面呈 L 形，平面凹凸尺寸大于相应边长 30%，属于凹凸不规则结构。

(3) 扭转位移比超过 1.2，属于扭转不规则结构。

(4) 五层及以上的 5.3m 层高办公区各层均会预留钢夹层，导致结构单位面积重量很大。

依据以上结构特点，分别按钢框架-支撑结构、框架-剪力墙结构、剪力墙结构进行多方案计算分析比较，确定采用钢筋混凝土剪力墙结构体系。在不影响建筑立面和使用功能的前提下，优化剪力墙布置使得结构刚度趋于合理，使得结构在高烈度地区的各项计算指标符合要求，且施工难度低，经济性较好。标准层结构平面布置如后图所示。

2. 1 号、2 号、3 号裙房

1 号、2 号裙房为 4 层，3 号裙房为 6 层，高度均不大于 24m。结构体系采用钢筋混凝土框架结构。

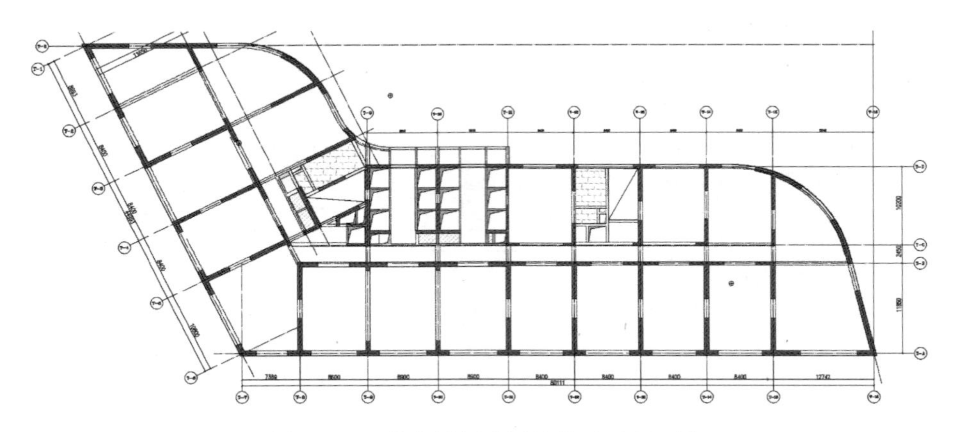

图 22-5　1 号主楼标准层结构平面布置图

三、地基基础方案

本工程 1 号主楼采用桩筏基础，桩型为直径 800mm、泥浆护壁、机械旋挖成孔的钻孔灌注桩。桩端全断面进入⑦层或⑧层粉质黏土层不小于 0.8m，桩长≥50m。根据试桩报告，单桩竖向承载力特征值为 6500kN。

各裙房采用变厚度平板筏基，基础持力层为黄土状粉质黏土②$_3$ 层，局部为粉质黏土③层或黄土状粉质黏土②$_2$ 层。承载力特征值为 180kPa（②$_3$层）或 170kPa（③层）。

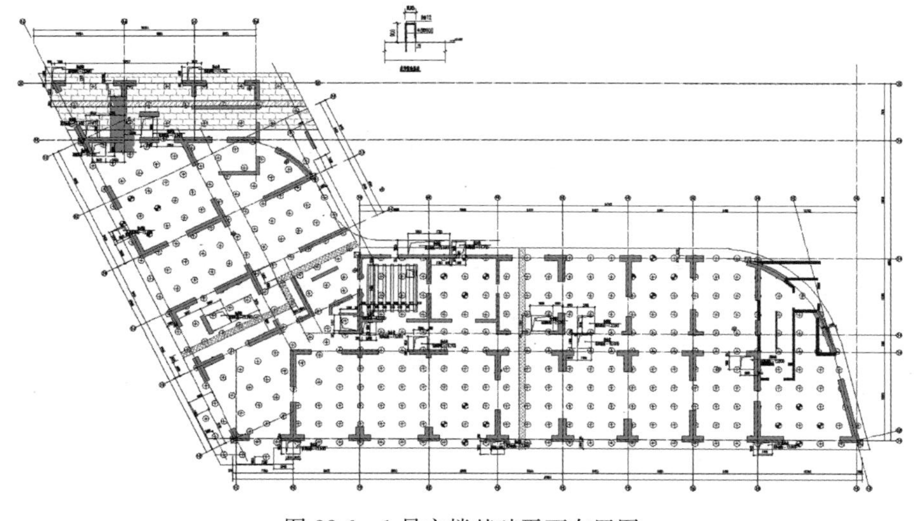

图 22-6　1 号主楼基础平面布置图

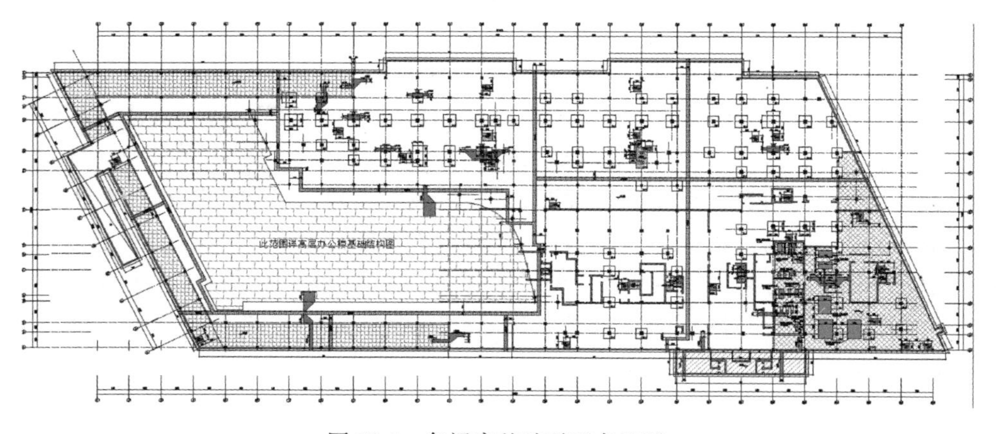

图 22-7　各裙房基础平面布置图

结构方案评审表

结设质量表（2015）

<table>
<tr><td rowspan="2">项目名称</td><td colspan="2" rowspan="2">高新生活广场</td><td>项目等级</td><td>A/B级□、非A/B级■</td></tr>
<tr><td>设计号</td><td>15190</td></tr>
<tr><td>评审阶段</td><td>方案设计阶段□</td><td>初步设计阶段□</td><td colspan="2">施工图设计阶段■</td></tr>
<tr><td>评审必备条件</td><td colspan="2">部门内部方案讨论　有■　无□</td><td colspan="2">统一技术条件　有■　无□</td></tr>
<tr><td rowspan="3">工程概况</td><td colspan="2">建设地点：陕西省西安市，西沣路以东，雁环路以北</td><td colspan="2">建筑功能：办公楼及商业</td></tr>
<tr><td colspan="2">层数(地上/地下)：28/2(主楼)5～6/2(裙房)</td><td colspan="2">高度(檐口高度)：138.7m(主楼)23.9m(裙房)</td></tr>
<tr><td colspan="2">建筑面积(m^2)：125366</td><td colspan="2">人防等级：局部六级</td></tr>
<tr><td rowspan="6">主要控制参数</td><td colspan="4">设计使用年限：50年</td></tr>
<tr><td colspan="4">结构安全等级：二级</td></tr>
<tr><td colspan="4">抗震设防烈度、设计基本地震加速度、设计地震分组、场地类别、特征周期
8度、0.2g、第一组、Ⅱ类、0.40s</td></tr>
<tr><td colspan="4">抗震设防类别：标准设防类</td></tr>
<tr><td colspan="4">主要经济指标</td></tr>
<tr><td colspan="4"></td></tr>
<tr><td rowspan="9">结构选型</td><td colspan="4">结构类型：剪力墙结构(主楼)框架结构(裙房)</td></tr>
<tr><td colspan="4">概念设计、结构布置</td></tr>
<tr><td colspan="4">结构抗震等级：剪力墙一级(主楼)框架二级(裙房)</td></tr>
<tr><td colspan="4">计算方法及计算程序：SATWE V2.2，YJK 1.6.3</td></tr>
<tr><td colspan="4">主要计算结果有无异常(如：周期、周期比、位移、位移比、剪重比、刚度比、楼层承载力突变等)：最大位移比1.39。其余主要计算结果均满足设计要求</td></tr>
<tr><td colspan="4">伸缩缝、沉降缝、防震缝：</td></tr>
<tr><td colspan="4">结构超长和大体积混凝土是否采取有效措施：
伸缩后浇带，进行温度应力计算</td></tr>
<tr><td colspan="4">有无结构超限</td></tr>
<tr><td colspan="4">有(超B级高度)</td></tr>
<tr><td rowspan="6">基础选型</td><td colspan="4">基础设计等级：甲级</td></tr>
<tr><td colspan="4">基础类型：桩筏基础(主楼)筏板基础(裙房)</td></tr>
<tr><td colspan="4">计算方法及计算程序：JCCAD V2.2</td></tr>
<tr><td colspan="4">防水、抗渗、抗浮：无</td></tr>
<tr><td colspan="4">沉降分析：沉降大小满足规范要求</td></tr>
<tr><td colspan="4">地基处理方案：无</td></tr>
<tr><td>新材料、新技术、难点等</td><td colspan="4">单位面积荷载大、平面不规则</td></tr>
<tr><td>主要结论</td><td colspan="4">细化夹层布置及夹层荷载、优化结构布置减小结构重量、减小结构扭转，优化平面细部处理，优化基础设计</td></tr>
<tr><td colspan="2">工种负责人：何相宇、李妍　　日期：2015.12.24</td><td colspan="3">评审主持人：朱炳寅　　日期：2015.12.24</td></tr>
</table>

注意： 1. 评审申请时间：一般项目应在初步设计完成之前，无初步设计的项目在离工图1/2阶段。

2. 工种负责人、审核人必须参加评审会，审定人以及项目组其他人员应尽量参会。工种负责人负责项目组与会人员的通知事宜，在必要时可邀请建筑专业相关人员出席。

3. 评审后工种负责人应填写《结构主案评审意见回复表》，逐条回复《结构方案评审表》和《会议纪要》中提出的评审意见，并在签署齐全后归档。

会议纪要

2015年12月24日

"高新生活广场"施工图设计阶段结构方案评审会

评审人：陈富生、谢定南、罗宏渊、王金祥、尤天直、徐琳、朱炳寅、陈文渊、张淮湧、王大庆

主持人：朱炳寅　　　记录：王大庆

介　绍：李妍、何相宇

结构方案：地上设缝，分为主楼及多栋裙房。主楼采用混凝土剪力墙结构体系，裙房采用混凝土框架结构体系。结构超限，补充多模型计算及弹性、弹塑性时程分析。超长地下室进行温度应力分析。

地基基础方案：主楼采用桩筏基础，裙房采用天然地基上的筏形基础。

评审：

1. 主楼预留后建夹层荷载，结构自重较大（层质量约 $2.8t/m^2$），应提请甲方和建筑专业明确夹层方案和建筑做法，使设计有可靠依据。在此基础上，细化夹层结构布置及夹层荷载，减轻重量，并注意夹层对主体结构的影响以及夹层后建的可实施性。对于设有夹层的楼板，建议设计时适当留有余量。

2. 适当优化结构布置和构件截面尺寸，减轻结构重量，减小结构扭转。

3. 进一步优化平面细部处理，如：墙肢适当设垛，保证其平面外稳定和楼面梁可靠锚固；加强主楼转角处墙肢；优化主楼转角处楼面梁布置，加强连接等。

4. 适当优化基础设计。

结论：

建议根据结构方案评审表的主要结论以及会议纪要内容，进一步优化结构设计。

23　首创奥特莱斯富阳店

设计部门：第二工程设计研究院
主要设计人：刘巍、施泓、朱炳寅、张晓旭、杨婷、郭天焓、马玉虎、刘川宁、罗肖、芮建辉

工 程 简 介

一、工程概况

工程位于杭州富阳东洲街道株林坞村和白鹤村，南临横山，西至株林坞和长青国际老年公寓，总建筑面积 11.08 万 m^2（全地上结构），建筑由商业部分以及停车楼组成。主要用途为商业及配套服务设施，无地下室。本工程为标准设防类建筑。各单体具体情况如下。

单体名称	建筑功能	层数（地上/地下）	檐口高度（m）	±0.00 绝对标高（m）	结构形式	基础形式	基础或桩端持力层	抗震等级
N1 楼	商业	3/0	15.0	9.85	框架结构	桩基础	含碎石角砾层	框架：四级
N2 楼		3/0	15.0					
N3 楼		3/0	15.0					
N4 楼		3/0	15.0					
W1 楼		3/0	10.3					
W2 楼		3/0	10.3					
W3 楼		3/0	13.9					
W4 楼		3/0	10.3					
W5 楼		2/0	10.3					
W6 楼		2/0	10.3					
停车楼	车库	3/0	10.3					
连廊	通道	3/0						

图 23-1　工程鸟瞰

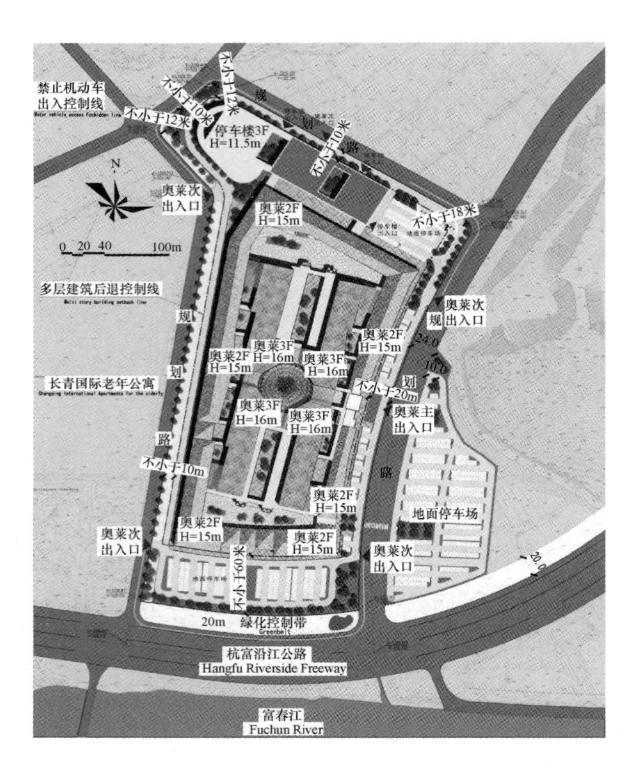

图 23-2　总平面图

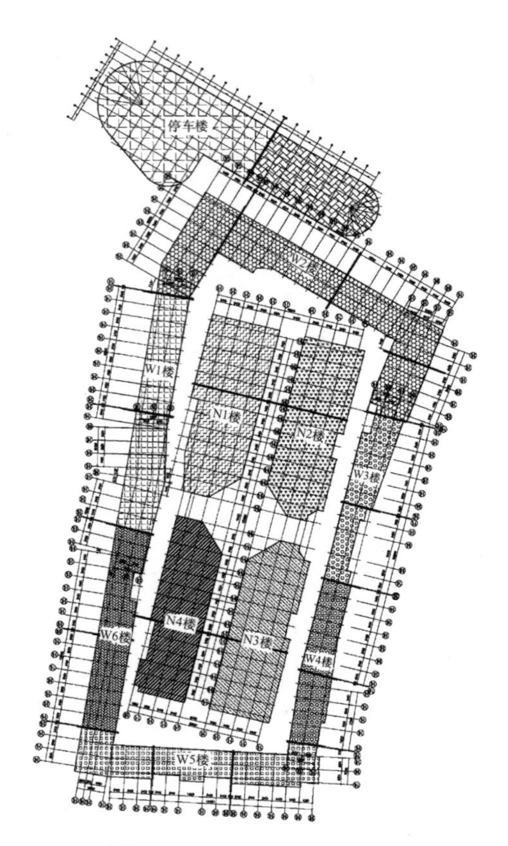

图 23-3　结构平面布置图（黑色粗线为防震缝）

二、结构方案

1. 结构体系及布置

本工程商业部分的整体布局呈“回”字形，建筑分为 10 个单元，由 2～3 层的多层建筑组成。“回”形外围由 6 栋建筑（设缝后分为 15 个单体）组成，平面尺寸 375m×150m。“回”形内部由 4 栋建筑（设缝后分为 5 个单体）组成，平面尺寸 242m×96m（单个建筑 114m×42m）。停车楼单独布置，由结构缝分为 2 个单体。

结构形式采用框架结构。设缝分为多个结构单元，多呈“一”字或方块形状，个别为“L”形。最大边长控制在 70m 左右。“回”形内、外建筑间走廊通道的跨度为 12～20m，设置钢连桥。“回”形内部建筑的中间部分采用混凝土连桥将 4 个相对独立的单体连为一体，顶部设置半球形钢结构穹顶。

2. 结构设计控制重点

中央穹顶位于用混凝土连桥连接成的一个相对整体的建筑上，连桥连接的四个单体相对独立又有一定联系。结构设计需重点针对以下问题：

1）在支座全滑移状态下，穹顶需达到自身结构稳定。

2）支座的模拟：结构设计采用复位铰支座，计算用固定铰支座模拟。

3）通过比较计算判定，穹顶刚度对主体刚度基本无影响或影响不大。

4）作为支座的各楼座间的变形协调控制。结构设计采用中震最大位移差控制。

5）支座水平力传递：各楼座顶板设置两道与框架柱拉结的环向梁，梁间设置 200mm 厚板，形成水平“工”字形截面传递支座水平推力。

三、地基基础方案

根据勘察报告，工程选用沉管灌注桩基础，桩端持力层为第 5 层含碎石角砾层。桩径 426mm，桩长初步估算为 14.5～29.0m，承载力特征值 560kN，要求桩端进入持力层≥$3D$～$6D$。

结构方案评审表

结设质量表（2015）

项目名称	首创奥特莱斯富阳店	项目等级	A/B级□、非A/B级☑
		设计号	15443
评审阶段	方案设计阶段□	初步设计阶段■	施工图设计阶段□
评审必备条件	部门内部方案讨论　有☑　无□	统一技术条件　有☑　无□	
工程概况	建设地点：杭州市	建筑功能：商业及配套设施	
	层数（地上/地下）：3/0、2/0	高度（檐口高度）：10.3m，15.6m	
	建筑面积（m^2）：11.08万	人防等级：无	
主要控制参数	设计使用年限：50年		
	结构安全等级：二级		
	抗震设防烈度、设计基本地震加速度、设计地震分组、场地类别、特征周期 6度、0.05g、第一组、Ⅱ类、0.35s		
	抗震设防类别：标准设防类（丙类）		
	主要经济指标：混凝土用量0.18～0.2m^3/m^2，钢筋用量：23～26kg/m^2		
结构选型	结构类型：框架		
	概念设计、结构布置：结构布置力求均匀、对称		
	结构抗震等级：框架四级		
	计算方法及计算程序：YJK		
	主要计算结果有无异常（如：周期、周期比、位移、位移比、剪重比、刚度比、楼层承载力突变等）：无，扭转周期为第三周期，与第一周期比值$<$0.85		
	伸缩缝、沉降缝、防震缝：根据建筑形态和使用功能设置抗震变形缝		
	结构超长和大体积混凝土是否采取有效措施：是		
	有无结构超限：无		
基础选型	基础设计等级：乙级		
	基础类型：钻孔灌注桩基础		
	计算方法及计算程序：YJK基础模块		
	防水、抗渗、抗浮：地下室部分及有防水需求部分采用抗渗混凝土		
	沉降分析：差异沉降不大，可控		
	地基处理方案：换填		
新材料、新技术、难点等	1. 基础底标高位于软土区，采用桩基础（桩的选型问题） 2. 建筑之间的连桥因搭扶梯后与建筑间的连接问题 3. 中部穹顶的计算模拟问题		
主要结论	依据勘察报告和当地经验合理确定桩的形式，注意大面积填土及软土地基对首层地面沉降的影响，确保穹顶结构自身稳定，注意屋顶风吸力，单跨框架提高抗震构造措施		
工种负责人：刘巍	日期：2015.12.23	评审主持人：朱炳寅	日期：2015.12.28

注意： 1. 评审申请时间：一般项目应在初步设计完成之前，无初步设计的项目在离工图1/2阶段。

2. 工种负责人、审核人必须参加评审会，审定人以及项目组其他人员应尽量参会。工种负责人负责项目组与会人员的通知事宜，在必要时可邀请建筑专业相关人员出席。

3. 评审后工种负责人应填写《结构主案评审意见回复表》，逐条回复《结构方案评审表》和《会议纪要》中提出的评审意见，并在签署齐全后归档。

会议纪要

2015年12月28日

“首创奥特莱斯富阳店”初步设计阶段结构方案评审会

评审人：谢定南、王金祥、尤天直、徐琳、朱炳寅、陈文渊、王大庆

主持人：朱炳寅　　记录：王大庆

介　绍：刘巍

结构方案：建筑平面呈回字形，设缝将外围建筑分为12个结构单元，内部建筑分为8个结构单元，采用混凝土框架结构体系。中间结构的顶部设有钢结构穹顶。

地基基础方案：暂无勘察报告，工程位于软土区，拟采用灌注桩基础。

评审：

1. 依据勘察报告及当地可靠经验，进一步优化基础方案，合理确定桩的形式。
2. 注意大面积填土和软土地基对首层地面沉降以及桩基的影响。
3. 进一步优化穹顶结构布置，注意推力处理，适当设置封闭环向构件，拱肋适当贯通圆心，确保穹顶结构自身稳定。
4. 注意风吸力对穹顶结构的影响。
5. 注意穹顶结构的支座条件的计算模拟。
6. 单跨框架应适当提高抗震构造措施。

结论：

建议根据结构方案评审表的主要结论以及会议纪要内容，进一步优化结构设计。

24 北京经济技术开发区E2街区E2F1地块（一期）

设计部门：第一工程设计研究院
主要设计人：彭永宏、孙媛媛、梁伟、陈文渊、景鹏超、朱为之、徐志伟、孙亚、张扬、王永彬

工程简介

一、工程概况

本工程建设地点位于北京经济技术开发区E2F1地块；地块东至经海六路、西至经海五路，南至E2M1地块，北至科创街，使用性质为商业设施及综合办公楼。

本工程一期包括3栋底层商业功能的办公楼（A1、A2、A3）、商业街。地下为整体大底盘，共两层，为地下车库及设备用房。3栋综合办公楼地上主楼14层，其中1～3层主要功能为商业及服务用房，4～14层主要功能为办公用房；裙房地上共3层，主要功能为商业及服务用房。3栋办公楼的屋面檐口高度为59.0m；裙房屋面檐口高度为11.0m。商业街为地上两层，屋面檐口高度为11.0m。

图24-1 建筑效果图

二、结构方案

1. 抗侧力体系

本工程地下为一个大底盘，主楼、裙房均以地下室顶板作为嵌固端。结合建筑使用要求，在一层楼板以上设置防震缝，使结构成为若干独立单元，尽量避免结构不规则超限，影响设计周期及工程造价。

地下车库采用现浇钢筋混凝土框架结构，框架抗震等级为三级。

综合办公楼采用现浇钢筋混凝土框架-剪力墙结构，框架抗震等级二级，剪力墙抗震等级一级。

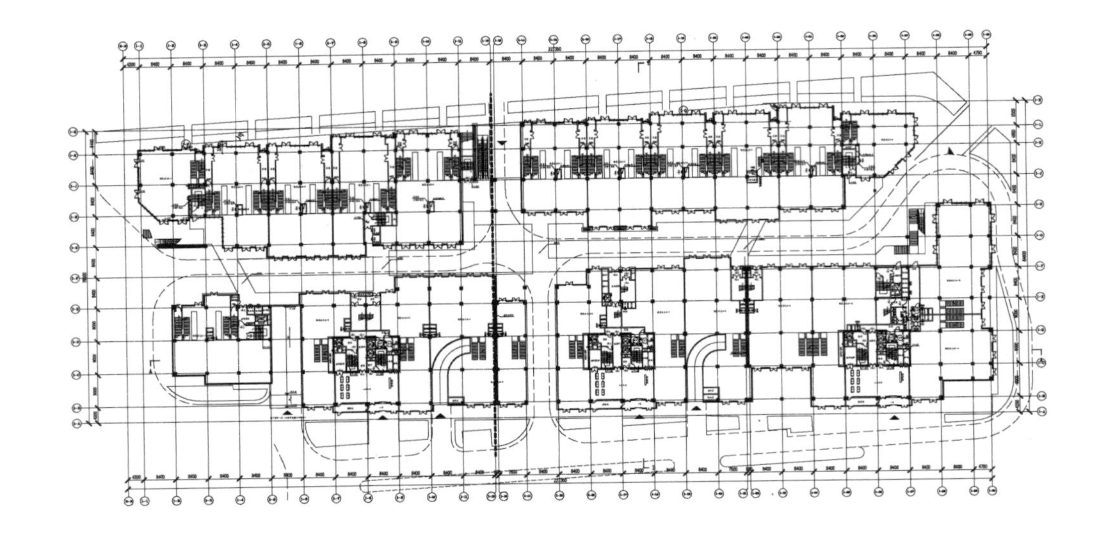

图 24-2　首层平面图

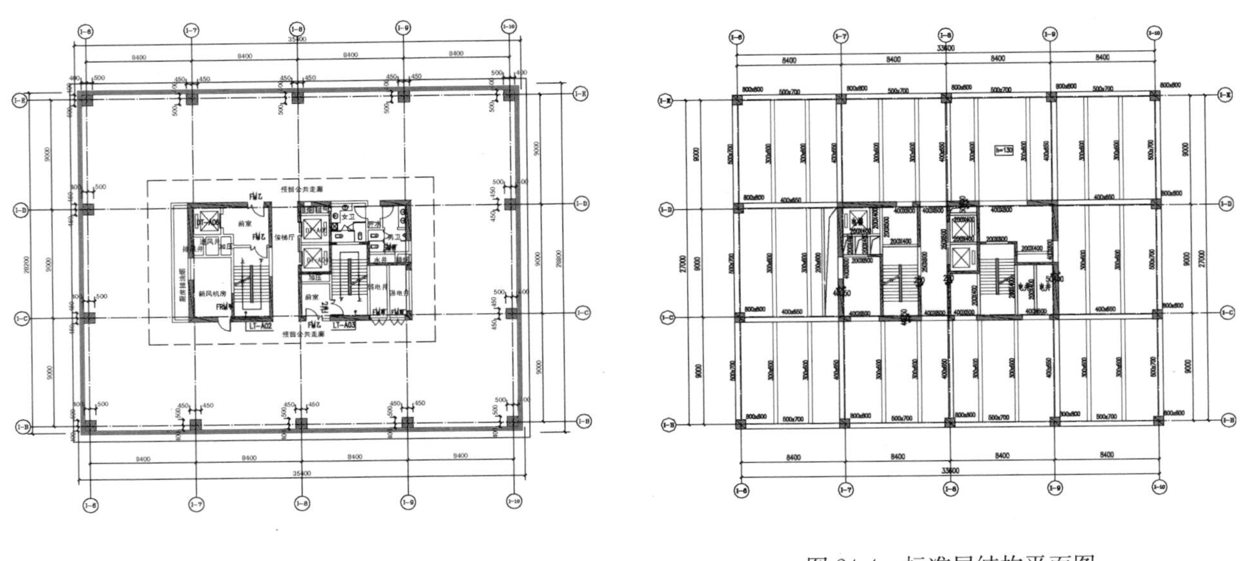

图 24-3　标准层建筑平面图

图 24-4　标准层结构平面图

裙房商业楼采用现浇钢筋混凝土框架结构，框架抗震等级二级。

2. 楼盖体系

办公及商业楼盖结构采用混凝土梁板体系，办公楼楼盖结构采用单向次梁布置。考虑楼板内铺设电管要求，最小楼板厚度为 110mm。楼梯前室最小楼板厚度 120mm。

地下一层楼板结构采用单向次梁布置方案；一层地下车库顶板（嵌固端），结构采用大板布置。

三、地基基础方案

本工程 A1 号、A2 号、A3 号三栋主楼范围内拟采用天然地基上的筏板基础，修正后的承载力标准值按 400kPa 考虑。

商业楼和裙房部分拟采用独立柱基础加防水板，修正后的承载力标准值按 230kPa 考虑。

待收到正式勘查报告后，依据报告的结论建议进行基础设计。

结构方案评审表

结设质量表（2015）

项目名称	北京经济技术开发区 E2 街区 E2F1 地块(一期)	项目等级	A/B 级□、非 A/B 级☑
		设计号	12490-01
评审阶段	方案设计阶段□	初步设计阶段■	施工图设计阶段□
评审必备条件	部门内部方案讨论 有■ 无□	统一技术条件 有■ 无□	
工程概况	建设地点：北京市亦庄开发区	建筑功能：办公、商业	
	层数(地上/地下) 14/2	高度(檐口高度) 59.0m	
	建筑面积(m^2) 9.9万	人防等级 无	
主要控制参数	设计使用年限 50年		
	结构安全等级 二级		
	抗震设防烈度、设计基本地震加速度、设计地震分组、场地类别、特征周期 8度、0.20g、第一组、Ⅲ类、0.45s		
	抗震设防类别 标准设防类(丙类)		
	主要经济指标		
结构选型	结构类型 钢筋混凝土框架-剪力墙 钢筋混凝土框架		
	概念设计、结构布置		
	结构抗震等级 一级抗震墙；二级框架		
	计算方法及计算程序 盈建科		
	主要计算结果有无异常(如：周期、周期比、位移、位移比、剪重比、刚度比、楼层承载力突变等) 无		
	伸缩缝、沉降缝、防震缝 由防震缝将结构分隔成简单的单元		
	结构超长和大体积混凝土是否采取有效措施 有		
	有无结构超限 无		
基础选型	基础设计等级 甲级		
	基础类型 筏形基础；独立柱基+防水板		
	计算方法及计算程序 盈建科 理正工具箱		
	防水、抗渗、抗浮		
	沉降分析		
	地基处理方案		
新材料、新技术、难点等			
主要结论	细化平面布置，优化结构构件 （全部内容均在此页）		
工种负责人：彭永宏	日期：2015.12.24	评审主持人：朱炳寅	日期：2015.12.28

注意：1. 评审申请时间：一般项目应在初步设计完成之前，无初步设计的项目在离工图 1/2 阶段。

2. 工种负责人、审核人必须参加评审会，审定人以及项目组其他人员应尽量参会。工种负责人负责项目组与会人员的通知事宜，在必要时可邀请建筑专业相关人员出席。

3. 评审后工种负责人应填写《结构主案评审意见回复表》，逐条回复《结构方案评审表》和《会议纪要》中提出的评审意见，并在签署齐全后归档。

25　昌平未来科技城 49、62 地块项目（住宅部分）

设计部门：居住建筑事业部

主要设计人：胡松、潘敏华、孙强、张守峰、徐琳、刘克、代婧

工程简介

一、工程概况

本项目位于北京市昌平区北七家镇。场地东侧为鲁疃西路，南侧为南区三街，北侧为南区二街，西侧为南区四路。总建筑面积 12.5 万 m^2，其中公建 2.6 万 m^2（本次不参加评审），住宅 6 万 m^2，地下 3.9 万 m^2。

49 地块包含：1 号住宅楼（公租房）地上 21 层，地下 3 层，标准层层高 2.7m，首层为商业，层高 4.2m；2 号住宅楼一单元（自住房）地上 10 层，地下 3 层，标准层层高 2.8m。2 号住宅楼二单元地上 21 层，地下 3 层，标准层层高 2.7m；地下车库为地下两层，与主楼地下二、三层平（均含人防）；G1 号公建（本次不参加评审）。

62 地块包含：1 号住宅楼（自住房）地上 21 层，地下 2 层，标准层层高 2.8m；2 号住宅楼（自住房）地上 17 层，地下 2 层，标准层层高 2.8m；3 号住宅楼（花园洋房）地上 8 层，地下 2 层，标准层层高 3m；4 号住宅楼（普通商品房）地上 11 层，地下 2 层，标准层层高 2.9m；地下车库为地下两层，地下二层为机械停车库，地下一层局部为机械停车位；G1 号公建（本次不参加评审）。

二、结构方案

两地块的住宅均采用钢筋混凝土剪力墙结构体系，其中 49 地块的 1 号楼、2 号楼二单元、62 地块的 1 号楼、2 号楼为产业化住宅，预制构件包含：预制叠合楼板、预制空调板、预制楼梯板。地下车库采用钢筋混凝土框架结构体系，车库楼板及顶板均采用主梁大板结构。

三、地基基础方案

根据勘察报告，本项目的主要持力层为黏土层，综合地基承载力标准值为 100kPa。根据勘察单位建议，并结合结构受力特点，高层住宅的地基采用 CFG 桩复合地基，基础采用平板式筏形基础。纯地下车库部分的地基采用天然地基，基础采用带柱帽的筏形基础。本项目的地下水位较高，62 地块的地下车库存在抗浮不足问题，经对比，采用抗拔桩方案。

图 25-1　建筑效果图

结构方案评审表

结设质量表（2015）

<table>
<tr><td rowspan="2">项目名称</td><td colspan="2" rowspan="2">昌平未来科技城 49、62 地块项目(住宅部分)</td><td>项目等级</td><td>A/B 级□、非 A/B 级■</td></tr>
<tr><td>设计号</td><td>15365</td></tr>
<tr><td>评审阶段</td><td>方案设计阶段□</td><td>初步设计阶段□</td><td colspan="2">施工图设计阶段■</td></tr>
<tr><td>评审必备条件</td><td colspan="2">部门内部方案讨论　有■　无□</td><td colspan="2">统一技术条件　有■　无□</td></tr>
<tr><td rowspan="4">工程概况</td><td colspan="2">建设地点：北京市昌平区北七家镇</td><td colspan="2">建筑功能　住宅</td></tr>
<tr><td colspan="2">层数(地上/地下)　8～21/2～3</td><td colspan="2">高度(檐口高度)　24.60～59.70m</td></tr>
<tr><td colspan="2">建筑面积(m^2)：10 万</td><td colspan="2">人防等级：六级</td></tr>
<tr><td colspan="2"></td><td colspan="2"></td></tr>
<tr><td rowspan="6">主要控制参数</td><td colspan="4">设计使用年限：50 年</td></tr>
<tr><td colspan="4">结构安全等级：二级</td></tr>
<tr><td colspan="4">抗震设防烈度、设计基本地震加速度、设计地震分组、场地类别、特征周期：
8 度、0.20g、第一组、Ⅲ类、0.45s</td></tr>
<tr><td colspan="4">抗震设防类别：丙类</td></tr>
<tr><td colspan="4">主要经济指标</td></tr>
<tr><td colspan="4"></td></tr>
<tr><td rowspan="9">结构选型</td><td colspan="4">结构类型：住宅剪力墙结构、车库框架结构</td></tr>
<tr><td colspan="4">概念设计、结构布置</td></tr>
<tr><td colspan="4">结构抗震等级：高层住宅二级；车库三级</td></tr>
<tr><td colspan="4">计算方法及计算程序：SATWEv2.2 版</td></tr>
<tr><td colspan="4">主要计算结果有无异常(如：周期、周期比、位移、位移比、剪重比、刚度比、楼层承载力突变等)：无异常</td></tr>
<tr><td colspan="4">伸缩缝、沉降缝、防震缝</td></tr>
<tr><td colspan="4">结构超长和大体积混凝土是否采取有效措施：地下室结构超长，49 地块地下部分最长处 95m，62 地块地下部分最长处 175m，设置施工后浇带，顶板、底板、外墙设置拉通钢筋，建筑设置外保温等</td></tr>
<tr><td colspan="4">有无结构超限：无</td></tr>
<tr><td colspan="4"></td></tr>
<tr><td rowspan="6">基础选型</td><td colspan="4">基础设计等级：乙级</td></tr>
<tr><td colspan="4">基础类型：主楼筏板基础、车库无梁筏板</td></tr>
<tr><td colspan="4">计算方法及计算程序：JCCAD</td></tr>
<tr><td colspan="4">防水、抗渗、抗浮：抗渗等级 P8～P6，62 地块车库存在抗浮不足问题</td></tr>
<tr><td colspan="4">沉降分析：满足</td></tr>
<tr><td colspan="4">地基处理方案：高层采用 CFG 桩复合地基</td></tr>
<tr><td>新材料、新技术、难点等</td><td colspan="4">62 地块地下车库整体抗浮不足，49 地块地下车库局部抗浮不足，与甲方商定采用抗拔桩方案</td></tr>
<tr><td>主要结论</td><td colspan="4">主楼和裙房基础标高不同时，采用多方案比较分析，产业化设计的节点一定要有依据</td></tr>
<tr><td colspan="2">工种负责人：孙强　　　日期：2015.12.30</td><td colspan="3">评审主持人：朱炳寅　　　日期：2015.12.30</td></tr>
</table>

注意：1. 评审申请时间：一般项目应在初步设计完成之前，无初步设计的项目在施工图 1/2 阶段。

2. 工种负责人、审核人必须参加评审会，审定人以及项目组其他人员应尽量参会。工种负责人负责项目组与会人员的通知事宜，在必要时可邀请建筑专业相关人员出席。

3. 评审后工种负责人应填写《结构方案评审意见回复表》，逐条回复《结构方案评审表》和《会议纪要》中提出的评审意见，并在签署齐全后归档。

会议纪要

2015年12月30日

"昌平未来科技城49、62地块项目（住宅部分）"施工图设计阶段结构方案评审会

评审人：谢定南、罗宏渊、王金祥、尤天直、徐琳、朱炳寅、陈文渊、王大庆

主持人：朱炳寅　　　记录：王大庆

介　绍：孙强

结构方案：两地块各含一座地下车库（地下两层，覆土3m）和多栋住宅楼，不符合温度区段要求的住宅楼设缝分开。住宅楼采用混凝土剪力墙结构体系，地下车库采用混凝土框架结构体系。± 0.00嵌固条件不足时，进行两嵌固端包络设计。部分楼栋进行产业化设计，内容为预制叠合楼板、预制楼梯、预制空调板。

地基基础方案：主楼采用CFG桩复合地基，地下车库采用天然地基，基础形式均为筏板基础。抗浮采用抗拔桩。

评审：

1. 主楼与地下车库的基底标高不同时，建议进一步摸清施工顺序，有针对性地进行多方案技术、经济比较分析。
2. 产业化设计的节点一定要有可靠依据。预制构件宜尽量规格化。
3. 预制叠合楼板应与剪力墙可靠连接，保证水平力有效传递和剪力墙稳定。
4. 采取有效措施，保证楼梯间外墙的稳定性；并按有楼梯间外墙和无楼梯间外墙模型包络设计。

结论：

建议根据结构方案评审表的主要结论以及会议纪要内容，进一步优化结构设计。

26 北京通州运河核心区Ⅸ-06地块项目

设计部门：国住人居工程顾问有限公司
主要设计人：娄霓、刘长松、易国辉、孔维伟、王載、尤天直、任乐明、武晓敏

工 程 简 介

一、工程概况

北京通州运河核心区Ⅸ-06地块项目位于北京市通州区，整个项目包含3栋高层办公及1栋超高层公寓，主要建筑功能为办公和公寓。A、C塔楼地下3层，地上24层，主体结构高度97.9m；B塔楼地下3层，地上20层，主体结构高度为88.4m，主要建筑功能为办公，底部两层为商业，地上建筑面积约8.95万m^2。D楼地下3层，地上39层，主体结构高度127.9m，主要建筑功能为公寓。A、C楼间裙房在首层楼板以上设防震缝，将塔楼与中间裙房脱开，成为独立结构单元。A～C楼建筑平面尺寸均为43.3m×30.6m，核心筒平面尺寸为9.6m×26.3m，建筑高宽比为3.2（2.9），核心筒高宽比为10.2（9.2），采用钢筋混凝土框架-核心筒结构体系。D楼建筑平面尺寸为53.2m×17.75m，平面凹进尺寸为12.6m×5.3m，凹进小于30%，建筑高宽比为7.2，采用钢筋混凝土剪力墙结构体系。

图26-1 建筑效果图

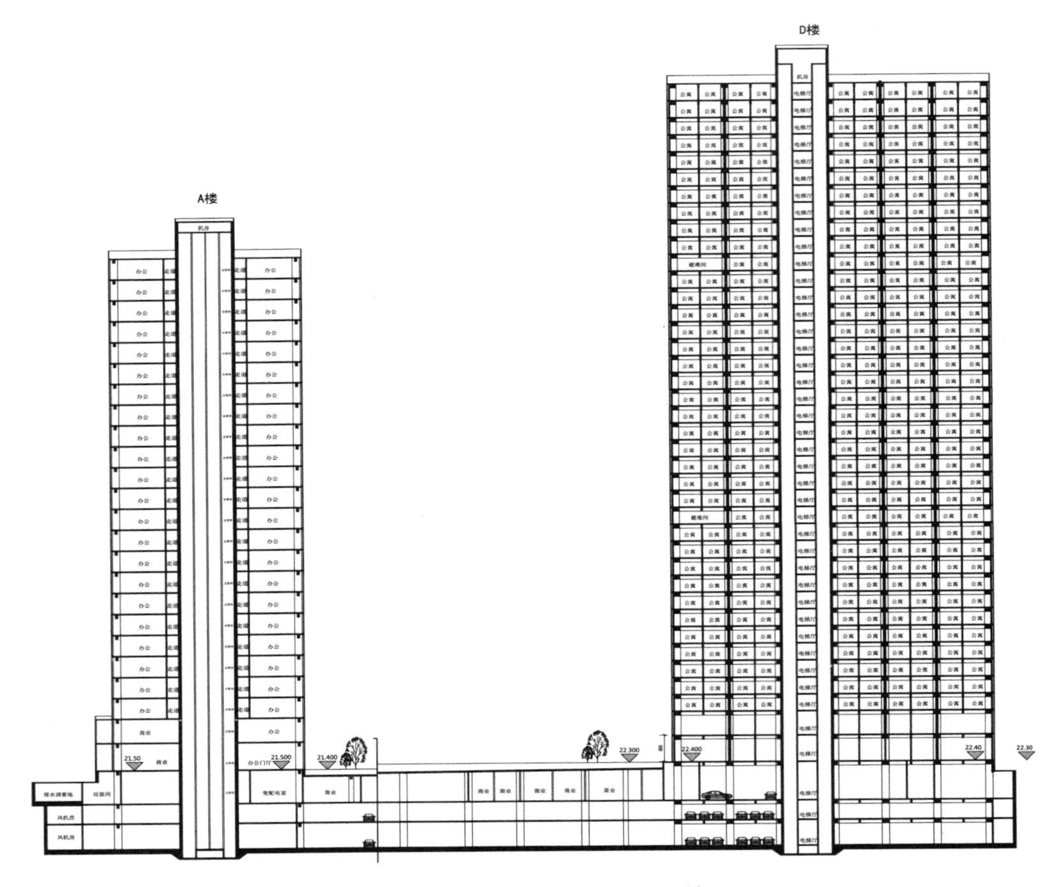

图 26-2　建筑剖面图一（A、D 楼）

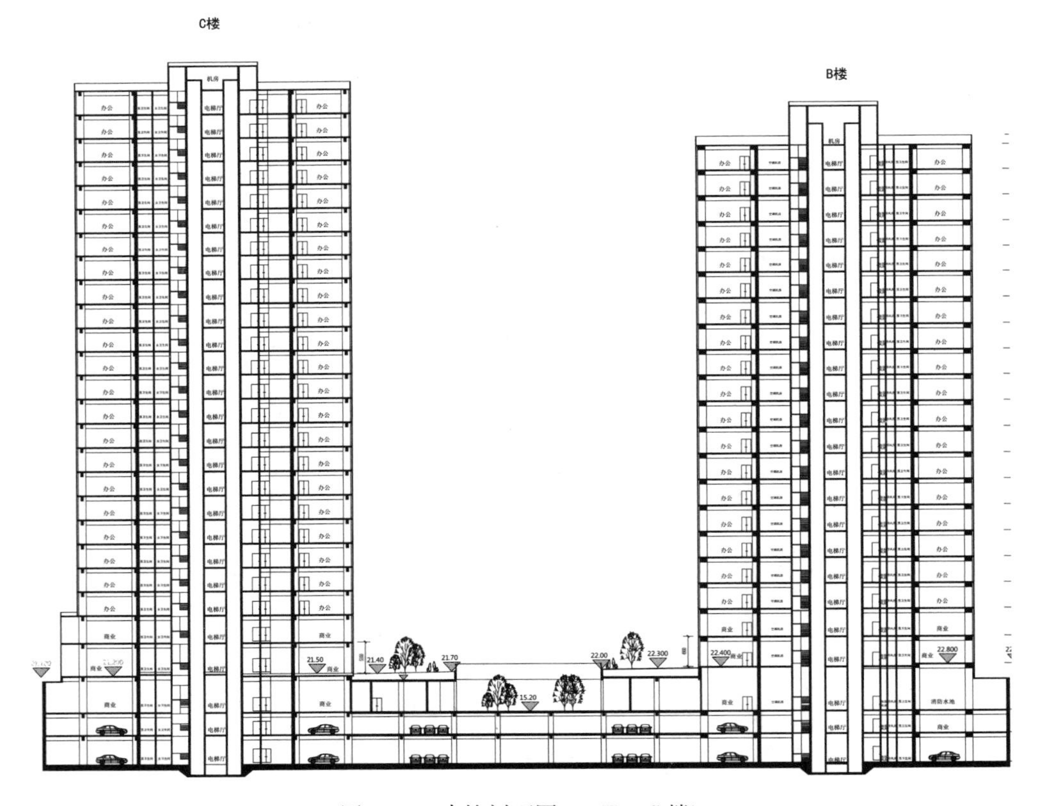

图 26-3　建筑剖面图二（B、C 楼）

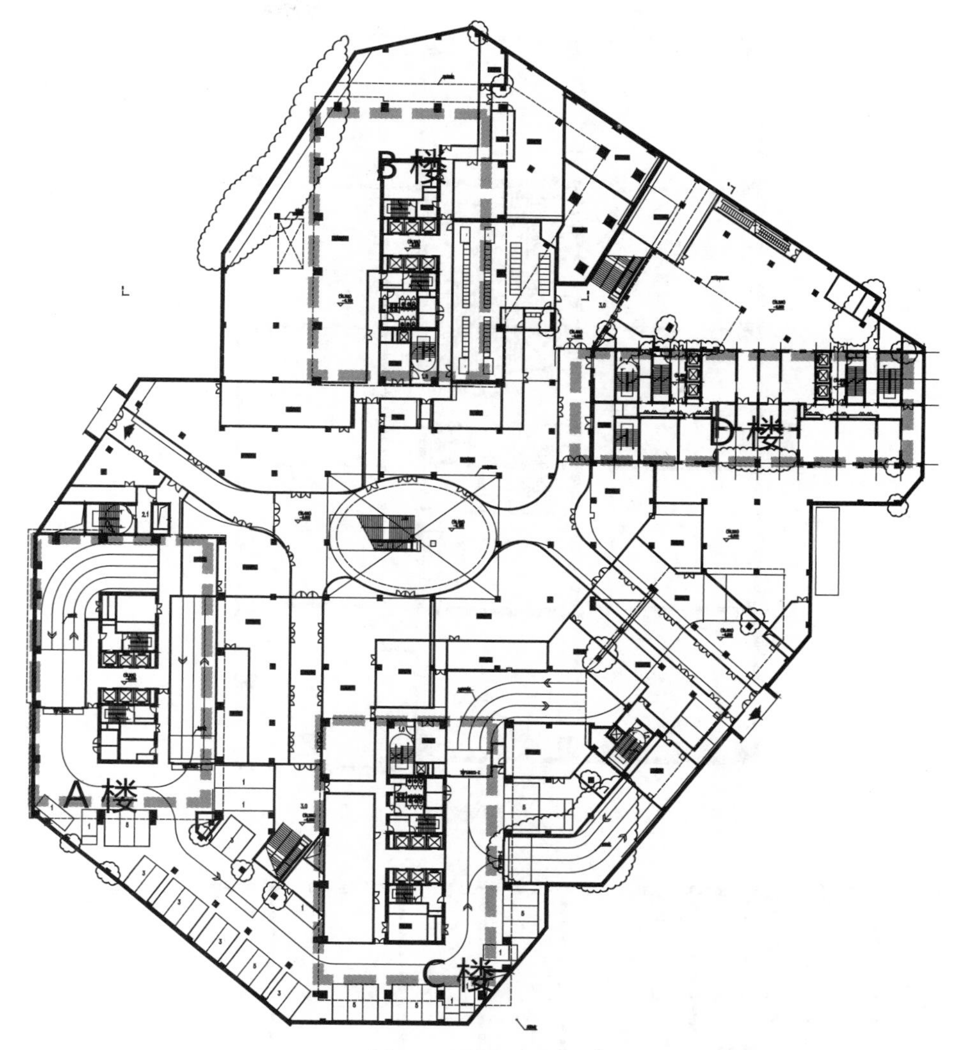

图 26-4　首层平面图

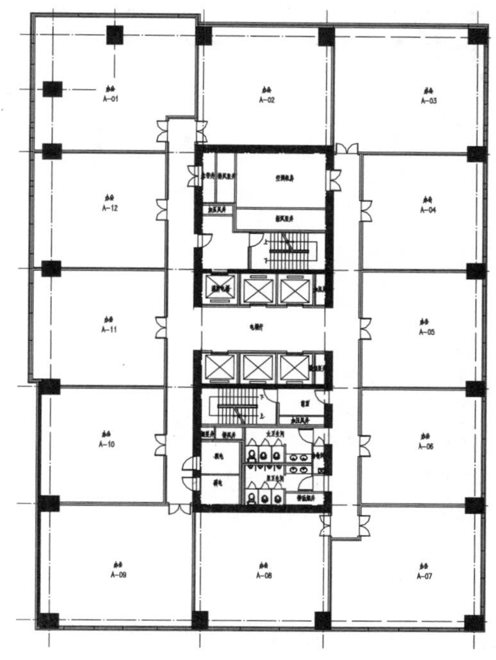

图 26-5　A 楼标准层平面图

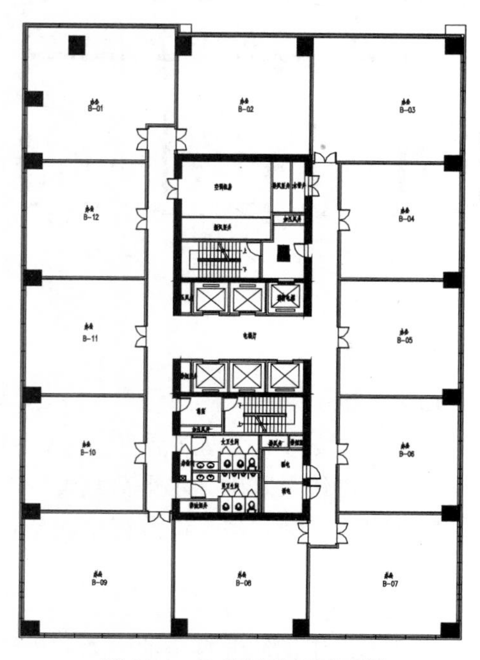

图 26-6　B 楼标准层平面图

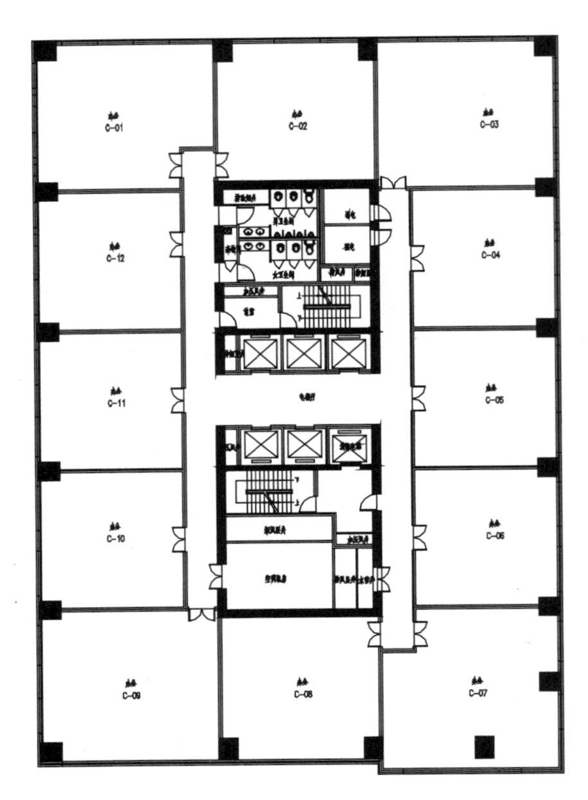

图 26-7　C 楼标准层平面图

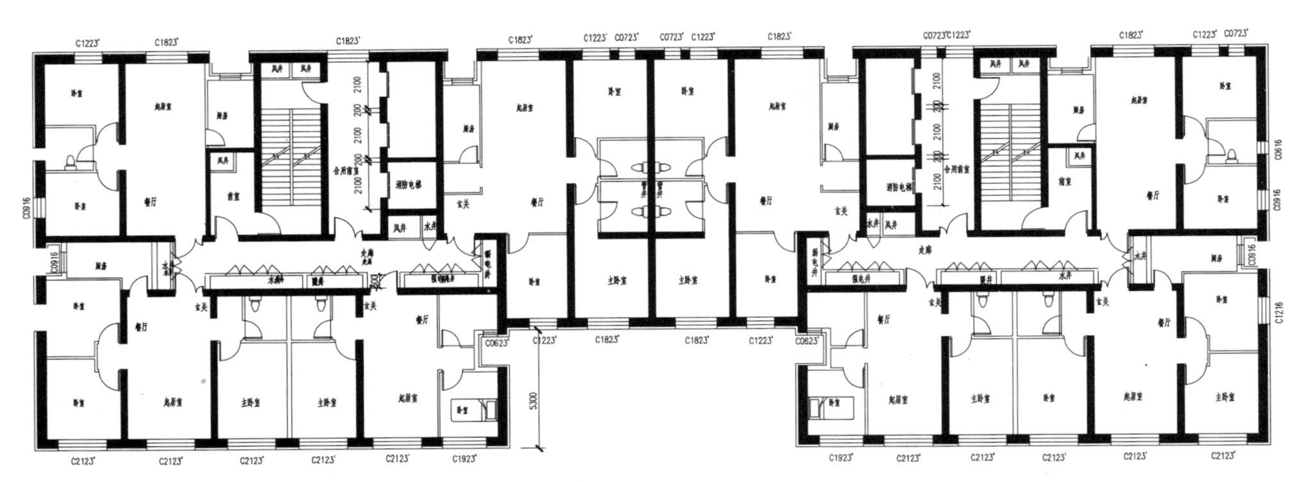

图 26-8　D 楼公寓标准层平面图

二、结构方案

1. 办公楼

3 栋办公楼均采用钢筋混凝土框架-核心筒结构体系，结构竖向荷载通过水平梁传至核心筒剪力墙和框架柱，再传至基础。水平荷载由外部钢筋混凝土框架和核心筒剪力墙共同承担，A、C 楼间裙房与主体之间设防震缝，地上部分完全脱开，二层由于建筑要求，形成大开洞，开洞后有效宽度小于 50%，设计中需要加强。

2. 公寓楼

公寓楼采用钢筋混凝土剪力墙结构体系，主楼 39 层，高约 127.9m，超过 A 级高度，属 B 级高度，平面凹进尺寸小于 30%，平面竖向均规则。控制底部剪力墙轴压比，保证整体结构延性。

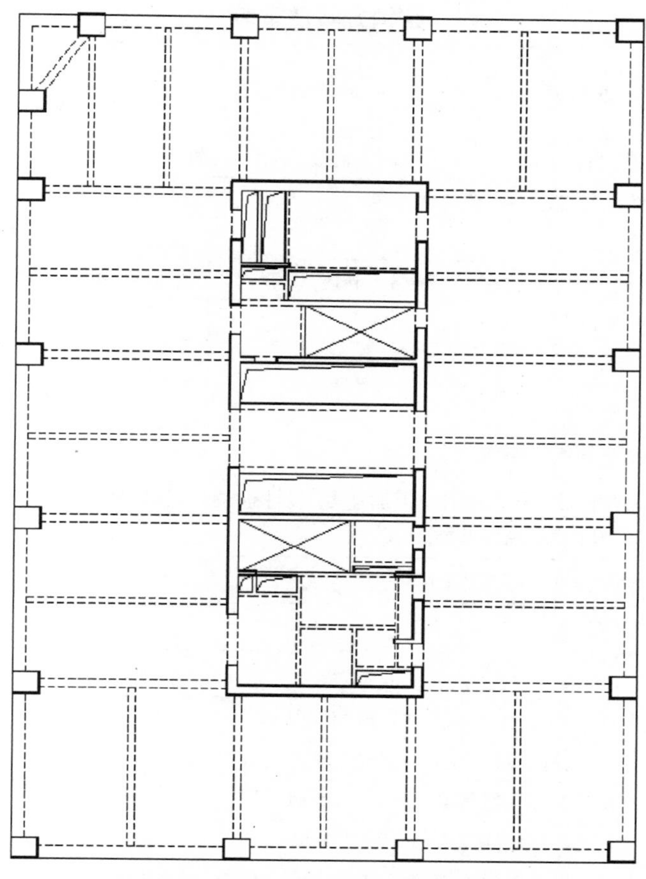

图 26-9　办公楼标准层结构平面布置图

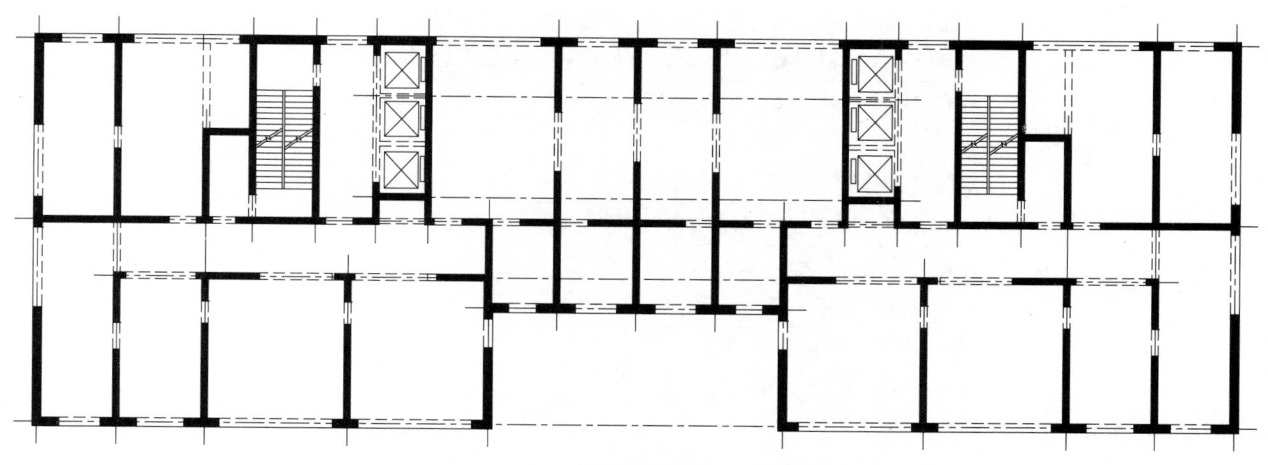

图 26-10　公寓楼标准层结构平面布置图

三、地基基础方案

根据勘察单位的建议，并结合结构受力特点，A、B、C 楼基础为筏板基础，地基采用 CFG 桩复合地基，控制主体结构与周边建筑的差异沉降。D 楼采用钻孔灌注桩基础，根据北京地区建筑工程水下钻孔桩的设计与施工经验，可采用直径为 ϕ1000 泥浆护壁钻孔灌注桩基础，采取可靠的桩端、桩侧后压浆工艺，提高基桩承载力。主楼部分桩长约 50m，持力层为细砂层，综合考虑单桩承载力标准值取 9000kN。

结构方案评审表

结设质量表（2016）

<table>
<tr><td rowspan="2">项目名称</td><td colspan="2" rowspan="2">**北京通州运河核心区Ⅸ-06 地块项目**</td><td>项目等级</td><td>A/B 级□、非 A/B 级■</td></tr>
<tr><td>设计号</td><td>15064</td></tr>
<tr><td>评审阶段</td><td>方案设计阶段□</td><td>初步设计阶段■</td><td colspan="2">施工图设计阶段□</td></tr>
<tr><td>评审必备条件</td><td colspan="2">部门内部方案讨论　有■　无□</td><td colspan="2">统一技术条件　有■　无□</td></tr>
<tr><td rowspan="4">工程概况</td><td colspan="2">建设地点：北京市</td><td colspan="2">建筑功能　办公/公寓</td></tr>
<tr><td colspan="2">层数(地上/地下)　办公 24/3　酒店 39/3</td><td colspan="2">高度(檐口高度)　办公 96.7m 公寓 127.9m</td></tr>
<tr><td colspan="2">建筑面积(m^2)　18 万</td><td colspan="2">人防等级　核六级</td></tr>
<tr><td colspan="2"></td><td colspan="2"></td></tr>
<tr><td rowspan="6">主要控制参数</td><td colspan="4">设计使用年限　50 年</td></tr>
<tr><td colspan="4">结构安全等级　二级</td></tr>
<tr><td colspan="4">抗震设防烈度、设计基本地震加速度、设计地震分组、场地类别、特征周期
8 度、0.20g、第一组、Ⅲ类、0.45s</td></tr>
<tr><td colspan="4">抗震设防类别　标准设防类</td></tr>
<tr><td colspan="4">主要经济指标</td></tr>
<tr><td colspan="4"></td></tr>
<tr><td rowspan="9">结构选型</td><td colspan="4">结构类型　框架-核心筒结构、剪力墙结构、框架结构</td></tr>
<tr><td colspan="4">概念设计、结构布置　结构平面布置均匀、规则</td></tr>
<tr><td colspan="4">结构抗震等级　一级框架　一级剪力墙</td></tr>
<tr><td colspan="4">计算方法及计算程序 SATWE、ETABS</td></tr>
<tr><td colspan="4">主要计算结果有无异常(如：周期、周期比、位移、位移比、剪重比、刚度比、楼层承载力突变等)位移比超 1.2</td></tr>
<tr><td colspan="4">伸缩缝、沉降缝、防震缝　按规范要求设置伸缩缝、防震缝</td></tr>
<tr><td colspan="4">结构超长和大体积混凝土是否采取有效措施　采取设缝或设置后浇带</td></tr>
<tr><td colspan="4">有无结构超限　公寓楼超 A 级高度</td></tr>
<tr><td colspan="4"></td></tr>
<tr><td rowspan="6">基础选型</td><td colspan="4">基础设计等级　甲级</td></tr>
<tr><td colspan="4">基础类型　桩基础/筏板基础</td></tr>
<tr><td colspan="4">计算方法及计算程序 JCCAD</td></tr>
<tr><td colspan="4">防水、抗渗、抗浮</td></tr>
<tr><td colspan="4">沉降分析　进行沉降计算</td></tr>
<tr><td colspan="4">地基处理方案 CFG 桩处理</td></tr>
<tr><td>新材料、新技术、难点等</td><td colspan="4"></td></tr>
<tr><td>主要结论</td><td colspan="4">总平面二层顶连桥设计优化，办公楼地下室坡道周边设墙并相应处理、二层大开洞及孤独角柱应采取有效措施、明确性能目标、±0.00 处高层加腋处理，确保水平力传递有效，酒店优化剪力墙布置、细化荷载</td></tr>
<tr><td colspan="2">工种负责人：娄霓　　日期：2016.1.7</td><td colspan="3">评审主持人：朱炳寅　　日期：2016.1.7</td></tr>
</table>

注意：1. 评审申请时间：一般项目应在初步设计完成之前，无初步设计的项目在施工图 1/2 阶段。

2. 工种负责人、审核人必须参加评审会，审定人以及项目组其他人员应尽量参会。工种负责人负责项目组与会人员的通知事宜，在必要时可邀请建筑专业相关人员出席。

3. 评审后工种负责人应填写《结构方案评审意见回复表》，逐条回复《结构方案评审表》和《会议纪要》中提出的评审意见，并在签署齐全后归档。

会议纪要

2016 年 1 月 7 日

"北京通州运河核心区Ⅸ-06 地块项目"初步设计阶段结构方案评审会

评审人：谢定南、罗宏渊、王金祥、尤天直、徐琳、朱炳寅、陈文渊、张亚东、王大庆

主持人：朱炳寅　　记录：王大庆

介　绍：刘长松、娄霓

结构方案：含 3 栋 20～24 层办公楼（A～C 栋）、1 栋 39 层公寓（D 栋）、多层局部商业以及 3 层大底盘地下室。办公楼采用混凝土框架-核心筒结构体系，公寓采用混凝土剪力墙结构体系，多层商业及地下室采用混凝土框架结构。二层裙房顶部的连桥采用两侧结构外挑形式，悬挑长度 7～8m。

地基基础方案：办公楼采用 CFG 桩复合地基上的筏板基础，公寓采用桩筏基础。

评审：

一、总平面

1. ±0.00 楼面高差处应进行加腋处理，确保水平力传递的有效性。

2. 注意±0.00 楼板洞口对结构嵌固的影响，对洞口周边楼盖采取有效加强措施。

3. 进一步比选、优化二层裙房顶部连桥的结构方案。

二、办公楼

1. 地下室坡道周边适当设置剪力墙，并进行相应处理，保证水平力可靠传递。

2. 二层局部楼板缺失，导致部分边柱、角柱及剪力墙等成为穿层竖向构件，应对穿层竖向构件采取有效措施，设定适当性能目标，进行抗震性能设计；洞口周边及上、下层相应部位楼盖采取适当加强措施。

3. 与建筑专业协商，核心筒角部应适当设置端柱，保证楼面梁可靠锚固。

4. 进一步优化结构布置和构件截面尺寸，使结构设计更为合理。

5. 适当优化平面细部处理，如：与建筑专业协商，尽量使框架梁、柱的中心线重合。

三、公寓

1. 进一步优化剪力墙布置和厚度，使结构刚度及其分布更为合理。

2. 与建筑专业协商，适当细化荷载。

结论：

建议根据结构方案评审表的主要结论以及会议纪要内容，进一步优化结构设计。

27　中铁城建长沙洋湖垸项目

设计部门：国住人居工程顾问有限公司
主要设计人：张兰英、娄霓、尤天直、刘长松

工程简介

一、工程概况

中铁城建长沙洋湖垸项目位于长沙市岳麓区洋湖大道与含浦中路交叉口南角的岳麓科技产业园，靳江河白菜堤西岸。抗震设防烈度为6度，场地类别为Ⅱ类。本项目主要包括沿东侧、北侧、西侧道路的商业综合体及用地内部的3栋高层住宅。项目内1～3号楼为住宅，地上30层，总高度为92.7m，地下1层；每栋住宅楼分两单元，两单元之间设防震缝。4号楼为配套设施，地上2层。5号楼为集办公、餐饮、会议等功能于一体的综合体建筑，地上17层，总高度为70.3m，地下2层。1号楼裙房及5号楼裙房2为商业及餐饮建筑，地上3层，总高度为14.8m；5号楼裙房1为餐饮会议建筑，地上4层，总高度为20.8m。

图27-1　建筑效果图

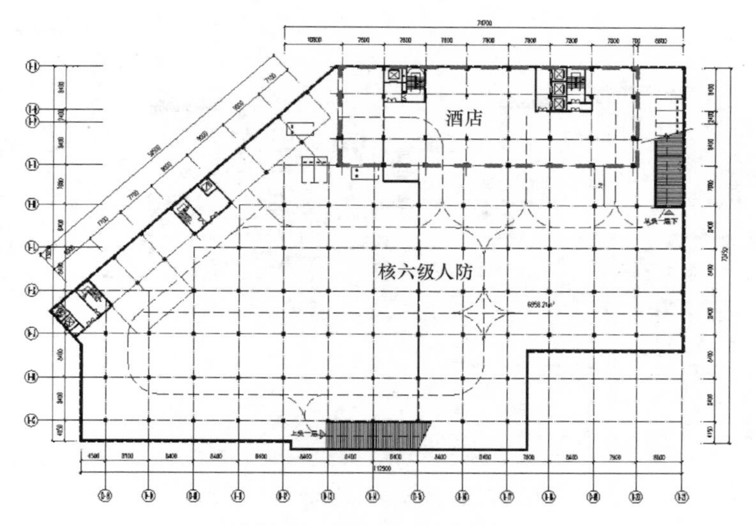

图 27-2　地下二层平面图

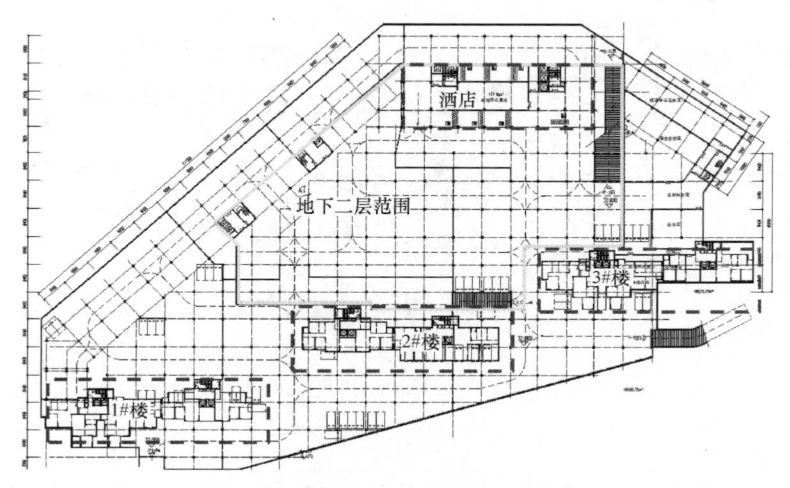

图 27-3　地下一层平面图

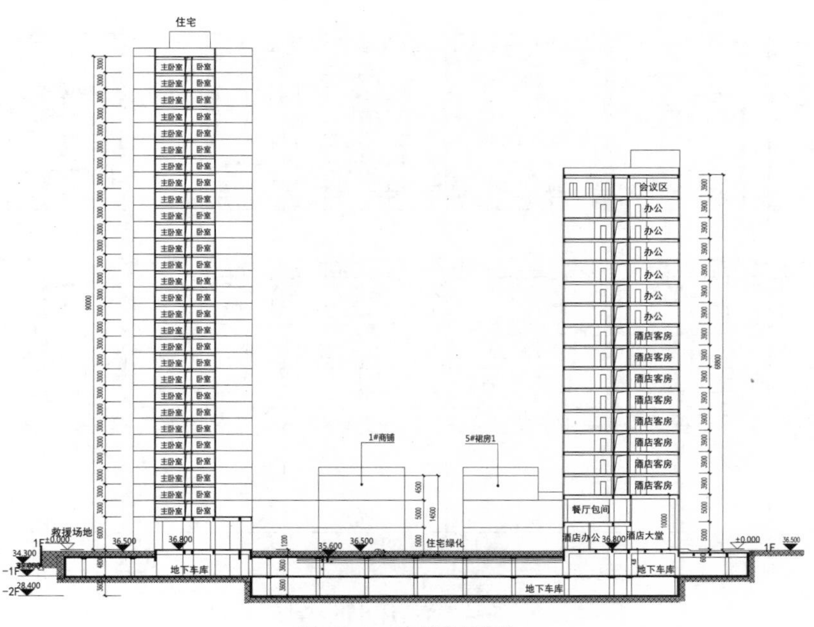

图 27-4　建筑剖面图

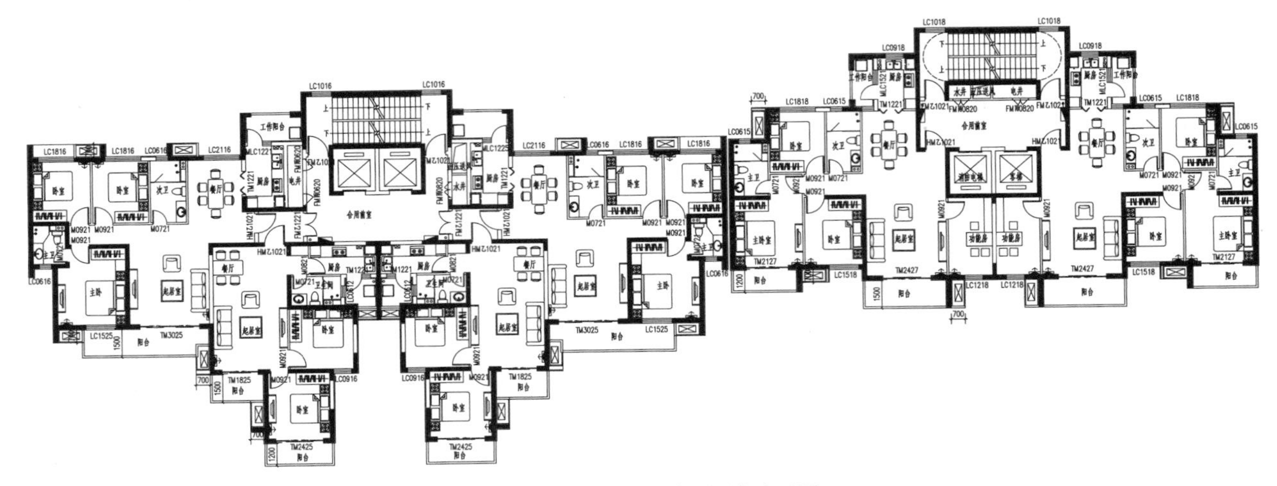

图 27-5　1、3 号楼标准层平面图

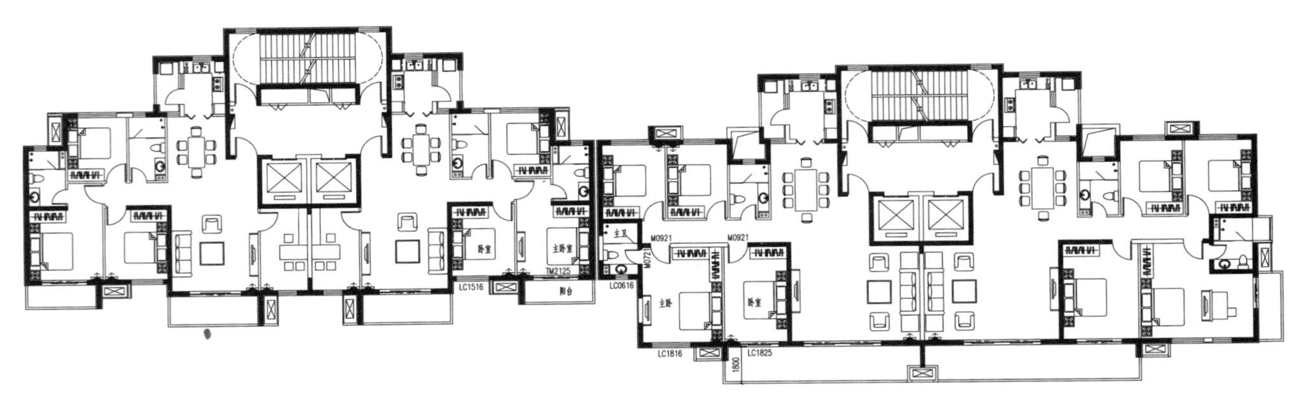

图 27-6　2 号楼标准层平面图

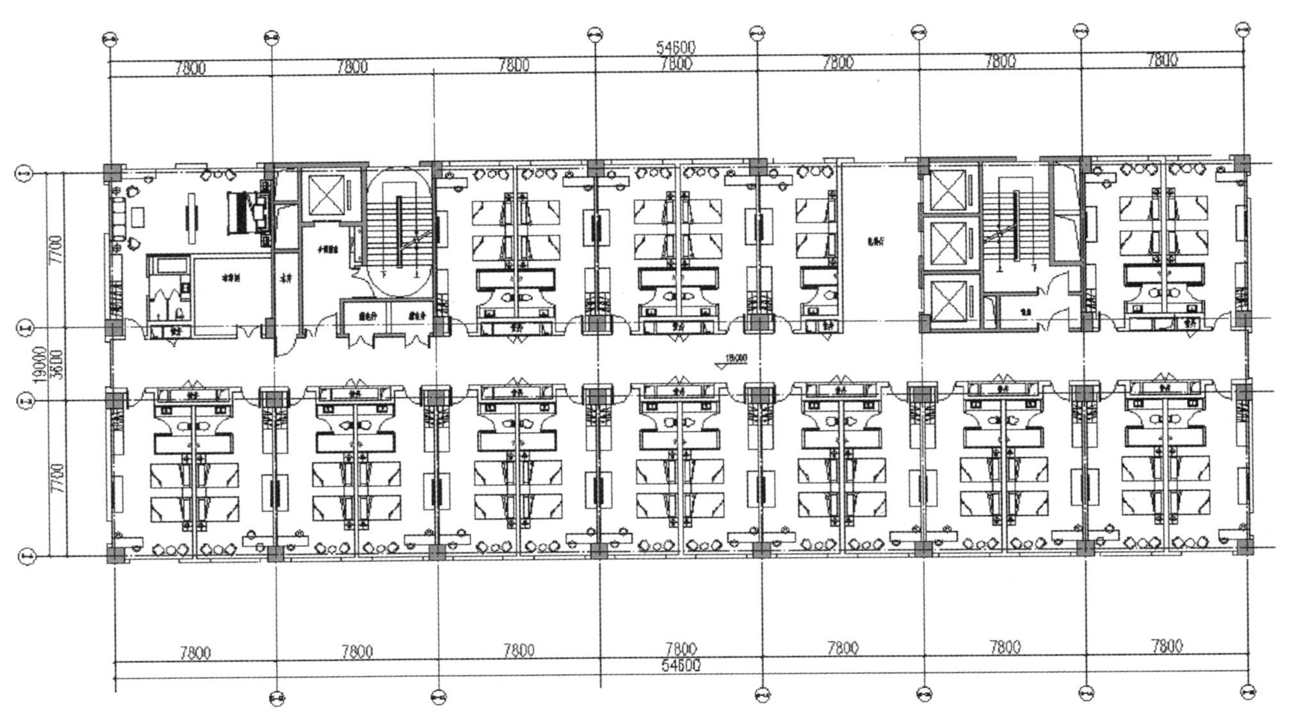

图 27-7　5 号楼酒店标准层建筑平面图

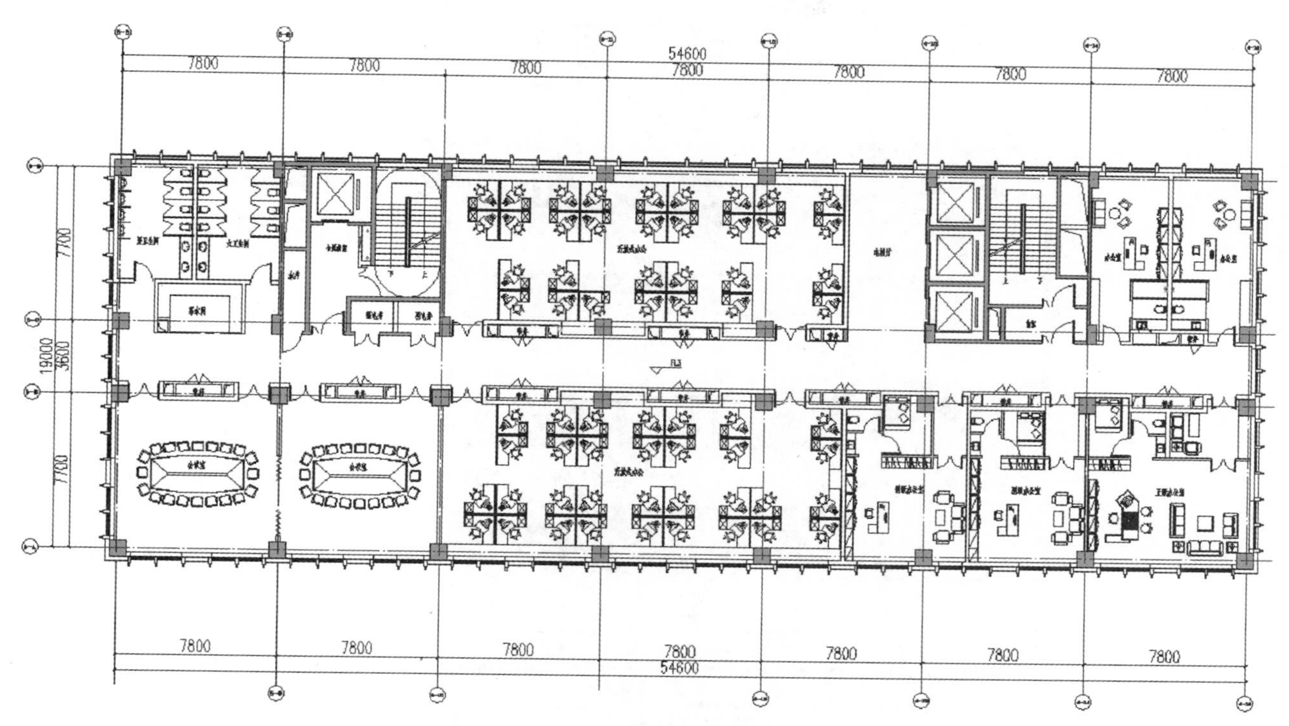

图 27-8　5 号楼办公标准层建筑平面图

二、结构方案

1. 抗侧力体系

综合考虑建筑功能、立面造型、结构传力明确、经济合理等多种因素，本项目采用的结构形式如下：

（1）1～3 号住宅楼及车库

1～3 号住宅楼采用大开间钢筋混凝土剪力墙结构体系，剪力墙抗震等级三级；地下一层、首层墙厚 250mm，二层及二层以上墙厚 200mm。结构剪力墙布置充分考虑建筑功能后期改造的方便性，住宅户型室内尽量不设或少设梁，通过结构剪力墙大开间的布置方式，实现建筑功能的灵活可变需求。车库采用无梁楼盖体系，柱截面为 600mm×600mm，柱距主要为 8.4m，梁截面为 600mm×800mm、800mm×800mm。

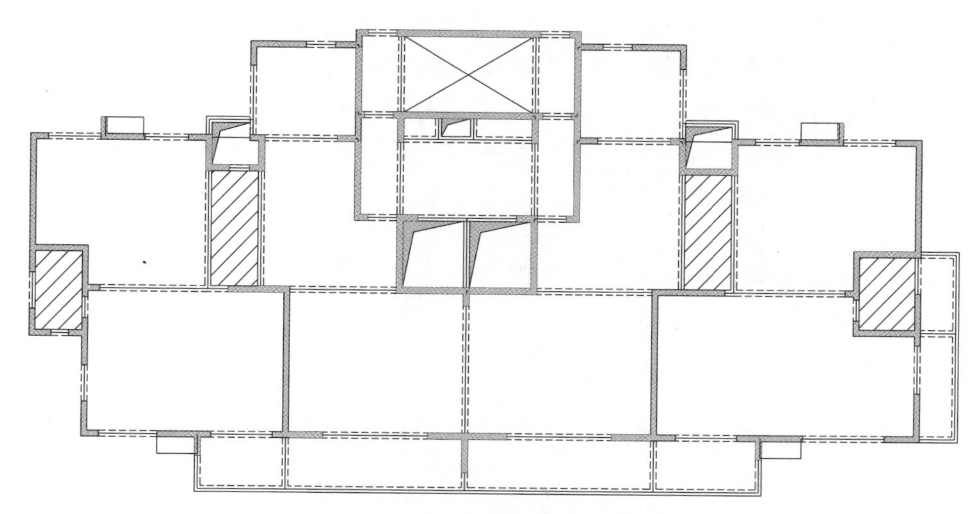

图 27-9　A、B 户型单元结构平面布置图

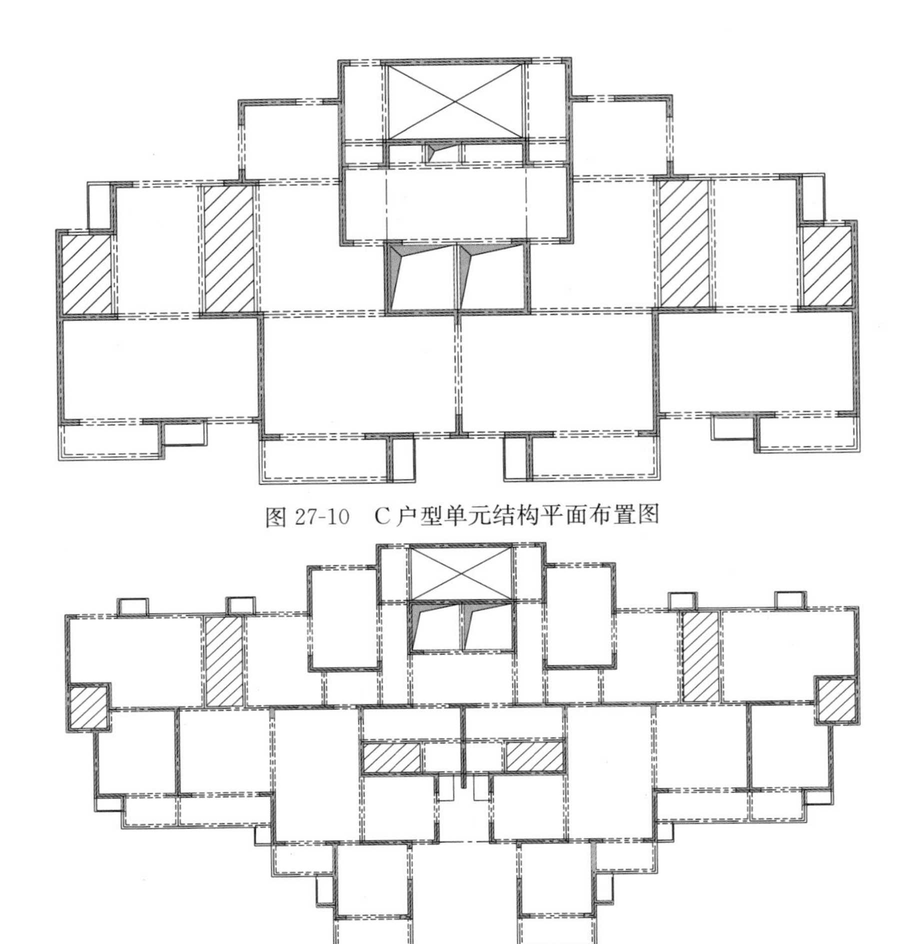

图 27-10 C 户型单元结构平面布置图

图 27-11 D、E 户型单元结构平面布置图

（2）5 号酒店办公综合楼

结构体系采用钢筋混凝土框架-剪力墙结构体系，框架抗震等级三级，剪力墙抗震等级三级。剪力墙布置受建筑功能限制较大，建筑平面楼、电梯间剪力墙偏置，计算时结构质心与结构刚心位置存在偏心，设计中尽可能减小北侧剪力墙的抗侧刚度，且二层结构楼板平面存在局部开大洞情况。设计中加大二层楼板及相邻层板厚，提高配筋率，加强洞口处框架梁柱。框架柱采用钢筋混凝土柱，标准层最大柱距 7.8m，顶层存在大空间会议室，最大柱距 11.4m。4 层以下采用柱截面为 800mm×800mm；5～12 层柱截面为 600mm×700mm～600mm×600mm，13～17 层柱截面为 600mm×600mm～500mm×500mm。2 层开洞处的穿层柱计算时轴力取自身结果、剪力取相邻非穿层柱最大剪力，并反算弯矩，计算长度按自身考虑，箍筋全高加密。

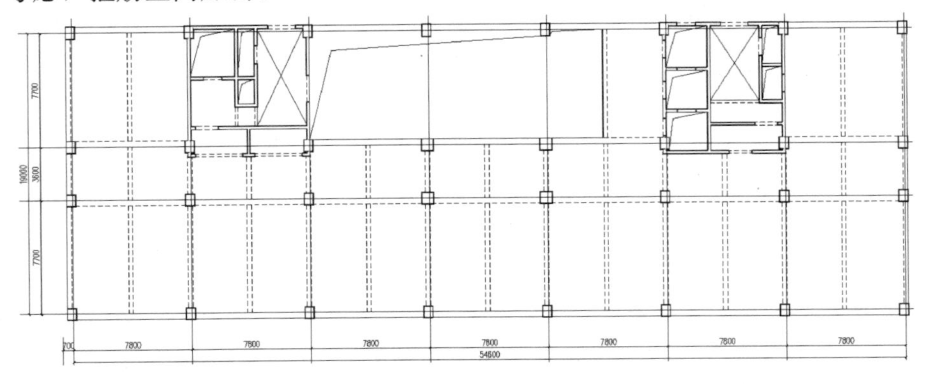

图 27-12 5 号酒店办公综合楼 2 层结构平面图

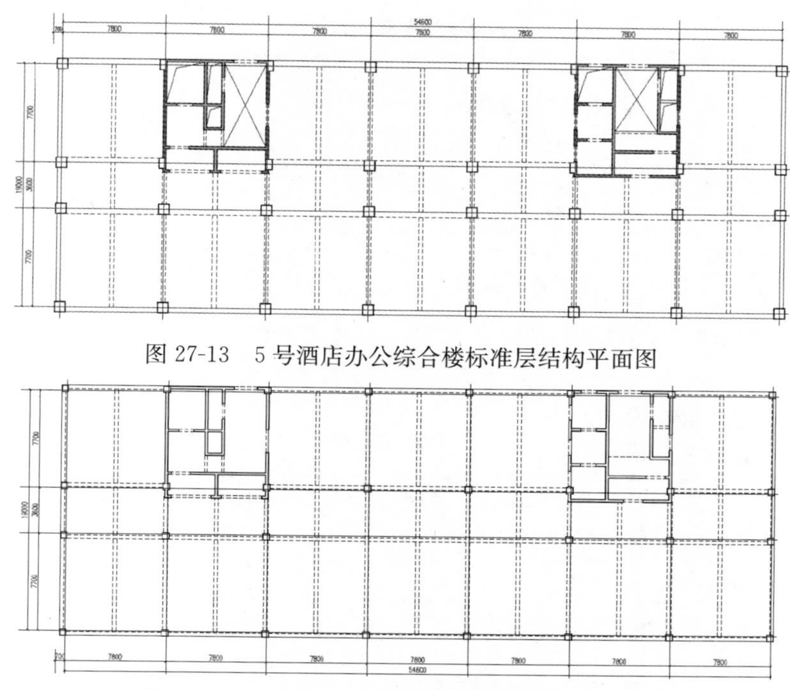

图 27-13　5 号酒店办公综合楼标准层结构平面图

图 27-14　5 号酒店办公综合楼屋顶层结构平面图

2. 楼盖体系

住宅楼楼盖体系采用普通钢筋混凝土现浇楼板体系，标准层楼板厚度为 120～140mm，一层楼板 180mm。酒店办公综合楼标准层采用普通钢筋混凝土主、次梁现浇楼板体系，板厚 120mm，一层楼面板厚 180mm。

三、地基基础方案

根据勘察单位的建议，并结合结构受力特点、工程场地的地质条件和长沙地区的施工经验，住宅楼基础采用桩筏基础，混凝土采用 C35，筏板厚度 800mm，桩径 800mm，桩基承载力特征值 2200kN。车库基础选用桩基础＋防水板，桩径 600mm，桩基承载力特征值 1600kN。酒店基础采用桩基础＋防水板，桩径 800mm，桩基承载力特征值 2200kN。

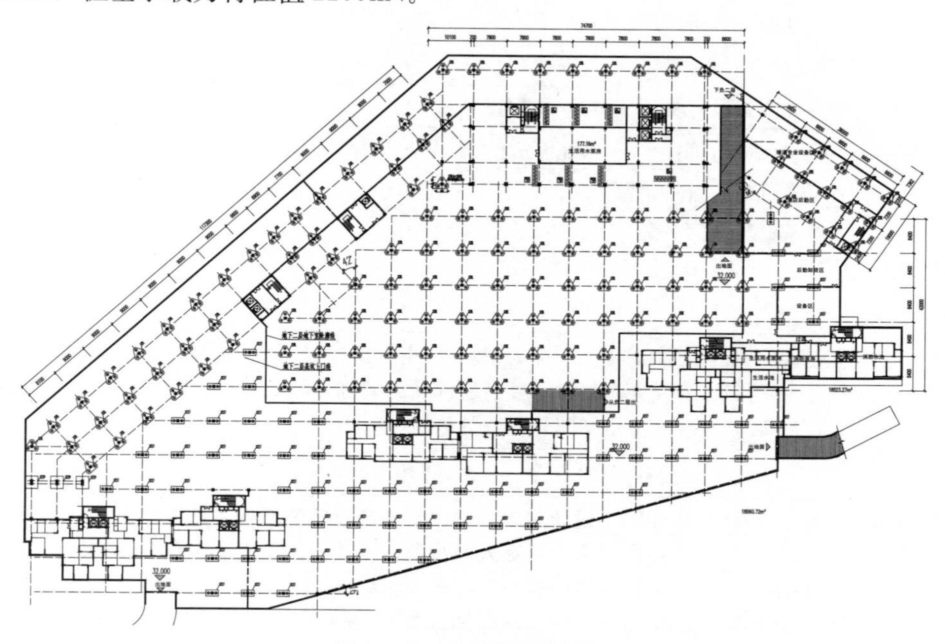

图 27-15　基础平面布置图

结构方案评审表

结设质量表（2016）

项目名称	中铁城建长沙洋湖垸项目	项目等级	A/B级□、非A/B级■
		设计号	15245
评审阶段	方案设计阶段□	初步设计阶段■	施工图设计阶段□
评审必备条件	部门内部方案讨论　有■　无□		统一技术条件　有■　无□
工程概况	建设地点　湖南省长沙市		建筑功能　住宅/酒店
	层数(地上/地下)住宅30/1　酒店17/2		高度(檐口高度)住宅93.3m 酒店70.3m
	建筑面积(m^2)11.4万		人防等级　核六级
主要控制参数	设计使用年限　50年		
	结构安全等级　二级		
	抗震设防烈度、设计基本地震加速度、设计地震分组、场地类别、特征周期 6度、0.05g、第一组、Ⅱ类、0.35s		
	抗震设防类别　标准设防类		
	主要经济指标		
结构选型	结构类型　剪力墙结构、框架-剪力墙结构、框架结构		
	概念设计、结构布置　大开间剪力墙结构，剪力墙开大洞减小刚度		
	结构抗震等级　三级框架　三级剪力墙		
	计算方法及计算程序　SATWE、YJK		
	主要计算结果有无异常(如:周期、周期比、位移、位移比、剪重比、刚度比、楼层承载力突变等)位移比超1.2，剪重比局部楼层不满足规范要求		
	伸缩缝、沉降缝、防震缝　按规范要求设置伸缩缝、防震缝		
	结构超长和大体积混凝土是否采取有效措施　采取设缝或设置后浇带		
	有无结构超限　无		
基础选型	基础设计等级　甲级		
	基础类型　桩基础		
	计算方法及计算程序 YJK及理正		
	防水、抗渗、抗浮　局部地下室采用抗拔桩抗浮		
	沉降分析　进行沉降计算		
	地基处理方案　无		
新材料、新技术、难点等			
主要结论	注意地下一、二层对主楼稳定性的影响、地下室适当设墙、地下室顶板处主楼设加腋、确保水平传力有效性、酒店二层开大洞处跃层柱及底部剪力墙细化概念设计要求、住宅减少凸头墙，采取措施优化平面细部处理，确保楼梯间外纵墙的稳定性		
工种负责人：张兰英	日期：2016.1.7	评审主持人：朱炳寅	日期：2016.1.7

注意：1. 评审申请时间：一般项目应在初步设计完成之前，无初步设计的项目在施工图1/2阶段。

2. 工种负责人、审核人必须参加评审会，审定人以及项目组其他人员应尽量参会。工种负责人负责项目组与会人员的通知事宜，在必要时可邀请建筑专业相关人员出席。

3. 评审后工种负责人应填写《结构方案评审意见回复表》，逐条回复《结构方案评审表》和《会议纪要》中提出的评审意见，并在签署齐全后归档。

会议纪要

2016年1月7日

“中铁城建长沙洋湖垸项目”初步设计阶段结构方案评审会

评审人：谢定南、罗宏渊、王金祥、尤天直、徐琳、朱炳寅、陈文渊、张亚东、王大庆

主持人：朱炳寅　　　记录：王大庆

介　绍：易国辉、娄霓

结构方案：含3栋30/－1层住宅、1栋17/－2层酒店以及－1～－2层大底盘地下室。住宅设缝分为多个结构单元，采用混凝土剪力墙结构体系。酒店采用混凝土框架-剪力墙结构体系，二层楼板开大洞。地下室采用混凝土框架结构。

地基基础方案：住宅采用桩筏基础，酒店采用桩基础＋防水板。

评审：

1. 注意地下室底板高差对主楼稳定性和桩基础的影响，相应采取有效措施；后浇带尽量避开底板高差部位。
2. 地下室适当设置剪力墙，如地下室外墙处、底板高差处及剪力墙间距较大处等。
3. 地下室顶板高差处应进行加腋处理，确保水平传力的有效性。
4. 酒店二层楼板开大洞处穿层柱及底部剪力墙细化概念设计要求；洞口周边及上、下层相应部位楼盖采取有效加强措施。
5. 酒店剪力墙偏置，进一步优化剪力墙布置，使之尽量均匀分布。
6. 住宅应采取有效措施，确保楼梯间外纵墙的稳定性。
7. 进一步优化住宅的结构布置，优化平面细部处理，尽量减少凸头墙和梁搭梁情况。承载力设计时宜不计入楼外墙垛的作用。

结论：

建议根据结构方案评审表的主要结论以及会议纪要内容，进一步优化结构设计。

28　朝阳区垡头地区焦化厂公租房项目（展厅部分）

设计部门：第二工程设计研究院
主要设计人：张淮湧、牛奔、施泓、尤天直、陈晓晴

工程简介

一、工程概况

场地位于北京市朝阳区化工路（原北京炼焦化学厂内），地上建筑面积 $8500m^2$。地下 3 层，层高从下到上分别为 4.4m、5.75m 和 7.7m，使用功能为设备用房和停车库。地上 5 层，层高分别为首层 6.65m、2～4 层 5.1m、屋顶层 9.65m，屋顶局部层高 6m，使用功能为营业厅、展厅和拍卖厅。

展厅 X 向有五跨，两边跨度为 8.8m，中间跨度 17.6m；Y 向两跨，跨度分别为 8.8m 和 9.1m。南侧为大悬挑，随着层数的增高悬挑尺寸变大，设置斜撑。结构体系为钢框架-中心支撑结构体系。

图 28-1　建筑效果图

二、结构方案

通过多方案计算比较，综合考虑建筑功能、立面造型、结构传力明确、经济合理等多种因素，本工程采用钢框架-中心支撑结构体系。

本工程南侧柱外设置斜撑支承了很大的悬挑部分，建筑有很大的侧倾问题。若采用纯框架＋柱外斜撑结构体系，框架部分不足以抵抗建筑自身的倾覆。若采用钢框架＋混凝土剪力墙结构，剪力墙刚度大，

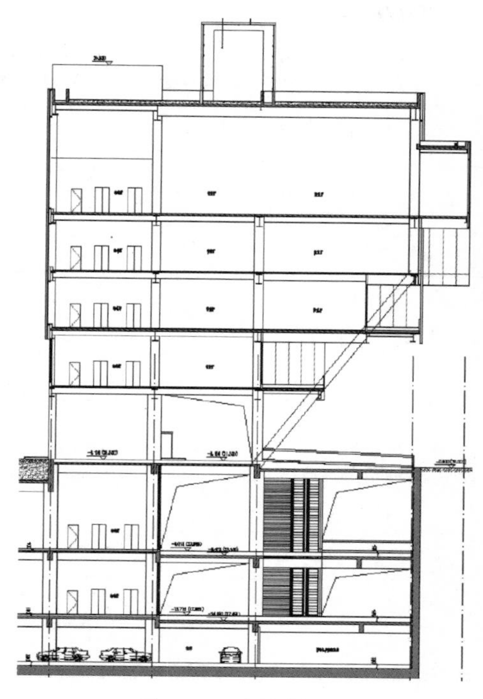

图 28-2　建筑剖面图

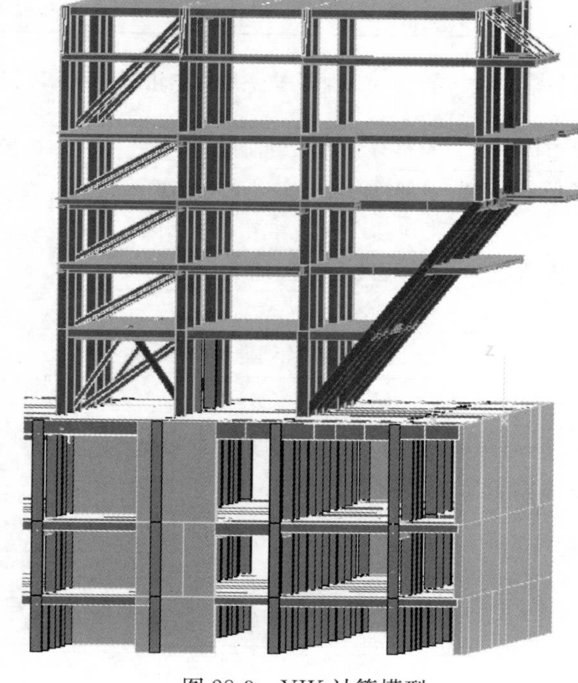

图 28-3　YJK 计算模型

可以很好地抵抗自身的倾覆，但刚度很大，吸收的地震力也很大，且剪力墙抗震等级为一级，地震内力调整系数也大，导致剪力墙暗柱配筋率超限以及剪力墙截面抗剪不足。可见，由于本工程自身有很大的侧倾问题，选择结构体系时，刚度既不能很小也不能很大，最终我们在钢框架内设置了单向受拉支撑，选择钢框架-中心支撑结构体系。

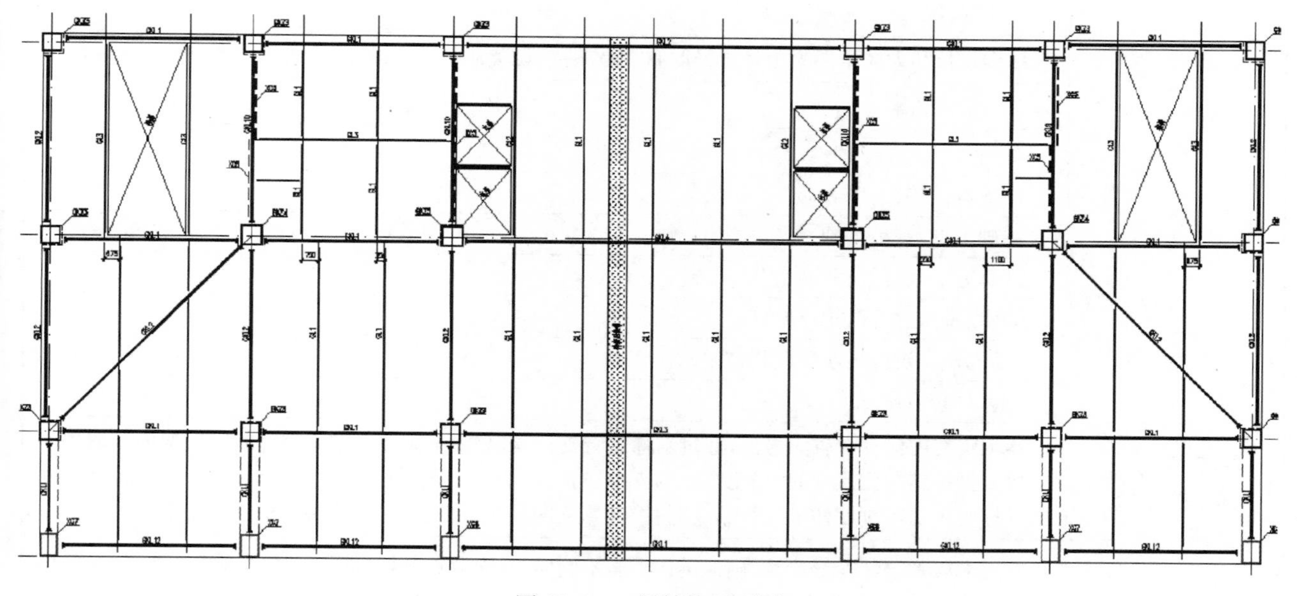

图 28-4　二层结构平面图

三、地基基础方案

根据勘察单位建议，并结合结构受力特点，跟周围地下车库统一采用筏板基础，以减小差异沉降，持力层为砂土和粉质黏土，综合考虑的地基承载力标准值（f_{ka}）为 200kPa。地下水位埋深为 5m 左右，抗浮采用锚杆方案。场地标准冻结深度为 0.80m。

结构方案评审表

结设质量表（2016）

<table>
<tr><td rowspan="2">项目名称</td><td colspan="2" rowspan="2">朝阳区垡头地区焦化厂公租房项目（展厅部分）</td><td>项目等级</td><td>A/B级□、非A/B级■</td></tr>
<tr><td>设计号</td><td>15426</td></tr>
<tr><td>评审阶段</td><td>方案设计阶段□</td><td>初步设计阶段□</td><td colspan="2">施工图设计阶段■</td></tr>
<tr><td>评审必备条件</td><td colspan="2">部门内部方案讨论　有■　无□</td><td colspan="2">统一技术条件　有■　无□</td></tr>
<tr><td rowspan="3">工程概况</td><td colspan="2">建设地点：北京市朝阳区</td><td colspan="2">建筑功能：展厅</td></tr>
<tr><td colspan="2">层数（地上/地下）：5/3</td><td colspan="2">高度（檐口高度）：26.9m</td></tr>
<tr><td colspan="2">建筑面积（m^2）：8500</td><td colspan="2">人防等级：无</td></tr>
<tr><td rowspan="6">主要控制参数</td><td colspan="4">设计使用年限：50年</td></tr>
<tr><td colspan="4">结构安全等级：二级</td></tr>
<tr><td colspan="4">抗震设防烈度、设计基本地震加速度、设计地震分组、场地类别、特征周期 8度、0.20g、第一组、Ⅲ类、0.45s</td></tr>
<tr><td colspan="4">抗震设防类别：标准设防类</td></tr>
<tr><td colspan="4">主要经济指标</td></tr>
<tr><td colspan="4">钢结构用钢量：171kg/m^2</td></tr>
<tr><td rowspan="9">结构选型</td><td colspan="4">结构类型：钢框架-中心支撑</td></tr>
<tr><td colspan="4">概念设计、结构布置</td></tr>
<tr><td colspan="4">结构抗震等级：三级</td></tr>
<tr><td colspan="4">计算方法及计算程序：YJK1.6.3</td></tr>
<tr><td colspan="4">主要计算结果有无异常（如：周期、周期比、位移、位移比、剪重比、刚度比、楼层承载力突变等）：主要计算结果均满足设计要求</td></tr>
<tr><td colspan="4">伸缩缝、沉降缝、防震缝：无</td></tr>
<tr><td colspan="4">结构超长和大体积混凝土是否采取有效措施：　设置伸缩后浇带</td></tr>
<tr><td colspan="4">有无结构超限</td></tr>
<tr><td colspan="4">无</td></tr>
<tr><td rowspan="6">基础选型</td><td colspan="4">基础设计等级：甲级</td></tr>
<tr><td colspan="4">基础类型：筏板基础</td></tr>
<tr><td colspan="4">计算方法及计算程序：YJK1.6.3</td></tr>
<tr><td colspan="4">防水、抗渗、抗浮：抗浮锚杆</td></tr>
<tr><td colspan="4">沉降分析：沉降大小满足规范要求</td></tr>
<tr><td colspan="4">地基处理方案：无</td></tr>
<tr><td>新材料、新技术、难点等</td><td colspan="4">本工程在南侧存在较大悬挑，通过斜撑进行支撑，容易发生倾覆。结构设计时在框架内设置中心支撑来抵抗结构侧倾，同时采用合理的支撑布置方式，尽量减小中心支撑引起的地震内力，计算外侧支撑时采取零刚度楼板、增大外侧斜撑计算长度系数等方法，保证了关键构件的安全</td></tr>
<tr><td>主要结论</td><td colspan="4">补充大震弹塑性变形验算，确保结构大震不倒塌，补充节点分析，进行防连续倒塌验算，考虑竖向地震作用，采取措施提高楼层的水平传力能力，建议在二层与建筑协商加斜拉杆</td></tr>
<tr><td colspan="2">工种负责人：牛　奔　　日期：2016.1.14</td><td colspan="3">评审主持人：朱炳寅　　日期：2016.1.14</td></tr>
</table>

注意：1. 评审申请时间：一般项目应在初步设计完成之前，无初步设计的项目在施工图1/2阶段。

2. 工种负责人、审核人必须参加评审会，审定人以及项目组其他人员应尽量参会。工种负责人负责项目组与会人员的通知事宜，在必要时可邀请建筑专业相关人员出席。

3. 评审后工种负责人应填写《结构方案评审意见回复表》，逐条回复《结构方案评审表》和《会议纪要》中提出的评审意见，并在签署齐全后归档。

会议纪要

2016 年 1 月 14 日

"朝阳区垡头地区焦化厂公租房项目（展厅部分）"施工图设计阶段结构方案评审会

评审人：谢定南、罗宏渊、王金祥、尤天直、朱炳寅、陈文渊、张淮湧、王大庆

主持人：朱炳寅　　　记录：王大庆

介　绍：牛奔

结构方案：3 层大底盘地下室为混凝土结构。5 层上部结构为下层收进、上层一侧大悬挑体型，经方案比选，采用钢框架-中心支撑结构。进行多模型计算和抗震性能设计。

地基基础方案：采用天然地基上的筏板基础，抗浮采用抗浮锚杆方案。

评审：

1. 合理取用抗震等级和抗震性能目标。
2. 补充大震弹塑性变形验算，确保大震作用下结构不倒塌。
3. 补充节点分析，细化节点构造，注意节点构造对计算分析的影响。
4. 进行结构防连续倒塌验算。
5. 采用合理方法，考虑竖向地震作用。
6. 补充不考虑水平支撑作用的计算分析，保证框架梁有足够的水平传力能力。
7. 楼层布置了水平支撑，应计算沿水平支撑方向的地震作用。
8. 进一步完善结构的抗倾覆体系，并采取有效措施，提高楼层的水平传力能力。
9. 建议与建筑专业协商，在结构的边榀和二层适当增设斜拉杆。
10. 注意地下室（尤其是钢与混凝土过渡段）设计，确保上部结构作用力向下传递的有效性。
11. 屋顶为种植屋面，建议与建筑专业细化荷载取值。

结论：

建议根据结构方案评审表的主要结论以及会议纪要内容，进一步优化结构设计。

29　西安万科城 7 号地东区商业

设计部门：第二工程设计研究院
主要设计人：曹清、那苓、王海峰、朱炳寅、刘连荣、居易、郭俊杰、马晓雷、王婷、王树乐

工 程 简 介

一、工程概况

本工程位于西安市长安区书香路与韦郭路十字路口西北角，茅坡村西部，总建筑面积 10.97 万 m^2。本项目地下三层（局部地下二层），总长约 190m，宽约 73m，地下不设缝。地下三层、地下二层为车库，地下一层为商业餐饮；地下三层均为人防（核六级）。地下一层与北侧、西侧原地下建筑连为一体，总长约 430m，总宽约 427m。地上设两条防震缝将结构分为三部分：左侧总高 7 层，35.4m，长约 33m，宽约 54m；1～3 层为商业，4～7 层为影院。中部总高 6 层，28.9m，长约 113m，宽约 6m；6 层均为商业。右侧总高 25 层，104.75m，长约 38m，宽约 59m；1～6 层为商业，6 层以上为办公。

图 29-1　建筑效果图

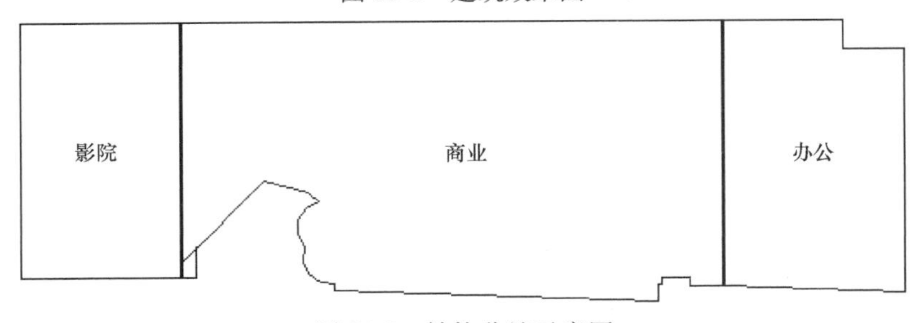

图 29-2　结构分缝示意图

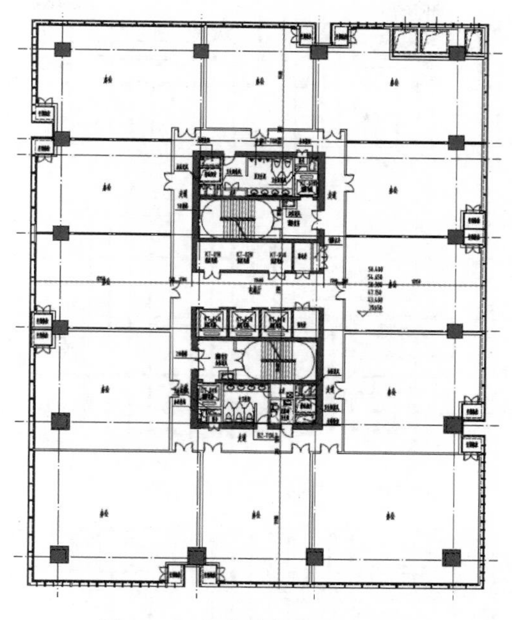

图 29-3　办公楼标准层平面图

二、结构方案

通过多方案比较，综合考虑建筑功能、立面造型、结构传力明确、经济合理等多种因素，本结构采用钢筋混凝土框架-剪力墙结构体系。结构竖向荷载通过水平梁传至剪力墙和框架柱，再传至基础。

1. 左侧商业及影院

利用楼梯间布置剪力墙，考虑到影院有 2～4 层通高，结构较空旷，在结构四角布置剪力墙。对因开洞造成的薄弱部位，补充单榀结构承载力分析。

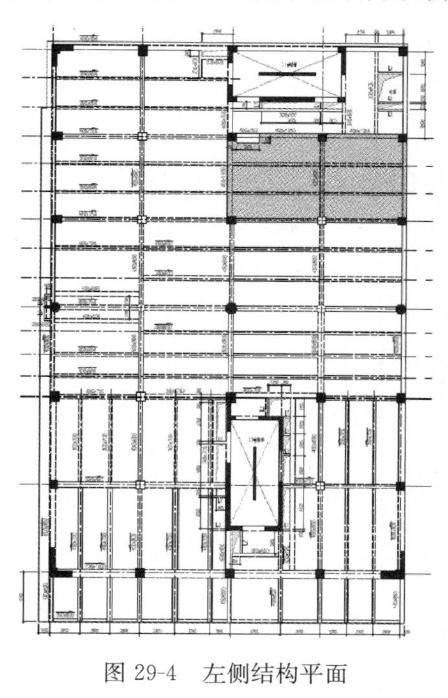

图 29-4　左侧结构平面

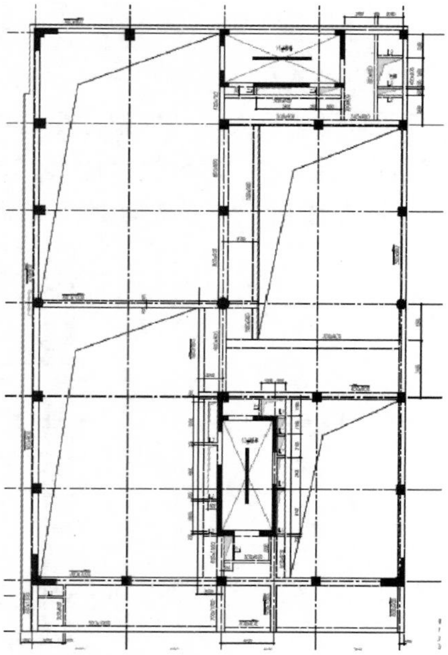

图 29-5　开洞补充单榀结构

2. 中部商业

利用楼、电梯间布置剪力墙。因为中部开洞造成多项不规则，对结构的关键部位、关键构件参照超限的抗震性能目标，采取有效的措施。

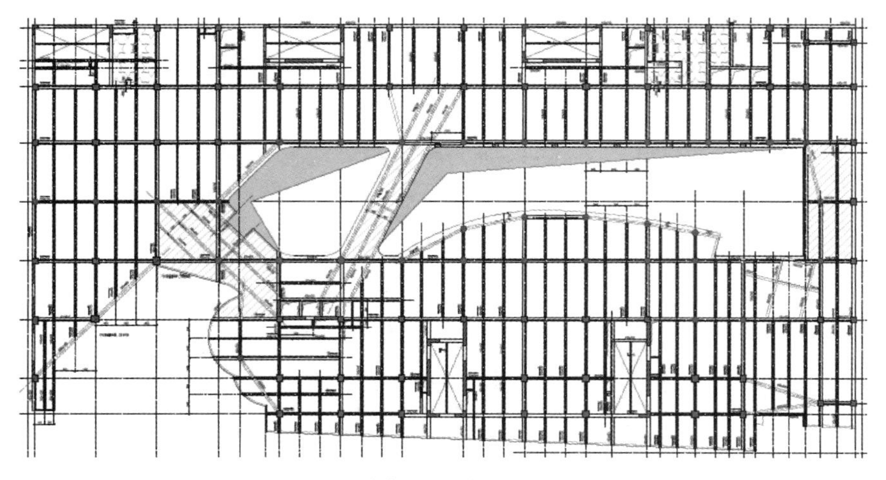

图 29-6　中部三层结构平面布置图

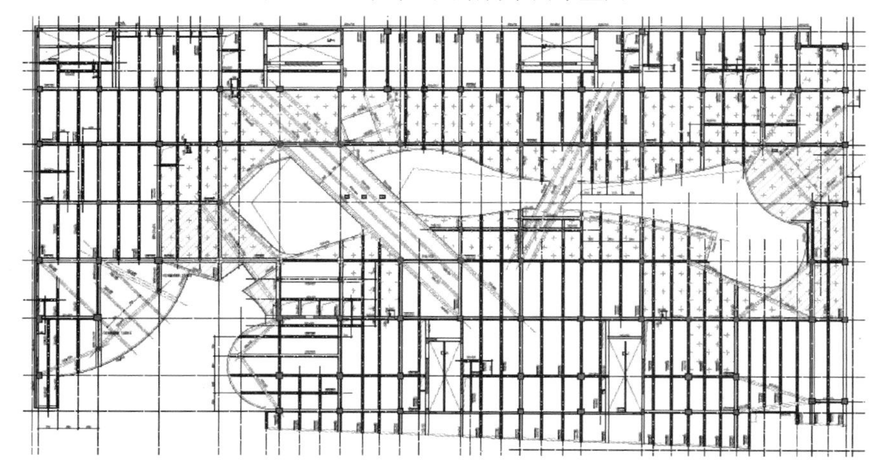

图 29-7　中部四层结构平面布置图

3. 右侧办公

柱网平面尺寸较大，外框架柱距 8.4～12.05m，外框柱与核心筒距离为 9.3～12.05m。楼盖体系采用普通钢筋混凝土主、次梁楼盖体系。为减小板跨，采用径向双次梁布置，次梁间距约为 3.3m。一般采用 150mm 厚楼板。一层楼面由于嵌固的需要，板厚 200mm。地下一层板厚 200mm。

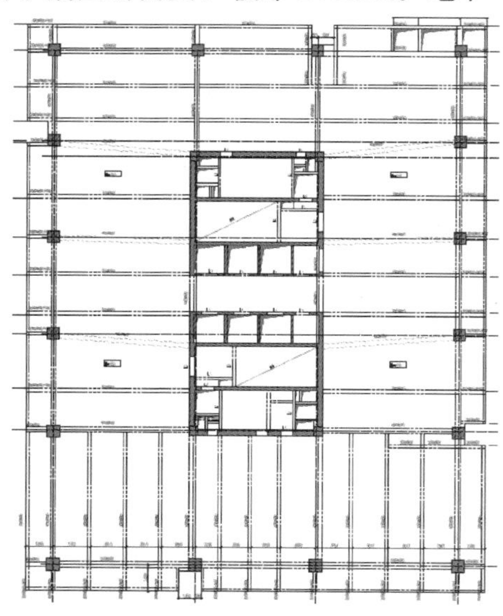

图 29-8　标准层结构平面布置图

三、地基基础方案

根据地勘单位的建议，并结合结构受力特点，左侧和中部采用灰土挤密桩地基处理，基础为筏板基础；右侧办公楼基础为桩基础，桩型为钻孔灌注桩（直径 700mm，桩长 40m，旋挖成孔），（8）层-粉质黏土层和（9）层-粉质黏土层作为桩端持力层，单桩竖向承载力特征值为 4000kN。

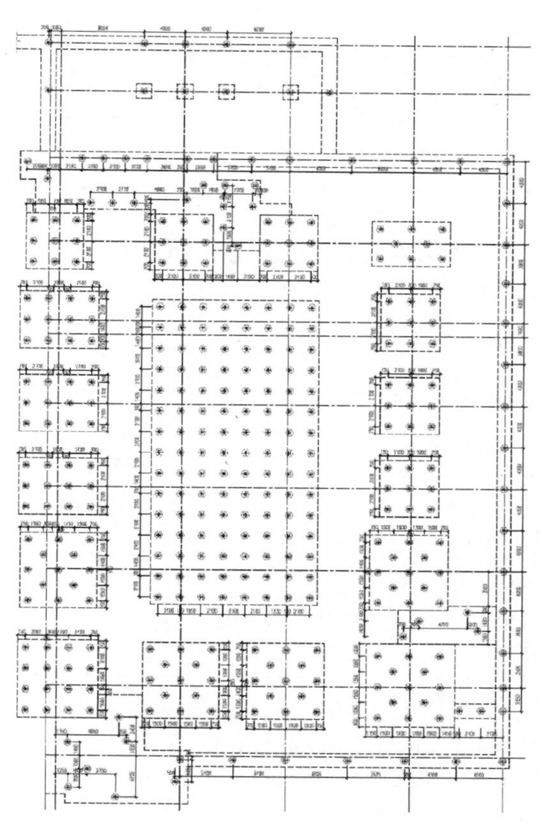

图 29-9　右侧桩基平面布置图

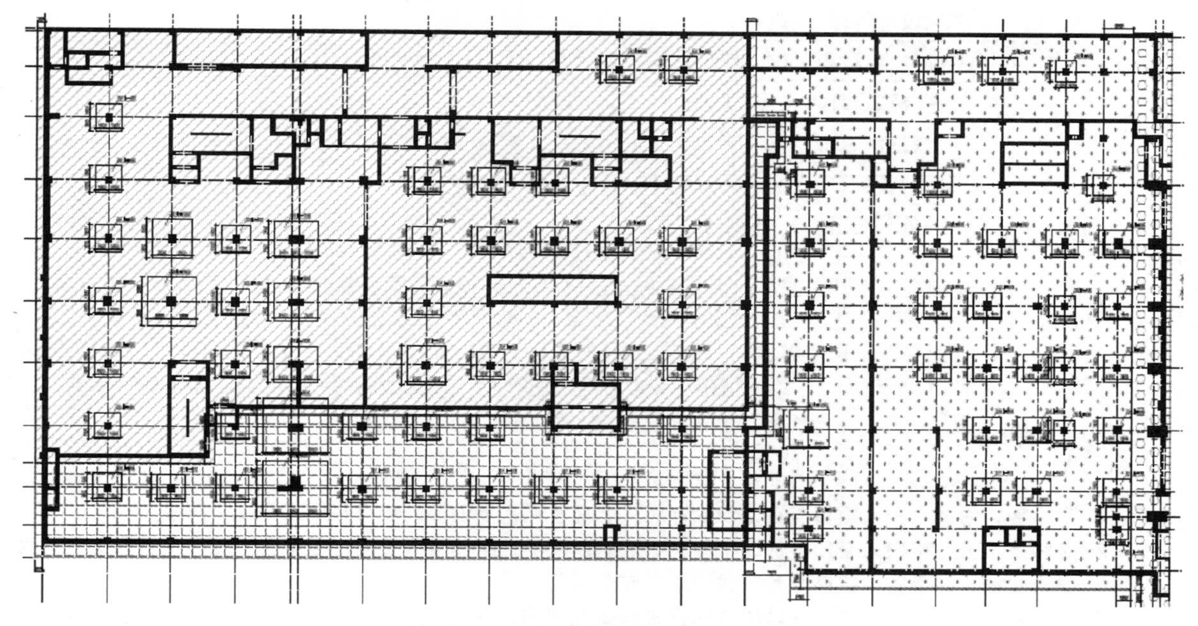

图 29-10　左侧及中部筏板平面布置图

结构方案评审表

结设质量表（2016）

<table>
<tr><td rowspan="2">项目名称</td><td colspan="2" rowspan="2">西安万科城7号地东区商业</td><td>项目等级</td><td>A/B级□、非A/B级■</td></tr>
<tr><td>设计号</td><td>14384</td></tr>
<tr><td>评审阶段</td><td>方案设计阶段□</td><td>初步设计阶段■</td><td colspan="2">施工图设计阶段■</td></tr>
<tr><td>评审必备条件</td><td colspan="2">部门内部方案讨论　有■　无□</td><td colspan="2">统一技术条件　有■　无□</td></tr>
<tr><td rowspan="3">工程概况</td><td colspan="2">建设地点：西安市长安区</td><td colspan="2">建筑功能：商业、影院、办公</td></tr>
<tr><td colspan="2">层数(地上/地下)：7/3 5/3 25/3</td><td colspan="2">高度(檐口高度)：35.4m 23.9m 99.65m</td></tr>
<tr><td colspan="2">建筑面积(m^2)：10.97万</td><td colspan="2">人防等级：核6</td></tr>
<tr><td rowspan="6">主要控制参数</td><td colspan="4">设计使用年限：50年</td></tr>
<tr><td colspan="4">结构安全等级：二级</td></tr>
<tr><td colspan="4">抗震设防烈度、设计基本地震加速度、设计地震分组、场地类别、特征周期
7度、0.15g、第一组、Ⅱ类、0.35s</td></tr>
<tr><td colspan="4">抗震设防类别：中部商业地上、右侧办公楼1～6层：重点设防类；其余：标准设防类</td></tr>
<tr><td colspan="4">主要经济指标</td></tr>
<tr><td colspan="4"></td></tr>
<tr><td rowspan="9">结构选型</td><td colspan="4">结构类型：框架剪力墙</td></tr>
<tr><td colspan="4">概念设计、结构布置</td></tr>
<tr><td colspan="4">结构抗震等级：左：三级框架二级剪力墙；中：二级框架一级剪力墙；右：一级框架一级剪力墙</td></tr>
<tr><td colspan="4">计算方法及计算程序：PKPM　V2.2　YJK1.6.3</td></tr>
<tr><td colspan="4">主要计算结果有无异常(如：周期、周期比、位移、位移比、剪重比、刚度比、楼层承载力突变等)：中部商业多项异常</td></tr>
<tr><td colspan="4">伸缩缝、沉降缝、防震缝：有</td></tr>
<tr><td colspan="4">结构超长和大体积混凝土是否采取有效措施：
设置伸缩后浇带、增加温度应力钢筋</td></tr>
<tr><td colspan="4">有无结构超限</td></tr>
<tr><td colspan="4">无</td></tr>
<tr><td rowspan="6">基础选型</td><td colspan="4">基础设计等级：甲级</td></tr>
<tr><td colspan="4">基础类型：筏板基础、桩筏基础</td></tr>
<tr><td colspan="4">计算方法及计算程序：JCCAD V2.2　YJK1.6.3</td></tr>
<tr><td colspan="4">防水、抗渗、抗浮：无</td></tr>
<tr><td colspan="4">沉降分析：沉降大小满足规范要求</td></tr>
<tr><td colspan="4">地基处理方案：灰土挤密桩处理湿陷性</td></tr>
<tr><td>新材料、新技术、难点等</td><td colspan="4">中部商业因开大洞形成多处大跨连桥；有托柱转换和斜撑转换；大悬挑</td></tr>
<tr><td>主要结论</td><td colspan="4">商业补充单榀结构承载力分析；办公楼优化平面布置、优化剪力墙布置；影院优化平面布置、补充弹性时程分析，补充单榀结构承载力分析、核查建筑的抗震设防类别，全工程优化基础方案、优化桩布置</td></tr>
<tr><td colspan="2">工种负责人：曹清　　日期：2016.1.14</td><td colspan="3">评审主持人：朱炳寅　　日期：2016.1.14</td></tr>
</table>

注意：1. 评审申请时间：一般项目应在初步设计完成之前，无初步设计的项目在施工图1/2阶段。

2. 工种负责人、审核人必须参加评审会，审定人以及项目组其他人员应尽量参会。工种负责人负责项目组与会人员的通知事宜，在必要时可邀请建筑专业相关人员出席。

3. 评审后工种负责人应填写《结构方案评审意见回复表》，逐条回复《结构方案评审表》和《会议纪要》中提出的评审意见，并在签署齐全后归档。

会议纪要

2016年1月14日

"西安万科城7号地东区商业"初步设计阶段结构方案评审会

评审人：谢定南、罗宏渊、王金祥、尤天直、朱炳寅、陈文渊、张淮湧、王大庆

主持人：朱炳寅　　　记录：王大庆

介　绍：曹清

结构方案：3层大底盘地下室以上设缝分为影院（左）、商业（中）、办公（右）3个结构单元，均采用混凝土框架-剪力墙结构体系。商业部分进行多模型计算分析（分块、零刚度板、弹性板等）和抗震性能设计。超长结构进行温度应力分析，采取防裂措施。

地基基础方案：本工程位于湿陷性场地。办公部分采用桩筏基础，桩型为钻孔灌注桩。商业和影院两部分采用灰土挤密桩处理湿陷性，基础形式为变厚度筏板基础。

评审：

1. 进一步核查建筑抗震设防类别，细化抗震性能目标。
2. 商业和影院两部分的楼板开大洞，协同作用较差，应补充单榀结构承载力分析，包络设计。
3. 进一步优化商业部分的剪力墙布置，使墙体在商业部分及其各分块尽量均匀分布。
4. 适当优化办公部分的剪力墙布置和厚度，长墙肢适当开洞。
5. 影院部分的楼板开大洞，应补充弹性时程分析，以考虑楼层之间侧向刚度变化的影响。
6. 适当优化各结构单元的平面布置和构件截面尺寸，有效加强平面弱连接部位，注意楼面梁锚固和细部处理（如多方向梁相交部位等），尽量使框架梁、柱（尤其是圆柱）的中心线重合。
7. 进一步优化各结构单元的基础方案，优化桩基布置，处理好本工程基础与相邻建筑基础之间的关系。
8. 注意温度作用对地下室竖向构件配筋的影响。

结论：

建议根据结构方案评审表的主要结论以及会议纪要内容，进一步优化结构设计。

30　北京保险产业园 648 地块

设计部门：第一工程设计研究院
主要设计人：王鑫、余蕾、陈文渊、尹洋、王昊、张世雄、郭家旭、岳琪、董越、刘会军

工 程 简 介

一、工程概况

项目位于北京市石景山区北京保险产业园 648 地块内，西邻刘娘府东路，东临实兴西街，南临石景山园北 1 区三号路，北临石景山园北 1 区二号路。场地为自然平坡地。

北京保险产业园 648 地块项目由 3 栋建筑组成：

1 号楼为会议展示中心，位于场地东侧，为一栋地上 3 层、地下 3 层的多层建筑，地上建筑总高度 17.2m；其中地下 3 层为物业用房，地下 2 层至地上 1 层为保险展示厅，地上 2、3 层为会议中心。

2 号楼为办公北楼，位于场地北侧，为一栋地上 8 层、地下 3 层的高层建筑，地上建筑总高度 35.8m；其中地上 8 层为办公用房，地下 1 层为预留餐饮、厨房及服务全园区的文体活动用房，地下 2、3 层为停车库，另外地下 1 至 3 层包括服务整个地块的设备用房。

3 号楼为办公南楼，位于场地南侧，为一栋地上 9 层、地下 3 层的高层建筑，地上建筑总高度 35.15m；其中地上 9 层均为办公用房，地下 1 层为预留餐饮、厨房及自行车停车库，地下 2 层为机动车停车库，地下 3 层为战时人防物资库、平时汽车库。

图 30-1　建筑效果图

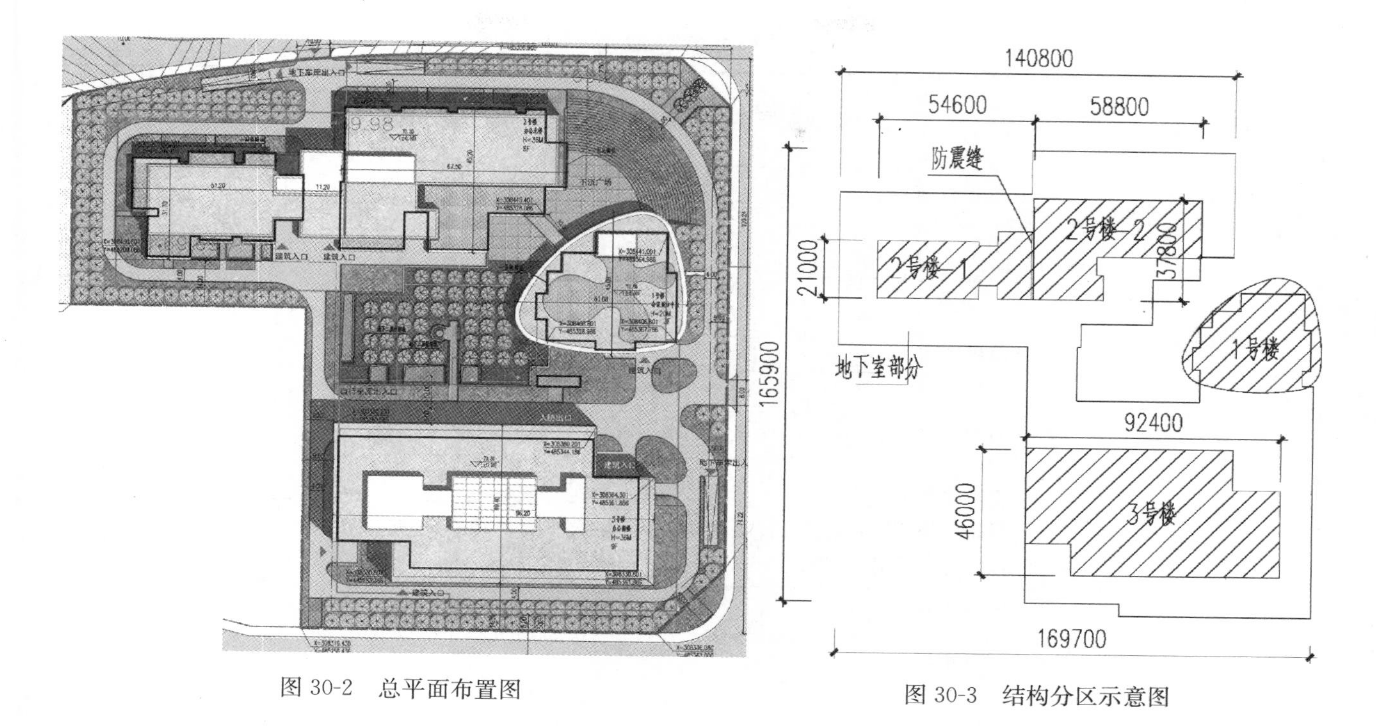

图 30-2　总平面布置图

图 30-3　结构分区示意图

二、结构方案

1. 抗侧力体系

1 号楼采用框架结构，柱截面尺寸 800mm×800mm、1000mm×1000mm。首层及二层双向柱距为 7.2m×6.9m；三层为大空间，双向柱距为 35.1m×20.4m，为配合建筑空间需要，三层设置两个斜柱。普通框架梁截面高度 700mm，大跨梁及悬挑梁截面高度 1000mm。最大悬挑长度 6m。大跨和长悬挑部位设置预应力钢筋。

2 号楼采用框架-剪力墙结构。除利用楼、电梯井筒设钢筋混凝土剪力墙外，还在不影响建筑使用的前提下设置一部分剪力墙，以提高结构的抗侧刚度，满足规范的相关要求。双向柱距为 8.4m×8.4m。柱截面尺寸 800mm×800mm。普通框架梁截面高度 700mm。

3 号楼采用框架-剪力墙结构。除利用楼、电梯井筒设钢筋混凝土剪力墙外，还在不影响建筑使用的前提下设置一部分剪力墙，以提高结构的抗侧刚度，满足规范的相关要求。双向柱距为 9.0m×8.4m。

屋顶采光窗及太阳能板部分采用实腹钢梁。

2. 楼盖体系

普通楼盖、屋盖均采用经济实用、便于施工、适应力强的带次梁的普通梁板体系；设置次梁的目的在于减薄楼板厚度，达到经济和减轻结构自重的目的。由于嵌固要求，首层及地下一层地面采用框架梁加大板体系。

三、地基基础方案

根据场地情况及地勘建议，考虑结构抗浮要求，本工程采用筏板基础，持力层为卵石②层或粉质黏土③层，承载力标准值为 200kPa。主楼下的筏板厚度 800mm，裙房部分的筏板厚度 500mm。考虑到本工程筏板下设置地源热泵管道，为方便施工且兼顾经济性，筏板下平，主楼的较大荷载柱下的柱帽下翻，其余柱帽上翻，筏板上预留垫层最薄处 300mm。

结构方案评审表

结设质量表（2016）

<table>
<tr><td rowspan="2">项目名称</td><td rowspan="2" colspan="2">**北京保险产业园 648 地块**</td><td>项目等级</td><td>A/B级□、非 A/B级☑</td></tr>
<tr><td>设计号</td><td></td></tr>
<tr><td>评审阶段</td><td>方案设计阶段□</td><td>初步设计阶段□</td><td colspan="2">施工图设计阶段</td></tr>
<tr><td>评审必备条件</td><td colspan="2">部门内部方案讨论　有☑　无□</td><td colspan="2">统一技术条件　有☑　无□</td></tr>
<tr><td rowspan="4">工程概况</td><td colspan="2">建设地点　北京市石景山区</td><td colspan="2">建筑功能　办公，展览，会议</td></tr>
<tr><td colspan="2">层数(地上/地下) 8/3,3/3</td><td colspan="2">高度(檐口高度)36m,20m</td></tr>
<tr><td colspan="2">建筑面积(m^2)10 万</td><td colspan="2">人防等级 6 级</td></tr>
<tr><td colspan="2"></td><td colspan="2"></td></tr>
<tr><td rowspan="6">主要控制参数</td><td colspan="4">设计使用年限　50 年</td></tr>
<tr><td colspan="4">结构安全等级　二级</td></tr>
<tr><td colspan="4">抗震设防烈度、设计基本地震加速度、设计地震分组、场地类别、特征周期
8 度、0.2g、第一组、Ⅱ类、0.35s</td></tr>
<tr><td colspan="4">抗震设防类别　丙类</td></tr>
<tr><td colspan="4">主要经济指标</td></tr>
<tr><td colspan="4"></td></tr>
<tr><td rowspan="9">结构选型</td><td colspan="4">结构类型　地上八层(共三个结构单元)框架-剪力墙，地上三层(一个结构单元)框架</td></tr>
<tr><td colspan="4">概念设计、结构布置</td></tr>
<tr><td colspan="4">结构抗震等级　框架-剪力墙：框架二级、剪力墙一级，框架：框架二级</td></tr>
<tr><td colspan="4">计算方法及计算程序　盈建科-YJK-A[1.6.3.1]</td></tr>
<tr><td colspan="4">主要计算结果有无异常(如：周期、周期比、位移、位移比、剪重比、刚度比、楼层承载力突变等)</td></tr>
<tr><td colspan="4">伸缩缝、沉降缝、防震缝　2 号楼设置防震缝一道</td></tr>
<tr><td colspan="4">结构超长和大体积混凝土是否采取有效措施　已采取</td></tr>
<tr><td colspan="4">有无结构超限　无</td></tr>
<tr><td colspan="4"></td></tr>
<tr><td rowspan="6">基础选型</td><td colspan="4">基础设计等级　二级</td></tr>
<tr><td colspan="4">基础类型　筏板</td></tr>
<tr><td colspan="4">计算方法及计算程序</td></tr>
<tr><td colspan="4">防水、抗渗、抗浮　抗浮水头 5m，采用压重法</td></tr>
<tr><td colspan="4">沉降分析</td></tr>
<tr><td colspan="4">地基处理方案</td></tr>
<tr><td>新材料、新技术、难点等</td><td colspan="4"></td></tr>
<tr><td>主要结论</td><td colspan="4">采取措施合理地下室分缝及挡土墙设计，采用地下一层地面和地下室顶面嵌固模型分别计算、合理布置剪力墙，优化大悬挑雨篷结构布置，补充单榀结构的承载力分析，采取措施解决斜柱在顶梁上的水平拉力(传给多跨框架)大跨度长悬臂考虑竖向地震作用，多角度地震作用分析</td></tr>
<tr><td colspan="2">工种负责人：王鑫　　日期：2016.1.12</td><td colspan="3">评审主持人：朱炳寅　　日期：2016.1.19</td></tr>
</table>

注意：1. 评审申请时间：一般项目应在初步设计完成之前，无初步设计的项目在施工图 1/2 阶段。

2. 工种负责人、审核人必须参加评审会，审定人以及项目组其他人员应尽量参会。工种负责人负责项目组与会人员的通知事宜，在必要时可邀请建筑专业相关人员出席。

3. 评审后工种负责人应填写《结构方案评审意见回复表》，逐条回复《结构方案评审表》和《会议纪要》中提出的评审意见，并在签署齐全后归档。

会议纪要

2016年1月19日

"北京保险产业园648地块"施工图设计阶段结构方案评审会

评审人：谢定南、罗宏渊、王金祥、尤天直、徐琳、朱炳寅、陈文渊、张淮湧、王大庆

主持人：朱炳寅　　　记录：王大庆

介　绍：王鑫

结构方案：2栋8/-3层办公楼采用混凝土框架-剪力墙结构体系，其中1栋设缝分为2个结构单元。1栋3/-3层展示馆采用混凝土框架结构体系，存在长悬臂、大跨度、斜柱等复杂情况。下沉庭院（下沉1层）造成各结构单元首层嵌固条件不足。

地基基础方案：采用天然地基上的筏板基础。

评审：

1. 细化结构不规则情况判别，相应采取有效的结构措施。
2. 适当优化筏板基础的厚度。
3. 进一步优化地下室分缝及挡土墙设计，使之更为合理、可靠。
4. 下沉庭院导致结构在地下室顶板嵌固条件不足，应采用地下室顶板嵌固和地下一层底板嵌固模型分别计算，包络设计。
5. 合理布置剪力墙。
6. 进一步优化大悬挑雨篷的结构及布置，注意风吸力影响。
7. 楼板开大洞，结构协同作用较差，应补充相应的单榀结构承载力分析，包络设计。
8. 楼板大洞口周边（尤其是薄弱部位）的梁、板应采取有效加强措施。
9. 采取措施，解决斜柱在顶梁上的水平拉力（传给多跨框架）。
10. 大跨度构件、长悬臂构件应采用合理方法考虑竖向地震作用。
11. 进一步优化大悬挑部位的结构布置，注意其内跨平衡构件设计，注意外悬挑板附加弯矩对楼面梁的影响。
12. 结构存在斜交抗侧力构件，应进行多角度地震作用分析。
13. 进一步优化钢连桥的支承方式。
14. 进一步优化各单元的结构布置，注意重点部位加强和细部处理。

结论：

建议根据结构方案评审表的主要结论以及会议纪要内容，进一步优化结构设计。

31 承德市磬棰湾传统商业街项目（一期）

设计部门：第一工程设计研究院
主要设计人：梁伟、张剑涛、彭永宏、陈文渊、田川、徐志伟、朱为之

工程简介

一、工程概况

河北承德磬棰湾传统商业街项目位于河北省承德市双桥区外八庙地区254省道与槌峰路交叉口，西侧角部毗邻规划中的城市中心广场，南侧为承德北站，北侧为现状住宅。项目主要功能为集购物、休闲、娱乐、养生为一体的综合性传统特色街区。

项目总建筑面积约4.7万m^2，其中地上建筑面积2.3万m^2，地下建筑面积为2.4万m^2。项目包括2栋酒店建筑、1栋集中商业建筑及14栋商业小院。项目各单体关系示意图如下：

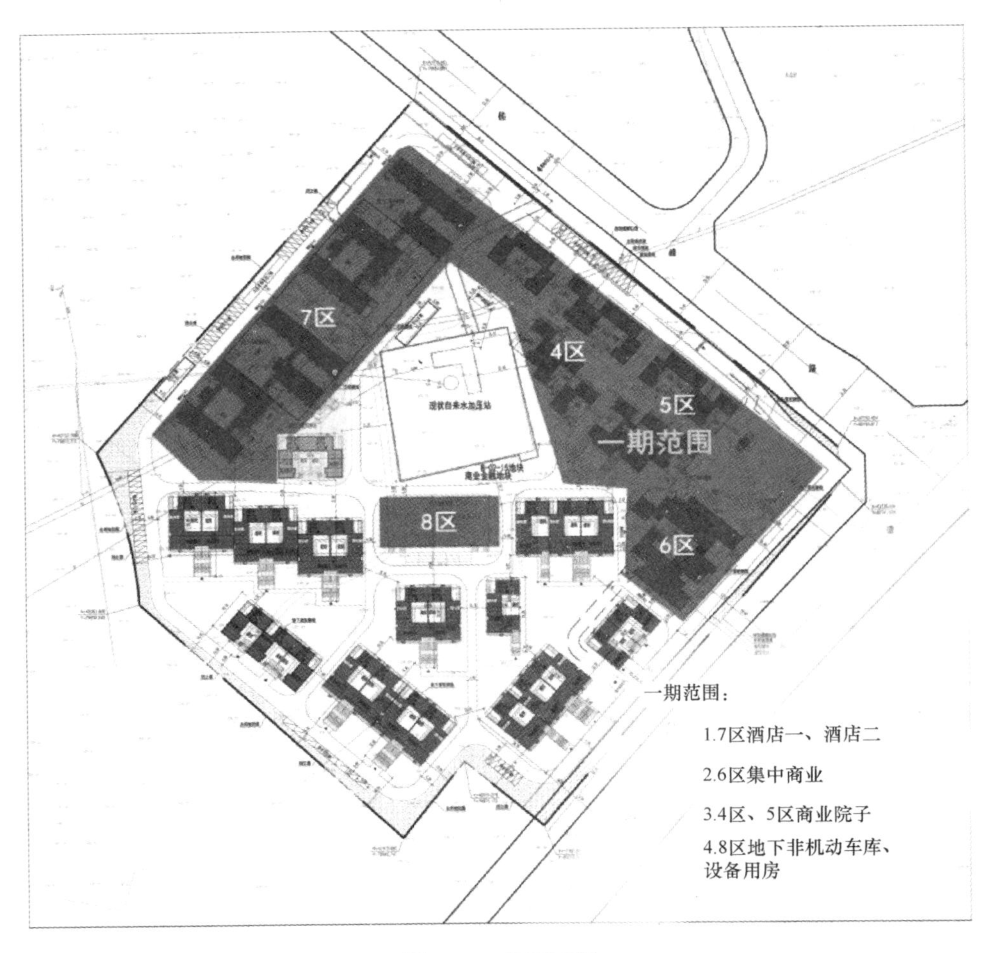

图31-1 总平面图

本项目分为二期建设，本次设计为一期部分（图中阴影范围内建筑物），建筑面积约 2.5 万 m^2，包括地块北侧的 6 栋商业小院（4 区、5 区）、1 栋集中商业（6 区）、2 栋酒店（7 区）、一栋地下非机动车库、设备用房（8 区）。

二、结构方案

本工程各建筑物地上均为二层，坡屋顶屋脊建筑高度为 7.0m，地下室一层～二层不等。抗侧力体系采用钢筋混凝土框架结构，抗震等级为四级。

各子项工程概况及结构方案如下：

子项及楼号	建筑层数（地上/地下）	建筑高度 m（地上/地下）	人防等级（类别/等级）	结构形式
4 区（4-1 号、4-2 号、4-3 号商业院子）	2/1	7.0/4.65	无	钢筋混凝土框架结构
5 区（5-1 号、5-2 号商业院子）	2/1	7.0/4.65	无	钢筋混凝土框架结构
6 区（6-1 号集中商业）	2/1	7.0/8.50	甲类 常五核五级	钢筋混凝土框架结构
7 区（7-1 号、7-2 号酒店）	2/2	7.0/8.7	无	钢筋混凝土框架结构
8 区（8-1 号地下非机动车库、设备用房）	0/1	0/4.2	无	钢筋混凝土框架结构

三、地基基础方案

根据地勘报告，本工程酒店地下二层部分采用天然地基，其余部分采用地基处理。基础形式采用钢筋混凝土独立基础＋条形基础，有地下室部分另设防水板，防水板板厚为 250～300mm。基础持力层采用④层圆砾，天然地基部分的地基承载力特征值 f_{ak} 为 320kPa；地基处理部分采用换填天然级配砂卵石（按 30cm/层，分层碾压、振实至基底设计标高，压实系数为 0.97），换填后地基承载力特征值 f_{ak} 采用 230kPa。

本工程抗浮水位为 336.6m，集中商业及酒店地下二层部分的整体抗浮满足要求，但防水板须按实际水头进行承载力验算。其余部分的抗浮水位低于基础底板标高，无抗浮问题。

结构方案评审表

结设质量表（2016）

<table>
<tr><td rowspan="2">项目名称</td><td colspan="2" rowspan="2">承德市磬椏湾传统商业街项目(一期)</td><td>项目等级</td><td>A/B级□、非A/B级■</td></tr>
<tr><td>设计号</td><td>13142</td></tr>
<tr><td>评审阶段</td><td>方案设计阶段□</td><td>初步设计阶段■</td><td colspan="2">施工图设计阶段□</td></tr>
<tr><td>评审必备条件</td><td colspan="2">部门内部方案讨论　有■　无□</td><td colspan="2">统一技术条件　有■　无□</td></tr>
<tr><td rowspan="4">工程概况</td><td colspan="2">建设地点　河北省承德市</td><td colspan="2">建筑功能　商业、酒店</td></tr>
<tr><td colspan="2">层数(地上地下)2/2</td><td colspan="2">高度(檐口高度)7.0/5.4m</td></tr>
<tr><td colspan="2">建筑面积(m²)2.5万</td><td colspan="2">人防等级　核五常五级</td></tr>
<tr><td colspan="2"></td><td colspan="2"></td></tr>
<tr><td rowspan="6">主要控制参数</td><td colspan="4">设计使用年限　50</td></tr>
<tr><td colspan="4">结构安全等级　二级</td></tr>
<tr><td colspan="4">抗震设防烈度、设计基本地震加速度、设计地震分组、场地类别、特征周期
6度、0.05g、第三组、Ⅲ类、0.65s</td></tr>
<tr><td colspan="4">抗震设防类别　标准设防类</td></tr>
<tr><td colspan="4">主要经济指标</td></tr>
<tr><td colspan="4"></td></tr>
<tr><td rowspan="9">结构选型</td><td colspan="4">结构类型　钢筋混凝土框架结构</td></tr>
<tr><td colspan="4">概念设计、结构布置</td></tr>
<tr><td colspan="4">结构抗震等级　四级</td></tr>
<tr><td colspan="4">计算方法及计算程序　YJK</td></tr>
<tr><td colspan="4">主要计算结果有无异常(如:周期、周期比、位移、位移比、剪重比、刚度比、楼层承载力突变等)无</td></tr>
<tr><td colspan="4">伸缩缝、沉降缝、防震缝　酒店设伸缩缝兼防震缝1道</td></tr>
<tr><td colspan="4">结构超长和大体积混凝土是否采取有效措施　有</td></tr>
<tr><td colspan="4">有无结构超限　无</td></tr>
<tr><td colspan="4"></td></tr>
<tr><td rowspan="6">基础选型</td><td colspan="4">基础设计等级 丙级</td></tr>
<tr><td colspan="4">基础类型　筏板、独立基础、条形基础、防水板</td></tr>
<tr><td colspan="4">计算方法及计算程序　YJK</td></tr>
<tr><td colspan="4">防水、抗渗、抗浮</td></tr>
<tr><td colspan="4">沉降分析</td></tr>
<tr><td colspan="4">地基处理方案</td></tr>
<tr><td>新材料、新技术、难点等</td><td colspan="4">无</td></tr>
<tr><td>主要结论</td><td colspan="4">与建筑协商、减少地下室顶板的超厚填土,补充单榀框架承载力比算、注意斜屋面混凝土施工质量问题,注意连续屋面凹处的雪荷载取值,补充结构分块计算、包络设计(全部内容均在此页)</td></tr>
<tr><td colspan="2">工种负责人:梁伟　　日期:2016.1.21</td><td colspan="3">评审主持人:朱炳寅　　日期:2016.1.21</td></tr>
</table>

注意：1. 评审申请时间：一般项目应在初步设计完成之前，无初步设计的项目在施工图1/2阶段。

2. 工种负责人、审核人必须参加评审会，审定人以及项目组其他人员应尽量参会。工种负责人负责项目组与会人员的通知事宜，在必要时可邀请建筑专业相关人员出席。

3. 评审后工种负责人应填写《结构方案评审意见回复表》，逐条回复《结构方案评审表》和《会议纪要》中提出的评审意见，并在签署齐全后归档。

32 北京通州运河核心区Ⅸ-06地块项目（D楼）

设计部门：国住人居工程顾问有限公司
主要设计人：娄霓、刘长松、王载、尤天直、任乐明

工程简介

一、工程概况

北京通州运河核心区Ⅸ-06地块项目建设地点位于北京市通州区，整个项目包含3栋高层办公及1栋超高层公寓，主要建筑功能为办公和公寓。

D楼的主要建筑功能为公寓。地下3层，与A、B、C楼共用地下室；地上与其余三栋楼完全独立，地上39层，主体结构高度127.9m。D楼建筑平面尺寸为53.2m×17.75m；平面凹进尺寸为12.6m×5.3m，凹进小于30%；建筑高宽比为6.8；采用部分框支剪力墙结构体系。底部共两层裙房，建筑功能为商业，为满足底部大空间要求，在二层顶设置转换。

图32-1 建筑效果图

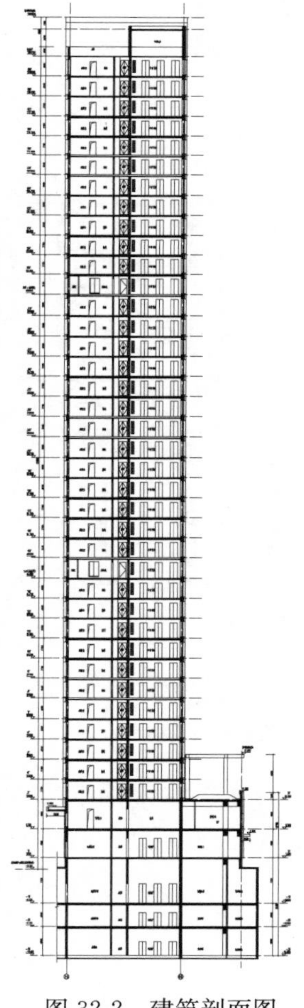

图32-2 建筑剖面图

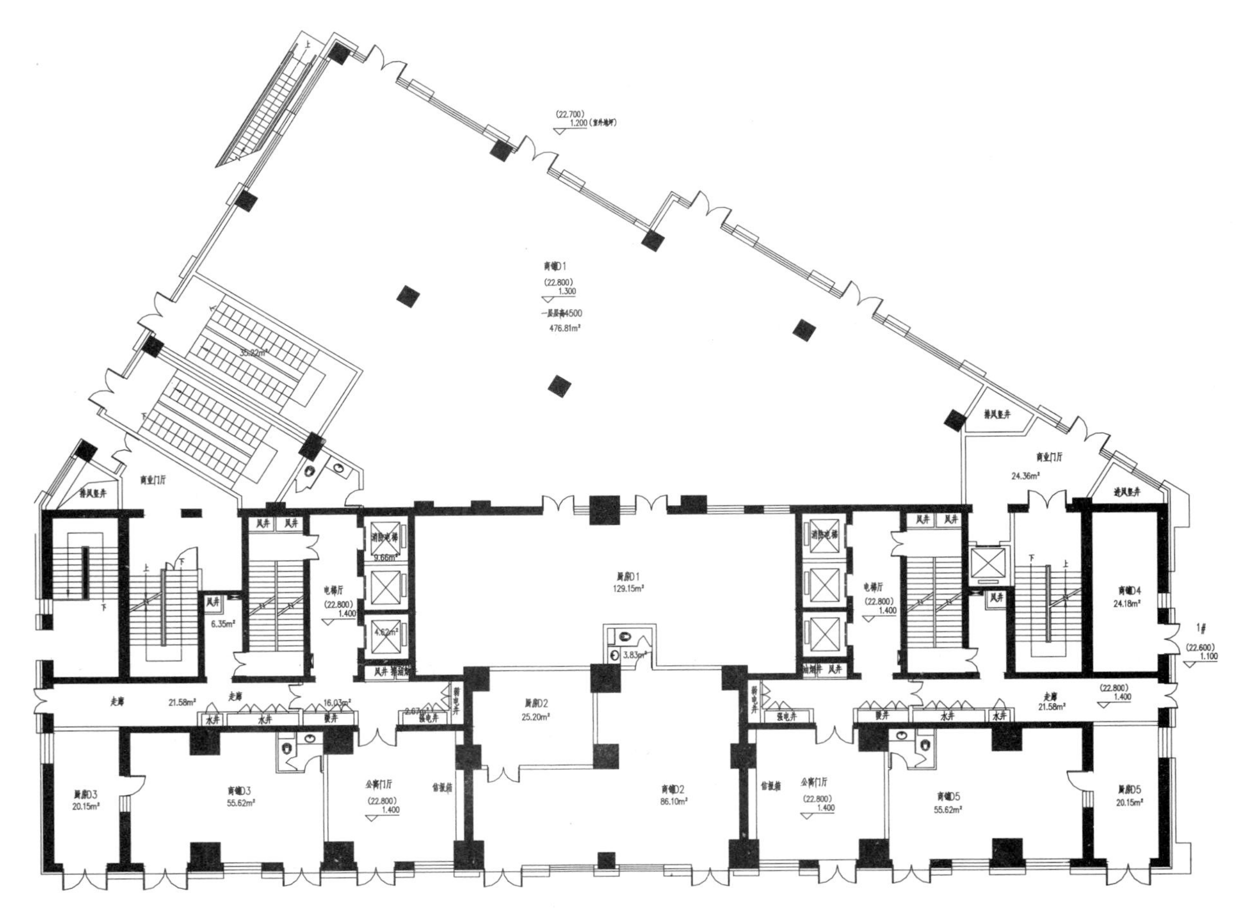

图 32-3　首层建筑平面图

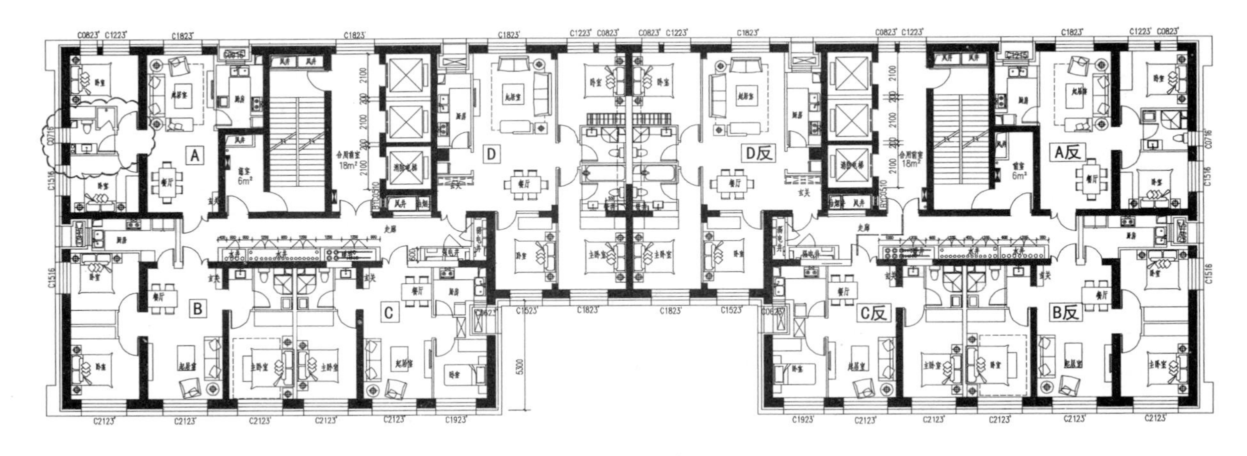

图 32-4　标准层建筑平面图

二、结构方案

D栋公寓楼采用部分框支剪力墙结构体系。主楼共 39 层，高约 128m，超过 B 级高度，属超限工程；平面凹进尺寸小于 30%，平面规则；竖向构件不连续。控制底部剪力墙轴压比，保证整体结构延性。对整体结构进行性能化设计，提高框支框架性能目标，保证其延性。

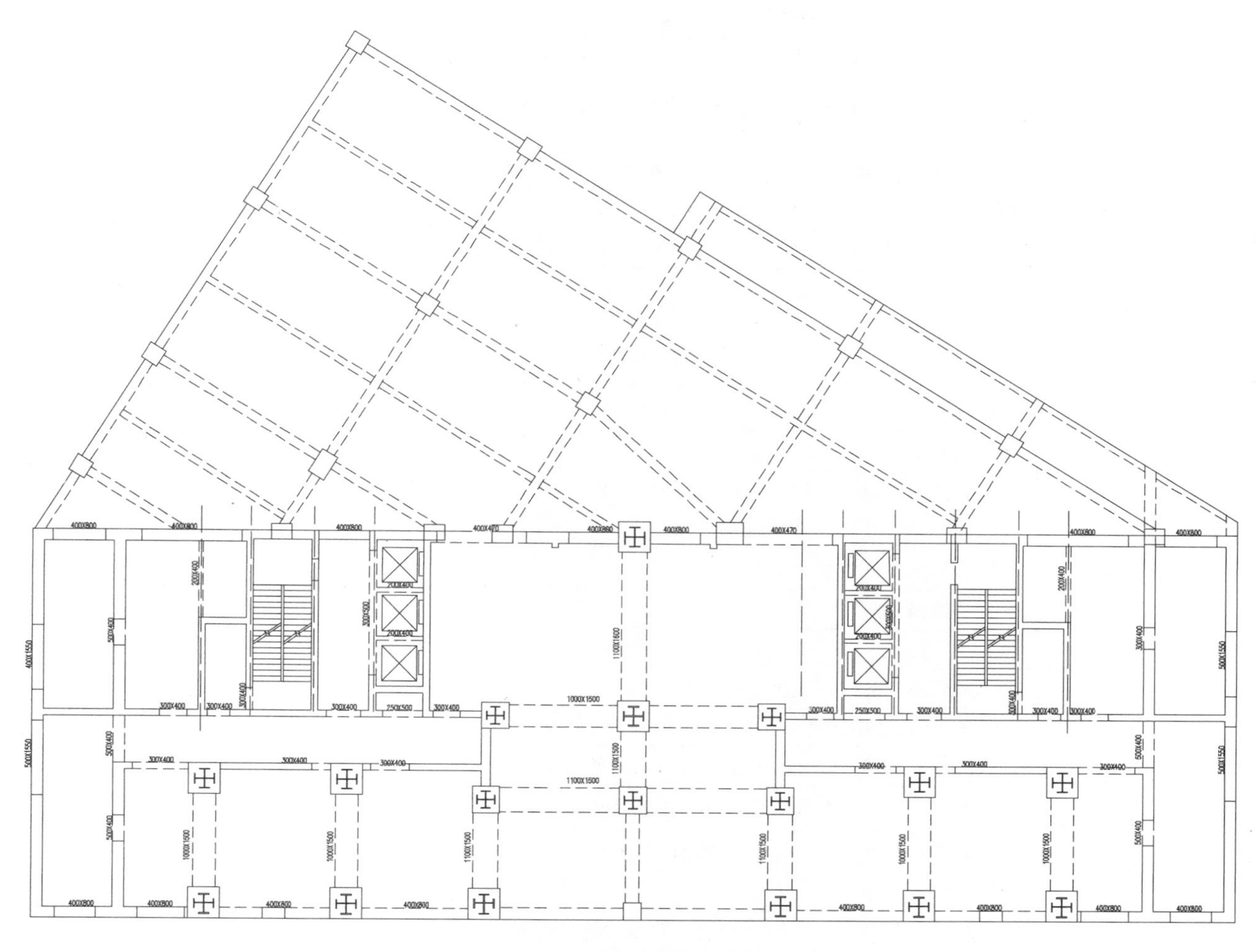

图 32-5　转换层结构平面图

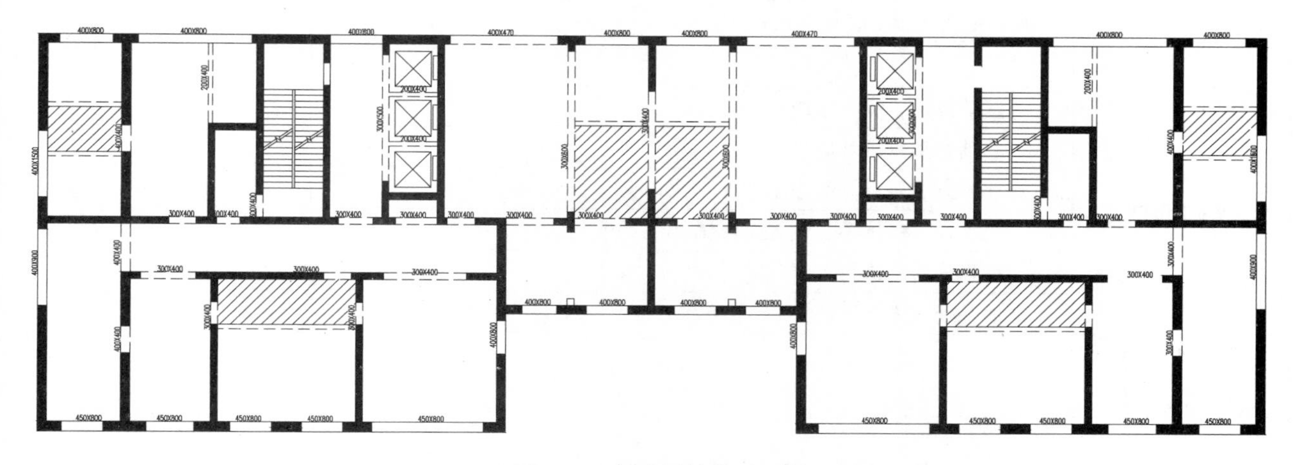

图 32-6　标准层结构平面图

三、地基基础方案

根据地勘单位的建议，并结合结构受力特点，D 楼采用钻孔灌注桩基础。根据北京地区建筑工程水下钻孔桩的设计与施工经验，采用直径为 ϕ1000 泥浆护壁钻孔灌注桩基础，采取可靠的桩端、桩侧后压浆工艺，提高基桩承载力。主楼部分的桩长约 50m，持力层为细砂层，综合考虑单桩承载力标准值取 9000kN。

结构方案评审表

结设质量表（2016）

<table>
<tr><td rowspan="2">项目名称</td><td colspan="2" rowspan="2">北京通州运河核心区Ⅸ-06地块项目(D楼)</td><td>项目等级</td><td>A/B级□、非A/B级■</td></tr>
<tr><td>设计号</td><td>15064</td></tr>
<tr><td>评审阶段</td><td>方案设计阶段□</td><td>初步设计阶段■</td><td colspan="2">施工图设计阶段□</td></tr>
<tr><td>评审必备条件</td><td colspan="2">部门内部方案讨论　有■　无□</td><td colspan="2">统一技术条件　有■　无□</td></tr>
<tr><td rowspan="4">工程概况</td><td colspan="2">建设地点:北京市</td><td colspan="2">建筑功能　公寓</td></tr>
<tr><td colspan="2">层数(地上/地下)　39/3</td><td colspan="2">高度(檐口高度)　127.9m</td></tr>
<tr><td colspan="2">建筑面积(m^2)　3.7万</td><td colspan="2">人防等级　核六级</td></tr>
<tr><td colspan="2"></td><td colspan="2"></td></tr>
<tr><td rowspan="6">主要控制参数</td><td colspan="4">设计使用年限　50年</td></tr>
<tr><td colspan="4">结构安全等级　二级</td></tr>
<tr><td colspan="4">抗震设防烈度、设计基本地震加速度、设计地震分组、场地类别、特征周期
8度、0.2g、第一组、Ⅲ类、0.45s</td></tr>
<tr><td colspan="4">抗震设防类别　标准设防类</td></tr>
<tr><td colspan="4">主要经济指标</td></tr>
<tr><td colspan="4"></td></tr>
<tr><td rowspan="9">结构选型</td><td colspan="4">结构类型　部分框支剪力墙结构</td></tr>
<tr><td colspan="4">概念设计、结构布置 结构平面布置均匀、规则</td></tr>
<tr><td colspan="4">结构抗震等级 框支柱、框支梁:特一级 剪力墙:特一级/一级</td></tr>
<tr><td colspan="4">计算方法及计算程序　SATWE、ETABS</td></tr>
<tr><td colspan="4">主要计算结果有无异常(如:周期、周期比、位移、位移比、剪重比、刚度比、楼层承载力突变等)局部楼层位移比超1.2</td></tr>
<tr><td colspan="4">伸缩缝、沉降缝、防震缝　按规范要求设置伸缩缝、防震缝</td></tr>
<tr><td colspan="4">结构超长和大体积混凝土是否采取有效措施　采取设缝或设置后浇带</td></tr>
<tr><td colspan="4">有无结构超限　结构高度超限</td></tr>
<tr><td colspan="4"></td></tr>
<tr><td rowspan="6">基础选型</td><td colspan="4">基础设计等级　甲级</td></tr>
<tr><td colspan="4">基础类型　桩基础</td></tr>
<tr><td colspan="4">计算方法及计算程序 JCCAD</td></tr>
<tr><td colspan="4">防水、抗渗、抗浮　设置抗浮锚杆</td></tr>
<tr><td colspan="4">沉降分析　进行沉降计算</td></tr>
<tr><td colspan="4">地基处理方案</td></tr>
<tr><td>新材料、新技术、难点等</td><td colspan="4"></td></tr>
<tr><td>主要结论</td><td colspan="4">建议⑫、⑯轴墙落地、细化抗震性能目标、采取措施确保地下室顶板嵌固、主体结构按有无裙房包络设计、优化结构布置、补充弹塑性分析</td></tr>
<tr><td colspan="2">工种负责人:娄霓　　日期:2016.1.26</td><td colspan="3">评审主持人:朱炳寅　　日期:2016.1.26</td></tr>
</table>

注意：1. 评审申请时间：一般项目应在初步设计完成之前，无初步设计的项目在施工图1/2阶段。

2. 工种负责人、审核人必须参加评审会，审定人以及项目组其他人员应尽量参会。工种负责人负责项目组与会人员的通知事宜，在必要时可邀请建筑专业相关人员出席。

3. 评审后工种负责人应填写《结构方案评审意见回复表》，逐条回复《结构方案评审表》和《会议纪要》中提出的评审意见，并在签署齐全后归档。

会议纪要

2016年1月26日

"北京通州运河核心区Ⅸ-06地块项目（D楼）"初步设计阶段结构方案评审会

评审人：谢定南、罗宏渊、王金祥、尤天直、徐琳、朱炳寅、陈文渊、王大庆

主持人：朱炳寅　　　记录：王大庆

介　绍：刘长松、张兰英

结构方案：含3栋20～24层办公楼（A～C栋）、1栋高127.9m的39层公寓（D栋）、多层局部商业以及3层大底盘地下室，已于2016年1月7日评审。现D栋主楼变更方案，由剪力墙结构改为部分框支剪力墙结构，在3层部分区域进行梁托墙转换；裙房为框架结构。框支梁进行有限元分析。本工程超B级高度，进行抗震性能设计。

地基基础方案：与2016年1月7日评审时的方案相同。

评审：

1. 细化抗震性能目标，适当提高关键构件（如框支梁、框支柱等）的抗震性能目标。
2. 本工程的剪力墙转换量较大，且转换部位集中于结构一侧，应与建筑专业协商，适当增加落地剪力墙，使12、16轴的墙体落地；并应进一步优化结构布置，避免转换短小墙肢，尽量减少转换量。
3. 采取有效措施（如地下室合理设置剪力墙等），确保地下室顶板符合嵌固条件。
4. 剪力墙集中偏置于主楼，建议与建筑专业协商，裙房适当增设剪力墙。
5. 主体结构应按有、无裙房模型包络设计。
6. 深化结构及构件的计算分析，补充必要的计算内容，如弹塑性分析、地下室顶板绝对嵌固模型分析、不考虑与其他构件共同工作的框支梁分析、转换层楼板应力分析等。
7. 注意核查关键计算指标，如倾覆力矩比、剪力分担率、墙肢拉应力等。

结论：

建议根据结构方案评审表的主要结论以及会议纪要内容，进一步优化结构设计。

33 北京恒大房山拱辰项目

设计部门：第一工程设计研究院
主要设计人：刘洋、张扬、张守峰、尤天直、陈文渊、唐磊、田野

工程简介

一、工程概况

北京恒大房山拱辰项目位于北京市房山区常庄，南侧紧邻刺猬河，西临良宫大街。项目地上面积 $176437m^2$，地下面积 $135238m^2$，总建筑面积 $311675m^2$，分为南、北两区：

北区含 1～3 号高层住宅，地上 9～15 层，高 27.5～44.3m，地下 3 层大底盘车库；配套楼地上 1 层，高 5.9m，地下 3 层大底盘车库；幼儿园地上 3 层，高 12.0m，无地下室。

南区含 4～8 号高层住宅，地上 13～15 层，高 37.9～43.5m，地下 4 层大底盘车库；配套楼地上 1～2 层，高 5.9～11.2m，地下 4 层大底盘车库；小学地上 4 层，高 18m，局部地下 2 层；中学地上 5 层，高 22.2m，局部地下 2 层；社区医疗服务中心地上 4 层，高 17.7m，地下 1 层。

图 33-1　鸟瞰图

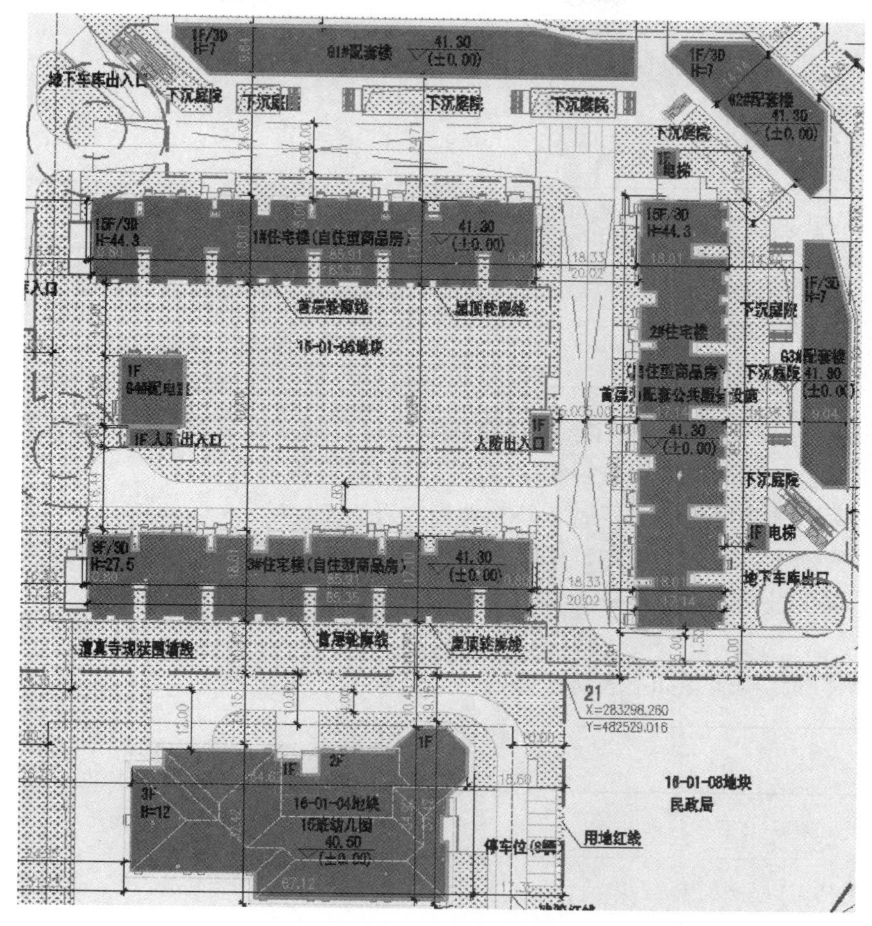

图 33-2　北区总平面图

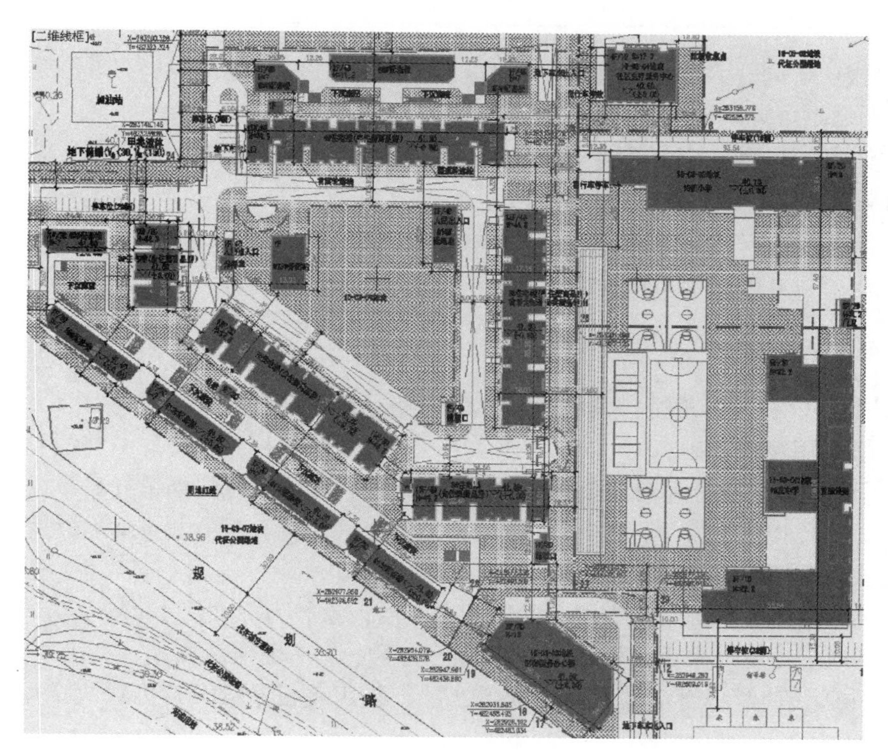

图 33-3　南区总平面图

二、结构方案

1. 北区

北区各结构单体的结构体系如下表所示。

单体名称	结构体系
1～3 号高层住宅	剪力墙结构
配套楼、地下车库、幼儿园	框架结构

北区 1～3 号楼位于同一大底盘地下室，四周侧限完整，地下室顶板（±0.00）有较大开洞。拟取±0.00楼板为嵌固部位，并采取以下措施解决嵌固层开洞问题：

（1）洞边楼板采取加强措施；必要时，补充楼板应力分析。

（2）配套楼补充地下一层嵌固模型，包络设计。

（3）避免单个洞口过长，用连桥分为多个小洞口。

2. 南区

南区各结构单体的结构体系如下表所示。

单体名称	结构体系
4～8 号高层住宅	剪力墙结构
配套楼、地下车库、幼儿园	框架结构
小学、中学、多层商业	框架-剪力墙结构

南区 4～8 号楼位于同一大底盘地下室，地库南侧为两层深的下沉广场，地下一、二层侧限缺失。视各楼离下沉广场远近，分别取地下二层或±0.00 楼板为嵌固部位：

（1）6～8 号住宅、08 地块多层商业及 G9 号～G12 号配套楼，临近下沉广场，以地下二层底板为嵌固端，在嵌固端以上设置防震缝将各楼分开。

（2）6～8 号住宅按±0.00 楼板板嵌固，进行承载力包络设计。

（3）4、5 号住宅与下沉广场相距较远，仍嵌固在±0.00，两者之间不设缝。

三、地基基础方案

高层住宅采用 CFG 桩复合地基，其他采用天然地基。基础形式如下：

（1）1～8 号楼采用筏板基础。

（2）地下车库采用柱下独立基础＋防水板，抗浮水头 8.4m，设置抗浮锚杆。

（3）幼儿园±0.00 以下有 2.0～4.6m 的杂填土①层，采用高杯独立柱基，加大基础埋深至持力层粉质黏土②层，承载力标准值 110kPa。

（4）社区医院采用筏板基础，持力层为②层及其夹层，承载力标准值 100kPa。

（5）小学东侧地下二层，采用筏板基础，西侧无地下室，采用独立柱基；持力层为②层及其夹层，承载力标准值 100kPa。小学体育活动室为纯地下二层，采用筏板基础，持力层为③层及其夹层，承载力标准值 150kPa。

（6）中学采用筏板基础，持力层为粉质黏土②层及其夹层，承载力标准值 100kPa。

结构方案评审表

结设质量表（2015）

<table>
<tr><td rowspan="2">项目名称</td><td colspan="2" rowspan="2">北京恒大房山拱辰项目</td><td>项目等级</td><td>A/B 级□、非 A/B 级■</td></tr>
<tr><td>设计号</td><td>15349</td></tr>
<tr><td>评审阶段</td><td>方案设计阶段□</td><td>初步设计阶段□</td><td colspan="2">施工图设计阶段■</td></tr>
<tr><td>评审必备条件</td><td colspan="2">部门内部方案讨论　有■　无□</td><td colspan="2">统一技术条件　有■　无□</td></tr>
<tr><td rowspan="4">工程概况</td><td colspan="2">建设地点：北京市房山区拱辰街道</td><td colspan="2">建筑功能：办公、商业</td></tr>
<tr><td colspan="2">层数(地上/地下)　北区 15/3；南区 15/4</td><td colspan="2">高度(檐口高度)　44.3m</td></tr>
<tr><td colspan="2">建筑面积(m^2)地上 17.6 万；地下 13.5 万</td><td colspan="2">人防等级　核 6 级</td></tr>
<tr><td colspan="2"></td><td colspan="2"></td></tr>
<tr><td rowspan="5">主要控制参数</td><td colspan="4">设计使用年限　50 年</td></tr>
<tr><td colspan="4">结构安全等级　二级</td></tr>
<tr><td colspan="4">抗震设防烈度、设计基本地震加速度、设计地震分组、场地类别、特征周期
8 度、0.20g、第一组、Ⅱ类、0.35s</td></tr>
<tr><td colspan="4">抗震设防类别　标准设防类(丙类)；幼儿园、中小学重点设防类(乙类)</td></tr>
<tr><td colspan="4">主要经济指标　高层住宅含钢量≤50kg/m^2，多层商业≤55kg/m^2，人防地下室≤150kg/m^2，非人防地下室≤130kg/m^2</td></tr>
<tr><td rowspan="8">结构选型</td><td colspan="4">结构类型　高层住宅抗震墙；多层商业、中学框剪：幼儿园、小学、配套商业、车库框架</td></tr>
<tr><td colspan="4">概念设计、结构布置</td></tr>
<tr><td colspan="4">结构抗震等级　高层住宅二级抗震墙；多层一级抗震墙、二级框架；幼儿园小学一级框架；配套商业二级框架；车库三级框架</td></tr>
<tr><td colspan="4">计算方法及计算程序　盈建科</td></tr>
<tr><td colspan="4">主要计算结果有无异常(如：周期、周期比、位移、位移比、剪重比、刚度比、楼层承载力突变等)
无</td></tr>
<tr><td colspan="4">伸缩缝、沉降缝、防震缝　由防震缝将结构分隔成简单的单元</td></tr>
<tr><td colspan="4">结构超长和大体积混凝土是否采取有效措施　无</td></tr>
<tr><td colspan="4">有无结构超限　无</td></tr>
<tr><td rowspan="6">基础选型</td><td colspan="4">基础设计等级　甲级；小型公建乙级</td></tr>
<tr><td colspan="4">基础类型　主楼筏板、车库独基＋防水板、小型公建筏板或独基</td></tr>
<tr><td colspan="4">计算方法及计算程序　盈建科　理正工具箱</td></tr>
<tr><td colspan="4">防水、抗渗、抗浮　抗浮锚杆</td></tr>
<tr><td colspan="4">沉降分析</td></tr>
<tr><td colspan="4">地基处理方案　高层住宅采用 CFG 桩</td></tr>
<tr><td>新材料、新技术、难点等</td><td colspan="4"></td></tr>
<tr><td>主要结论</td><td colspan="4">南区、优化结构分缝，注意结构抗浮及防洪问题，注意不同填土高度对结构抗倾覆稳定的影响、确保大震不倒，细化学校教室楼盖布置、比较大板布置的可能性、细化 10m 高差处基础布置及施工方案</td></tr>
<tr><td colspan="2">工种负责人：刘洋　　日期：2016.01.18</td><td colspan="3">评审主持人：朱炳寅　　日期：2016.1.27</td></tr>
</table>

注意：1. 评审申请时间：一般项目应在初步设计完成之前，无初步设计的项目在施工图 1/2 阶段。

2. 工种负责人、审核人必须参加评审会，审定人以及项目组其他人员应尽量参会。工种负责人负责项目组与会人员的通知事宜，在必要时可邀请建筑专业相关人员出席。

3. 评审后工种负责人应填写《结构方案评审意见回复表》，逐条回复《结构方案评审表》和《会议纪要》中提出的评审意见，并在签署齐全后归档。

会议纪要

2016年1月27日

“北京恒大房山拱辰项目”施工图设计阶段结构方案评审会

评审人：谢定南、王金祥、尤天直、朱炳寅、陈文渊、张亚东、张淮湧、王大庆

主持人：朱炳寅　　　记录：王大庆

介　绍：刘洋

结构方案：北区3栋9～15层住宅、1层配套楼坐落于3层大底盘地下室；幼儿园地上3层、无地下室。南区5栋13～15层住宅、5层商业、1～2层配套楼坐落于4层大底盘地下室，地下室一侧为下沉广场，结构设缝分为多个单元；小学地上4层、局部2层地下室；中学地上5层、地下1层（局部地下2层），设缝分为2个结构单元；中、小学之间设2层纯地下篮球馆；社区医院地上4层、地下1层。高层住宅采用混凝土剪力墙结构体系，部分构件进行产业化设计，内容为预制叠合楼板、预制楼梯、预制空调板。中学、多层商业采用混凝土框架-剪力墙结构体系，其他采用混凝土框架结构体系。

地基基础方案：高层住宅采用CFG桩复合地基，其他采用天然地基，当基底未到持力层时局部换填。高层住宅、中学、社区医院采用筏板基础，其他子项有地下室部位采用独立基础＋防水板，无地下室部位采用独立基础。抗浮采用锚杆方案。

评审：

1. 复核社区医院的建筑抗震设防类别。
2. 进一步推敲、优化南区的结构分缝。
3. 注意下沉广场引起的南区结构抗浮及防洪问题，应行文提请甲方召开专家论证会，妥善解决。
4. 注意不等高填土对南区结构抗倾覆稳定的不利影响，采取有效措施，确保大震不倒。
5. 小学的基底高差约10m，且基底位于不同持力层，应细化基础布置及施工方案，并进行沉降分析，有效控制不均匀沉降。
6. 适当优化基础设计，注意地基承载力修正的前提条件；当独立基础基底未到持力层时，宜优先考虑高杯基础的可行性；地下篮球馆基础应考虑挡土墙根部的弯矩作用，建议比选变厚度筏板基础方案。
7. 适当优化地下篮球馆的挡土墙设计和顶板结构布置，宜考虑预应力对构件承载力的作用。
8. 当地下室顶面嵌固条件不足时，应补充下部可靠嵌固端模型分析，包络设计。采取可靠措施，加强地下室顶板的平面弱连接部位，确保水平传力的有效性。
9. 细化学校教室的楼盖结构布置和构件截面尺寸，综合考虑各种因素，比较主梁＋大板方案的可行性。
10. 幼儿园音乐厅的屋面梁应贯通音乐厅平面形心。
11. 住宅的伸缩缝间距超过规范限值时，应采取可靠的防裂措施。
12. 建议向建筑专业落实中、小学的层数是否符合相关规定。

结论：

建议根据结构方案评审表的主要结论以及会议纪要内容，进一步优化结构设计。

34　同济贵安医院（一期）建设项目

设计部门：医疗科研建筑设计研究院
主要设计人：刘新国、刘锋、尤天直、杨小强、祖德峰、刘一莹、石光
赵雅楠、丁思华、冯付、倪永松、朱爱东

工程简介

一、工程概况

本工程项目位于贵安新区核心职能集聚区，贵安生态新城北部，贵阳市花溪区边缘。总体规划建筑面积 51.5 万 m^2，一期建筑面积约 32 万 m^2。其中住院楼、手术医技楼、高压氧舱为北区，门急诊医技综合楼、感染疾病科、行政办公楼等为南区。±0.00 以上设防震缝将地上结构分开，形成多个独立结构单元；地下室连为一体，形成大底盘。地下二层设甲类核 5 级或核 6 级防空地下室，平时为地下车库。工程概况详见下表：

<table>
<tr><th>单体名称</th><th>建筑层数</th><th>高度(m)</th><th>结构形式</th><th>抗震等级</th><th>楼盖结构</th><th>基础形式</th><th>人防范围</th></tr>
<tr><td>门急诊医技综合楼</td><td>5/2</td><td>20～32</td><td>框架</td><td>框架二级(高度＞24m)
框架三级(高度＜24m)</td><td rowspan="6">钢筋混凝土梁、板</td><td rowspan="6">独立柱基
桩基础</td><td>核 5 级
核 6 级</td></tr>
<tr><td>手术医技楼</td><td>5/1</td><td>23</td><td>框架-剪力墙</td><td>框架四级、剪力墙三级</td><td>无</td></tr>
<tr><td>住院楼</td><td>18/1</td><td>79</td><td>框架-剪力墙</td><td>框架二级、剪力墙二级</td><td>无</td></tr>
<tr><td>行政办公楼</td><td>4/2</td><td>20</td><td>框架-剪力墙</td><td>框架四级、剪力墙三级</td><td>核 5 级</td></tr>
<tr><td>高压氧舱</td><td>7/3</td><td>10</td><td>框架</td><td>框架三级</td><td>无</td></tr>
<tr><td>连廊</td><td>2/2</td><td>10</td><td>框架</td><td>框架二级</td><td>无</td></tr>
</table>

图 34-1　建筑效果图

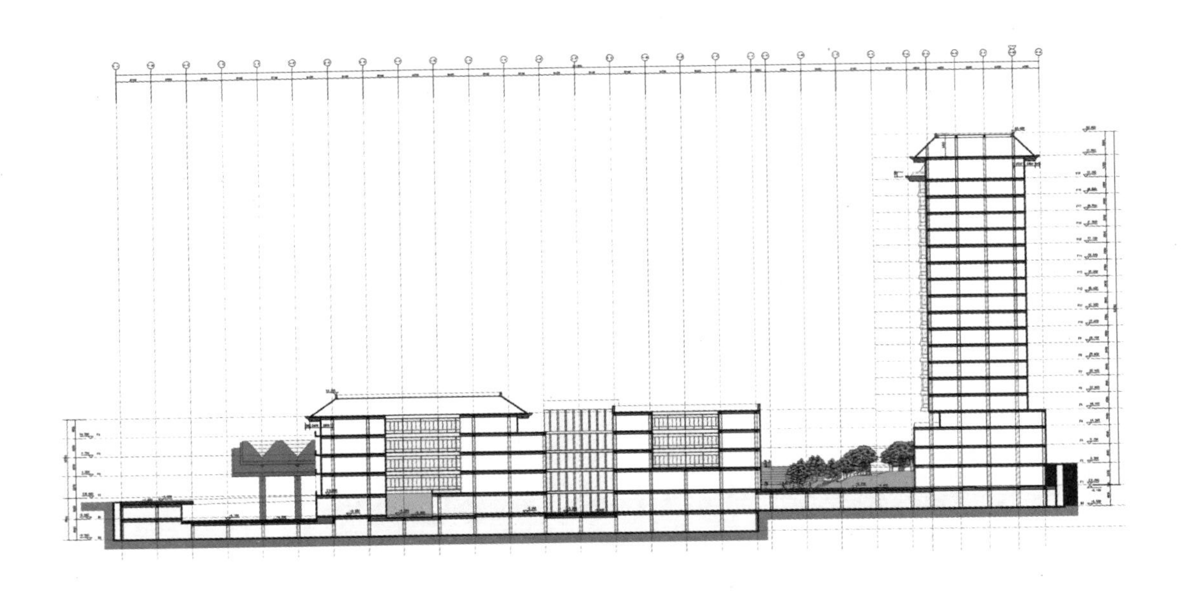

图 34-2　建筑剖面图

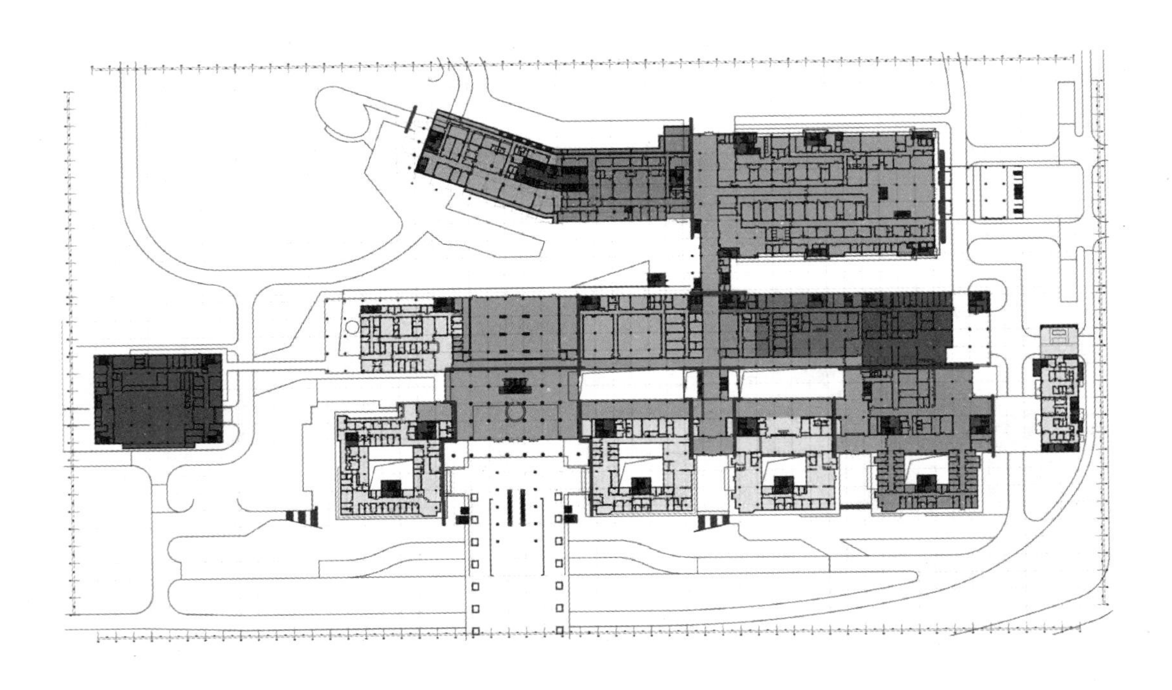

图 34-3　首层平面图（粗线示意结构分缝）

二、结构方案

南区门急诊医技综合楼采用钢筋混凝土框架结构，地上结构设防震缝分为8个结构单体。南区行政办公会议楼采用钢筋混凝土框架-剪力墙结构，报告厅大跨屋面采用井字梁结构，大跨屋面处框架抗震等级提高一级，框架柱加强，采用矩形截面，大跨方向加高。

北区高层住院楼与手术医技楼在地上设缝分开。高层住院楼及手术医技楼均采用钢筋混凝土框架-剪力墙结构。剪力墙布置在楼、电梯间，形成筒体，高层住院楼墙厚为400mm、300mm，手术医技楼墙厚300mm。

本工程各层楼板采用现浇钢筋混凝土梁板楼盖体系，仅设柱间主梁，主梁之间设大板。

三、地基基础方案

拟建场区地貌以山地和丘陵为主，在详勘钻孔中见洞隙率为16.9%，主要形态以溶洞、溶沟、溶槽为主，综合考虑划分该场地为岩溶中等发育。本工程基础形式采用独立柱基、墙下条基或桩基础，高层住院楼以桩基础为主，其核心筒下设筏板基础或桩筏基础，地下室底板为防水板。桩基均为端承桩，桩端持力层和独立基础、条形基础持力层均为中风化基岩，地基承载力特征值3000～4200kPa。

四、主要问题解决方案

1. 嵌固端的选择

门急诊医技综合楼南侧、西侧地下一层为大范围的下沉广场，对于地下一层被下沉广场三面围合的单体建筑（按地上防震缝分割），设计时需将地下一层作为首层来设计，即地下室仅为一层，嵌固端在建筑地下一层地面；其余单面临近下沉广场的单体地上部分分析时嵌固位置分别取首层、地下一层计算，两层均按嵌固层要求设计，上部结构构件按两模型包络设计。

由于整个建筑位于山坡地势上，整个地势南低北高，因此北区住院楼首层北侧有接近整层高的堆土，对建筑影响较大，设置了独立挡土墙在首层将土体隔在建筑体之外。同时整体计算时可单独考虑挡土墙与主体结构联为一体的模型，判断侧向土压力与挡土墙对整体的影响。南区建筑因为下沉广场和首层楼板局部设置结构缝，也存在地下一层单侧堆土的情况，也按上述方式处理。

2. 结构超长问题

南区地下二层东西向约450m，南北向约150m。地下一层分缝后南区东西向最大尺寸230m，北区东西向最大尺寸约250m；地下一层南北两区连为一体，南北向最大尺寸210m。地上南区东西向最长为186m，南北向最大尺寸约70m，北区病房楼地上东西向为130m，均属超长结构。超长结构措施：

（1）设计时考虑温度工况，计算温度应力采用弹性楼板模型。

（2）地下一层楼板和外墙设诱导缝，并利用降板等方式使板面不在一个平面上。

（3）结构构造措施：设置后浇带；梁、板等构件设置温度钢筋；采用低水化热水泥。

（4）在基础防水板、地下室外墙及地下一层楼层梁、板混凝土中掺入适量聚丙烯纤维。

（5）对施工提出要求，如加强养护、混凝土合理级配、加强振捣等，要求施工单位提出具体施工方案。

3. 抗浮问题

两层地下室（无地上结构部分）需考虑采取附加抗浮措施，最大水浮力约为21kN/m^2（地坑式机械停车），采用钢渣混凝土（2.8t/m^3）或普通混凝土、级配砂石压重抗浮。

结构方案评审表

结设质量表（2016）

<table>
<tr><td rowspan="2">项目名称</td><td colspan="2" rowspan="2">同济贵安医院(一期)建设项目</td><td>项目等级</td><td>A/B级□、非A/B级■</td></tr>
<tr><td>设计号</td><td>15442</td></tr>
<tr><td>评审阶段</td><td>方案设计阶段□</td><td>初步设计阶段■</td><td colspan="2">施工图设计阶段■</td></tr>
<tr><td>评审必备条件</td><td colspan="2">部门内部方案讨论　有■　无□</td><td colspan="2">统一技术条件　有■　无□</td></tr>
<tr><td rowspan="3">工程概况</td><td colspan="2">建设地点:贵阳市花溪区</td><td colspan="2">建筑功能:综合医疗建筑</td></tr>
<tr><td colspan="2">层数(地上/地下)18/5</td><td colspan="2">高度(檐口高度)83m/26m</td></tr>
<tr><td colspan="2">建筑面积(m^2)　32万</td><td colspan="2">人防等级:甲类核5级、核6级</td></tr>
<tr><td rowspan="5">主要控制参数</td><td colspan="4">设计使用年限:50年</td></tr>
<tr><td colspan="4">结构安全等级　二级</td></tr>
<tr><td colspan="4">抗震设防烈度、设计基本地震加速度、设计地震分组、场地类别、特征周期
6度、0.05g、第一组、Ⅱ类、0.40s</td></tr>
<tr><td colspan="4">抗震设防类别:医疗用房为乙类,其余均为丙类</td></tr>
<tr><td colspan="4">主要经济指标</td></tr>
<tr><td rowspan="8">结构选型</td><td colspan="4">结构类型:钢筋混凝土框架-抗震墙结构/钢筋混凝土框架结构</td></tr>
<tr><td colspan="4">概念设计、结构布置:充分利用现有楼梯间、电梯筒等竖向交通元素,在平面内均匀布置一定数量的抗震墙作为结构的主要抗侧力构件</td></tr>
<tr><td colspan="4">结构抗震等级:1. 住院楼:框架二级、剪力墙二级;2. 门急诊医技综合楼;框架二级(高度＞24m)、框架三级(高度＜24m);3. 手术医技楼:框架四级、剪力墙三级;4. 行政办公楼;框架四级、剪力墙三级</td></tr>
<tr><td colspan="4">计算方法及计算程序:盈建科建筑结构计算软件V2014</td></tr>
<tr><td colspan="4">主要计算结果有无异常(如:周期、周期比、位移、位移比、剪重比、刚度比、楼层承载力突变等):无</td></tr>
<tr><td colspan="4">伸缩缝、沉降缝、防震缝:有</td></tr>
<tr><td colspan="4">结构超长和大体积混凝土是否采取有效措施:有</td></tr>
<tr><td colspan="4">有无结构超限:无</td></tr>
<tr><td rowspan="6">基础选型</td><td colspan="4">基础设计等级:一级、三级</td></tr>
<tr><td colspan="4">基础类型:独立柱基、桩基</td></tr>
<tr><td colspan="4">计算方法及计算程序:盈建科V2014、JCCAD(V2.1版)</td></tr>
<tr><td colspan="4">防水、抗渗、抗浮:防水混凝土,抗渗等级为:深度≥10m时,P8;深度＜10m,P6;浮设防水位标高为1236.00m(−6.451m),局部需要采用压重附加抗浮措施</td></tr>
<tr><td colspan="4">沉降分析:无</td></tr>
<tr><td colspan="4">地基处理方案:无</td></tr>
<tr><td>新材料、新技术、难点等</td><td colspan="4">无</td></tr>
<tr><td>主要结论</td><td colspan="4">关注溶洞对基础的影响,优先采用柱下桩基,采取有效综合措施(建筑、施工、结构)减小结构超长引起的温度应力和混凝土收缩问题、关注场地防洪问题、山体稳定问题、与建施协商、建筑适当分缝</td></tr>
<tr><td colspan="2">工种负责人:刘新国</td><td>日期:2016.01.25</td><td>评审主持人:朱炳寅</td><td>日期:2016.1.28</td></tr>
</table>

注意：1. 评审申请时间：一般项目应在初步设计完成之前，无初步设计的项目在施工图1/2阶段。

2. 工种负责人、审核人必须参加评审会，审定人以及项目组其他人员应尽量参会。工种负责人负责项目组与会人员的通知事宜，在必要时可邀请建筑专业相关人员出席。

3. 评审后工种负责人应填写《结构方案评审意见回复表》，逐条回复《结构方案评审表》和《会议纪要》中提出的评审意见，并在签署齐全后归档。

会议纪要

2016年1月28日

"同济贵安医院（一期）建设项目"初步设计阶段结构方案评审会

评审人：谢定南、罗宏渊、王金祥、尤天直、朱炳寅、陈文渊、王大庆

主持人：朱炳寅　　　记录：王大庆

介　绍：刘新国

结构方案：本工程含2层大底盘地下室以及门急诊医技综合楼（5/－2层）、手术医技楼（5/－1层）、住院楼（18/－1层）、行政办公楼（4/－2层）、高压氧舱（7/－3层）、连廊（2/－2层）等子项。门急诊医技综合楼、高压氧舱、连廊采用混凝土框架结构体系，其他采用混凝土框架-剪力墙结构体系。门急诊医技综合楼设缝分为8个结构单元。地下室及部分地上建筑超长，进行温度应力分析，采取防裂措施。

地基基础方案：位于中等发育的岩溶地区。视情况采用独立基础、条形基础＋防水板，或采用桩基础＋防水板，持力层为中风化基岩。抗浮采用钢渣混凝土压重方案。

评审：

1. 关注溶洞对基础的影响，优先采用柱下桩基，并提高地下室底板的整体性，适当留有余量。

2. 加强施工勘察，进行场地普遍物探和逐柱细致勘察，摸清溶洞分布情况，有的放矢。

3. 工程位于山坡，且施工时需要开山，应关注山体稳定问题和场地防洪问题，并在设计文件中明确提出相关要求。

4. 本工程的地下室及部分地上建筑超长较多，与建筑专业进一步协商，建筑适当分缝，缩短温度区段；并应采取有效的综合措施（建筑、施工、结构），减小结构超长引起的温度应力和混凝土收缩问题，后浇带的封带时间不宜少于120天。

5. 尽早落实当地钢渣混凝土的容重和价格情况，以合理确定抗浮方案。

6. 适当优化岩石肥槽回填做法和地下室外墙诱导缝做法。

结论：

建议根据结构方案评审表的主要结论以及会议纪要内容，进一步优化结构设计。

35　仙游多馆项目

设计部门：第二工程设计研究院
主要设计人：杨婷、张猛、朱炳寅、侯鹏程、刘川宁

工程简介

一、工程概况

仙游多馆项目包括博物馆、图书馆、文化馆；地点位于仙游行政中心南侧广场内，与行政中心隔北二环路相望，西邻八二五大街，东临党校路，南侧为安置房。博物馆位于西组团的北侧，共三层，使用功能为展览、展示。图书馆位于西组团的西南角，共四层，主要功能为图书阅览与查阅。文化馆位于西组团的东南角，共三层。博物馆、图书馆、文化馆内部均设置自用办公室。多馆项目整体设置一层地下室，其功能主要为各馆自用地下车库和设备机房，部分为博物馆藏品库、图书馆闭架书库，公共车库位于项目地下一层西南角。总建筑面积 32636m^2。

结构单体	使用功能	层数（地上/地下）	结构屋面标高(m)	结构形式	抗震等级
图书馆	书库、阅览室、办公	3/1	18	框架	框架:四级
博物馆	展示、阅览室	3/1	18	框架	框架:四级
文化馆	报告厅、办公等	3/1	18	框架	框架:四级

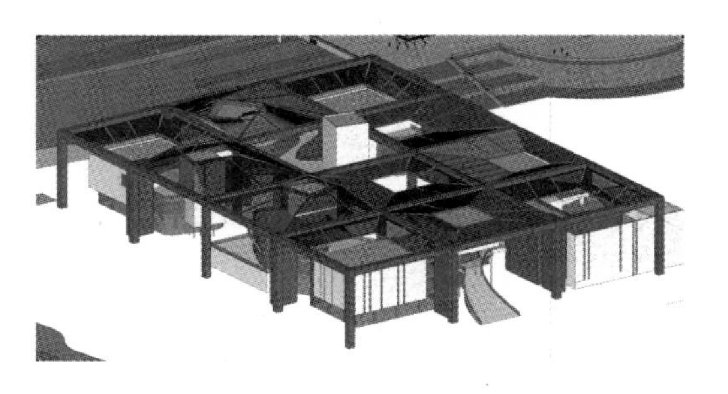

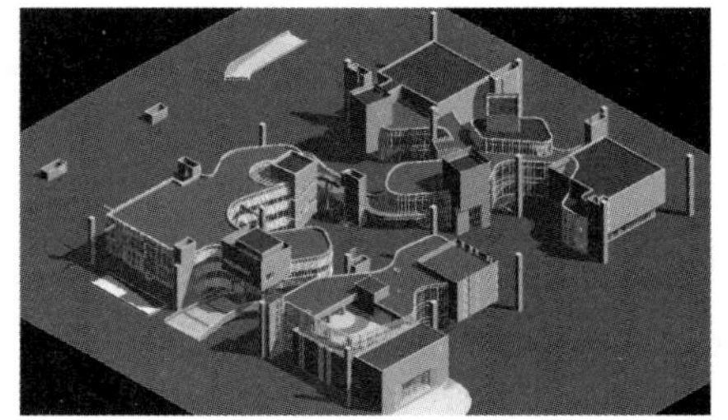

图 35-1　建筑效果图

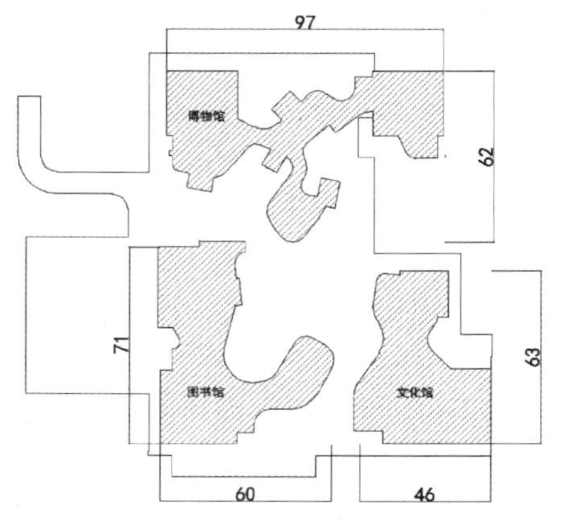

图 35-2　总平面图

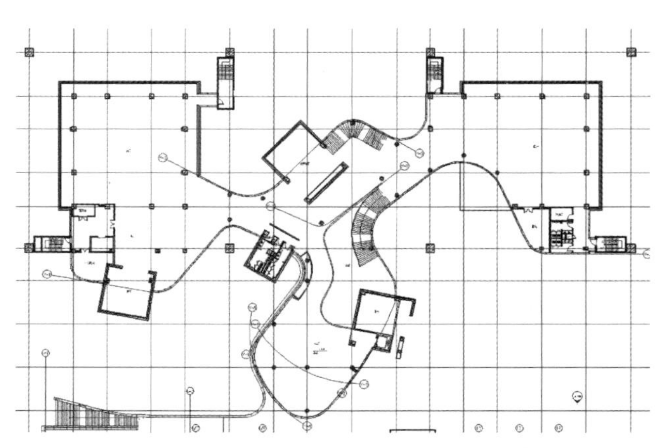

图 35-3　博物馆二层平面图

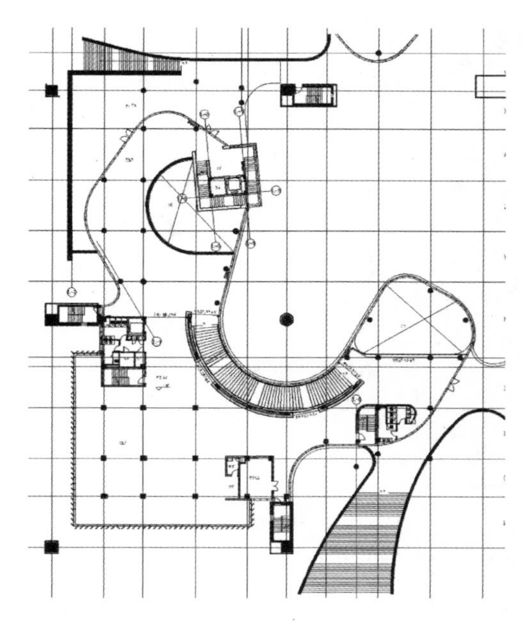

图 35-4　图书馆二层平面图

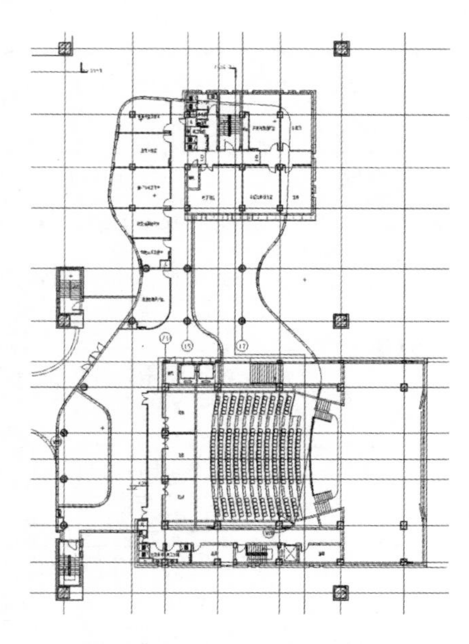

图 35-5　文化馆二层平面图

二、结构方案

由于建筑平面布置的局限性，虽然三个单体平面均较为复杂，但是考虑到该地区抗震设防烈度为 6 度，且为多层结构，故采用框架结构。采用盈建科软件进行整体分析，分析模型如下。

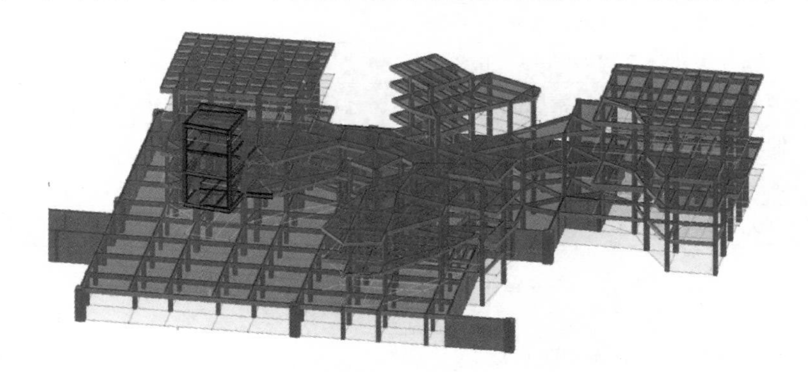

(*a*) 博物馆计算模型

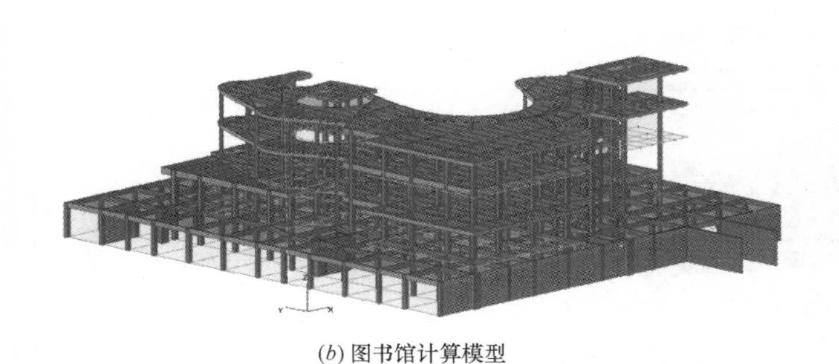

(*b*) 图书馆计算模型

(*c*) 文化馆计算模型

图 35-6　分析模型

三、地基基础方案

由于无勘察报告，基础形式暂定为独立基础加防水板。

结构方案评审表　　结设质量表（2016）

<table>
<tr><td rowspan="2">项目名称</td><td rowspan="2" colspan="2">仙游多馆项目</td><td>项目等级</td><td>A/B级□、非A/B级■</td></tr>
<tr><td>设计号</td><td>13596</td></tr>
<tr><td>评审阶段</td><td>方案设计阶段□</td><td>初步设计阶段■</td><td colspan="2">施工图设计阶段□</td></tr>
<tr><td>评审必备条件</td><td colspan="2">部门内部方案讨论　有■　无□</td><td colspan="2">统一技术条件　有■　无□</td></tr>
<tr><td rowspan="4">工程概况</td><td colspan="2">建设地点：福建省莆田市仙游县</td><td colspan="2">建筑功能：图书馆、博物馆、剧场文化</td></tr>
<tr><td colspan="2">层数（地上/地下）3/1</td><td colspan="2">高度（檐口高度）：18m</td></tr>
<tr><td colspan="2">建筑面积（m^2）　3.3万</td><td colspan="2">人防等级：无</td></tr>
<tr><td colspan="2"></td><td colspan="2"></td></tr>
<tr><td rowspan="6">主要控制参数</td><td colspan="4">设计使用年限：50年</td></tr>
<tr><td colspan="4">结构安全等级：二级</td></tr>
<tr><td colspan="4">抗震设防烈度、设计基本地震加速度、设计地震分组、场地类别、特征周期
6度、0.05g、第三组、Ⅱ类、0.45s</td></tr>
<tr><td colspan="4">抗震设防类别：标准设防类（丙类）</td></tr>
<tr><td colspan="4">主要经济指标</td></tr>
<tr><td colspan="4"></td></tr>
<tr><td rowspan="9">结构选型</td><td colspan="4">结构类型：框架结构</td></tr>
<tr><td colspan="4">概念设计、结构布置</td></tr>
<tr><td colspan="4">结构抗震等级：四级，局部提高一级至三级</td></tr>
<tr><td colspan="4">计算方法及计算程序：YJK1.6.3.2</td></tr>
<tr><td colspan="4">主要计算结果有无异常（如：周期、周期比、位移、位移比、剪重比、刚度比、楼层承载力突变等）：无</td></tr>
<tr><td colspan="4">伸缩缝、沉降缝、防震缝</td></tr>
<tr><td colspan="4">结构超长和大体积混凝土是否采取有效措施：超长采用合理设置后浇带</td></tr>
<tr><td colspan="4">有无结构超限</td></tr>
<tr><td colspan="4"></td></tr>
<tr><td rowspan="6">基础选型</td><td colspan="4">基础设计等级：丙级</td></tr>
<tr><td colspan="4">基础类型：独立基础加防水板</td></tr>
<tr><td colspan="4">计算方法及计算程序：YJK</td></tr>
<tr><td colspan="4">防水、抗渗、抗浮：暂时无地勘</td></tr>
<tr><td colspan="4">沉降分析</td></tr>
<tr><td colspan="4">地基处理方案</td></tr>
<tr><td>新材料、新技术、难点等</td><td colspan="4">平面弱连接部位较多，有穿层柱，平面不规则。
图书馆的大楼梯采用张拉索。</td></tr>
<tr><td>主要结论</td><td colspan="4">平面弱连接、补充分块，单榀结构承载力分析，拉索楼梯引起主体结构的上拉和下拉力，拉索楼梯与建筑协商，悬挑端拉索的变形问题，注意斜交框架计算</td></tr>
<tr><td colspan="2">工种负责人：杨婷　　日期：2016.1.28</td><td colspan="3">评审主持人：朱炳寅　　日期：2016.1.28</td></tr>
</table>

注意：1. 评审申请时间：一般项目应在初步设计完成之前，无初步设计的项目在施工图1/2阶段。

2. 工种负责人、审核人必须参加评审会，审定人以及项目组其他人员应尽量参会。工种负责人负责项目组与会人员的通知事宜，在必要时可邀请建筑专业相关人员出席。

3. 评审后工种负责人应填写《结构方案评审意见回复表》，逐条回复《结构方案评审表》和《会议纪要》中提出的评审意见，并在签署齐全后归档。

会议纪要

2016年1月28日

“仙游多馆项目”初步设计阶段结构方案评审会

评审人：谢定南、罗宏渊、王金祥、尤天直、朱炳寅、陈文渊、王大庆

主持人：朱炳寅　　　记录：王大庆

介　绍：杨婷

结构方案：地上3层的图书馆、博物馆、文化馆3个结构单体坐落于1层大底盘地下室，均采用混凝土框架结构体系。结构存在多种复杂情况，采取相应结构措施。装饰架与主体结构脱开，采用钢框架结构。

地基基础方案：暂无勘察报告，拟采用独立基础＋防水板。

评审：

1. 与甲方沟通、落实博物馆的级别、规模以及是否存放国家一级文物，以合理确定其建筑抗震设防类别。

2. 本工程的平面形状复杂，平面连接较弱，结构协同作用较差，应补充相应的分块结构、单榀结构承载力分析，包络设计；并对平面弱连接部位采取有效加强措施。

3. 结构存在较多的斜交抗侧力构件，应进行多方向地震作用分析，注意斜交框架计算。

4. 拉索楼梯悬挂于楼面梁的悬挑端，与建筑专业进一步协商，妥善解决悬挑端拉索的变形问题，并处理好拉索楼梯引起主体结构的上拉力和下拉力。

5. 与建筑专业协商，进一步优化装饰架设计，注意细部处理。

结论：

建议根据结构方案评审表的主要结论以及会议纪要内容，进一步优化结构设计。

36 海东南凉遗址公园游客接待中心

设计部门：第二工程设计研究院

主要设计人：郭天焓、张淮湧、朱炳寅

工程简介

一、工程概况

海东南凉遗址公园游客接待中心位于青海省海东市南凉国遗址公园的西南角，西临祥瑞街，南临大古城路，是市民通过西侧进入遗址公园的必经之路。总建筑面积为3068m²。项目主要由展厅、多功能报告厅、商店、瞭望塔、公共卫生间等8部分组成。建筑采用下沉院落与建筑体量相结合的处理方式，三面堆土、一面开敞与景观庭院衔接；整个建筑南侧堆土较高，至地上一层屋面顶。

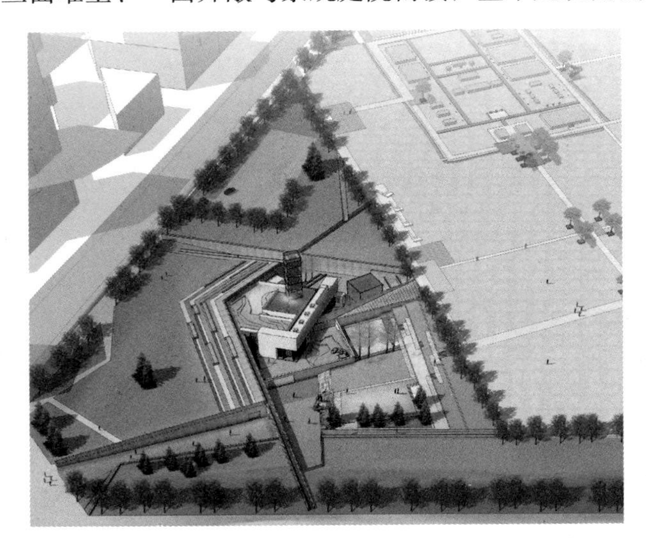

图 36-1　建筑效果图

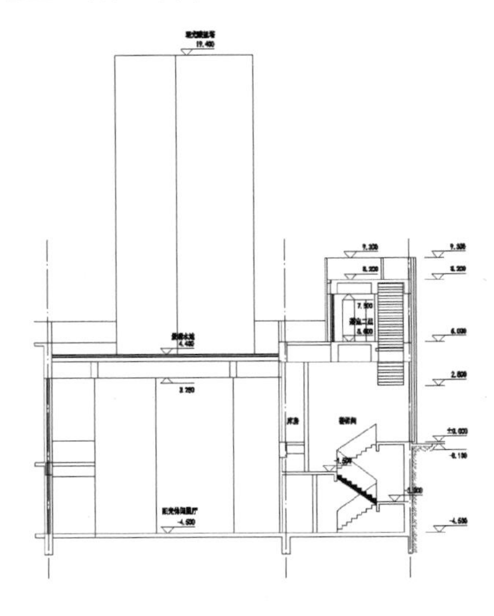

图 36-2　建筑剖面图（一）

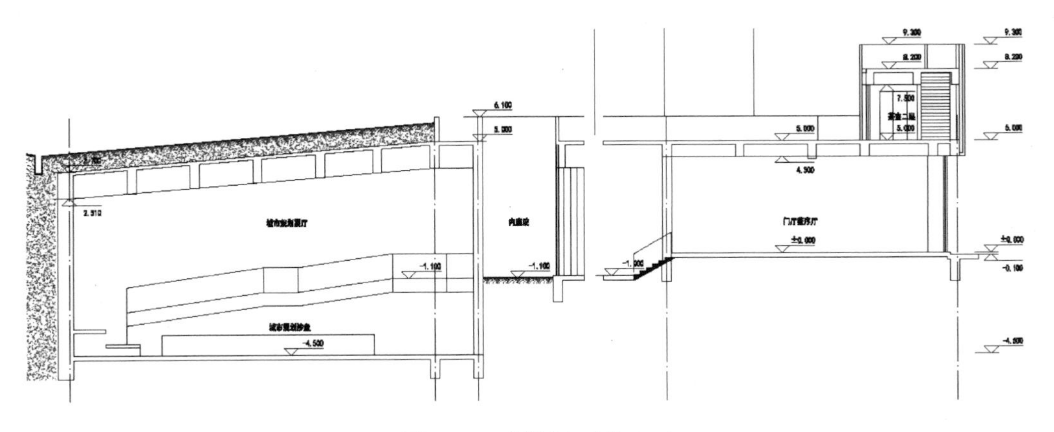

图 36-3　建筑剖面图（二）

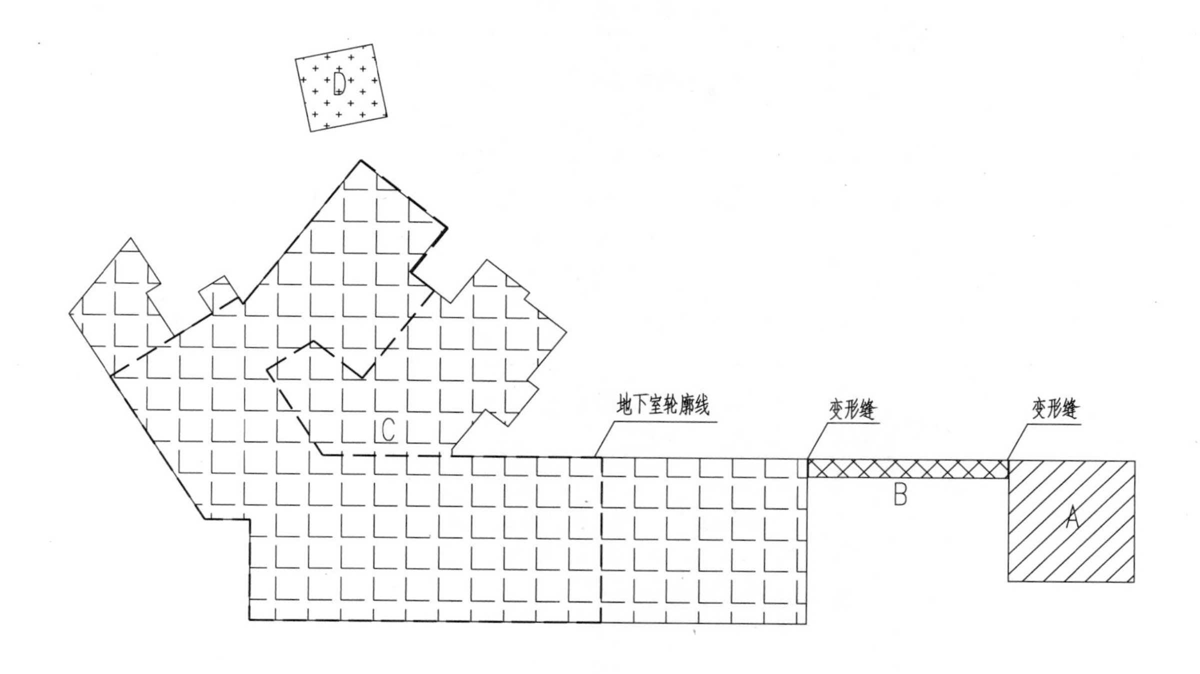

图 36-4　结构分区图

各结构单体的使用功能、层数、房屋高度及结构形式详见下表：

结构单体	使用功能	层数(地上/地下)	房屋高度(m)	结构形式
A	公共卫生间	1/0	4.150	剪力墙
B	廊桥	1/0	4.850	剪力墙
C	主体	2/1(局部瞭望塔 4 层)	4.700(20.900)	剪力墙
D	纪念品商店	1/0	4.500	框架

注：坡屋顶的房屋高度取檐口和屋脊的平均高度点到建筑室外地面的距离。

二、结构方案

本工程为下沉院落的坡地建筑，其南侧首层均置于覆土之下，需设置大量挡土墙抵抗建筑周边的土压力；并且建筑中大量内、外墙要求清水混凝土效果。针对本工程特点：A、B、C 区采用现浇钢筋混凝土抗震墙结构，其中 C 区为含少量框架的抗震墙结构，B 区与 A、C 区之间设防震缝脱开；抗震等级为抗震墙四级，框架四级。D 区为独立单体，采用钢筋混凝土框架结构，框架抗震等级为三级。楼盖体系均采用钢筋混凝土梁板结构。

三、地基基础方案

本工程局部有一层地下室，其基底埋深－6.2～－1.4m 不等。根据地勘报告的建议，并结合其结构特点，A、B、C 区均采用墙下条基＋防水板，D 区采用独立柱基＋基础拉梁。

结构方案评审表

结设质量表（2016）

<table>
<tr><td rowspan="2">项目名称</td><td rowspan="2" colspan="2">海东南凉遗址公园游客接待中心</td><td>项目等级</td><td>A/B级□、非A/B级■</td></tr>
<tr><td>设计号</td><td>15305</td></tr>
<tr><td>评审阶段</td><td>方案设计阶段□</td><td>初步设计阶段■</td><td colspan="2">施工图设计阶段■</td></tr>
<tr><td>评审必备条件</td><td colspan="2">部门内部方案讨论　有■　无□</td><td colspan="2">统一技术条件　有■　无□</td></tr>
<tr><td rowspan="3">工程概况</td><td colspan="2">建设地点：青海省海东市</td><td colspan="2">建筑功能：展厅、报告厅、瞭望塔等</td></tr>
<tr><td colspan="2">层数（地上/地下）：2/1、1/1、1/10</td><td colspan="2">高度（檐口高度）：4.7m（瞭望塔20.9m）</td></tr>
<tr><td colspan="2">建筑面积（m²）：3068</td><td colspan="2">人防等级：无</td></tr>
<tr><td rowspan="6">主要控制参数</td><td colspan="4">设计使用年限：50年</td></tr>
<tr><td colspan="4">结构安全等级：二级</td></tr>
<tr><td colspan="4">抗震设防烈度、设计基本地震加速度、设计地震分组、场地类别、特征周期
7度、0.10g、第三组、Ⅱ类、0.45s</td></tr>
<tr><td colspan="4">抗震设防类别：标准设防类</td></tr>
<tr><td colspan="4">主要经济指标</td></tr>
<tr><td colspan="4"></td></tr>
<tr><td rowspan="9">结构选型</td><td colspan="4">结构类型：剪力墙结构</td></tr>
<tr><td colspan="4">概念设计、结构布置</td></tr>
<tr><td colspan="4">结构抗震等级：四级剪力墙</td></tr>
<tr><td colspan="4">计算方法及计算程序：YJK（1.6.3.2版）</td></tr>
<tr><td colspan="4">主要计算结果有无异常（如：周期、周期比、位移、位移比、剪重比、刚度比、楼层承载力突变等）：无</td></tr>
<tr><td colspan="4">伸缩缝、沉降缝、防震缝：有</td></tr>
<tr><td colspan="4">结构超长和大体积混凝土是否采取有效措施：设置后浇带、设置诱导缝</td></tr>
<tr><td colspan="4">有无结构超限：无</td></tr>
<tr><td colspan="4">无</td></tr>
<tr><td rowspan="6">基础选型</td><td colspan="4">基础设计等级：丙级</td></tr>
<tr><td colspan="4">基础类型：筏板基础</td></tr>
<tr><td colspan="4">计算方法及计算程序：YJK（1.6.3.2版）</td></tr>
<tr><td colspan="4">防水、抗渗、抗浮：无</td></tr>
<tr><td colspan="4">沉降分析：沉降大小满足规范要求</td></tr>
<tr><td colspan="4">地基处理方案：无</td></tr>
<tr><td>新材料、新技术、难点等</td><td colspan="4"></td></tr>
<tr><td>主要结论</td><td colspan="4">与建施协商，双面清水墙宜采用全钢筋混凝土墙，注意大跨梁的挠度与裂缝验算
（全部内容均在此页）</td></tr>
<tr><td colspan="2">工种负责人：郭天焓　　日期：2016.2.1</td><td colspan="3">评审主持人：朱炳寅　　日期：2016.2.1</td></tr>
</table>

注意：1. 评审申请时间：一般项目应在初步设计完成之前，无初步设计的项目在施工图1/2阶段。

2. 工种负责人、审核人必须参加评审会，审定人以及项目组其他人员应尽量参会。工种负责人负责项目组与会人员的通知事宜，在必要时可邀请建筑专业相关人员出席。

3. 评审后工种负责人应填写《结构方案评审意见回复表》，逐条回复《结构方案评审表》和《会议纪要》中提出的评审意见，并在签署齐全后归档。

37　海东南凉遗址公园地下商业街

设计部门：第二工程设计研究院
主要设计人：曹清、朱炳寅、张淮湧、鲍晨泳、董洲、贾开、李妍

工程简介

一、工程概况

海东南凉遗址公园地下商业街位于青海省海东市南凉遗址公园内，北起古城中街，南临大古城路，东至南凉街，建筑功能为办公及商业，总建筑面积约 4.5 万 m^2。本工程地下三层，地上一层；地下一层为主力餐饮空间，地下二层为商铺空间，地下三层为地下停车库，地上为疏散楼电梯间。建筑总长度约 220m，在建筑左右两侧、中部分别设有下沉广场。

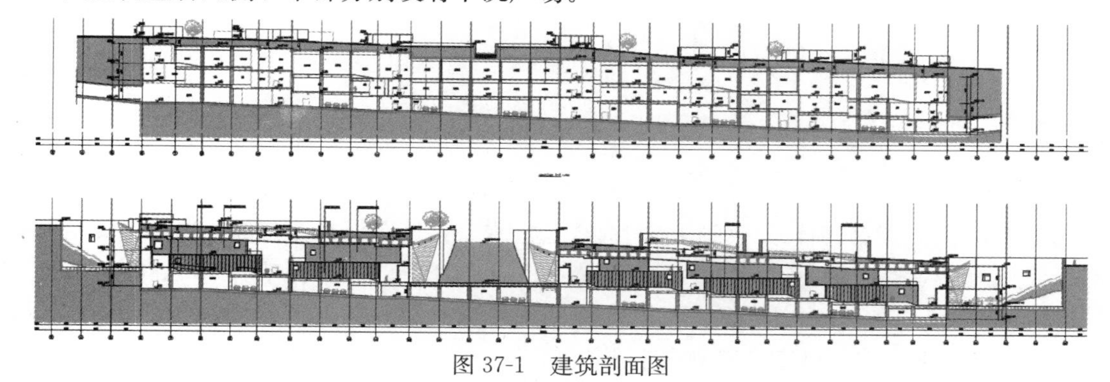

图 37-1　建筑剖面图

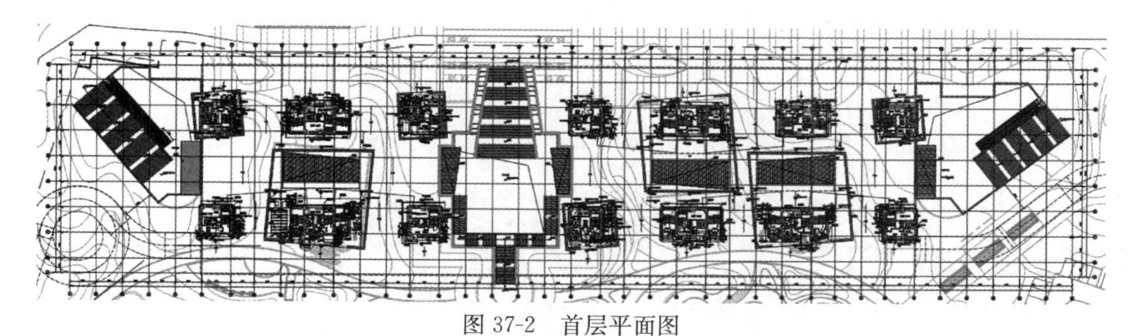

图 37-2　首层平面图

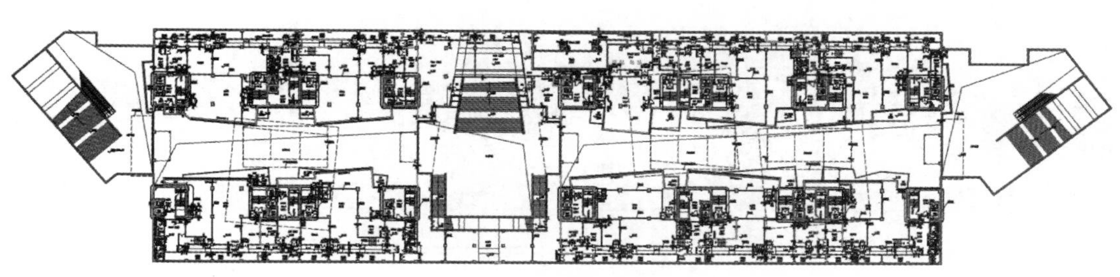

(*a*) 地下一层平面图

图 37-3　地下建筑平面

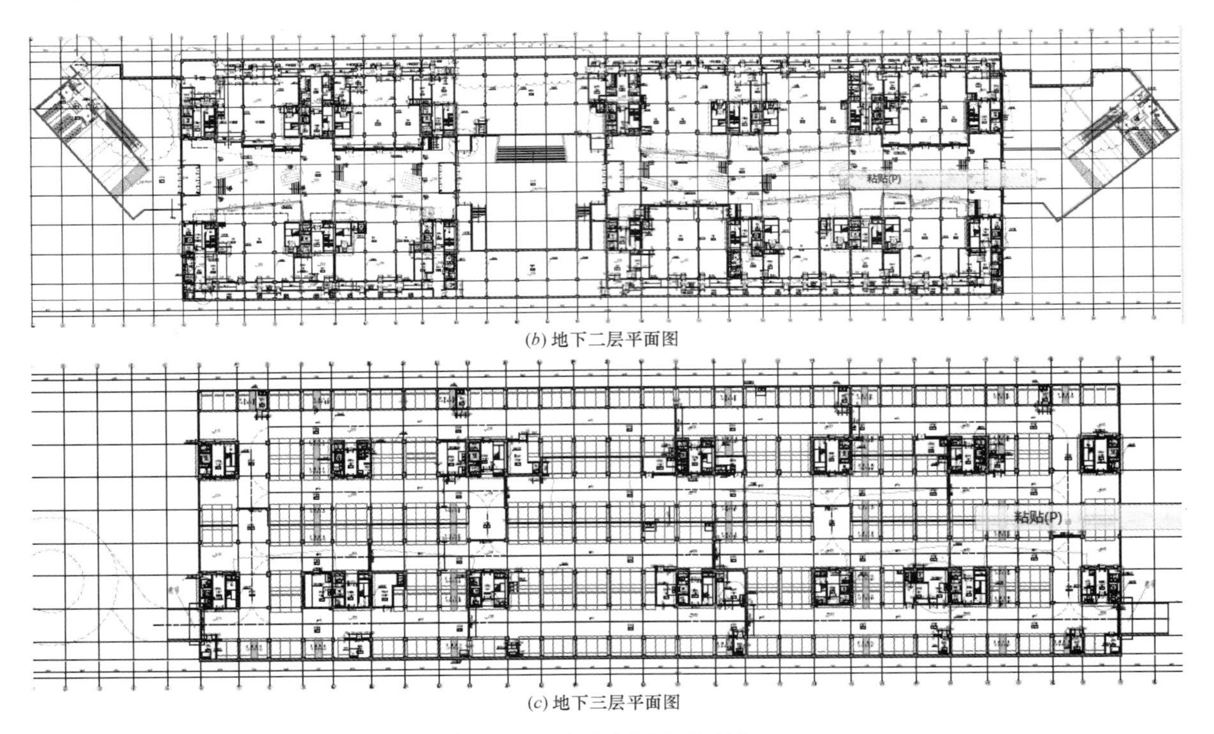

(b) 地下二层平面图

(c) 地下三层平面图

图 37-3　地下建筑平面（续）

二、结构方案

通过多方案比较，综合考虑建筑功能、立面造型、结构传力明确、经济合理等多种因素，本工程采用钢筋混凝土框架-剪力墙结构体系。结构竖向荷载通过水平梁传至剪力墙和框架柱，再传至基础。

因本工程为一个地下建筑，首层顶板上及四周有 1～4m 覆土，建筑在地下一层中间断开，首层开大洞，使得结构本身的抗侧力大大降低。又因为两侧均设有两层深的下沉广场，使得结构在 X 方向的侧限缺失。主要思路是靠结构自己承担侧向土压力：

（1）首层有梁、板可以连通处：可以认为结构自身可以抵抗土侧向力，对于两侧因地面标高不同而引起的侧向力，用 PK 复核单榀受力，包络配筋。

（2）首层中部有天井处：加厚混凝土墙，靠墙体承受侧向力。

（3）中部下沉广场处：在挡土墙外侧加设肋墙（间距 2.8m，根部长 3.6m，厚 800mm），抵抗侧向力。

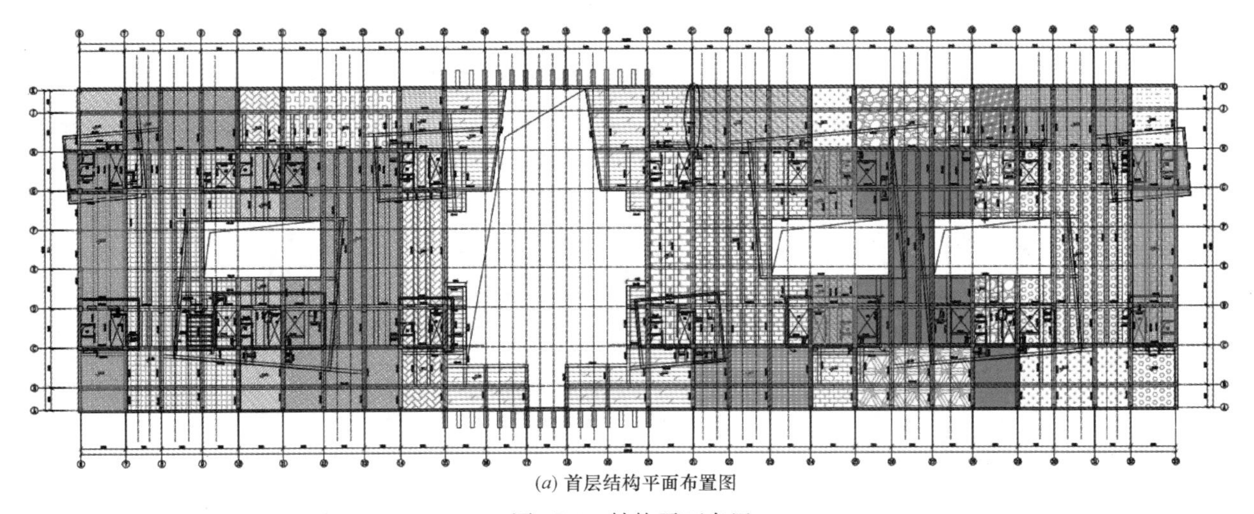

(a) 首层结构平面布置图

图 37-4　结构平面布置

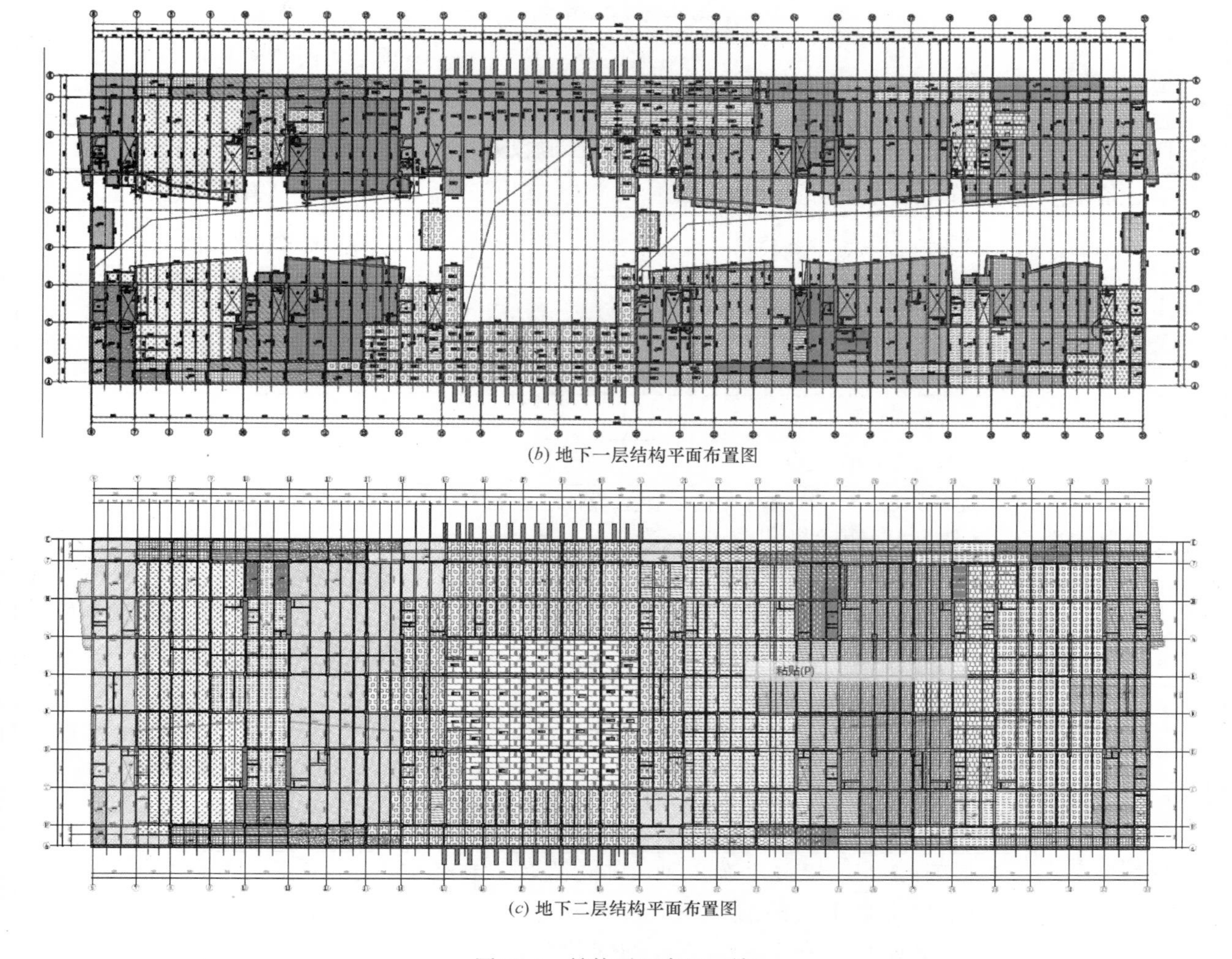

(b) 地下一层结构平面布置图

(c) 地下二层结构平面布置图

图 37-4　结构平面布置（续）

三、地基基础方案

根据地勘单位的建议，并结合结构受力特点，基础采用筏板基础。

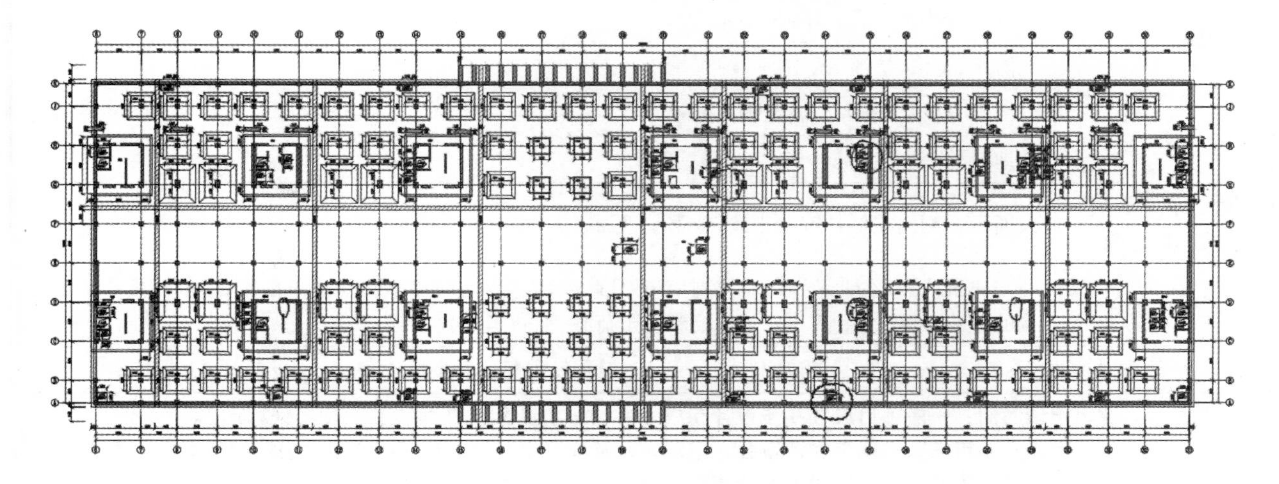

图 37-5　基础平面布置图

结构方案评审表

结设质量表（2016）

<table>
<tr><td rowspan="2">项目名称</td><td colspan="2" rowspan="2">海东南凉遗址公园地下商业街</td><td>项目等级</td><td>A/B级□、非A/B级■</td></tr>
<tr><td>设计号</td><td>15305</td></tr>
<tr><td>评审阶段</td><td>方案设计阶段□</td><td>初步设计阶段■</td><td colspan="2">施工图设计阶段■</td></tr>
<tr><td>评审必备条件</td><td colspan="2">部门内部方案讨论　有■　无□</td><td colspan="2">统一技术条件　有■　无□</td></tr>
<tr><td rowspan="3">工程概况</td><td colspan="2">建设地点：青海省海东市</td><td colspan="2">建筑功能：商业、餐饮、停车</td></tr>
<tr><td colspan="2">层数(地上/地下)：1/3</td><td colspan="2">高度(檐口高度)：2.7m</td></tr>
<tr><td colspan="2">建筑面积(m^2)：5.4万</td><td colspan="2">人防等级：无</td></tr>
<tr><td rowspan="6">主要控制参数</td><td colspan="4">设计使用年限：50年</td></tr>
<tr><td colspan="4">结构安全等级：二级</td></tr>
<tr><td colspan="4">抗震设防烈度、设计基本地震加速度、设计地震分组、场地类别、特征周期
7度、0.10g、第三组、Ⅱ类、0.45s</td></tr>
<tr><td colspan="4">抗震设防类别：重点设防类</td></tr>
<tr><td colspan="4">主要经济指标</td></tr>
<tr><td colspan="4"></td></tr>
<tr><td rowspan="9">结构选型</td><td colspan="4">结构类型：框架剪力墙</td></tr>
<tr><td colspan="4">概念设计、结构布置</td></tr>
<tr><td colspan="4">结构抗震等级：三级框架二级剪力墙</td></tr>
<tr><td colspan="4">计算方法及计算程序：PKPM　V2.1</td></tr>
<tr><td colspan="4">主要计算结果有无异常(如：周期、周期比、位移、位移比、剪重比、刚度比、楼层承载力突变等)：</td></tr>
<tr><td colspan="4">伸缩缝、沉降缝、防震缝：无</td></tr>
<tr><td colspan="4">结构超长和大体积混凝土是否采取有效措施：设置伸缩后浇带、增加温度应力钢筋</td></tr>
<tr><td colspan="4">有无结构超限</td></tr>
<tr><td colspan="4">无</td></tr>
<tr><td rowspan="6">基础选型</td><td colspan="4">基础设计等级：甲级</td></tr>
<tr><td colspan="4">基础类型：筏板基础</td></tr>
<tr><td colspan="4">计算方法及计算程序：JCCAD V2.1</td></tr>
<tr><td colspan="4">防水、抗渗、抗浮：无</td></tr>
<tr><td colspan="4">沉降分析：沉降大小满足规范要求</td></tr>
<tr><td colspan="4">地基处理方案：无</td></tr>
<tr><td>新材料、新技术、难点等</td><td colspan="4">大面积无侧向支撑悬臂挡土墙，地下室平面开大洞</td></tr>
<tr><td>主要结论</td><td colspan="4">与建筑协商，在大悬挑区域控制填土厚度，采取有效结构和施工及建筑措施，控制温度应力对结构的影响，外墙设置诱导缝严格控制填土荷载、消防车荷载</td></tr>
<tr><td colspan="2">工种负责人：曹清　　日期：2016.2.1</td><td colspan="3">评审主持人：朱炳寅　　日期：2016.2.1</td></tr>
</table>

注意：1. 评审申请时间：一般项目应在初步设计完成之前，无初步设计的项目在施工图1/2阶段。

2. 工种负责人、审核人必须参加评审会，审定人以及项目组其他人员应尽量参会。工种负责人负责项目组与会人员的通知事宜，在必要时可邀请建筑专业相关人员出席。

3. 评审后工种负责人应填写《结构方案评审意见回复表》，逐条回复《结构方案评审表》和《会议纪要》中提出的评审意见，并在签署齐全后归档。

会议纪要

2016年2月1日

“海东南凉遗址公园地下商业街”施工图设计阶段结构方案评审会

评审人：谢定南、王金祥、朱炳寅、陈文渊、张亚东、张淮湧、王大庆

主持人：朱炳寅　　　记录：王大庆

介　绍：曹清

结构方案：本工程为单建式3层地下建筑（局部地上1层）。采用混凝土框-架剪力墙结构体系。结构超长，进行温度应力分析，采取防裂措施。

地基基础方案：采用天然地基上的筏板基础。

评审：

1. 地下室顶板覆土2～3m，应与建筑专业进一步协商，严格控制大悬挑、大跨度等关键部位的填土厚度。严格控制填土荷载、消防车荷载，设计文件应有荷载限值图，并进行会签，确保使用和施工期间不超载。

2. 针对结构超长（220m）且位于干燥地区的情况，完善温度应力分析，采取有效的综合措施（建筑、施工、结构），控制温度应力和混凝土收缩对结构的影响。

3. 地下室外墙合理设置诱导缝，适当加大外墙水平筋；优化梁系布置。

4. 进一步优化地下室外墙扶壁设计。

5. 注意大跨度梁、长悬臂梁的挠度、裂缝验算。

6. 尽早与挡土墙单位协商、落实下沉庭院的挡土墙做法。

结论：

建议根据结构方案评审表的主要结论以及会议纪要内容，进一步优化结构设计。

38　海东市综合检测中心

设计部门：第二工程设计研究院

主要设计人：何相宇、文欣、施泓、朱炳寅、王震、李艺然、王蒙

工程简介

一、工程概况

海东市综合检测中心位于海东市平安县南环路与乐都路交叉口西南侧。本项目规划建设用地面积为6123.31m^2，总建筑面积16000m^2，其中地下3750m^2，地上12250m^2。建筑高度：主楼33.2m，裙房17.0m。建筑层数：主楼地上8层，裙房地上4层，地下室连为一体，为地下1层。本项目的主要功能为办公楼、实验楼、地下停车场及配套设备用房。

图38-1　建筑效果图

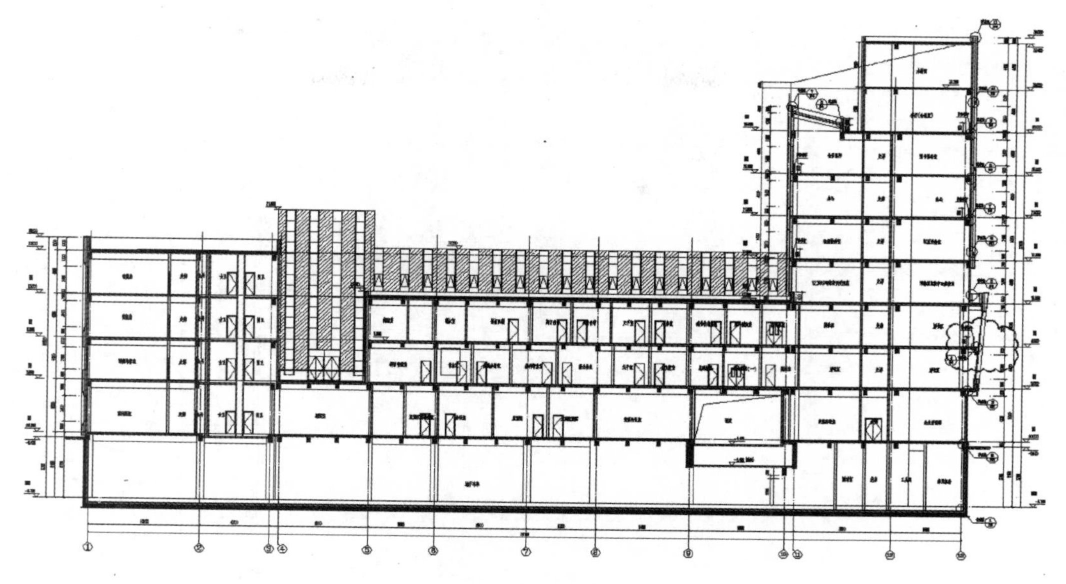

图 38-2 建筑剖面图

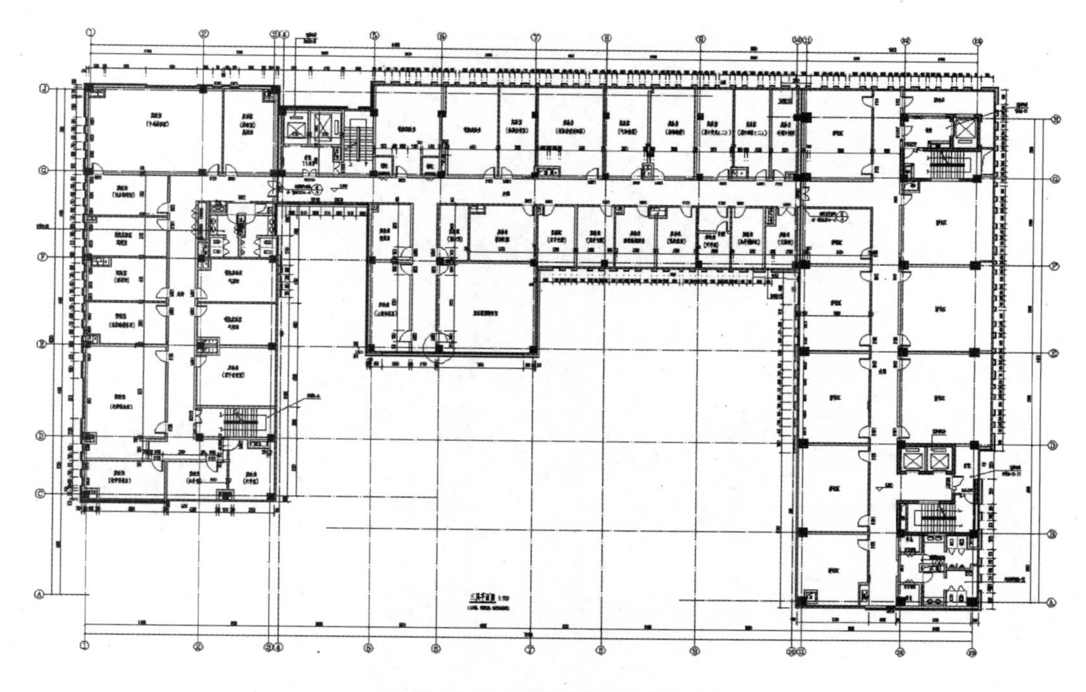

图 38-3 三层建筑平面图

二、结构方案

1. 抗侧力体系

考虑建筑功能、结构传力明确、经济合理等因素，本项目主楼采用钢筋混凝土框架-剪力墙结构体系，结构抗震等级为三级框架、二级剪力墙。裙楼采用钢筋混凝土框架结构体系，结构抗震等级为三级框架。嵌固端选择为地下室顶板。

2. 楼盖体系

楼盖体系采用普通钢筋混凝土主、次梁楼盖体系。普通楼层板厚为 110mm。一般地下室顶板为 180mm 厚，有 2m 覆土的地下室顶板为 350mm 厚。

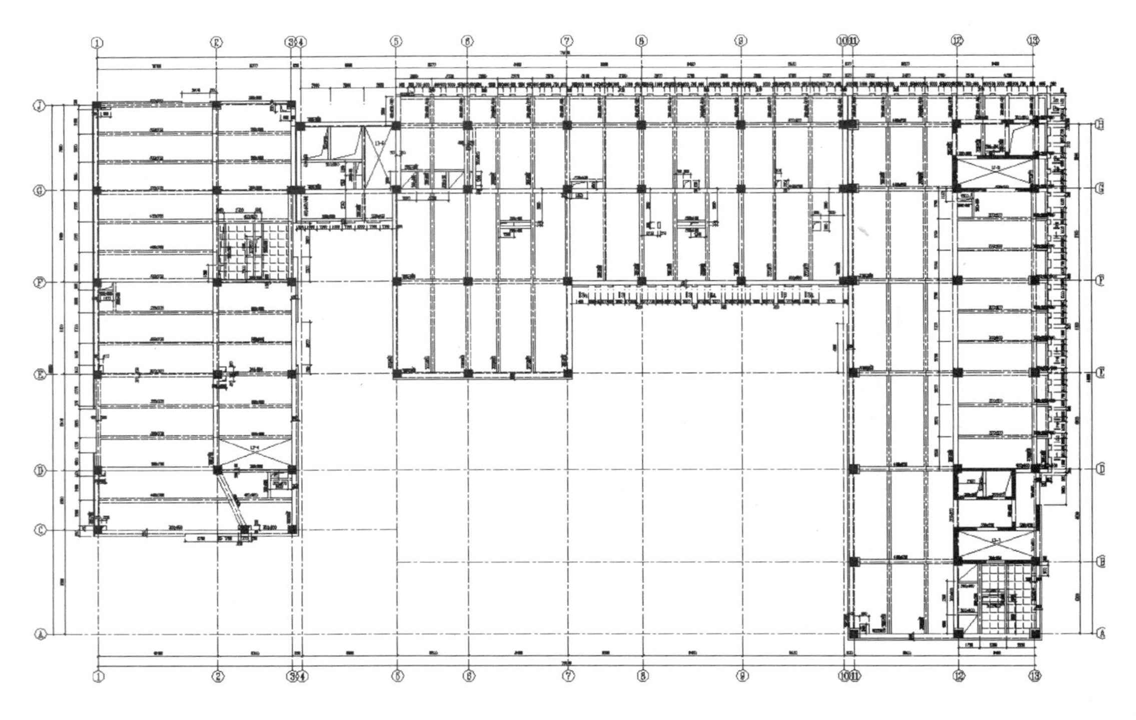

图 38-4　三层结构平面图

三、地基基础方案

结合地勘报告建议，本工程采用桩基础。桩型为人工挖孔桩，桩长为 8.8m，桩径为 800mm 及 1000mm。桩端持力层为③$_1$ 层卵石层，承载力特征值分为 1500kN 及 2200kN。

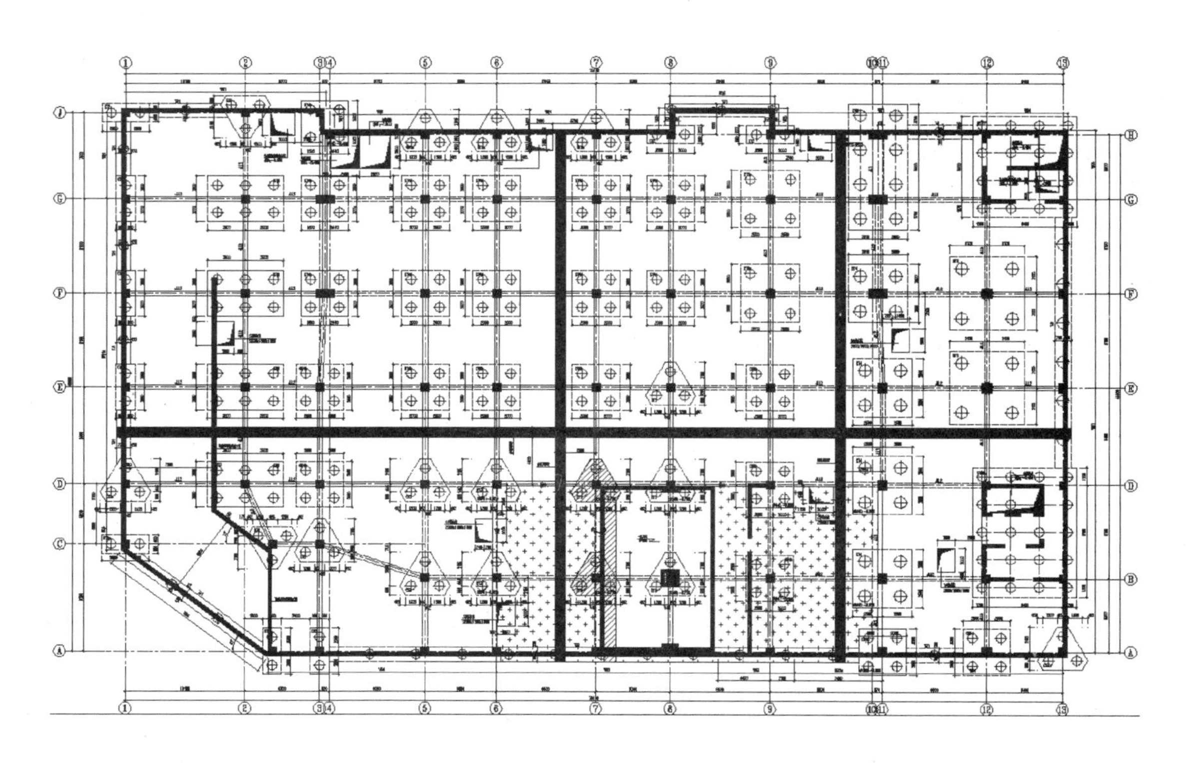

图 38-5　基础平面图

结构方案评审表

结设质量表（2016）

<table>
<tr><td>项目名称</td><td colspan="2">海东市综合检测中心</td><td>项目等级</td><td>A/B级□、非A/B级■</td></tr>
<tr><td></td><td colspan="2"></td><td>设计号</td><td>15422</td></tr>
<tr><td>评审阶段</td><td>方案设计阶段□</td><td>初步设计阶段□</td><td colspan="2">施工图设计阶段■</td></tr>
<tr><td>评审必备条件</td><td colspan="2">部门内部方案讨论 有■ 无□</td><td colspan="2">统一技术条件 有■ 无□</td></tr>
<tr><td rowspan="3">工程概况</td><td colspan="2">建设地点：青海省海东市平安县南环路与乐都路交叉口西南侧</td><td colspan="2">建筑功能：办公楼、实验楼</td></tr>
<tr><td colspan="2">层数（地上/地下）：8/1（主楼）4/1（裙房）</td><td colspan="2">高度（檐口高度）：33.2m（主楼）17.0m（裙房）</td></tr>
<tr><td colspan="2">建筑面积（m²）：16000</td><td colspan="2">人防等级：无</td></tr>
<tr><td rowspan="6">主要控制参数</td><td colspan="4">设计使用年限：50年</td></tr>
<tr><td colspan="4">结构安全等级：二级</td></tr>
<tr><td colspan="4">抗震设防烈度、设计基本地震加速度、设计地震分组、场地类别、特征周期
7度、0.1g、第三组、Ⅱ类、0.45s</td></tr>
<tr><td colspan="4">抗震设防类别：标准设防类</td></tr>
<tr><td colspan="4">主要经济指标</td></tr>
<tr><td colspan="4"></td></tr>
<tr><td rowspan="9">结构选型</td><td colspan="4">结构类型：框架-剪力墙结构（主楼）框架结构（裙房）</td></tr>
<tr><td colspan="4">概念设计、结构布置</td></tr>
<tr><td colspan="4">结构抗震等级：框架三级剪力墙二级（主楼）框架三级（裙房）</td></tr>
<tr><td colspan="4">计算方法及计算程序：SATWE V2.1</td></tr>
<tr><td colspan="4">主要计算结果有无异常（如：周期、周期比、位移、位移比、剪重比、刚度比、楼层承载力突变等）：主要计算结果均满足设计要求</td></tr>
<tr><td colspan="4">伸缩缝、沉降缝、防震缝：主楼与裙房设缝、两裙房之间设缝</td></tr>
<tr><td colspan="4">结构超长和大体积混凝土是否采取有效措施：设置伸缩后浇带</td></tr>
<tr><td colspan="4">有无结构超限</td></tr>
<tr><td colspan="4">无</td></tr>
<tr><td rowspan="6">基础选型</td><td colspan="4">基础设计等级：乙级</td></tr>
<tr><td colspan="4">基础类型：柱基＋防水板</td></tr>
<tr><td colspan="4">计算方法及计算程序：JCCAD V2.1 理正 7.0PB1</td></tr>
<tr><td colspan="4">防水、抗渗、抗浮：无</td></tr>
<tr><td colspan="4">沉降分析：沉降大小满足规范要求</td></tr>
<tr><td colspan="4">地基处理方案：无</td></tr>
<tr><td>新材料、新技术、难点等</td><td colspan="4">自重湿陷性黄土场地</td></tr>
<tr><td>主要结论</td><td colspan="4">优化基础方案、优化次梁布置，优化剪力墙布置，优化计算指标，注意首层高差处短柱问题，注意核查试验室是否存在腐蚀问题，取消顶部转换
（全部内容均在此页）</td></tr>
<tr><td colspan="2">工种负责人：文欣</td><td>日期：2016.1.27</td><td>评审主持人：朱炳寅</td><td>日期：2016.2.2</td></tr>
</table>

注意：1. 评审申请时间：一般项目应在初步设计完成之前，无初步设计的项目在施工图1/2阶段。

2. 工种负责人、审核人必须参加评审会，审定人以及项目组其他人员应尽量参会。工种负责人负责项目组与会人员的通知事宜，在必要时可邀请建筑专业相关人员出席。

3. 评审后工种负责人应填写《结构方案评审意见回复表》，逐条回复《结构方案评审表》和《会议纪要》中提出的评审意见，并在签署齐全后归档。

39　北京第三代半导体材料及应用联合创新基地

设计部门：第三工程设计研究院
主要设计人：毕磊、胡彬、刘松华、尤天直、厉春龙、李鑫、何喜明、袁琨
贾月光、卢媛媛

工程简介

一、工程概况

图 39-1　建筑效果图

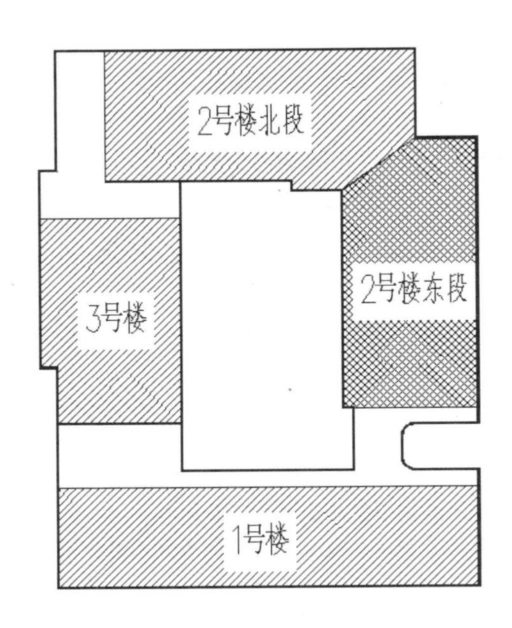

图 39-2　建筑分区图

北京第三代半导体材料及应用联合创新基地位于顺义区高丽营镇中关村临空国际高新技术产业基地 3-2-3 地块内，用地南临文良街，西临数码视讯园区，用地呈矩形，规划建设用地面积为 31431.18m²。总建筑面积 71590m²，其中地上建筑面积 56150m²，地下建筑面积 15440m²。项目距顺义区中心约 8km，距北京市中心 30km，距首都国际机场约 12km。该项目建设用地性质为 M1 一类工业用地，目标为第三代半导体国家重大创新基地建设，建成后主要用于半导体第三代材料及运用，分为 1 号楼—前瞻性与共性技术实验车间（包含材料实验车间和芯片、封装实验车间）、2 号楼—工程试验与验证实验车间（包含电子电力实验车间、微波射频实验车间、光电子实验车间、公共检测实验车间）、3 号楼—综合楼（包含应用开发实验车间、综合服务配套）三栋建筑。

1 号楼地下 1 层，地上 7 层，均为大开间实验车间（后期部分楼层改造为办公区），层高为 1 层 5.7m，2～7 层 3.9m。地下 1 层，层高 5.7m，功能为停车库。建筑面

积约 21680m²，主体结构高度 29.100m，建筑平面尺寸为 30.60m×117.80m。采用钢筋混凝土框架-剪力墙结构体系，基础形式为筏板基础。

2 号楼地下 1 层，层高 5.7m，功能为动力机房和停车库。建筑地上 5 层，1～2 层为通高洁净厂房，层高为 1 层 4m，2 层 3.9m；3 层为洁净厂房，层高 6.5m；4 层为大开间实验车间，层高 5m；5 层为大开间实验车间，层高 4m。建筑面积约 25250m²，主体结构高度 23.400m。首层楼板以上设防震缝，将 2 号楼分为 2 个独立结构单元，建筑平面尺寸分别为 39.60m×76.60m 和 39.60m×81.60m。采用钢筋混凝土框架-剪力墙结构体系，基础形式为筏板基础。

3 号楼地下 1 层，层高 5.7m，功能为平时汽车库，战时甲类 6 级物资库。建筑地上 6 层，1 层为餐厅和实验车间，层高 4.2m；2～3 层为办公和实验车间，层高 3.9m；4 层为展示和实验车间，层高 3.6m；5～6 层为展示空间，层高 3.6m。建筑面积约 9100m²，主体结构高度 22.800m，建筑平面尺寸为 30.40m×55.20m。采用钢筋混凝土框架-剪力墙结构体系，基础形式为筏板基础。

3 栋建筑的地下室部分连通，呈口字形布置，为动力机房及车库，含核 6 级甲类物资库一个，面积不超过 4000m²。

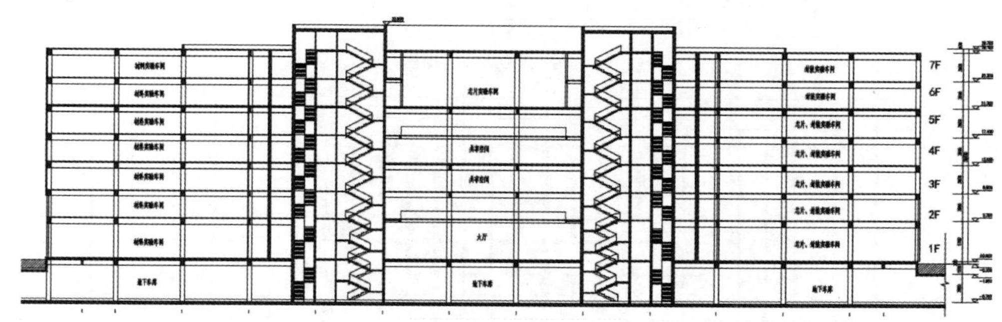

图 39-3　1 号楼建筑剖面图

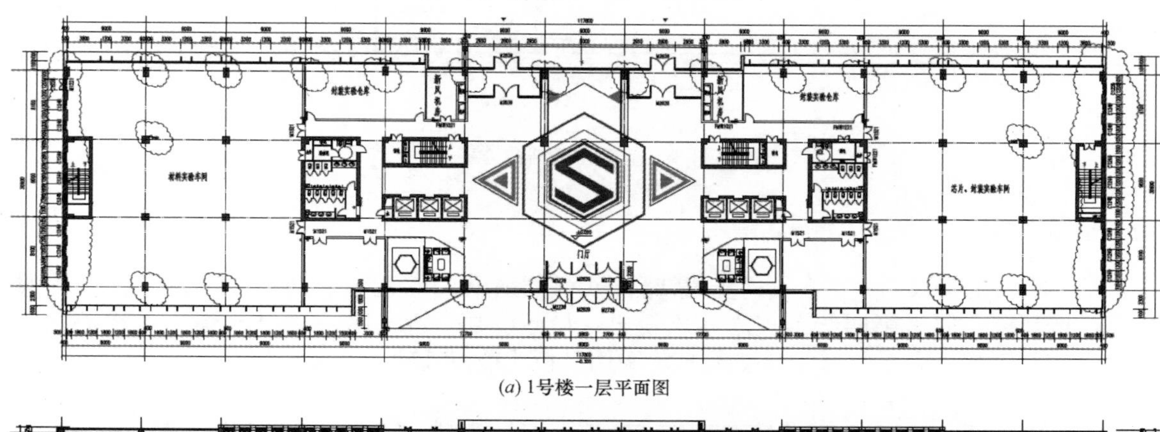

(a) 1号楼一层平面图

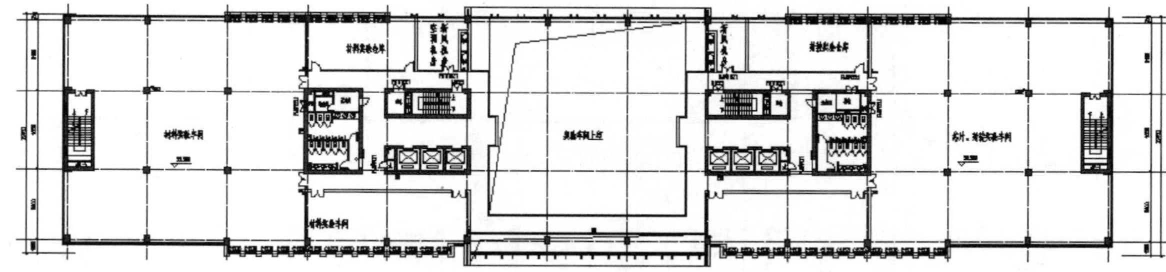

(b) 1号楼七层平面图

图 39-4　1 号楼平面布置

二、结构方案

通过多方案比较，综合考虑建筑功能、立面造型、结构传力明确、经济合理等多种因素，本工程采用钢筋混凝土框架-剪力墙结构体系。结构竖向荷载通过水平梁传至剪力墙和框架柱，再传至基础。水平荷载由外部钢筋混凝土框架和剪力墙共同承担。

本工程采用现浇钢筋混凝土梁板楼盖体系，设柱间主、次梁。一层楼面由于嵌固的需要，板厚 180mm，其他各层楼板板厚为 120mm。1 号楼中出现多个大跨度空间楼盖，结构设计时采用空心板方案。

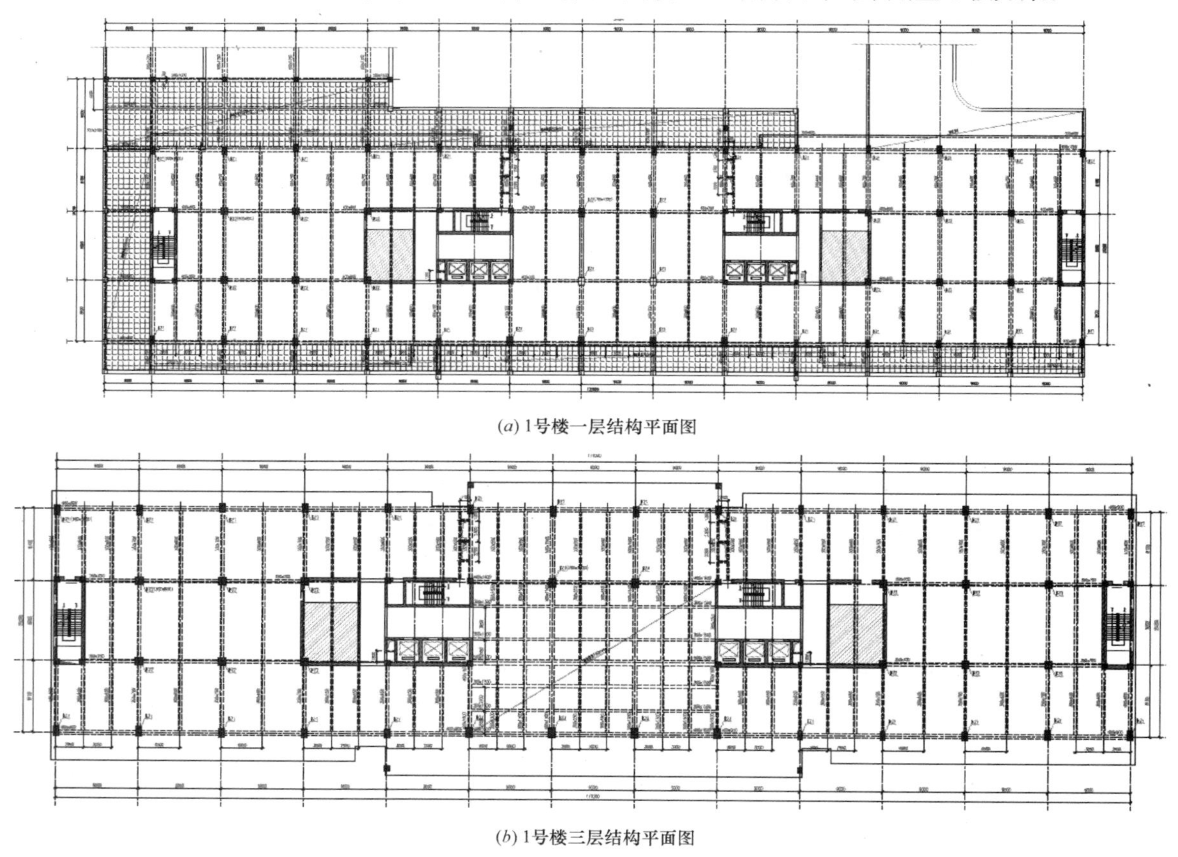

(a) 1号楼一层结构平面图

(b) 1号楼三层结构平面图

图 39-5　1 号楼结构方案

三、地基基础方案

根据地勘单位的建议，并结合结构受力特点，1 号楼采用 CFG 桩复合地基；2 号楼以及 3 号楼采用天然地基，地基持力层为第四纪沉积之砂质粉土、粉砂③层，综合考虑地基土综合承载力标准值为 180kPa，并进行软弱下卧层验算。1～3 号楼均采用平板式筏板基础，筏板厚度为 700～1000mm。

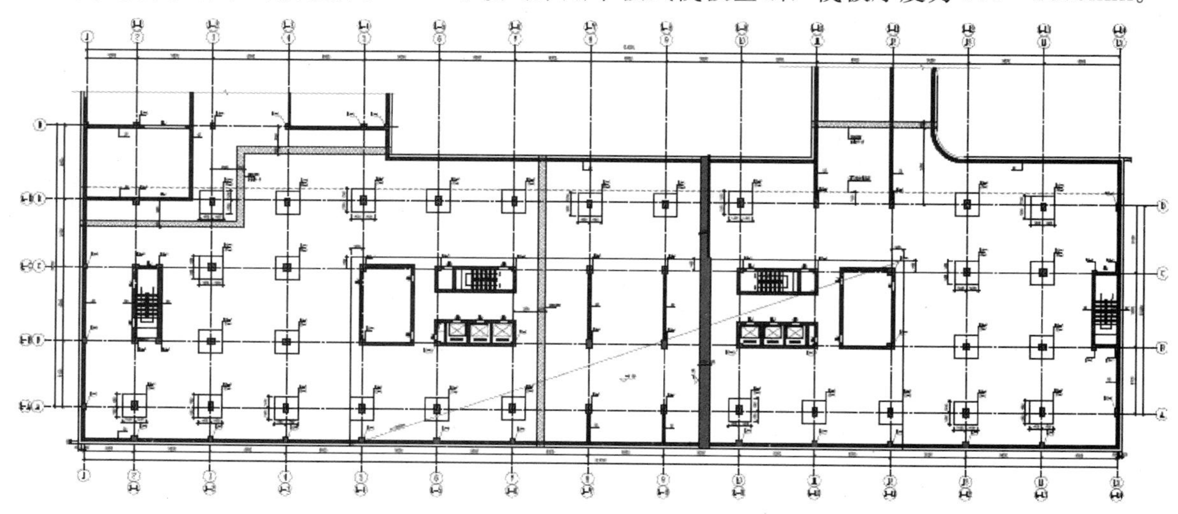

图 39-6　1 号楼基础平面图

结构方案评审表

结设质量表（2016）

<table>
<tr><td rowspan="2">项目名称</td><td rowspan="2" colspan="2">北京第三代半导体材料及应用联合创新基地</td><td>项目等级</td><td>A/B 级□、非 A/B 级■</td></tr>
<tr><td>设计号</td><td>15542</td></tr>
<tr><td>评审阶段</td><td>方案设计阶段□</td><td>初步设计阶段■</td><td colspan="2">施工图设计阶段□</td></tr>
<tr><td>评审必备条件</td><td colspan="2">部门内部方案讨论　有■　无□</td><td colspan="2">统一技术条件　有■　无□</td></tr>
<tr><td rowspan="4">工程概况</td><td colspan="2">建设地点：北京市　顺义区</td><td colspan="2">建筑功能：产业园区</td></tr>
<tr><td colspan="2">层数(地上/地下)：6/1(7/1)</td><td colspan="2">高度(檐口高度)：23m(29m)</td></tr>
<tr><td colspan="2">建筑面积(m²)：71590</td><td colspan="2">人防等级：核六</td></tr>
<tr><td colspan="2"></td><td colspan="2"></td></tr>
<tr><td rowspan="6">主要控制参数</td><td colspan="4">设计使用年限：50 年</td></tr>
<tr><td colspan="4">结构安全等级：二级</td></tr>
<tr><td colspan="4">抗震设防烈度、设计基本地震加速度、设计地震分组、场地类别、特征周期
8 度、0.2g、第三组、Ⅲ类、0.65s</td></tr>
<tr><td colspan="4">抗震设防类别：丙类</td></tr>
<tr><td colspan="4">主要经济指标：</td></tr>
<tr><td colspan="4"></td></tr>
<tr><td rowspan="9">结构选型</td><td colspan="4">结构类型：钢筋混凝土框架-剪力墙</td></tr>
<tr><td colspan="4">概念设计、结构布置：</td></tr>
<tr><td colspan="4">结构抗震等级：剪力墙：二级(一级)；框架：三级(二级)</td></tr>
<tr><td colspan="4">计算方法及计算程序：</td></tr>
<tr><td colspan="4">主要计算结果有无异常(如：周期、周期比、位移、位移比、剪重比、刚度比、楼层承载力突变等)：满足规范要求</td></tr>
<tr><td colspan="4">伸缩缝、沉降缝、防震缝：设防震缝</td></tr>
<tr><td colspan="4">结构超长和大体积混凝土是否采取有效措施：设后浇带</td></tr>
<tr><td colspan="4">有无结构超限：无</td></tr>
<tr><td colspan="4"></td></tr>
<tr><td rowspan="6">基础选型</td><td colspan="4">基础设计等级：乙级</td></tr>
<tr><td colspan="4">基础类型：筏板基础</td></tr>
<tr><td colspan="4">计算方法及计算程序：JCCAD</td></tr>
<tr><td colspan="4">防水、抗渗、抗浮：</td></tr>
<tr><td colspan="4">沉降分析：</td></tr>
<tr><td colspan="4">地基处理方案：CFG 复合地基</td></tr>
<tr><td>新材料、新技术、难点等</td><td colspan="4"></td></tr>
<tr><td>主要结论</td><td colspan="4">楼板开大洞，形成穿层柱，应补充单榀框架承载力分析，优先考虑采用天然地基，优化后浇带设置，核查工艺对结构的要求，比较密肋梁方案与大厚板方案、考虑竖向地震作用，优化结构布置，避免单柱悬挑，开大洞上部楼层(三层)加强、大跨度结构应以减自重为优先目标，大跨框架提高抗震等级</td></tr>
<tr><td colspan="2">工种负责人：胡彬　　日期：2016.2.2</td><td colspan="3">评审主持人：朱炳寅　　日期：2016.2.2</td></tr>
</table>

注意：1. 评审申请时间：一般项目应在初步设计完成之前，无初步设计的项目在施工图 1/2 阶段。

2. 工种负责人、审核人必须参加评审会，审定人以及项目组其他人员应尽量参会。工种负责人负责项目组与会人员的通知事宜，在必要时可邀请建筑专业相关人员出席。

3. 评审后工种负责人应填写《结构方案评审意见回复表》，逐条回复《结构方案评审表》和《会议纪要》中提出的评审意见，并在签署齐全后归档。

会议纪要

2016年2月2日

"北京第三代半导体材料及应用联合创新基地"初步设计阶段结构方案评审会

评审人：谢定南、王金祥、朱炳寅、陈文渊、胡纯炀、张淮湧、王大庆

主持人：朱炳寅　　　记录：王大庆

介　绍：胡彬

结构方案：1层大底盘地下室的平面呈口字形，地上设缝分为4个结构单元（5～7层）；均采用混凝土框架-剪力墙结构体系，大跨度楼盖采用井字梁结构或空心楼板。

地基基础方案：1号楼采用CFG桩复合地基上的平板式筏形基础，其他采用天然地基上的平板式筏形基础。

评审：

1. 本工程层数不多、有1层地下室，且地质条件较好，建议在进一步计算分析的基础上，优先考虑采用天然地基方案，并适当优化筏板基础的厚度。
2. 进一步优化后浇带设置。
3. 楼板开大洞，形成穿层柱，应补充单榀框架承载力分析，包络设计；并应对穿层柱采取有效加强措施。
4. 大开洞的周边楼盖以及大开洞的上部楼层（三层）应采取有效加强措施。
5. 大跨度构件应按合理方法考虑竖向地震作用，注意挠度、裂缝和舒适度验算。
6. 大跨度框架提高抗震等级。
7. 注意600～800mm厚空心楼板与周边支承构件的关系。大跨度结构应以减轻自重为优先目标，建议对双向密肋梁方案与空心楼板方案作进一步计算比较，选用合理方案。
8. 进一步优化结构布置，注意重点部位加强和细部处理，如：避免柱侧单独悬挑，避免楼面梁支承于剪力墙连梁，大跨梁处适当设置连系梁等。
9. 3号楼剪力墙的墙量不多，注意核查倾覆力矩比。
10. 核查工艺对结构的要求（如吊车、隔振、防腐等），以便尽早采取相应措施。

结论：

建议根据结构方案评审表的主要结论以及会议纪要内容，进一步优化结构设计。

40　北京纺织科研实验楼

设计部门：第三工程设计研究院
主要设计人：邵筠、陈文渊、王子征、尤天直、刘文阳、许炎彬、田京涛、朱光耀、崔青

工程简介

一、工程概况

北京纺织科研实验楼位于北京市朝阳区红领巾桥东南角，朝阳北路与东四环中路的交叉口，北临红领巾公园，西近CBD东扩区，东南为文物保护单位。总建筑面积为131850m^2，其中地上建筑面积90000m^2，分为1号科研实验楼和2号科研实验楼。主要建筑功能为研发，其中1号科研实验楼25层，高度99.1m，2号科研实验楼22层，高度86.7m。地下室4层，建筑面积为41850m^2，主要建筑功能为食堂、设备、车库等。本工程采用框架-核心筒结构，基础为筏板基础。

建筑结构的安全等级：二级，设计使用年限：50年，建筑抗震设防类别：丙类，地基基础设计等级：甲级，抗震设防烈度：8度（0.20g），Ⅲ类场地，人防为甲6级。

图40-1　建筑效果图

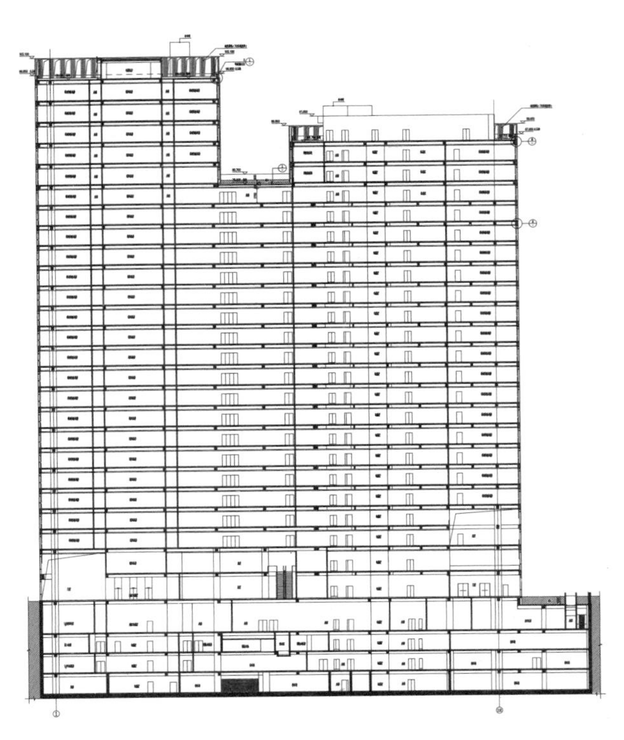

图 40-2　建筑剖面图

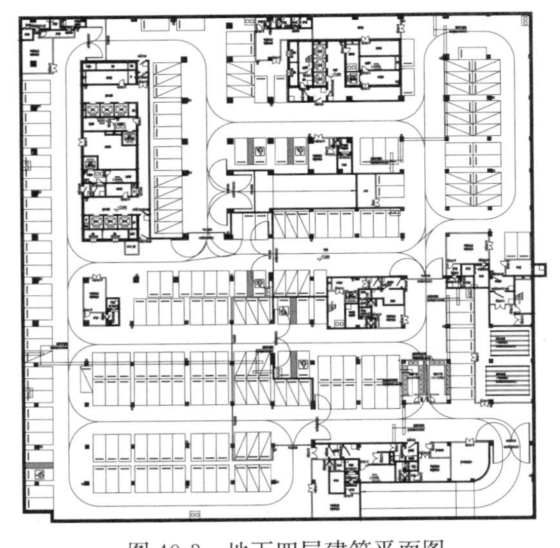

图 40-3　地下四层建筑平面图

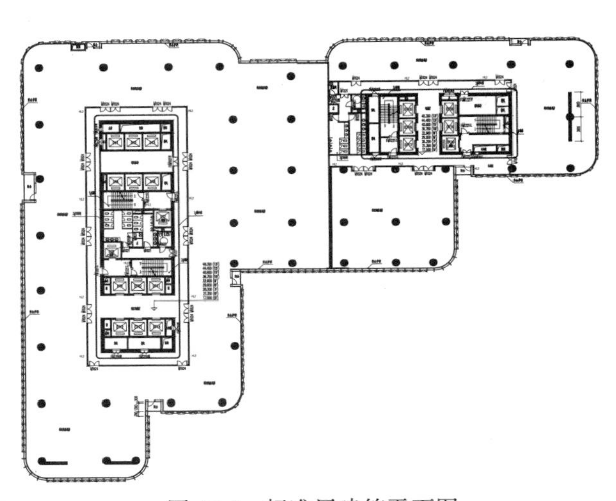

图 40-4　标准层建筑平面图

二、结构方案

1. 抗侧力体系

本工程根据建筑功能及布置，采用钢筋混凝土框架-核心筒结构体系，分别在 1 号科研实验楼和 2 号科研实验楼设置核心筒，水平荷载由钢筋混凝土框架和核心筒剪力墙共同承担。抗震等级：框架为一级，核心筒为一级。

（1）钢筋混凝土核心筒：1 号核心筒平面尺寸为 11.4m×37.6m，2 号核心筒平面尺寸为 22.6m×9.9m。底层核心筒外墙厚度为 500mm、600mm；随着高度增加，墙厚逐渐减小，在高层核心筒外墙厚度为 400～350mm。核心筒内部剪力墙厚度为 200mm、300mm。

（2）钢筋混凝土框架：框架柱最大柱距 13.2m，框架柱与核心筒距离为 9.0～11.7m。为了减小柱截面，降低柱轴压比，同时提高框架的延性，1 号科研实验楼周边的框架柱在 6 层以下采用型钢混凝土柱，圆柱直径为 1200mm；6 层以上为普通钢筋混凝土柱，圆柱直径为 1200mm。2 号科研实验楼周边的框架柱采用钢混凝土柱，圆柱直径为 1200mm。框架梁截面尺寸为 500mm × 700mm、500mm×1000mm。

2. 楼盖体系

外框架柱距较大，外框柱与核心筒距离为 9.0～11.7m，采用普通钢筋混凝土主、次梁楼盖体系。为减小板跨，控制混凝土用量，采用单向次梁布置，次梁间距为 4.2～4.5m，采用 150mm 厚楼板。一层楼面由于嵌固的需要，板厚 180mm。地下三层为人防顶板，板厚 250～300mm。

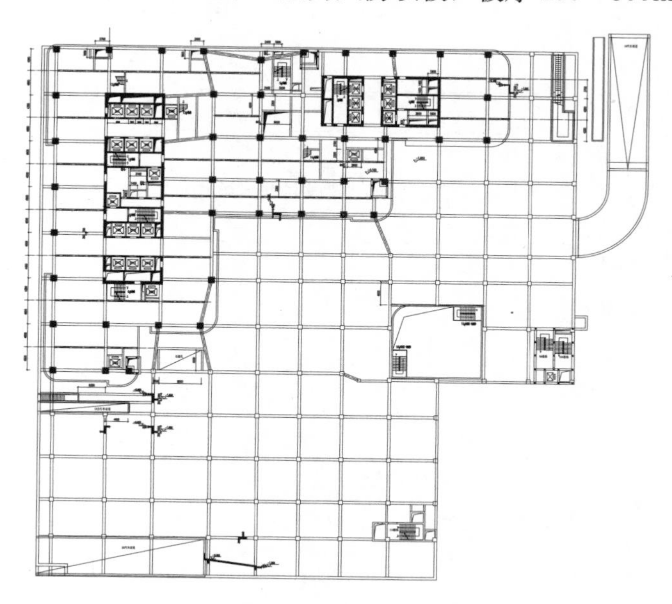

图 40-5　一层结构平面图

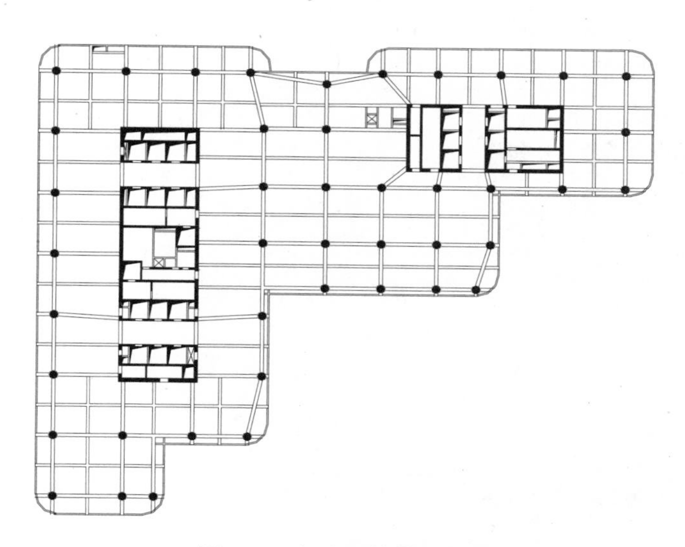

图 40-6　标准层结构平面图

三、地基基础方案

由于现阶段未提供地质详勘资料，根据周边工程岩土勘察报告的地质情况以及建筑物的层数、荷载等因素综合考虑，拟采用承载力高、适应性强的桩筏基础。工程抗浮设防水位较高，局部纯地下室存在抗浮问题，拟采用配重、加大结构自重、加厚顶面覆土等抗浮措施。

结构方案评审表

结设质量表（2016）

<table>
<tr><td rowspan="2">项目名称</td><td colspan="2" rowspan="2">北京纺织科研实验楼</td><td>项目等级</td><td>A/B级□、非 A/B级☑</td></tr>
<tr><td>设计号</td><td>11127</td></tr>
<tr><td>评审阶段</td><td>方案设计阶段□</td><td>初步设计阶段☑</td><td colspan="2">施工图设计阶段☑</td></tr>
<tr><td>评审必备条件</td><td colspan="2">部门内部方案讨论　有☑　无□</td><td colspan="2">统一技术条件　有☑　无□</td></tr>
<tr><td rowspan="4">工程概况</td><td colspan="2">建设地点　北京</td><td colspan="2">建筑功能　科研办公楼</td></tr>
<tr><td colspan="2">层数(地上/地下)25/4</td><td colspan="2">高度(檐口高度)99.1m</td></tr>
<tr><td colspan="2">建筑面积(m²)131850</td><td colspan="2">人防等级　甲6级</td></tr>
<tr><td colspan="2"></td><td colspan="2"></td></tr>
<tr><td rowspan="6">主要控制参数</td><td colspan="4">设计使用年限　50</td></tr>
<tr><td colspan="4">结构安全等级　二级</td></tr>
<tr><td colspan="4">抗震设防烈度、设计基本地震加速度、设计地震分组、场地类别、特征周期
8度、0.20g、第一组、Ⅲ类、0.45s</td></tr>
<tr><td colspan="4">抗震设防类别　丙类</td></tr>
<tr><td colspan="4">主要经济指标</td></tr>
<tr><td colspan="4"></td></tr>
<tr><td rowspan="9">结构选型</td><td colspan="4">结构类型　框架核心筒</td></tr>
<tr><td colspan="4">概念设计、结构布置　梁板</td></tr>
<tr><td colspan="4">结构抗震等级　框架一级，核心筒一级</td></tr>
<tr><td colspan="4">计算方法及计算程序 YJK-A</td></tr>
<tr><td colspan="4">主要计算结果有无异常(如:周期、周期比、位移、位移比、剪重比、刚度比、楼层承载力突变等)</td></tr>
<tr><td colspan="4">伸缩缝、沉降缝、防震缝　无</td></tr>
<tr><td colspan="4">结构超长和大体积混凝土是否采取有效措施　超长　后浇带　拉通钢筋</td></tr>
<tr><td colspan="4">有无结构超限　无</td></tr>
<tr><td colspan="4"></td></tr>
<tr><td rowspan="6">基础选型</td><td colspan="4">基础设计等级　甲级</td></tr>
<tr><td colspan="4">基础类型　筏板</td></tr>
<tr><td colspan="4">计算方法及计算程序 YJK-F</td></tr>
<tr><td colspan="4">防水、抗渗、抗浮 YJK-F</td></tr>
<tr><td colspan="4">沉降分析</td></tr>
<tr><td colspan="4">地基处理方案</td></tr>
<tr><td>新材料、新技术、难点等</td><td colspan="4">超长，抗浮</td></tr>
<tr><td>主要结论</td><td colspan="4">按国家地震局文件要求，本工程不用考虑安评问题，优化剪力墙布置，减轻结构重量，优化楼盖结构布置
（全部内容均在此页）</td></tr>
<tr><td colspan="2">工种负责人：邵筠　日期：2016.1.19</td><td colspan="3">评审主持人：朱炳寅　日期：2016.2.3</td></tr>
</table>

注意：1. 评审申请时间：一般项目应在初步设计完成之前，无初步设计的项目在施工图 1/2 阶段。

2. 工种负责人、审核人必须参加评审会，审定人以及项目组其他人员应尽量参会。工种负责人负责项目组与会人员的通知事宜，在必要时可邀请建筑专业相关人员出席。

3. 评审后工种负责人应填写《结构方案评审意见回复表》，逐条回复《结构方案评审表》和《会议纪要》中提出的评审意见，并在签署齐全后归档。

41 昌平未来科技城CP07-0060-0030地块30-6号人才公租房

设计部门：第二工程设计研究院
主要设计人：刘巍、曹清、王金、张淮湧、朱炳寅

工程简介

一、工程概况

未来科技城项目位于北京市昌平区，地处北部研发基地和高新技术产业带的东部节点，南至昌平未来城南区二路，西至昌平未来城南区四路，北至昌平未来城南区一路。本工程为项目中的30号地块6号人才公租房，总建筑面积约1.52万m^2。本工程地下3层，与30号地块地下车库相连，其中地下建筑功能为自行车停车库及设备用房；地上29层，檐口高度79.2m，主要功能为商业及住宅。建筑建设要求达到绿色三星。剪力墙结构，其中楼板、楼梯要求采用产业化设计、建造，即楼板采用“预制板＋现浇层”的叠合楼板，楼梯采用预制楼梯。主要设计条件：安全等级二级，设计使用年限50年，抗震设防分类为标准设防类，抗震设防烈度8度（0.20g），设计地震分组第一组，场地类别Ⅱ类。

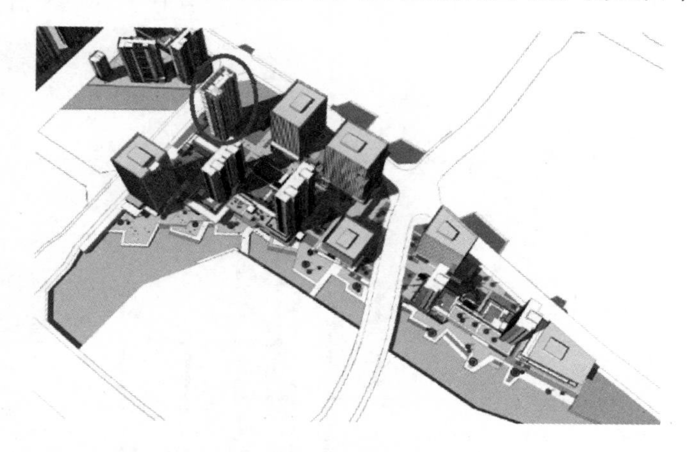

图41-1 鸟瞰图

图41-2 地下室平面图

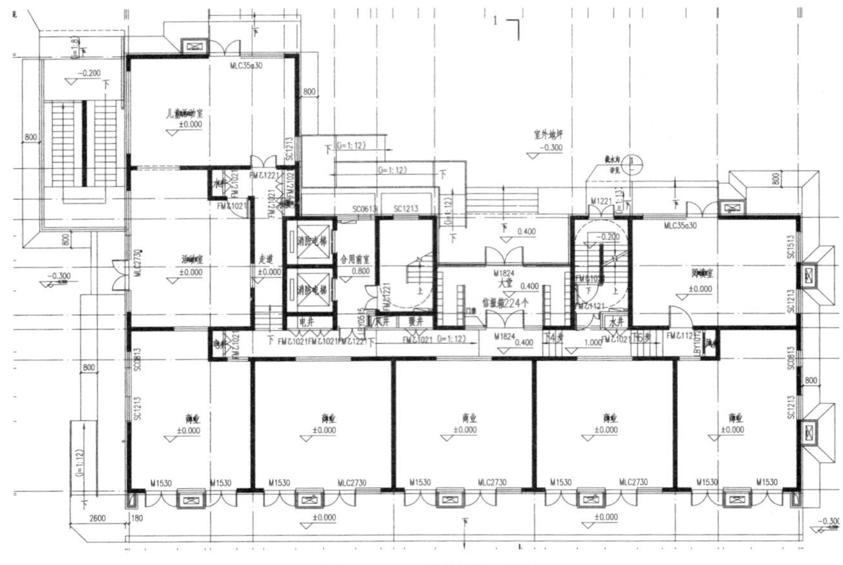

图 41-3　首层平面图

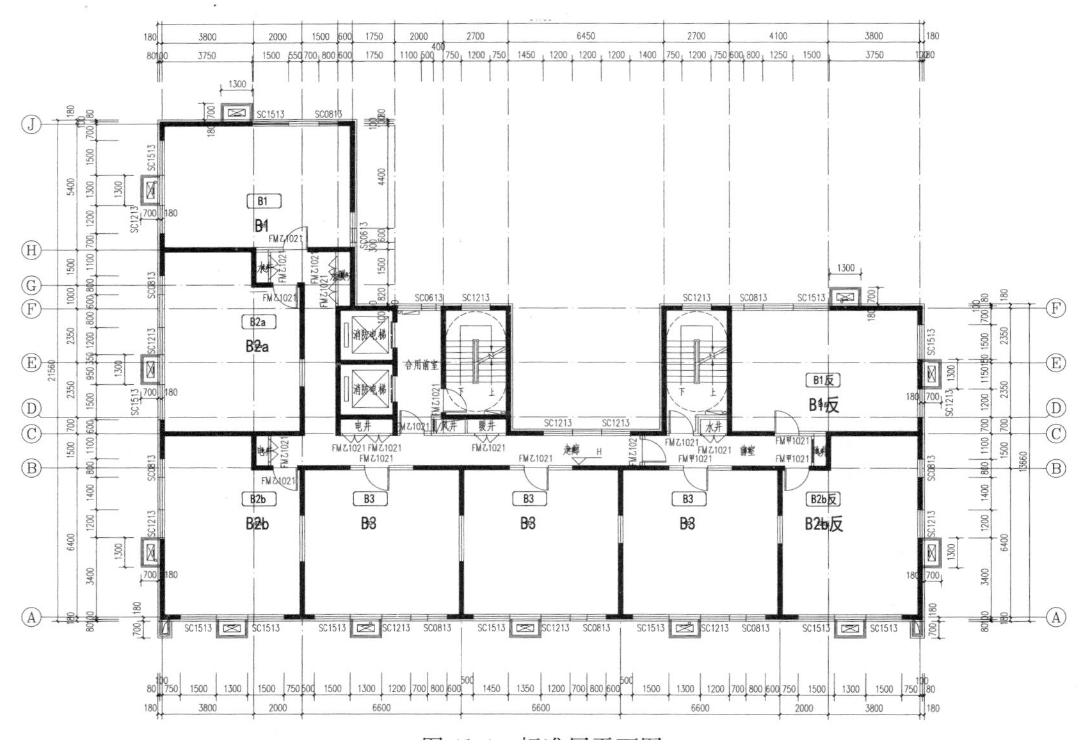

图 41-4　标准层平面图

二、结构方案

1. 结构特点

（1）高宽比大：结构主体高度 79.20m，属 A 级高度。结构最窄处宽度 8.1m，最不利高宽比达 9.7。

（2）平面不规则：结构主体呈 L 形，且结构平面有一侧存在较大凹进，根据《高层建筑混凝土结构技术规程》JGJ3，凹进尺寸大于相应边长 30%，属于凹凸不规则。

（3）产业化设计：本工程中的楼板采用叠合板，空调板、楼梯采用预制构件。

2. 结构选型

本建筑为公租房住宅，墙体分布较均匀，故采用剪力墙结构体系。

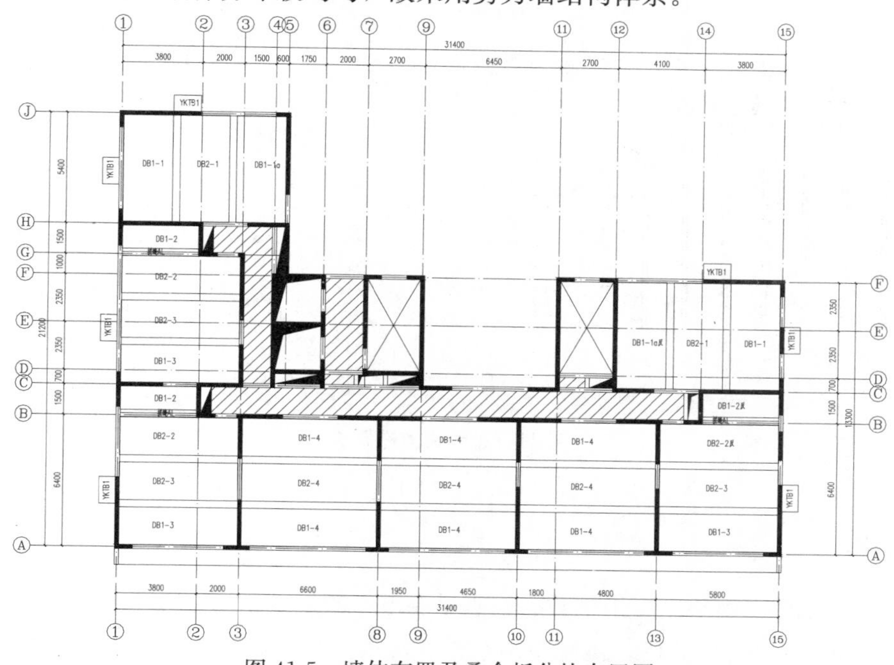

图 41-5 墙体布置及叠合板分块布置图

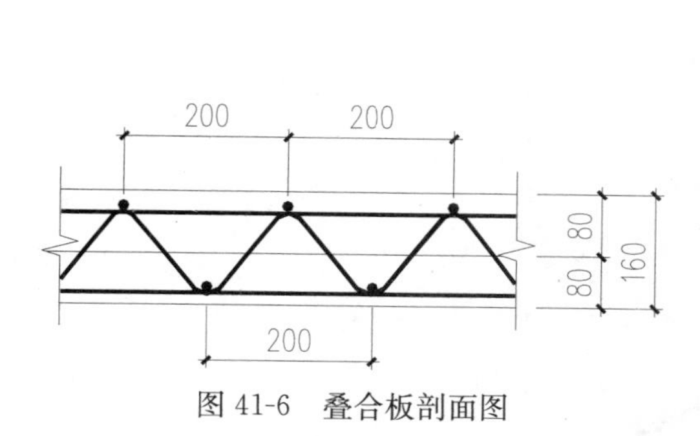

图 41-6 叠合板剖面图

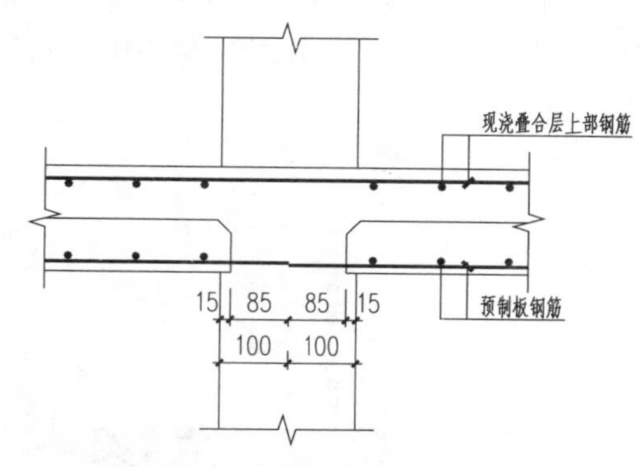

图 41-7 叠合板支座处拼缝做法

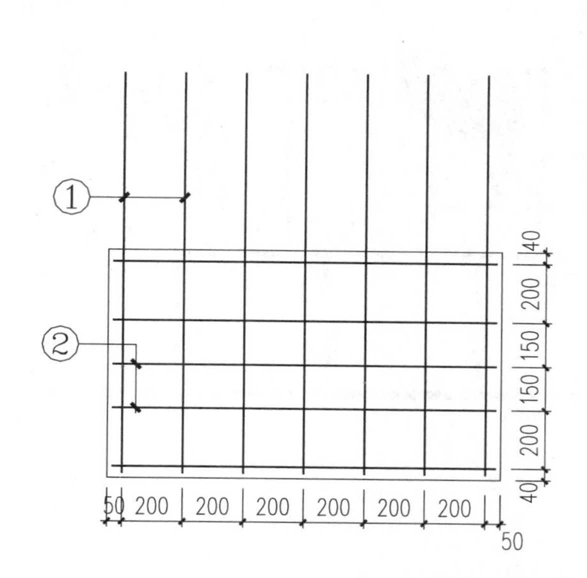

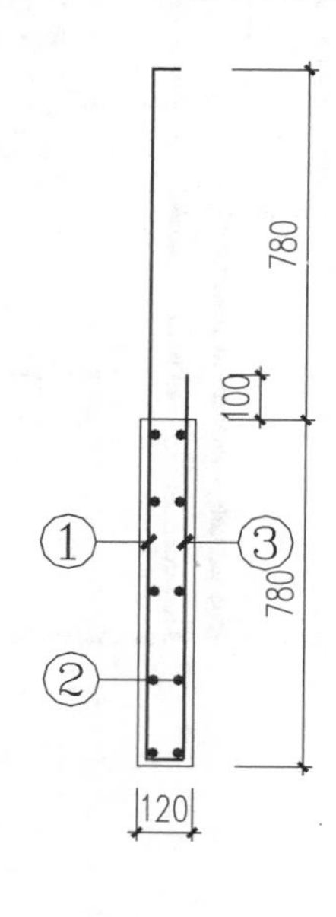

图 41-8 预制空调板做法

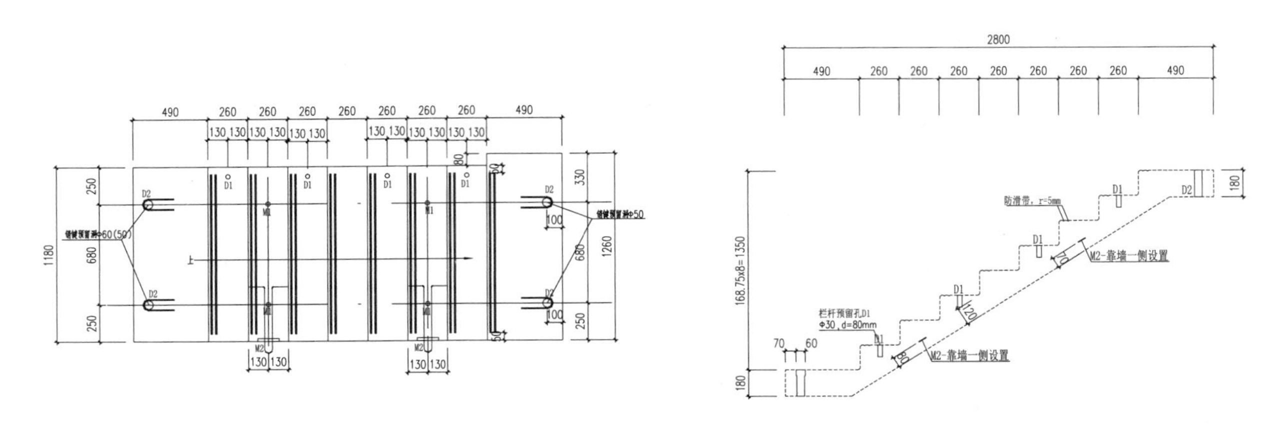

图 41-9 预制楼梯做法

三、地基基础方案

本工程采用筏板基础。由于基底土承载力不满足要求，故地基采用CFG桩进行处理，要求CFG桩复合地基承载力标准值 $f_{ak}=450\text{kPa}$，沉降量不小于50mm。

由于本工程基础比北侧纯地下车库埋深较浅，而且先于车库施工，造成主楼基础侧限大幅度削弱，为保证基础稳定性，主楼基础与车库基础相接处采用放坡处理。

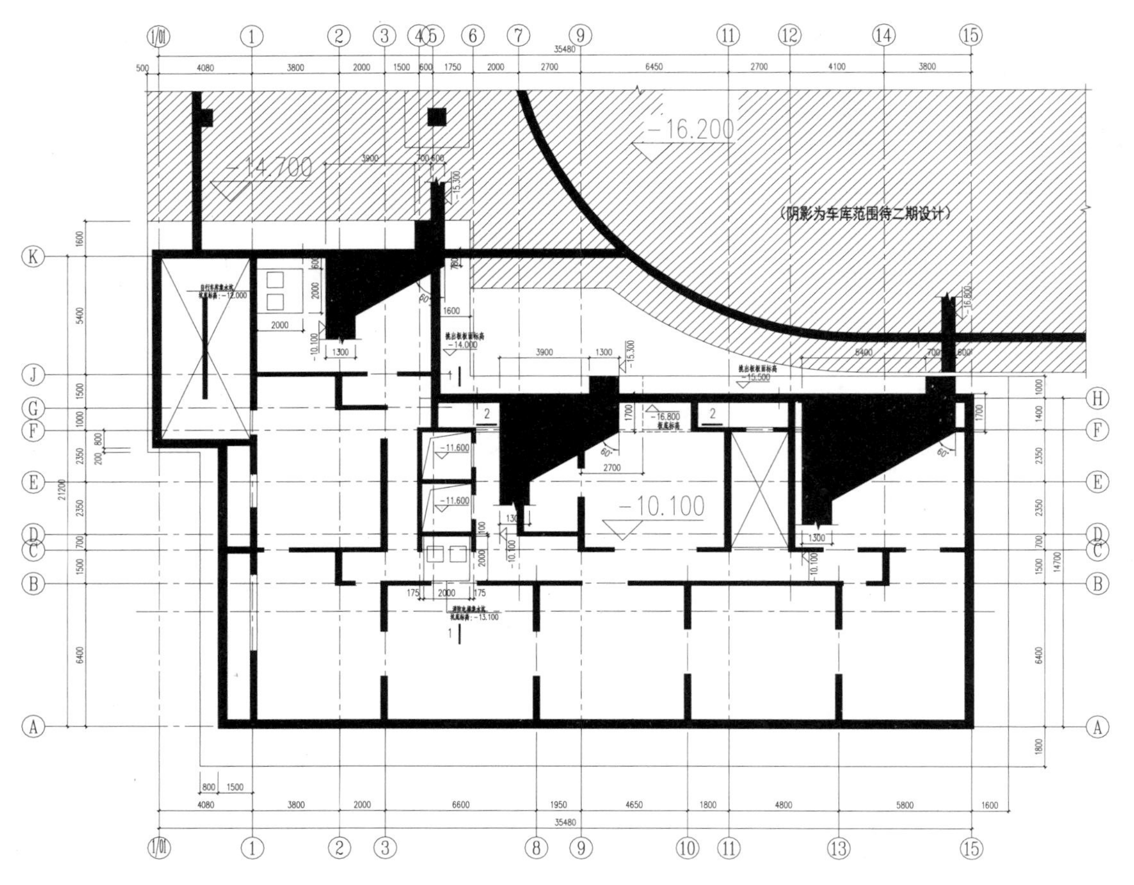

图 41-10 基础平面布置图

结构方案评审表

结设质量表（2016）

<table>
<tr><td rowspan="2">项目名称</td><td colspan="2" rowspan="2">**未来科技城 CP07-0060-0030 地块
30-6 号人才公租房**</td><td>项目等级</td><td>A/B 级□、非 A/B 级■</td></tr>
<tr><td>设计号</td><td>16006</td></tr>
<tr><td>评审阶段</td><td>方案设计阶段□</td><td>初步设计阶段□</td><td colspan="2">施工图设计阶段■</td></tr>
<tr><td>评审必备条件</td><td colspan="2">部门内部方案讨论　有■　无□</td><td colspan="2">统一技术条件　有■　无□</td></tr>
<tr><td rowspan="3">工程概况</td><td colspan="2">建设地点：昌平区北七家镇</td><td colspan="2">建筑功能：商业、住宿、停车</td></tr>
<tr><td colspan="2">层数（地上/地下）：29/3</td><td colspan="2">高度（檐口高度）：79.2m</td></tr>
<tr><td colspan="2">建筑面积（m²）：1.52 万</td><td colspan="2">人防等级：无</td></tr>
<tr><td rowspan="6">主要控制参数</td><td colspan="4">设计使用年限：50 年</td></tr>
<tr><td colspan="4">结构安全等级：二级</td></tr>
<tr><td colspan="4">抗震设防烈度、设计基本地震加速度、设计地震分组、场地类别、特征周期
8 度、0.20g、第一组、Ⅱ类、0.35s</td></tr>
<tr><td colspan="4">抗震设防类别：标准设防类</td></tr>
<tr><td colspan="4">主要经济指标</td></tr>
<tr><td colspan="4"></td></tr>
<tr><td rowspan="10">结构选型</td><td colspan="4"></td></tr>
<tr><td colspan="4">结构类型：剪力墙</td></tr>
<tr><td colspan="4">概念设计、结构布置</td></tr>
<tr><td colspan="4">结构抗震等级：二级剪力墙</td></tr>
<tr><td colspan="4">计算方法及计算程序：YJK　V1.6</td></tr>
<tr><td colspan="4">主要计算结果有无异常（如：周期、周期比、位移、位移比、剪重比、刚度比、楼层承载力突变等）：无</td></tr>
<tr><td colspan="4">伸缩缝、沉降缝、防震缝：无</td></tr>
<tr><td colspan="4">结构超长和大体积混凝土是否采取有效措施：无结构超长</td></tr>
<tr><td colspan="4">有无结构超限</td></tr>
<tr><td colspan="4">无</td></tr>
<tr><td rowspan="6">基础选型</td><td colspan="4">基础设计等级：乙级</td></tr>
<tr><td colspan="4">基础类型：筏板基础</td></tr>
<tr><td colspan="4">计算方法及计算程序：YJK　V1.6</td></tr>
<tr><td colspan="4">防水、抗渗、抗浮：无</td></tr>
<tr><td colspan="4">沉降分析：沉降大小满足规范要求</td></tr>
<tr><td colspan="4">地基处理方案：CFG 桩</td></tr>
<tr><td>新材料、新技术、难点等</td><td colspan="4">平面不规则，有局部凹进。楼板产业化，运用叠合楼板</td></tr>
<tr><td>主要结论</td><td colspan="4">与建筑协商，调整主楼与地下车库相连处结构布置，减小基础陡降，确保主楼结构的整体稳定性，注意叠合板施工吊装问题，叠合板按规范进行两阶段验算，注意临时支撑的影响
（全部内容均在此页）</td></tr>
<tr><td colspan="2">工种负责人：曹清　　日期：2016.2.3</td><td colspan="3">评审主持人：朱炳寅　　日期：2016.2.3</td></tr>
</table>

注意：1. 评审申请时间：一般项目应在初步设计完成之前，无初步设计的项目在施工图 1/2 阶段。

2. 工种负责人、审核人必须参加评审会，审定人以及项目组其他人员应尽量参会。工种负责人负责项目组与会人员的通知事宜，在必要时可邀请建筑专业相关人员出席。

3. 评审后工种负责人应填写《结构方案评审意见回复表》，逐条回复《结构方案评审表》和《会议纪要》中提出的评审意见，并在签署齐全后归档。

42　临汾西关南园住宅项目（H2、H3 地块）

设计部门：第三工程设计研究院
主要设计人：崔青、陈文渊、尤天直、周方伟、田京涛、刘文阳、王子征（H2 地块）
孔江洪、陈文渊、尤天直、周盛泽、张秦铭（H3 地块）

工 程 简 介

一、工程概况

本工程位于山西临汾市鼓楼大街南侧，中大街以东。抗震设防烈度 8 度，场地类别Ⅲ类，地面粗糙程度 B 类。工程分为 H2、H3 两个地块。

H2 地块总面积 131237m^2，包括五栋住宅楼及地下车库。1 号、2 号楼地下 2 层，地上共 32 层，主体结构高度 92.8m，层高 2.9m，轴网平面尺寸为 60.75m×15.3m；地上用防震缝将主楼分为两个单体，采用剪力墙结构体系。4 号、5 号、6 号楼地下 2 层，地上共 18 层，主体结构高度 52.2m，层高 2.9m，轴网平面尺寸为 30.4m×17.2m；采用剪力墙结构体系。车库地下一层，层高 4.1m，采用框架结构体系。

图 42-1　H2 地块建筑效果图

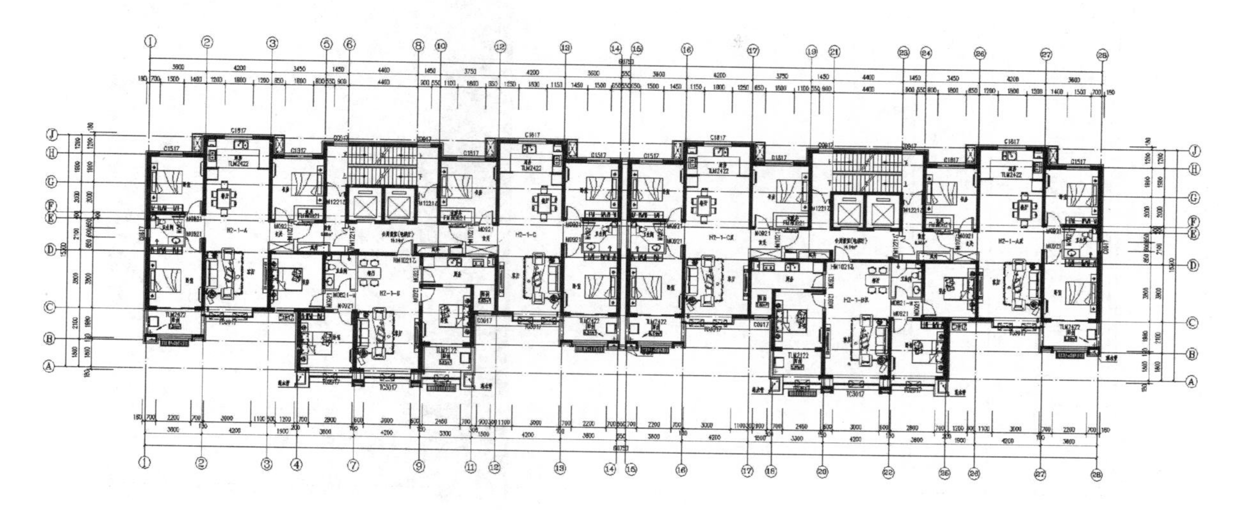

图 42-2　H2 地块 1 号、2 号楼标准层平面图

H3 地块总面积 133711m^2，包括五栋住宅楼及地下车库。1 号、2 号、3 号楼地下 2 层，地上共 32 层，主体结构高度 92.8m，层高 2.9m，轴网平面尺寸为 60.75m×21.1m；地上用防震缝将主楼分为两个单体，采用剪力墙结构体系。4 号、5 号楼地下 2 层，地上共 18 层，主体结构高度 52.2m，层高 2.9m，轴网平面尺寸为 30.4m×17.2m；采用剪力墙结构体系。车库地下一层，层高 4.7m，采用框架结构体系。

图 42-3　H3 地块建筑效果图

二、结构方案

住宅楼均采用混凝土剪力墙结构体系，以±0.0 为嵌固端。其中 H2 地块 1 号、2 号楼和 H3 地块 1～3 号楼的房屋高度为 92.8m，剪力墙厚度：外墙为 250mm，内墙为 200mm。剪力墙的混凝土强度等级：地下层～13 层为 C50，14～23 层为 C40，24～32 层为 C30。梁、板的混凝土强度等级：地下 1 层～13 层为 C40，14～32 层为 C30。约束边缘构件范围为地下夹层～5 层。

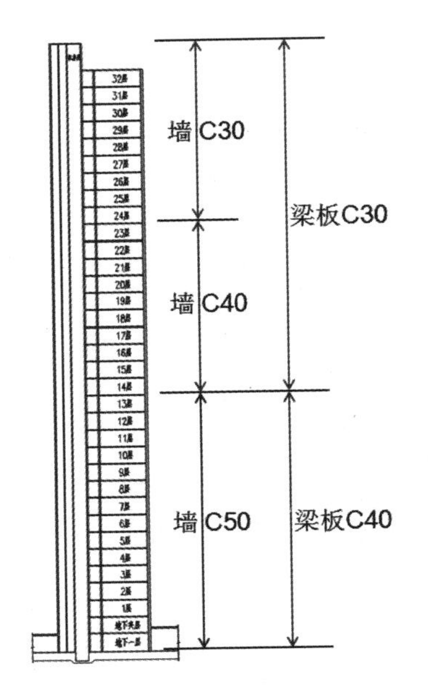

图 42-4　混凝土强度等级

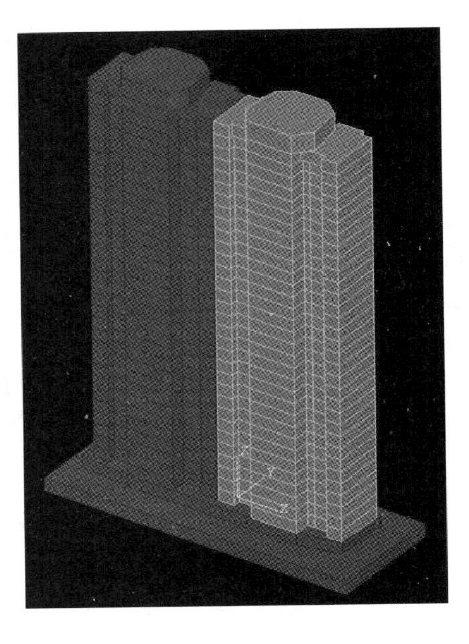

图 42-5　计算模型

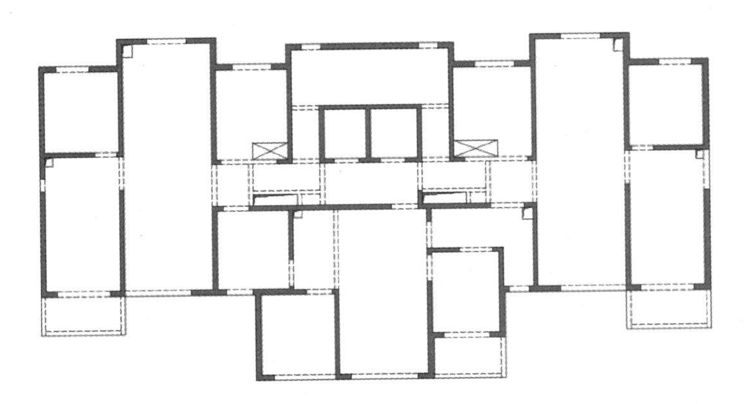

图 42-6　H2 地块 1 号、2 号楼标准单元剪力墙平面布置图

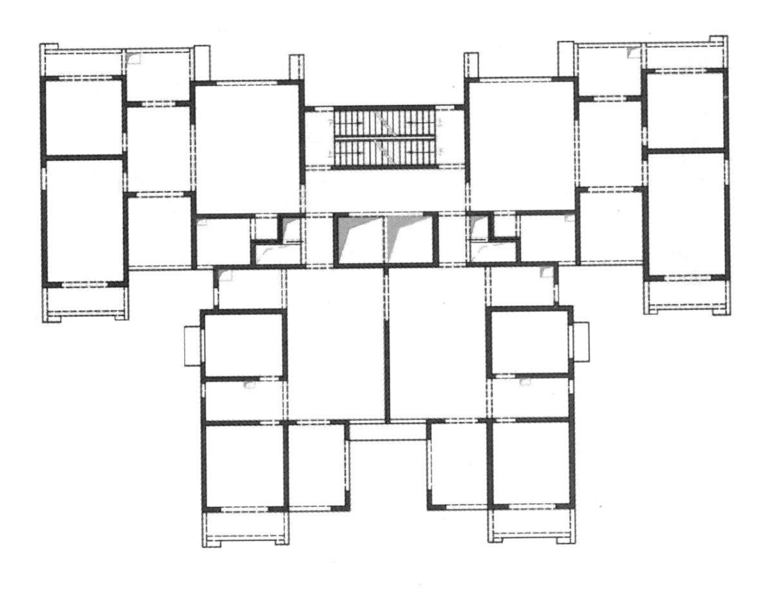

图 42-7　H3 地块 1～3 号楼标准单元剪力墙平面布置图

三、地基基础方案

1. H2 地块

根据勘察单位建议，并结合结构受力特点，H2 地块 1 号、2 号、4～6 号楼采用桩基础，地下车库采用 CFG 桩复合地基上的筏板基础。结合工程场地的地质条件和临汾地区的施工经验，主楼采用直径为 Φ800 的钻孔灌注桩基础，并采用桩底后压浆技术，提高单桩承载力，在满足承载力和沉降的基础上减少桩长和桩数。主楼的桩长为 34m，持力层为粉土层。1 号、2 号楼单桩承载力特征值 3000kN，桩间距 2.4m 等边三角形布置，筏板厚度 1200mm。4～6 号楼单桩承载力特征值 2700kN，桩间距 2.4m 等边三角形布置，筏板厚度 1000mm。车库筏板厚 500mm。

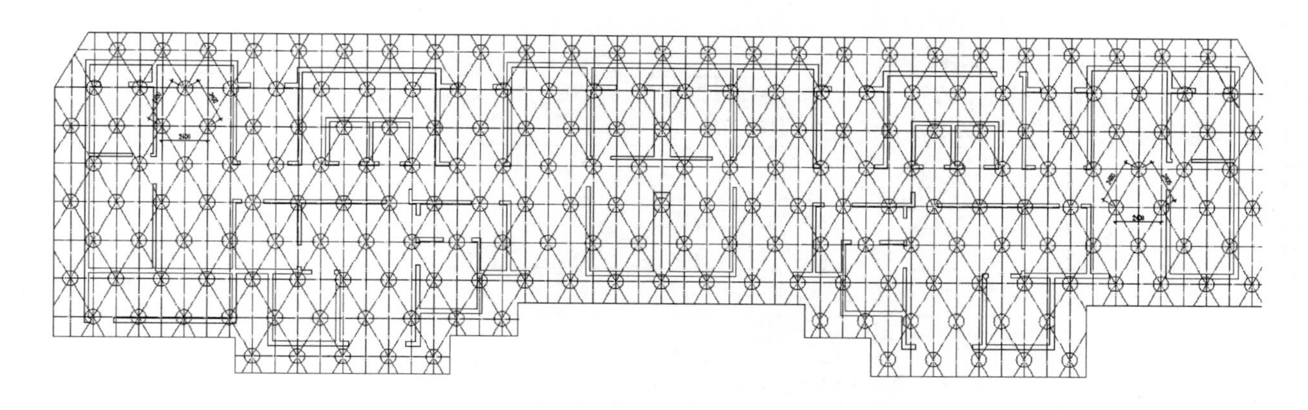

图 42-8　H2 地块 1 号、2 号楼桩基平面布置图

2. H3 地块

H3 地块 1～5 号楼采用桩筏基础，地下车库采用 CFG 桩进行地基处理，基础形式为独立柱基＋防水板。主楼采用直径为 ϕ800 的钻孔灌注桩，桩长 34m，持力层为粉土层。1～3 号楼采用桩底、桩侧后压浆技术，提高单桩承载力，单桩承载力特征值 3000kN。4 号楼单桩承载力特征值 2900kN，5 号楼单桩承载力特征值 2200kN。1～3 号楼的桩间距 2.4m，筏板厚度 1200mm。4 号、5 号楼的桩间距 2.4～2.6m，筏板厚度 1000mm。

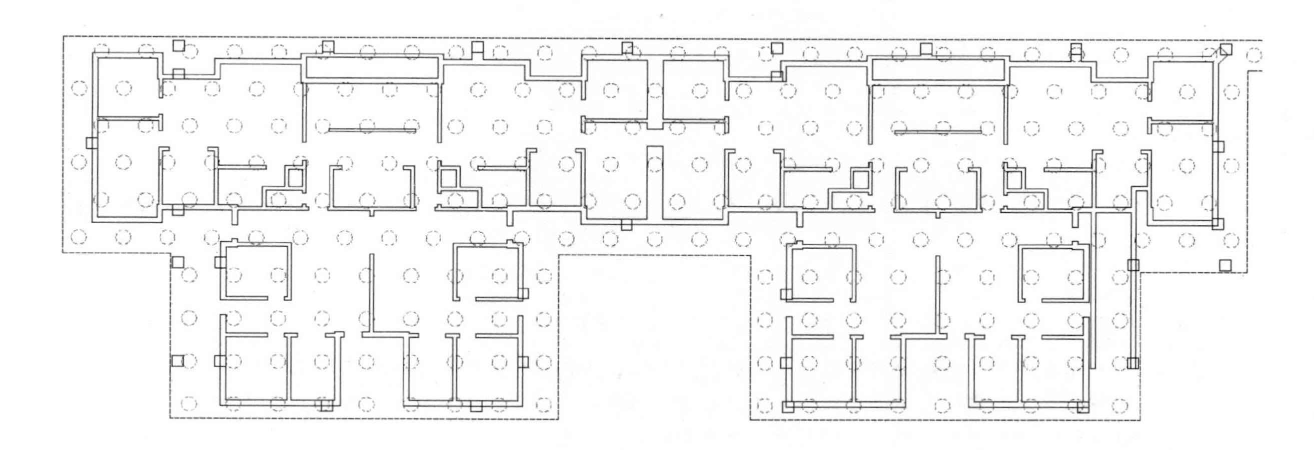

图 42-9　H3 地块 1～3 号楼桩基平面布置图

结构方案评审表

结设质量表（2016）

项目名称	临汾西关南园住宅项目(H2、H3地块)	项目等级	A/B级□、非A/B级☑
		设计号	12237
评审阶段	方案设计阶段□	初步设计阶段☑	施工图设计阶段☑
评审必备条件	部门内部方案讨论　有☑　无□	统一技术条件　有☑　无□	
工程概况	建设地点　临汾	建筑功能　住宅	
	层数(地上/地下)　32/2	高度(檐口高度)　94.45m	
	建筑面积(m^2)　264948	人防等级	
主要控制参数	设计使用年限　50		
	结构安全等级　二级		
	抗震设防烈度、设计基本地震加速度、设计地震分组、场地类别、特征周期 8度、0.20g、第一组、Ⅲ类、0.35s		
	抗震设防类别　丙类		
	主要经济指标		
结构选型	结构类型　剪力墙		
	概念设计、结构布置　梁板		
	结构抗震等级　剪力墙一级		
	计算方法及计算程序　YJK-A		
	主要计算结果有无异常(如:周期、周期比、位移、位移比、剪重比、刚度比、楼层承载力突变等) 无		
	伸缩缝、沉降缝、防震缝　设防震缝		
	结构超长和大体积混凝土是否采取有效措施地下超长采用后浇带		
	有无结构超限　无		
基础选型	基础设计等级　甲级		
	基础类型　桩基		
	计算方法及计算程序　YJK-F		
	防水、抗渗、抗浮　YJK-F		
	沉降分析		
	地基处理方案		
新材料、新技术、难点等			
主要结论	补充单塔模型下嵌固端刚度比计算,优化地基基础设计,宜采用同一桩型,细化桩对筏板的冲切计算		
工种负责人:崔青　孔江洪	日期:2016.2.15	评审主持人:朱炳寅	日期:2016.2.24

注意：1. 评审申请时间：一般项目应在初步设计完成之前，无初步设计的项目在施工图1/2阶段。

2. 工种负责人、审核人必须参加评审会，审定人以及项目组其他人员应尽量参会。工种负责人负责项目组与会人员的通知事宜，在必要时可邀请建筑专业相关人员出席。

3. 评审后工种负责人应填写《结构方案评审意见回复表》，逐条回复《结构方案评审表》和《会议纪要》中提出的评审意见，并在签署齐全后归档。

会议纪要

2016 年 2 月 24 日

"临汾西关南园住宅项目（H2、H3 地块）"施工图设计阶段结构方案评审会

评审人：谢定南、罗宏渊、王金祥、尤天直、朱炳寅、张亚东、王大庆

主持人：朱炳寅　　　记录：王大庆

介　绍：崔青、孔江洪

结构方案：两地块均为 2 层大底盘地下室上坐落多栋住宅，分为 32 层、94.45m 和 18 层、52.2m 两类。住宅采用混凝土剪力墙结构体系，地下车库采用混凝土框架结构体系。平面尺寸较长的住宅设缝分开。

地基基础方案：住宅采用桩筏基础，桩型：32 层住宅为后压浆钻孔灌注桩，18 层住宅为普通钻孔灌注桩。地下车库采用 CPG 桩复合地基上的筏板基础。

评审：

1. 优化地基基础设计，应细化桩对筏板的抗冲切计算，宜采用同一桩型，优化桩基布置，尽量墙下布桩；地下车库进一步比选更合理的地基基础方案，注意减小住宅与地下车库之间的差异沉降。

2. 补充单塔模型下嵌固端刚度比计算，细化结构嵌固条件判别。

3. 住宅的高宽比较大，应细化结构抗倾覆验算，并核查桩基是否受拉。

4. 进一步优化剪力墙布置，长墙肢适当开洞。

结论：

建议根据结构方案评审表的主要结论以及会议纪要内容，进一步优化结构设计。

43　昆山锦溪镇祝家甸村砖窑改造工程二期、三期

设计部门：第二工程设计研究院
主要设计人：何相宇、曹永超、施泓、朱炳寅

工程简介

一、工程概况

本工程位于江苏省昆山市锦溪镇，处于昆山南部水乡区域，距离锦溪古镇旅游区仅5km，距离周庄仅5km，距离同里20km，距离上海、昆山、苏州均不到50km，环境优美、交通便利。

本工程为昆山锦溪镇祝家甸村砖窑改造工程的第二期和第三期项目。一期为砖窑主题改造项目，提供村民活动场地。二、三期为与之配套服务的乡村客栈项目。其中二期为客栈的接待、服务、活动室和部分客房；三期为后期续建客房、布草间、洗衣间、员工服务间等。总建筑面积3261.9m^2，其中二期1894.6m^2，三期1367.3m^2。建筑高度7.13～7.68m，檐口高度6.35～6.65m（结构标高）。

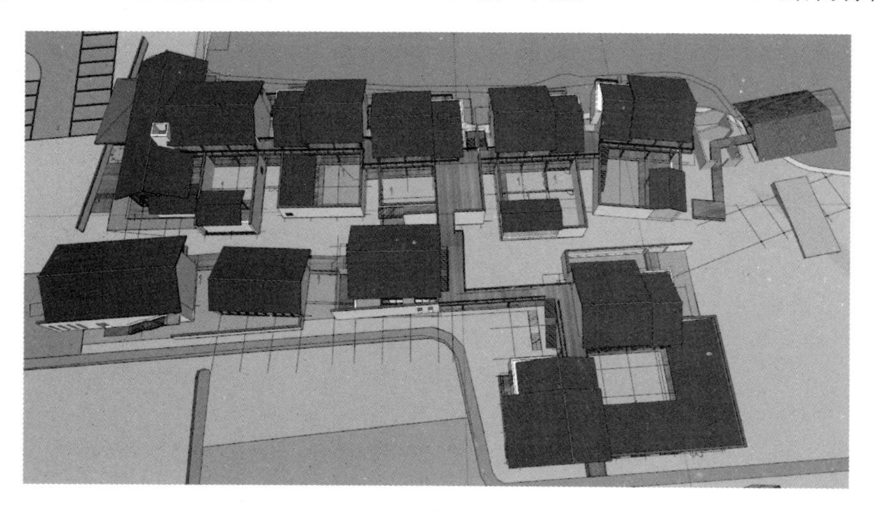

图43-1　建筑效果图

二、结构方案

标准客房部分的建筑高度8.8m，地上2层，无地下室，结构形式选用薄壁型钢轻型结构。接待、服务、活动室、布草间、洗衣间、员工服务间等地上1～2层，无地下室，结构采用普通钢框架结构。建筑结构的安全等级：二级，设计使用年限：50年，建筑抗震设防类别：乙类。

三、地基基础方案

地基基础设计等级：三级。根据地勘报告，场地条件较差，结合主体结构荷载，采用预制混凝土桩基础，一柱一桩，桩承台之间设置拉梁平衡柱底内力，同时加强整体性。桩基础采用边长450mm的预制方桩，根据荷载大小选择10.5m和7.5m两种桩长，对应的单桩竖向承载力特征值分别为300kN和200kN。

结构方案评审表

结设质量表（2016）

<table>
<tr><td rowspan="2">项目名称</td><td rowspan="2" colspan="2">昆山锦溪镇祝家甸村砖窑改造工程二期三期</td><td>项目等级</td><td>A/B级□、非A/B级■</td></tr>
<tr><td>设计号</td><td>15034</td></tr>
<tr><td>评审阶段</td><td>方案设计阶段□</td><td>初步设计阶段□</td><td colspan="2">施工图设计阶段■</td></tr>
<tr><td>评审必备条件</td><td colspan="2">部门内部方案讨论　有■　无□</td><td colspan="2">统一技术条件　有■　无□</td></tr>
<tr><td rowspan="4">工程概况</td><td colspan="2">建设地点：江苏省昆山市锦溪镇</td><td colspan="2">建筑功能：酒店</td></tr>
<tr><td colspan="2">层数（地上/地下）：2/0</td><td colspan="2">高度（檐口高度）：10.65m</td></tr>
<tr><td colspan="2">建筑面积（m²）　3261.9</td><td colspan="2">人防等级：无人防</td></tr>
<tr><td colspan="2"></td><td colspan="2"></td></tr>
<tr><td rowspan="6">主要控制参数</td><td colspan="4">设计使用年限：50</td></tr>
<tr><td colspan="4">结构安全等级：二级</td></tr>
<tr><td colspan="4">抗震设防烈度、设计基本地震加速度、设计地震分组、场地类别、特征周期
7度、0.1g、第一组、Ⅳ类、0.65s</td></tr>
<tr><td colspan="4">抗震设防类别：标准设防（丙类）</td></tr>
<tr><td colspan="4">主要经济指标</td></tr>
<tr><td colspan="4"></td></tr>
<tr><td rowspan="9">结构选型</td><td colspan="4">结构类型：钢框架</td></tr>
<tr><td colspan="4">概念设计、结构布置：钢框架</td></tr>
<tr><td colspan="4">结构抗震等级：四级</td></tr>
<tr><td colspan="4">计算方法及计算程序：YJK1.7</td></tr>
<tr><td colspan="4">主要计算结果有无异常（如：周期、周期比、位移、位移比、剪重比、刚度比、楼层承载力突变等）：主要计算结构均满足设计要求</td></tr>
<tr><td colspan="4">伸缩缝、沉降缝、防震缝：单体间设防震缝</td></tr>
<tr><td colspan="4">结构超长和大体积混凝土是否采取有效措施：无</td></tr>
<tr><td colspan="4">有无结构超限：无</td></tr>
<tr><td colspan="4"></td></tr>
<tr><td rowspan="6">基础选型</td><td colspan="4">基础设计等级：乙级</td></tr>
<tr><td colspan="4">基础类型：桩基础</td></tr>
<tr><td colspan="4">计算方法及计算程序：YJK1.7</td></tr>
<tr><td colspan="4">防水、抗渗、抗浮：无</td></tr>
<tr><td colspan="4">沉降分析：满足要求</td></tr>
<tr><td colspan="4">地基处理方案：无</td></tr>
<tr><td>新材料、新技术、难点等</td><td colspan="4"></td></tr>
<tr><td>主要结论</td><td colspan="4">轻钢建筑，在耐久性及防火、防腐等方面尚存在较多需要研究的问题，现行设计规范也未有明确的规定，建议由专门厂家完成设计
普钢结构注意节点设计和节点计算模型，注意坡屋顶的水平力传力路径，注意失稳破坏问题，注意柱脚受力问题，注意屋面稳定体系</td></tr>
<tr><td colspan="3">工种负责人：何相宇　曹永超　　日期：2016.2.24</td><td colspan="2">评审主持人：朱炳寅　　日期：2016.2.24</td></tr>
</table>

注意：1. 评审申请时间：一般项目应在初步设计完成之前，无初步设计的项目在施工图1/2阶段。

2. 工种负责人、审核人必须参加评审会，审定人以及项目组其他人员应尽量参会。工种负责人负责项目组与会人员的通知事宜，在必要时可邀请建筑专业相关人员出席。

3. 评审后工种负责人应填写《结构方案评审意见回复表》，逐条回复《结构方案评审表》和《会议纪要》中提出的评审意见，并在签署齐全后归档。

会议纪要

2016年2月24日

"昆山锦溪镇祝家甸村砖窑改造工程二期、三期"施工图设计阶段结构方案评审会

评审人：谢定南、罗宏渊、王金祥、尤天直、朱炳寅、张亚东、王大庆

主持人：朱炳寅　　　记录：王大庆

介　绍：曹永超、何相宇

结构方案：二期、三期均为新建多层酒店，分为普通钢结构和轻钢结构两部分。普钢建筑采用钢框架结构体系。轻钢建筑的结构构件采用薄壁型钢，柱底、梁柱铰接，抗侧力采用支撑。

地基基础方案：采用预制桩基础。

评审：

一、轻钢建筑在耐久性及防火、防腐等方面尚存在较多需要研究的问题，现行设计规范也无明确的规定，建议由专门厂家完成设计，不宜使用我院图签。

二、普通钢结构

1. 细化节点设计和结构计算分析，确保节点计算模型真实模拟节点的实际受力、变形状态。

2. 补充单榀结构模型计算分析，包络设计。

3. 优化坡屋顶的水平力传力路径，确保水平传力的可靠性。

4. 注意结构失稳破坏问题。

5. 适当设置屋面水平支撑，形成完善的支撑体系，确保屋面结构的稳定性。

6. 注意柱脚受力问题，优化柱脚设计。

结论：

建议根据结构方案评审表的主要结论以及会议纪要内容，进一步优化结构设计。

44　昌平未来科技城49、62地块项目（公建部分）

设计部门：居住建筑事业部
主要设计人：潘敏华、孙强、张守峰、徐琳、刘克、胡松

工程简介

一、工程概况

本项目位于北京市昌平区北七家镇，场地东侧为鲁疃西路，南侧为南区三街，北侧为南区二街，西侧为南区四路。总建筑面积12.5万m^2，其中公建2.6万m^2（本次评审部分），地下3.9万m^2，住宅6万m^2（已评审）。A49地块G1号公建地上共9层，地上1、2层（含裙房）为商业，层高5.4m，3～9层为办公，层高4.2～4.5m，地下室3层，主要功能为车库及设备用房。A62地块G1号公建地上1～2层为商业，层高5.4m，商业以上分为两栋办公楼，层高4.2～4.5m，其中塔1地上12层，高度53.7m，塔2地上6层，高度28.5m，地下室2层，主要功能为车库、食堂及设备用房。

本工程采用混凝土框架-剪力墙结构，基础为筏板基础。建筑结构的安全等级：二级；设计使用年限：50年；建筑抗震设防类别：标准设防类；抗震设防烈度：8度（0.20g）；场地类别：Ⅲ类。

图44-1　建筑效果图

二、结构方案

1. 抗侧力体系

本工程根据建筑功能及布置，采用钢筋混凝土框架-剪力墙结构体系，利用楼、电梯核心筒布置剪力墙，水平荷载由钢筋混凝土框架和剪力墙共同承担。抗震等级：框架为二级，剪力墙为一级。

2. 楼盖体系

部分框架柱的柱网较大，楼盖采用钢筋混凝土主、次梁楼盖体系；采用单向次梁布置，板跨2.8～4.2m，楼板厚度 120mm。一层楼面作为嵌固端，板厚 180mm。地下室非人防部位采用主、次梁体系，人防顶板采用大板楼盖体系，板厚 250～300mm。

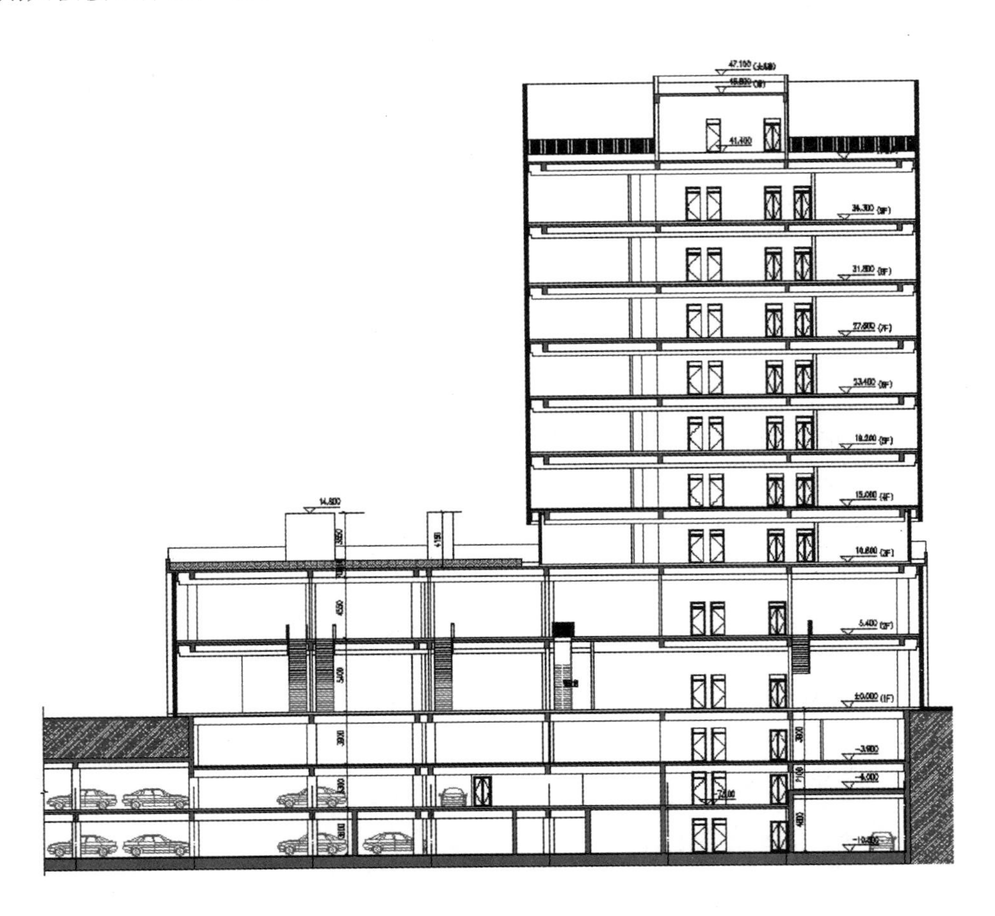

图 44-2　49-G1 号公建建筑剖面图

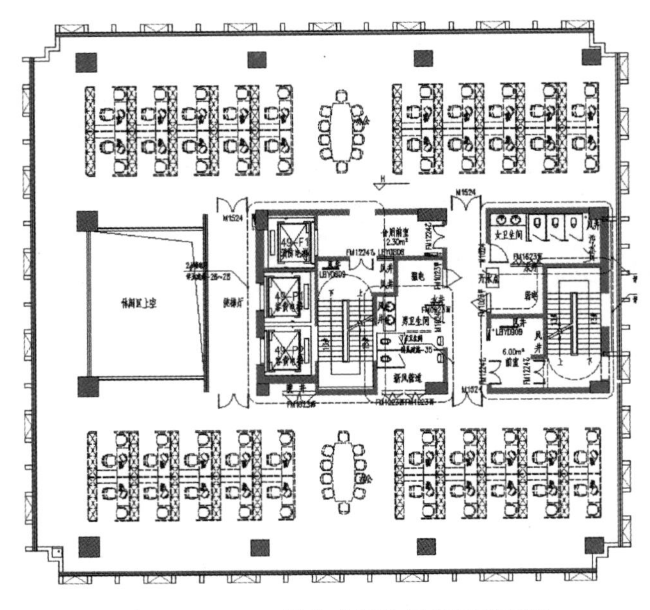

图 44-3　49-G1 号公建标准层建筑平面图

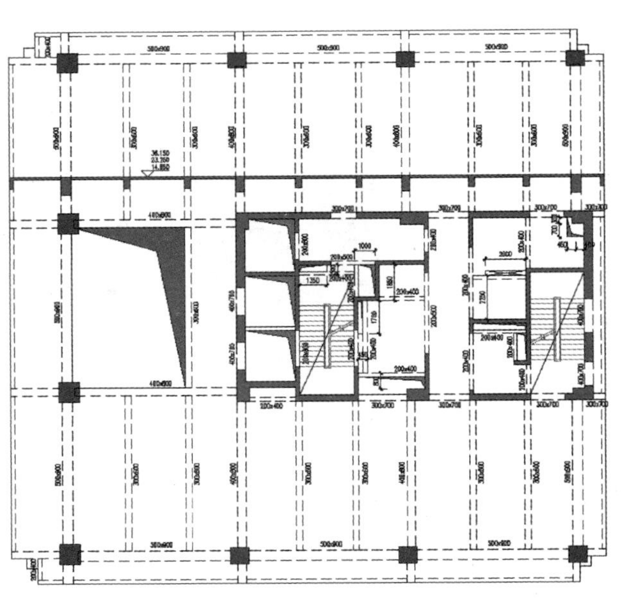

图 44-4　49-G1 号公建标准层结构平面图

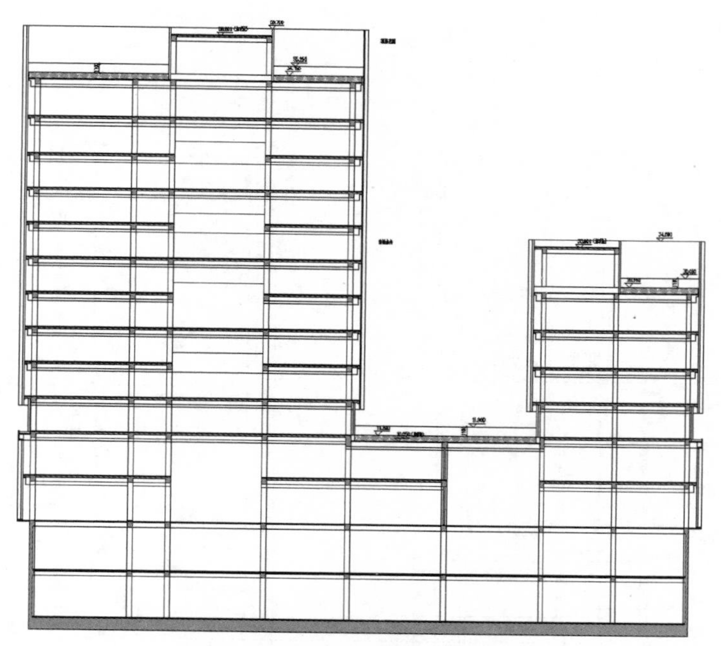

图 44-5　62-G1 号公建建筑剖面图

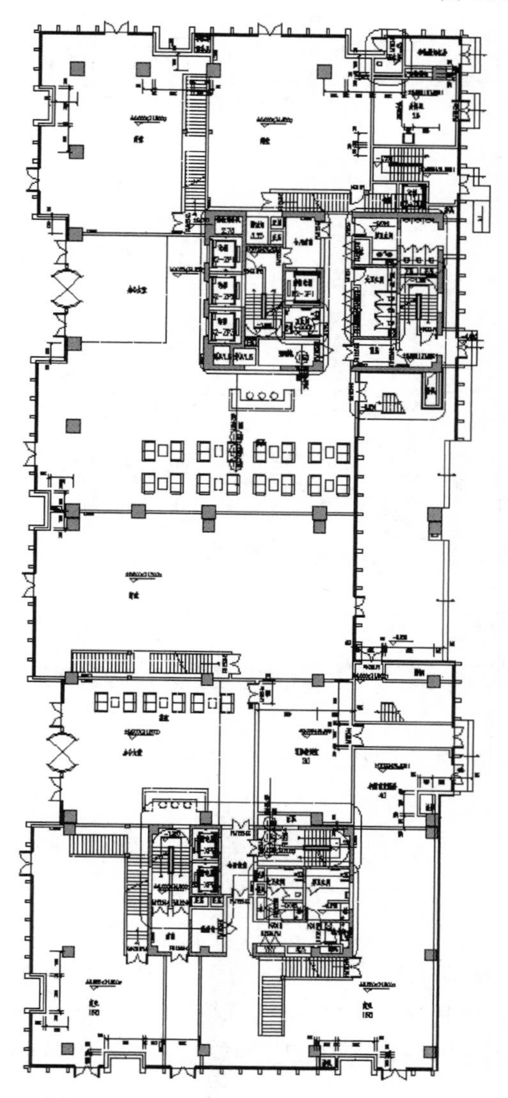

图 44-6　62-G1 号公建首层建筑平面图

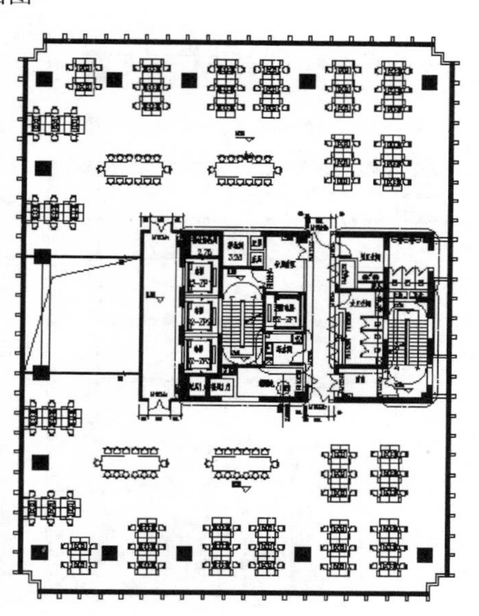

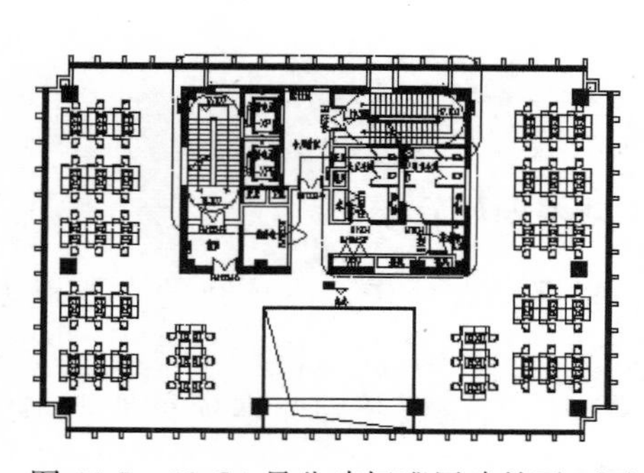

图 44-7　62-G1 号公建标准层建筑平面图

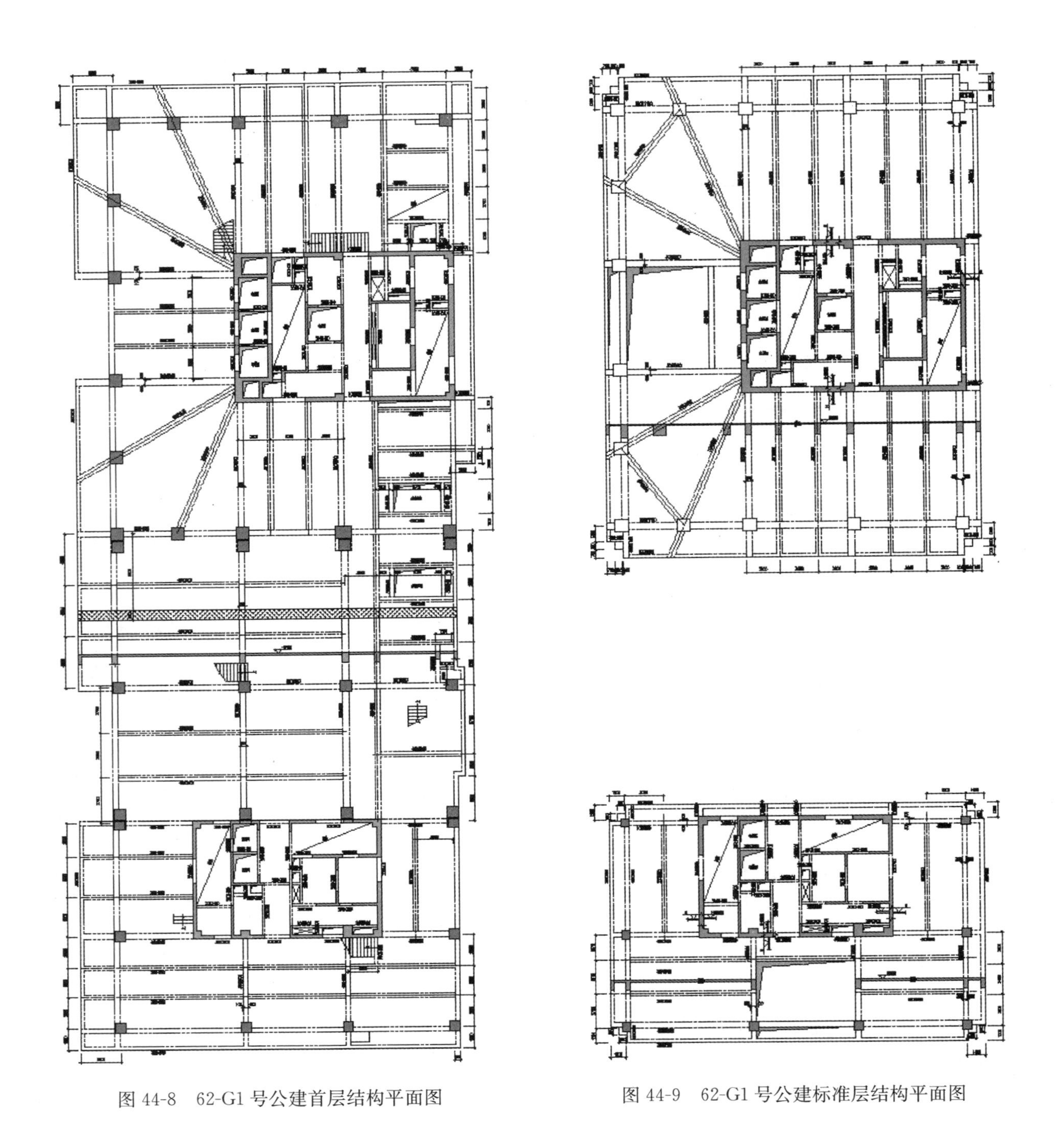

图 44-8　62-G1 号公建首层结构平面图

图 44-9　62-G1 号公建标准层结构平面图

三、地基基础方案

根据勘察报告，本项目的主要持力层为黏土层，综合地基承载力标准值为 100kPa。根据勘察单位建议，并结合结构受力特点，塔楼部分采用 CFG 桩复合地基，裙房部分采用天然地基，基础采用变厚度筏板基础。本项目地下水位较高，A62 地块裙房部分抗浮不足，经比较，采用抗拔桩方案。

结构方案评审表

结设质量表（2016）

<table>
<tr><td rowspan="2">项目名称</td><td colspan="2" rowspan="2">昌平未来科技城 49、62 地块项目(公建部分)</td><td>项目等级</td><td>A/B 级□、非 A/B 级■</td></tr>
<tr><td>设计号</td><td>15365</td></tr>
<tr><td>评审阶段</td><td>方案设计阶段□</td><td>初步设计阶段□</td><td colspan="2">施工图设计阶段■</td></tr>
<tr><td>评审必备条件</td><td colspan="2">部门内部方案讨论　有■　无□</td><td colspan="2">统一技术条件　有■　无□</td></tr>
<tr><td rowspan="4">工程概况</td><td colspan="2">建设地点：北京市昌平区北七家镇</td><td colspan="2">建筑功能：商业、办公</td></tr>
<tr><td colspan="2">层数(地上/地下)2～12/2～3</td><td colspan="2">高度(檐口高度)：10.80～53.40m</td></tr>
<tr><td colspan="2">建筑面积(m^2)：2.6 万</td><td colspan="2">人防等级：六级</td></tr>
<tr><td colspan="2"></td><td colspan="2"></td></tr>
<tr><td rowspan="6">主要控制参数</td><td colspan="4">设计使用年限：50 年</td></tr>
<tr><td colspan="4">结构安全等级：二级</td></tr>
<tr><td colspan="4">抗震设防烈度、设计基本地震加速度、设计地震分组、场地类别、特征周期：
8 度、0.20g、第一组、Ⅲ类、0.45s</td></tr>
<tr><td colspan="4">抗震设防类别：丙类</td></tr>
<tr><td colspan="4">主要经济指标：</td></tr>
<tr><td colspan="4"></td></tr>
<tr><td rowspan="9">结构选型</td><td colspan="4">结构类型：塔楼框剪结构、裙房框架结构</td></tr>
<tr><td colspan="4">概念设计、结构布置：</td></tr>
<tr><td colspan="4">结构抗震等级：剪力墙一级、框架二级</td></tr>
<tr><td colspan="4">计算方法及计算程序：SATWE v2.2 版</td></tr>
<tr><td colspan="4">主要计算结果有无异常(如周期、周期比、位移、位移比、剪重比、刚度比、楼层承载力突变等)：无异常</td></tr>
<tr><td colspan="4">伸缩缝、沉降缝、防震缝：</td></tr>
<tr><td colspan="4">结构超长和大体积混凝土是否采取有效措施：地下室结构超长，设置施工后浇带，顶板、底板、外墙设置拉通钢筋，建筑设置外保温等</td></tr>
<tr><td colspan="4">有无结构超限：无</td></tr>
<tr><td colspan="4"></td></tr>
<tr><td rowspan="6">基础选型</td><td colspan="4">基础设计等级：乙级</td></tr>
<tr><td colspan="4">基础类型：变厚度筏板基础</td></tr>
<tr><td colspan="4">计算方法及计算程序：JCCAD</td></tr>
<tr><td colspan="4">防水、抗渗、抗浮：抗渗等级 P8～P6，裙房部分存在抗浮不足问题</td></tr>
<tr><td colspan="4">沉降分析：满足</td></tr>
<tr><td colspan="4">地基处理方案：高层采用 CFG 桩复合地基</td></tr>
<tr><td>新材料、新技术、难点等</td><td colspan="4">1. 核心筒剪力墙偏置，为增加扭转刚度，结构竖向构件尺寸偏大；
2. 基础边跨配筋偏大，造成基础底板加厚；
3. 局部存在不规则情况</td></tr>
<tr><td>主要结论</td><td colspan="4">调整核心筒剪力墙布置，优化构件设计、优化分缝设置，进行多方案比较分析</td></tr>
<tr><td colspan="2">工种负责人：孙强　　日期：2016.2.18</td><td colspan="3">评审主持人：朱炳寅　　日期：2016.2.25</td></tr>
</table>

注意：1. 评审申请时间：一般项目应在初步设计完成之前，无初步设计的项目在施工图 1/2 阶段。

2. 工种负责人、审核人必须参加评审会，审定人以及项目组其他人员应尽量参会。工种负责人负责项目组与会人员的通知事宜，在必要时可邀请建筑专业相关人员出席。

3. 评审后工种负责人应填写《结构方案评审意见回复表》，逐条回复《结构方案评审表》和《会议纪要》中提出的评审意见，并在签署齐全后归档。

会议纪要

2016年2月25日

"昌平未来科技城49、62地块项目（公建部分）"施工图设计阶段结构方案评审会

评审人：谢定南、罗宏渊、王金祥、尤天直、朱炳寅、张淮湧、王大庆

主持人：朱炳寅　　　记录：王大庆

介　绍：孙强、潘敏华

结构方案：两地块均地上设缝，将塔楼与裙房分开。49地块公建分为9/－3层塔楼和2/－3层裙房。62地块公建分为12/－2层、7/－2层塔楼和2/－2层裙房。塔楼均采用混凝土框架-剪力墙结构体系，裙房均采用混凝土框架结构体系。

地基基础方案：两地块公建均采用变厚度筏板基础；高层采用CFC桩复合地基，其他采用天然地基。抗浮采用抗拔桩方案。

评审：

1. 适当优化结构分缝，进行多方案比较分析，宜少设缝或不设缝。
2. 塔楼的核心筒偏置，适当优化核心筒剪力墙的布置和厚度，尽量使结构的刚心与质心趋于一致，减小结构偏心引起的扭转效应。
3. 进一步优化结构布置和构件设计，适当优化构件截面尺寸。
4. 进一步优化地基基础设计和计算，适当优化基础底板厚度。

结论：

建议根据结构方案评审表的主要结论以及会议纪要内容，进一步优化结构设计。

45　中冶集团建筑研究总院办公区整体改造项目

设计部门：第二工程设计研究院

主要设计人：张根俞、肖耀祖、张猛、朱炳寅、张恺、朱禹风、侯鹏程

工 程 简 介

一、工程概况

中冶集团建筑研究总院办公区整体改造项目位于北京市海淀区西土城路33号院，东侧紧临西土城路，北侧是单位家属院，南侧是住宅楼盘，西侧为金五星小商品批发城。规划建设用地性质为B23研发设计用地，规划用地面积为69310m²，其中建设用地面积65710m²。本项目总建筑面积12.12万m²，其中地上建筑面积7.5万m²（现状地上建筑面积2.5万m²，拟建地上建筑面积5万m²），地下建筑面积46199.6m²（现状地下建筑面积1199.6m²，拟建地下建筑面积45000m²）。各单体平面关系见下图，A1、A2、A3三个单体的地上部分各自独立，地下室连成整体。A1、A2单体在二层设置连桥，A2、A3单体在三层设置连桥。

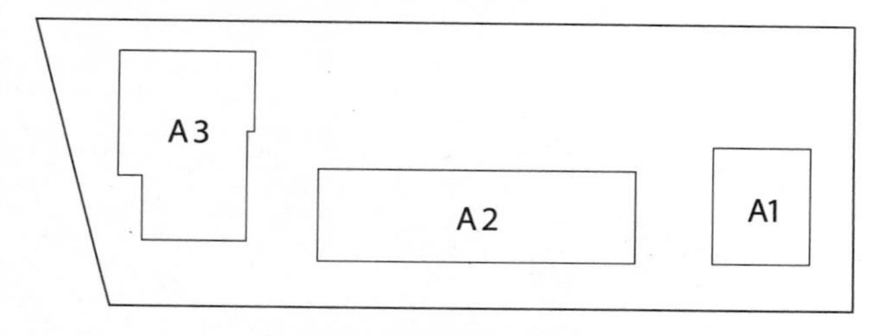

图45-1　结构单体平面关系图

各结构单体的概况见下表。

楼号	层数（地上/地下）	屋面高度(m)	抗震等级	
			框架	剪力墙
A1	6/3	28.5	三级	—
A2	10/3	44.1	二级	一级
A3	13/3	57.6	二级	一级

图45-2　建筑效果图

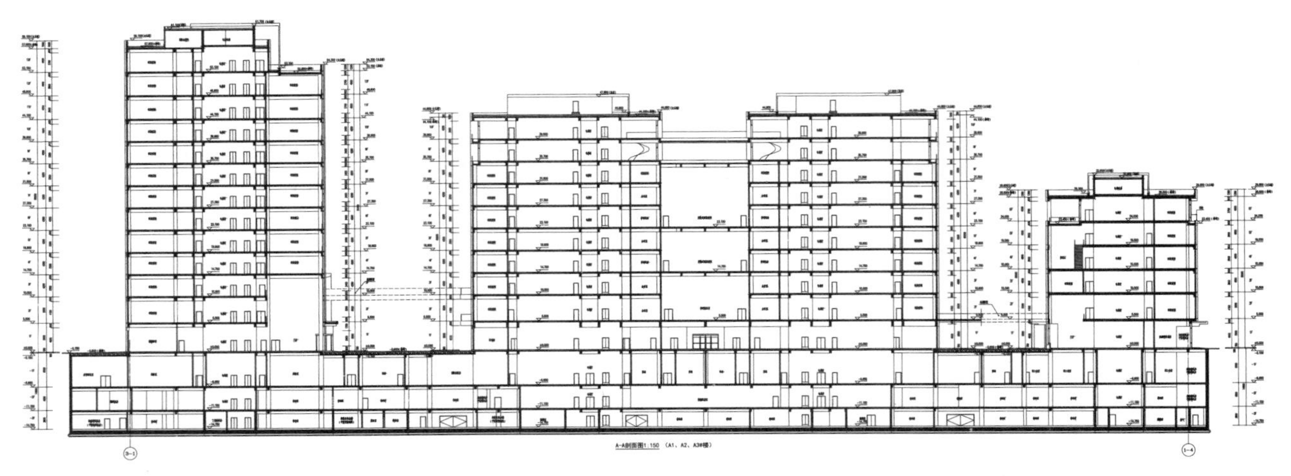

图 45-3 建筑剖面图（左为 A3 单体，中为 A2 单体，右为 A1 单体）

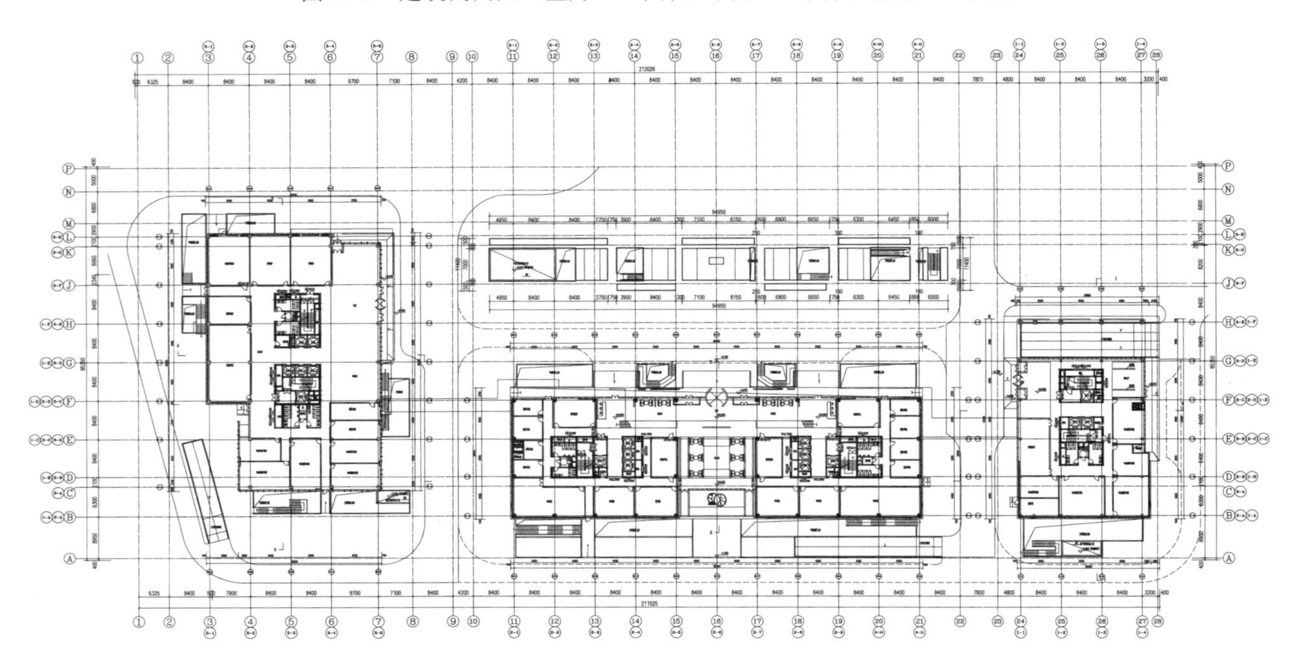

图 45-4 首层平面图

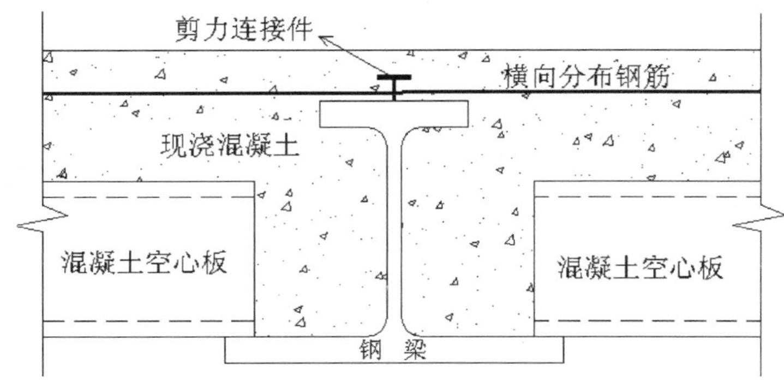

图 45-5 组合扁梁截面示意图

二、结构方案

1. 抗侧力体系

(1) A1 单体

建设方的意见是“把新建建筑 A1 楼作为新工艺、新技术集中应用试验楼，建议采用钢框架配以钢支撑的结构形式”。故 A1 单体采用钢框架配以钢支撑（或钢板剪力墙）的结构形式。钢梁采用组合扁梁，楼板采用空心板。结构整体计算时，不考虑楼板的有利作用，此时钢梁的应力比进行适当控制。

A1 单体中，钢梁截面将根据计算结果进行优化，跨中钢梁上翼缘、支座部分的下翼缘适当减薄或变窄，上翼缘部分还可在暗梁中设置纵向受力钢筋，与钢梁共同受力。

特别说明：本单体中，结构形式、构件形式较为新颖，其承载力、稳定、挠度、防火、防腐、耐久性等方面应进行相应的试验研究，为设计、施工提供依据。试验结果未经验收确认，不得用于实际工程。

（2）A2 单体

建设方的意见是“A2 楼两侧采用钢筋混凝土框架-核心筒结构，柱子连接采用桁架结构，大跨度梁采用蜂窝梁结构”。故 A2 单体采用钢筋混凝土框架-剪力墙结构，中间大跨区域采用钢结构，柱子连接采用蜂窝梁结构，大跨次梁采用桁架梁。A2 单体的三、五、七、八层中间大跨区域楼板均开有大洞，仅通过钢梁进行连接，开洞两侧平面布置基本对称，如下图所示。

针对楼板开洞导致楼板局部不连续及楼板弱连接，采取以下措施：

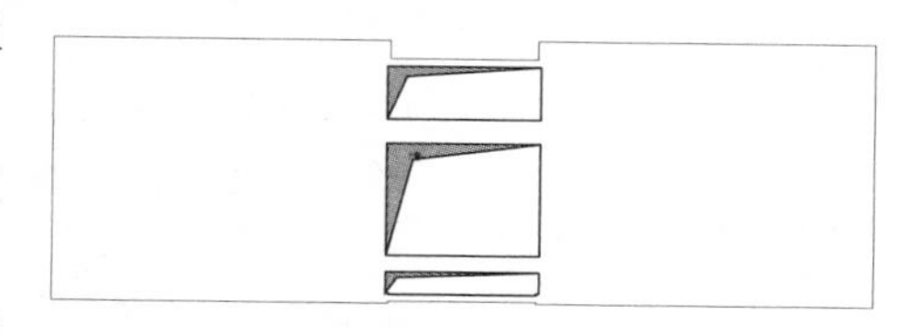

图 45-6　F8 层截面图

1）加厚洞口附近及上下层楼板厚度，设置双层双向拉通钢筋，并加强边梁。

2）考虑因开洞削弱而产生的平面内变形，承载力计算分析时，采用弹性板假定进行分析。

3）开大洞楼板采用零刚度板模型，计算梁的拉力。钢梁两侧设置连接钢梁传递拉力。

4）与钢框架梁相连的混凝土梁内部设置型钢。

5）配筋计算时，按整体模型及分开模型进行包络设计。

6）大跨区域按连接体进行设计，加强构造措施，竖向构件抗震等级提高一级，框架柱全高加密。

（3）A3 单体

建设方的意见是“A3 楼做减震结构，采用钢筋混凝土核心筒结构，配以钢框架及屈曲约束钢板墙结构”。故 A3 单体设计成减震结构，采用钢筋混凝土核心筒结构，外框架采用钢框架，配以屈曲约束支撑、屈曲约束钢板墙结构。A3 单体的楼板开大洞，穿层柱采取以下加强措施：

1）四层对应开大洞位置的楼板加强配筋。

2）穿层柱配筋不小于非穿层柱。

3）根据非穿层柱的剪力反算穿层柱的柱端弯矩，核对钢柱承载力。

（4）连廊

本工程 A1、A2 单体之间的连廊跨度为 21m，A2、A3 单体之间的连廊跨度为 28m。首层层高 5.5m，消防车通行净高要求 4m，故连廊结构高度为 1.4m（建筑面层 100mm）。在此情况下，连廊采用钢梁（可采用蜂窝梁）形式，一端与主体结构采用铰接，另一端与主体结构采用滑动连接形式。

2. 楼盖体系

地下室：本工程地下三层，考虑结构抗浮压重需求，地下室均采用钢筋混凝土主梁＋大板结构。

A1 楼：采用空心板。

A2 楼：采用现浇钢筋混凝土主、次梁楼盖体系。钢梁部分采用压型钢板-混凝土板或桁架楼承板。

A3 楼：采用压型钢板-混凝土板或钢筋桁架楼承板。

考虑到楼板内预埋设备线管的要求，楼面板最小厚度 120mm。对于大面积屋面（如大厅屋面），在施工图设计过程中应尽量采用结构找坡的做法，以减轻屋面重量，降低工程土建造价。

三、地基基础方案

根据勘察单位的建议，并结合结构受力特点，本工程采用筏板基础；相应的地基直接持力层主要为第四纪沉积的卵石、圆砾④层及细砂、中砂$④_1$层，局部为粉质黏土、黏质粉土⑤层，基底标高以下分布的④层及$④_1$层最厚约 2.0m，再以下为厚约 5～7m 的第 5 大层，综合考虑的地基承载力标准值为 220kPa。

结构方案评审表

结设质量表（2016）

<table>
<tr><td rowspan="2">项目名称</td><td colspan="2" rowspan="2">中冶集团建筑研究总院办公区整体改造项目</td><td>项目等级</td><td>A/B级□、非A/B级■</td></tr>
<tr><td>设计号</td><td>15237</td></tr>
<tr><td>评审阶段</td><td>方案设计阶段□</td><td>初步设计阶段■</td><td colspan="2">施工图设计阶段□</td></tr>
<tr><td>评审必备条件</td><td colspan="2">部门内部方案讨论　有■　无□</td><td colspan="2">统一技术条件　有■　无□</td></tr>
<tr><td rowspan="3">工程概况</td><td colspan="2">建设地点：北京市</td><td colspan="2">建筑功能：办公、科研。</td></tr>
<tr><td colspan="2">层数(地上/地下)A1号：6/3；A2号：10/3；A3号：13/3</td><td colspan="2">高度(檐口高度)：A1号：28.5m；A2号：44.1m；A3号：57.6m</td></tr>
<tr><td colspan="2">建筑面积(m²)：12.2万</td><td colspan="2">人防等级核5级/常5级核6级/常6级</td></tr>
<tr><td rowspan="5">主要控制参数</td><td colspan="4">设计使用年限：50年</td></tr>
<tr><td colspan="4">结构安全等级：二级</td></tr>
<tr><td colspan="4">抗震设防烈度、设计基本地震加速度、设计地震分组、场地类别、特征周期
8度、0.20g、第一组、Ⅲ类、0.45s</td></tr>
<tr><td colspan="4">抗震设防类别：标准设防类</td></tr>
<tr><td colspan="4">主要经济指标：尽量经济</td></tr>
<tr><td rowspan="8">结构选型</td><td colspan="4">结构类型：框架-剪力墙</td></tr>
<tr><td colspan="4">概念设计、结构布置：结构布置力求均匀、对称</td></tr>
<tr><td colspan="4">结构抗震等级：A1号(框架三级)；
A2号、A3号(框架二级、剪力墙一级)</td></tr>
<tr><td colspan="4">计算方法及计算程序：YJK</td></tr>
<tr><td colspan="4">主要计算结果有无异常(如：周期、周期比、位移、位移比、剪重比、刚度比、楼层承载力突变等)：无</td></tr>
<tr><td colspan="4">伸缩缝、沉降缝、防震缝：无</td></tr>
<tr><td colspan="4">结构超长和大体积混凝土是否采取有效措施：进行温度应力分析；从建筑、结构、施工多方面采取措施</td></tr>
<tr><td colspan="4">有无结构超限：无</td></tr>
<tr><td rowspan="6">基础选型</td><td colspan="4">基础设计等级：乙级</td></tr>
<tr><td colspan="4">基础类型：筏板基础</td></tr>
<tr><td colspan="4">计算方法及计算程序：YJK</td></tr>
<tr><td colspan="4">防水、抗渗、抗浮：抗浮验算</td></tr>
<tr><td colspan="4">沉降分析：进行沉降分析</td></tr>
<tr><td colspan="4">地基处理方案：无</td></tr>
<tr><td>新材料、新技术、难点等</td><td colspan="4">1. 存在扭转不规则、楼板开大洞、穿层柱等不规则项；
2. 整体抗浮需进行抗浮验算；
3. 地下室部分结构超长，补充温度应力分析及加强构造措施</td></tr>
<tr><td>主要结论</td><td colspan="4">建议施工图设计前对组合梁进行试验研究，为施工图设计提供依据、优化钢梁截面，试验楼工程体系合理
（全部内容均在此页）</td></tr>
<tr><td colspan="2">工种负责人：张根俞　　日期：2016.2.24</td><td colspan="3">评审主持人：朱炳寅　　日期：2014.2.25</td></tr>
</table>

注意：1. 评审申请时间：一般项目应在初步设计完成之前，无初步设计的项目在施工图 1/2 阶段。

2. 工种负责人、审核人必须参加评审会，审定人以及项目组其他人员应尽量参会。工种负责人负责项目组与会人员的通知事宜，在必要时可邀请建筑专业相关人员出席。

3. 评审后工种负责人应填写《结构方案评审意见回复表》，逐条回复《结构方案评审表》和《会议纪要》中提出的评审意见，并在签署齐全后归档。

46　北京通州运河核心区Ⅸ-02地块项目

设计部门：合作设计事业部
主要设计人：王载、陈明、王文宇、尤天直、宋鹏宇、梁婷婷

工 程 简 介

一、工程概况

通州运河核心区Ⅸ-02地块项目位于通州区运河核心区，东至北运河西滨河路，南至西上园一路，西至Ⅸ-03地块，北至Ⅸ-01地块。项目的总建筑面积11.3万m^2，其中地上建筑面积为8.9万m^2，地下建筑面积约为2.23万m^2；分为A、B两个塔楼，主要建筑功能为办公、商业。A塔楼地下3层，地上31层（12层和25层为避难层兼设备层），主体结构高度130.8m；建筑平面尺寸为32.7m×46.1m，建筑高宽比为3.9；核心筒平面尺寸为12.3m×28.5m，核心筒高宽比为10.7；采用钢筋混凝土框架-核心筒结构体系。B塔楼地下3层，地上22层，主体结构高度92.7m；建筑平面尺寸为40.2m×40.7m，建筑高宽比为2.4；核心筒平面尺寸为14.5m×20.6m，核心筒高宽比为6.4；采用钢筋混凝土框架-核心筒结构体系。

图46-1　建筑效果图

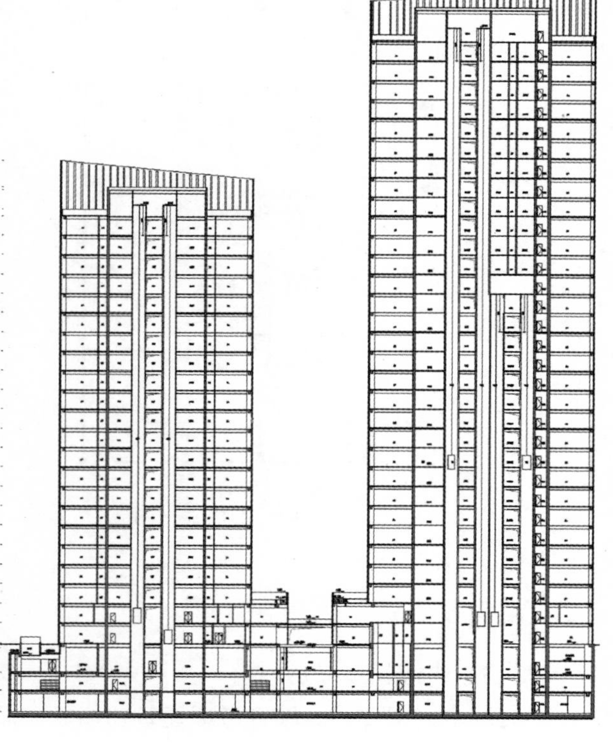

图46-2　建筑剖面图（低为B塔，高为A塔）

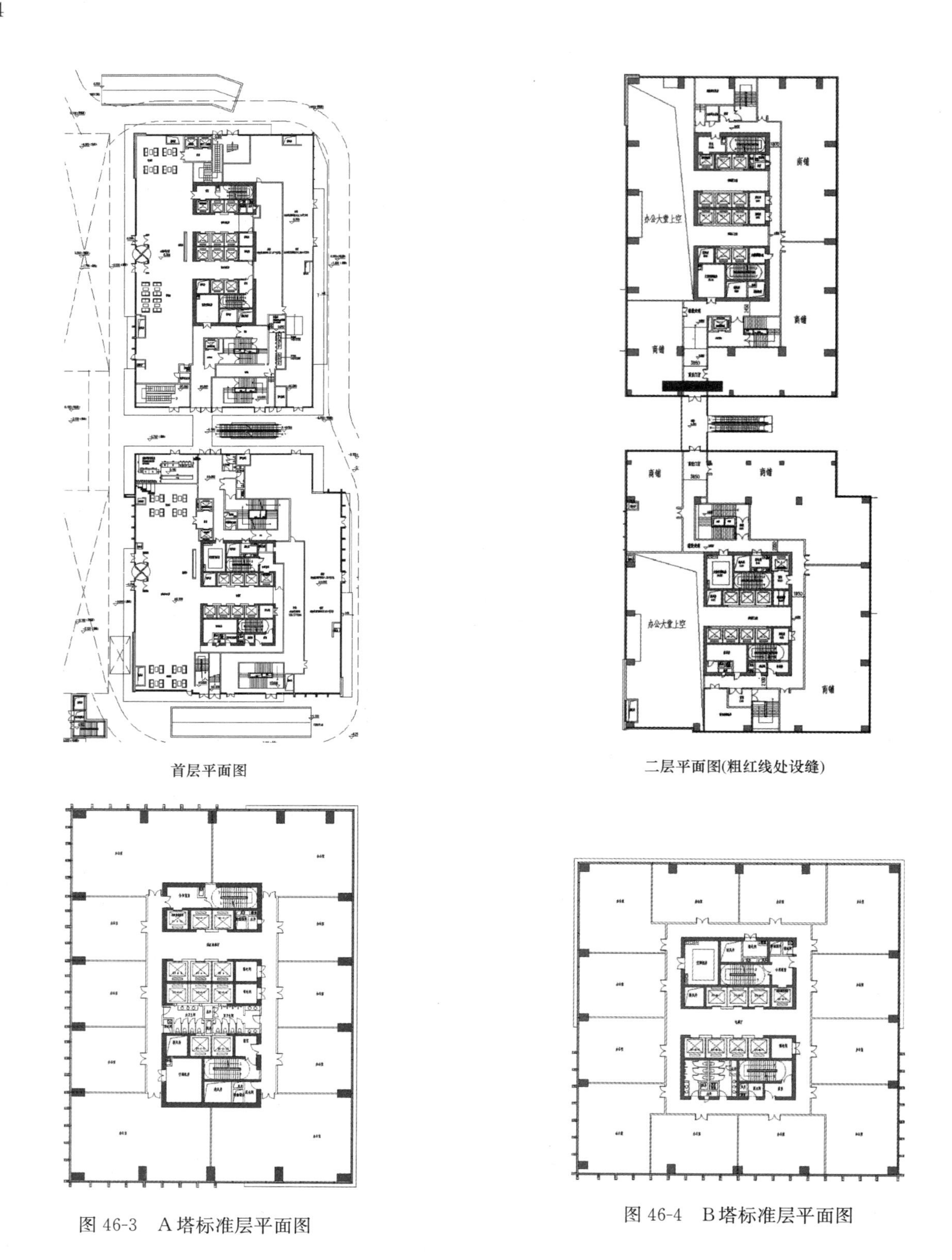

首层平面图

二层平面图(粗红线处设缝)

图 46-3　A 塔标准层平面图

图 46-4　B 塔标准层平面图

二、结构方案

1. 抗侧力体系

通过多方案比较，综合考虑建筑功能、立面造型、结构传力明确、经济合理等多种因素，本工程采用钢筋混凝土框架-核心筒结构体系。结构竖向荷载通过水平梁传至框架柱和核心筒剪力墙，再传至基础。水平作用由核心筒剪力墙和外部钢筋混凝土框架共同承担。

（1）钢筋混凝土核心筒：A 塔核心筒底层外墙厚度为 700mm，B 塔核心筒底层外墙厚度为 500mm，墙厚随房屋高度增加而逐渐减薄。核心筒内部剪力墙厚度为 300～200mm。

（2）外部框架：框架柱采用钢筋混凝土柱，框架柱与核心筒的距离为 8.6～10.1m。

2. 楼盖体系

地上各层楼面均采用钢筋混凝土主、次梁楼盖体系，板厚一般为 120mm，梁布置及梁高适应管线布置及净高要求。

一层楼面由于嵌固的需要，板厚为 180mm。地下一层采用一道次梁布置，板厚为 120～150mm。由于地下三层为人防层，地下二层楼面采用主梁＋大板方案，板厚为 250～350mm。

三、地基基础方案

根据勘察单位建议，并结合结构受力特点，A 塔采用桩基础，桩型为直径 1000mm 的钻孔灌注桩，并采用桩侧及桩底的复式后压浆技术提高承载力，桩长约 45m，持力层为细砂/中砂层。B 塔采用 CFG 桩复合地基，纯地下室及裙房采用天然地基，基础形式均为平板式筏形基础，根据抗浮要求设置锚杆。

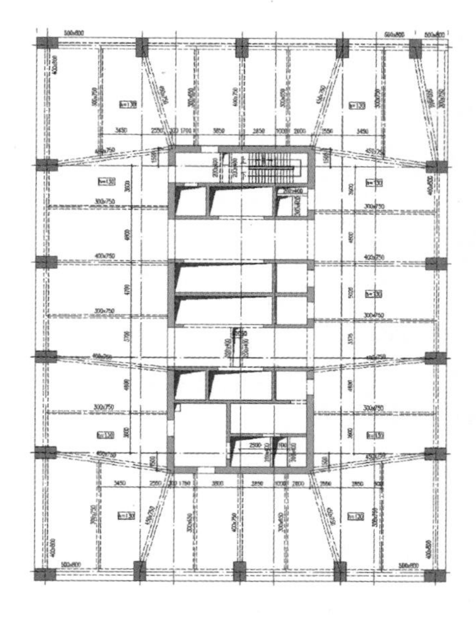

图 46-5　A 塔标准层结构平面布置图

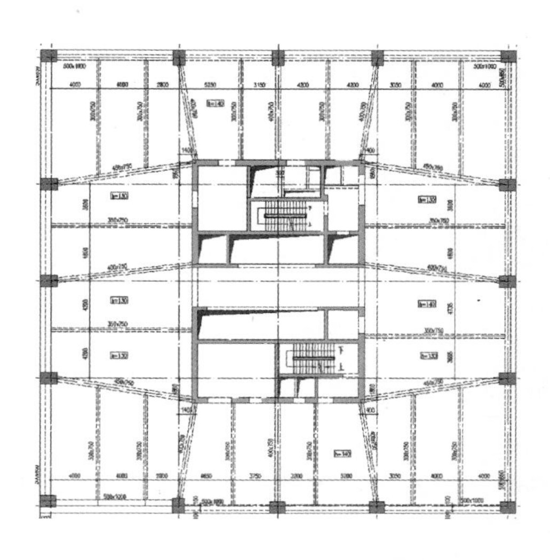

图 46-6　B 塔标准层结构平面布置图

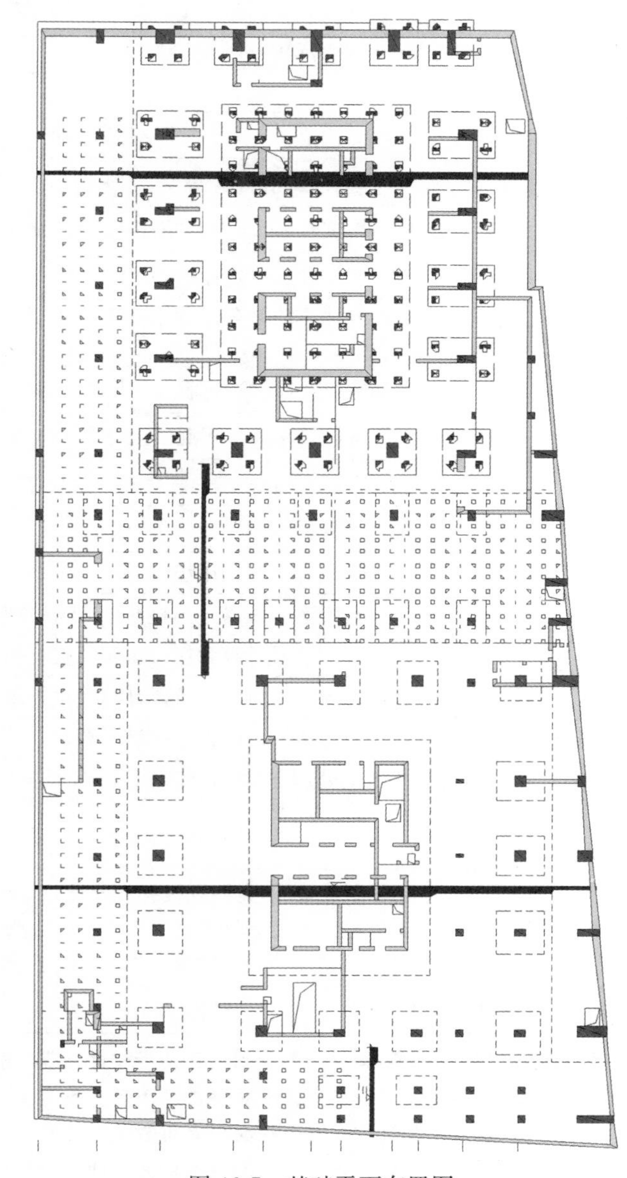

图 46-7　基础平面布置图

结构方案评审表

结设质量表（2016）

<table>
<tr><td>项目名称</td><td colspan="2">通州运河核心区Ⅸ-02地块项目</td><td>项目等级</td><td>A/B级□、非A/B级☑</td></tr>
<tr><td></td><td colspan="2"></td><td>设计号</td><td>15062</td></tr>
<tr><td>评审阶段</td><td>方案设计阶段□</td><td>初步设计阶段■</td><td colspan="2">施工图设计阶段□</td></tr>
<tr><td>评审必备条件</td><td colspan="2">部门内部方案讨论　有■　无□</td><td colspan="2">统一技术条件　有■　无□</td></tr>
<tr><td rowspan="4">工程概况</td><td colspan="2">建设地点　北京市通州区</td><td colspan="2">建筑功能　办公、商业</td></tr>
<tr><td colspan="2">层数(地上/地下)A楼(31/3)B楼(22/3)</td><td colspan="2">高度(檐口高度)A楼(130.8m)B楼(92.7m)</td></tr>
<tr><td colspan="2">建筑面积(m^2)　11.2万</td><td colspan="2">人防等级　核6级</td></tr>
<tr><td colspan="2"></td><td colspan="2"></td></tr>
<tr><td rowspan="6">主要控制参数</td><td colspan="4">设计使用年限　50年</td></tr>
<tr><td colspan="4">结构安全等级　二级</td></tr>
<tr><td colspan="4">抗震设防烈度、设计基本地震加速度、设计地震分组、场地类别、特征周期
8度、(0.20g)0.20、第一组、Ⅲ类、0.45s</td></tr>
<tr><td colspan="4">抗震设防类别　丙类</td></tr>
<tr><td colspan="4">主要经济指标</td></tr>
<tr><td colspan="4"></td></tr>
<tr><td rowspan="9">结构选型</td><td colspan="4">结构类型　框架-核心筒</td></tr>
<tr><td colspan="4">概念设计、结构布置</td></tr>
<tr><td colspan="4">结构抗震等级　A、B塔楼框架一级，A楼剪力墙特一级，B楼剪力墙一级</td></tr>
<tr><td colspan="4">计算方法及计算程序：SATWE</td></tr>
<tr><td colspan="4">主要计算结果有无异常(如：周期、周期比、位移、位移比、剪重比、刚度比、楼层承载力突变等)
无</td></tr>
<tr><td colspan="4">伸缩缝、沉降缝、防震缝　塔楼A、塔楼B之间设置一道防震缝</td></tr>
<tr><td colspan="4">结构超长和大体积混凝土是否采取有效措施　是</td></tr>
<tr><td colspan="4">有无结构超限　有，A塔楼高度超限</td></tr>
<tr><td colspan="4"></td></tr>
<tr><td rowspan="6">基础选型</td><td colspan="4">基础设计等级　甲级</td></tr>
<tr><td colspan="4">基础类型　A塔楼为桩基础，B塔楼为筏基，裙房为筏基，设抗浮锚杆</td></tr>
<tr><td colspan="4">计算方法及计算程序　理正、盈建科</td></tr>
<tr><td colspan="4">防水、抗渗、抗浮　抗浮计算满足要求</td></tr>
<tr><td colspan="4">沉降分析　沉降差计算满足要求</td></tr>
<tr><td colspan="4">地基处理方案　B楼采用CFG复合地基</td></tr>
<tr><td>新材料、新技术、难点等</td><td colspan="4"></td></tr>
<tr><td>主要结论</td><td colspan="4">超限建筑、补充墙肢拉应力分析，楼板大开洞引起穿层柱、概念设计、楼板大开洞层墙、柱的性能要求，上、下层相应采取结构措施。注意锚杆设置的合理性问题，进行多方案比较，注意B区采用CFG桩的沉降控制问题。综合经济性比较，A楼宜采用动力弹塑性分析，计算大震位移</td></tr>
<tr><td colspan="2">工种负责人：王载　　日期：2016.2.19</td><td colspan="3">评审主持人：朱炳寅　　日期：2014.2.29</td></tr>
</table>

注意：1. 评审申请时间：一般项目应在初步设计完成之前，无初步设计的项目在施工图1/2阶段。

2. 工种负责人、审核人必须参加评审会，审定人以及项目组其他人员应尽量参会。工种负责人负责项目组与会人员的通知事宜，在必要时可邀请建筑专业相关人员出席。

3. 评审后工种负责人应填写《结构方案评审意见回复表》，逐条回复《结构方案评审表》和《会议纪要》中提出的评审意见，并在签署齐全后归档。

会议纪要

2016年2月29日

“通州运河核心区Ⅸ-2地块项目”初步设计阶段结构方案评审会

评审人：谢定南、罗宏渊、王金祥、尤天直、徐琳、朱炳寅、王载、王大庆

主持人：朱炳寅　　　记录：王大庆

介　绍：陈明

结构方案：A、B楼为3层大底盘地下室上的两栋独立建筑，均设有两层裙房，楼间设置低位连廊。A楼主楼31层、130.8m（超过A级高度），B楼主楼22层、92.7m。两楼均采用混凝土框架-核心筒结构体系。存在高度超限以及多种不规则情况。采用Pushover方法，进行大震弹塑性分析。

地基基础方案：A楼主楼采用桩基础，B楼主楼采用CFG桩复合地基上的筏形基础，两楼裙房及纯地下室采用天然地基上的筏形基础。抗浮采用抗拔锚杆方案。

评审：

1. 针对本工程的结构不规则情况，细化抗震性能目标，补充必要的计算分析（如墙肢拉应力分析等），相应采取有效的结构措施，以报送超限审查。

2. 楼板大开洞在结构中形成较多穿层柱，除加强穿层柱的抗震概念设计和性能化设计外，应对楼板大开洞层的剪力墙和非穿层柱提出适当的性能要求，并对上、下层相关部位相应采取有效的结构措施。

3. A楼宜采用动力弹塑性分析，计算大震位移。

4. 与建筑专业进一步协商，适当优化结构布置，如：A楼角柱偏位、连廊支承扶梯等。

5. 本工程的常见地下水位与抗浮设防水位接近，应注意锚杆设置的合理性问题，进行多方案分析比较，选用可靠方案。

6. B楼高度接近100m，应注意CFG桩复合地基方案的沉降控制问题，细化沉降分析，与桩基础方案进行技术经济综合比较。

结论：

建议根据结构方案评审表的主要结论以及会议纪要内容，进一步优化结构设计。

47 慕田峪景区改造及精品酒店设计

设计部门：合作设计事业部
主要设计人：陈明、高英赫、王文宇、尤天直

工程简介

一、工程概况

慕田峪景区改造项目原有建筑的总建筑面积为 6819.65m²，因规划设计调整而拆除的部分为 118m²，复建与加建部分为 140.4m²，改造后的总建筑面积为 6842.05m²，分为 12 个组团。一期改造的建筑为 3～7 号和 10 号组团，其余为二期改造部分。本次评审的 3B 号楼原为无地下室，地上 3 层，高 8.91m 的砌体结构，按 2001 版规范设计，于 2005 年 6 月竣工，有竣工资料和鉴定报告。建筑的原使用功能为办公，改造后功能为酒店，后续使用年限取 30 年。

图 47-1 建筑现状实景

图 47-2 改造后建筑效果图

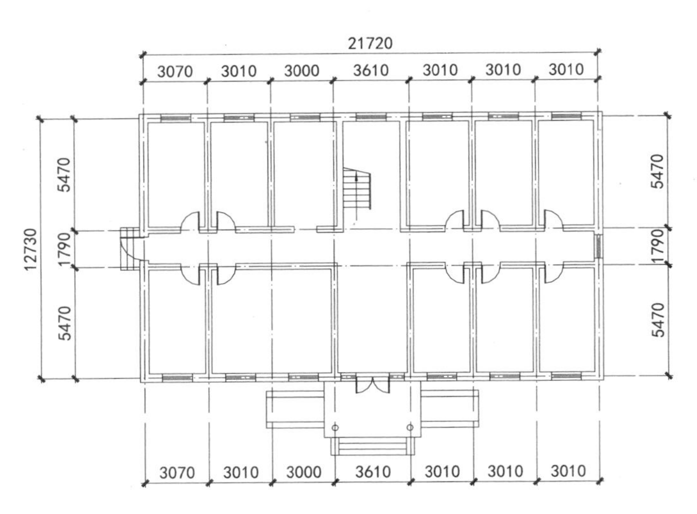

图 47-3 原建筑首层平面图

二、结构方案

1. 结构设计条件的变化

（1）设计参数的变化

后续使用年限	30 年
抗震设防参数	抗震设防烈度：7 度(0.15g) 设计地震分组：第二组 建筑场地类别：Ⅱ类 设计特征周期：0.40s
风荷载	基本风压：w_0=0.45kN/m^2 地面粗糙度类别：B 类

（2）荷载的变化

a）恒荷载

原功能	新功能	荷载判定
办公（面层 60mm）	客房（面层 100mm）	增大
卫生间（面层 60mm）	卫生间（面层 200mm）	增大
办公	卫生间（增隔断墙）	增大

b）活荷载

原功能	新功能	荷载判定
办公(2.0kN/m^2)	客房(2.0kN/m^2)	不变
办公(2.0kN/m^2)	卫生间(2.5kN/m^2)	增大

（3）墙体的变化

墙体的主要变化为：部分纵墙新增门洞，二层以上拆除部分横墙等。

2. 改造加固原则

（1）根据房屋鉴定报告，明确加固设计的内容和范围。

（2）尽量保留和利用原有结构和构件，减少加固工程量。

（3）加固方案便于施工，缩短工期。

（4）加固方案对建筑造型、使用空间影响小。

（5）符合现行规范。

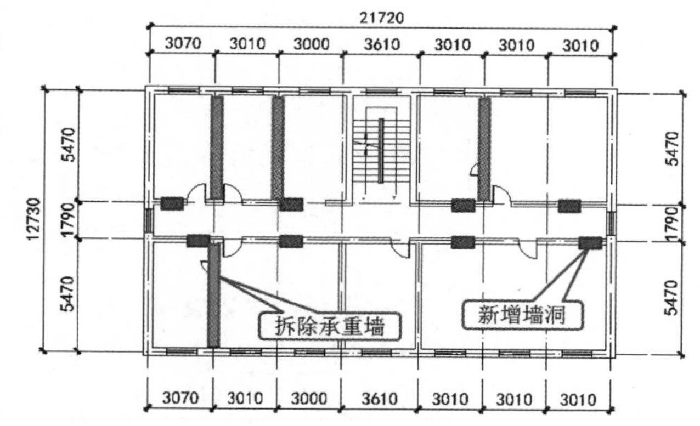

图 47-4　二层墙体拆改平面示意图

3. 改造加固措施

（1）墙体

1）外纵墙利用原有门窗洞口，不削弱外纵墙。

2）走廊两侧墙体存在新开洞口，满足上、下对齐关系。

3）洞口不对齐时，对原圈梁进行加固，采用梁底增加截面法进行加固。

4）承重的窗间墙最小宽度不满足要求（0.84m<1.0m），采用混凝土板墙进行加固。

5）内墙阳角至门洞边的最小距离不满足要求（0.54m<1.0m），将其他专业不需要的洞口采用承重砖墙和构造柱进行封堵，使其满足要求。

（2）楼面梁

由于拆除承重墙，采用新增双梁进行托换，梁端新增混凝土壁柱，以加固梁支座节点。

（3）楼板

1）严格控制新加荷载，尽量利用原楼板承重。采用剔除原有面层、大量使用轻质材料（如轻质面层、轻质隔墙），楼板加固量减少至总面积的10%左右。

2）需要加固处，采用板底粘贴碳纤维片材加固。

三、地基基础方案

原结构的基础为墙下条形基础。经过整体计算，上部结构重量基本不变，不进行基础加固。

结构方案评审表

结设质量表（2016）

<table>
<tr><td rowspan="2">项目名称</td><td colspan="2" rowspan="2">慕田峪景区改造及精品酒店设计</td><td>项目等级</td><td>A/B级□、非A/B级☑</td></tr>
<tr><td>设计号</td><td>15062</td></tr>
<tr><td>评审阶段</td><td>方案设计阶段□</td><td>初步设计阶段□</td><td colspan="2">施工图设计阶段 ■</td></tr>
<tr><td>评审必备条件</td><td colspan="2">部门内部方案讨论 有■ 无□</td><td colspan="2">统一技术条件 有■ 无□</td></tr>
<tr><td rowspan="4">工程概况</td><td colspan="2">建设地点 北京市怀柔区慕田峪景区</td><td colspan="2">建筑功能 酒店</td></tr>
<tr><td colspan="2">层数(地上/地下) 3B号楼(3/0)</td><td colspan="2">高度(檐口高度) 8.91m</td></tr>
<tr><td colspan="2">建筑面积(m²) 879.2</td><td colspan="2">人防等级</td></tr>
<tr><td colspan="2"></td><td colspan="2"></td></tr>
<tr><td rowspan="6">主要控制参数</td><td colspan="4">设计使用年限 30年</td></tr>
<tr><td colspan="4">结构安全等级 二级</td></tr>
<tr><td colspan="4">抗震设防烈度、设计基本地震加速度、设计地震分组、场地类别、特征周期
7度、0.15g、第二组、Ⅱ类、0.40s</td></tr>
<tr><td colspan="4">抗震设防类别 丙类</td></tr>
<tr><td colspan="4">主要经济指标</td></tr>
<tr><td colspan="4"></td></tr>
<tr><td rowspan="9">结构选型</td><td colspan="4">结构类型 砌体结构</td></tr>
<tr><td colspan="4">概念设计、结构布置</td></tr>
<tr><td colspan="4">结构抗震等级</td></tr>
<tr><td colspan="4">计算方法及计算程序 YJK1.6.3</td></tr>
<tr><td colspan="4">主要计算结果有无异常(如:周期、周期比、位移、位移比、剪重比、刚度比、楼层承载力突变等)
无</td></tr>
<tr><td colspan="4">伸缩缝、沉降缝、防震缝 无</td></tr>
<tr><td colspan="4">结构超长和大体积混凝土是否采取有效措施 无</td></tr>
<tr><td colspan="4">有无结构超限 无</td></tr>
<tr><td colspan="4"></td></tr>
<tr><td rowspan="6">基础选型</td><td colspan="4">基础设计等级 乙级</td></tr>
<tr><td colspan="4">基础类型 独立基础,条形基础</td></tr>
<tr><td colspan="4">计算方法及计算程序 理正</td></tr>
<tr><td colspan="4">防水、抗渗、抗浮</td></tr>
<tr><td colspan="4">沉降分析</td></tr>
<tr><td colspan="4">地基处理方案</td></tr>
<tr><td>新材料、新技术、难点等</td><td colspan="4"></td></tr>
<tr><td>主要结论</td><td colspan="4">按设计使用年限30年计算复核,注意对局部墙垛的验算、二层以上取消5道横墙、注意检查墙体应力突变及外纵墙的稳定性,注意落实轻质材料,与建设协商,采用措施减轻房屋重量,完善细部处理,与建设协商,避免大拆、大改</td></tr>
<tr><td colspan="2">工种负责人:陈明 日期:2016.2.19</td><td colspan="3">评审主持人:朱炳寅 日期:2016.2.29</td></tr>
</table>

注意：1. 评审申请时间：一般项目应在初步设计完成之前，无初步设计的项目在施工图1/2阶段。

2. 工种负责人、审核人必须参加评审会，审定人以及项目组其他人员应尽量参会。工种负责人负责项目组与会人员的通知事宜，在必要时可邀请建筑专业相关人员出席。

3. 评审后工种负责人应填写《结构方案评审意见回复表》，逐条回复《结构方案评审表》和《会议纪要》中提出的评审意见，并在签署齐全后归档。

会议纪要

2016 年 2 月 29 日

"慕田峪景区改造及精品酒店设计"施工图设计阶段结构方案评审会

评审人：谢定南、罗宏渊、王金祥、尤天直、徐琳、朱炳寅、王载、王大庆

主持人：朱炳寅　　　记录：王大庆

介　绍：高英赫、陈明

结构方案：本次评审的 3B 号楼为 3/0 层的砌体结构，采用 2001 版规范设计，2005 年竣工，有竣工资料和鉴定报告。建筑的原使用功能为办公楼，改造为酒店，后续使用年限取 30 年。改造对结构的影响主要为：拆除部分横墙，部分纵墙开洞，建筑面层加厚，活荷载加大。建筑面层采用容重 6kN/m^3 的轻质材料，以减轻重量。

地基基础方案：原结构采用天然地基上的独立基础、条形基础。经计算复核，不进行基础加固。

评审：

1. 按现行规范要求确定改造加固结构的后续使用年限，并根据取用的后续使用年限进行结构计算复核。
2. 与建筑专业协商，进一步优化改造方案，尽量保留原结构，避免大拆大改；采取措施减轻房屋重量。
3. 落实轻质材料及其可实施性。
4. 改造加固使结构内力分布发生变化，除结构整体计算外，应加强局部验算（如局部基础和墙垛等）。
5. 二层以上拆除 5 道横墙，应注意核查墙体应力突变以及纵墙稳定性。
6. 拆墙设梁部位应注意 120mm 厚新设壁柱的稳定性。
7. 进一步优化加固方案和做法，完善细部处理，确保安全可靠，注意施工便利。
8. 设计文件应对改造加固施工提出明确要求。

结论：

建议根据结构方案评审表的主要结论以及会议纪要内容，进一步优化结构设计。

48　呼和浩特昭君博物院提升改造项目

设计部门：第一工程设计研究院
主要设计人：余蕾、徐杉、孙海林、陈文渊、李季、刘会军、董越

工 程 简 介

一、工程概况

呼和浩特昭君博物院提升改造项目（昭君文化博物馆新馆）位于内蒙古自治区呼和浩特市玉泉区，总建筑面积 15458m^2，其中地下 6710m^2，地上 8748m^2。本工程地下一层，层高 5.1m，地上两层，层高均为 6m，檐口高度 12m。建筑的主要功能为：游客服务中心、展厅、办公、库房等。主体结构采用框架-剪力墙结构，中间廊架的采光顶采用钢结构，入口处的竹钢棚架由专业厂家设计。基础拟采用独立基础和条形基础。

图 48-1　建筑效果图

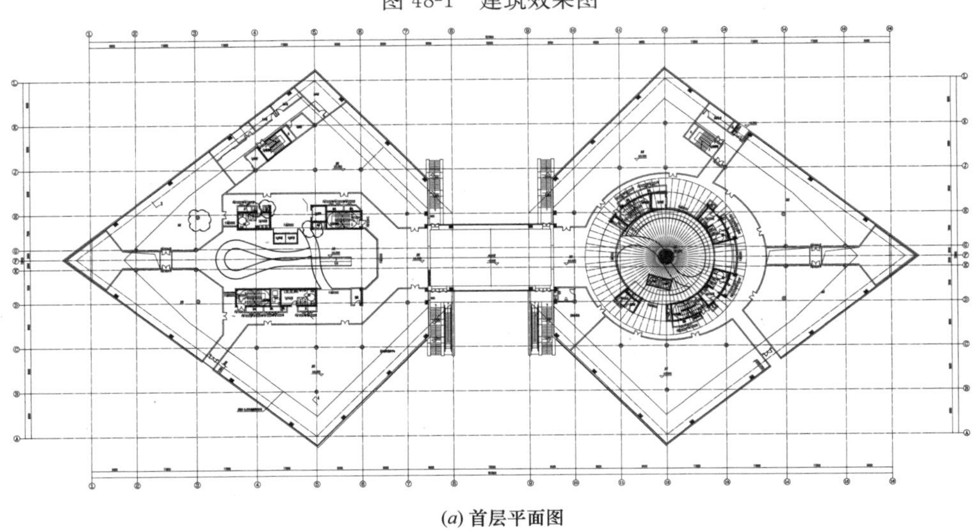

(a) 首层平面图

图 48-2　建筑平面

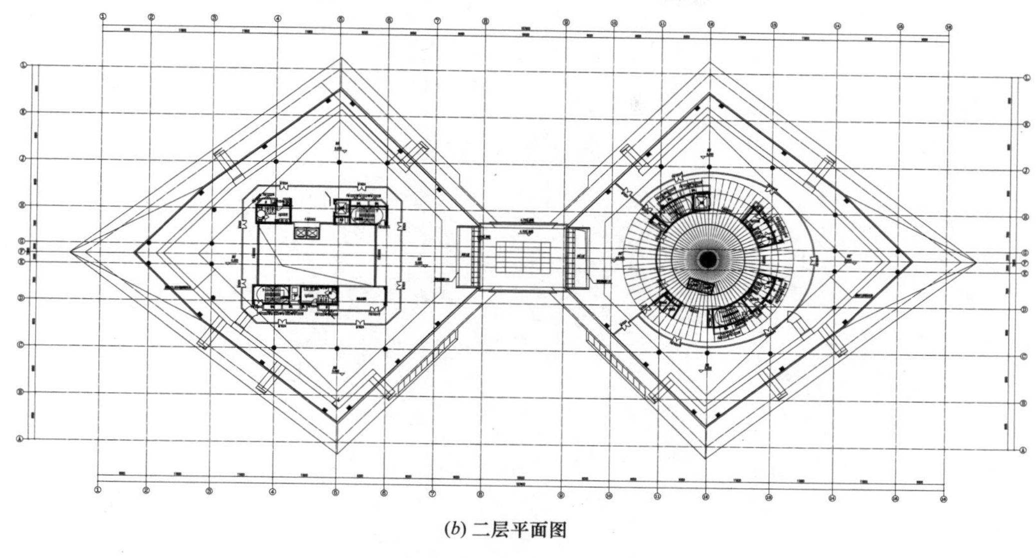

(b) 二层平面图

图 48-2　建筑平面（续）

二、结构方案

1. 结构分缝

本工程在±0.0以上的中间公共空间两侧各设置100mm宽的防震缝，形成3个独立的结构单元，两侧结构的框架柱在4.5m标高处设置牛腿，支承中间走廊的钢结构。

2. 抗侧力体系

因本工程外墙为斜立面，综合考虑建筑功能、立面造型、结构传力明确、经济合理等多种因素，本工程的左、右两部分均采用钢筋混凝土框架-剪力墙结构体系。在中间的楼、电梯间和卫生间等部位设置剪力墙，竖向荷载通过水平梁传至剪力墙和框架柱，再传至基础。左、右两部分除左侧为长方形核心筒，右侧为弧形核心筒外，其余柱网均对称设置，双向柱距为9m和11.8m，圆柱直径800mm，剪力

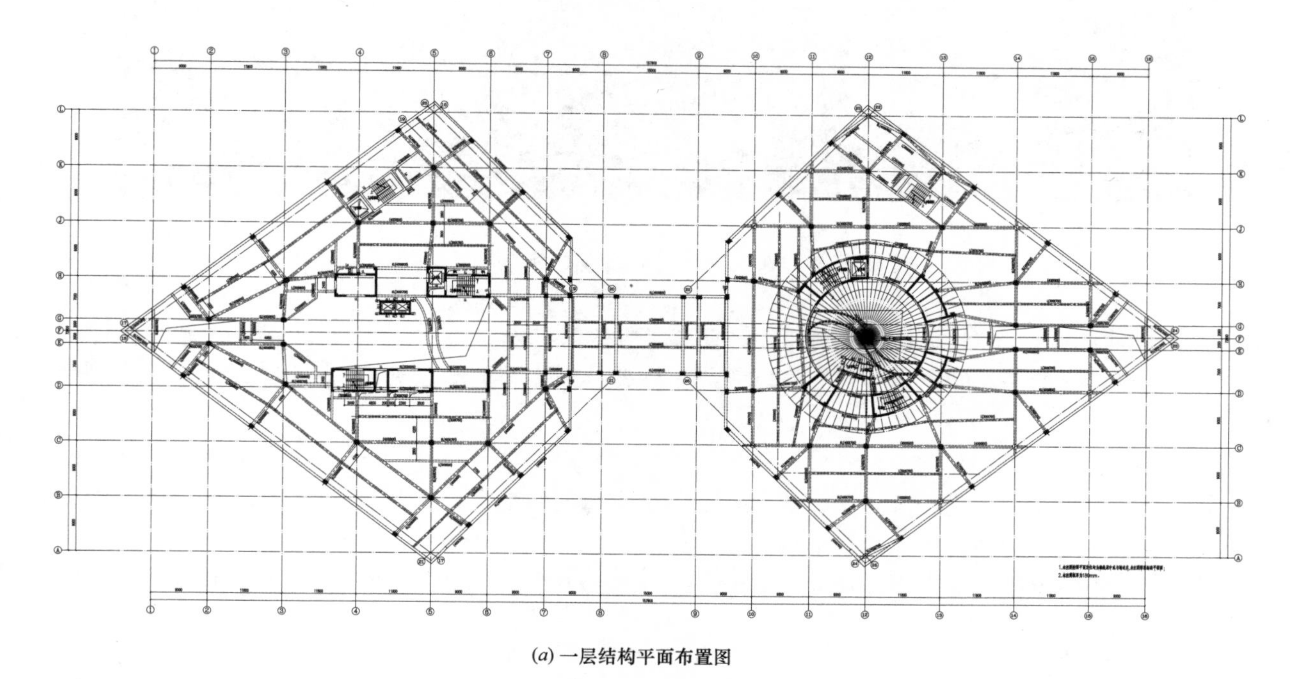

(a) 一层结构平面布置图

图 48-3　结构平面布置

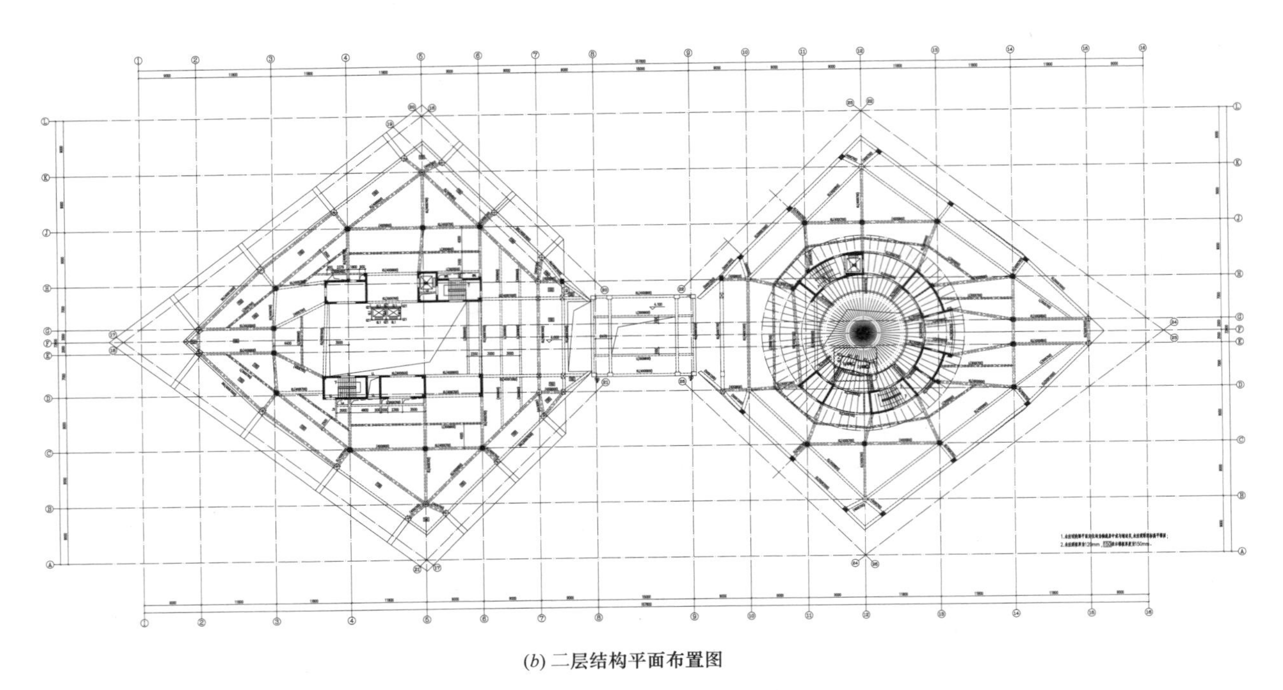

(*b*) 二层结构平面布置图

图 48-3　结构平面布置（续）

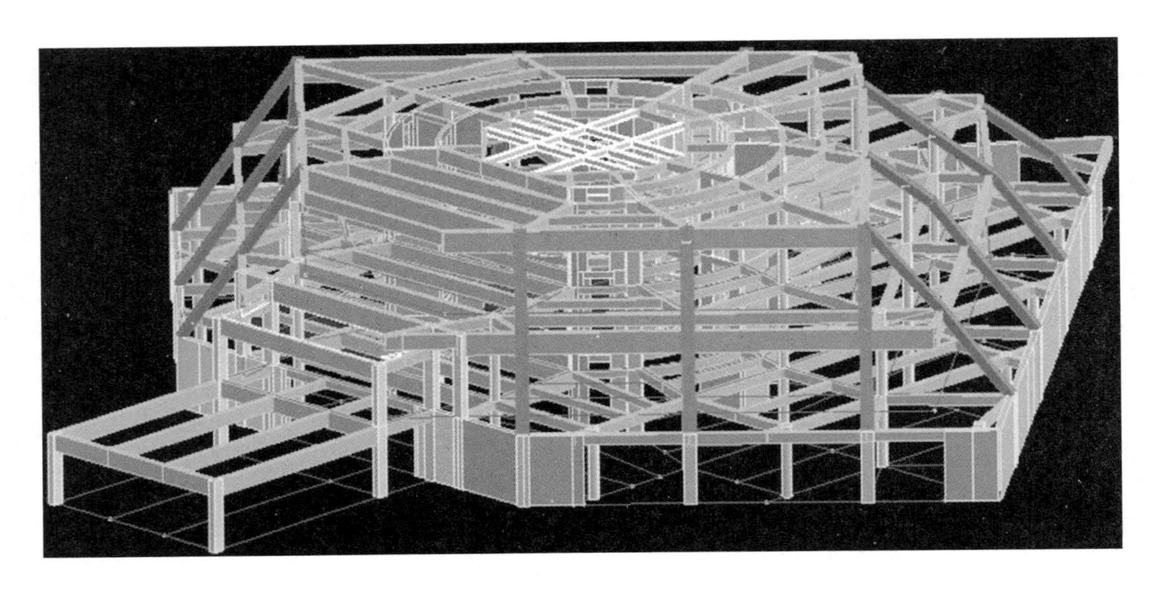

图 48-4　计算模型简图

墙厚度 300～400mm。在斜立面上内侧圆柱的垂直对应位置设置 800mm×600mm 斜柱，随外立面倾斜，以支撑 6m 及 12m 标高处的结构楼板。抗震等级：框架三级，剪力墙二级，斜柱框架二级。嵌固端选在首层。

3. 楼盖体系

楼盖及普通屋盖均采用经济实用、便于施工、适应力强的带次梁的普通梁板体系，设置次梁的目的在于减薄楼板厚度，达到经济和减轻结构自重的目的。

周边斜柱相关范围内的板厚增加为 150mm 厚，双层双向配筋，斜柱相关范围的梁配筋适当加强。

三、地基基础方案

目前尚无勘察报告，拟采用天然地基上的独立基础和条形基础。

结构方案评审表

结设质量表（2016）

<table>
<tr><td>项目名称</td><td colspan="2" rowspan="2">呼和浩特昭君博物院提升改造项目</td><td>项目等级</td><td>A/B级□、非A/B级□</td></tr>
<tr><td></td><td>设计号</td><td>15499</td></tr>
<tr><td>评审阶段</td><td>方案设计阶段□</td><td>初步设计阶段□</td><td colspan="2">施工图设计阶段■</td></tr>
<tr><td>评审必备条件</td><td colspan="2">部门内部方案讨论　有■　无□</td><td colspan="2">统一技术条件　有■　无□</td></tr>
<tr><td rowspan="4">工程概况</td><td colspan="2">建设地点　内蒙古呼和浩特市玉泉区</td><td colspan="2">建筑功能　展览　库房　游客服务中心等</td></tr>
<tr><td colspan="2">层数(地上/地下)1/2</td><td colspan="2">高度(檐口高度)12m</td></tr>
<tr><td colspan="2">建筑面积(m²)15458</td><td colspan="2">人防等级　无</td></tr>
<tr><td colspan="2"></td><td colspan="2"></td></tr>
<tr><td rowspan="6">主要控制参数</td><td colspan="4">设计使用年限　50年</td></tr>
<tr><td colspan="4">结构安全等级　二级</td></tr>
<tr><td colspan="4">抗震设防烈度、设计基本地震加速度、设计地震分组、场地类别、特征周期
8度、0.20g、第一组、Ⅲ类、0.45s</td></tr>
<tr><td colspan="4">抗震设防类别　丙类</td></tr>
<tr><td colspan="4">主要经济指标　无</td></tr>
<tr><td colspan="4"></td></tr>
<tr><td rowspan="9">结构选型</td><td colspan="4">结构类型　框架-剪力墙结构</td></tr>
<tr><td colspan="4">概念设计、结构布置</td></tr>
<tr><td colspan="4">结构抗震等级　框架三级/剪力墙二级/斜柱二级</td></tr>
<tr><td colspan="4">计算方法及计算程序　YJKS1.7版本　理正结构工具箱7.0PBI版</td></tr>
<tr><td colspan="4">主要计算结果有无异常(如：周期、周期比、位移、位移比、剪重比、刚度比、楼层承载力突变等)
无</td></tr>
<tr><td colspan="4">伸缩缝、沉降缝、防震缝　地上部分设缝分为两个独立的结构单元　走廊部分做牛腿铰接</td></tr>
<tr><td colspan="4">结构超长和大体积混凝土是否采取有效措施　是</td></tr>
<tr><td colspan="4">有无结构超限　无</td></tr>
<tr><td colspan="4"></td></tr>
<tr><td rowspan="6">基础选型</td><td colspan="4">基础设计等级　乙级</td></tr>
<tr><td colspan="4">基础类型　独立基础、条形基础</td></tr>
<tr><td colspan="4">计算方法及计算程序　YJKS1.7版本</td></tr>
<tr><td colspan="4">防水、抗渗、抗浮　无抗浮</td></tr>
<tr><td colspan="4">沉降分析</td></tr>
<tr><td colspan="4">地基处理方案</td></tr>
<tr><td>新材料、新技术、难点等</td><td colspan="4">无</td></tr>
<tr><td>主要结论</td><td colspan="4">宜采用基础嵌固模型，平面弱连接处宜分缝，注意斜梁斜柱推力及楼面构件的拉力问题，按零刚度板验算，注意曲线连桥的稳定问题，补充单榀框架承载力分析，落实建筑外挂斜板与主体结构的连接问题，避免对主体结构的不利影响</td></tr>
<tr><td colspan="2">工种负责人：余蕾　　日期：2016.2.29</td><td colspan="3">评审主持人：朱炳寅　　日期：2014.3.2</td></tr>
</table>

注意：1. 评审申请时间：一般项目应在初步设计完成之前，无初步设计的项目在施工图1/2阶段。

2. 工种负责人、审核人必须参加评审会，审定人以及项目组其他人员应尽量参会。工种负责人负责项目组与会人员的通知事宜，在必要时可邀请建筑专业相关人员出席。

3. 评审后工种负责人应填写《结构方案评审意见回复表》，逐条回复《结构方案评审表》和《会议纪要》中提出的评审意见，并在签署齐全后归档。

会议纪要

2016 年 3 月 2 日

"呼和浩特昭君博物院提升改造项目"施工图设计阶段结构方案评审会

评审人：谢定南、罗宏渊、王金祥、尤天直、朱炳寅、王大庆

主持人：朱炳寅　　　记录：王大庆

介　绍：余蕾

结构方案：本工程地上 2 层、地下 1 层，采用混凝土框架-剪力墙结构体系。

设缝分为两个结构单元，中部门厅、连廊通过滑动支座支承于两侧结构的框架柱牛腿。选择地下室顶板作为嵌固部位。

地基基础方案：暂无勘察报告，拟采用天然地基上的独立基础、条形基础。

评审：

1. 地下室顶板为哑铃形的弱连接平面，且开设大洞，嵌固条件不足，宜采用基础嵌固模型，并补充地下室顶板嵌固模型包络设计。

2. 平面弱连接部位宜合理分缝，适当优化缝两侧的结构布置，不应采用滑动支座＋牛腿的支承方案。

3. 注意斜柱、斜梁的推力和相关楼面构件的拉力问题，核查斜柱、斜梁计算模型与实际受力状态的一致性，适当优化楼层的水平传力路径，按零刚度板模型复核验算楼面梁拉力。

4. 补充单榀框架承载力分析，包络设计。

5. 进一步推敲曲线连桥的结构方案，采取有效措施，确保其稳定性。

6. 尽早落实建筑外挂斜板与主体结构的连接问题，避免对主体结构的不利影响。

结论：

建议根据结构方案评审表的主要结论以及会议纪要内容，进一步优化结构设计。

49　敦煌市公安消防大队特勤中队业务用房

设计部门：国住人居工程顾问有限公司
主要设计人：娄霓、张兰英、尤天直、蔡玉龙

工程简介

一、工程概况

敦煌市公安消防大队特勤中队业务用房位于甘肃省敦煌市，北临绿洲路，南临规划路，西临飞天大道。本工程设缝分为A、B、C三区，均采用混凝土框架结构体系。A楼地上1层，主要建筑功能为室内训练馆，层高为11.4m。B楼地上2层，主要建筑功能为消防汽车库及战斗班，首层层高为5.7m，二层层高为3.6m。C楼地上2层，局部3层，主要建筑功能为消防指挥、士兵之家、士兵公寓，首层层高为4.5m，二、三层层高均为3.6m。

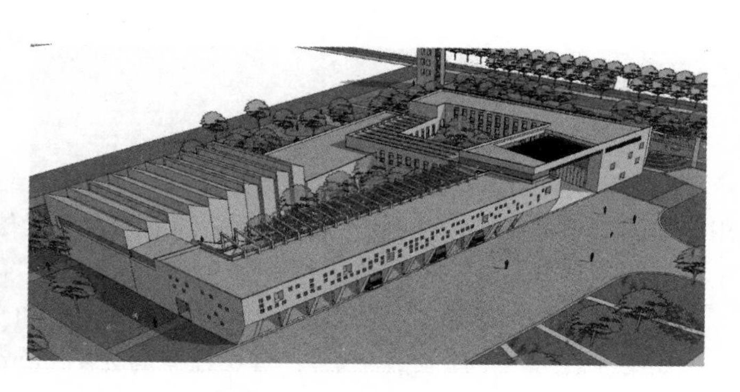

图49-1　建筑效果图

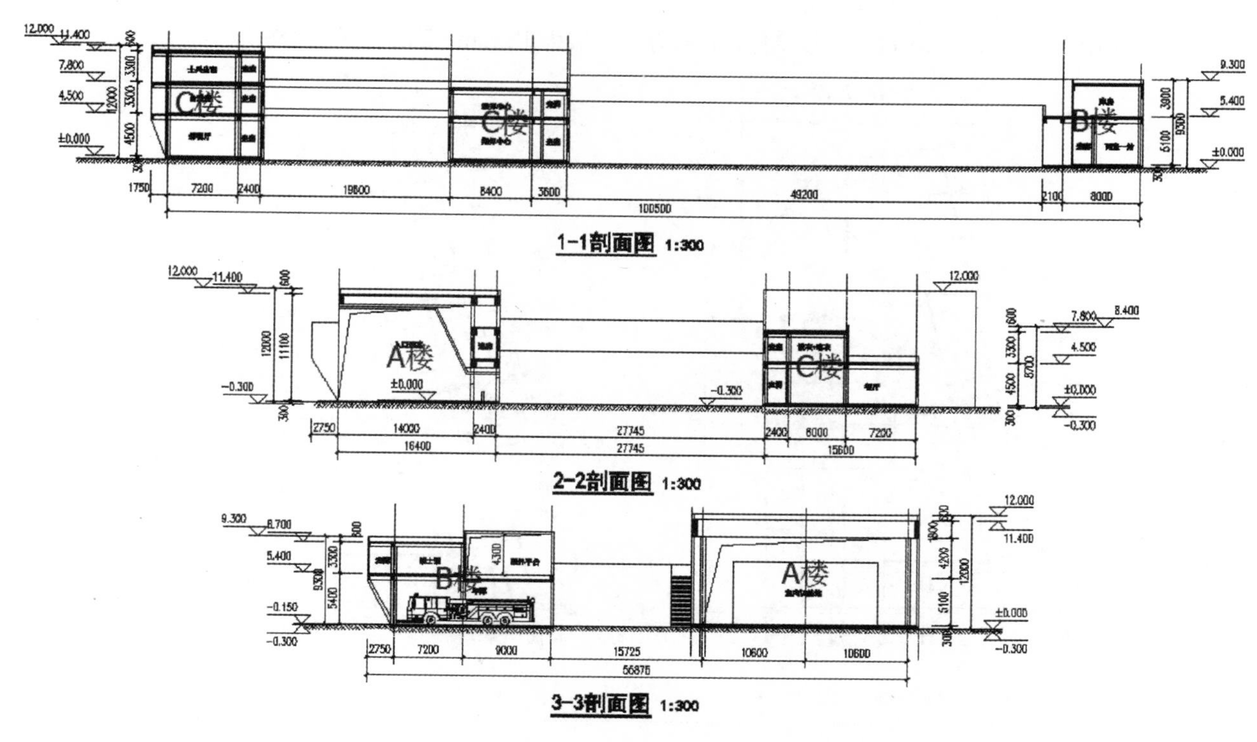

图49-2　建筑剖面图

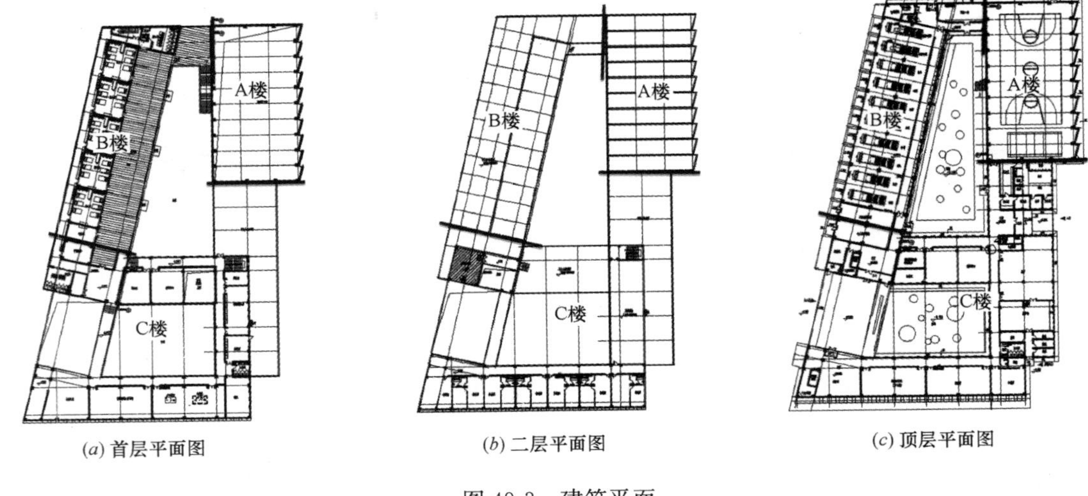

(*a*) 首层平面图　　(*b*) 二层平面图　　(c) 顶层平面图

图 49-3　建筑平面

二、结构方案

1. 抗侧力体系

通过多方案比较，综合考虑建筑功能、立面造型、结构传力明确、经济合理等多种因素，本工程采用钢筋混凝土框架结构体系。结构竖向荷载通过水平梁传至框架柱，再传至基础。水平作用由钢筋混凝土框架承担。

A 楼（室内训练馆）：柱截面为 800mm×600mm 和 600mm×600mm。

B 楼（消防汽车库及战斗班）：首层柱截面为 700mm×700mm 和 500mm×500mm；二层柱截面为 600mm×600mm 和 500mm×500mm。

C 楼（其他建筑）：各层柱截面均为 600mm×600mm、600mm×800mm 和 800mm×800mm。

2. 楼盖体系

本工程采用设单向次梁的现浇梁、板结构，楼板厚度一般为 120mm，部分小跨度楼板取 100mm 厚。

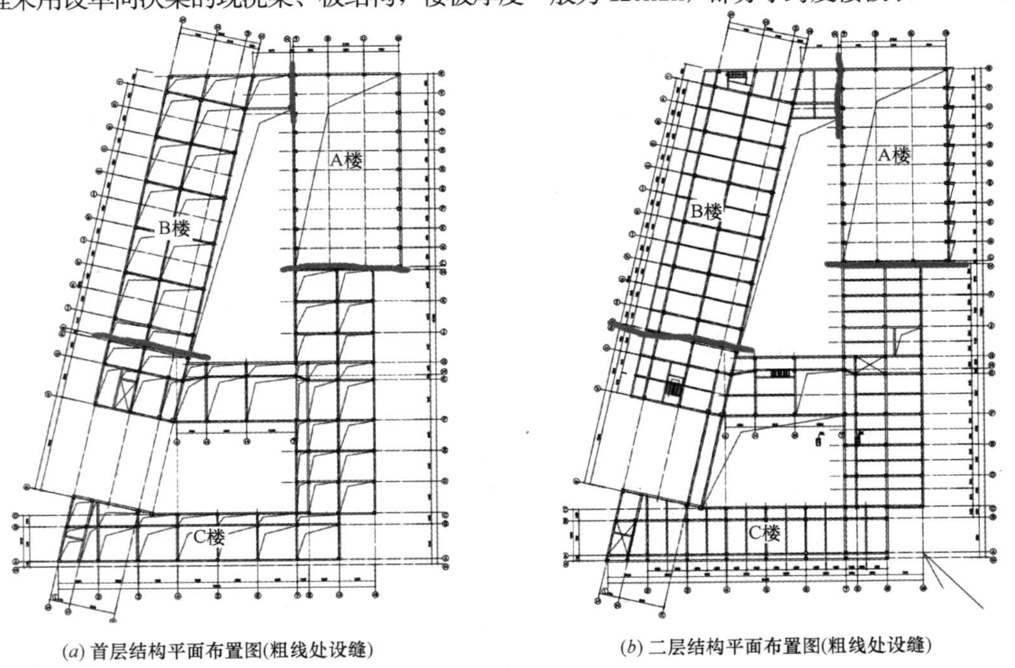

(*a*) 首层结构平面布置图(粗线处设缝)　　(*b*) 二层结构平面布置图(粗线处设缝)

图 49-4　结构平面布置

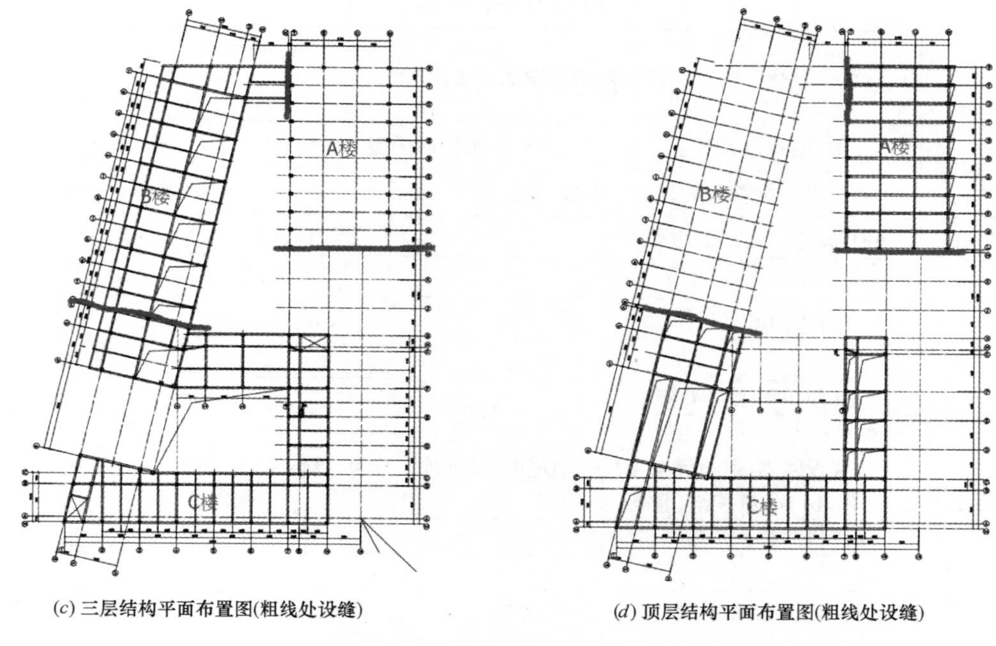

(c) 三层结构平面布置图(粗线处设缝)　　(d) 顶层结构平面布置图(粗线处设缝)

图 49-4　结构平面布置（续）

三、地基基础方案

根据勘察报告的建议，并结合结构受力特点，本工程采用独立基础。地基持力层为 2 层细砂层，地基承载力特征值 f_{ak}＝130kPa。场地季节性冻土标准冻深为 1.44m。

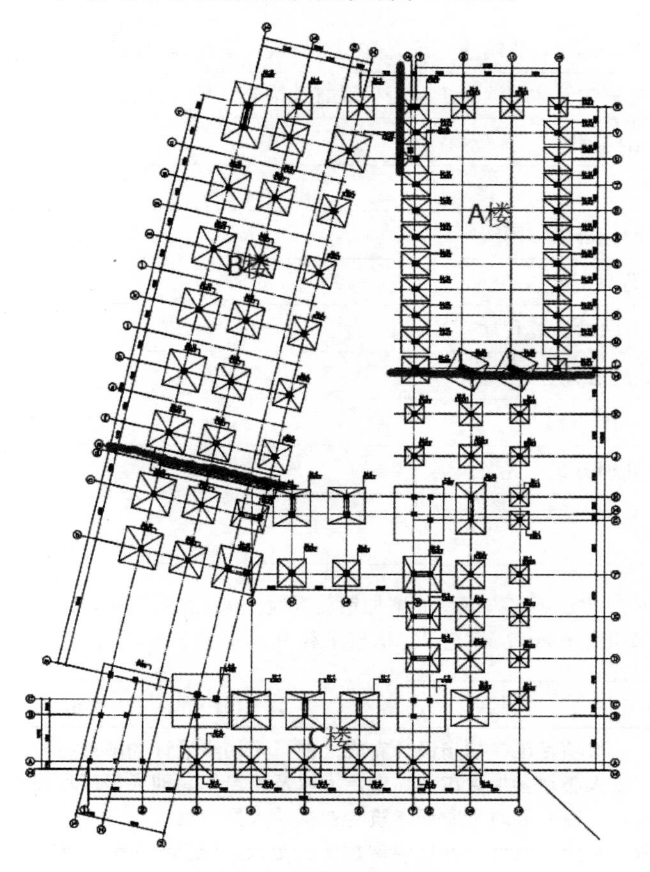

图 49-5　基础平面布置图

结构方案评审表

结设质量表（2016）

<table>
<tr><td rowspan="2">项目名称</td><td colspan="2" rowspan="2">敦煌市公安消防大队特勤中队业务用房</td><td>项目等级</td><td>A/B级□、非A/B级■</td></tr>
<tr><td>设计号</td><td>16012</td></tr>
<tr><td>评审阶段</td><td>方案设计阶段□</td><td>初步设计阶段■</td><td colspan="2">施工图设计阶段□</td></tr>
<tr><td>评审必备条件</td><td colspan="2">部门内部方案讨论　有■　无□</td><td colspan="2">统一技术条件　有■　无□</td></tr>
<tr><td rowspan="4">工程概况</td><td colspan="2">建设地点　甘肃省敦煌市</td><td colspan="2">建筑功能　办公</td></tr>
<tr><td colspan="2">层数(地上/地下)3/0</td><td colspan="2">高度(檐口高度)11.4m</td></tr>
<tr><td colspan="2">建筑面积(m²)6800</td><td colspan="2">人防等级　无</td></tr>
<tr><td colspan="2"></td><td colspan="2"></td></tr>
<tr><td rowspan="6">主要控制参数</td><td colspan="4">设计使用年限　50年</td></tr>
<tr><td colspan="4">结构安全等级　二级</td></tr>
<tr><td colspan="4">抗震设防烈度、设计基本地震加速度、设计地震分组、场地类别、特征周期
7度、0.1g、第三组、Ⅱ类、0.45s</td></tr>
<tr><td colspan="4">抗震设防类别　重点设防类</td></tr>
<tr><td colspan="4">主要经济指标</td></tr>
<tr><td colspan="4"></td></tr>
<tr><td rowspan="9">结构选型</td><td colspan="4">结构类型　框架结构</td></tr>
<tr><td colspan="4">概念设计、结构布置　结构平面布置均匀、规则</td></tr>
<tr><td colspan="4">结构抗震等级　二级框架</td></tr>
<tr><td colspan="4">计算方法及计算程序　YJK</td></tr>
<tr><td colspan="4">主要计算结果有无异常(如:周期、周期比、位移、位移比、剪重比、刚度比、楼层承载力突变等)位移比超1.2</td></tr>
<tr><td colspan="4">伸缩缝、沉降缝、防震缝　按规范要求设置伸缩缝、防震缝</td></tr>
<tr><td colspan="4">结构超长和大体积混凝土是否采取有效措施　采取设缝或设置后浇带</td></tr>
<tr><td colspan="4">有无结构超限</td></tr>
<tr><td colspan="4"></td></tr>
<tr><td rowspan="6">基础选型</td><td colspan="4">基础设计等级　丙级</td></tr>
<tr><td colspan="4">基础类型　独立基础</td></tr>
<tr><td colspan="4">计算方法及计算程序　YJK</td></tr>
<tr><td colspan="4">防水、抗渗、抗浮　无</td></tr>
<tr><td colspan="4">沉降分析　无</td></tr>
<tr><td colspan="4">地基处理方案　无</td></tr>
<tr><td>新材料、新技术、难点等</td><td colspan="4">无</td></tr>
<tr><td>主要结论</td><td colspan="4">C区顶层建筑不上人屋面处增加钢筋混凝土梁，加强拉接，提高整体性，训练馆屋顶结合建筑要求调整优化结构布置、补充单榀框架承载力分析，楼梯间周边设框架柱</td></tr>
<tr><td colspan="2">工种负责人:娄霓　蔡玉龙　日期:2016.3.2</td><td colspan="3">评审主持人:朱炳寅　日期:2016.3.2</td></tr>
</table>

注意：1. 评审申请时间：一般项目应在初步设计完成之前，无初步设计的项目在施工图1/2阶段。

2. 工种负责人、审核人必须参加评审会，审定人以及项目组其他人员应尽量参会。工种负责人负责项目组与会人员的通知事宜，在必要时可邀请建筑专业相关人员出席。

3. 评审后工种负责人应填写《结构方案评审意见回复表》，逐条回复《结构方案评审表》和《会议纪要》中提出的评审意见，并在签署齐全后归档。

会议纪要

2016年3月2日

“敦煌市公安消防大队特勤中队业务用房”初步设计阶段结构方案评审会

评审人：谢定南、罗宏渊、王金祥、尤天直、朱炳寅、王大庆

主持人：朱炳寅　　　记录：王大庆

介　绍：蔡玉龙

结构方案：本工程地上3层，无地下室。设缝分为A、B、C三区，采用混凝土框架结构体系。

地基基础方案：采用天然地基上的独立基础。

评审：

1. A区训练馆屋顶结合建筑要求，减轻屋面重量，调整、优化结构布置和构件截面尺寸。

2. A区补充单榀框架承载力分析，包络设计。

3. C区大门处平面连接弱，与建筑专业协商，在该部位顶层不上人屋面处增设钢筋混凝土梁，加大楼板宽度，以加强平面拉接，提高结构整体性。

4. 楼梯间周边设置框架柱，形成封闭框架。

结论：

建议根据结构方案评审表的主要结论以及会议纪要内容，进一步优化结构设计。

50　武汉仙鹤湖项目

设计部门：第二工程设计研究院
主要设计人：王超、周岩、施泓、朱炳寅

工程简介

一、工程概况

武汉仙鹤湖项目位于湖北省咸宁市梓山湖（贺胜）生态科技新城余花片（东城区）北部，西侧为生态绿地与咸安贺胜环保产业园相邻，南侧为城市主干道站前大道，北侧为314省道；规划面积159.73公顷，建筑面积约1万m^2。建筑主檐口高度为18m；地上2层（局部3层），无地下室。主要建筑功能为人文收藏馆、展厅、影厅、餐厅、办公及配套用房。结构形式为钢筋混凝土框架结构；基础采用柱下独立基础。

图50-1　建筑效果图

图50-2　屋顶鸟瞰图

二、结构方案

建筑平面尺寸约为120m×17m。因建筑隔墙分布不均匀，布置剪力墙不方便，故采用钢筋混凝土框架结构体系。经计算，满足规范相关要求。

建筑的大屋面为曲面下凹异型屋面。选择屋面结构形式时，曾考虑过钢框架结构及双层屋面板等形式，结合甲方的造价要求及施工难易程度等因素，最终采用钢筋混凝土单层楼板的屋盖形式。结构计算模型真实模拟屋顶曲面，保证结构计算模型能反映屋面梁、柱受力的真实情况。

设计中的难点除曲面屋顶外，还有跃层柱、单方向悬臂柱。跃层柱的跃层高度为20m左右，采用直径800mm的圆柱，内力控制采用中震弹性及按非穿层柱剪力反算穿层柱内力的方法复核配筋。单方向悬臂柱采用单榀框架模型复核悬臂柱弯矩，并对平面楼层的梁、板进行加强，增加柱间的协调能力。

结构构件尺寸主要为：框架柱600mm×900mm、600mm×600mm、ϕ800mm；框架梁300mm×700mm；次梁200mm×600mm；楼板120mm～150mm。

三、地基基础方案

根据勘察报告建议，本工程采用柱下独立基础，以②层粉质黏土为地基持力层，承载力特征值为280kPa。

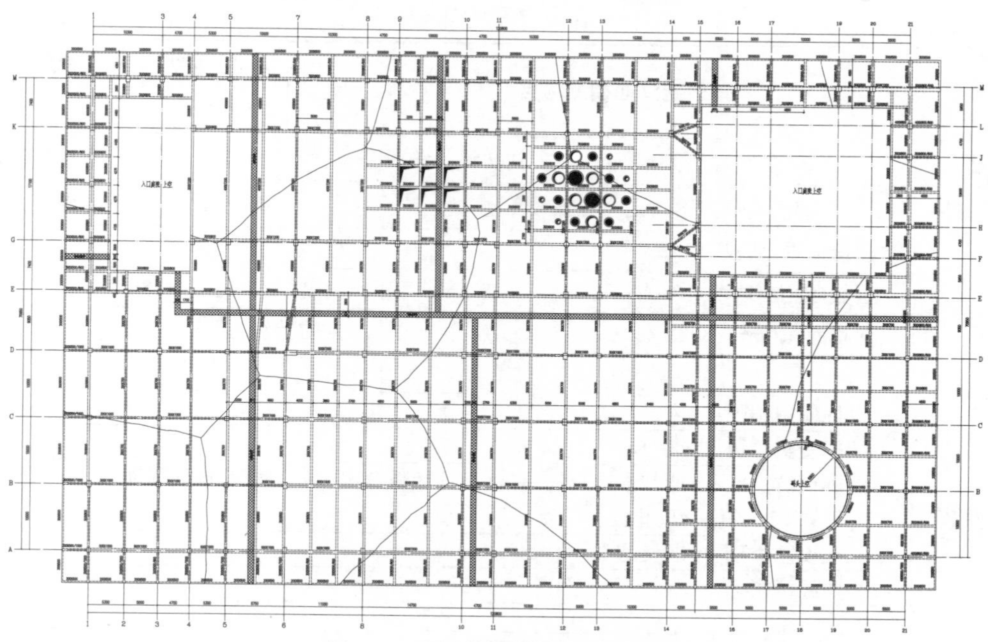
图 50-3 屋顶层结构平面布置图

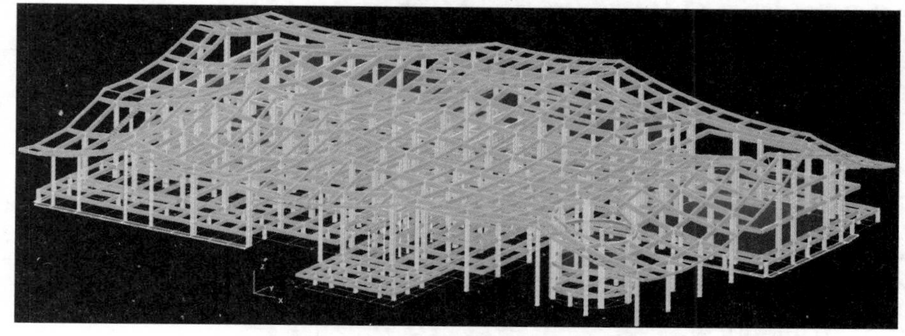
图 50-4 结构计算模型

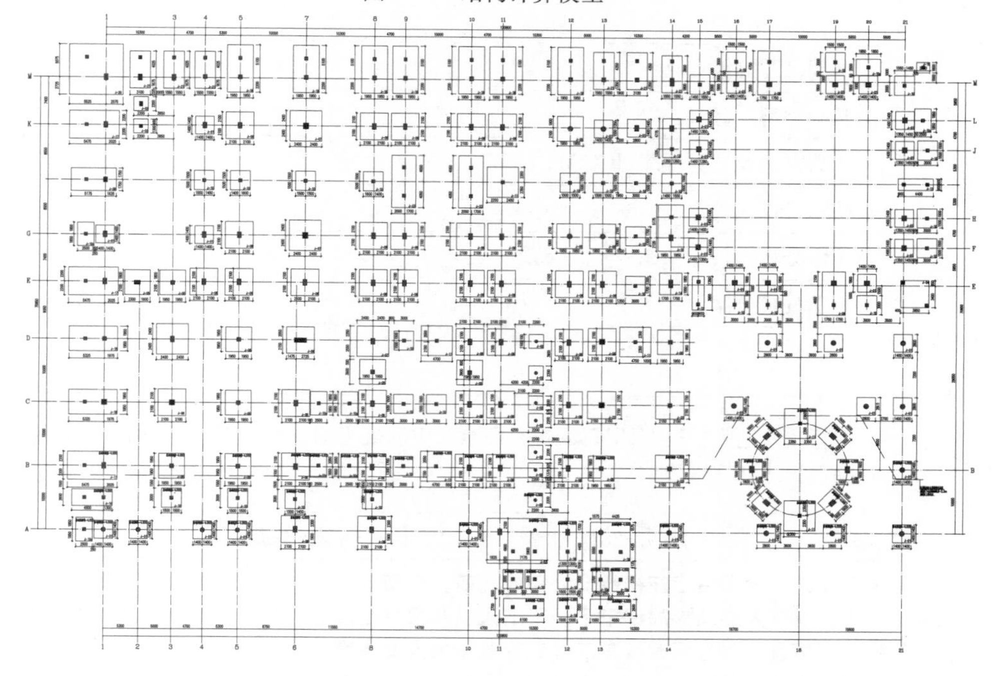
图 50-5 基础平面布置图

结构方案评审表

结设质量表（2016）

<table>
<tr><td rowspan="2">项目名称</td><td rowspan="2" colspan="2">武汉仙鹤湖项目</td><td>项目等级</td><td>A/B级□、非A/B级■</td></tr>
<tr><td>设计号</td><td>15304</td></tr>
<tr><td>评审阶段</td><td>方案设计阶段□</td><td>初步设计阶段□</td><td colspan="2">施工图设计阶段■</td></tr>
<tr><td>评审必备条件</td><td colspan="2">部门内部方案讨论　有■　无□</td><td colspan="2">统一技术条件　有■　无□</td></tr>
<tr><td rowspan="4">工程概况</td><td colspan="2">建设地点：武汉</td><td colspan="2">建筑功能：公建</td></tr>
<tr><td colspan="2">层数（地上/地下）：2/0</td><td colspan="2">高度（檐口高度）：18m</td></tr>
<tr><td colspan="2">建筑面积（m²）：8023</td><td colspan="2">人防等级：无</td></tr>
<tr><td colspan="2"></td><td colspan="2"></td></tr>
<tr><td rowspan="6">主要控制参数</td><td colspan="4">设计使用年限：50年</td></tr>
<tr><td colspan="4">结构安全等级：二级</td></tr>
<tr><td colspan="4">抗震设防烈度、设计基本地震加速度、设计地震分组、场地类别、特征周期
6度、0.05g、第一组、Ⅱ类、0.35s</td></tr>
<tr><td colspan="4">抗震设防类别：标准设防类</td></tr>
<tr><td colspan="4">主要经济指标</td></tr>
<tr><td colspan="4"></td></tr>
<tr><td rowspan="9">结构选型</td><td colspan="4">结构类型：框架结构</td></tr>
<tr><td colspan="4">概念设计、结构布置：</td></tr>
<tr><td colspan="4">结构抗震等级：框架：四级</td></tr>
<tr><td colspan="4">计算方法及计算程序：SATWE</td></tr>
<tr><td colspan="4">主要计算结果有无异常（如：周期、周期比、位移、位移比、剪重比、刚度比、楼层承载力突变等）：计算结果无异常</td></tr>
<tr><td colspan="4">伸缩缝、沉降缝、防震缝</td></tr>
<tr><td colspan="4">结构超长和大体积混凝土是否采取有效措施：超长部分进行温度应力计算</td></tr>
<tr><td colspan="4">有无结构超限：无</td></tr>
<tr><td colspan="4"></td></tr>
<tr><td rowspan="6">基础选型</td><td colspan="4">基础设计等级：丙级</td></tr>
<tr><td colspan="4">基础类型：天然地基</td></tr>
<tr><td colspan="4">计算方法及计算程序：JCCAD</td></tr>
<tr><td colspan="4">防水、抗渗、抗浮</td></tr>
<tr><td colspan="4">沉降分析</td></tr>
<tr><td colspan="4">地基处理方案</td></tr>
<tr><td>新材料、新技术、难点等</td><td colspan="4"></td></tr>
<tr><td>主要结论</td><td colspan="4">屋顶按零刚度板模型计算梁拉力，注意水中混凝土耐久性问题，适当加大凹形屋面积水荷载，注意湖面积冰处理措施</td></tr>
<tr><td colspan="2">工种负责人：周岩　　　日期：2016.3.2</td><td colspan="3">评审主持人：朱炳寅　　　日期：2016.3.2</td></tr>
</table>

注意：1. 评审申请时间：一般项目应在初步设计完成之前，无初步设计的项目在施工图1/2阶段。

2. 工种负责人、审核人必须参加评审会，审定人以及项目组其他人员应尽量参会。工种负责人负责项目组与会人员的通知事宜，在必要时可邀请建筑专业相关人员出席。

3. 评审后工种负责人应填写《结构方案评审意见回复表》，逐条回复《结构方案评审表》和《会议纪要》中提出的评审意见，并在签署齐全后归档。

会议纪要

2016 年 3 月 2 日

"武汉仙鹤湖项目"施工图设计阶段结构方案评审会

评审人：谢定南、罗宏渊、王金祥、尤天直、朱炳寅、王大庆

主持人：朱炳寅　　　记录：王大庆

介　绍：周岩、王超

结构方案：本工程部分建于陆上，部分建于水中；地上 2 层，无地下室。采用混凝土框架结构体系，屋顶为下凹异形屋面。超长结构进行温度应力分析。悬臂柱部位进行单榀结构承载力分析。

地基基础方案：采用天然地基上的独立基础。

评审：

1. 进一步核查结构的不规则情况，有针对性地采取有效的结构措施。
2. 新的地震动参数区划图即将实施，注意地震动参数取值问题。
3. 屋顶为下凹异形屋面，采用零刚度板模型，计算复核屋面梁拉力。
4. 提请给排水专业采取可靠的屋面排水措施，适当加大凹形屋面的积水荷载。
5. 进一步优化 10m 长悬臂部位的结构布置。
6. 水下基础应适当设置基础拉梁。
7. 注意水中混凝土的耐久性问题，适当提高混凝土强度等级。
8. 注意湖面结冰对混凝土柱的不利影响，采取有效的处理措施。

结论：

建议根据结构方案评审表的主要结论以及会议纪要内容，进一步优化结构设计。

51　北京影创空间大厦改造项目

设计部门：第一工程设计研究院
主要设计人：彭永宏、徐琳、陈文渊、刘洋

工程简介

一、工程概况

影创空间大厦改造工程位于北京市怀柔区杨宋镇，由我院于2011年4月完成施工图设计，2015年1月通过竣工验收。本工程为原影人酒店项目的B座高层办公楼，总建筑面积约1.86万m^2；地下两层，地下二层为人防物资库（核6级），层高3.8m，地下一层为停车库，层高5.0m；地上17层，一层为大堂、办公，层高5.9m，二～十五层为办公室、会议室，层高3.6m，十六、十七层为办公室、会议室，层高4.2m，屋面上为装饰架，屋面檐口高度为64.7m。建筑长度为34.8m，宽度为23.7m。原结构为框架-抗震墙结构体系，原基础为CFG桩复合地基上的筏板基础。

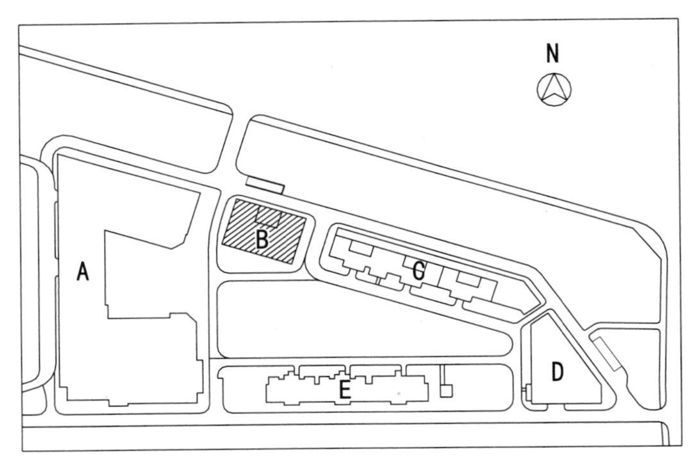

图51-1　总平面图

二、结构方案

根据甲方提供的证明，本工程竣工验收后至今未投入使用，也未进行过任何结构改动，目前仍保持验收时的结构状态，现场无任何破坏和损伤，故无需对结构进行检测鉴定。

为配合建筑装修及立面调整，本次改造不改变主体结构的框架柱、抗震墙及框架梁，故不进行整体计算，仅按照局部使用功能变化，对相关范围构件进行复核验算，主要工作如下：

1. 地下一层增加通讯机房，进行荷载复核。

2. 一层增加钢梯，进行荷载复核，并与厂家配合钢梯与主体结构的连接事宜。

3. 二层局部楼板开洞，钢梯上至二层；北侧入口增加雨篷，与厂家配合雨篷与主体结构的连接事宜。

4. 二层～十七层卫生间位置调整，配合设备专业进行楼板开洞。

5. 二层～十七层空调室外机位置调整，配合设备基础设计。

图 51-2　建筑效果图

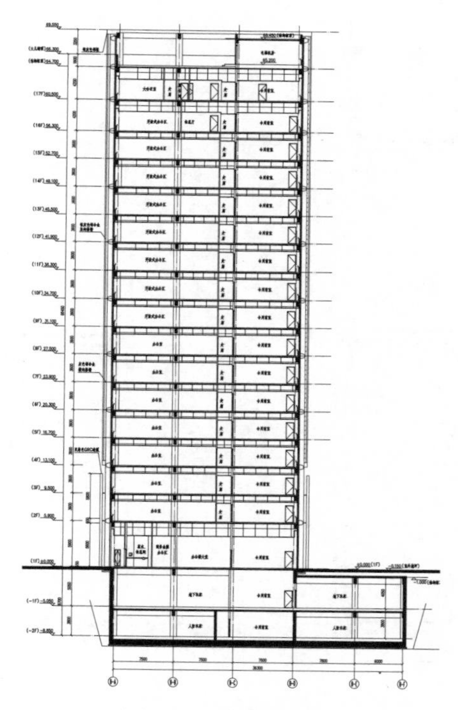

图 51-3　建筑剖面图

6. 十六层增加钢梯，进行荷载复核，并与厂家配合钢梯与主体结构的连接事宜。
7. 十七层局部楼板开洞，钢梯上至十七层。
8. 屋面增加采光窗，局部楼板开洞；配合设备专业布置设备基础。
9. 配合立面调整，进行荷载复核及与主体结构连接。

10. 配合 LOGO 造型及 LED 等布置，进行荷载复核及与主体结构连接。

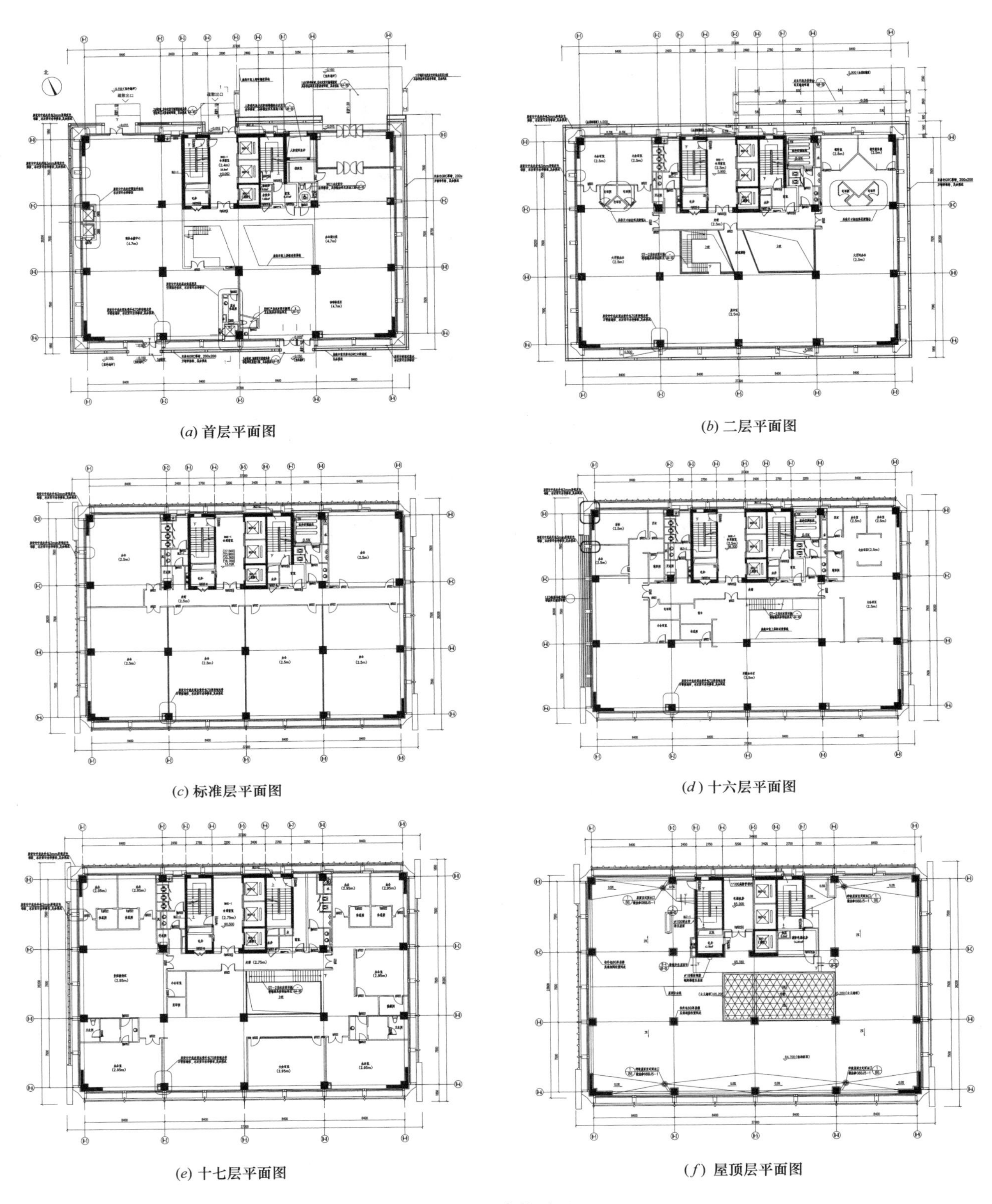

(*a*) 首层平面图　　(*b*) 二层平面图

(*c*) 标准层平面图　　(*d*) 十六层平面图

(*e*) 十七层平面图　　(*f*) 屋顶层平面图

图 51-4　建筑平面

三、地基基础方案

装修改造总体上对地基基础的影响很小，经核算，地基基础不需要加固。

结构方案评审表

结设质量表（2016）

项目名称	影创空间大厦改造工程	项目等级	A/B级□、非A/B级☑
		设计号	16005
评审阶段	方案设计阶段□	初步设计阶段□	施工图设计阶段☑
评审必备条件	部门内部方案讨论　有☑　无□	统一技术条件　有☑无□	
工程概况	建设地点　北京怀柔　杨宋镇	建筑功能　办公楼	
	层数(地上/地下)17F/2D	高度(檐口高度)　64.70m	
	建筑面积(m^2)　1.86万	人防等级　核6级	
主要控制参数	设计使用年限　按原设计(50年)		
	结构安全等级　二级		
	抗震设防烈度、设计基本地震加速度、设计地震分组、场地类别、特征周期 7度、0.15g、第一组、Ⅱ类、0.35s		
	抗震设防类别　丙类		
	主要经济指标		
结构选型	结构类型　框架-抗震墙结构		
	概念设计、结构布置　结构布置采用楼板体系		
	结构抗震等级　框架二级、抗震墙二级		
	计算方法及计算程序　理正结构工具箱　7.0PB1		
	主要计算结果有无异常(如:周期、周期比、位移、位移比、剪重比、刚度比、楼层承载力突变等) 无		
	伸缩缝、沉降缝、防震缝　无		
	结构超长和大体积混凝土是否采取有效措施　无超长、无大体积混凝土		
	有无结构超限　无		
基础选型	基础设计等级　乙级		
	基础类型　筏板基础		
	计算方法及计算程序　PKPM系列JCCAD软件		
	防水、抗渗、抗浮　混凝土抗渗等级S6		
	沉降分析　无异常		
	地基处理方案　CFG桩复合地基		
新材料、新技术、难点等			
主要结论	装修改造总体上对结构(主体)影响不大,结构改造措施合理,优化钢梯结构布置,优化加固改造图示方法 (全部内容均在此页)		
工种负责人:彭永宏	日期:2016.3.8	评审主持人:朱炳寅	日期:2016.3.10

注意：1. 评审申请时间：一般项目应在初步设计完成之前，无初步设计的项目在施工图1/2阶段。

2. 工种负责人、审核人必须参加评审会，审定人以及项目组其他人员应尽量参会。工种负责人负责项目组与会人员的通知事宜，在必要时可邀请建筑专业相关人员出席。

3. 评审后工种负责人应填写《结构方案评审意见回复表》，逐条回复《结构方案评审表》和《会议纪要》中提出的评审意见，并在签署齐全后归档。

52 厦门杰出建筑师当代建筑作品园 13 号地块

设计部门：第二工程设计研究院
主要设计人：张猛、芮建辉、施泓、朱炳寅、罗肖

工 程 简 介

一、工程概况

本工程位于福建省厦门市，临海而建。总建筑面积 3000m^2。建筑功能为咖啡厅、茶室。

本工程为一个独立的结构单体，地上 2 层、局部 3 层，无地下室。平面轴线尺寸约 102m×11～25m（宽度渐变），榀间距为 3m。首层层高 3.7m，二层层高 6.2m。结构形式为胶合竹框架-排架结构。

图 52-1 建筑效果图

二、结构方案

1. 结构竖向及抗侧力体系

本工程的结构形式为胶合竹框架-排架结构。结构构件采用胶合竹作为主要承重材料，构件间通过钢连接件及螺栓连接固定。沿建筑横向为框架结构，沿建筑纵向为带支撑排架结构。

（1）横向结构

沿建筑横向剖面，为“菱形外框架”＋“横向主梁”形成的单榀结构。南侧建筑较宽，为减小横梁计算跨度、增大结构抗侧刚度，加设“梁下内撑杆”，见图 52-4。

（2）纵向结构

横向单榀结构之间通过正脊、腰梁、纵向撑杆连接，形成榀间传力途径。沿纵向每隔 5～7 榀，设“X”形斜拉索，以抵抗纵向水平力，见图 52-5。

（3）整体结构

35 个间距 3m 的渐变平行榀沿纵向两两相连，形成整体空间受力体系，见图 052-6。

2. 楼盖体系

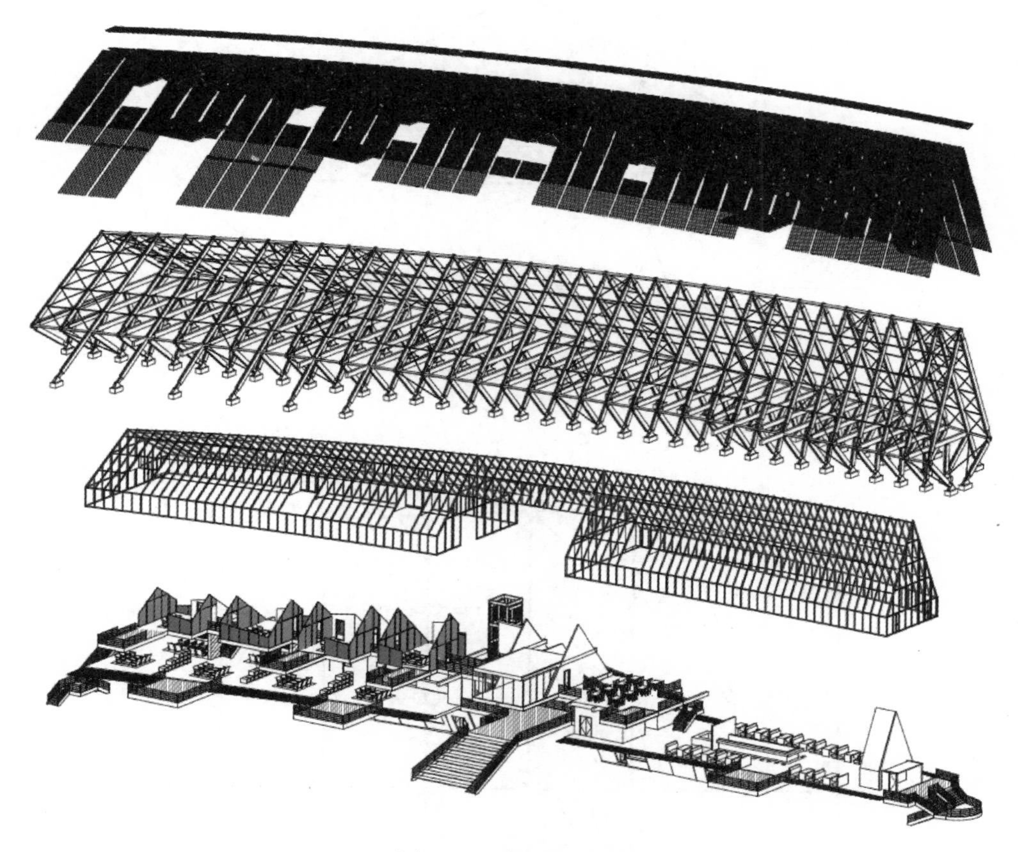

图 52-2　建筑构件拆分图

楼面采用胶合竹结构及板材。因楼面板与楼面梁的连接相对较弱，为保证楼板平面内刚度，达到协调各单榀结构变形的目的，胶合竹楼板下的楼面梁间设交叉水平拉索，胶合竹檩条兼做系杆，与拉索共同实现楼板平面内刚度，保障各榀协同工作。

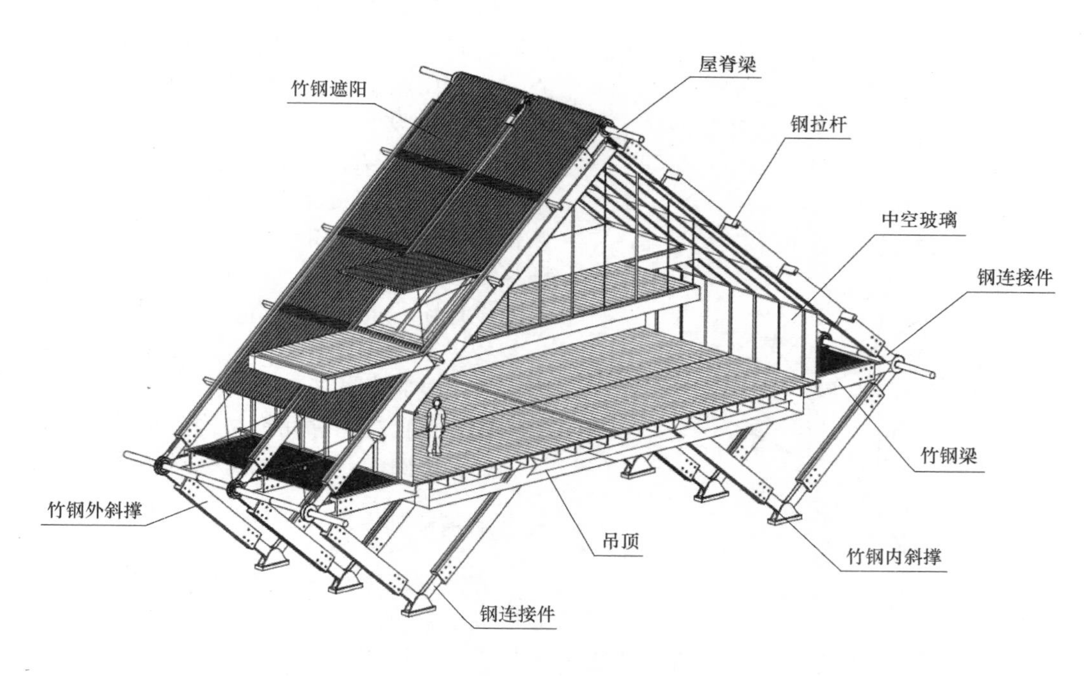

图 52-3　建筑单元示意图

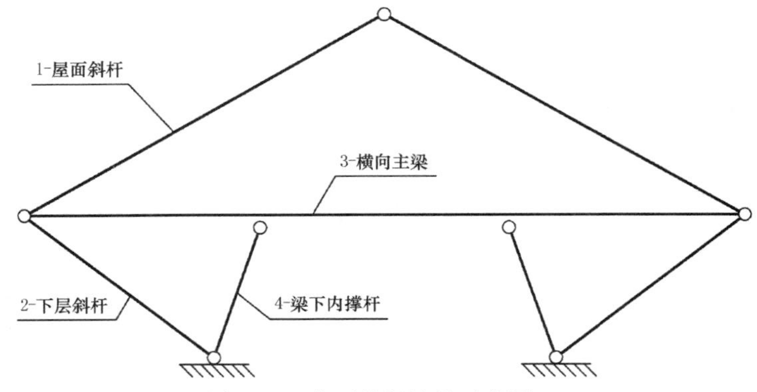

图 52-4　典型单榀结构示意图

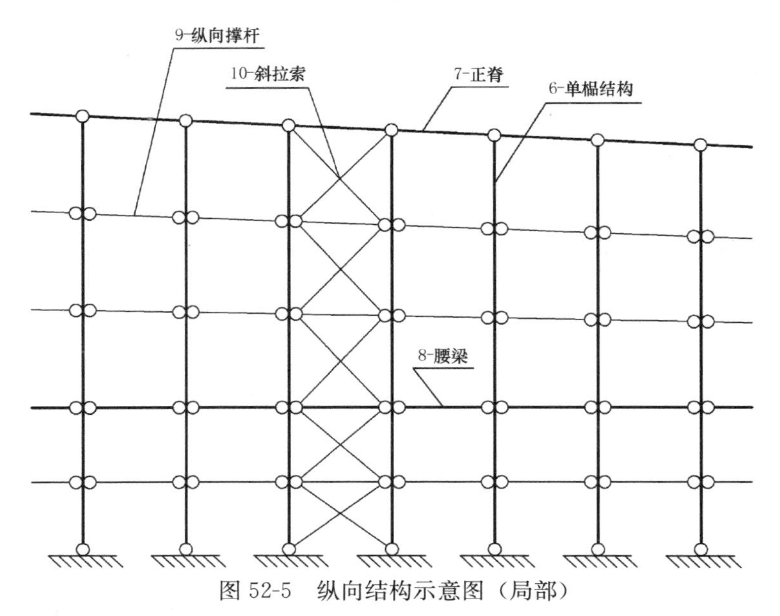

图 52-5　纵向结构示意图（局部）

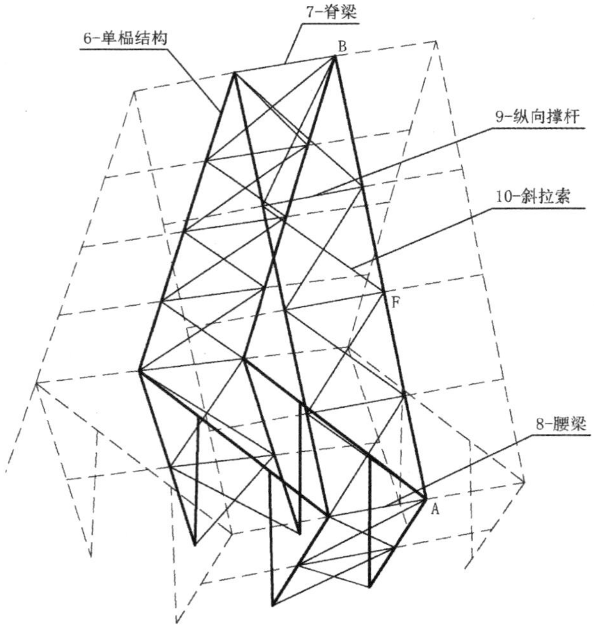

图 52-6　联榀结构示意图

3. 结构初步设计的重点工作

（1）缺少设计依据。胶合竹为竹基纤维重组或集成材料，作为主体结构构件用材，具有很多优势。但使用胶合竹作为主体结构材料没有相关规范依据，也没有报审项目的先例。在初步设计过程中，以国家现有相关规范作为参考，制定出应用于本工程的《胶合竹结构设计技术条件》，包括该材料主要力学性能指标、构件设计方法、节点计算方法等内容，经审查通过后将用于本工程施工图设计阶段的计算分析和图纸设计。

（2）完成结构单榀计算、整体计算，得到构件内力及主要控制指标。

（3）胶合竹构件间钢结构连接节点设计。

（4）结构中存在的大跨、悬挑构件设计。

三、地基基础方案

方案评审时尚未收到勘察报告或可参考的地质资料。根据经验，场地表层有较厚的淤泥层，本工程层数较少、上部荷载相对较轻，故现阶段拟采用预应力管桩基础。

结构方案评审表

结设质量表（2016）

<table>
<tr><td>项目名称</td><td colspan="2">厦门杰出建筑师当代建筑作品园 13 号地块</td><td>项目等级</td><td>A/B 级□、非 A/B 级■</td></tr>
<tr><td></td><td colspan="2"></td><td>设计号</td><td>15015</td></tr>
<tr><td>评审阶段</td><td>方案设计阶段□</td><td>初步设计阶段■</td><td colspan="2">施工图设计阶段□</td></tr>
<tr><td>评审必备条件</td><td colspan="2">部门内部方案讨论　有■　无□</td><td colspan="2">统一技术条件　有■无□</td></tr>
<tr><td rowspan="4">工程概况</td><td colspan="2">建设地点：福建省厦门市</td><td colspan="2">建筑功能：展示、商业</td></tr>
<tr><td colspan="2">层数(地上/地下)：3/0</td><td colspan="2">高度(檐口高度)：屋脊高度 11～17m</td></tr>
<tr><td colspan="2">建筑面积(m^2)：3000</td><td colspan="2">人防等级：无</td></tr>
<tr><td colspan="2"></td><td colspan="2"></td></tr>
<tr><td rowspan="6">主要控制参数</td><td colspan="4">设计使用年限：50 年</td></tr>
<tr><td colspan="4">结构安全等级：二级</td></tr>
<tr><td colspan="4">抗震设防烈度、设计基本地震加速度、设计地震分组、场地类别、特征周期
7 度、0.15g、第二组、Ⅱ类、0.40s</td></tr>
<tr><td colspan="4">抗震设防类别：标准设防类</td></tr>
<tr><td colspan="4">主要经济指标</td></tr>
<tr><td colspan="4"></td></tr>
<tr><td rowspan="9">结构选型</td><td colspan="4">结构类型：胶合竹框架-排架</td></tr>
<tr><td colspan="4">概念设计、结构布置：</td></tr>
<tr><td colspan="4">结构抗震等级：</td></tr>
<tr><td colspan="4">计算方法及计算程序：单榀计算、整体计算、构件验算，SAP2000</td></tr>
<tr><td colspan="4">主要计算结果有无异常(如：周期、周期比、位移、位移比、剪重比、刚度比、楼层承载力突变等)：沿结构长向、短向刚度差异较大</td></tr>
<tr><td colspan="4">伸缩缝、沉降缝、防震缝：结构不设缝</td></tr>
<tr><td colspan="4">结构超长和大体积混凝土是否采取有效措施：不存在相关问题</td></tr>
<tr><td colspan="4">有无结构超限：无</td></tr>
<tr><td colspan="4"></td></tr>
<tr><td rowspan="6">基础选型</td><td colspan="4">基础设计等级：丙级</td></tr>
<tr><td colspan="4">基础类型：桩基础</td></tr>
<tr><td colspan="4">计算方法及计算程序：手算</td></tr>
<tr><td colspan="4">防水、抗渗、抗浮：无地下室，除基桩外不需考虑抗渗问题</td></tr>
<tr><td colspan="4">沉降分析</td></tr>
<tr><td colspan="4">地基处理方案</td></tr>
<tr><td>新材料、新技术、难点等</td><td colspan="4">国内首次在正式报建项目中应用胶合竹作为主体结构材料，根据此项目特点制定相关设计标准，报专家会审查通过后作为设计依据</td></tr>
<tr><td>主要结论</td><td colspan="4">注意耐久与耐火问题，按铰节点计算，刚节点处理应到位，改进，大悬挑处与建筑协商适当加斜杆减小悬挑杆件尺寸，应特别注意压弯构件的稳定性问题，竹钢的干裂问题，与建设协商，完善结构纵向支撑，验收要求应明细，注意竹钢构件的端部劈裂问题，确保节点安全有效，高温下强度降低问题应注意</td></tr>
<tr><td colspan="2">工种负责人：张猛　　日期：2016.3.15</td><td colspan="3">评审主持人：朱炳寅　　日期：2016.3.15</td></tr>
</table>

注意：1. 评审申请时间：一般项目应在初步设计完成之前，无初步设计的项目在施工图 1/2 阶段。

2. 工种负责人、审核人必须参加评审会，审定人以及项目组其他人员应尽量参会。工种负责人负责项目组与会人员的通知事宜，在必要时可邀请建筑专业相关人员出席。

3. 评审后工种负责人应填写《结构方案评审意见回复表》，逐条回复《结构方案评审表》和《会议纪要》中提出的评审意见，并在签署齐全后归档。

会议纪要

2016年3月15日

"厦门杰出建筑师当代建筑作品园13号地块"初步设计阶段结构方案评审会

评审人：谢定南、罗宏渊、王金祥、尤天直、徐琳、朱炳寅、张亚东、王大庆

主持人：朱炳寅　　　记录：王大庆

介　绍：张猛

结构方案：建于厦门海边，地上3层，无地下室。本工程是国内首个正式报建的胶合竹（也称"竹钢"）结构，无现成规范作为依据，根据项目特点制定相应设计技术条件，报专家论证会审查通过后作为设计依据。主体结构采用胶合竹框架-排架结构，各单榀结构自成稳定体系，每隔数个开间设置横向支撑，楼面满布水平支撑，进行整体模型、单榀模型、联榀模型等计算分析和节点比选。

地基基础方案：暂无勘察报告，根据相邻场地的地质条件，拟采用桩基础。

评审：

1. 本工程采用新材料——竹钢，无规范可依，应进行系统的试验、研究，细化材料强度指标（如横纹强度等），完善技术标准，以报请专家论证会审批。

2. 竹钢强度指标的离散度较大，设计时宜适当留有余量。

3. 应特别注意压弯构件（尤其是弱轴方向）的稳定性问题。

4. 注意竹钢的耐久和干裂问题，注意海边环境对竹钢和钢的腐蚀问题，采取有效防护和日常维护措施，确保结构的耐久性。

5. 采取可靠措施，确保结构的耐火性能，并应充分注意高温下竹钢的材料强度和刚度降低问题。

6. 补充铰节点模型计算分析，进一步比选节点形式，注意沿结构纵向的节点受力问题，优化节点设计，使节点处理到位。

7. 注意竹钢构件的端部劈裂问题，采取可靠的防劈裂措施（如钢靴等），确保节点安全、有效。

8. 与建筑专业协商，在大悬挑部位适当增设斜杆，减小悬挑构件尺寸。

9. 与建筑专业协商，完善结构的纵向支撑，与横向支撑一起形成完整体系，坡屋面大洞口边宜适当设置支撑。

10. 与建筑专业协商，两榀结构之间的腰梁宜采用竹钢构件。

11. 优化楼面水平支撑布置和设置吊柱部位的结构布置。

12. 优化竹钢构件的截面形式、截面尺寸。

13. 适当加强设置横向支撑部位的基础，以有效承担水平力。

14. 竹钢结构自重较轻，且位于海边，风荷载较大，应注意主体结构和围护结构的抗风设计，建议进行风洞试验。

15. 细化验收标准，并及时与质监部门配合、落实。

16. 竹钢构件与钢节点的连接宜在工厂完成，确保质量。

17. 本工程采用新材料，且位于海边不利环境（腐蚀、风大），建议及时提醒有关方面注意由此引起的造价增加问题。

结论：

建议根据结构方案评审表的主要结论以及会议纪要内容，进一步优化结构设计。

53　招商银行金融创新基地项目-98 地块

设计部门：第二工程设计研究院
主要设计人：施泓、张路、张祚嘉、张淮湧、朱炳寅

工程简介

一、工程概况

本项目为招商银行龙岗金融创新产业基地，地处深圳市龙岗区平湖镇山厦村，位于惠华路与中环大道交叉口。98 地块的用地面积 8860.27m²，规划功能为电子信息厂房，规划设计面积不大于 53000m²。

98 地块的地下建筑面积约 2.5 万 m²，地上建筑面积约 5.3 万 m²，主要建筑功能为数据中心。建筑平面尺寸为 98.0m×39.5m，地下 4 层，地上 13 层（14～17 层为空格梁层），主体结构高度为 84.050m。采用钢筋混凝土框架-剪力墙结构体系（辅以少量支撑）。

图 53-1　建筑效果图

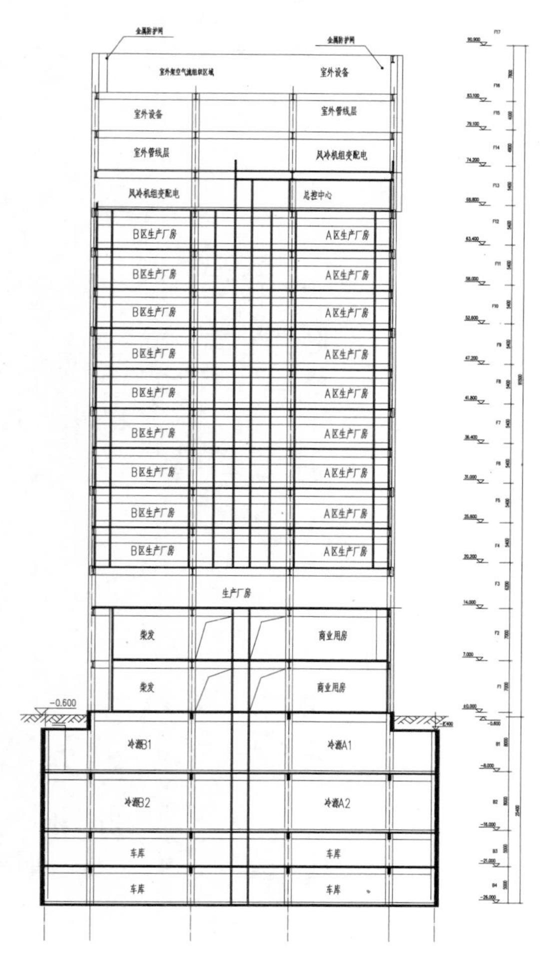

图 53-2　建筑剖面图

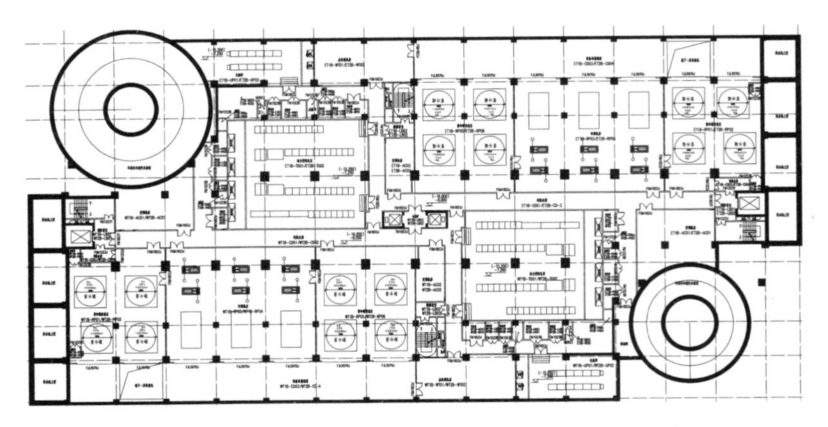

(*a*) 地下一层平面图

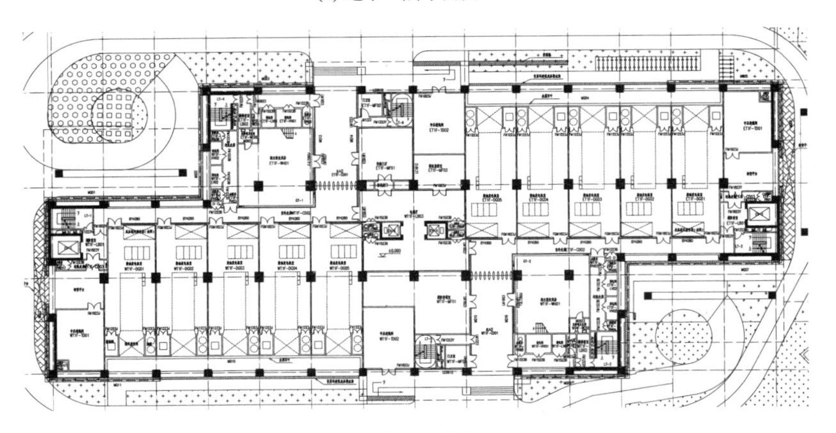

(*b*) 首层平面图

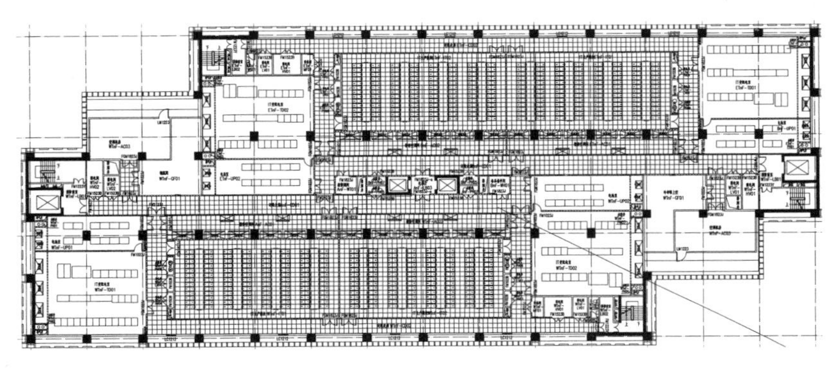

(*c*) 标准层平面图

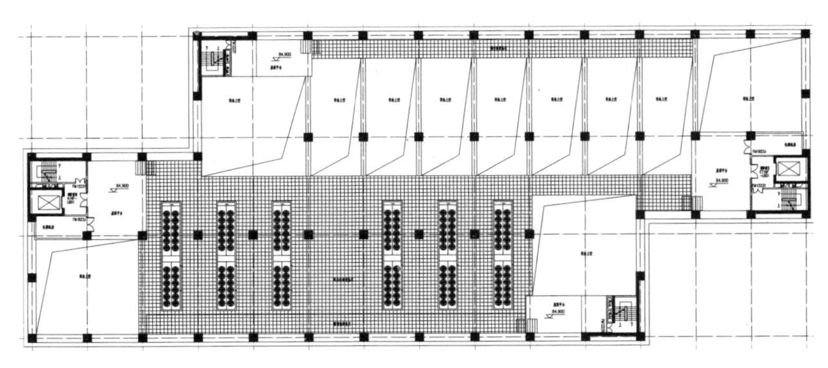

(*d*) 屋顶层平面图

图 53-3　建筑平面图

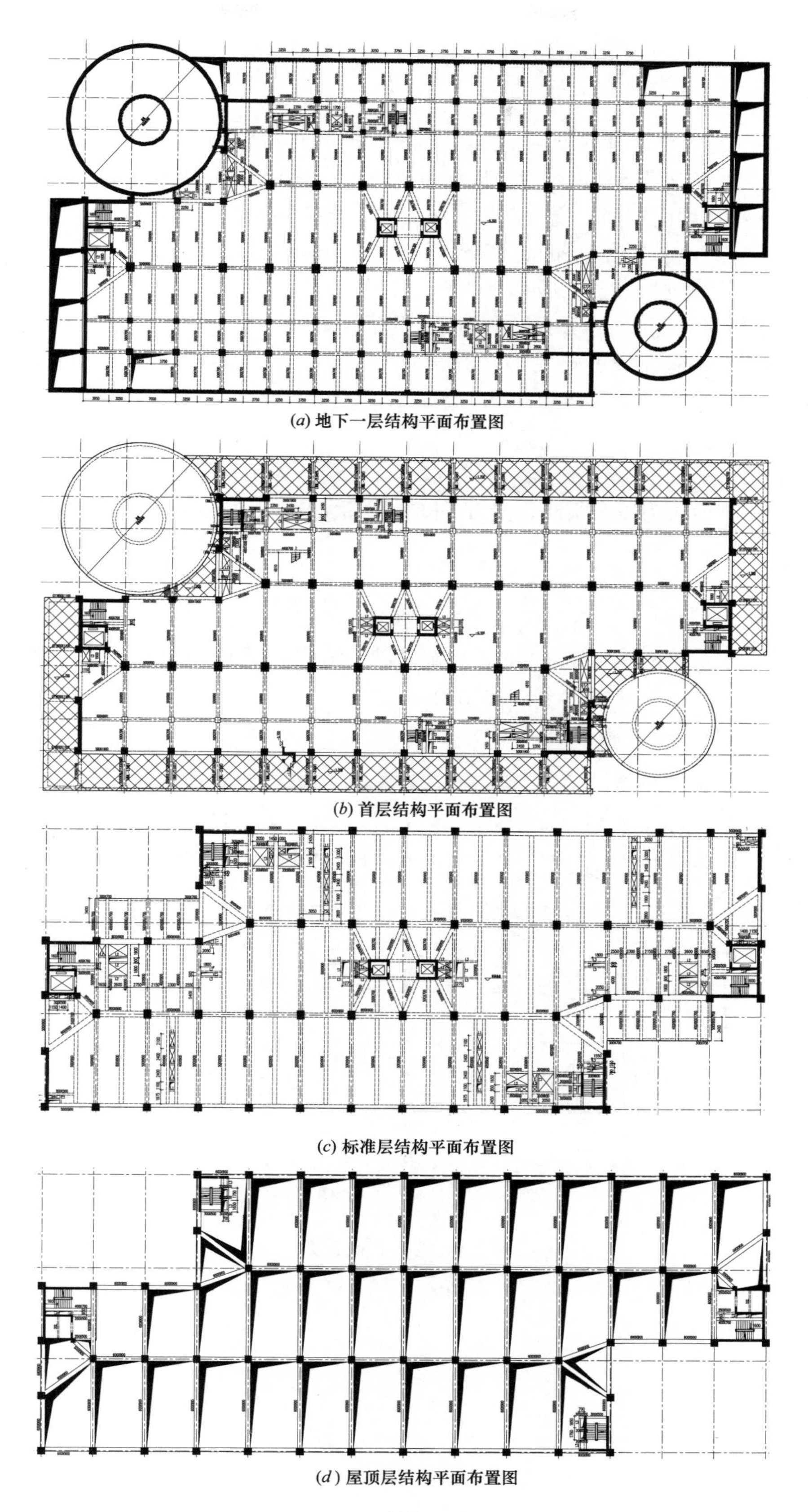
(a) 地下一层结构平面布置图

(b) 首层结构平面布置图

(c) 标准层结构平面布置图

(d) 屋顶层结构平面布置图

图 53-4　结构平面布置

二、结构方案

1. 抗侧力体系

通过多方案比较，综合考虑建筑使用功能、立面造型、结构传力明确、经济合理等多种因素，本工程采用钢筋混凝土框架-剪力墙结构体系（辅以少量支撑）。结构竖向荷载通过水平梁传至剪力墙和框架柱，再传至基础。水平作用由钢筋混凝土框架、剪力墙、支撑共同承担。

（1）钢筋混凝土剪力墙：围绕电梯间、楼梯间布置剪力墙。剪力墙厚度根据受力及稳定性要求定为300～400mm，随着高度增加墙厚逐渐减小至300mm。

（2）钢筋混凝土框架：框架柱同时满足轴压比及延性要求，外框柱截面从下到上均为1000mm×1000mm（建筑要求）；内框柱截面：底部加强部位（1～3层）为1200mm×1400mm，4～12层为1000mm×1200mm，13层及以上为900mm×1000mm。

2. 楼盖体系

本工程的楼盖体系采用钢筋混凝土梁、板结构。首层楼盖为结构嵌固部位，采用主梁＋大板方案，板厚不小于180mm。其他层为减小板跨，沿Y向布置一道次梁，次梁间距约3.5m。

三、地基基础方案

根据地勘报告建议，并结合龙岗地区经验和结构受力特点，本工程采用1200mm厚筏板基础，地基持力层为强风化砂岩。地下水水头约26m，地基基础及结构抗浮进行筏板＋压重、筏板＋抗浮桩（一柱一桩）、桩筏、桩基承台＋防水板等多方案比较。

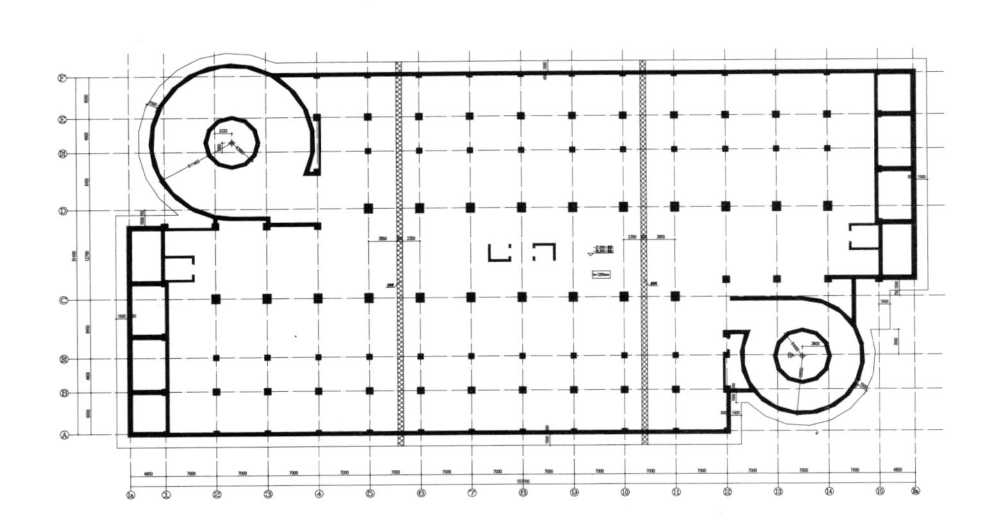

图53-5　基础平面布置图

结构方案评审表

结设质量表（2016）

<table>
<tr><td>项目名称</td><td colspan="2" rowspan="2">招商银行金融创新基地项目-98 地块</td><td>项目等级</td><td>A/B 级□、非 A/B 级■</td></tr>
<tr><td></td><td>设计号</td><td>15246-1</td></tr>
<tr><td>评审阶段</td><td>方案设计阶段□</td><td>初步设计阶段■</td><td colspan="2">施工图设计阶段□</td></tr>
<tr><td>评审必备条件</td><td colspan="2">部门内部方案讨论　有■　无□</td><td colspan="2">统一技术条件　有■　无□</td></tr>
<tr><td rowspan="4">工程概况</td><td colspan="2">建设地点：广东深圳</td><td colspan="2">建筑功能：数据中心</td></tr>
<tr><td colspan="2">层数(地上/地下)：12/4</td><td colspan="2">高度(檐口高度)：83.1m</td></tr>
<tr><td colspan="2">建筑面积(m²)：7.8 万</td><td colspan="2">人防等级：核 6/常 6</td></tr>
<tr><td colspan="2"></td><td colspan="2"></td></tr>
<tr><td rowspan="6">主要控制参数</td><td colspan="4">设计使用年限：50 年</td></tr>
<tr><td colspan="4">结构安全等级：一级</td></tr>
<tr><td colspan="4">抗震设防烈度、设计基本地震加速度、设计地震分组、场地类别、特征周期
7 度、0.10g、第一组、Ⅱ类、0.35s</td></tr>
<tr><td colspan="4">抗震设防类别：重点设防类(乙类)</td></tr>
<tr><td colspan="4">主要经济指标：尽量经济</td></tr>
<tr><td colspan="4"></td></tr>
<tr><td rowspan="9">结构选型</td><td colspan="4">结构类型：框架-剪力墙(局部设备防屈曲支撑)</td></tr>
<tr><td colspan="4">概念设计、结构布置：结构布置力求均匀、对称</td></tr>
<tr><td colspan="4">结构抗震等级：框架一级、剪力墙一级</td></tr>
<tr><td colspan="4">计算方法及计算程序：SATWE V2.2、YJK1.6、MIDAS BUILDING</td></tr>
<tr><td colspan="4">主要计算结果有无异常(如：周期、周期比、位移、位移比、剪重比、刚度比、楼层承载力突变等)：无</td></tr>
<tr><td colspan="4">伸缩缝、沉降缝、防震缝：不设置</td></tr>
<tr><td colspan="4">结构超长和大体积混凝土是否采取有效措施：设置伸缩后浇带</td></tr>
<tr><td colspan="4">有无结构超限：不超限</td></tr>
<tr><td colspan="4">其他主要不规则情况：高度不超限、1 项一般不规则、无特别不规则</td></tr>
<tr><td rowspan="6">基础选型</td><td colspan="4">基础设计等级：乙级</td></tr>
<tr><td colspan="4">基础类型：变厚度筏板＋抗拔桩</td></tr>
<tr><td colspan="4">计算方法及计算程序：YJK1.6</td></tr>
<tr><td colspan="4">防水、抗渗、抗浮：抗渗混凝土、压重抗浮与抗拔桩抗浮比选问题</td></tr>
<tr><td colspan="4">沉降分析：进行沉将计算</td></tr>
<tr><td colspan="4">地基处理方案：无</td></tr>
<tr><td>新材料、新技术、难点等</td><td colspan="4">1. 局部设置防屈曲支撑及其相关计算和构造处理措施；
2. 性能化设计；
3. 结构不规则及其控制措施；
4. 基础方案比选</td></tr>
<tr><td>主要结论</td><td colspan="4">细化抗浮验算优化地基基础方案，宜采用筏板加抗浮桩方案，采用中、小直径抗浮桩，上部结构优化结构布置，补充温度应力分析，补充大震下防屈曲支撑验算，与建筑协商，优化支撑设置方案，补充时程分析</td></tr>
<tr><td colspan="2">工种负责人：施泓、张路、张祚嘉　日期：2016.3.30</td><td colspan="3">评审主持人：朱炳寅　日期：2016.3.30</td></tr>
</table>

注意：1. 评审申请时间：一般项目应在初步设计完成之前，无初步设计的项目在施工图 1/2 阶段。

2. 工种负责人、审核人必须参加评审会，审定人以及项目组其他人员应尽量参会。工种负责人负责项目组与会人员的通知事宜，在必要时可邀请建筑专业相关人员出席。

3. 评审后工种负责人应填写《结构方案评审意见回复表》，逐条回复《结构方案评审表》和《会议纪要》中提出的评审意见，并在签署齐全后归档。

会议纪要

2016年3月30日

“招商银行金融创新基地项目-98地块”初步设计阶段结构方案评审会

评审人：谢定南、罗宏渊、王金祥、徐琳、朱炳寅、陈文渊、张亚东、张淮湧、王大庆

主持人：朱炳寅　　记录：王大庆

介　绍：张祚嘉、张路

结构方案：本工程为数据中心，荷载较重。地下4层，地上13层，檐口高度83.1m。地下室平面尺寸约110m×51m，上部结构平面尺寸约98m×40m。采用混凝土框架-剪力墙结构体系，局部设置防屈曲支撑。进行抗震性能化设计。

地基基础方案：基底标高约−28m，持力层为强风化砂岩，承载力特征值为800kPa。地下水位高，水头约26m。地基基础及结构抗浮进行筏板＋压重、筏板＋抗浮桩（一柱一桩）、桩筏、桩基承台＋防水板等多方案比较。

评审：

1. 本工程地基条件好，应细化抗浮验算，适当优化地基基础方案，宜采用筏板基础＋抗浮桩方案，选用中、小直径的抗浮桩，优化抗浮桩布置（可适当在柱间布桩）。

2. 结构超长，适当弱化结构端部的纵向剪力墙，补充温度应力分析，采取可靠的防裂措施，注意结构端部竖向构件的复核验算。

3. 结构侧向刚度偏大（弹性层间位移角约1/2200），应适当优化结构布置，楼盖结构宜采用主梁＋大板方案，以适当弱化纵向框架梁，使结构的侧向刚度和倾覆力矩比更加合理。

4. 与建筑专业进一步协商，适当优化支撑设置方案。当设置防屈曲支撑时，应补充大震作用下防屈曲支撑验算。

5. 结构顶部的刚度及质量变化较大，应补充弹性时程分析，以计入高振型影响。

6. 设备荷载作为活荷载进行折减时，应适当留有余量。

结论：

建议根据结构方案评审表的主要结论以及会议纪要内容，进一步优化结构设计。

54 招商银行金融创新基地项目-83地块

设计部门：第二工程设计研究院
主要设计人：施泓、牛奔、张淮湧、朱炳寅

工程简介

一、工程概况

招商银行金融创新基地项目-83地块位于深圳市龙岗区平湖镇惠华路与中环大道交汇处东北，建筑面积为：地上 4.18 万 m²，地下 1.9 万 m²。地下四层，基底标高 −20.8m，层高从下到上依次为 4.8m、6m、4m、6m，使用功能为车库和设备用房。地上主楼 21 层，屋顶局部出屋面，主体结构高度 96.6m，局部 100.6m；裙楼 6 层，结构高度 28.5m；首层层高 6m，其他层均为 4.5m。裙楼的使用功能为数据机房、餐厅、营业厅等；主楼的使用功能：8～9 层为宿舍，10、17 层为档案室，其余为办公。

图 54-1 建筑效果图

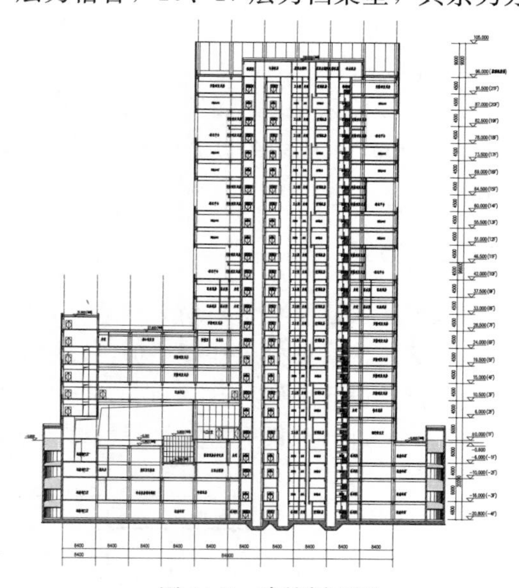

图 54-2 建筑剖面图

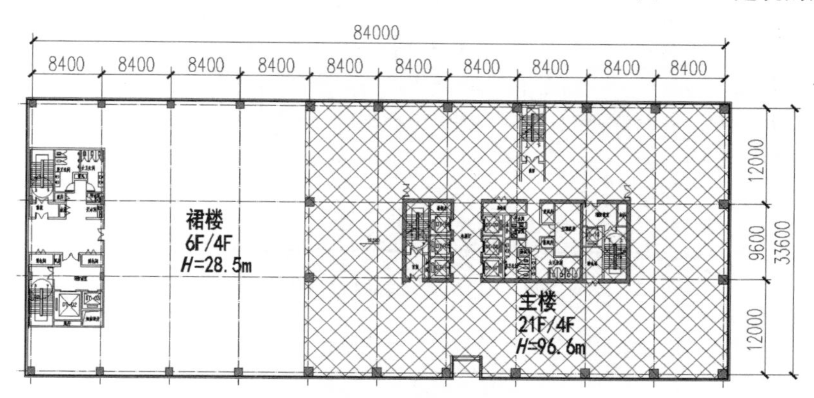

图 54-3 建筑整体布置图

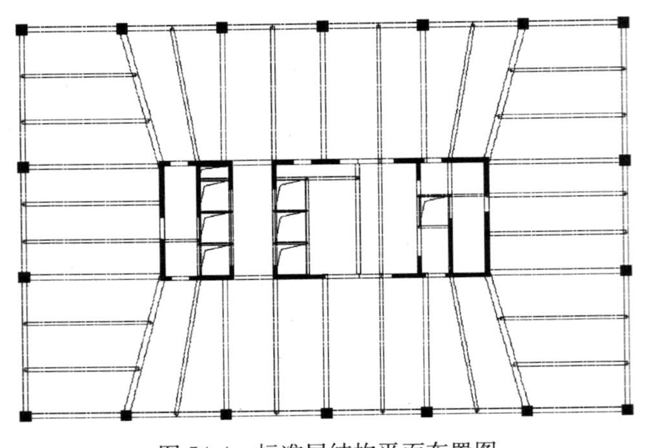

图 54-4 标准层结构平面布置图

主、裙楼之间不设缝。本工程采用钢筋混凝土框架-核心筒结构体系，主楼采用筏板基础，裙楼采用桩基＋防水板。

二、结构方案

1. 抗侧力体系

综合考虑建筑使用功能、立面造型、结构传力明确、经济合理等多种因素，本工程采用钢筋混凝土框架-核心筒结构体系。结构竖向荷载通过水平梁传至核心筒剪力墙和框架柱，再传至基础。水平作用由外部钢筋混凝土框架和核心筒剪力墙共同承担。根据计算分析，本工程不需设置加强层。

（1）钢筋混凝土核心筒：核心筒平面尺寸为 10.5m×28.0m。核心筒的底层外墙厚度为：X 向 400mm、Y 向 500mm，墙厚随高度增加而逐渐减薄，高区核心筒外墙厚度为 300～400mm。核心筒内部剪力墙厚度为 200～300mm。

（2）外部钢筋混凝土框架：框架柱的最大柱距为 12m；框架柱与核心筒之间的距离为 11～12m。柱截面为 800mm×800mm～900mm×1400mm。主要框架梁截面为 400mm×800mm、400mm×900mm、400mm×1000mm。

2. 楼盖体系

本工程的楼盖采用现浇钢筋混凝土梁、板体系。首层为嵌固端，楼盖采用主梁＋大板体系，板厚不小于 180mm。其余各层采用主、次梁体系，考虑楼板内预埋设备线管要求，楼板最小厚度为 120mm。

三、地基基础方案

地勘报告建议建筑物可采用天然地基，以强风化凝灰质砂岩④及以下地层作为地基持力层；或采用钻（冲）孔灌注桩或旋挖成孔灌注桩，以中风化凝灰质砂岩⑤或其以下地层作为桩端持力层。本工程 4 层地下室，抗浮设计水位为 54.000m，±0.000 对应绝对标高为 56.150m，裙楼有抗浮问题。主楼采用筏板基础，裙楼进行筏板＋抗拔桩、桩基＋防水板两方案比较。

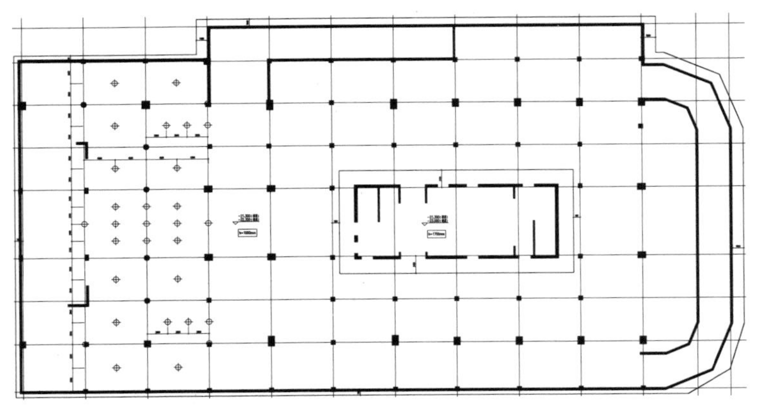

图 54-5 基础平面布置图

结构方案评审表

结设质量表（2016）

<table>
<tr><td rowspan="2">项目名称</td><td colspan="2" rowspan="2">招商银行金融创新基地项目-83 地块</td><td>项目等级</td><td>A/B级□、非 A/B级■</td></tr>
<tr><td>设计号</td><td>15246-2</td></tr>
<tr><td>评审阶段</td><td>方案设计阶段□</td><td>初步设计阶段■</td><td colspan="2">施工图设计阶段□</td></tr>
<tr><td>评审必备条件</td><td colspan="2">部门内部方案讨论 有■ 无□</td><td colspan="2">统一技术条件 有■ 无□</td></tr>
<tr><td rowspan="4">工程概况</td><td colspan="2">建设地点：广东深圳</td><td colspan="2">建筑功能：办公楼（主楼）＋机房（裙房）</td></tr>
<tr><td colspan="2">层数（地上/地下）：21/4</td><td colspan="2">高度（檐口高度）：96.0m</td></tr>
<tr><td colspan="2">建筑面积（m²）：6.2 万</td><td colspan="2">人防等级：核 6/常 6</td></tr>
<tr><td colspan="2"></td><td colspan="2"></td></tr>
<tr><td rowspan="6">主要控制参数</td><td colspan="4">设计使用年限：50 年</td></tr>
<tr><td colspan="4">结构安全等级：二级</td></tr>
<tr><td colspan="4">抗震设防烈度、设计基本地震加速度、设计地震分组、场地类别、特征周期
7 度、0.10g、第一组、Ⅱ类、0.35s</td></tr>
<tr><td colspan="4">抗震设防类别：标准设防类（丙类）</td></tr>
<tr><td colspan="4">主要经济指标：尽量经济</td></tr>
<tr><td colspan="4"></td></tr>
<tr><td rowspan="9">结构选型</td><td colspan="4">结构类型：框架-核心筒</td></tr>
<tr><td colspan="4">概念设计、结构布置：结构布置力求均匀、对称</td></tr>
<tr><td colspan="4">结构抗震等级：框架二级、剪力墙二级</td></tr>
<tr><td colspan="4">计算方法及计算程序：YJK1.6、MIDAS BUILDING</td></tr>
<tr><td colspan="4">主要计算结果有无异常（如：周期、周期比、位移、位移比、剪重比、刚度比、楼层承载力突变等）：无</td></tr>
<tr><td colspan="4">伸缩缝、沉降缝、防震缝：不设置</td></tr>
<tr><td colspan="4">结构超长和大体积混凝土是否采取有效措施：设置伸缩后浇带、设置沉降后浇带</td></tr>
<tr><td colspan="4">有无结构超限：高度不超限、4 项一般不规则、1 项特别不规则，结构超限</td></tr>
<tr><td colspan="4">其他主要不规则情况：高度不超限、4 项一般不规则、1 项特别不规则</td></tr>
<tr><td rowspan="6">基础选型</td><td colspan="4">基础设计等级：乙级</td></tr>
<tr><td colspan="4">基础类型：桩基＋防水板（裙房）、变厚度筏板基础（主楼）</td></tr>
<tr><td colspan="4">计算方法及计算程序：YJK1.6</td></tr>
<tr><td colspan="4">防水、抗渗、抗浮：抗渗混凝土、压重抗浮与抗拔桩抗浮比选问题</td></tr>
<tr><td colspan="4">沉降分析：进行沉将计算</td></tr>
<tr><td colspan="4">地基处理方案：无</td></tr>
<tr><td>新材料、新技术、难点等</td><td colspan="4">1. 斜柱转换及其处理措施；
2. 性能化设计；
3. 结构不规则及其控制措施；
4. 基础方案比选</td></tr>
<tr><td>主要结论</td><td colspan="4">优化基础方案，关注 M 支撑对主体结构刚度和承载力的影响，优化裙房剪力墙布置，控制结构的扭转，合理确定结构的侧向刚度分布，补充关键节点验算，优化平面布置，补充主楼单独计算模型（承载力），补充 4%阻尼比计算模型，补充零刚度数模型计算型钢梁内力</td></tr>
<tr><td colspan="2">工种负责人：施泓、牛奔</td><td>日期：2016.4.5</td><td>评审主持人：朱炳寅</td><td>日期：2016.4.5</td></tr>
</table>

注意：1. 评审申请时间：一般项目应在初步设计完成之前，无初步设计的项目在施工图 1/2 阶段。

2. 工种负责人、审核人必须参加评审会，审定人以及项目组其他人员应尽量参会。工种负责人负责项目组与会人员的通知事宜，在必要时可邀请建筑专业相关人员出席。

3. 评审后工种负责人应填写《结构方案评审意见回复表》，逐条回复《结构方案评审表》和《会议纪要》中提出的评审意见，并在签署齐全后归档。

会议纪要

2016年4月5日

"招商银行金融创新基地项目-83地块"初步设计阶段结构方案评审会

评审人：谢定南、罗宏渊、王金祥、徐琳、朱炳寅、陈文渊、张亚东、王大庆

主持人：朱炳寅　　　记录：王大庆

介　绍：牛奔、张路

结构方案：地下4层，地上21层，檐口高度96m。采用混凝土框架-核心筒结构体系；因建筑立面需要，局部设置斜柱转换。房屋高度不超限，不规则情况超限，进行抗震性能化设计和弹性、弹塑性时程分析、抗连续倒塌分析。

地基基础方案：基底为强风化砂岩，承载力特征值为600～800kPa，地下水位高。主楼采用天然地基上的变厚度筏板基础，裙房基础进行筏板＋抗拔桩、桩基＋防水板两方案比较。

评审：

一、本工程地基条件好，宜采用变厚度筏板基础＋抗拔桩方案，并进一步优化基础方案，尽量使基底形心与结构竖向永久荷载重心趋于重合。

二、关注M支撑对主体结构刚度和承载力的影响：

1. 进一步比选M支撑的结构方案，补充斜撑方案的结构计算，与斜柱方案进行比较、分析。

2. 适当优化M支撑的截面尺寸，以弱化其对主体结构的影响。

3. 补充零刚度板模型，计算M支撑引起的楼面梁内力。

4. 完善M支撑周边相关梁、柱内的型钢设置，确保可靠承载和有效传力。

5. M支撑及其相邻部位设置了型钢，建议采用4%阻尼比计算模型，进行补充分析。

6. 补充关键节点的计算分析和复核验算。

三、合理确定结构的侧向刚度及其分布：

1. 查明M支撑上部楼层刚度突变的原因，并采取针对性措施。

2. 结构的弹性层间位移角约为：纵向1/1700、横向1/3000，建议适当优化结构的侧向刚度。

3. 优化裙房的剪力墙布置，适当增设横向剪力墙，控制结构的扭转。

四、补充主楼单独计算模型的承载力分析，包络设计。

五、部分楼层的横向边框架梁不连续，应采取有效措施，加强该层及其上、下层相关部位的平面连接。

六、进一步优化结构布置，避免楼面梁支承于剪力墙连梁。

七、按相应非穿层柱内力，反算穿层柱的剪力、弯矩，以提高穿层柱的承载力。

八、注意剪力墙的平面外稳定问题。

结论：

建议根据结构方案评审表的主要结论以及会议纪要内容，进一步优化结构设计。

55　南宁恒大国际中心（B、C座塔楼）新方案

设计部门：第二工程设计研究院
主要设计人：朱炳寅、张路、尤天直、任庆英、张祚嘉、朱禹风、侯鹏程

工 程 简 介

一、工程概况

恒大国际中心位于广西南宁市五象新区总部基地内，总建筑面积约 62 万 m^2，分为 A～H 八个结构单体。B、C座塔楼为两栋结构高度为 191.46m 的塔楼，标准层建筑面积均为 $1811m^2$，单塔建筑面积均约为 6 万 m^2，主要建筑功能为公寓式办公。塔楼地下 4 层，地上 37 层；顶部两次退台，退台部分的局部楼梯间梁托柱转换。为满足建筑专业平、立面设计及建筑使用功能的要求，两座塔楼均采用框架-剪力墙结构体系，塔楼与裙房脱开，形成独立的结构单体；塔楼的标准轴网尺寸 50m×50m。

图 55-1　建筑效果图

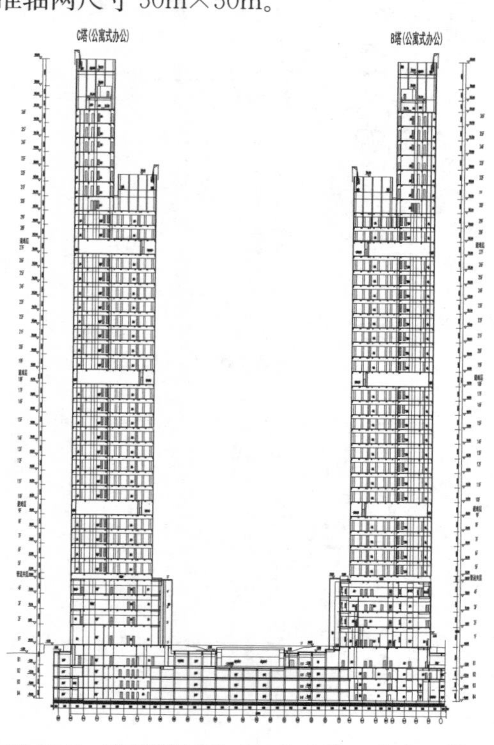

图 55-2　建筑剖面图（左为 C 塔，右为 B 塔）

二、结构方案

1. 抗侧力体系

B、C座塔楼具有 L 形建筑平面及 3 个独立式筒状交通核布置方式，结合建筑楼、电梯竖向交通核布置，每个塔楼分别设置 3 个独立的剪力墙筒体，构成框架-剪力墙结构体系。概念设计及计算分析表明，该体系在充分满足建筑使用功能的前提下，具有较好的结构安全性。同时，由于单栋塔楼分散布置的剪力墙

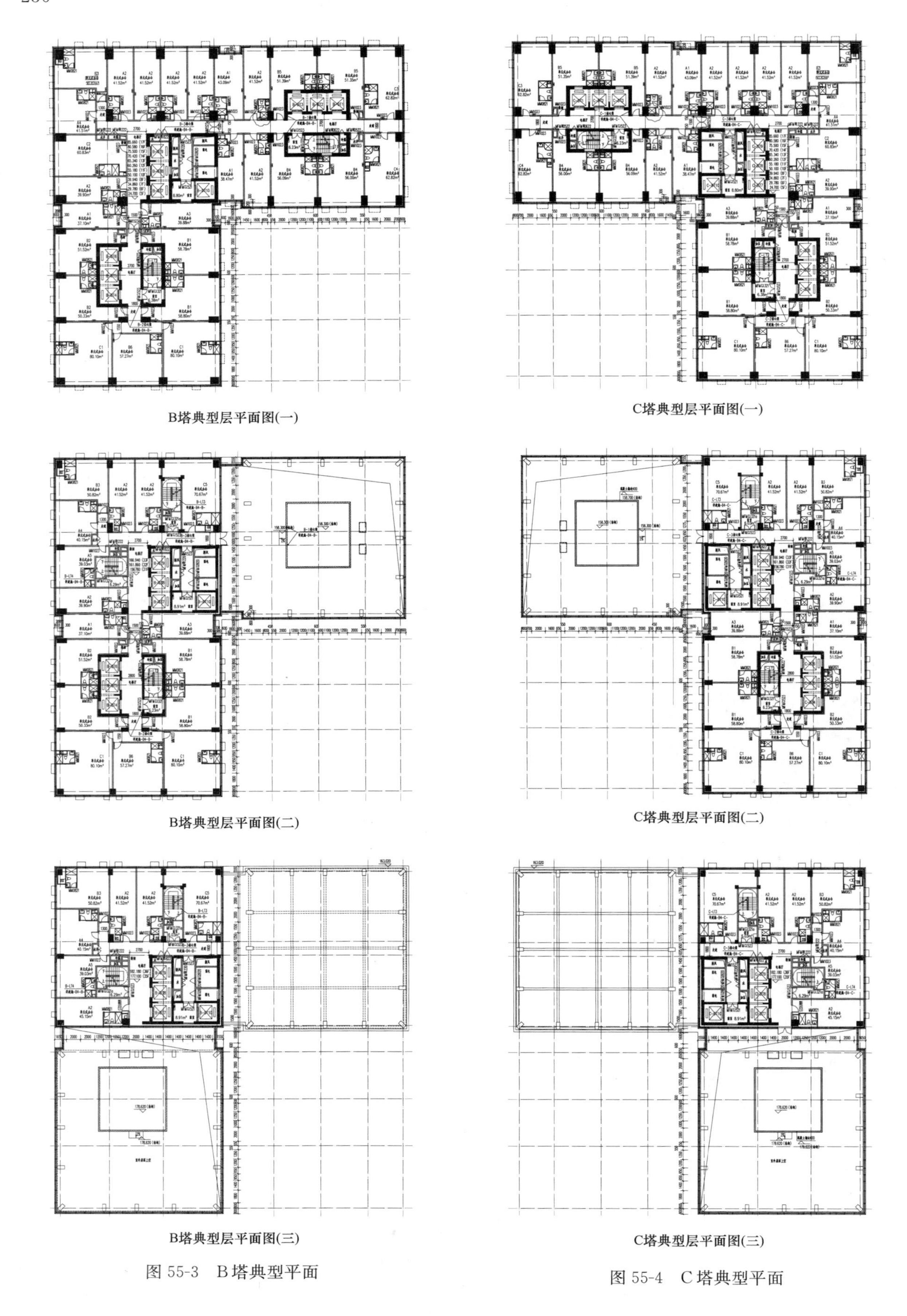

图 55-3 B塔典型平面

图 55-4 C塔典型平面

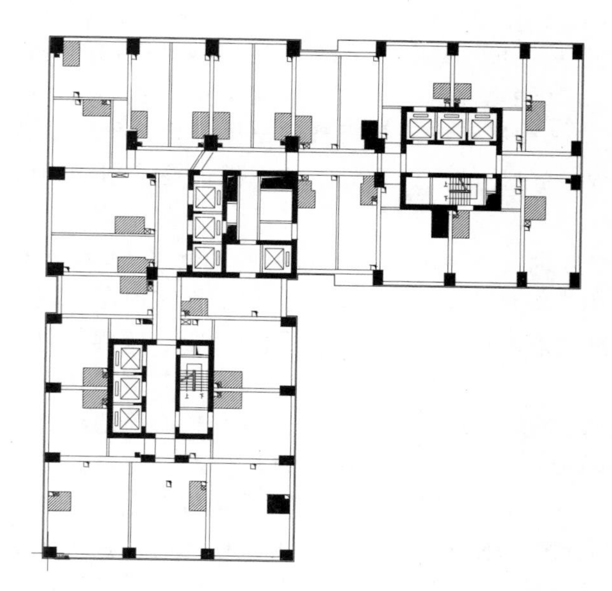

B塔典型层结构平面布置图（一）

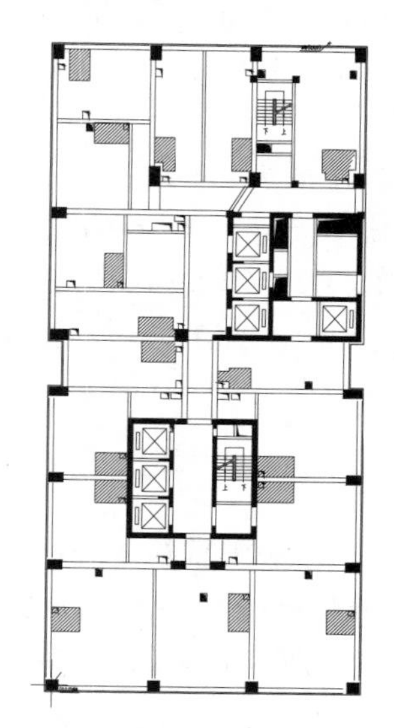

B塔典型层结构平面布置图（二）

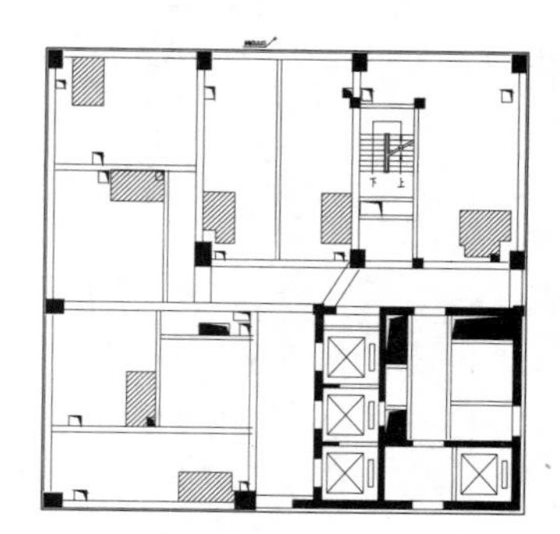

B塔典型层结构平面布置图（三）

图 55-5　B 塔结构平面布置

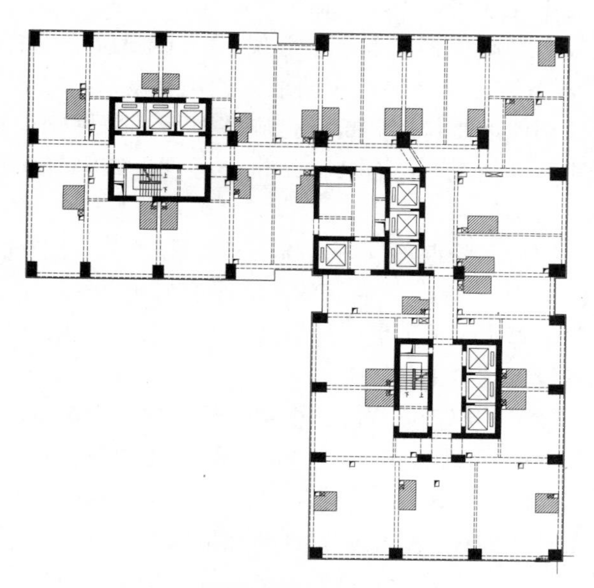

C塔典型层结构平面布置图（一）

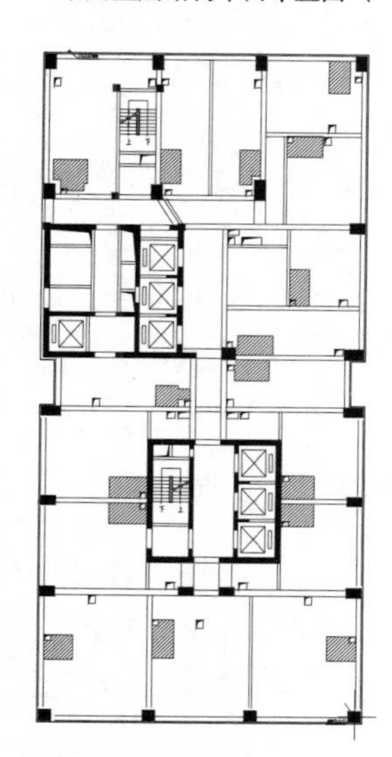

C塔典型层结构平面布置图（二）

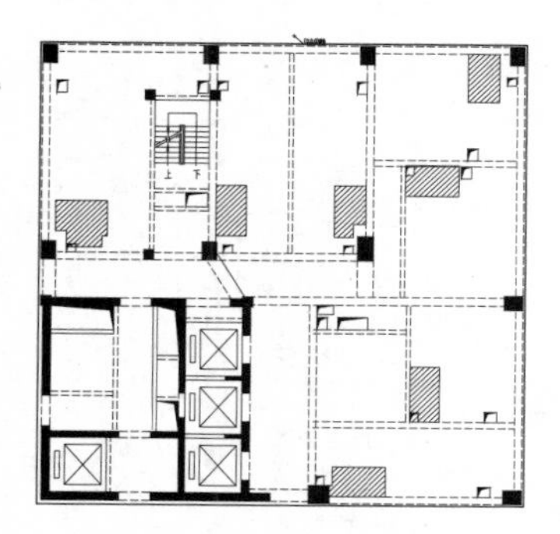

C塔典型层结构平面布置图（三）

图 55-6　C 塔结构平面布置

分别整合为 3 个筒体，其整体抗震性能优于剪力墙分散布置的一般框架-剪力墙结构，整体性能介于框架-核心筒结构体系和框架-剪力墙结构体系之间。B、C 座塔楼主体结构高度为 191.46m，介于 6 度区 B 级高度钢筋混凝土框架-剪力墙高层建筑的最大适用高度（160m）与 6 度区 B 级高度钢筋混凝土框架-核心筒高层建筑的最大适用高度（210m）之间。既往类似工程案例的比选分析表明，相似高度、相似地震作用和抗震措施情况下，采用钢筋混凝土结构体系可以相对节约整体结构造价。结合上述基本情况，综合考虑结构合理性、结构经济性及业主单位的比选意见，本工程最终选用钢筋混凝土结构体系。

（1）钢筋混凝土核心筒：3 个核心筒的平面尺寸分别为 9.35m×9.80m、10.13m×10.15m 和 9.80m×9.35m。核心筒的外墙厚度为 400～500mm，内墙厚度为 300～400mm。本工程结构在中震不屈服计算下，剪力墙底部墙肢拉应力未超过 f_{tk}（底部剪力墙混凝土抗拉强度标准值），故本工程剪力墙无需设置抗拉钢骨。

（2）外部钢筋混凝土框架：框架柱为钢筋混凝土柱，最大柱距 10.13m；框架柱与核心筒的距离为 1.80～6.45m。为减小柱截面，降低柱轴压比，同时提高框架的延性，配合建筑户型调整柱截面样式（单侧加长）；采用直径不小于 12mm、间距不大于 100mm 的井字复合箍；个别竖向构件在底部楼层设置芯柱。通过上述措施，框架柱最大轴压比可以满足规范相关要求，故本工程框架柱无需设置抗压钢骨。在中震不屈服计算下，框架柱底未出现拉应力，故框架柱无需设置抗拉钢骨。B、C 座塔楼采用普通钢筋混凝土柱，17 层以下的柱截面为 900mm×1400mm、1000mm×1200mm、1300mm×1500mm、1000mm×1800mm，18 层以上的柱截面为 700mm×1100mm、900mm×1100mm、800mm×1200mm。

2. 楼盖体系

B、C 座塔楼的外框架柱距为 4.90～10.13m，外框柱与核心筒的距离为 1.80～6.45m。结合建筑功能，楼盖体系采用普通钢筋混凝土主、次梁体系，单向次梁布置，次梁间距为 3.90～6.30m。考虑建筑要求，局部采用主梁+大板体系。依据楼板跨度及荷载条件，楼板厚度采用 120～210mm；凹角部位楼板加强，楼板厚度采用 150mm。一层楼面由于嵌固的需要，板厚 180mm。地下一层～地下三层采用两道次梁布置，板厚 120mm。

三、地基基础方案

根据地勘报告建议，并结合结构受力特点及南宁地区经验，本工程采用直径 1000mm 的旋挖钻孔灌注桩基础，采用桩底后压浆技术，提高单桩承载力，在满足承载力和沉降的基础上减少桩长和桩数。持力层为灰岩，入岩深度取 1 倍桩径，综合考虑单桩抗压承载力特征值取 8500kN。

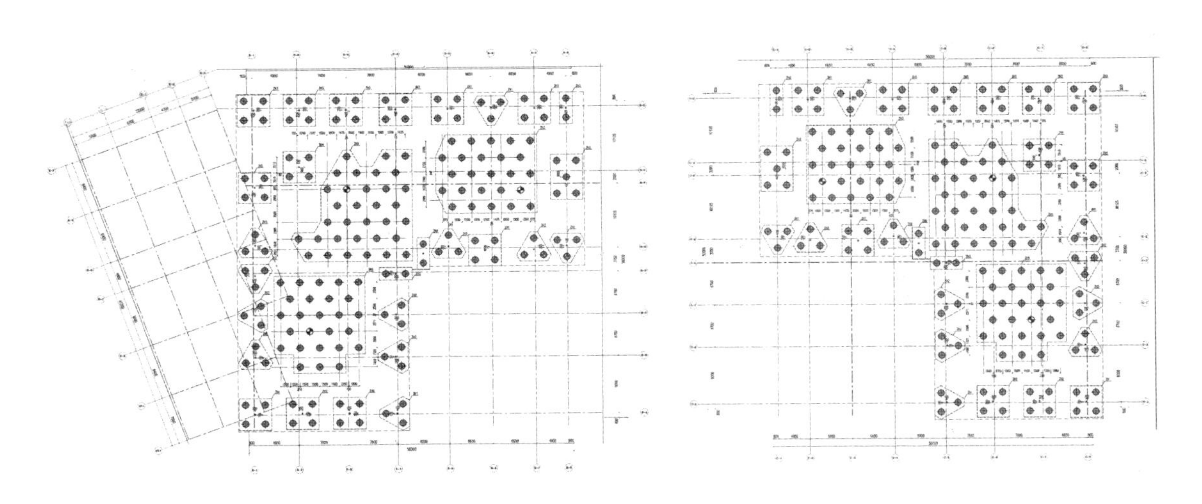

图 55-7　B 座塔楼桩平面布置图

图 55-8　C 座塔楼桩平面布置图

结构方案评审表

结设质量表（2016）

<table>
<tr><td rowspan="2">项目名称</td><td colspan="2" rowspan="2">南宁恒大国际中心(B、C座塔楼)新方案</td><td>项目等级</td><td>A/B级□、非A/B级■</td></tr>
<tr><td>设计号</td><td>15246-1</td></tr>
<tr><td>评审阶段</td><td>方案设计阶段□</td><td>初步设计阶段■</td><td colspan="2">施工图设计阶段□</td></tr>
<tr><td>评审必备条件</td><td colspan="2">部门内部方案讨论　有■　无□</td><td colspan="2">统一技术条件　有■　无□</td></tr>
<tr><td rowspan="4">工程概况</td><td colspan="2">建设地点：广西南宁</td><td colspan="2">建筑功能：公寓</td></tr>
<tr><td colspan="2">层数(地上/地下)：37/4</td><td colspan="2">高度(檐口高度)：191.5m</td></tr>
<tr><td colspan="2">建筑面积(m²)：12万</td><td colspan="2">人防等级：核6/常6(局部核5/常5)</td></tr>
<tr><td colspan="2"></td><td colspan="2"></td></tr>
<tr><td rowspan="6">主要控制参数</td><td colspan="4">设计使用年限：50年</td></tr>
<tr><td colspan="4">结构安全等级：二级</td></tr>
<tr><td colspan="4">抗震设防烈度、设计基本地震加速度、设计地震分组、场地类别、特征周期
6度、0.05g、第一组、Ⅱ类、0.35s</td></tr>
<tr><td colspan="4">抗震设防类别：(丙类)</td></tr>
<tr><td colspan="4">主要经济指标：尽量经济</td></tr>
<tr><td colspan="4"></td></tr>
<tr><td rowspan="9">结构选型</td><td colspan="4">结构类型：框架-剪力墙</td></tr>
<tr><td colspan="4">概念设计、结构布置：结构布置力求均匀、对称</td></tr>
<tr><td colspan="4">结构抗震等级：框架二级、剪力墙二级</td></tr>
<tr><td colspan="4">计算方法及计算程序：YJK1.6、MIDAS BUILDING</td></tr>
<tr><td colspan="4">主要计算结果有无异常(如：周期、周期比、位移、位移比、剪重比、刚度比、楼层承载力突变等)：无</td></tr>
<tr><td colspan="4">伸缩缝、沉降缝、防震缝：各塔楼从正负零以上分缝</td></tr>
<tr><td colspan="4">结构超长和大体积混凝土是否采取有效措施：设置伸缩后浇带、沉降后浇带</td></tr>
<tr><td colspan="4">有无结构超限：高度超限、5项一般不规则、无特别不规则，结构超限</td></tr>
<tr><td colspan="4">其他主要不规则情况：5项一般不规则、无特别不规则</td></tr>
<tr><td rowspan="6">基础选型</td><td colspan="4">基础设计等级：甲级</td></tr>
<tr><td colspan="4">基础类型：桩基础</td></tr>
<tr><td colspan="4">计算方法及计算程序：YJK1.6</td></tr>
<tr><td colspan="4">防水、抗渗、抗浮：抗渗混凝土、压重抗浮与抗拔桩抗浮比选问题</td></tr>
<tr><td colspan="4">沉降分析：进行沉将计算</td></tr>
<tr><td colspan="4">地基处理方案：无</td></tr>
<tr><td>新材料、新技术、难点等</td><td colspan="4">1. 超限结构，需参加抗震设防专项审查；
2. 性能化设计；
3. 结构不规则及其处理措施</td></tr>
<tr><td>主要结论</td><td colspan="4">细化荷载，结构设计的关键部位抗震设计应适当留有余地，注意大悬挑结构设计，结构计算分析时注意荷载偏心影响，构件设计时按有预留荷载夹层(与主体结构点铰)模型包络设计</td></tr>
<tr><td colspan="2">工种负责人：朱炳寅、张路　　日期：2016.4.7</td><td colspan="3">评审主持人：朱炳寅　　日期：2016.4.7</td></tr>
</table>

注意：1. 评审申请时间：一般项目应在初步设计完成之前，无初步设计的项目在施工图1/2阶段。

2. 工种负责人、审核人必须参加评审会，审定人以及项目组其他人员应尽量参会。工种负责人负责项目组与会人员的通知事宜，在必要时可邀请建筑专业相关人员出席。

3. 评审后工种负责人应填写《结构方案评审意见回复表》，逐条回复《结构方案评审表》和《会议纪要》中提出的评审意见，并在签署齐全后归档。

会议纪要

2016 年 4 月 7 日

“南宁恒大国际中心（B、C 座塔楼）新方案”初步设计阶段结构方案评审会

评审人：谢定南、罗宏渊、徐琳、任庆英、朱炳寅、陈文渊、张亚东、王大庆

主持人：朱炳寅　　　记录：王大庆

介　绍：朱禹风、张路

结构方案：本工程已完成超限审查和施工图设计，因甲方变更方案，再次提请院方案评审。超限审查对地震作用取值的意见：小震按安评，中、大震按规范。本工程地下 4 层，地上 37 层，檐口高度 191.5m，高宽比 4.5。主楼与裙房间设缝分开，主楼平面呈 L 形，两次退台。采用混凝土框架-剪力墙结构体系。房屋高度和不规则情况超限，进行抗震性能化设计和多程序、多模型计算分析（包括弹性时程分析、静力和动力弹塑性分析、转换构件补充分析、楼板应力分析等），计算时考虑多方向地震作用。

地基基础方案：位于中等发育的岩溶场地。经比选，采用桩端后注浆的旋挖嵌岩桩基础。

评审：

1. 考虑地震作用的取用情况，结构关键部位的抗震设计应从严控制，并适当留有余量。
2. 适当加强剪力墙，筒体内适当设置型钢。
3. 细化预留夹层的荷载，控制房屋总重量。考虑预留夹层的不确定因素，构件设计应适当留有余量。
4. 构件设计时，按有预留夹层（与主体结构点铰）模型包络设计。
5. 框架梁、柱偏心较大，结构计算分析时应注意荷载偏心影响。
6. 部分框架柱与筒体距离较近，注意核查相关墙、柱的受拉情况。
7. 完善大悬挑部位的结构设计，确保安全。
8. 进一步优化结构设计，注意梁与剪力墙的连接、框架柱的延性等问题。
9. 工程位于中等发育的岩溶场地，注意加强施工勘察，一桩一勘。

结论：

建议根据结构方案评审表的主要结论以及会议纪要内容，进一步优化结构设计。

56　浙江师范大学义乌校区一期工程

设计部门：第一工程设计研究院
主要设计人：孙海林、徐德军、余蕾、陈文渊、岳琪

工程简介

一、工程概况

项目位于浙江省义乌市，为校园建筑组团。一期组团的总建筑面积为 6.4 万 m^2，包括：实训楼、报告厅、教学楼、宿舍楼。首层功能为办公、食堂、报告厅，部分为架空层。二层及以上为实训楼、教学楼、宿舍楼。各楼概况见下表：

单体名称	建筑高度(m)	层数 (地上/地下)	标准层高(m)	结构形式
宿舍楼 A1	23.6	6/0	3.55	框架结构
宿舍楼 A2	20.0	5/0	3.55	
宿舍楼 A3	23.6	5～6/0	3.55	
实训楼 B1	32.8	6～7/－2	4.2	
实训楼 B2	28.6	5～6/0	4.2	
教学楼 C1	20.6	3～4/0	4.5	
报告厅 D1	13.8	1/0	13.8	

图 56-1　校园鸟瞰图

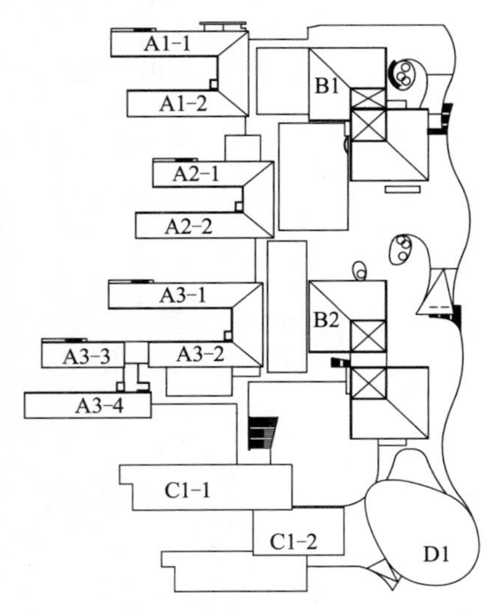

图 56-2　一期工程分区示意图

二、结构方案

1. 结构体系

本工程为校园建筑组团，通过合理设置防震缝，尽量形成比较规则的单体。各结构单元均采用混凝

土框架结构。由于宿舍区首层为架空层，层高 5.55m，隔墙较少，二层以上隔墙布置较多，层高 3.55m，造成竖向刚度突变，计算上考虑首层空旷对侧向刚度影响。

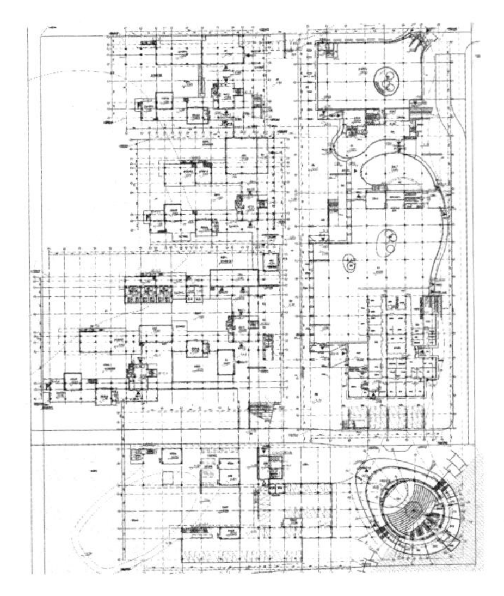

图 56-3　首层平面图

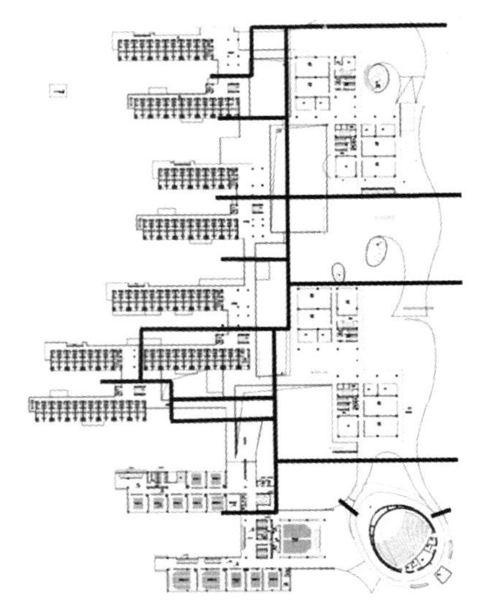

图 56-4　二层平面图（粗线处设缝）

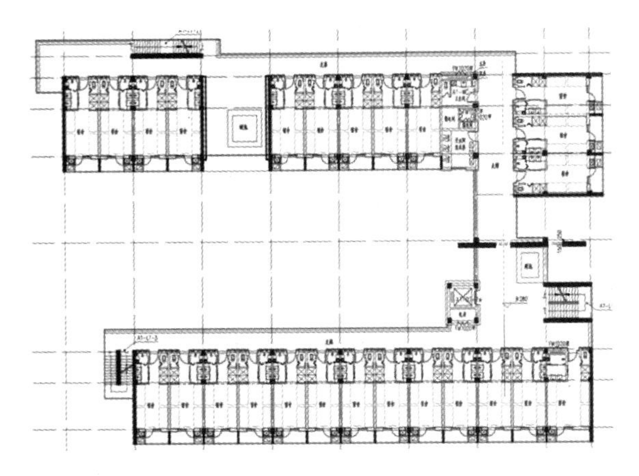

图 56-5　A 区宿舍楼典型平面图（粗线处设缝）

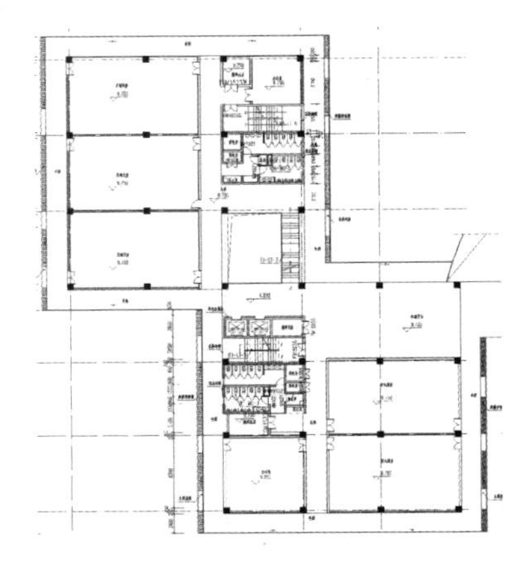

图 56-6　B1 实训楼典型平面图

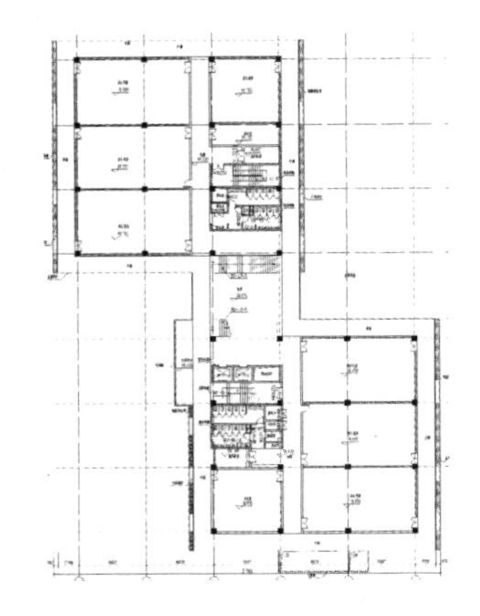

图 56-7　B2 实训楼典型平面图

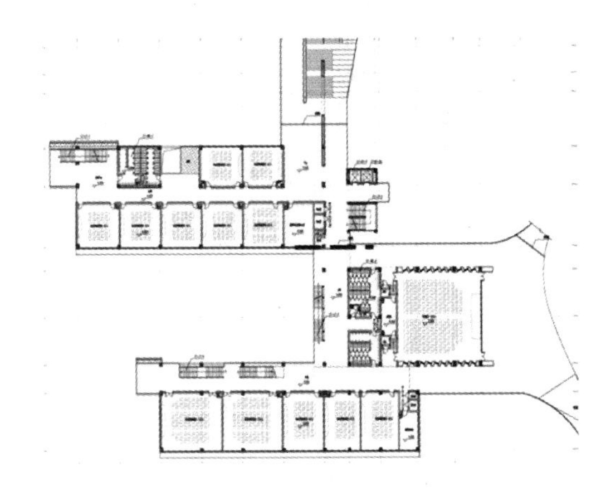

图 56-8　C1 教学楼典型平面图（粗线处设缝）

实训楼的柱网基本尺寸为 9.0m×9.0m。柱截面尺寸为：首层 800mm×800mm，二层以上 700mm×700mm、600mm×600mm。梁截面尺寸为：一般主梁 400mm×700mm、500mm×700mm，次梁 300mm×700mm。双向布置十字交叉次梁。

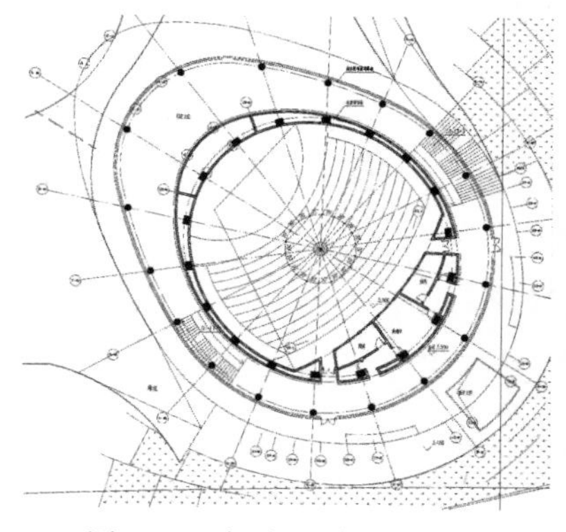

图 56-9　报告厅首层平面图

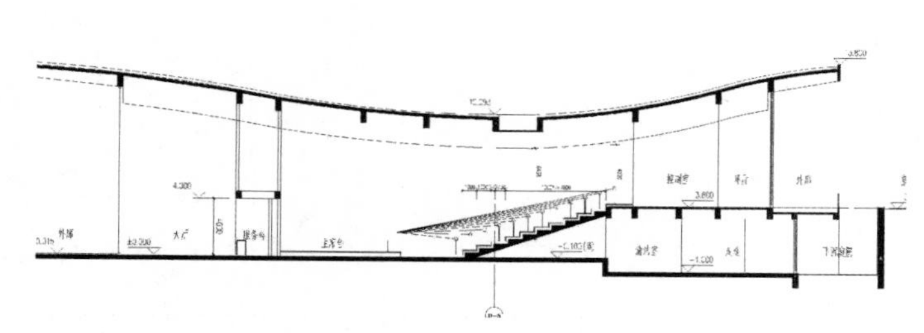

图 56-10　报告厅剖面图

教学楼的柱网基本尺寸为 9.0m×9.6m。柱截面尺寸为：首层 600mm×800mm，二层以上 600mm×600mm。梁截面尺寸为：一般主梁 400mm×700mm、300mm×700mm，次梁 300mm×700mm。单向布置一道次梁。

宿舍楼的柱网基本尺寸为 7.2m×4.5m。柱截面尺寸为：首层 600mm×800mm，二层以上 600mm×600mm。梁截面尺寸为：一般主梁 300mm×500mm，次梁 200mm×500mm。

报告厅采用直径 700mm 圆柱及 900mm×650mm 矩形柱，屋顶布置井字梁。

2. 楼盖体系

本工程的楼盖及屋盖采用现浇混凝土梁板体系。义乌地方规定：钢筋混凝土现浇楼板的设计厚度不应小于 120mm（厨房、浴厕、阳台板不应小于 100mm）。除 B1 实训楼首层楼板作为嵌固端不小于 180mm 外，其余各楼楼板、屋面板厚度一般为 120mm。

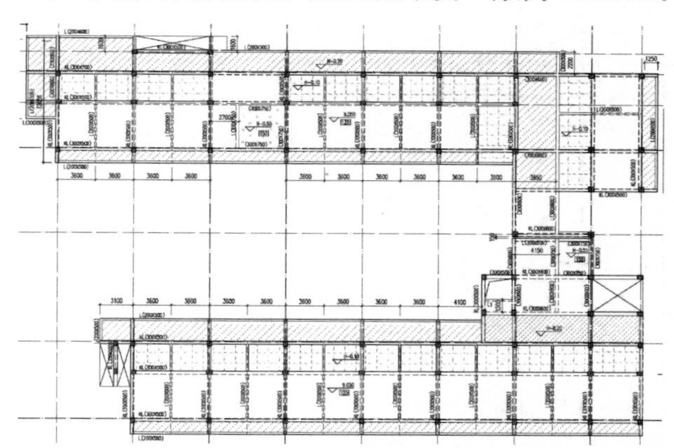

图 56-11　宿舍楼 A 区典型结构平面布置图

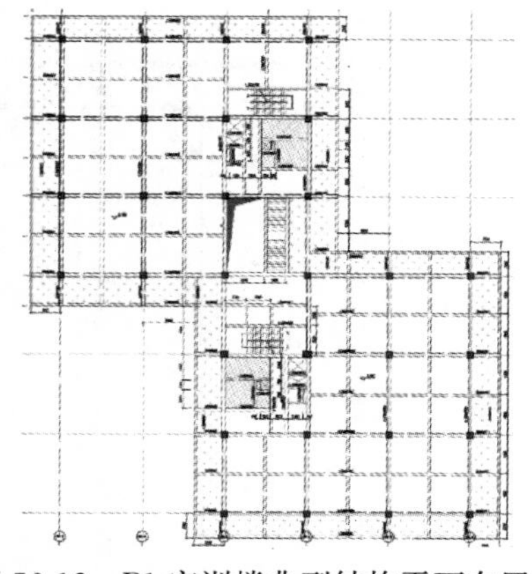

图 56-12　B1 实训楼典型结构平面布置图

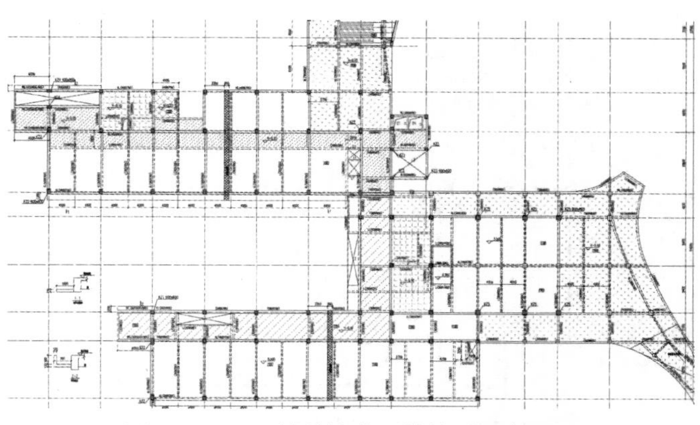

图 56-13　C1 教学楼典型结构平面布置图

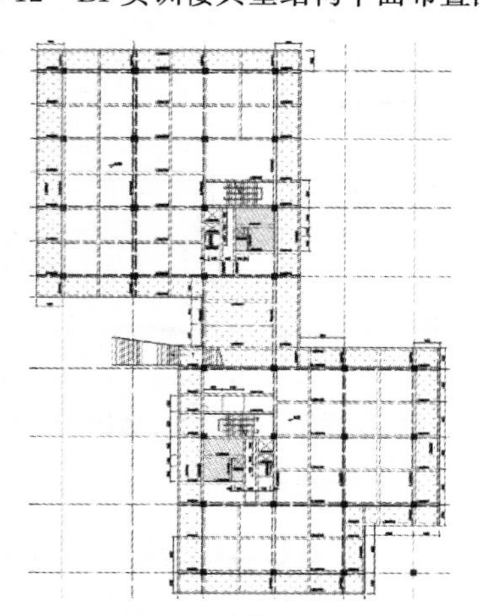

图 56-14　B2 实训楼典型结构平面布置图

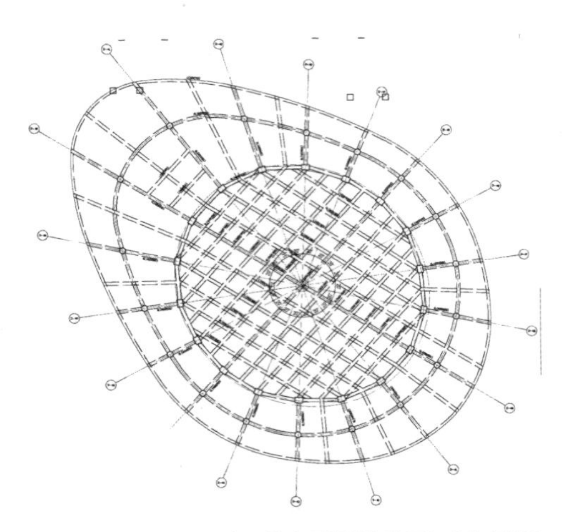

图 56-15　D1 报告厅屋顶层结构平面布置图

三、地基基础方案

根据地勘报告建议，大部分结构单元采用天然地基上的独立基础，以②层粉质黏土作为持力层。B1 实训楼设两层地下室，采用独立基础加防水板，以③-1 层强风化砂砾岩为持力层。A1 宿舍楼及 B 区局部由于②层粉质黏土起伏大、埋深达 8m 多，采用旋挖成孔灌注桩，桩端持力层为③-2 层中风化砂砾岩。

地下室范围存在抗浮不足，采用抗浮锚杆方案，抗浮锚杆锚入③-2 层中风化砂砾岩。

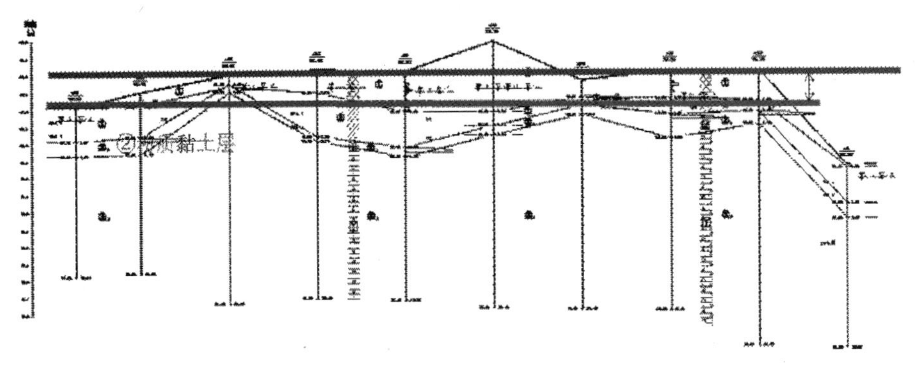

图 56-16　典型地质剖面图

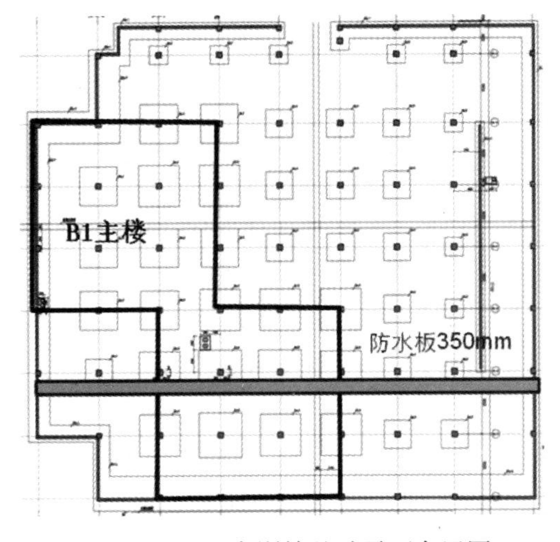

图 56-17　B1 实训楼基础平面布置图

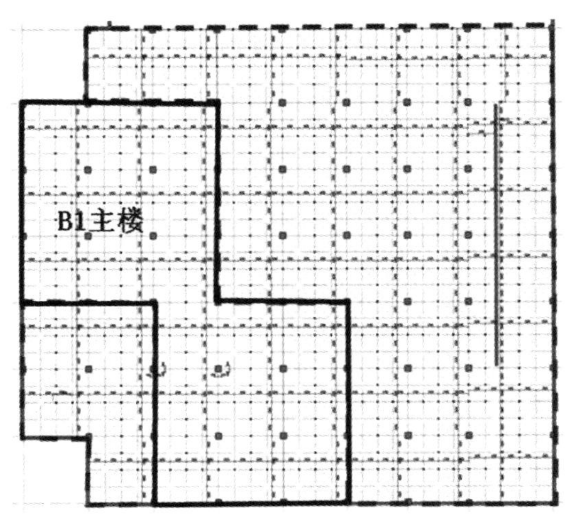

图 56-18　B1 实训楼抗浮锚杆平面布置图

结构方案评审表

结设质量表（2016）

<table>
<tr><td rowspan="2">项目名称</td><td colspan="2" rowspan="2">浙江师范大学义乌校区一期工程</td><td>项目等级</td><td>A/B级□、非A/B级■</td></tr>
<tr><td>设计号</td><td>15369-01</td></tr>
<tr><td>评审阶段</td><td>方案设计阶段□</td><td>初步设计阶段■</td><td colspan="2">施工图设计阶段□</td></tr>
<tr><td>评审必备条件</td><td colspan="2">部门内部方案讨论　有■　无□</td><td colspan="2">统一技术条件　有■　无□</td></tr>
<tr><td rowspan="4">工程概况</td><td colspan="2">建设地点　浙江省义乌市</td><td colspan="2">建筑功能　教学楼、实训楼、宿舍、办公</td></tr>
<tr><td colspan="2">层数(地上/地下)3～7/局部地下二层</td><td colspan="2">高度(檐口高度)16～32m</td></tr>
<tr><td colspan="2">建筑面积(m²)　64500</td><td colspan="2">人防等级　无</td></tr>
<tr><td colspan="2"></td><td colspan="2"></td></tr>
<tr><td rowspan="6">主要控制参数</td><td colspan="4">设计使用年限　50年</td></tr>
<tr><td colspan="4">结构安全等级　二级</td></tr>
<tr><td colspan="4">抗震设防烈度、设计基本地震加速度、设计地震分组、场地类别、特征周期
6度、0.05g、第一组、Ⅱ类、0.35s</td></tr>
<tr><td colspan="4">抗震设防类别　丙类</td></tr>
<tr><td colspan="4">主要经济指标　无</td></tr>
<tr><td colspan="4"></td></tr>
<tr><td rowspan="9">结构选型</td><td colspan="4">结构类型　框架结构</td></tr>
<tr><td colspan="4">概念设计、结构布置</td></tr>
<tr><td colspan="4">结构抗震等级　框架三级/四级</td></tr>
<tr><td colspan="4">计算方法及计算程序　YJK 1.6.2版本　理正结构工具箱7.0PBI版</td></tr>
<tr><td colspan="4">主要计算结果有无异常(如:周期、周期比、位移、位移比、剪重比、刚度比、楼层承载力突变等)无</td></tr>
<tr><td colspan="4">伸缩缝、沉降缝、防震缝　各楼设缝分成独立的结构单元。</td></tr>
<tr><td colspan="4">结构超长和大体积混凝土是否采取有效措施　是</td></tr>
<tr><td colspan="4">有无结构超限　无</td></tr>
<tr><td colspan="4"></td></tr>
<tr><td rowspan="6">基础选型</td><td colspan="4">基础设计等级　乙级</td></tr>
<tr><td colspan="4">基础类型　独立基础　桩基</td></tr>
<tr><td colspan="4">计算方法及计算程序　YJK 1.6.2版本</td></tr>
<tr><td colspan="4">防水、抗渗、抗浮　局部抗浮</td></tr>
<tr><td colspan="4">沉降分析</td></tr>
<tr><td colspan="4">地基处理方案</td></tr>
<tr><td>新材料、新技术、难点等</td><td colspan="4">无</td></tr>
<tr><td>主要结论</td><td colspan="4">框架结构楼梯间四周加框架柱，首层空旷，应仔细核查结构首层与其上二层的实际侧向刚度比，避免出现软弱层和薄弱层，首层外露空旷注意温度应力控制，平面弱连接，宜补充分块计算模型，注意首层地面(柱底)约束不均匀问题，采用多模型比较计算，注意楼梯对结构的影响，注意总平面对结构的影响，注意大跨度构件设计(大悬挑)</td></tr>
<tr><td colspan="2">工种负责人:孙海林　　日期:2016.4.5</td><td colspan="3">评审主持人:朱炳寅　　日期:2016.4.12</td></tr>
</table>

注意：1. 评审申请时间：一般项目应在初步设计完成之前，无初步设计的项目在施工图1/2阶段。

2. 工种负责人、审核人必须参加评审会，审定人以及项目组其他人员应尽量参会。工种负责人负责项目组与会人员的通知事宜，在必要时可邀请建筑专业相关人员出席。

3. 评审后工种负责人应填写《结构方案评审意见回复表》，逐条回复《结构方案评审表》和《会议纪要》中提出的评审意见，并在签署齐全后归档。

会议纪要

2016年4月12日

"浙江师范大学义乌校区一期工程"初步设计阶段结构方案评审会

评审人：谢定南、罗宏渊、王金祥、尤天直、徐琳、朱炳寅、陈文渊、王大庆

主持人：朱炳寅　　　记录：王大庆

介　绍：徐德军、孙海林

结构方案：一期含实训楼（6～7层）、报告厅（1层）、教学楼（3～4层）、宿舍楼（5～6层）等。局部两层地下室，首层为架空层，二层为大平台。设缝分为多个结构单元，均采用混凝土框架结构体系。

地基基础方案：采用独立基础、桩基础＋防水板，抗浮采用锚杆方案。

评审：

1. 首层空旷（架空层的填充墙很少），应仔细核查结构首层与其上二层的实际侧向刚度比，避免出现软弱层和薄弱层。
2. 首层结构超长且外露，应注意温度应力控制，并采取可靠的防裂措施。
3. 首层柱底标高不同，应注意柱底的地面约束不均匀问题，采用多模型比较计算，以真实反映柱底的实际约束情况。
4. 部分结构单元平面连接薄弱，补充分块模型计算分析，包络设计；建议与建筑专业进一步协商实训楼弱连接部位的加强措施。
5. 框架结构楼梯间四周应设置框架柱，以形成封闭框架。
6. 注意楼梯（尤其是室外大楼梯）对结构的影响。
7. 细化大悬挑、大跨度构件设计，确保安全。
8. 进一步优化各单元的结构布置，注意重点部位加强和细部处理
9. 一期工程位于场区总平面的低洼处，应注意雨天汇水对结构的影响，并提请相关专业落实防水、排水措施。
10. 考虑地基持力层起伏情况，适当优化地基基础方案。
11. 进一步推敲抗浮锚杆方案的合理性问题。

结论：

建议根据结构方案评审表的主要结论以及会议纪要内容，进一步优化结构设计。

57　北京市海淀区永丰嘉园八组团项目

设计部门：人居环境事业部
主要设计人：蔡扬、常林润、尤天直、包梓彤、李芳、朱正洋、杨勇、牛晓宁

工 程 简 介

一、工程概况

本工程位于海淀区永丰乡，南起北清路，北至丰润东路，西起永泽北路风格渠，邻永丰东环路。项目为12栋高层住宅及地下车库，地上6层，地下3层。总建筑面积约10.2万m^2，其中地上、地下建筑面积各约5.1万m^2。住宅分为C、D两个户型。C户型结构高度19.57m；建筑平面尺寸为47.80m×14.12m，采用钢筋混凝土剪力墙结构体系。D户型结构高度19.57m；建筑平面尺寸为67.46m×10.50m，采用钢筋混凝土剪力墙结构体系。

图57-1　建筑效果图

二、结构方案

1. 抗侧力体系

本工程的住宅采用钢筋混凝土剪力墙结构体系，标准层剪力墙厚度为160mm。车库采用钢筋混凝土框架结构体系，框架柱截面尺寸为600mm×800mm。

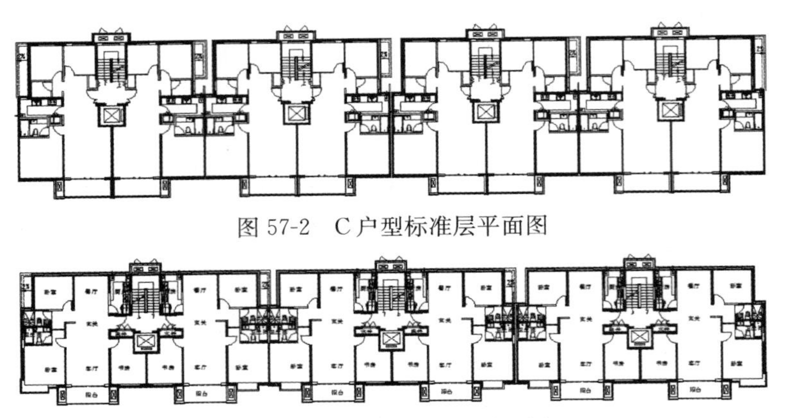

图 57-2　C 户型标准层平面图

图 57-3　D 户型标准层平面图

2. 楼盖体系

住宅地上楼层的板厚一般为 120mm。首层楼板厚度为 180mm，满足嵌固端要求。

地下车库楼盖均采用主梁＋大板体系，地下一层板厚为 350mm（考虑覆土），地下二层板厚为 250mm（考虑人防）。

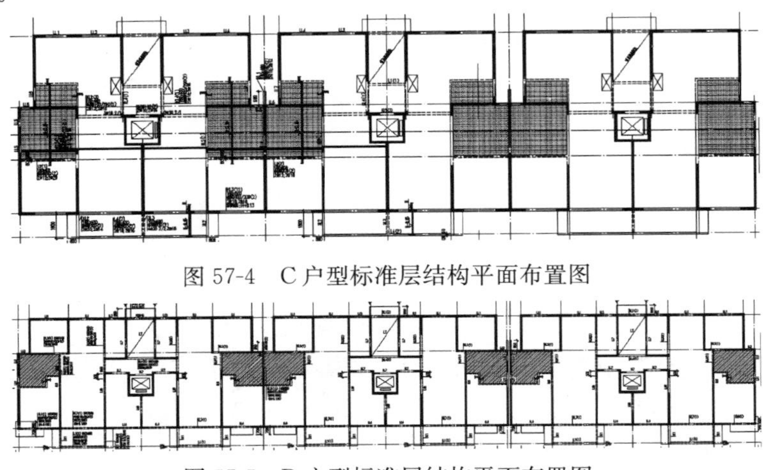

图 57-4　C 户型标准层结构平面布置图

图 57-5　D 户型标准层结构平面布置图

三、地基基础方案

根据地勘报告建议，并结合结构受力特点，住宅及车库采用天然地基，持力层为粉质黏土、黏质粉土，基础形式为平板式筏形基础，筏板厚度为 500mm。结构在自重作用下满足抗浮要求。

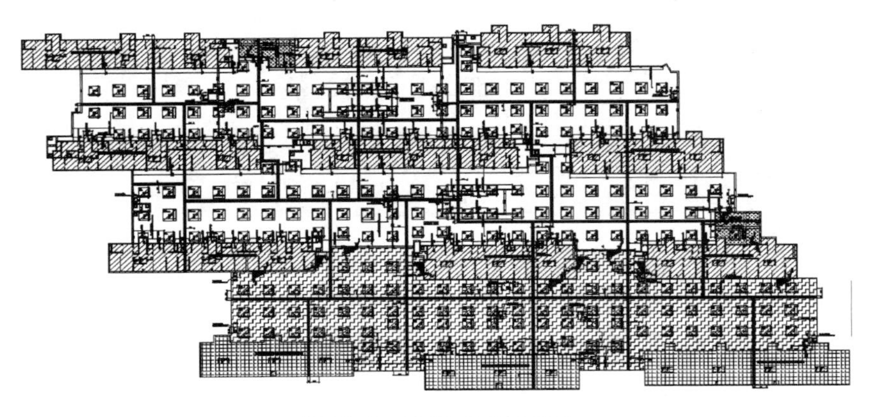

图 57-6　基础平面布置图

结构方案评审表

结设质量表（2016）

<table>
<tr><td>项目名称</td><td colspan="2">北京市海淀区永丰嘉园八组团项目</td><td>项目等级</td><td>A/B级□、非A/B级☑</td></tr>
<tr><td></td><td colspan="2"></td><td>设计号</td><td>16004</td></tr>
<tr><td>评审阶段</td><td>方案设计阶段□</td><td>初步设计阶段□</td><td colspan="2">施工图设计阶段☑</td></tr>
<tr><td>评审必备条件</td><td colspan="2">部门内部方案讨论　有☑　无□</td><td colspan="2">统一技术条件　有☑　无□</td></tr>
<tr><td rowspan="3">工程概况</td><td colspan="2">建设地点　北京市海淀区</td><td colspan="2">建筑功能　商品房及地下车库</td></tr>
<tr><td colspan="2">层数(地上/地下)商品房6/2、6/3；
车库0/2、01</td><td colspan="2">高度(檐口高度)19.570m</td></tr>
<tr><td colspan="2">建筑面积(m^2)　11万</td><td colspan="2">人防等级　核六级；</td></tr>
<tr><td rowspan="6">主要控制参数</td><td colspan="4">设计使用年限　50年</td></tr>
<tr><td colspan="4">结构安全等级　二级</td></tr>
<tr><td colspan="4">抗震设防烈度、设计基本地震加速度、设计地震分组、场地类别、特征周期
8度、0.20g、第一组、Ⅲ类、0.45s</td></tr>
<tr><td colspan="4">抗震设防类别　标准设防类</td></tr>
<tr><td colspan="4">主要经济指标</td></tr>
<tr><td colspan="4"></td></tr>
<tr><td rowspan="9">结构选型</td><td colspan="4">结构类型　商品房:剪力墙结构;车库:框架结构</td></tr>
<tr><td colspan="4">概念设计、结构布置</td></tr>
<tr><td colspan="4">结构抗震等级　主楼剪力墙三级;地下车库框架三级</td></tr>
<tr><td colspan="4">计算方法及计算程序　YJK</td></tr>
<tr><td colspan="4">主要计算结果有无异常(如:周期、周期比、位移、位移比、剪重比、刚度比、楼层承载力突变等)
无</td></tr>
<tr><td colspan="4">伸缩缝、沉降缝、防震缝　设置</td></tr>
<tr><td colspan="4">结构超长和大体积混凝土是否采取有效措施　设置后浇带和补充温度计算</td></tr>
<tr><td colspan="4">有无结构超限　无</td></tr>
<tr><td colspan="4"></td></tr>
<tr><td rowspan="6">基础选型</td><td colspan="4">基础设计等级　二级</td></tr>
<tr><td colspan="4">基础类型　筏板基础</td></tr>
<tr><td colspan="4">计算方法及计算程序　YJK基础、理正基础、经验公式表格</td></tr>
<tr><td colspan="4">防水、抗渗、抗浮　考虑抗浮</td></tr>
<tr><td colspan="4">沉降分析　满足</td></tr>
<tr><td colspan="4">地基处理方案　天然地基</td></tr>
<tr><td>新材料、新技术、难点等</td><td colspan="4">车库:3.2m覆土、核六级人防、宽扁梁</td></tr>
<tr><td>主要结论</td><td colspan="4">核查室外地面填方对抗浮水位的影响,核查抗浮验算,优化后浇带设置,注意北侧楼板(大板)厚度,及与外墙(160mm)的连接问题,注意顶层(阁楼)墙体的稳定性,注意外墙独立墙肢验算,补充验算外墙面外弯矩、并适当加大配筋</td></tr>
<tr><td colspan="2">工种负责人:蔡扬　　日期:2016.4.12</td><td colspan="3">评审主持人:朱炳寅　　日期:2016.4.12</td></tr>
</table>

注意：1. 评审申请时间：一般项目应在初步设计完成之前，无初步设计的项目在施工图1/2阶段。

2. 工种负责人、审核人必须参加评审会，审定人以及项目组其他人员应尽量参会。工种负责人负责项目组与会人员的通知事宜，在必要时可邀请建筑专业相关人员出席。

3. 评审后工种负责人应填写《结构方案评审意见回复表》，逐条回复《结构方案评审表》和《会议纪要》中提出的评审意见，并在签署齐全后归档。

会议纪要

2016年4月12日

“北京市海淀区永丰嘉园八组团项目”施工图设计阶段结构方案评审会

评审人：谢定南、罗宏渊、王金祥、尤天直、徐琳、朱炳寅、陈文渊、王大庆

主持人：朱炳寅　　　记录：王大庆

介　绍：蔡扬

结构方案：12栋6层住宅坐落于3层（局部两层）大底盘地下室，住宅采用混凝土剪力墙结构体系，地下车库采用混凝土框架结构体系。

地基基础方案：采用天然地基上的平板式筏形基础。

评审：

1. 室外地面有2m厚填方，应核查填方对抗浮设计水位的影响。
2. 细化抗浮验算，并注意核查住宅部位是否满足抗浮要求。
3. 优化后浇带设置。
4. 北侧楼板（大板）的厚度偏小（6m跨板130mm板厚），应适当加厚。
5. 注意大板与160mm厚外墙的连接问题。
6. 补充验算外墙的面外弯矩，并适当加大配筋。
7. 注意外墙独立墙肢验算，确保其承载力和稳定性。
8. 顶层为坡屋顶（层高很高），应注意顶层墙体的稳定性。

结论：

建议根据结构方案评审表的主要结论以及会议纪要内容，进一步优化结构设计。

58　天津威克多旗舰店室内外装修工程

设计部门：第二工程设计研究院
主要设计人：史杰、曹清、朱炳寅、王树乐

工程简介

一、工程概况

天津威克多旗舰店室内外装修工程位于天津市和平区和平路西侧，为旧建筑改造项目。现状楼地下两层、地上三层，建筑高度为12.5m；使用功能为商业用房，建筑面积约2000m²；主体结构形式为钢筋混凝土框架结构，建于2010年。本次改建的主要内容有：使用功能改变为产品展示、多功能秀场等；对原有两部疏散楼梯进行调整；增加一部开敞楼梯；东南、东北两个斜边入口处增加斜钢柱，上方屋面补齐斜角，形成入口雨棚；进行立面改造。

图58-1　建筑效果图

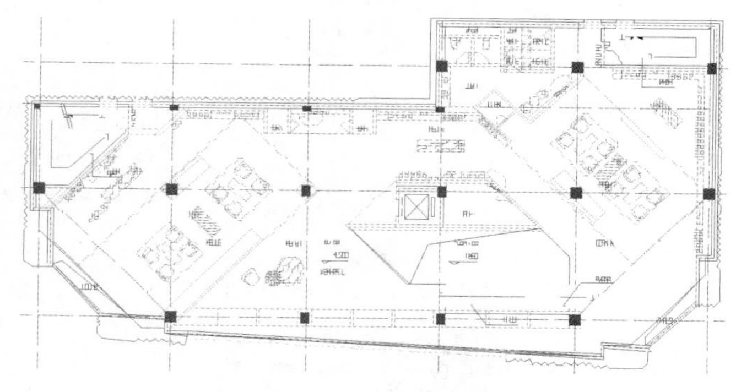

图58-2　二层平面图

二、结构方案

1. 东北侧的悬挑部位加设消防疏散楼梯：增设两个框架柱，从一层加设转换梁，梁上起柱。

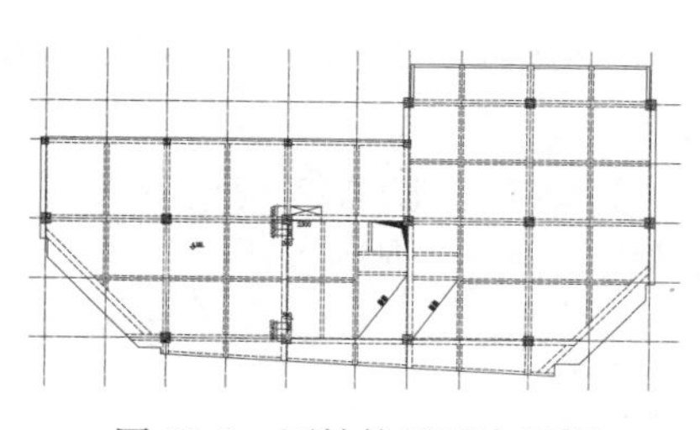

图58-3　原结构平面布置图

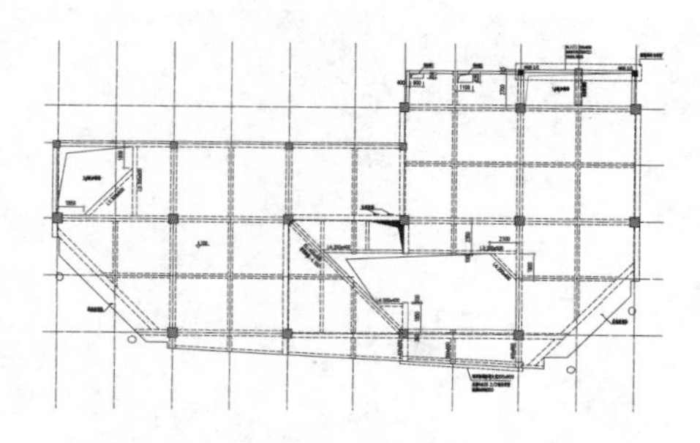

图58-4　改造后结构平面布置图

2. 西南侧加设三跑楼梯：拆除原结构楼板，增设封边次梁；采用板式楼梯，在原结构的框架梁上设置楼梯柱。

3. 电梯南侧设置中庭：截断原框架梁，为保证断梁处框架柱的侧向约束，增设斜交框架梁；拆除原结构楼板，增设封边次梁。

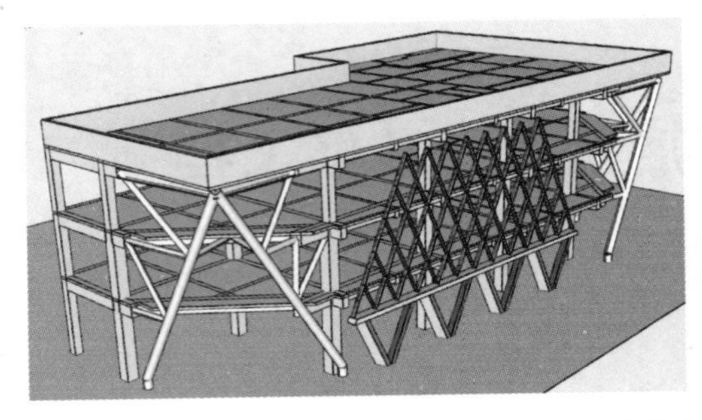
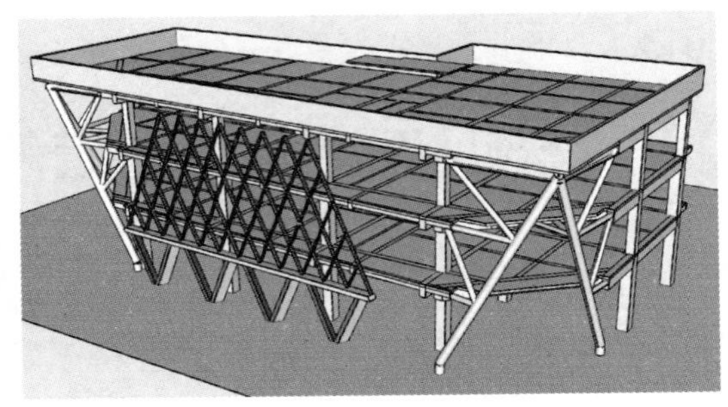

图 58-5 建筑立面 V 形支撑示意图

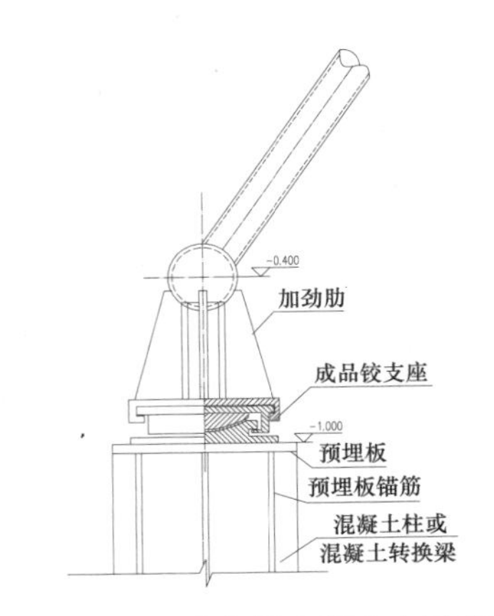

图 58-6 V 形支撑底部节点示意图

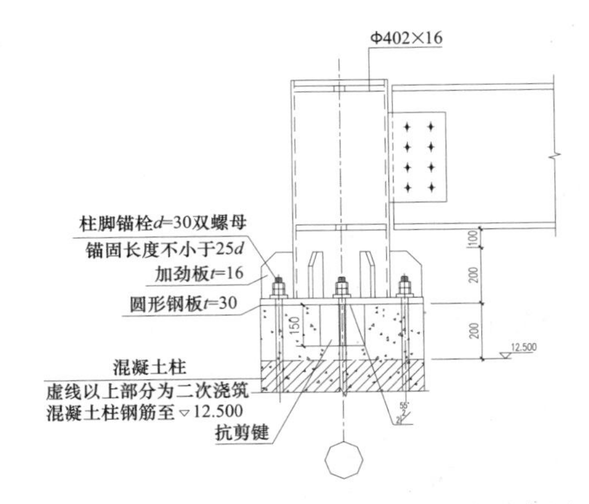

图 58-7 屋面增设楼板处梁、柱节点示意图

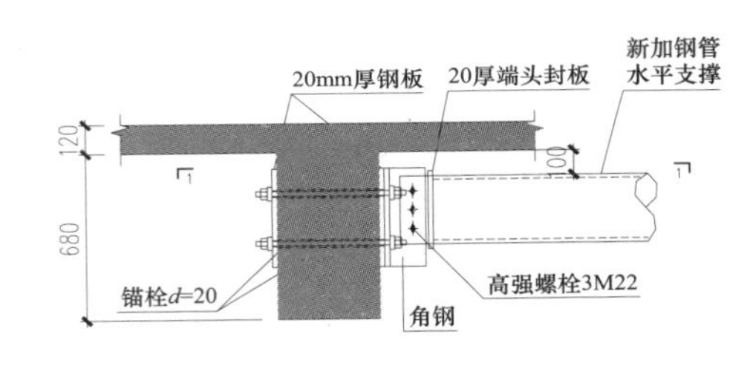

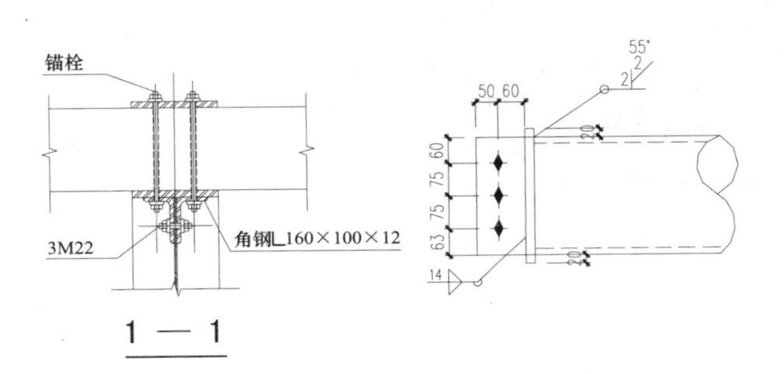

图 58-8 V 形撑的侧向支撑与原结构连接节点示意图

4. 东北和东南两个入口处加设 V 形支撑：V 形支撑底部铰接于一层地面，顶部铰接于出屋面钢柱。在 8.300m 标高处增加侧向支点，以减小支撑柱计算长度。

5. 根据计算结果复核原结构构件，对不满足设计要求的结构构件进行加固。

三、地基基础方案

原结构的基础为桩基＋防水板，且改造后的荷载和结构自重基本不变，经复核，不进行基础加固。

图 58-9 结构计算模型

结构方案评审表

结设质量表（2016）

<table>
<tr><td>项目名称</td><td colspan="3">天津威克多旗舰店室内外装修工程</td><td>项目等级</td><td>A/B级□、非A/B级■</td></tr>
<tr><td></td><td colspan="3"></td><td>设计号</td><td>15497</td></tr>
<tr><td>评审阶段</td><td>方案设计阶段□</td><td colspan="2">初步设计阶段□</td><td colspan="2">施工图设计阶段■</td></tr>
<tr><td>评审必备条件</td><td colspan="2">部门内部方案讨论　有■　无□</td><td colspan="3">统一技术条件　有■　无□</td></tr>
<tr><td rowspan="4">工程概况</td><td colspan="2">建设地点：天津</td><td colspan="3">建筑功能：公建</td></tr>
<tr><td colspan="2">层数（地上/地下）：3/2</td><td colspan="3">高度（檐口高度）：13.5m</td></tr>
<tr><td colspan="2">建筑面积（m²）：2100</td><td colspan="3">人防等级：无</td></tr>
<tr><td colspan="2"></td><td colspan="3"></td></tr>
<tr><td rowspan="6">主要控制参数</td><td colspan="5">后续使用年限：50年</td></tr>
<tr><td colspan="5">结构安全等级：二级</td></tr>
<tr><td colspan="5">抗震设防烈度、设计基本地震加速度、设计地震分组、场地类别、特征周期
7度、0.15g、第一组、Ⅲ类、0.45s</td></tr>
<tr><td colspan="5">抗震设防类别：标准设防类</td></tr>
<tr><td colspan="5">主要经济指标</td></tr>
<tr><td colspan="5"></td></tr>
<tr><td rowspan="9">结构选型</td><td colspan="5">原结构类型：框架结构</td></tr>
<tr><td colspan="5">概念设计、结构布置：</td></tr>
<tr><td colspan="5">结构抗震等级：框架：三级</td></tr>
<tr><td colspan="5">计算方法及计算程序：YJK</td></tr>
<tr><td colspan="5">主要计算结果有无异常（如：周期、周期比、位移、位移比、剪重比、刚度比、楼层承载力突变等）：计算结果无异常</td></tr>
<tr><td colspan="5">伸缩缝、沉降缝、防震缝</td></tr>
<tr><td colspan="5">结构超长和大体积混凝土是否采取有效措施：无超长</td></tr>
<tr><td colspan="5">有无结构超限：无</td></tr>
<tr><td colspan="5"></td></tr>
<tr><td rowspan="6">基础选型</td><td colspan="5">原基础设计等级：甲级</td></tr>
<tr><td colspan="5">原基础类型：桩基+防水板</td></tr>
<tr><td colspan="5">计算方法及计算程序：JCCAD</td></tr>
<tr><td colspan="5">防水、抗渗、抗浮</td></tr>
<tr><td colspan="5">沉降分析：无</td></tr>
<tr><td colspan="5">地基处理方案：无</td></tr>
<tr><td>新材料、新技术、难点等</td><td colspan="5">该项目为改造项目，平面位置西北、西南新加两个楼梯；南侧新开中庭，框架梁截断；东北和东南增加两个入口V型支撑</td></tr>
<tr><td>主要结论</td><td colspan="5">优化加固平面布置减小加固难度，优化装饰架与主体结构的连接节点，注意加固改造引起的梁柱内力变化，核查穿层柱配筋。右上角接梯间四角加设框架柱，注意楼梯对结构的影响
（全部内容均在此页）</td></tr>
<tr><td colspan="2">工种负责人：史杰　　日期：2016.4.14</td><td colspan="4">评审主持人：朱炳寅　　日期：2016.4.14</td></tr>
</table>

注意：1. 评审申请时间：一般项目应在初步设计完成之前，无初步设计的项目在施工图1/2阶段。

2. 工种负责人、审核人必须参加评审会，审定人以及项目组其他人员应尽量参会。工种负责人负责项目组与会人员的通知事宜，在必要时可邀请建筑专业相关人员出席。

3. 评审后工种负责人应填写《结构方案评审意见回复表》，逐条回复《结构方案评审表》和《会议纪要》中提出的评审意见，并在签署齐全后归档。

59 北京格雷众创园改造装修项目

设计部门：第二工程设计研究院
主要设计人：史杰、曹清、朱炳寅、王树乐、王海峰、吕东

工程简介

一、工程概况

北京格雷众创园改造装修项目位于北京市大兴区开发区内，金苑路以北，金星路以南；是北京威克多制衣中心的改造扩建工程，涉及原二、三期建设的库房。本工程的主要改造内容如下：

二期库房的原结构形式为钢筋混凝土框架-剪力墙结构，地下一层，地上五层，建筑高度 23.8m。改造后建筑功能转化为办公楼，三层及以上新建中庭，拆除部分梁、板。

三期库房的原结构形式为钢筋混凝土框架-剪力墙结构，地下一层，地上七层，建筑高度 31.85m。改造后建筑功能转化为办公楼，三层及以上新建中庭，拆除部分墙、柱、梁、板。

图 59-1　建筑效果图

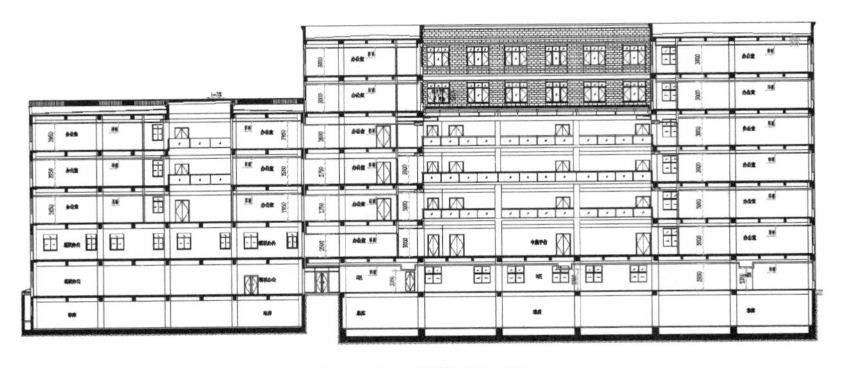

图 59-2　建筑剖面图

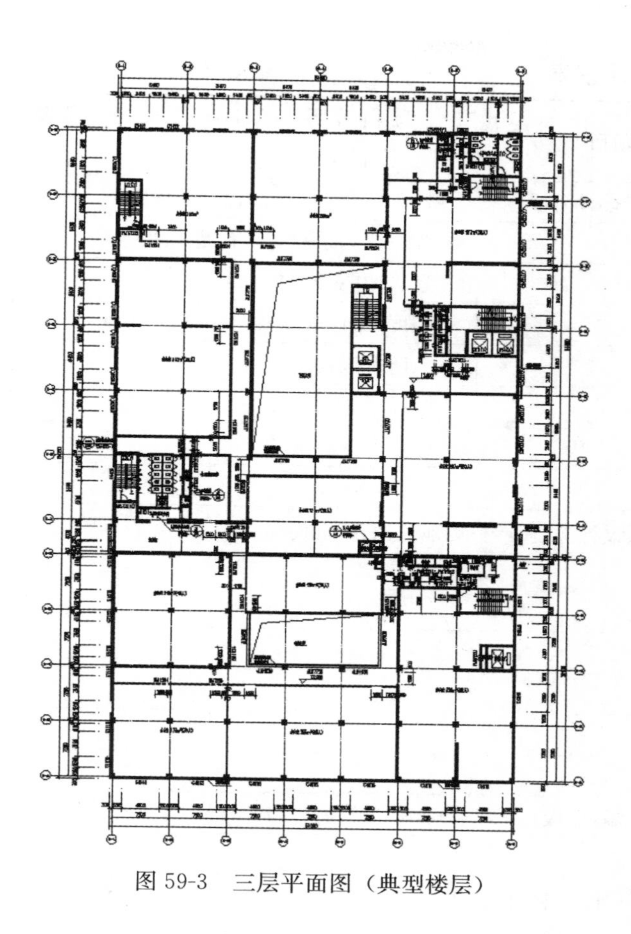
图 59-3 三层平面图（典型楼层）

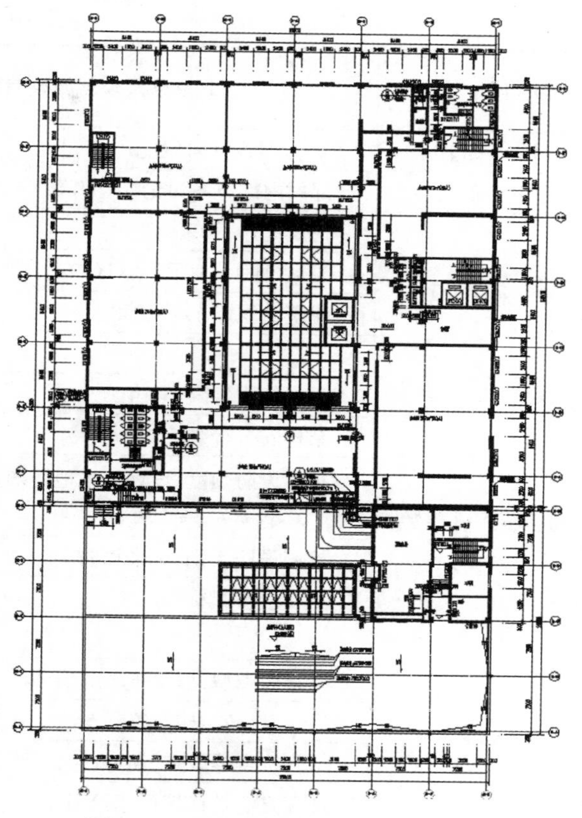
图 59-4 五层平面图（钢结构采光顶）

二、结构方案

1. 改造方案

（1）二、三期的原有结构开设中庭，拆除部分墙、柱等竖向构件，导致结构位移不符合规范要求。在满足建筑功能的前提下，采用新建剪力墙的方法，调整结构位移。

（2）二期五层的新建中庭上方需新建钢结构采光顶，增设钢梁。

（3）二期中庭内部新增两部电梯及一个钢楼梯，其中电梯钢柱直接放置于原结构基础上，钢楼梯钢柱则位于二层结构梁上，对原梁加宽并加固处理。

（4）二、三期之间新建连廊，拆除部分墙体。

（5）二、三期之间新建地下通道，拆除部分地下外墙。

（6）部分墙体由于建筑功能需要，进行开洞处理。新增部分设备洞口。

2. 加固方案

原有结构的部分构件配筋不满足要求，主要采用下列方法进行加固：

（1）梁配筋不足，采用外粘型钢加固方法。

（2）墙体抗剪不满足要求，采用加厚墙体加固方法。

（3）墙体端柱配筋不满足要求，采用端柱加截面、增加钢筋的加固方案。

（4）框架柱配筋不满足要求，采用加大截面法进行加固。

（5）建筑新增景观，采用增设混凝土梁的方式，承受新增荷载。

（6）悬挑梁配筋不足，采取竖向加腋方式进行加固。

三、地基基础方案

原结构采用筏板基础，且改造后的荷载和结构自重基本不变，经复核，无需进行基础加固。

结构方案评审表

结设质量表（2016）

<table>
<tr><td rowspan="2">项目名称</td><td colspan="2" rowspan="2">北京格雷众创园改造装修项目</td><td>项目等级</td><td>A/B级□、非A/B级■</td></tr>
<tr><td>设计号</td><td>16033</td></tr>
<tr><td>评审阶段</td><td>方案设计阶段□</td><td>初步设计阶段□</td><td colspan="2">施工图设计阶段■</td></tr>
<tr><td>评审必备条件</td><td colspan="2">部门内部方案讨论　有■　无□</td><td colspan="2">统一技术条件　有■　无□</td></tr>
<tr><td rowspan="4">工程概况</td><td colspan="2">建设地点：北京</td><td colspan="2">建筑功能：公建</td></tr>
<tr><td colspan="2">层数（地上/地下）：5/1（二期）7/1（三级）</td><td colspan="2">高度（檐口高度）：21.05/29.50m</td></tr>
<tr><td colspan="2">建筑面积（m²）：31358</td><td colspan="2">人防等级：无</td></tr>
<tr><td colspan="2"></td><td colspan="2"></td></tr>
<tr><td rowspan="6">主要控制参数</td><td colspan="4">后续使用年限：50年</td></tr>
<tr><td colspan="4">结构安全等级：二级</td></tr>
<tr><td colspan="4">抗震设防烈度、设计基本地震加速度、设计地震分组、场地类别、特征周期
8度、0.20g、第一组、Ⅲ类、0.45s</td></tr>
<tr><td colspan="4">抗震设防类别：标准设防类</td></tr>
<tr><td colspan="4">主要经济指标</td></tr>
<tr><td colspan="4"></td></tr>
<tr><td rowspan="9">结构选型</td><td colspan="4">原结构类型：框架-剪力墙结构</td></tr>
<tr><td colspan="4">概念设计、结构布置：</td></tr>
<tr><td colspan="4">结构抗震等级：二期：框架：三级；剪力墙：二级；/三期：框架：二级；剪力墙：一级</td></tr>
<tr><td colspan="4">计算方法及计算程序：YJK</td></tr>
<tr><td colspan="4">主要计算结果有无异常（如：周期、周期比、位移、位移比、剪重比、刚度比、楼层承载力突变等）：计算结果无异常</td></tr>
<tr><td colspan="4">伸缩缝、沉降缝、防震缝</td></tr>
<tr><td colspan="4">结构超长和大体积混凝土是否采取有效措施：无超长</td></tr>
<tr><td colspan="4">有无结构超限：无</td></tr>
<tr><td colspan="4"></td></tr>
<tr><td rowspan="6">基础选型</td><td colspan="4">原基础设计等级：丙级</td></tr>
<tr><td colspan="4">原基础类型：筏板</td></tr>
<tr><td colspan="4">计算方法及计算程序：JCCAD</td></tr>
<tr><td colspan="4">防水、抗渗、抗浮</td></tr>
<tr><td colspan="4">沉降分析：无</td></tr>
<tr><td colspan="4">地基处理方案：无</td></tr>
<tr><td>新材料、新技术、难点等</td><td colspan="4">本工程为加固改造项目，原结构为框剪结构，主要改造内容包括：中庭开洞，拆除部分墙柱，新建混凝土墙以满足位移以及平衡构件配筋，新建地下室通道，新建钢结构采光顶</td></tr>
<tr><td>主要结论</td><td colspan="4">改造大开洞引起相关结构构件内力变化，应特别注意荷载作用下结构构件的安全性，尤其是悬挑构件
（全部内容均在此页）</td></tr>
<tr><td colspan="2">工种负责人：史杰　　日期：2016.4.14</td><td colspan="3">评审主持人：朱炳寅　　日期：2016.4.14</td></tr>
</table>

注意：1. 评审申请时间：一般项目应在初步设计完成之前，无初步设计的项目在施工图1/2阶段。

2. 工种负责人、审核人必须参加评审会，审定人以及项目组其他人员应尽量参会。工种负责人负责项目组与会人员的通知事宜，在必要时可邀请建筑专业相关人员出席。

3. 评审后工种负责人应填写《结构方案评审意见回复表》，逐条回复《结构方案评审表》和《会议纪要》中提出的评审意见，并在签署齐全后归档。

60　厦门海沧 H2015P03 地块项目

设计部门：第三工程设计研究院
主要设计人：刘松华、陈文渊、尤天直、毕磊、阎钟巍、厉春龙、袁琨

工程简介

一、工程概况

厦门海沧 H2015P03 地块项目位于厦门市海沧区海沧新城核心地带，东侧紧邻厦门西海域，西北侧有海沧内湖环绕，总建筑面积 11.497 万 m²。工程整体设两层地下车库，其中地下二层局部设置设备用房，并设六级甲类二等人员掩蔽所。地下二层地面标高为－9.5m；地上部分以首层公共通道为界，分为南、北两栋建筑。

南侧建筑为商业楼，地上 4 层，建筑高度 20.00m，采用钢筋混凝土框架结构。北侧建筑地上 29 层，建筑高度 146.20m，建筑面积 7.81 万 m²；1～4 层为商业裙楼，5 层及以上为办公区，其中 10 层（10F）及 20 层（20F）为避难层；建筑平面呈折线状，弯折角度为 130°，弯折两侧的平面长度分别为 61m 和 42m，建筑宽度为 25.90m；主体结构采用钢筋混凝土框架-剪力墙结构体系。本工程楼盖采用现浇钢筋混凝土梁、板结构。基础采用冲（钻）孔灌注嵌岩桩。

图 60-1　建筑效果图

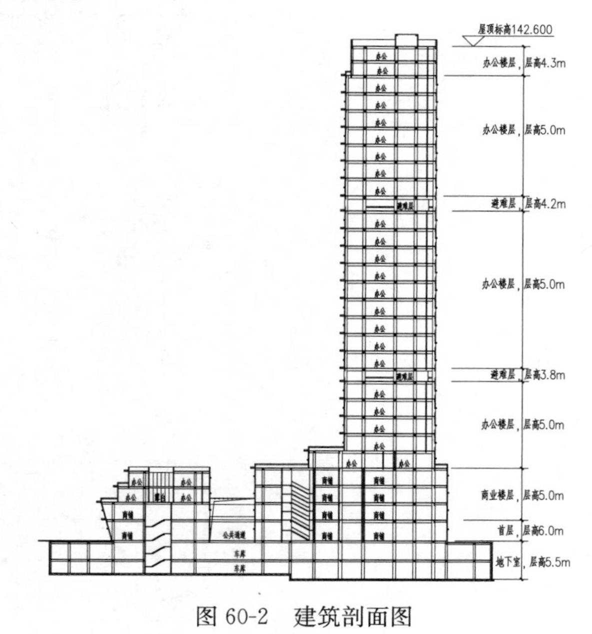

图 60-2　建筑剖面图

二、结构方案

1. 抗侧力体系

（1）北侧建筑（塔楼及裙房）

塔楼建筑高度 146.20m，大屋面高度 142.60m。根据建筑功能和建筑高度要求，采用钢筋混凝土框

架-剪力墙结构体系，利用均匀分布的 5 个交通核墙体及部分建筑隔墙，设置剪力墙，与周边框架形成具有两道防线的结构受力体系。竖向荷载通过水平梁传到剪力墙和框架柱，最终传至基础；水平作用由钢筋混凝土框架和剪力墙共同承担。

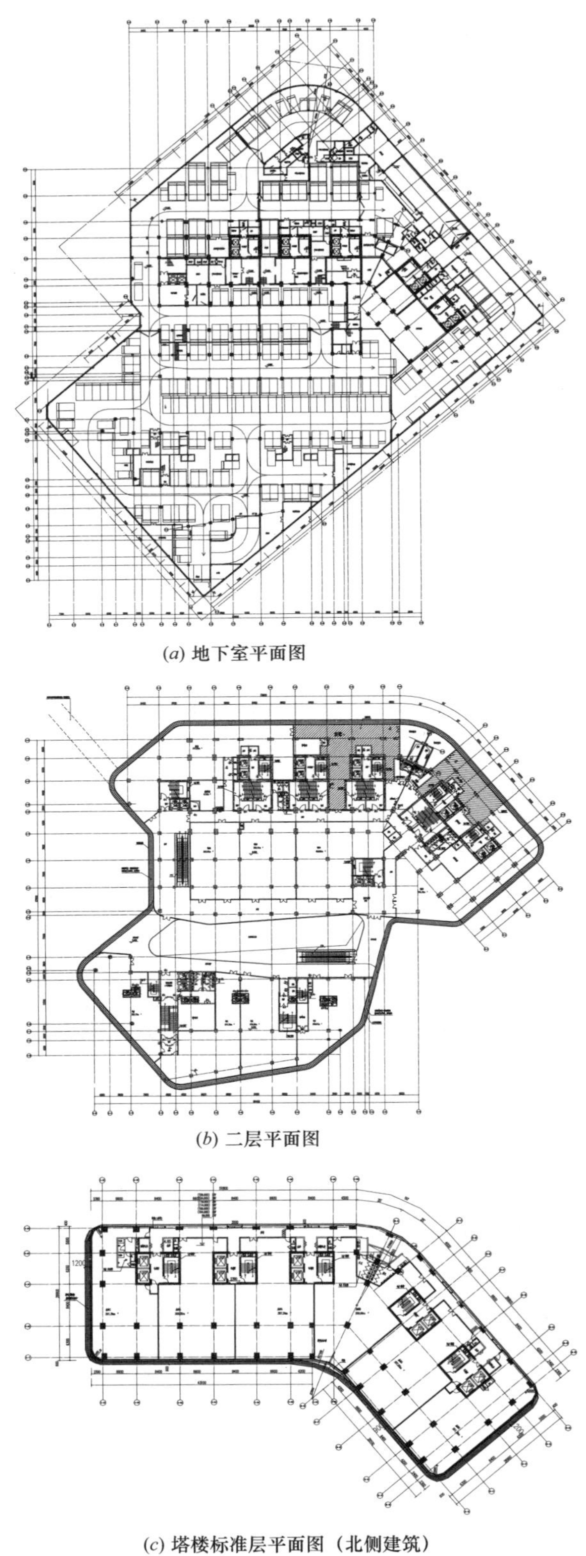

(*a*) 地下室平面图

(*b*) 二层平面图

(*c*) 塔楼标准层平面图（北侧建筑）

图 60-3　建筑平面

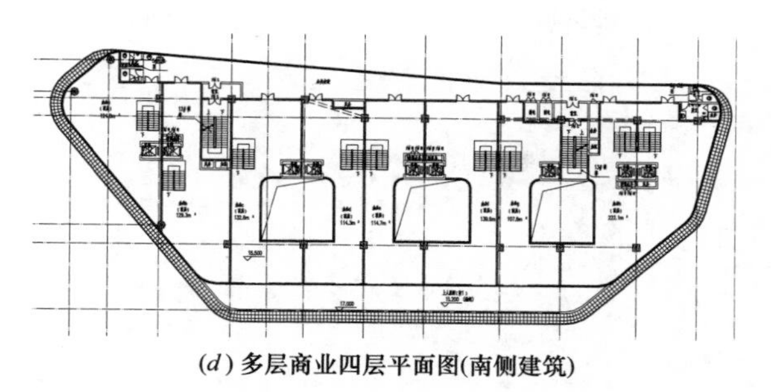

(d) 多层商业四层平面图(南侧建筑)

图 60-3　建筑平面（续）

剪力墙布置：塔楼部分根据建筑平面布置，利用楼、电梯间布置 5 个交通核筒体，每个交通核筒体的平面尺寸为 8.4m×6.2m。十层以下筒体外墙墙厚为 800mm，随着高度增加，外墙厚逐渐减小为 600mm、400mm、300mm。筒体内部的剪力墙厚度为 300mm。由于裙房部分的平面范围较大，为控制结构扭转，利用裙房楼梯间，适当设置剪力墙。

框架布置：框架柱采用钢筋混凝土柱，柱距为 5.3m、6.6m、8.4m。底部数层的柱截面为 1000mm×1500mm；随着层数增加，柱截面逐渐减小为 1000mm×1200mm、800mm×1000mm、800mm×800mm。

（2）南侧建筑（多层商业）

南侧建筑的高度为 20m，为多层商业。根据建筑功能和建筑高度的要求，采用钢筋混凝土框架结构体系，框架柱截面为 800mm×800mm。由于下部地铁的影响，本结构中间的纵向柱距较大，最大柱跨为 16m。

2. 楼盖体系

地上部分的各层楼盖均采用钢筋混凝土主、次梁楼盖体系，板厚一般为 120mm，梁布置及梁高适应管线布置及净高要求。首层楼面由于嵌固需要，板厚为 180mm。纯地下室部分的首层楼盖采用主梁＋大板方案，板厚 250～300mm。地下一层的非人防顶板部位采用一道次梁布置，板厚为 120～150mm。地下一层的人防顶板部位采用主梁＋大板方案，板厚为 250～350mm。

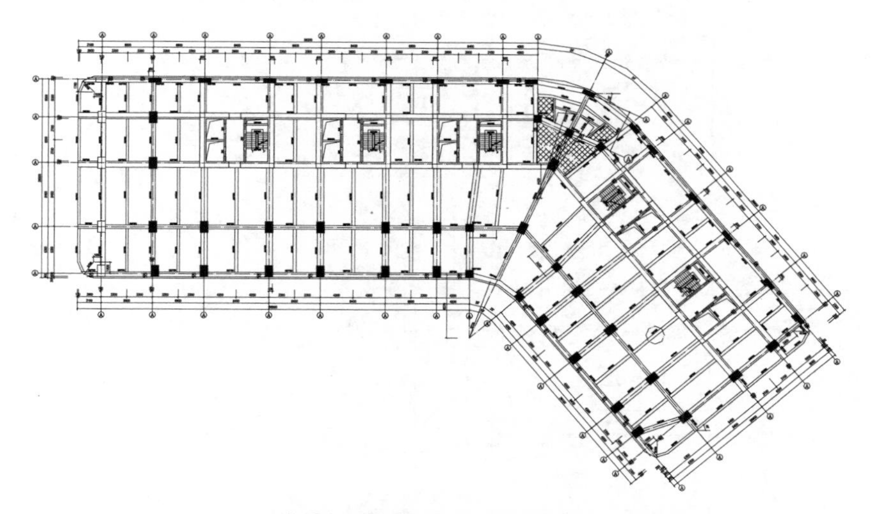

图 60-4　塔楼标准层结构平面布置图（北侧建筑）

三、地基基础方案

根据拟建工程性质及场地工程地质条件，本工程采用大直径冲（钻）孔灌注桩，以⑦层中风化岩作为桩端持力层，桩径取 1m、1.2m。为抗浮需要，部分桩兼作抗拔桩。塔楼部分由于基底压力较大，并且墙体布置较多，根据结构基底压力的分布，为增加基础整体刚度，主塔楼下采用桩基＋筏板的基础形式。其余部分采用桩基承台＋防水板的基础形式，并考虑结构整体性，承台间及承台与筏板之间由拉梁进行拉结。

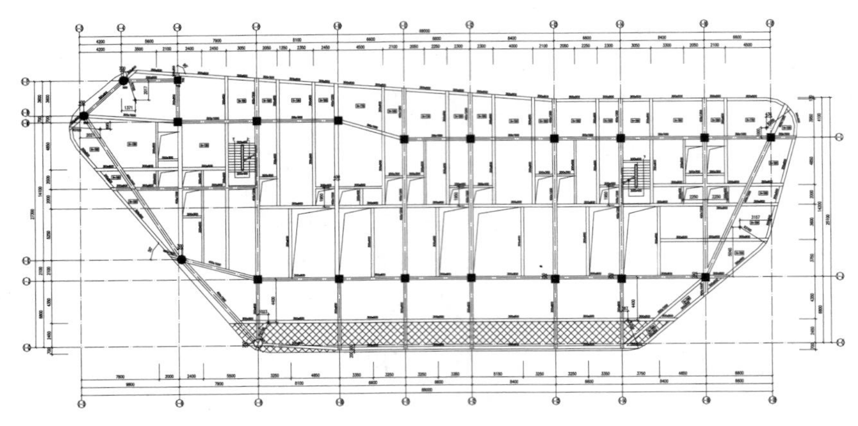

图 60-5　多层商业三层结构平面布置图（南侧建筑）

由于有两条地铁线路（上行及下行）从场区下穿过，根据地铁相关单位提出的要求，本工程桩基及地下室底板均应满足地铁运行及施工所需条件。地铁通道两侧布置条形承台基础，地铁线路上部大跨度基础防水板由单向连续梁抵抗地下水浮力。

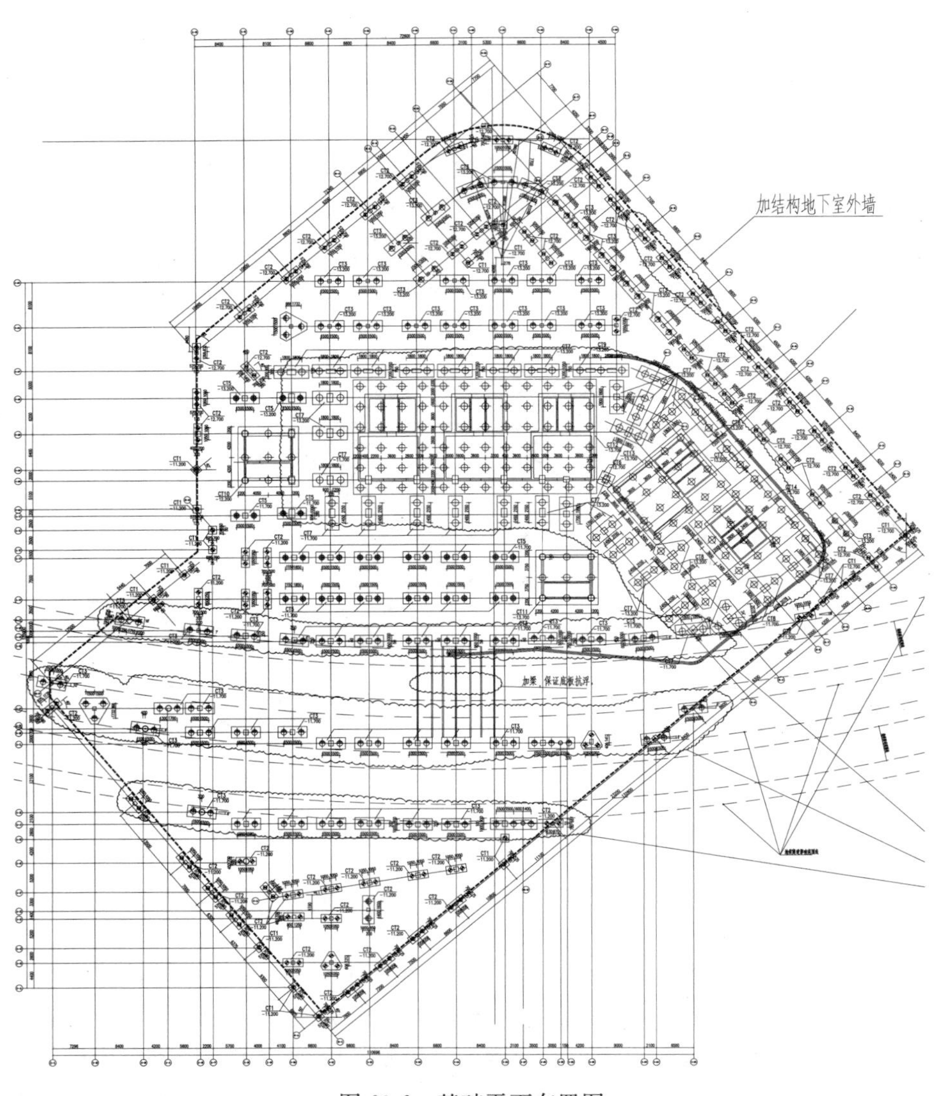

图 60-6　基础平面布置图

结构方案评审表

结设质量表（2016）

<table>
<tr><td rowspan="2">项目名称</td><td rowspan="2" colspan="2">**厦门海沧 H2015P03 地块项目**</td><td>项目等级</td><td>A/B 级□、非 A/B 级■</td></tr>
<tr><td>设计号</td><td>15523</td></tr>
<tr><td>评审阶段</td><td>方案设计阶段□</td><td>初步设计阶段■</td><td colspan="2">施工图设计阶段□</td></tr>
<tr><td>评审必备条件</td><td colspan="2">部门内部方案讨论　有■　无□</td><td colspan="2">统一技术条件　有■　无□</td></tr>
<tr><td rowspan="4">工程概况</td><td colspan="2">建设地点：厦门市</td><td colspan="2">建筑功能：商业、办公</td></tr>
<tr><td colspan="2">层数（地上/地下）：29（4）2</td><td colspan="2">高度（檐口高度）：142.6m，20.0m</td></tr>
<tr><td colspan="2">建筑面积（m²）：11.456 万</td><td colspan="2">人防等级：核六级甲类人员掩藏所</td></tr>
<tr><td colspan="2"></td><td colspan="2"></td></tr>
<tr><td rowspan="6">主要控制参数</td><td colspan="4">设计使用年限：50 年</td></tr>
<tr><td colspan="4">结构安全等级：商业裙房，一级；其余，二级。</td></tr>
<tr><td colspan="4">抗震设防烈度、设计基本地震加速度、设计地震分组、场地类别、特征周期
7 度（0.15g）、第一组、Ⅱ类场地土、0.4s</td></tr>
<tr><td colspan="4">抗震设防类别：商业裙房，乙类；其余，丙类</td></tr>
<tr><td colspan="4">主要经济指标</td></tr>
<tr><td colspan="4"></td></tr>
<tr><td rowspan="9">结构选型</td><td colspan="4">结构类型：高层，钢筋混凝土框架-剪力墙结构；多层及纯地下室，钢筋混凝土框架结构</td></tr>
<tr><td colspan="4">概念设计、结构布置</td></tr>
<tr><td colspan="4">结构抗震等级：塔楼：裙房及以下剪力墙，特一级，其余剪力墙，一级；框架，一级。多层商业框架，三级</td></tr>
<tr><td colspan="4">计算方法及计算程序：YJK、MIDAS</td></tr>
<tr><td colspan="4">主要计算结果有无异常（如：周期、周期比、位移、位移比、剪重比、刚度比、楼层承载力突变等）　无</td></tr>
<tr><td colspan="4">伸缩缝、沉降缝、防震缝　无</td></tr>
<tr><td colspan="4">结构超长和大体积混凝土是否采取有效措施　是</td></tr>
<tr><td colspan="4">有无结构超限　有，高层塔楼高度超限</td></tr>
<tr><td colspan="4"></td></tr>
<tr><td rowspan="6">基础选型</td><td colspan="4">基础设计等级　甲级</td></tr>
<tr><td colspan="4">基础类型　桩基础（局部为抗拔桩）</td></tr>
<tr><td colspan="4">计算方法及计算程序　盈建科、理正</td></tr>
<tr><td colspan="4">防水、抗渗、抗浮　抗浮计算满足要求</td></tr>
<tr><td colspan="4">沉降分析　沉降差计算满足要求，并采取相应的措施</td></tr>
<tr><td colspan="4">地基处理方案</td></tr>
<tr><td>新材料、新技术、难点等</td><td colspan="4"></td></tr>
<tr><td>主要结论</td><td colspan="4">补充主楼单独计算模型，裙房剪力墙适当开洞，裙房顶上一层抗震等级提高，补充裙房顶主楼中震下剪力墙墙肢应力分析，核算上部结构重心与基础中心关系，主楼下宜采用整体式基础，优化抗浮设计，主楼与南侧裙房采用整体和分块计算包络设计，优化主楼剪力墙截面及布置</td></tr>
<tr><td colspan="2">工种负责人：刘松华</td><td>日期：2016.4.13</td><td>评审主持人：朱炳寅</td><td>日期：2016.4.15</td></tr>
</table>

注意：1. 评审申请时间：一般项目应在初步设计完成之前，无初步设计的项目在施工图 1/2 阶段。

2. 工种负责人、审核人必须参加评审会，审定人以及项目组其他人员应尽量参会。工种负责人负责项目组与会人员的通知事宜，在必要时可邀请建筑专业相关人员出席。

3. 评审后工种负责人应填写《结构方案评审意见回复表》，逐条回复《结构方案评审表》和《会议纪要》中提出的评审意见，并在签署齐全后归档。

会议纪要

2016年4月15日

“厦门海沧H2015P03地块项目”初步设计阶段结构方案评审会

评审人：谢定南、罗宏渊、王金祥、尤天直、徐琳、朱炳寅、陈文渊、张淮湧、王大庆

主持人：朱炳寅　　记录：王大庆

介　绍：刘松华

结构方案：南、北两栋建筑坐落于两层大底盘地下室，并在裙房处通过两条连廊相连。南楼地上4层，高20m，采用混凝土框架结构体系。北楼地上裙房4层，高20m；主楼29层，高142.6m，超过B级高度2.6m；采用混凝土框架-剪力墙结构体系。进行了抗震性能化设计和弹性时程分析、静力和动力弹塑性分析、中震下底层墙肢应力分析等。主楼平面呈折线形，计算时考虑斜交方向的地震作用。

地基基础方案：采用后注浆钻孔灌注桩基础，以中风化岩为桩端持力层，桩径为700～1200mm，部分桩兼作抗拔桩。

评审：

1. 核算上部结构重心与基础形心的关系。
2. 适当优化基础方案，主楼宜采用整体式基础，跨越地铁宜采用单向密肋梁＋筏板，并适当加强地铁两侧的基础整体性。
3. 适当优化抗浮设计，细化抗浮验算，宜采用中、小直径的抗拔桩，并适当优化抗拔桩布置，兼顾抗压、抗拉要求。
4. 补充主楼单独模型计算分析，包络设计。
5. 南、北两楼间的连廊支承扶梯，较难实现与主体结构间的滑动连接，建议北侧主楼与南侧裙楼采用整体和分块模型分别计算，包络设计。
6. 框架部分的地震倾覆力矩比偏小，建议适当优化主楼剪力墙的截面和布置，可适当优化平面中部和纵向的剪力墙，以控制结构的扭转。
7. 裙房设置了较多剪力墙，应补充裙房顶上一层主楼剪力墙的中震下墙肢应力分析。
8. 适当提高裙房顶上一层的抗震等级。
9. 裙房剪力墙适当开设结构洞，提高墙肢延性。
10. 除考虑斜交方向地震作用外，尚应补充最不利方向以及多方向地震作用计算。
11. 整体分析时宜细化预留夹层的荷载，控制房屋总重量。构件设计应考虑预留夹层的不确定因素，适当留有余量。
12. 注意预留夹层对主体结构的影响，构件设计时按考虑和不考虑预留夹层模型分别计算，包络设计。
13. 房屋超过B级高度，且设置较多预留夹层，宜进一步考虑结构体系的合理性问题。

结论：

建议根据结构方案评审表的主要结论以及会议纪要内容，进一步优化结构设计。

61　第十四师昆玉市城市公共服务中心

设计部门：第二工程设计研究院
主要设计人：王志勇、史杰、张淮湧、朱炳寅

工程简介

一、工程概况

本工程位于新疆第十四师昆玉市，地形南高北低，相对高差 1.0m 左右。项目的地上建筑面积 $20366m^2$，其中 1 号楼 $15606m^2$，2、3 号楼 $2380m^2$；地下建筑面积 $1400m^2$。

1 号楼：地下 1 层，为档案库及设备用房，建筑底标高－4.2m。地上 9 层，为办公楼；首层层高 4.5m，以上各层层高均为 3.9m，总高 36.2m；建筑平面尺寸为 88m×18.6m；采用框架-剪力墙结构体系。

图 61-1　建筑效果图

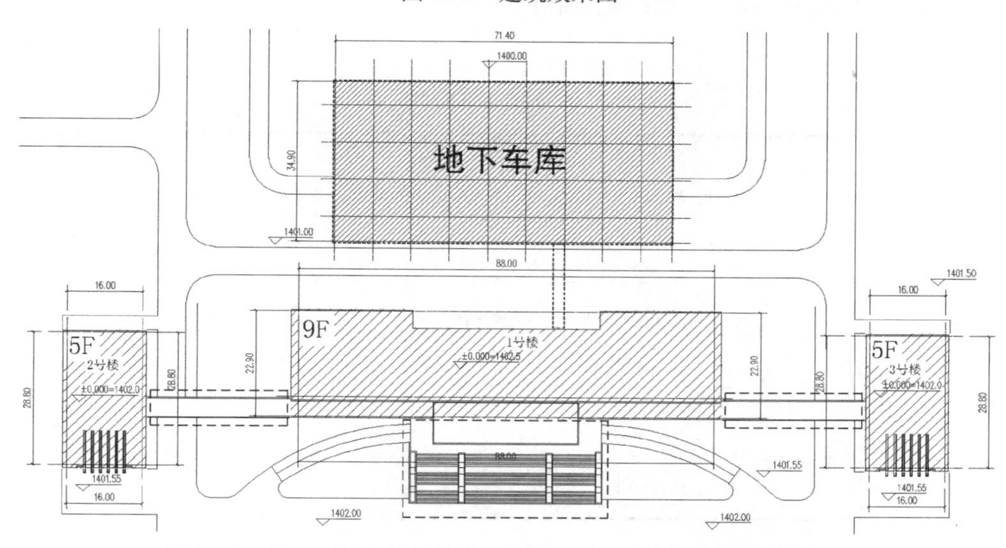

图 61-2　总平面图（虚线处为连廊及台阶，与主体间设置变形缝）

2、3 号楼：地下 1 层，为库房，建筑底标高－3.6m。地上 5 层，为办公楼；首层层高 4.5m，以上各层层高均为 3.9m，总高 20.55m；建筑平面尺寸为 29.4m×16.6m；采用框架结构。

地下车库：地下 1 层，层高 3.6m，上部覆土厚度 1.5m，建筑平面尺寸为 72m×35.5m，采用框架结构。

连廊：地上 2 层，首层层高 4.5m，二层层高 7.8m，采用框架结构。

台阶：地上 1 层，层高 4.5m，采用框架结构。

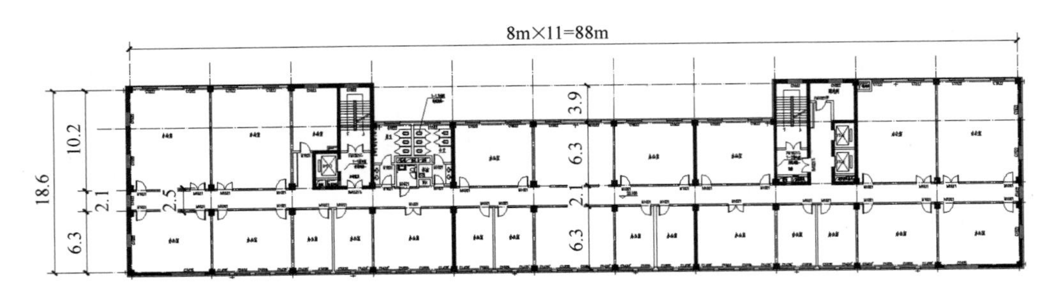

图 61-3　1 号楼建筑平面图

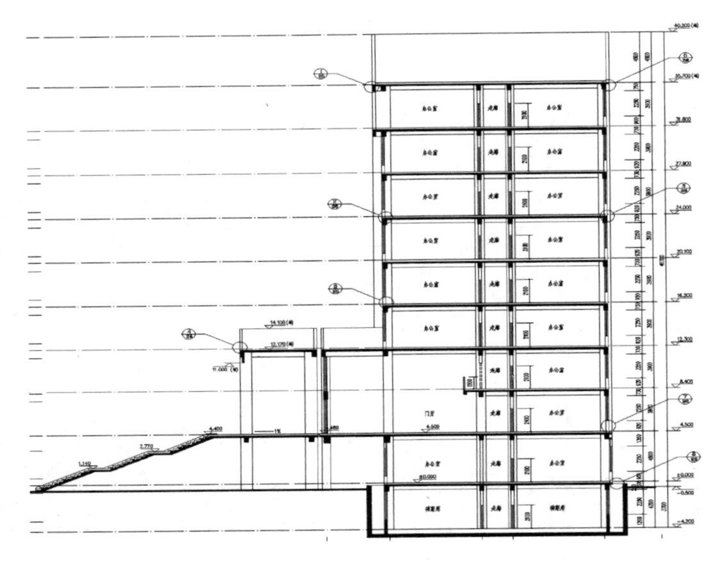

图 61-4　1 号楼及台阶、连廊建筑剖面图

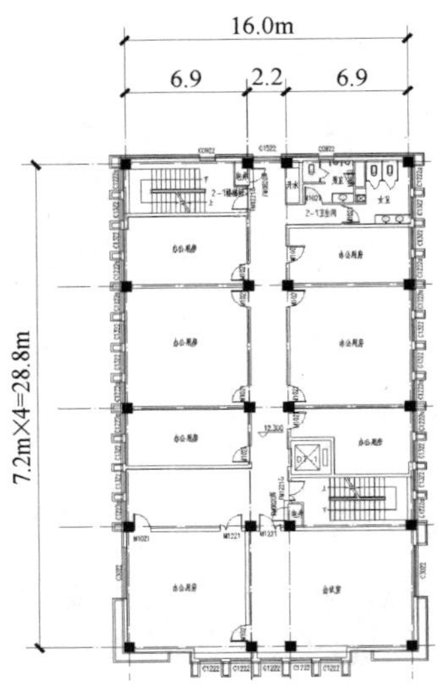

图 61-5　2、3 号楼建筑平面图

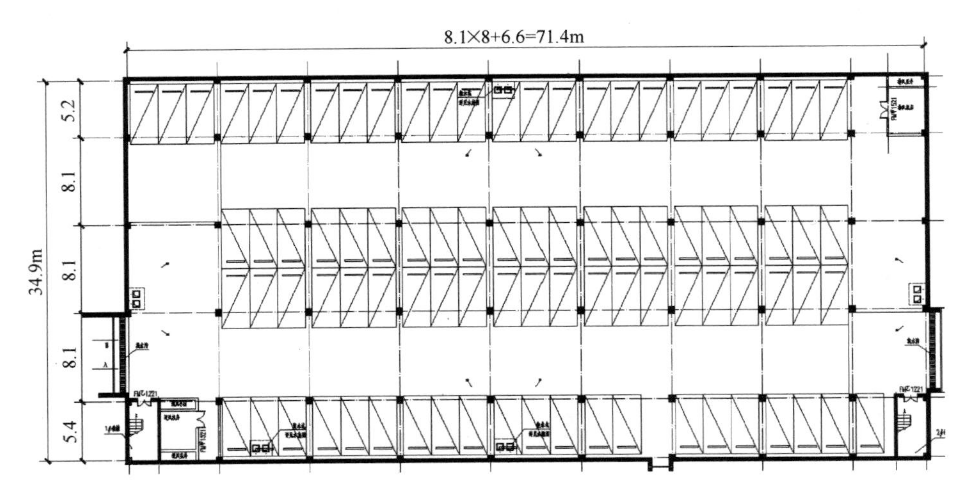

图 61-6　地下车库建筑平面图

二、结构方案

1. 抗侧力体系

综合考虑建筑使用功能、立面造型、结构传力明确、经济合理等多种因素，1号楼采用钢筋混凝土框架-剪力墙结构体系，其余各单体均采用钢筋混凝土框架结构体系。竖向构件的截面尺寸主要为：

1号楼的剪力墙厚度为300mm，框架柱截面为：地下室至3层700mm×700mm，4层至9层600mm×600mm。

2、3号楼及地下车库、连廊的框架柱截面均为600mm×600mm。坡道的框架柱截面一般为500mm×500mm。

2. 楼盖体系

本工程采用钢筋混凝土主、次梁楼盖体系，梁布置及梁高适应管线布置及净高要求。楼板厚度一般为120mm，1～3号楼首层板厚取180mm，地下车库顶板厚度为300mm，坡道顶板厚度一般为150mm。

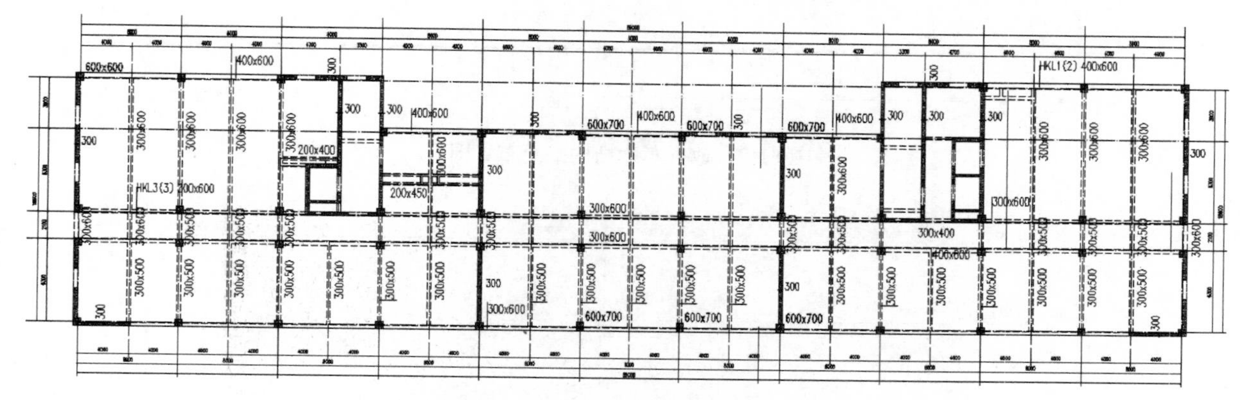

图61-7　1号楼标准层结构平面布置图

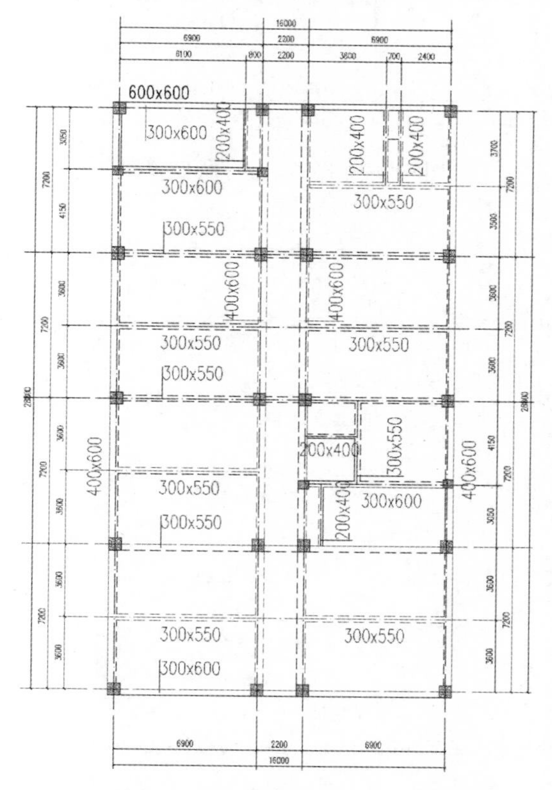

图61-8　2、3号楼标准层结构平面布置图

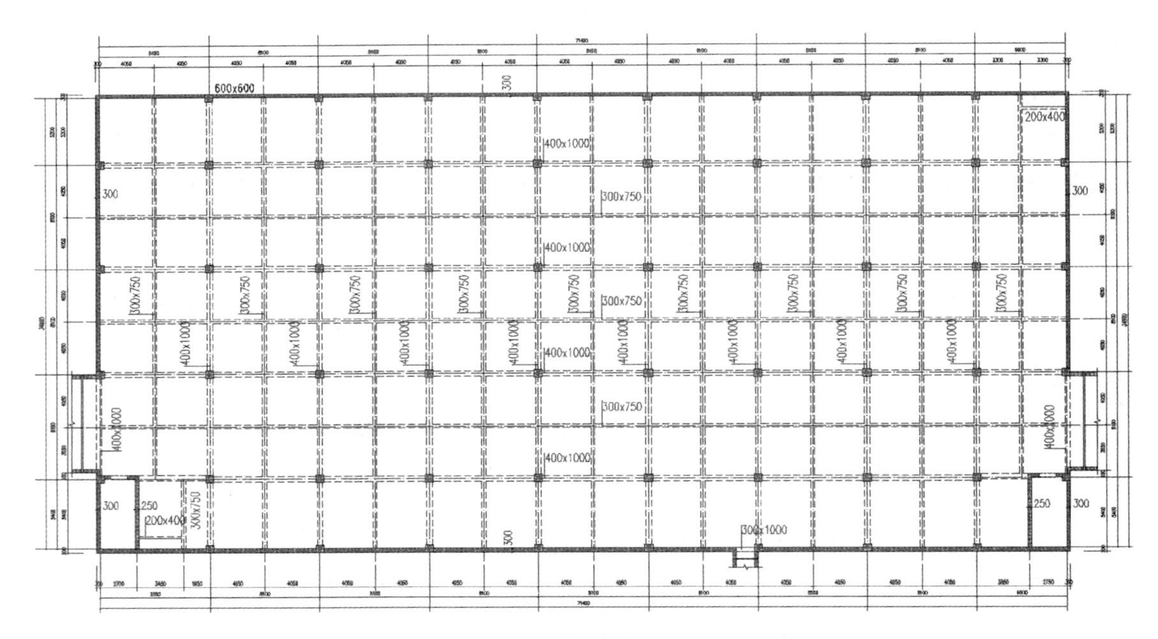

图 61-9　地下车库结构平面布置图

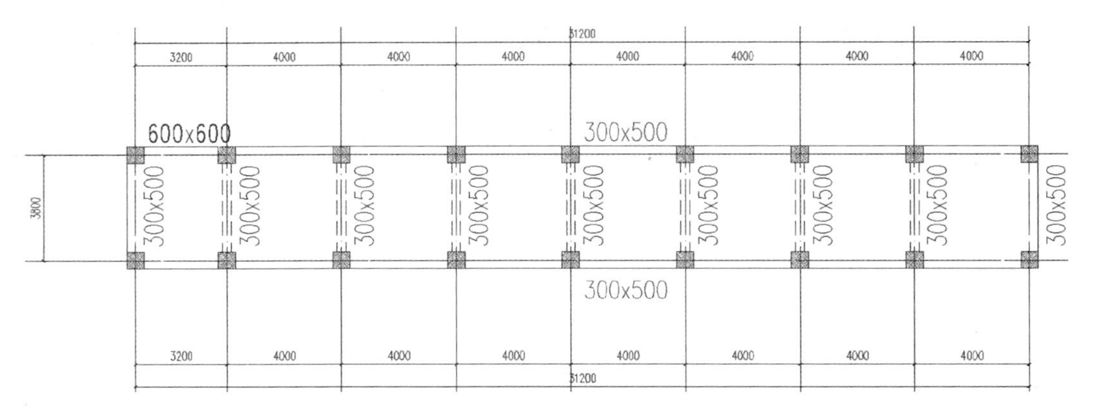

图 61-10　连廊结构平面布置图

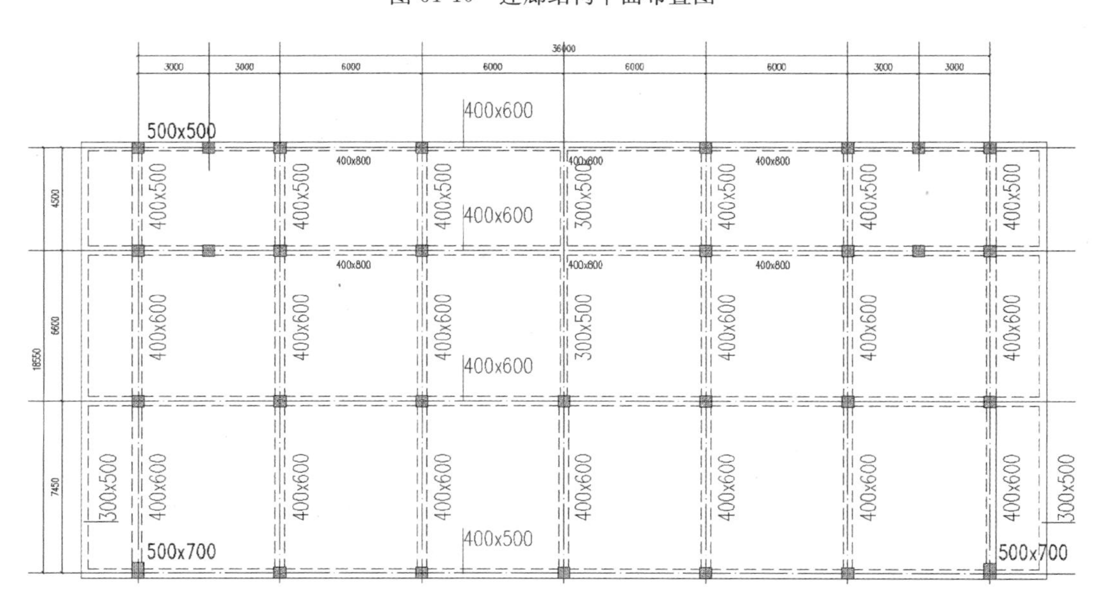

图 61-11　坡道结构平面布置图

三、地基基础方案

通过现场调研及与当地的地勘专家、设计人员沟通，得知项目有以下特点：

（1）场地特点：场地位于粉土地段与砂砾地段之间，土质呈现粉土夹杂砂砾状态。无湿陷性。

（2）粉土特点：粉土黏性极小，根据当地地勘专家描述，黏性颗粒占比小于5%；现场查看，粉土实际为极细的沙粒，干燥，易滑移。

（3）基坑放坡：当地开挖基坑均采用自然放坡，不做护壁处理。

（4）地震安评：当地地勘专家在做场区规划时曾向地震局建议做地震安评，但地震局未回应。在我方多次向甲方确认，且甲方未作特殊要求的情况下，按照新版抗震规范确定地震动参数，设计未作特殊处理。

（5）换填方法：根据当地经验，开槽至设计换填标高处，将原始土层灌水并用压路机压实，然后采用戈壁土分层压实。当地的多、高层建筑均如此处理，未发现显著下沉或倾斜的情况。

（6）回填土：根据当地地勘专家及设计人员建议，回填土采用无杂质粉土，主要原因为：a. 戈壁土费用较高；b. 原始土中有大量碱块，有的碱块边长超过300mm，当地出现过原始土回填后遇水下陷的情况，监督站也在某些项目强制清除带碱块的回填土。

根据地勘报告建议，并结合结构受力特点，地基均采用戈壁土进行换填处理。1～3号楼采用梁板式筏形基础，地下车库采用平板式筏形基础，连廊及坡道采用柱下独立基础。

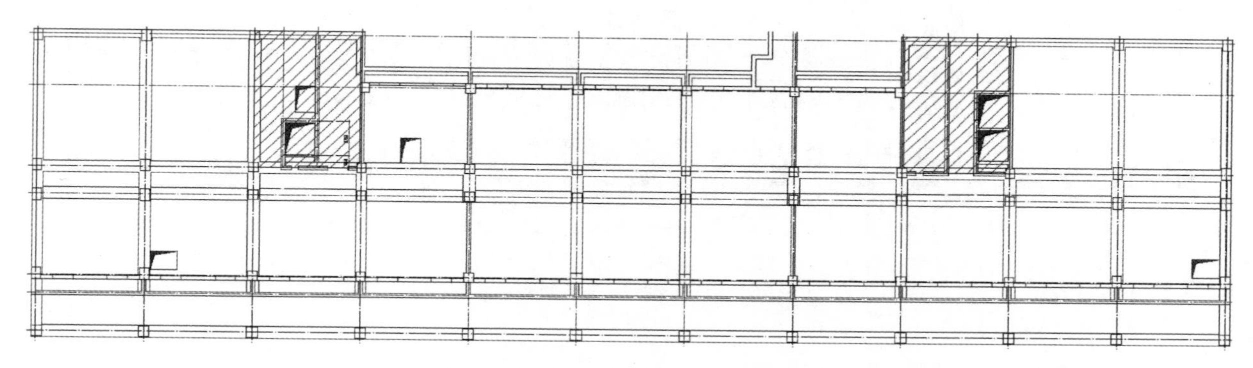

图61-12　1号楼基础平面布置图

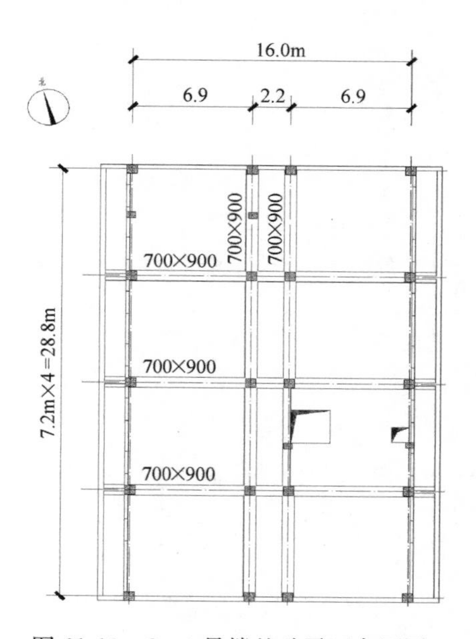

图61-13　2、3号楼基础平面布置图

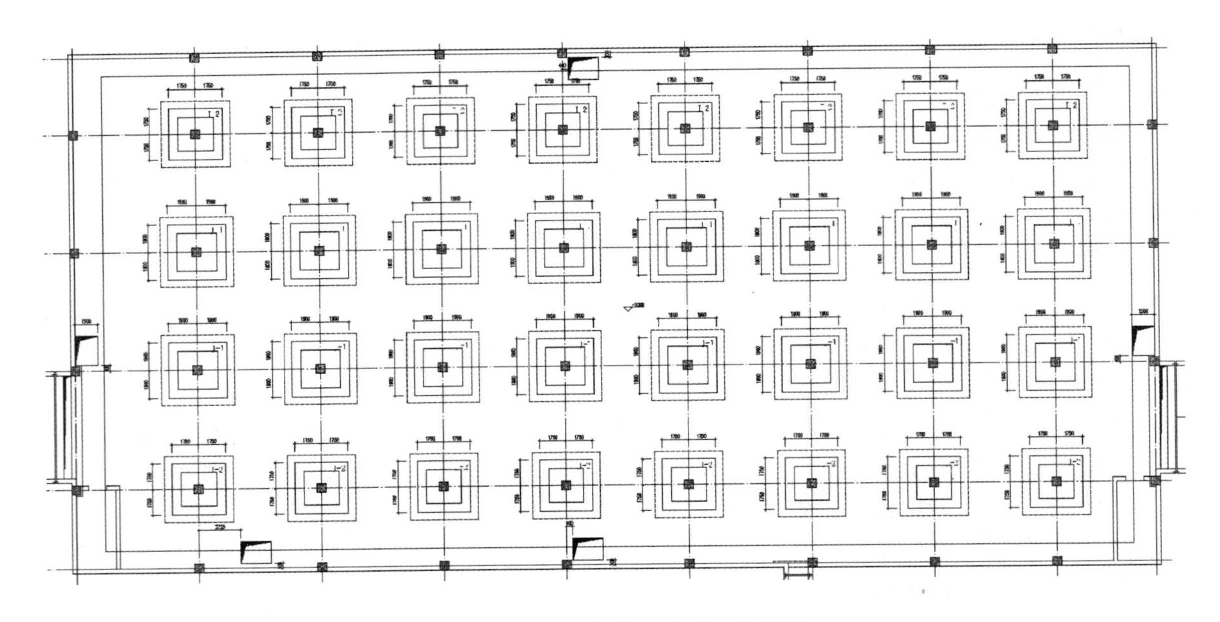

图 61-14　地下车库基础平面布置图

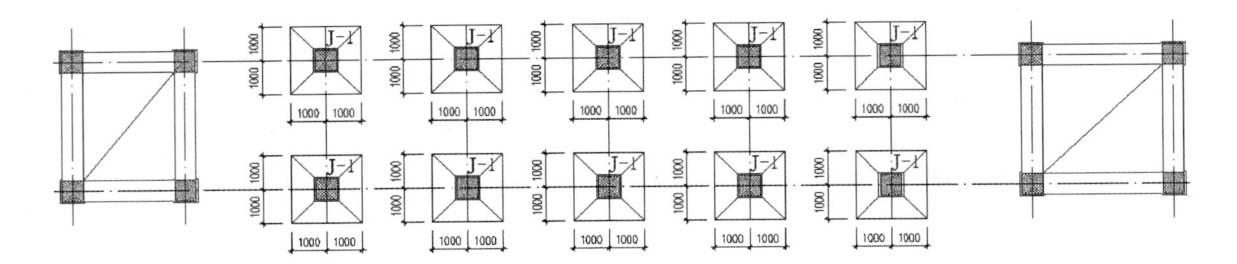

图 61-15　连廊基础平面布置图

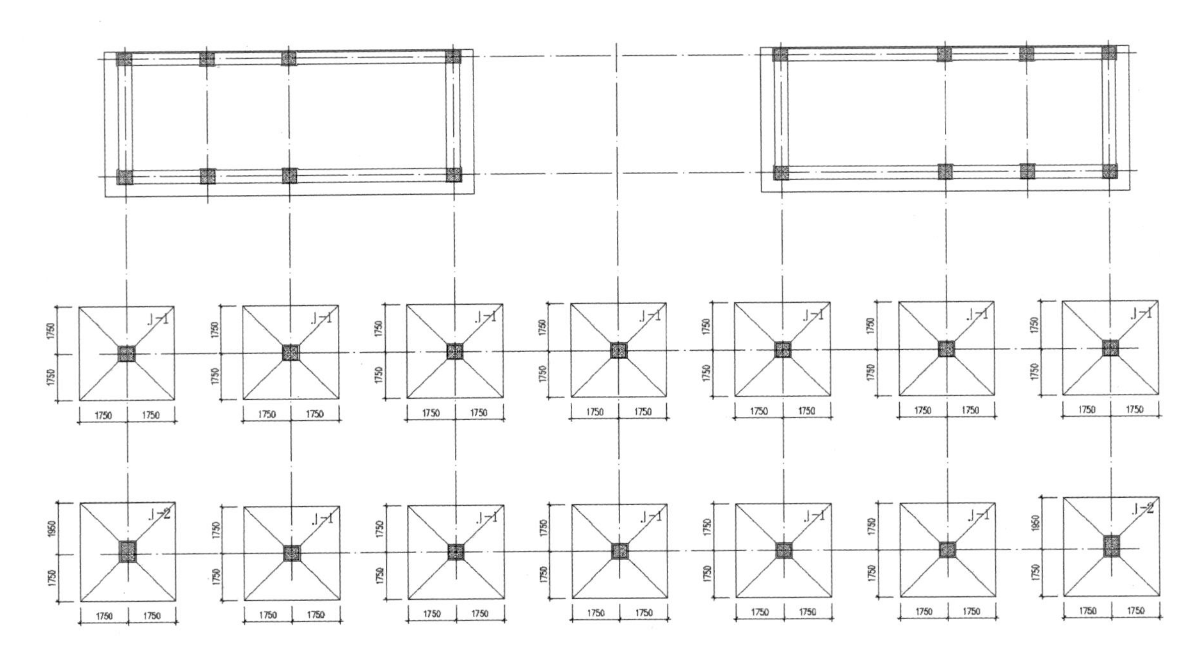

图 61-16　坡道基础平面布置图

结构方案评审表

结设质量表（2016）

<table>
<tr><td rowspan="2">项目名称</td><td colspan="2" rowspan="2">第十四师昆玉市城市公共服务中心</td><td>项目等级</td><td>A/B级□、非A/B级■</td></tr>
<tr><td>设计号</td><td></td></tr>
<tr><td>评审阶段</td><td>方案设计阶段□</td><td>初步设计阶段□</td><td colspan="2">施工图设计阶段■</td></tr>
<tr><td>评审必备条件</td><td colspan="2">部门内部方案讨论　有■　无□</td><td colspan="2">统一技术条件　有■　无□</td></tr>
<tr><td rowspan="4">工程概况</td><td colspan="2">建设地点：新疆昆玉市(和田附近)</td><td colspan="2">建筑功能：公建</td></tr>
<tr><td colspan="2">层数(地上/地下)：9/1;5/1</td><td colspan="2">高度(檐口高度)：36.2m/20.55m</td></tr>
<tr><td colspan="2">建筑面积(m²)：21766</td><td colspan="2">人防等级：无</td></tr>
<tr><td colspan="2"></td><td colspan="2"></td></tr>
<tr><td rowspan="6">主要控制参数</td><td colspan="4">设计使用年限：50年</td></tr>
<tr><td colspan="4">结构安全等级：二级</td></tr>
<tr><td colspan="4">抗震设防烈度、设计基本地震加速度、设计地震分组、场地类别、特征周期
7度、0.1g、第三组、Ⅱ类场地土、0.4s</td></tr>
<tr><td colspan="4">抗震设防类别：标准设防类</td></tr>
<tr><td colspan="4">主要经济指标</td></tr>
<tr><td colspan="4"></td></tr>
<tr><td rowspan="9">结构选型</td><td colspan="4">结构类型：框剪/框架结构</td></tr>
<tr><td colspan="4">概念设计、结构布置：</td></tr>
<tr><td colspan="4">结构抗震等级：剪力墙：二级;框架：三级/框架：三级</td></tr>
<tr><td colspan="4">计算方法及计算程序：SATWE</td></tr>
<tr><td colspan="4">主要计算结果有无异常(如：周期、周期比、位移、位移比、剪重比、刚度比、楼层承载力突变等)：计算结果无异常</td></tr>
<tr><td colspan="4">伸缩缝、沉降缝、防震缝</td></tr>
<tr><td colspan="4">结构超长和大体积混凝土是否采取有效措施：超长部分采取构造措施处理、外露构件设置温度缝</td></tr>
<tr><td colspan="4">有无结构超限：无</td></tr>
<tr><td colspan="4"></td></tr>
<tr><td rowspan="5">基础选型</td><td colspan="4">基础设计等级：乙级</td></tr>
<tr><td colspan="4">基础类型：人工地基(换填垫层处理)</td></tr>
<tr><td colspan="4">计算方法及计算程序：JCCAD</td></tr>
<tr><td colspan="4">换填垫层根据地勘报告建议及当地经验处理</td></tr>
<tr><td colspan="4"></td></tr>
<tr><td>新材料、新技术、难点等</td><td colspan="4"></td></tr>
<tr><td>主要结论</td><td colspan="4">1#楼去除房屋端部纵向剪力墙，框架结构楼梯间设框架柱
1#楼纵向超长、采取相应温度应力控制措施、结构采取防腐蚀措施，比较平台与主楼分缝关系</td></tr>
<tr><td colspan="2">工种负责人：史杰　　日期：2016.4.15</td><td colspan="3">评审主持人：朱炳寅　　日期：2016.4.15</td></tr>
</table>

注意：1. 评审申请时间：一般项目应在初步设计完成之前，无初步设计的项目在施工图1/2阶段。

2. 工种负责人、审核人必须参加评审会，审定人以及项目组其他人员应尽量参会。工种负责人负责项目组与会人员的通知事宜，在必要时可邀请建筑专业相关人员出席。

3. 评审后工种负责人应填写《结构方案评审意见回复表》，逐条回复《结构方案评审表》和《会议纪要》中提出的评审意见，并在签署齐全后归档。

会议纪要

2016年4月15日

“第十四师昆玉市城市公共服务中心”施工图设计阶段结构方案评审会

评审人：谢定南、罗宏渊、王金祥、尤天直、徐琳、朱炳寅、陈文渊、张淮湧、王大庆

主持人：朱炳寅　　记录：王大庆

介　绍：王飞　史杰

结构方案：含1号楼（9/－1层）、2～3号楼（5/－1层）、连廊（2/0层）、地下车库（－1层）等结构单体。1号楼采用混凝土框架-剪力墙结构体系，其他采用混凝土框架结构体系。

地基基础方案：采用换填垫层处理地基。1～3号楼采用梁板式筏形基础，地下车库采用平板式筏形基础，连廊、平台采用独立基础。

评审：

1. 1号楼纵向超长，应去除房屋端部的纵向剪力墙，适当增设后浇带并优化其布置，相应采取可靠的温度应力控制措施。
2. 框架结构楼梯间四周应设置框架柱，以形成封闭框架。
3. 进一步比较平台、门头等与主体结构的分缝关系。
4. 1号楼的弹性层间位移角约1/2000，适当优化剪力墙布置和连梁设计，保证延性。
5. 连廊为单跨框架结构，应适当提高抗震等级。
6. 适当优化各楼的结构布置和构件截面尺寸，注意细部处理。
7. 场地土具有中等或弱腐蚀性，结构应采取有效的防腐蚀措施。
8. 摸清当地地基处理的成熟经验，确保地基处理的可靠性。

结论：

建议根据结构方案评审表的主要结论以及会议纪要内容，进一步优化结构设计。

62　厦门翔安国际机场（GTC、停车楼、酒店）

设计部门：第二工程设计研究院
主要设计人：施泓、张根俞、徐宏艳、张淮湧、尤天直、肖耀祖、张龑华、张恺

工程简介

一、工程概况

厦门翔安国际机场项目位于福建省厦门市翔安区大嶝岛与小嶝岛之间的浅滩区域，规划面积约 27.49km²，建筑场地采用吹填法造地。项目包括航站楼和陆侧配套设施两部分。本次评审的综合交通中心 GTC（G 区）、停车楼（P 区）、酒店（H 区）属于机场陆侧配套设施的一部分，总建筑面积约 28.5 万 m²；均采用钢筋混凝土框架结构体系。

图 62-1　建筑效果图

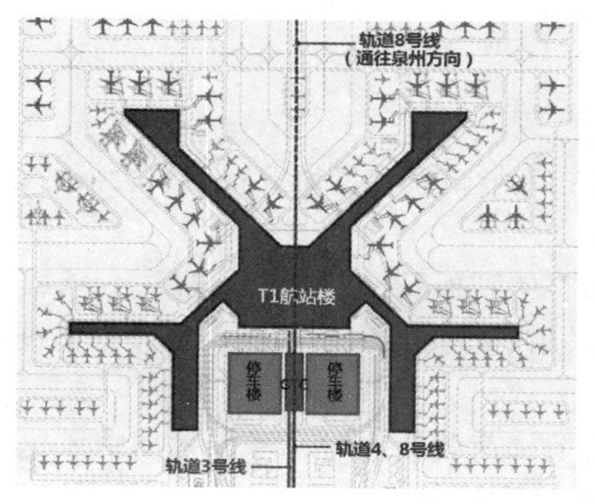

图 62-2　总平面图

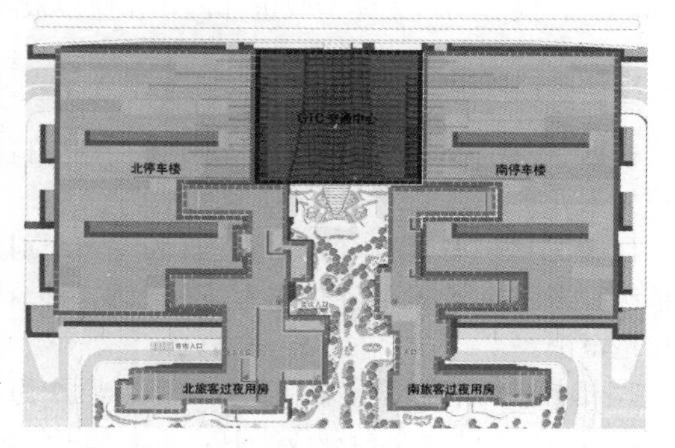

图 62-3　GTC、停车楼、酒店平面关系图

GTC 及停车楼是新机场工程中的重要配套设施，其中 GTC 是衔接多种交通方式的中心，包括轨道交通、长短途巴士、旅游巴士、市政公交等多种交通方式的集散功能，也是衔接机场外部交通、机场内

部交通、旅客过夜酒店、停车库和航站楼的立体枢纽，另有出租车上客、机场大巴等利用到达车道边进行组织。停车楼位于航站楼西侧，设置于 GTC 两翼，与 GTC 紧密联系，主要解决航站楼的社会车辆停放问题。

二、结构方案

1. 结构分缝

本工程为 GTC、停车楼、酒店及下穿轨道交通线等多种建筑功能组合在一起的建筑群，结合建筑功能、交通使用及设计范围等多因素综合对比，通过设置多道结构缝将其分为若干结构单体。

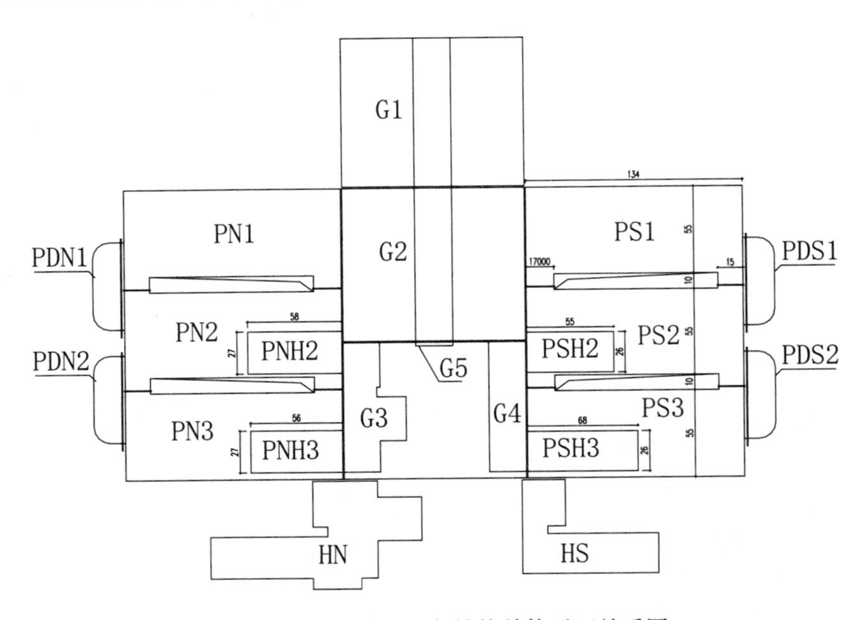

图 62-4　结构分缝及各结构单体平面关系图

2. 抗侧力体系

通过多方案比较，综合考虑建筑使用功能、立面造型、结构传力明确、经济合理等多种因素，本工程采用钢筋混凝土框架结构体系。竖向荷载通过水平梁传至框架柱，再传至基础。水平荷载由框架承担。

3. 楼盖体系

地上各层楼面均采用钢筋混凝土主、次梁楼盖体系，梁布置及梁高适应管线布置及净高要求。板厚一般为 120～130mm。停车楼屋面由于转换层传递水平力的需要，转换区域及外扩一跨的板厚为 180mm。转换层同时为体型收进部位，相应楼板厚度为 150mm。

三、地基基础方案

根据 2016 年 3 月 3 日机场公司“厦门翔安机场航站区结构专业桩基选型研究报告”会议讨论结果，采用如下方案：

1. 航站区桩型以静压沉管灌注桩为主，个别点、区域如有遇到孤石、有效桩长过短、承载力不足等情况，采用冲/钻孔灌注桩作为补充处理，冲/钻孔灌注桩采用后压浆技术。同时，将预制方桩列入经济比选范围。

2. 选择砂砾状强风化岩层及其以下岩层作为持力层。当上部荷载较大时，考虑采用中风化岩层作为桩端持力层；当上部荷载较小时，考虑采用强风化岩层作为桩端持力层。

3. GTC、停车楼、酒店采用沉管灌注桩，桩长 20～30m，考虑采用强风化岩层作为桩端持力层，桩端进入持力层深度不低于 1.5 倍桩径（停车楼、酒店等存在负摩阻的桩的桩端进入持力层深度不低于 2～3倍桩径）。

结构方案评审表

结设质量表（2016）

<table>
<tr><td rowspan="2">项目名称</td><td colspan="2" rowspan="2">厦门翔安国际机场(GTC、停车楼、酒店)</td><td>项目等级</td><td>A/B 级□、非 A/B 级□</td></tr>
<tr><td>设计号</td><td>16018</td></tr>
<tr><td>评审阶段</td><td>方案设计阶段□</td><td>初步设计阶段■</td><td colspan="2">施工图设计阶段□</td></tr>
<tr><td>评审必备条件</td><td colspan="2">部门内部方案讨论　　有■　无□</td><td colspan="2">统一技术条件　　有■　无□</td></tr>
<tr><td rowspan="4">工程概况</td><td colspan="2">建设地点:福建省厦门市</td><td colspan="2">建筑功能:停车楼、酒店、交通中心</td></tr>
<tr><td colspan="2">层数(地上/地下):GTC:3/2;酒店:5/1;停车楼:3/1</td><td colspan="2">高度(檐口高度):GTC:15.20m;酒店:20.500m;停车楼:11.500m。</td></tr>
<tr><td colspan="2">建筑面积(m^2):28.5 万</td><td colspan="2">人防等级:</td></tr>
<tr><td colspan="2"></td><td colspan="2"></td></tr>
<tr><td rowspan="5">主要控制参数</td><td colspan="4">设计使用年限:GTC:100 年;停车楼,酒店:50 年</td></tr>
<tr><td colspan="4">结构安全等级:GTC:一级;停车楼,酒店:二级</td></tr>
<tr><td colspan="4">抗震设防烈度、设计基本地震加速度、设计地震分组、场地类别、特征周期
7 度、0.15g、第二组、Ⅲ类(暂定)、0.55s</td></tr>
<tr><td colspan="4">抗震设防类别:GTC:重点设防类;停车楼,酒店:标准设防类</td></tr>
<tr><td colspan="4">主要经济指标:尽量经济</td></tr>
<tr><td rowspan="8">结构选型</td><td colspan="4">结构类型:框架结构</td></tr>
<tr><td colspan="4">概念设计、结构布置:结构布置力求均匀、对称</td></tr>
<tr><td colspan="4">结构抗震等级:GTC:一级;
停车楼,酒店:二级、三级</td></tr>
<tr><td colspan="4">计算方法及计算程序:YJK</td></tr>
<tr><td colspan="4">主要计算结果有无异常(如:周期、周期比、位移、位移比、剪重比、刚度比、楼层承载力突变等):无</td></tr>
<tr><td colspan="4">伸缩缝、沉降缝、防震缝:设置结构缝</td></tr>
<tr><td colspan="4">结构超长和大体积混凝土是否采取有效措施:进行温度应力分析:从建筑、结构、施工多方面采取措施</td></tr>
<tr><td colspan="4">有无结构超限:结构超限</td></tr>
<tr><td rowspan="6">基础选型</td><td colspan="4">基础设计等级:乙级</td></tr>
<tr><td colspan="4">基础类型:桩基础</td></tr>
<tr><td colspan="4">计算方法及计算程序:YJK</td></tr>
<tr><td colspan="4">防水、抗渗、抗浮:抗浮验算</td></tr>
<tr><td colspan="4">沉降分析:进行沉降分析</td></tr>
<tr><td colspan="4">地基处理方案:无</td></tr>
<tr><td>新材料、新技术、难点等</td><td colspan="4">1. 存在平面不规则、尺寸突变、构件间断、错层等不规则项;2. GTC 与轨道共建;3. 整体结构需进行抗浮验算;4. 地下室部分结构超长,补充温度应力分析及加强构造措施</td></tr>
<tr><td>主要结论</td><td colspan="4">建议提请甲方就轨道对上部结构的影响进行专项论证,H 及 G 分区按不同嵌固端包络设计,酒店上方托柱转换,转换梁补充不考虑上部结构共同作用的手算复核,细化转换梁性能目标,复杂平面布局造成结构设计不合理,与建筑协商,优化 G 大跨结构布置,合理优化桩型及布置</td></tr>
<tr><td colspan="2">工种负责人:施泓　　日期:2016.4.18</td><td colspan="3">评审主持人:朱炳寅　　日期:2016.4.18</td></tr>
</table>

注意：1. 评审申请时间：一般项目应在初步设计完成之前，无初步设计的项目在施工图 1/2 阶段。

2. 工种负责人、审核人必须参加评审会，审定人以及项目组其他人员应尽量参会。工种负责人负责项目组与会人员的通知事宜，在必要时可邀请建筑专业相关人员出席。

3. 评审后工种负责人应填写《结构方案评审意见回复表》，逐条回复《结构方案评审表》和《会议纪要》中提出的评审意见，并在签署齐全后归档。

会议纪要

2016年4月18日

"厦门翔安国际机场（GTC、停车楼、酒店）"初步设计阶段结构方案评审会

评审人：谢定南、罗宏渊、王金祥、尤天直、徐琳、朱炳寅、陈文渊、张淮湧、王大庆

主持人：朱炳寅　　记录：王大庆

介　绍：张根俞

结构方案：本工程含GTC（G区）、停车楼（P区）、酒店（H区）；设缝分为多个结构单元，均采用混凝土框架结构体系；进行抗震性能化设计和多程序、多模型计算分析（包括时程分析、楼板应力分析等）。

地基基础方案：仅有部分勘探资料，暂无勘察报告。拟采用桩基础。

评审：

1. 轨道从建筑下方穿过，建议提请甲方就轨道对结构的影响问题进行专项论证，以取得可靠依据。
2. 复杂平面布局造成结构设计不合理，建议与建筑专业进一步协商，适当优化建筑平面和结构方案。
3. 本工程存在多种不规则情况，注意细化不规则项判别，并相应采取有效的结构措施，以报请抗震专项审查。
4. 合理优化桩型和桩基布置。
5. G区、H区应按不同嵌固端模型分别计算，包络设计。
6. 转换梁补充不考虑上部结构共同作用的手算复核，细化转换梁的抗震性能目标。补充被转换柱柱底铰接模型，包络设计。
7. 适当优化酒店上方的托柱转换结构布置。
8. 进一步优化G区结构布置；过街桥的大跨结构宜采用预应力技术，并适当设柱，减小悬挑长度；优化屋顶造型与市政桥的连接方式，尽量避免长悬挑，并利于差异沉降的调整；与建筑专业进一步协商，尽量减少屋顶造型部位的结构转换，避免大跨梁托柱转换。
9. 适当优化G区与市政桥的计算模型，真实模拟实际受力情况。
10. 停车楼结构外露，应特别注意温度应力控制。
11. 建议挡土墙适当设缝。

结论：

建议根据结构方案评审表的主要结论以及会议纪要内容，进一步优化结构设计。

63　通州台湖 B1 地块公租房项目

设计部门：居住建筑事业部
主要设计人：潘敏华、张守峰、徐琳、杨晓剑、代婧、姚远、胡松

工 程 简 介

一、工程概况

通州台湖 B1 地块公租房项目位于北京市通州区台湖镇，共分为 C1、C2、C3、C4 四个子地块，总建筑面积 30.6 万 m^2，其中地上建筑面积 20.3 万 m^2，地下建筑面积 10.3 万 m^2。本次评审内容包含 C1、C2、C4 三个子地块，主要建筑功能为公租房及地下车库。公租房平面分为 A、B 两种户型，层数分别为 14 层、16 层、19 层、22 层、24 层、28 层，建筑高度 40.4～79.6m，标准层层高为 2.8m。公租房的地上部分均采用钢筋混凝土装配式剪力墙结构。三个子地块均有地下车库，分别为一层或两层，部分车库设有人防，柱网 8.0m×8.0m，顶板覆土 3m，大部分楼盖采用无梁楼盖体系。

图 63-1　建筑效果图

二、结构方案

根据保障房中心要求，本项目采用产业化方式建造，公租房部分均采用装配整体式剪力墙结构体系。在建筑方案阶段，就针对装配式结构特点，对建筑方案进行了整体优化，三个子地块共 15 栋楼，建筑户型平面仅两种，平面板格划分方正，层高、门窗洞口等均采为标准化尺寸，且满足装配构件的最小尺寸要求。

地上 28 层的单体建筑高度 79.60m，抗震等级为一级，高度小于 70m 的楼座抗震等级为二级。除两栋 14 层的楼座采用全装配外，其他楼座的底部加强部位及其上一层采用现浇剪力墙，楼板及阳台采

用叠合板，空调板及楼梯采用全预制构件。

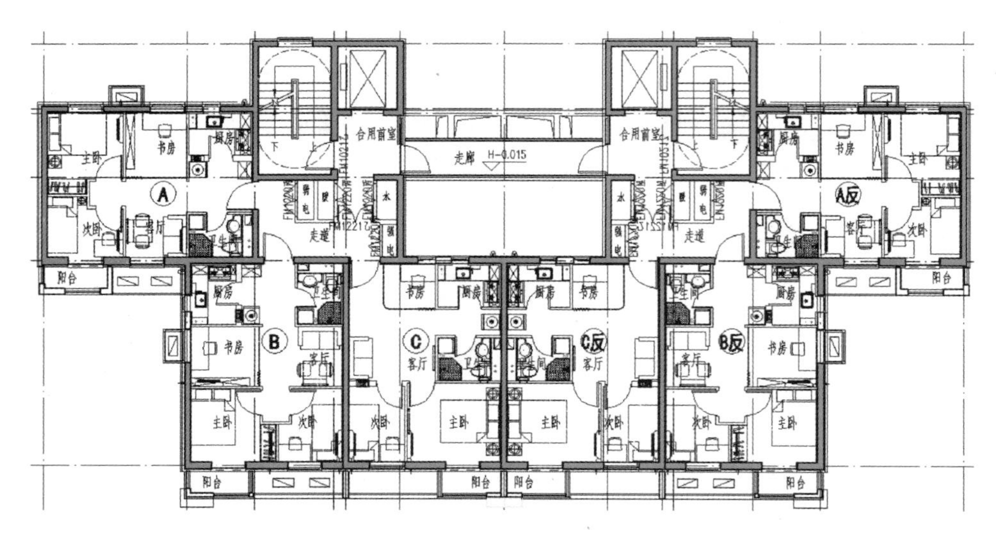

图 63-2　A 户型标准层建筑平面图

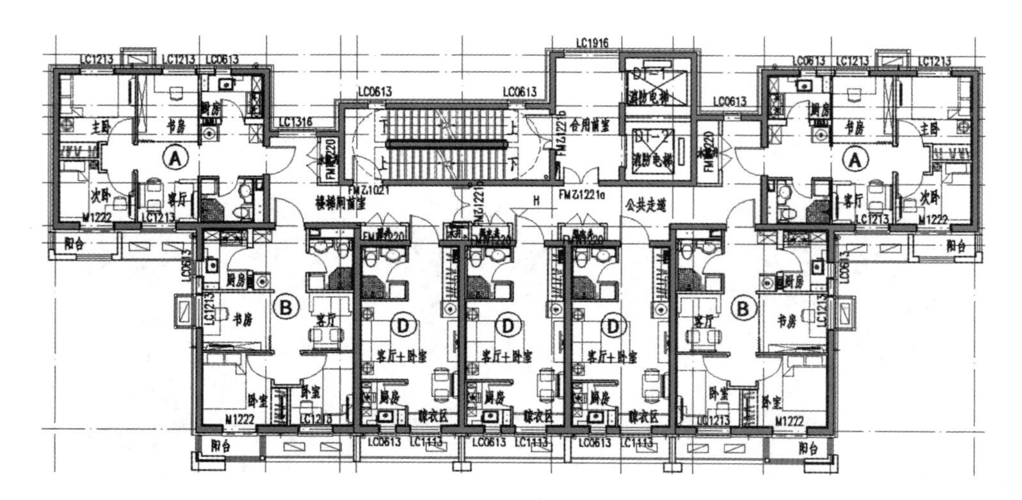

图 63-3　B 户型标准层建筑平面图

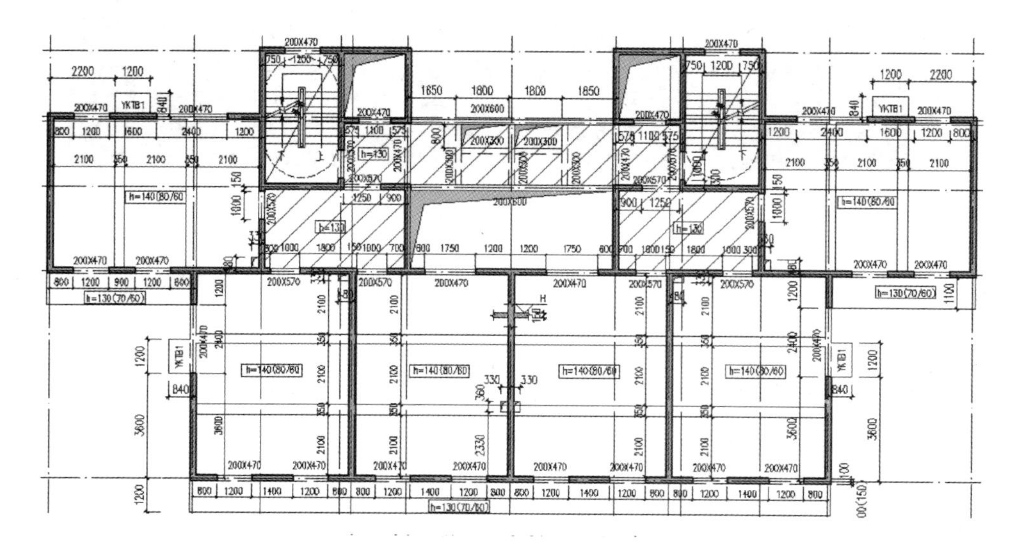

图 63-4　A 户型标准层结构平面布置图

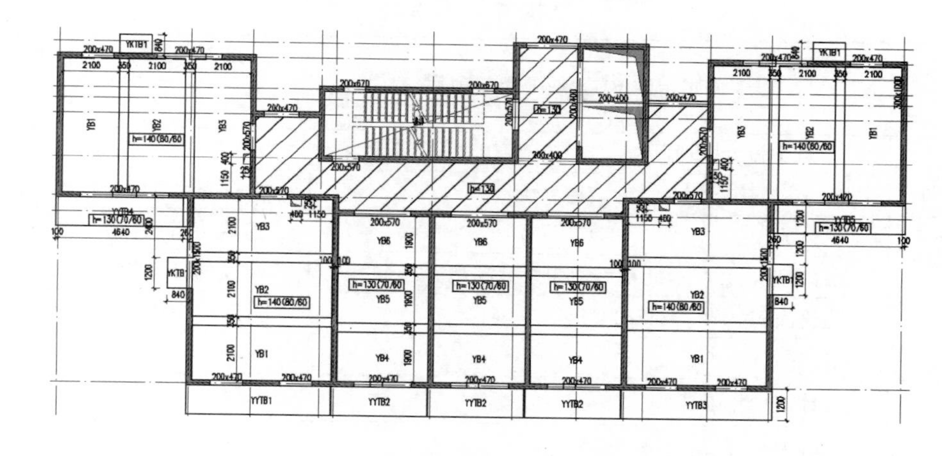

图 63-5　B户型标准层结构平面布置图

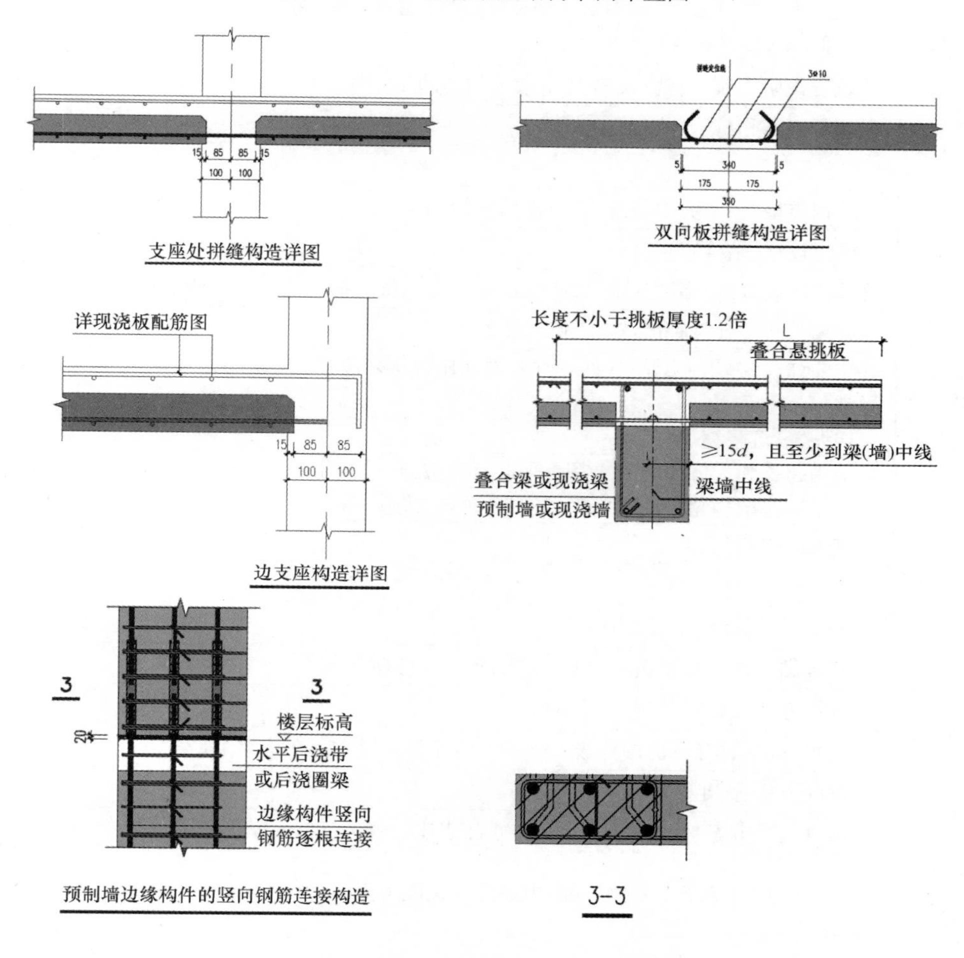

图 63-6　装配式结构节点大样图

三、地基基础方案

根据地勘报告建议，并结合结构受力特点，高层住宅采用筏板基础，基底位于第 2、3 大层，综合地基承载力标准值 140～160kPa，深宽修正后不满足承载力要求，采用 CFG 桩进行地基处理。综合考虑地基承载力、抗浮及人防等问题，地下车库采用天然地基上的筏板基础，柱下设柱帽；基底标高与高层住宅相同，落于第 3 大层，部分落在第 4 大层，综合地基承载力标准值 160kPa。

结构方案评审表

结设质量表（2016）

<table>
<tr><td rowspan="2">项目名称</td><td rowspan="2" colspan="2">**通州台湖 B1 地块公租房项目**</td><td>项目等级</td><td>A/B 级□、非 A/B 级■</td></tr>
<tr><td>设计号</td><td>15520</td></tr>
<tr><td>评审阶段</td><td>方案设计阶段□</td><td>初步设计阶段□</td><td colspan="2">施工图设计阶段■</td></tr>
<tr><td>评审必备条件</td><td colspan="2">部门内部方案讨论　有■　无□</td><td colspan="2">统一技术条件　有■　无□</td></tr>
<tr><td rowspan="4">工程概况</td><td colspan="2">建设地点</td><td colspan="2">建筑功能</td></tr>
<tr><td colspan="2">层数(地上/地下)北京市通州区台湖镇</td><td colspan="2">高度(檐口高度)39.4～78.6m</td></tr>
<tr><td colspan="2">建筑面积(m^2)　347814.9</td><td colspan="2">人防等级:六级</td></tr>
<tr><td colspan="2"></td><td colspan="2"></td></tr>
<tr><td rowspan="6">主要控制参数</td><td colspan="4">设计使用年限:50 年</td></tr>
<tr><td colspan="4">结构安全等级:二级</td></tr>
<tr><td colspan="4">抗震设防烈度、设计基本地震加速度、设计地震分组、场地类别、特征周期
8 度、0.20g、第一组、Ⅲ类、0.45s</td></tr>
<tr><td colspan="4">抗震设防类别　标准设防类(丙类)(托老所:乙类)</td></tr>
<tr><td colspan="4">主要经济指标</td></tr>
<tr><td colspan="4"></td></tr>
<tr><td rowspan="9">结构选型</td><td colspan="4">结构类型:住宅剪力墙结构、车库框架结构</td></tr>
<tr><td colspan="4">概念设计、结构布置</td></tr>
<tr><td colspan="4">结构抗震等级:高层住宅一级、二级。车库三级。托老所框架一级、其余二级</td></tr>
<tr><td colspan="4">计算方法及计算程序:SATWE v2.2</td></tr>
<tr><td colspan="4">主要计算结果有无异常(如:周期、周期比、位移、位移比、剪重比、刚度比、楼层承载力突变等):无异常</td></tr>
<tr><td colspan="4">伸缩缝、沉降缝、防震缝</td></tr>
<tr><td colspan="4">结构超长和大体积混凝土是否采取有效措施:结构超长和大体积混凝土是否采取有效措施:C1、C2、C4 地库结构超长设置施工后浇带,顶板、底板、外墙设置拉通钢筋,建筑设置外保温等</td></tr>
<tr><td colspan="4">有无结构超限:无</td></tr>
<tr><td colspan="4"></td></tr>
<tr><td rowspan="6">基础选型</td><td colspan="4">基础设计等级:甲级、乙级</td></tr>
<tr><td colspan="4">基础类型:住宅:平板类筏基、地库;平板+柱墩筏基</td></tr>
<tr><td colspan="4">计算方法及计算程序:JCCAD</td></tr>
<tr><td colspan="4">防水、抗渗、抗浮;抗渗等级 P8～P6,地库部分地方存在抗浮不足</td></tr>
<tr><td colspan="4">沉降分析:满足</td></tr>
<tr><td colspan="4">地基处理方案:住宅采用 CFG 桩复合地基</td></tr>
<tr><td>新材料、新技术、难点等</td><td colspan="4">14～19 层住宅采用外墙装配,内墙部分装配方案</td></tr>
<tr><td>主要结论</td><td colspan="4">竖向构件的装配应提出明确的节点连接施工质量检测要求,关键是节点质量控制,裙房抗浮设计优化、大地下室空旷适当加墙</td></tr>
<tr><td colspan="2">工种负责人:潘敏华　　日期:2016.4.14</td><td colspan="3">评审主持人:朱炳寅　　日期:2016.4.26</td></tr>
</table>

注意：1. 评审申请时间：一般项目应在初步设计完成之前，无初步设计的项目在施工图 1/2 阶段。

2. 工种负责人、审核人必须参加评审会，审定人以及项目组其他人员应量参会。工种负责人负责项目组与会人员的通知事宜，在必要时可邀请建筑专业相关人员出席。

3. 评审后工种负责人应填写《结构方案评审意见回复表》，逐条回复《结构方案评审表》和《会议纪要》中提出的评审意见，并在签署齐全后归档。

会议纪要

2016年4月26日

"通州台湖B1地块公租房项目"施工图设计阶段结构方案评审会

评审人：谢定南、罗宏渊、王金祥、徐琳、朱炳寅、陈文渊、王大庆

主持人：朱炳寅　　　记录：王大庆

介　绍：潘敏华

结构方案：本次评审B1地块的C1、C2、C4子地块，各子地块分别含大地下室和多栋住宅楼。大地下室采用混凝土框架结构体系。住宅楼采用混凝土剪力墙结构体系，外墙、部分内墙、楼梯、空调板为预制装配构件，非公共区的楼板采用预制叠合板。

地基基础方案：住宅楼采用CFG桩复合地基上的筏形基础，地下车库采用天然地基上的筏形基础。抗浮采用锚杆方案。

评审：

1. 预制装配式结构的关键是节点质量控制，设计文件应对构件装配（尤其是竖向构件装配）提出明确的节点连接施工质量检测要求。建议有条件时宜进行装配连接节点的进一步试验和优化。
2. 采取有效措施，确保楼梯间一字墙的稳定性；并补充不考虑该一字墙的计算模型，包络设计。
3. 进一步优化剪力墙布置，长墙肢适当开洞，保证墙肢延性。
4. 注意中震下的墙肢拉应力控制，并相应采取有效措施。
5. 大地下室空旷，应结合建筑功能，适当设置剪力墙。
6. 本工程的常见地下水位较高，应注意锚杆在自身耐久性、地下室防水方面的不利因素，适当优化抗浮设计。

结论：

建议根据结构方案评审表的主要结论以及会议纪要内容，进一步优化结构设计。

64　北京金宝花园北区商业金融建设项目（一期）

设计部门：第二工程设计研究院
主要设计人：张淮湧、马晓雷、曹清、朱炳寅、马玉虎、王蒙（A 区）
张淮湧、周岩、曹清、朱炳寅、李博、李艺然（B 区）

工 程 简 介

一、工程概况

本项目位于北京市顺义区顺义新城第十一街区的金宝花园地块北部用地，北侧毗邻顺恒大街，南侧为至源南路，西侧为顺安路，东侧为坤安路。A 区为办公用地，B 区为商业用地。

图 64-1　A、B 区建筑效果图

A 区的建筑面积为 6.8 万 m^2，其中地上 4.8 万 m^2，地下 2.0 万 m^2。A 区建筑以办公为主，辅以底部沿街商业。1 号办公楼地上 18 层，2 号办公楼地上 13 层，均坐落于 3 层大底盘地下室。办公部分的层高为 4.2m；底层商业部分的一层层高为 4.2m，二层层高为 3.6m；地下一层为自行车库及设备用房，层高 5.4m；地下二层为汽车库，层高为 4.2m；地下三层为甲六级人防二级人员掩蔽加物资库，层高为 4.2m。1 号、2 号办公楼均采用板式布局，屋顶平台逐层退叠，结构体系均为剪力墙结构。

B 区的建筑面积为 4.5 万 m^2，其中地上 1.6 万 m^2，地下 2.8 万 m^2。地上建筑分为 3 号公寓楼、4 号商业楼、5 号商业楼、6 号电影院，均坐落于 3 层大底盘地下室；地下三层为六级人防、二级人员掩蔽加物资库，地下二层为车库，地下一层为超市。3 号公寓楼地上 10 层，屋顶标高 44.1m，采用钢筋混凝土剪力墙结构体系。4 号、5 号商业楼地上分别为四层、两层，采用钢筋混凝土框架结构体系。6 号电影院地上两层，采用钢筋混凝土框架-剪力墙结构体系。

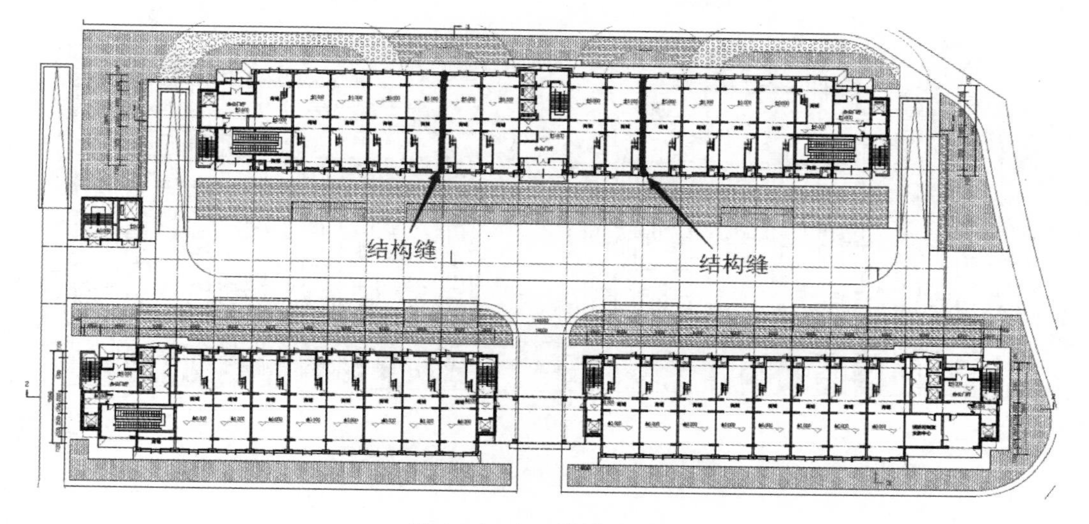

图 64-2　A 区首层平面图

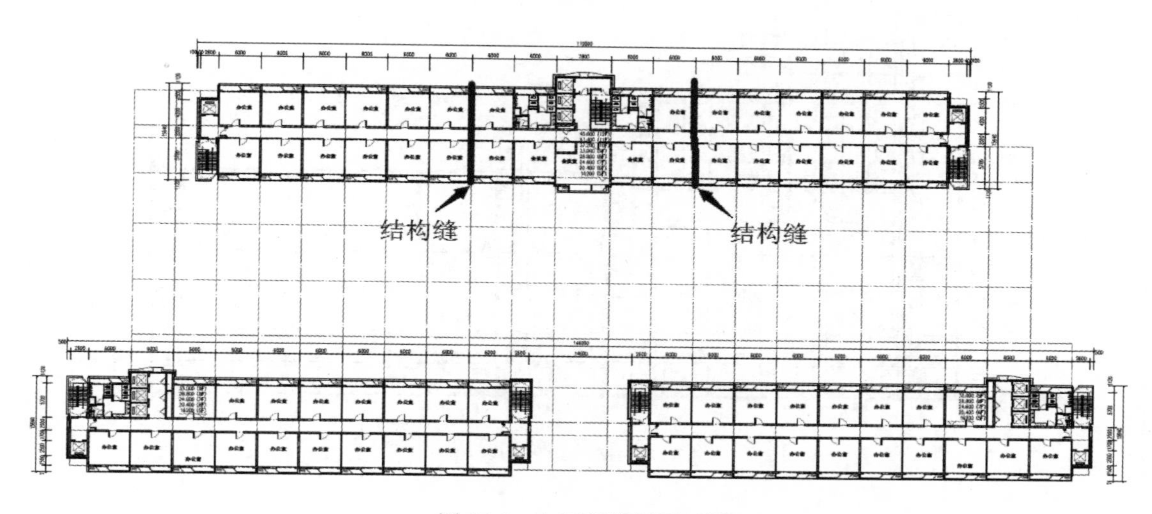

图 64-3　A 区标准层平面图

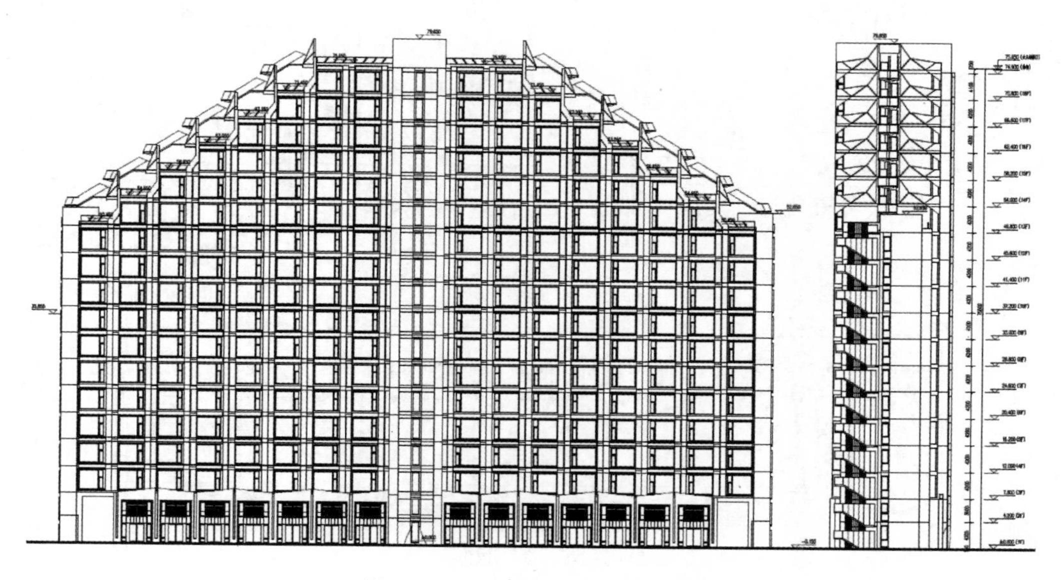

图 64-4　A 区 1 号办公楼剖面图

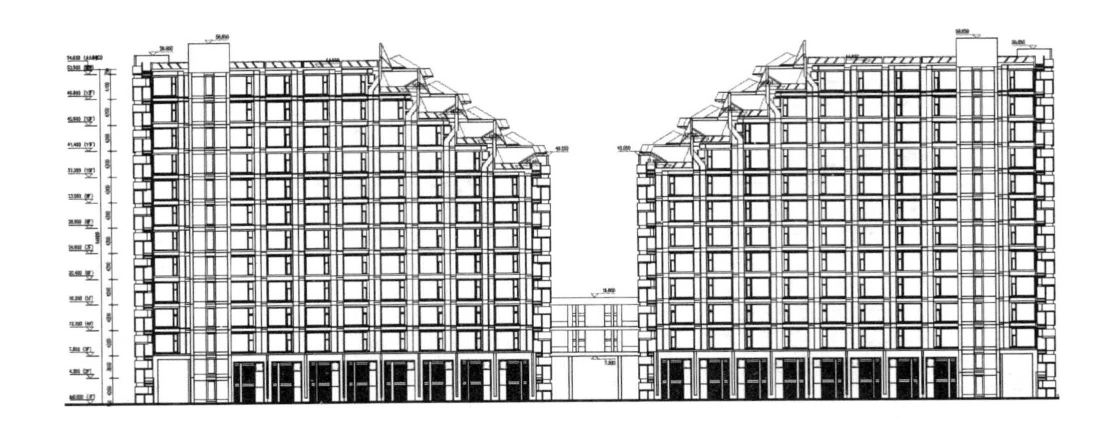

图 64-5　A 区 2 号办公楼剖面图

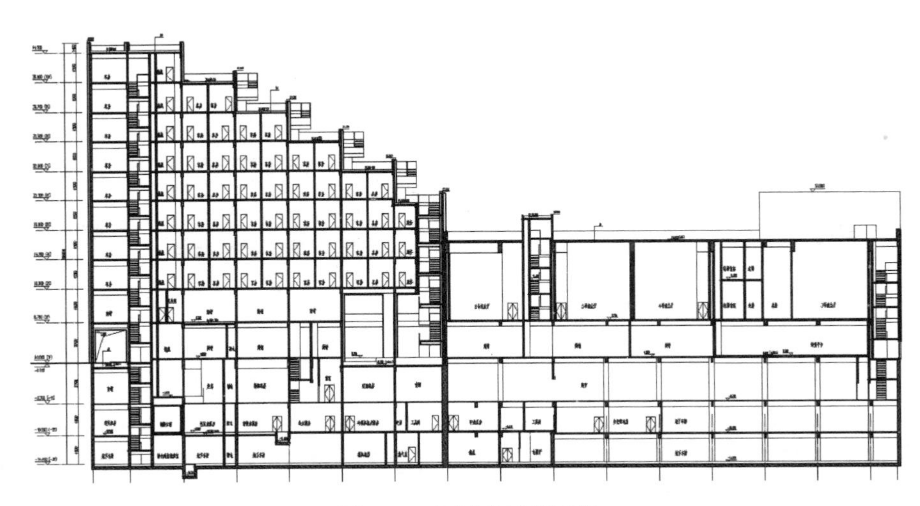

图 64-6　B 区建筑剖面图

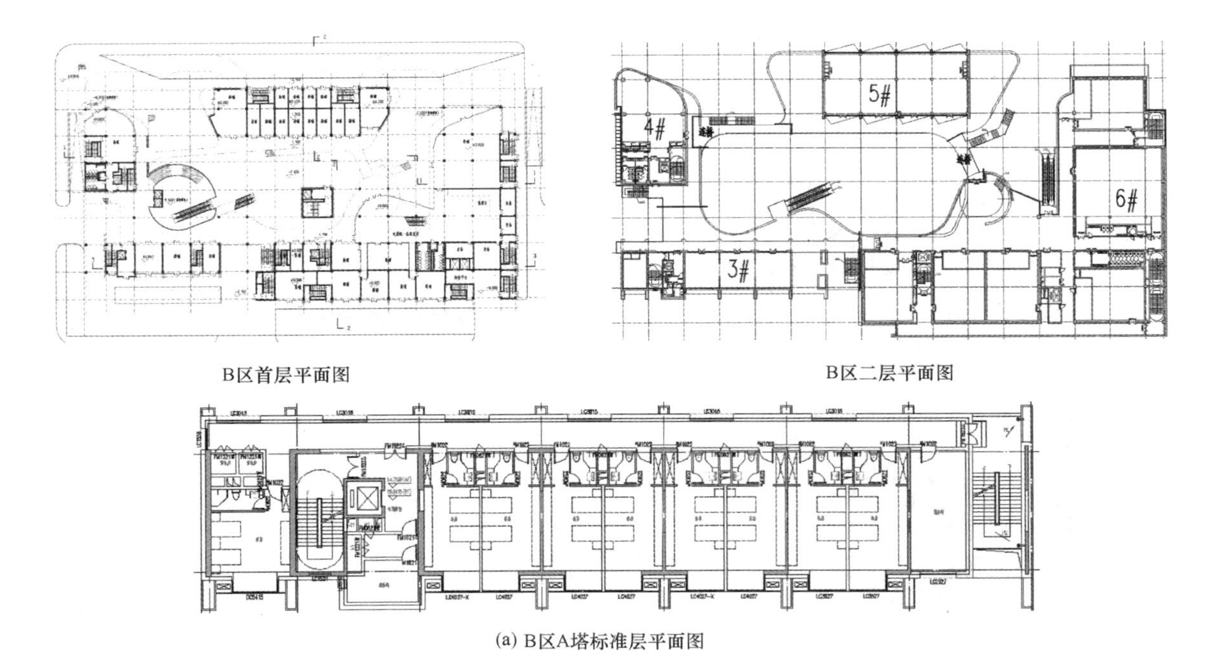

B区首层平面图

B区二层平面图

(a) B区A塔标准层平面图

图 64-7　B 区建筑平面

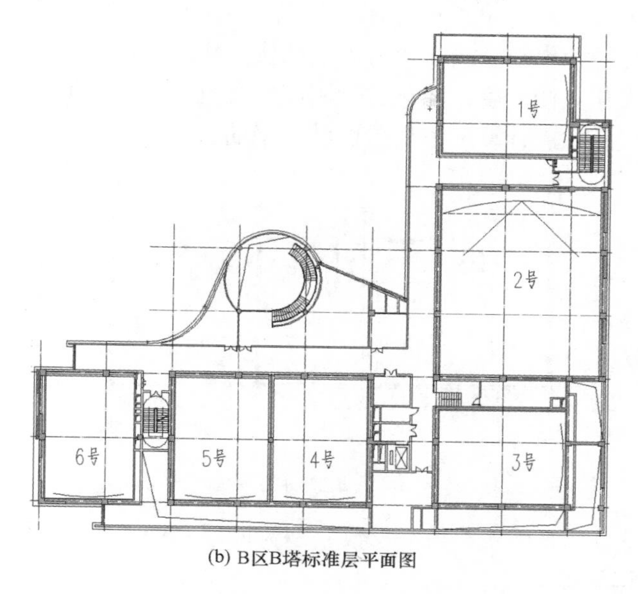

(b) B区B塔标准层平面图

图 64-7　B 区建筑平面（续）

二、结构方案

1. 抗侧力体系

A 区 1 号、2 号办公楼均采用混凝土剪力墙结构体系。1 号楼设置结构缝分为三个单体：左、右两单体对称，平面尺寸为 39m×13.6m，屋顶标高为 70.7m，高宽比为 5.2；中间单体的平面尺寸为 31.9m×16.75m，屋顶标高为 79.15m，高宽比为 4.8。2 号楼自然形成两个结构单体，左、右两部分对称布置，平面尺寸为 65.8m×13.6m，屋顶标高为 54.8m，高宽比为 4.0。1 号、2 号楼的主要轴网尺寸均为 5.7m×6.0m。由于建筑屋面形式为逐层退叠，造成结构扭转效应比较明显，因此设计过程中通过调整剪力墙厚度及剪力墙开洞大小来调整结构刚度，从而使位移比满足规范要求。

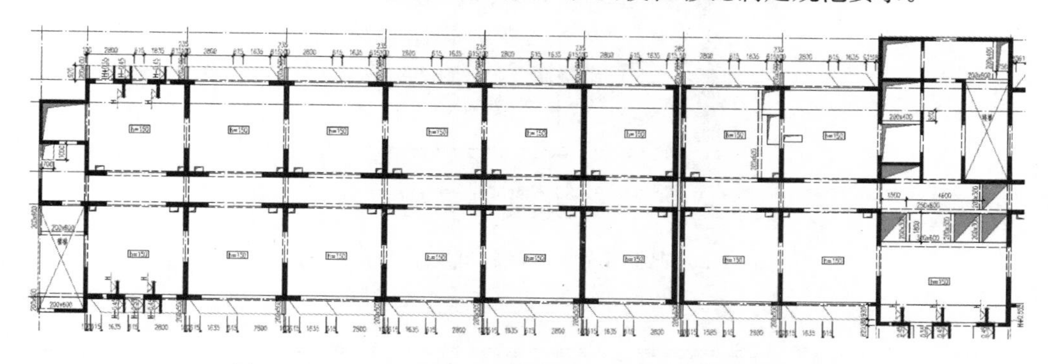

图 64-8　A 区 1 号办公楼左单体标准层结构平面布置图

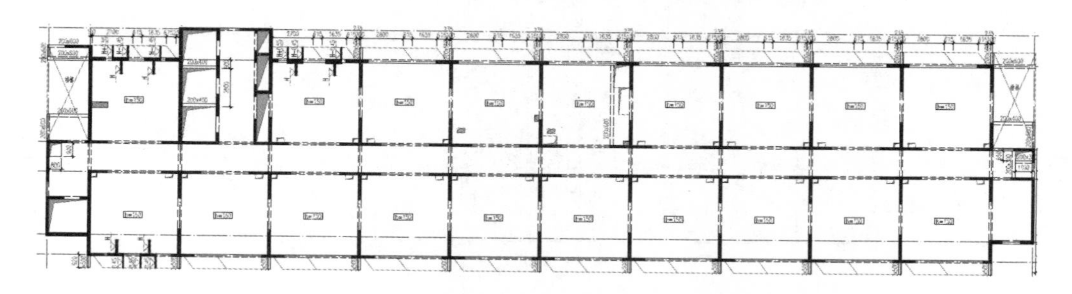

图 64-9　A 区 2 号办公楼左单体标准层结构平面布置图

B 区 3 号公寓楼的平面尺寸为 56m×9m，屋顶标高为 44.1m，高宽比约 5。建筑平面为单跨高层，如采用框架结构，不能满足规范要求，故采用剪力墙结构。建筑体形为阶梯形，左高右低，较难满足位移比要求，故结构布置时强化左侧刚度，弱化右侧刚度。建筑高宽比接近规范限值，底层墙肢的小震计算结果出现拉力，配筋时按照中震计算配置底层墙肢的钢筋。

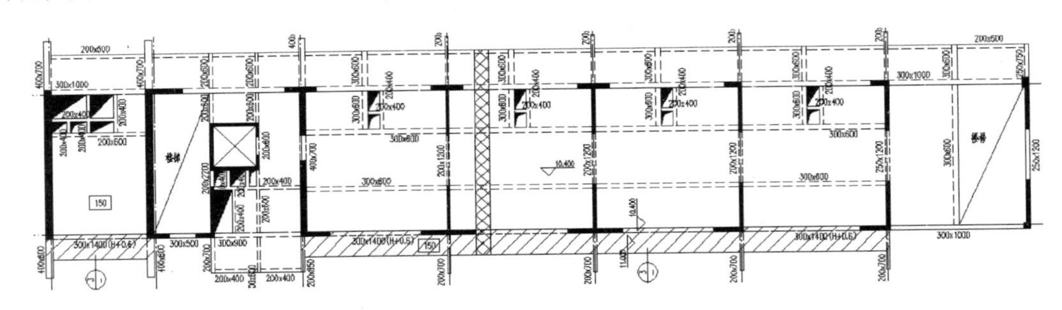

图 64-10　B 区 3＃公寓楼标准层结构平面布置图

B 区 4 号、5 号商业楼的平面尺寸不大，层数分别为四层和两层。经计算，框架结构可满足规范要求，但 8 度区四层框架结构的配筋较大。

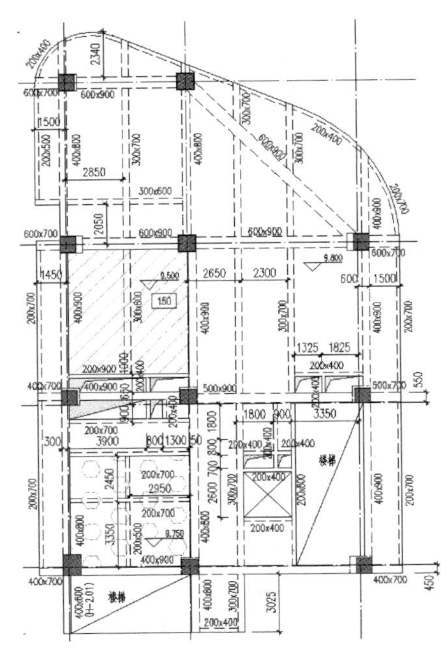

图 64-11　B 区 4 号商业楼标准层结构平面布置图

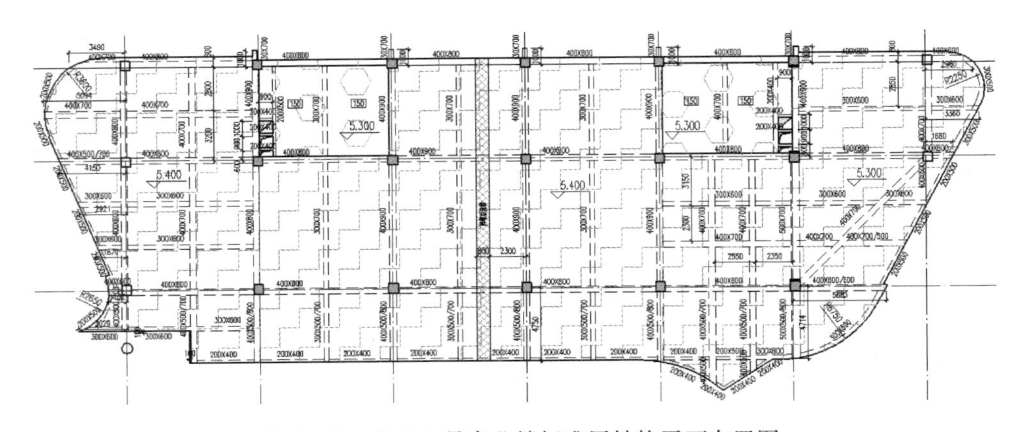

图 64-12　B 区 5 号商业楼标准层结构平面布置图

B区6号电影院的平面呈L型，平面尺寸为72m×63m，建筑抗震设防类别为乙类。因建筑功能为电影院，平面开洞较大，平面尺寸也较大，故采用框架-剪力墙结构。剪力墙分布在楼梯间周边、沿外围边角处。经计算，可有效控制建筑的扭转效应，位移比可控制在1.2以内。楼板考虑温度应力作用，设置适当的拉通钢筋。

2. 楼盖体系

A区1号、2号楼一般采用钢筋混凝土主梁+大板结构。地上部分的板厚一般为150mm；首层楼面为嵌固端，板厚为180mm；地下一层车库部分采用主、次梁结构，板厚为180mm；地下二层为人防顶板，板厚取250mm。

B区的地上各层楼盖均采用钢筋混凝土主、次梁楼盖体系，板厚一般为120mm。首层楼面由于嵌固需要，板厚为200mm。地下一层采用一道次梁布置，板厚为120～150mm。地下二层为人防层，采用主梁+大板方案，板厚为250mm。电影院的大跨度屋面及大悬挑部位，考虑竖向地震作用。

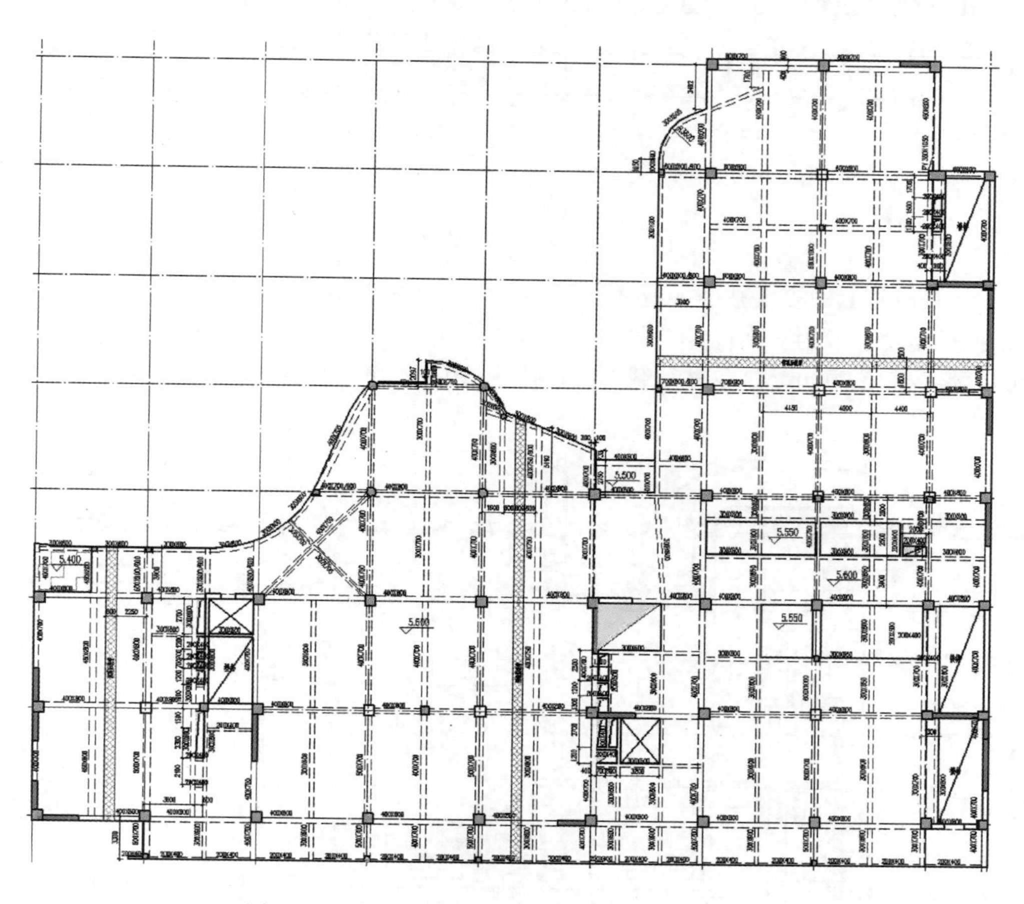

图64-13 B区6号电影院标准层结构平面布置图

三、地基基础方案

A区1号、2号楼及地下室均采用筏板基础，地基持力层为第④层粉质黏土-重粉质黏土层，地基承载力标准值为150kPa（深宽修正前）。由于深宽修正后的地基承载力不能满足1号、2号楼的要求，因此采用CFG桩对1号、2号楼的地基进行处理；要求地基处理后，1号楼的复合地基承载力标准值为450kPa（深度修正后最终值），2号楼的复合地基承载力标准值为400kPa（深度修正后最终值），最终最大沉降量不大于50mm，基础沉降差不得大于楼宽度的0.0015倍。抗浮设计水位较高，水浮力较大，由于纯地下车库部分的地下室顶板的覆土厚度为3.2～4.2m，基础以上的自重很大，因此当A区局部抗浮不足时，采用增加压重方案。

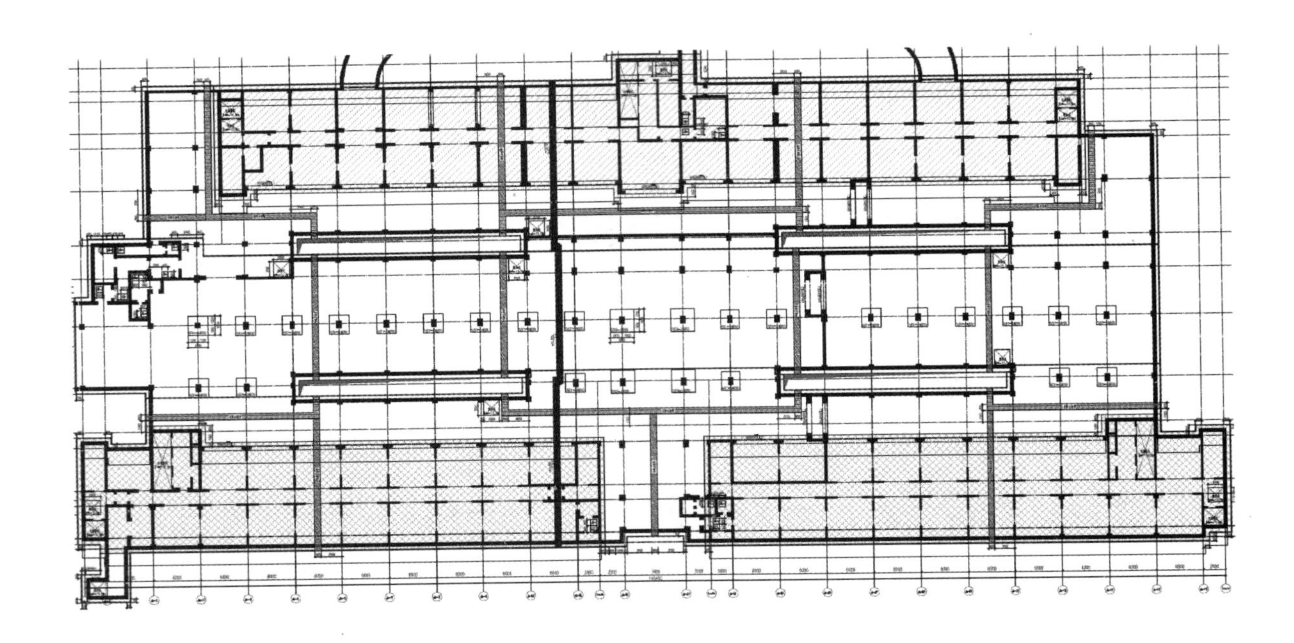

图 64-14　A 区基础平面布置图

B 区采用天然地基上的筏板基础，地基持力层为④粉质黏土层、⑤细砂层，地基承载力标准值 f_{ka} 为 170kPa；筏板厚度一般为 600mm，3 号楼下的筏板厚为 1000mm。抗浮设计水位较高，水浮力较大，采用抗拔桩抗浮，桩径 600mm，单桩承载力特征值为 570kN 和 950kN。

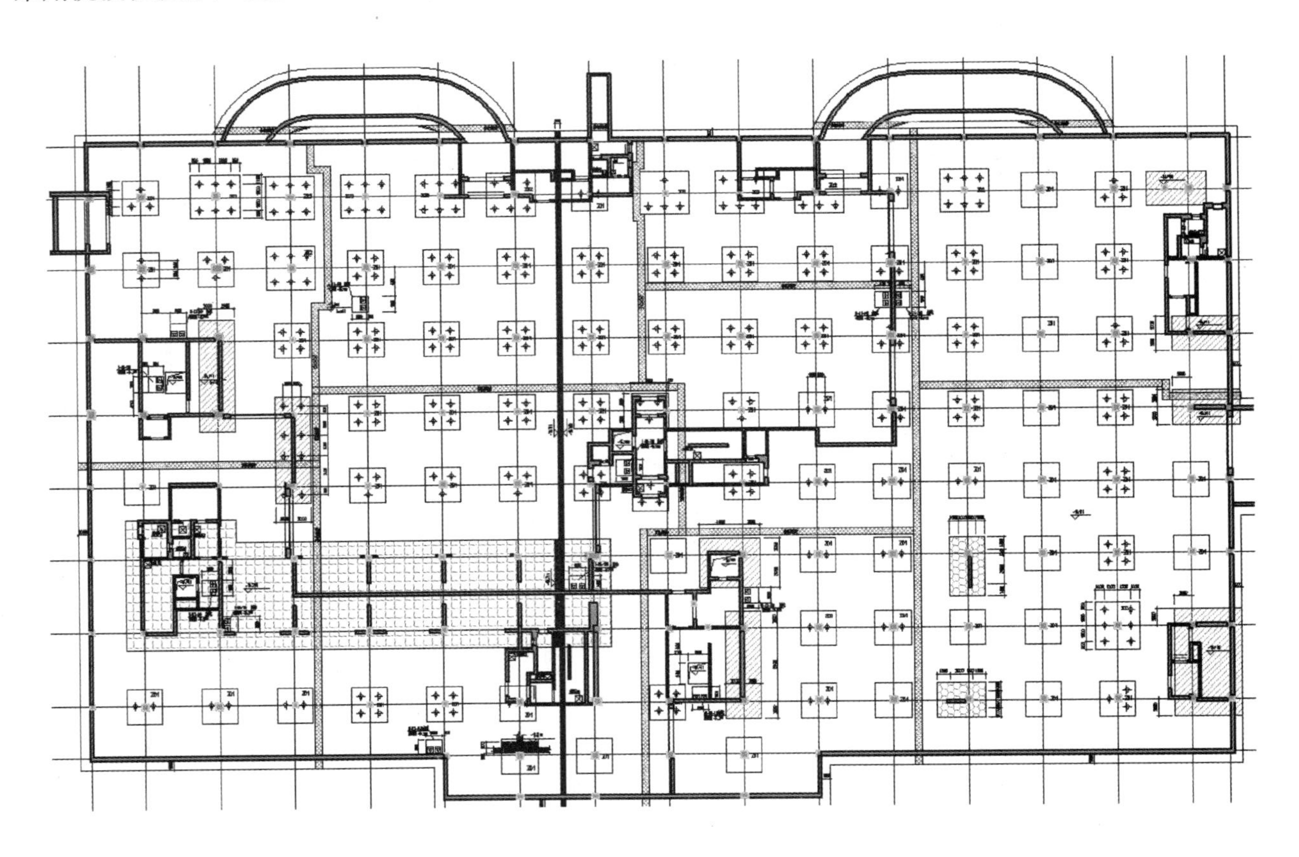

图 64-15　B 区基础平面布置图

结构方案评审表

结设质量表（2016）

项目名称	金宝花园北区商业金融建设项目(一期)	项目等级	A/B级□、非A/B级■
		设计号	14189
评审阶段	方案设计阶段□	初步设计阶段□	施工图设计阶段■
评审必备条件	部门内部方案讨论　有■　无□	统一技术条件　有■　无□	
工程概况	建设地点:北京市顺义区	建筑功能:公寓、展厅、电影院	
	层数(地上/地下):18/3	高度(檐口高度):75m	
	建筑面积(m^2):11万	人防等级:核6级	
主要控制参数	设计使用年限:50年		
	结构安全等级:二级(电影院一级)		
	抗震设防烈度、设计基本地震加速度、设计地震分组、场地类别、特征周期 8度、0.20g、第一组、Ⅲ类、0.45s		
	抗震设防类别:标准设防类(电影院乙类)		
	主要经济指标		
结构选型	结构类型:框架、框架-剪力墙、剪力墙		
	概念设计、结构布置:高厚比5左右的剪力墙结构		
	结构抗震等级:二级框架、一级剪力墙		
	计算方法及计算程序:SATWE		
	主要计算结果有无异常(如:周期、周期比、位移、位移比、剪重比、刚度比、楼层承载力突变等):位移比大于1.2		
	伸缩缝、沉降缝、防震缝　无		
	结构超长和大体积混凝土是否采取有效措施:超长部分进行温度应力计算		
	有无结构超限:无		
基础选型	基础设计等级:二级		
	基础类型:筏板		
	计算方法及计算程序:JCCAD		
	防水、抗渗、抗浮　有抗浮问题		
	沉降分析		
	地基处理方案　A区采用CFG桩		
新材料、新技术、难点等	高厚比5左右的剪力墙结构设计、抗浮设计、空旷结构设计		
主要结论	办公楼:调整剪力墙开洞适应楼层变化、注意出屋顶楼梯墙平面外配筋问题,注意抗浮验算、补充弹性时程分析 商业部分:调整墙体计算模型、退台建筑补充弹性时程分析、电影院空旷、补充单榀计算承载力、悬挑托梁考虑竖向地震影响、剪力墙端部加端柱、注意悬挑托梁的施工过程控制		
工种负责人:周岩	日期:2016.4.26	评审主持人:朱炳寅	日期:2016.4.26

注意:1. 评审申请时间:一般项目应在初步设计完成之前,无初步设计的项目在施工图1/2阶段。

2. 工种负责人、审核人必须参加评审会,审定人以及项目组其他人员应尽量参会。工种负责人负责项目组与会人员的通知事宜,在必要时可邀请建筑专业相关人员出席。

3. 评审后工种负责人应填写《结构方案评审意见回复表》,逐条回复《结构方案评审表》和《会议纪要》中提出的评审意见,并在签署齐全后归档。

会议纪要

2016 年 4 月 26 日

"金宝花园北区商业金融建设项目（一期）"施工图设计阶段结构方案评审会

评审人：谢定南、罗宏渊、王金祥、徐琳、朱炳寅、陈文渊、王大庆

主持人：朱炳寅　　　记录：王大庆

介　绍：马晓雷、周岩

结构方案：本工程分为 A、B 两区。A 区 1 号、2 号高层办公楼坐落于 3 层大底盘地下室，两楼逐层退台，设缝分为多个结构单元：办公楼采用混凝土剪力墙结构体系，地下室采用混凝土框架结构体系。B 区 3 号高层公寓楼、4 号和 5 号商业楼、6 号电影院坐落于 3 层大底盘地下室，公寓楼逐层退台，电影院楼板开大洞；公寓楼采用混凝土剪力墙结构体系，商业楼采用混凝土框架结构体系，电影院采用混凝土框架-剪力墙结构体系。

地基基础方案：A 区采用 CFG 桩复合地基上的筏形基础，B 区采用天然地基上的筏形基础。抗浮采用压重、抗拔桩方案。

评审：

1. 退台建筑适当优化剪力墙开洞，以适应楼层变化；并补充弹性时程分析，计入楼层侧向刚度变化的影响。
2. 适当优化结构缝两侧的双剪力墙布置，以方便施工，保证质量。
3. 注意 A 区出屋面楼梯墙的平面外配筋问题。
4. 细化 A 区的抗浮验算。
5. 进一步优化 B 区的基础方案，在满足抗压要求的条件下，适当优化抗拔桩布置。
6. 适当调整 B 区的墙体计算模型。
7. 电影院空旷，补充单榀模型承载力分析，包络设计。
8. 电影院补充弹性时程分析，计入楼层侧向刚度变化的影响。
9. 悬挑托柱梁应考虑竖向地震作用，并注意施工过程控制。
10. 适当优化 B 区的结构布置，避免悬挑部位集中受力。
11. 进一步优化剪力墙布置，剪力墙适当设置端柱，长墙肢适当开洞。
12. 采取有效措施，保证楼梯间外墙的稳定性。

结论：

建议根据结构方案评审表的主要结论以及会议纪要内容，进一步优化结构设计。

65　北京妇产医院西院区抗震加固及综合改造工程

设计部门：医疗科研建筑设计研究院
主要设计人：刘新国、刘锋、朱炳寅、丁思华、倪永松、朱爱东

工程简介

一、工程概况

北京妇产医院位于北京市东城区骑河楼街17号妇产医院西院区院内，分布有现状建筑共16栋，属综合医疗建筑。本工程为北京妇产医院西院区抗震加固及综合改造工程，包括对礼堂、附属用房（原食堂）、办公用房及后勤用房等13栋建筑进行抗震加固对洗衣房、传达室、保安宿舍等3栋建筑进行房屋改造，总建筑面积为7982m^2。

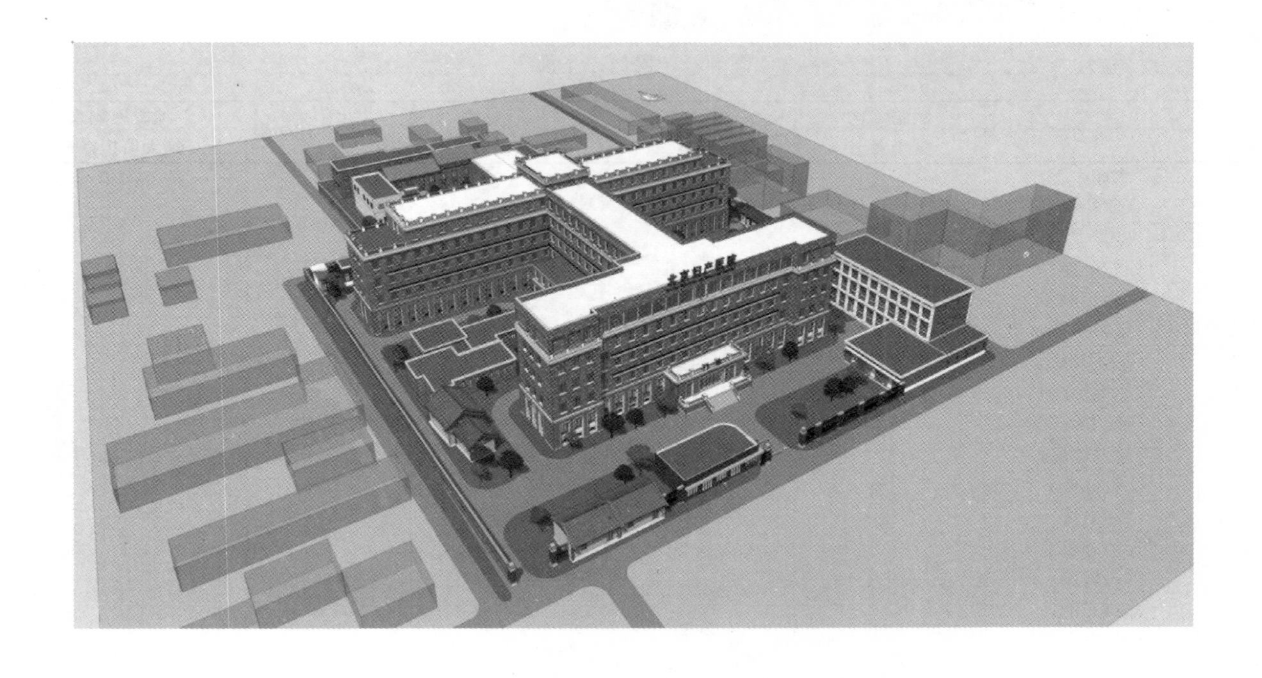

图65-1　院区效果图

二、结构方案

1. 结构设计标准

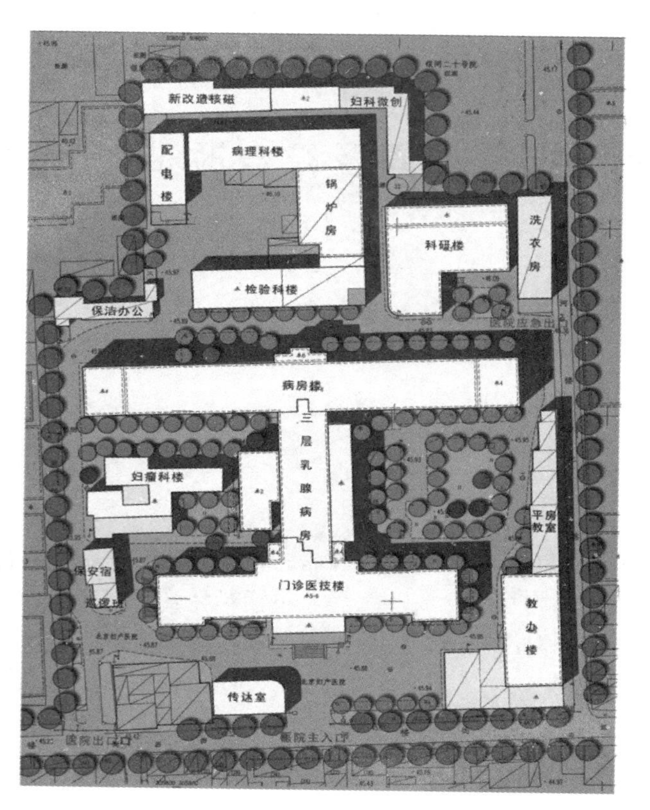

有竣工图的建筑

无竣工图的建筑

图 65-2 院区总平面图

<table>
<tr><th>序号</th><th>建筑名称</th><th>建筑结构安全等级</th><th>建筑抗震设防类别</th><th>抗震措施</th><th>后续使用年限</th><th>地震影响系数最大值折减系数</th></tr>
<tr><td>1</td><td>病理中心
(原礼堂)</td><td rowspan="12">二级</td><td rowspan="2">乙类</td><td rowspan="2">提高一度</td><td rowspan="2">30 年</td><td rowspan="2">0.75</td></tr>
<tr><td>2</td><td>检验中心
(原妇婴食堂)</td></tr>
<tr><td>3</td><td>中心实验室
(原制剂楼)</td><td rowspan="6">丙类</td><td>不提高</td><td rowspan="2">40 年</td><td rowspan="2">0.88</td></tr>
<tr><td>4</td><td>热交换站
(原锅炉房)</td><td rowspan="11"></td></tr>
<tr><td>5</td><td>行政办公楼
(原洗衣房)</td><td rowspan="5">30 年</td><td rowspan="5">0.75</td></tr>
<tr><td>6</td><td>教办楼</td></tr>
<tr><td>7</td><td>配电楼</td></tr>
<tr><td>8</td><td>保洁办公室
(司机班)</td></tr>
<tr><td>9</td><td>海扶刀治疗
中心、维修组</td><td>乙类</td></tr>
<tr><td>10</td><td>洗衣房</td><td rowspan="3">丙类</td><td>40 年</td><td>0.88</td></tr>
<tr><td>11</td><td>后勤用房
(原平房教室)</td><td>30 年</td><td>0.75</td></tr>
<tr><td>12</td><td>安保用房
(原传达室)</td><td rowspan="3"></td><td rowspan="3"></td></tr>
<tr><td>13</td><td>院史馆一
(原巡逻班)</td><td rowspan="2">二级</td><td rowspan="2">丙类</td></tr>
<tr><td>14</td><td>院史馆二
(原保安宿舍)</td></tr>
<tr><td>15</td><td>主楼
(原病房楼)</td><td>二级</td><td>乙类</td><td></td><td></td><td></td></tr>
</table>

2. 结构加固改造方案

<table>
<tr><th>序号</th><th>建筑名称</th><th>建设
年代</th><th>结构形式</th><th>建筑层数
（地上/地下）</th><th>建筑层高（m）
（地上/地下）</th><th>结构加固改造
具体内容</th></tr>
<tr><td>1</td><td>病理中心
（原礼堂）</td><td>1955 年</td><td rowspan="2">砌体结构</td><td>3/0</td><td>3.05～4.70
4.05×2/0</td><td rowspan="2">内部原结构拆除、新建钢框架结构、原外墙保留并采用 60mm 厚钢筋网喷射混凝土加固，且与新建结构采取可靠的构造连接措施</td></tr>
<tr><td>2</td><td>检验中心
（原妇婴食堂）</td><td>1955 年</td><td>1/0</td><td></td></tr>
<tr><td>3</td><td>中心实验室
（原制剂楼）</td><td>1992 年</td><td>钢筋混凝
土框架结构</td><td>3/1</td><td>2.7×2
3.3/3.5</td><td>梁板柱碳纤维补强及加大截面法加固、局部楼板开板洞相关改造加固</td></tr>
<tr><td>4</td><td>热交换站
（原锅炉房）</td><td>1986 年</td><td rowspan="2">砌体结构</td><td>1/0</td><td></td><td>60mm 厚钢筋网喷射混凝土法加固</td></tr>
<tr><td>5</td><td>行政办公楼
（原洗衣房）</td><td>1955 年</td><td>2/0</td><td></td><td>150mm 厚钢筋混凝土板墙法加固</td></tr>
<tr><td>6</td><td>教办楼</td><td>1977 年</td><td>内框架-
砌体结构</td><td>3/1</td><td>3.3×2
4.9/3.8</td><td>150mm 厚钢筋混凝土板墙法加固，内框架梁、柱加大截面法加固</td></tr>
<tr><td>7</td><td>配电楼</td><td>1955 年</td><td rowspan="7">砌体结构</td><td>2/0</td><td>3.4、4.8/0</td><td rowspan="5">60mm 厚钢筋网喷射混凝土法加固</td></tr>
<tr><td>8</td><td>保洁办公室
（司机班）</td><td>1970 年</td><td rowspan="6">1/0</td><td rowspan="6">3.6/0</td></tr>
<tr><td>9</td><td>海扶刀治疗
中心、维修组</td><td>1970 年</td></tr>
<tr><td>10</td><td>洗衣房</td><td>1992 年</td></tr>
<tr><td>11</td><td>后勤用房
（原平房教室）</td><td>1970 年</td></tr>
<tr><td>12</td><td>安保用房
（原传达室）</td><td>1989 年</td><td>破损部分构件加固维修</td></tr>
<tr><td>13</td><td>院史馆一
（原巡逻班）</td><td>1960 年</td><td rowspan="2">巡逻班木屋顶翻新维修保安宿舍、巡逻班新增门洞改造</td></tr>
<tr><td>14</td><td>院史馆二
（原保安宿舍）</td><td>1949 年</td><td>木结构</td><td>1/0</td><td></td></tr>
<tr><td>15</td><td>主楼
（原病房楼）</td><td>1955 年</td><td>砌体结构</td><td>5/1</td><td></td><td>屋顶女儿墙维修</td></tr>
</table>

3. 主要建筑的加固改造做法

病理中心及检验中心原为砌体结构；《抗震鉴定报告》的结论为原结构不满足抗震鉴定要求，建议拆除重建。因受规划条件限制，必须保留原建筑外墙，故采用套建方式：先用板墙加固原结构外墙，然后拆除原内部结构，并采用钢框架新建内部结构，采用现浇楼盖，并与加固后的保留外墙采取拉结措施，保证其稳定和安全。

中心实验室原为现浇钢筋混凝土框架结构；《抗震鉴定报告》的结论为原结构不满足抗震鉴定要求，建议采取整体加固措施。设计中，首先复核实际使用荷载，并将原内部隔墙及建筑面层全部拆除，除卫生间外新建内隔墙均采用轻钢龙骨墙，以减轻荷载，确保改造后荷载基本不增加。构件加固的具体方式为：梁、柱采用加大截面法加固，楼板采用碳纤维补强，另外因新增电梯，原结构局部楼板需开设洞口并相应改造。

教办楼原为内框架一砌体结构；《抗震鉴定报告》的结论为原结构不满足抗震鉴定要求，建议进行整体加固。加固方案为：砌体采用单面 150mm 厚钢筋混凝土板墙加固，内框架梁、柱采用加大截面法加固。

三、地基基础方案

病理中心及检验中心的套建钢框架结构采用直径 1m 的人工挖孔灌注桩，一柱一桩。因上部荷载较小，桩长约 5m。其余建筑因荷载基本不增加或增加较少，基础可不加固。需板墙加固或单面挂网喷射混凝土加固的砌体结构，因建筑年代较早，粘性土地基的承载力有一定提高，也均可满足要求。

结构方案评审表

结设质量表（2016）

<table>
<tr><td rowspan="2">项目名称</td><td colspan="3" rowspan="2">北京妇产医院西院区抗震加固及综合改造工程</td><td>项目等级</td><td>A/B级□、非A/B级■</td></tr>
<tr><td>设计号</td><td>15453</td></tr>
<tr><td>评审阶段</td><td>方案设计阶段□</td><td colspan="2">初步设计阶段■</td><td colspan="2">施工图设计阶段■</td></tr>
<tr><td>评审必备条件</td><td colspan="2">部门内部方案讨论　有■　无□</td><td colspan="3">统一技术条件　有■　无□</td></tr>
<tr><td rowspan="3">工程概况</td><td colspan="2">建设地点：北京市东城区骑河楼街17号妇产医院西院区院内（共15栋）。</td><td colspan="3">建筑功能：综合医疗建筑（包括医疗用房、办公用房及后勤用房等）。</td></tr>
<tr><td colspan="2">层数（地上/地下）：1～3层（均为多层）</td><td colspan="3">高度（檐口高度）　12.80～3.30m</td></tr>
<tr><td colspan="2">建筑面积（m^2）　7982</td><td colspan="3">人防等级：无</td></tr>
<tr><td rowspan="5">主要控制参数</td><td colspan="5">设计使用年限：后续使用年限30、40、50年</td></tr>
<tr><td colspan="5">结构安全等级：二级</td></tr>
<tr><td colspan="5">抗震设防烈度、设计基本地震加速度、设计地震分组、场地类别、特征周期
8度、0.20g、第一组、Ⅱ类、0.35s</td></tr>
<tr><td colspan="5">抗震设防类别：乙类、丙类</td></tr>
<tr><td colspan="5">主要经济指标</td></tr>
<tr><td rowspan="8">结构选型</td><td colspan="5">结构类型：钢筋混凝土框架、钢框架、砖混、砖混内框架</td></tr>
<tr><td colspan="5">概念设计、结构布置：
病理中心及检验中心，采用钢框架结构体系新建内部结构并保留加固原有外墙；中心实验室为全现浇钢筋混凝土框架结构，采用碳纤维补强及加大截面法对梁、板、柱进行加固；教办楼为内框架砌体结构，采用单面150厚钢筋混凝土板墙法对砌体进行加固、采用加大截面法对内框架梁、柱进行加固；其他建筑均为砌体结构，采用60厚钢筋网喷射混凝土法对砌体进行加固；现状主楼、安保用房及院史馆，仅做维修与改造</td></tr>
<tr><td colspan="5">结构抗震等级：新建病理中心及检验中心钢框架二级；中心实验室钢筋混凝土框架二级</td></tr>
<tr><td colspan="5">计算方法及计算程序：采用盈建科建筑结构计算软件（版本号：1.6.3.2）</td></tr>
<tr><td colspan="5">主要计算结果有无异常（如：周期、周期比、位移、位移比、剪重比、刚度比、楼层承载力突变等）：无</td></tr>
<tr><td colspan="5">伸缩缝、沉降缝、防震缝：有</td></tr>
<tr><td colspan="5">结构超长和大体积混凝土是否采取有效措施：</td></tr>
<tr><td colspan="5">有无结构超限：无</td></tr>
<tr><td rowspan="3">基础选型</td><td colspan="5">基础设计等级：三级</td></tr>
<tr><td colspan="5">基础类型：新建病理中心及检验中心，采用一柱一桩大直径人工挖孔灌注桩基础方案</td></tr>
<tr><td colspan="5">计算方法及计算程序：采用盈建科建筑结构计算软件JCCAD（版本号：1.6.3.2）</td></tr>
<tr><td>新材料、新技术、难点等</td><td colspan="5">无</td></tr>
<tr><td>主要结论</td><td colspan="5">套建房屋、建议增设横墙、以砌体作为主要抗侧力结构，内部钢柱只承受竖向荷载、尽量采用双面喷射加固、注意施工安全控制、施工质量要求，宜先加固后拆除</td></tr>
<tr><td colspan="2">工种负责人：刘新国</td><td>日期：2016.4.26</td><td colspan="2">评审主持人：朱炳寅</td><td>日期：2016.4.27</td></tr>
</table>

注意： 1. 评审申请时间：一般项目应在初步设计完成之前，无初步设计的项目在施工图1/2阶段。

2. 工种负责人、审核人必须参加评审会，审定人以及项目组其他人员应尽量参会。工种负责人负责项目组与会人员的通知事宜，在必要时可邀请建筑专业相关人员出席。

3. 评审后工种负责人应填写《结构方案评审意见回复表》，逐条回复《结构方案评审表》和《会议纪要》中提出的评审意见，并在签署齐全后归档。

会议纪要

2016年4月27日

"北京妇产医院西院区抗震加固及综合改造工程"施工图设计阶段结构方案评审会

评审人：谢定南、罗宏渊、王金祥、尤天直、徐琳、朱炳寅、陈文渊、张亚东、王大庆

主持人：朱炳寅　　　记录：王大庆

介　绍：刘新国

结构方案：本工程共15栋不同时期、不同结构的建筑，进行抗震加固和综合改造。根据抗震鉴定报告，各栋建筑采用不同的加固、改造方案。病理中心及检验中心原为砌体结构，保留、加固原砌体外墙，拆除原内部结构，套建钢框架结构。中心实验室原为混凝土框架结构，进行构件加固和楼板开洞的相关加固。教办楼为内框架砌体结构，进行砌体墙和内框架梁、柱加固。其他砌体结构进行砌体墙加固。现状主楼、安保用房及院史馆仅做一般维修与改造。砌体墙一般采用单面混凝土板墙法或单面喷射混凝土法加固。

地基基础方案：病理中心及检验中心的套建钢框架采用人工挖孔灌注桩（一柱一桩）。部分基础梁因穿管需要加固。

评审：

1. 改造、加固方案和细部做法应掌握对结构有利的基本原则，做到"加而有固"。
2. 进一步推敲结构的后续使用年限取值。
3. 套建房屋建议适当增设横墙，以砌体墙作为主要抗侧力构件，内部钢柱承受竖向荷载，并注意砌体墙与钢框架的连接。
4. 砌体墙尽量采用双面喷射混凝土法加固，确保安全可靠。
5. 设计文件应明确提出施工质量、施工安全、施工顺序的控制要求，宜先加固，后拆除和加建。
6. 与相关专业进一步协商，优化管道布置方案，尽量避免改造、加固基础梁。

结论：

建议根据结构方案评审表的主要结论以及会议纪要内容，进一步优化结构设计。

66　北京邮电大学沙河校区实验楼 S1、S2、S3 建设项目

设计部门：第三工程设计研究院
主要设计人：毕磊、何羽、刘松华、尤天直、杨杰、黄丹丹

工程简介

一、工程概况

北京邮电大学沙河校区位于北京市昌平区沙河卫星城东北部的沙河高教园区内，规划范围北起六环路，南至北环北路，西起东沙河，东至回路。本工程为北京邮电大学沙河校区一期工程的教室楼 S1 及实验楼 S2、S3，地上为 4～5 层的教学、实验楼及其附属用房，局部设 1 层地下室，用作设备用房，总建筑面积约 4 万 m^2。

图 66-1　建筑效果图

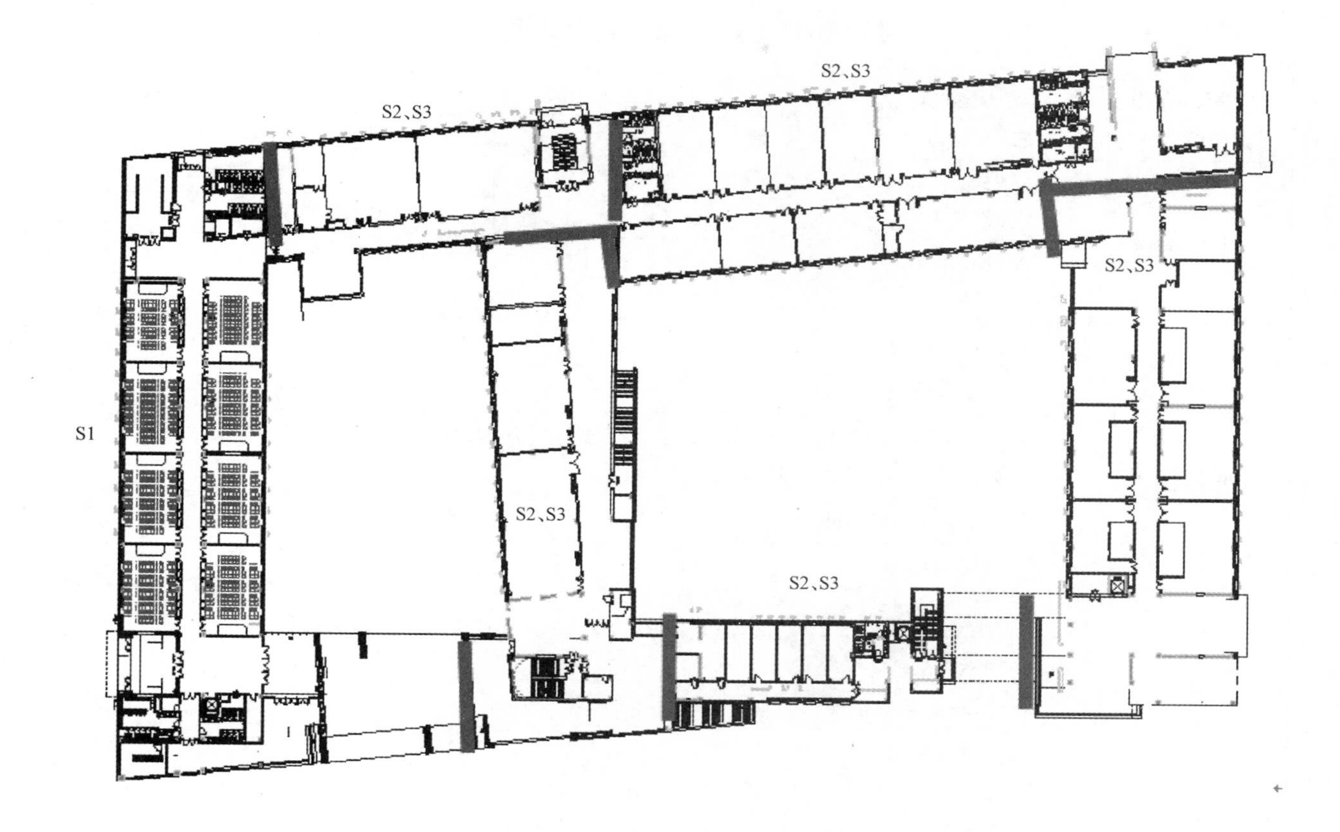

图 66-2　首层建筑平面图（粗线示意结构分缝）

二、结构方案

1. 抗侧力体系

本工程的建筑平面呈日字形，在满足建筑使用功能的前提下，设置多道结构缝，将其分为相对规则的 6 个独立结构单元。通过多方案比较，综合考虑建筑功能、立面造型、结构传力明确、经济合理等多种因素，本工程采用钢筋混凝土框架—剪力墙结构体系。剪力墙的典型厚度为 400mm、300mm、200mm。框架柱为矩形截面，典型截面尺寸为 700mm×700mm。

2. 楼盖体系

地上部分的各层楼盖均采用钢筋混凝土主、次梁结构，梁布置及梁高适应管线布置及建筑净高要求。板厚一般为 120mm，地下室顶板由于嵌固需要，板厚为 180mm。

三、地基基础方案

暂无地勘报告。参考邻近场地的地质条件，拟采用 CFG 桩进行地基处理，要求处理后的地基承载力标准值不低于 300kPa。基础形式为柱下独立基础、墙下条形基础和局部筏形基础。

结构方案评审表

结设质量表（2016）

<table>
<tr><td rowspan="2">项目名称</td><td rowspan="2" colspan="2">北京邮电大学沙河校区实验楼 S1、S2、S3 建设项目</td><td>项目等级</td><td>A/B 级□、非 A/B 级■</td></tr>
<tr><td>设计号</td><td>11032-05</td></tr>
<tr><td>评审阶段</td><td>方案设计阶段□</td><td>初步设计阶段□</td><td colspan="2">施工图设计阶段■</td></tr>
<tr><td>评审必备条件</td><td colspan="2">部门内部方案讨论　有■　无□</td><td colspan="2">统一技术条件　有■　无□</td></tr>
<tr><td rowspan="4">工程概况</td><td colspan="2">建设地点：北京昌平区沙河镇</td><td colspan="2">建筑功能　高等教育教学及试验</td></tr>
<tr><td colspan="2">层数(地上/地下)地上 4～5 层，局部地下 1 层</td><td colspan="2">高度(檐口高度)23.1m</td></tr>
<tr><td colspan="2">建筑面积(m^2)　40000</td><td colspan="2">人防等级　无人防</td></tr>
<tr><td colspan="2"></td><td colspan="2"></td></tr>
<tr><td rowspan="6">主要控制参数</td><td colspan="4">设计使用年限　50</td></tr>
<tr><td colspan="4">结构安全等级　二级</td></tr>
<tr><td colspan="4">抗震设防烈度、设计基本地震加速度、设计地震分组、场地类别、特征周期
8 度、0.20g、第一组、Ⅲ类、0.45s</td></tr>
<tr><td colspan="4">抗震设防类别　丙类</td></tr>
<tr><td colspan="4">主要经济指标</td></tr>
<tr><td colspan="4"></td></tr>
<tr><td rowspan="8">结构选型</td><td colspan="4">结构类型：框架-剪力墙</td></tr>
<tr><td colspan="4">概念设计、结构布置</td></tr>
<tr><td colspan="4">结构抗震等级　剪力墙二极：框架三级</td></tr>
<tr><td colspan="4">计算方法及计算程序　多层及高层建筑结构空间有限元分析与设计软件 SATWE(2010 新规范版本 V2.2 版)</td></tr>
<tr><td colspan="4">主要计算结果有无异常(如：周期、周期比、位移、位移比、剪重比、刚度比、楼层承载力突变等)　无异常</td></tr>
<tr><td colspan="4">伸缩缝、沉降缝、防震缝　防震缝</td></tr>
<tr><td colspan="4">结构超长和大体积混凝土是否采取有效措施</td></tr>
<tr><td colspan="4">有无结构超限　无</td></tr>
<tr><td rowspan="6">基础选型</td><td colspan="4">基础设计等级　乙级</td></tr>
<tr><td colspan="4">基础类型　独立基础、墙下条基、筏板</td></tr>
<tr><td colspan="4">计算方法及计算程序　JCCAD(2010 新规范版本　V2.2 版)</td></tr>
<tr><td colspan="4">防水、抗渗、抗浮　防水、抗浮</td></tr>
<tr><td colspan="4">沉降分析</td></tr>
<tr><td colspan="4">地基处理方案　柱锤冲扩桩或 CFG 桩复合地基处理</td></tr>
<tr><td>新材料、新技术、难点等</td><td colspan="4"></td></tr>
<tr><td>主要结论</td><td colspan="4">房屋超长，注意减少端部纵向剪力墙刚度、补充横向框架单榀承载力分析、楼面结构布置优化，优化剪力墙布置，楼梯间框架柱调整，注意各楼相互交接区域剪力墙布置、优化地基处理方案，细化结构设计</td></tr>
<tr><td colspan="2">工种负责人：毕磊　何羽</td><td>日期：2016.4.27</td><td>评审主持人：朱炳寅</td><td>日期：2016.4.27</td></tr>
</table>

注意：1. 评审申请时间：一般项目应在初步设计完成之前，无初步设计的项目在施工图 1/2 阶段。

2. 工种负责人、审核人必须参加评审会，审定人以及项目组其他人员应尽量参会。工种负责人负责项目组与会人员的通知事宜，在必要时可邀请建筑专业相关人员出席。

3. 评审后工种负责人应填写《结构方案评审意见回复表》，逐条回复《结构方案评审表》和《会议纪要》中提出的评审意见，并在签署齐全后归档。

会议纪要

2016年4月27日

"北京邮电大学沙河校区实验楼S1、S2、S3建设项目"施工图设计阶段结构方案评审会

评审人：谢定南、罗宏渊、王金祥、尤天直、徐琳、朱炳寅、陈文渊、张亚东、王大庆

主持人：朱炳寅　　　　记录：王大庆

介　绍：何羽

结构方案：本工程为4～5层实验楼，局部设1层地下室。设缝分为6个结构单元，均采用混凝土框架-剪力墙结构体系。部分结构单元之间以连桥相通。

地基基础方案：暂无勘察报告，参考相邻场地条件，拟采用柱锤冲扩桩或CFG桩进行地基处理，基础形式为柱下独立基础、墙下条形基础和局部筏形基础。

评审：

1. 适当弱化超长结构端部的纵向剪力墙刚度，超长结构采取可靠的防裂措施。
2. 部分结构单元的剪力墙间距偏大，补充横向框架单榀承载力分析，包络设计。
3. 进一步优化各结构单元的剪力墙布置，使之尽量均匀分布；长墙肢适当开洞，保证其延性；部分结构单元适当增设纵向剪力墙。
4. 与建筑专业进一步协商，优化楼梯间的框架柱和剪力墙布置。
5. 适当优化结构缝两侧的双剪力墙布置，以方便施工，保证质量。
6. 进一步优化各结构单元的楼面结构布置，进行次梁设置方案比选，适当优化楼面梁的截面尺寸。
7. 与建筑专业进一步协商，细化连桥方案，注意连桥与两侧结构的连接。
8. 根据勘察报告，优化各结构单元的地基处理方案，提出合理的地基处理要求。
9. 细化各单元的结构设计。

结论：

建议根据结构方案评审表的主要结论以及会议纪要内容，进一步优化结构设计。

67 北京奥林匹克瞭望塔增加五环标志工程

设计部门：范重结构设计工作室
主要设计人：刘先明、杨开、胡纯炀、任庆英

工程简介

一、工程概况

北京奥林匹克瞭望塔（以下简称奥运塔）位于北京市奥林匹克公园中心区东北部，西侧与中轴景观大道相接，北临辛店村路，南临奥运规划中的北一路，东侧连接湖滨西路。

奥运塔自下而上由塔座、塔身、塔冠三部分组成，占地面积约 6900m^2，总建筑面积为 18687m^2。塔座为混凝土结构；塔身和塔冠为钢结构，由五个直径、高低各不相同的单塔组成，分别为 1 号、2 号、3 号、4 号、5 号塔，最大高度为 247.6m。

奥运塔已经竣工开业，现根据建设方要求，在塔顶增加五环标志。五环单体直径为 5m，环径为 500mm，环的厚度为 1.2m。五环组合后宽度 16m，高度为 7.3m。五环底部的基座高度为 10m。五环通过一个机械旋转装置与基底连接成为一个整体。

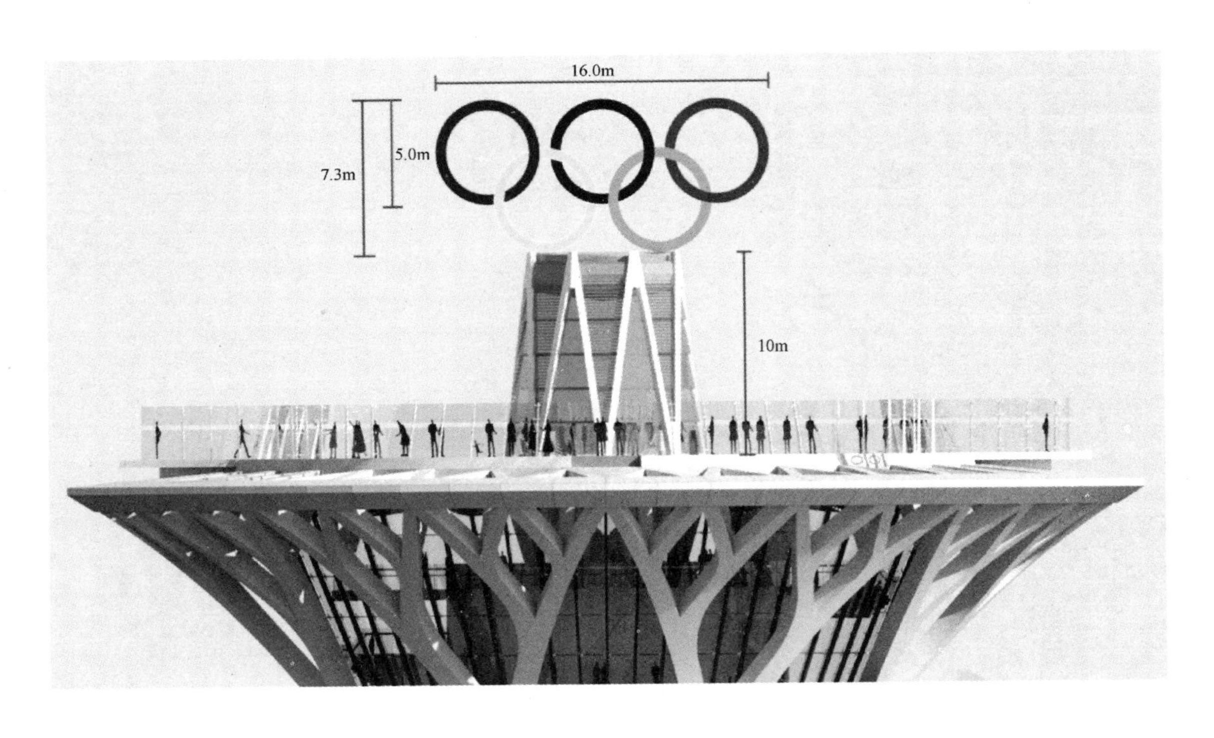

图 67-1 建筑效果图（一）

图 67-2　建筑效果图（二）

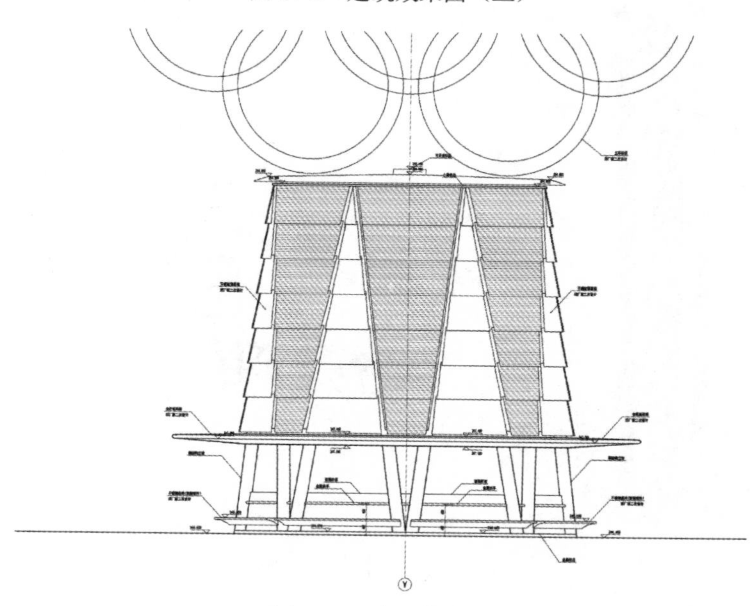

图 67-3　建筑立面图

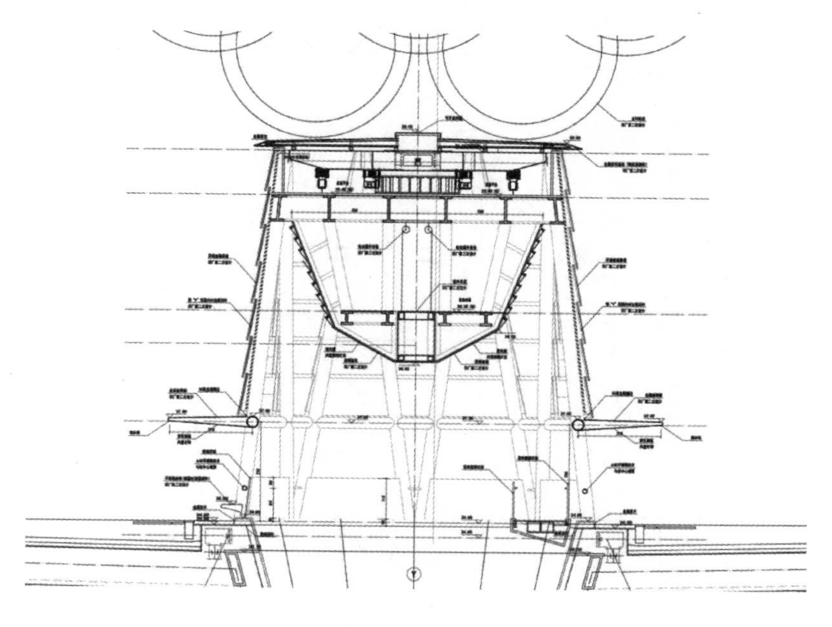

图 67-4　建筑剖面图

二、结构方案

1. 抗侧力体系

结合奥运塔的原有结构布置，在原有钢柱顶部向上接 8 对 V 形柱，形成交叉柱体系，同时传递结构的竖向荷载和水平荷载。

2. 楼盖体系

柱顶部设置有设备层和旋转装置层，采用钢结构主、次梁体系，无楼板，梁布置及梁高适应使用功能要求。

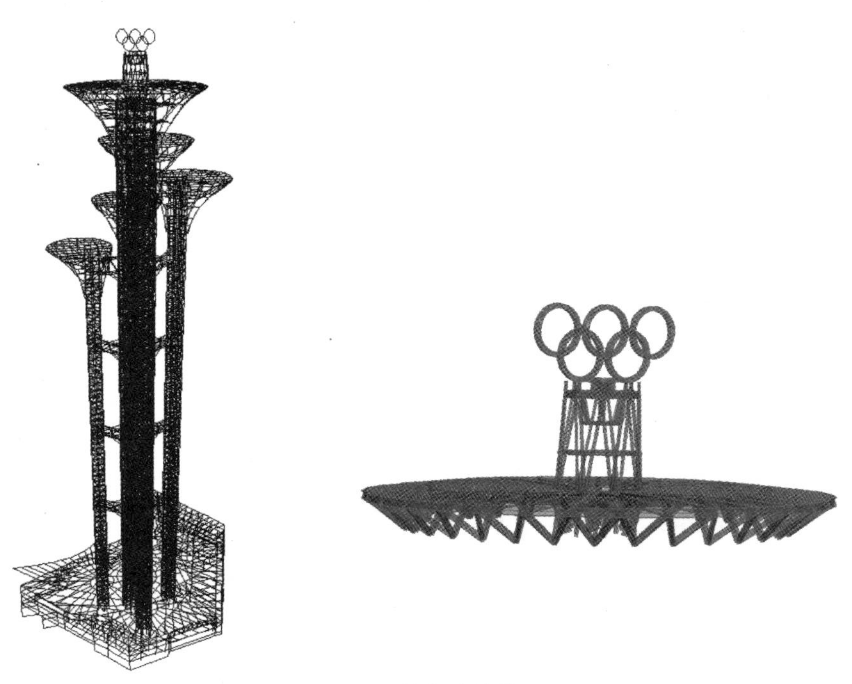

图 67-5　结构计算模型

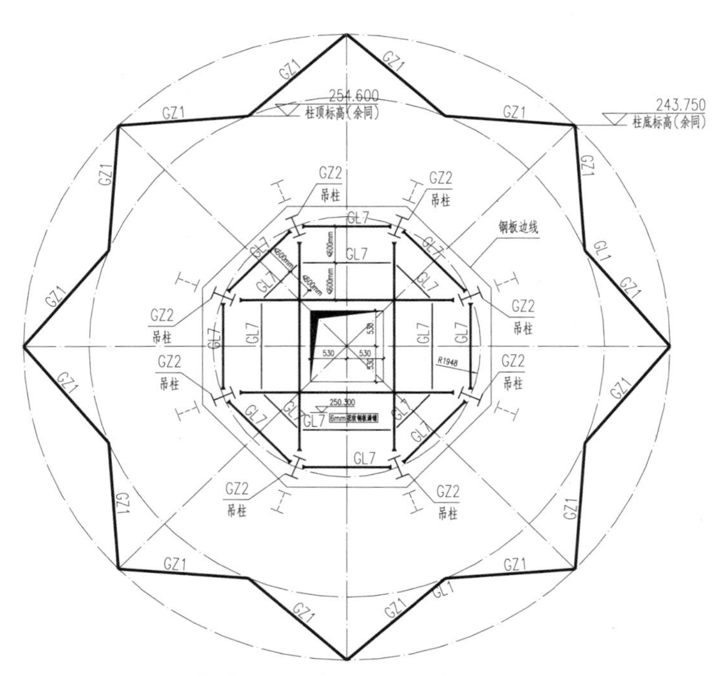

图 67-6　1 号塔塔顶五环标志基座设备夹层结构平面布置图

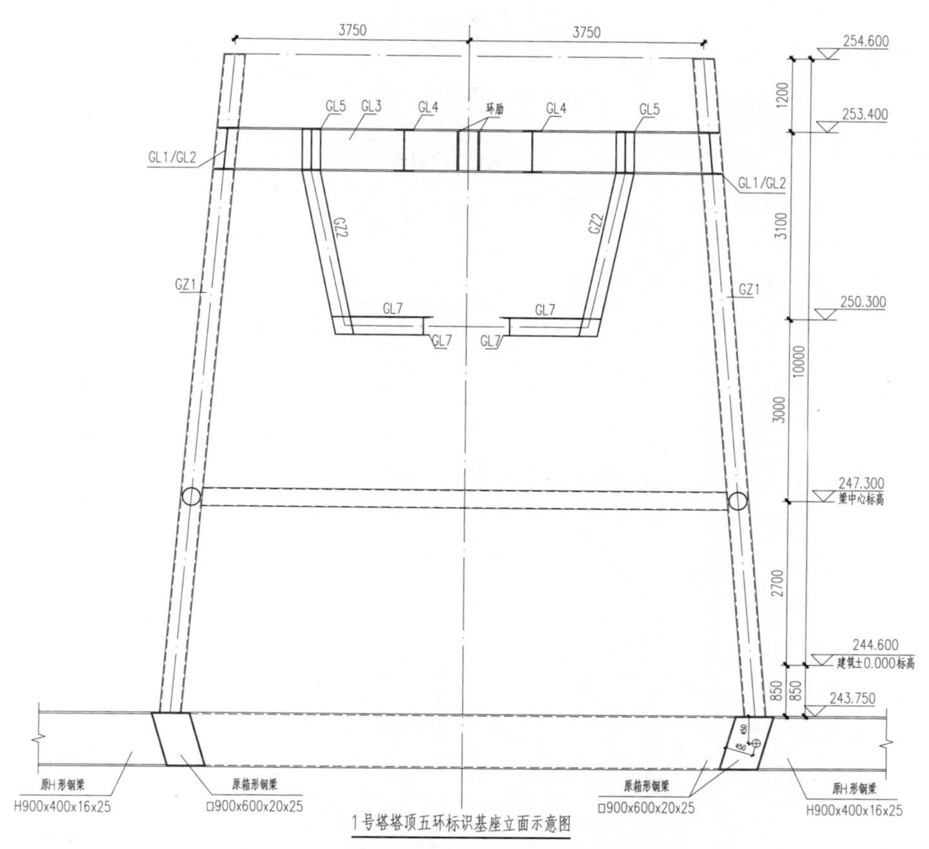

图 67-7　1 号塔塔顶五环标志基座立面示意图

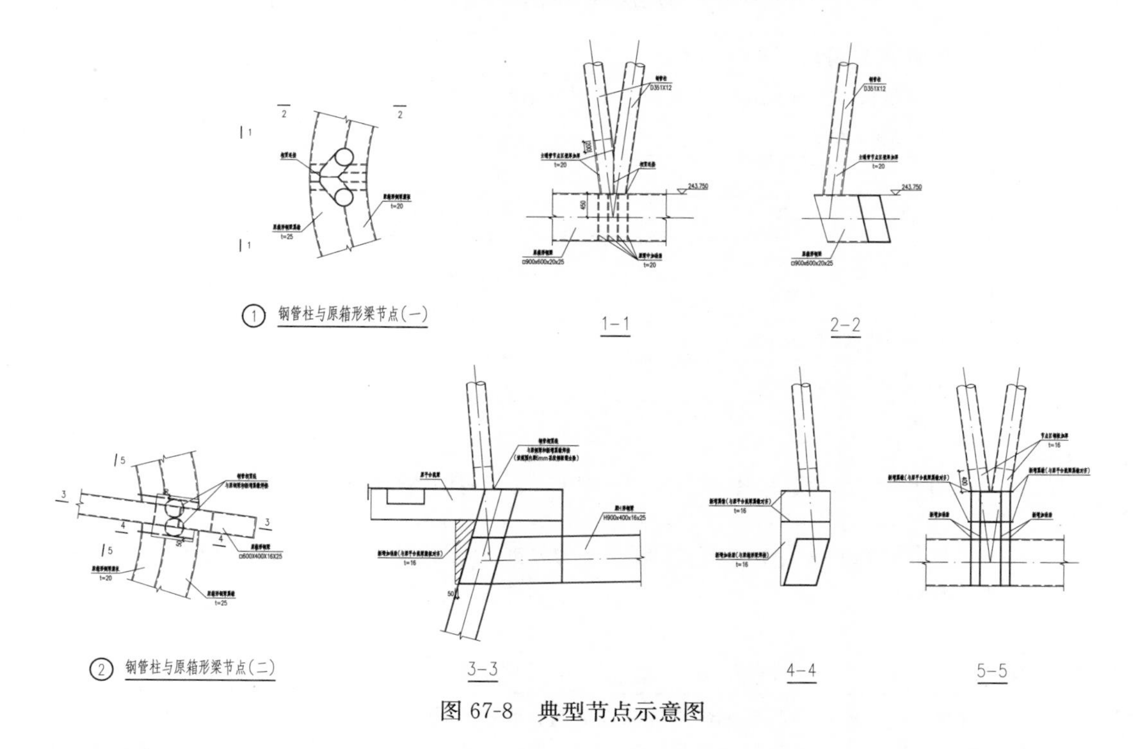

图 67-8　典型节点示意图

三、地基基础方案

五环标志位于奥运塔原有塔顶，不涉及地基基础问题。

结构方案评审表

结设质量表（2016）

<table>
<tr><td rowspan="2">项目名称</td><td colspan="2" rowspan="2">北京奥林匹克瞭望塔增加五环标志工程</td><td>项目等级</td><td>A/B级□、非A/B级■</td></tr>
<tr><td>设计号</td><td>16031</td></tr>
<tr><td>评审阶段</td><td>方案设计阶段□</td><td>初步设计阶段□</td><td colspan="2">施工图设计阶段■</td></tr>
<tr><td>评审必备条件</td><td colspan="2">部门内部方案讨论　有■　无□</td><td colspan="2">统一技术条件　有■　无□</td></tr>
<tr><td rowspan="4">工程概况</td><td colspan="2">建设地点　北京市</td><td colspan="2">建筑功能　观光</td></tr>
<tr><td colspan="2">层数(地上/地下)塔顶1层</td><td colspan="2">高度(檐口高度)254.60m(原结构243.75m)</td></tr>
<tr><td colspan="2">建筑面积(m^2)　0</td><td colspan="2">人防等级</td></tr>
<tr><td colspan="2"></td><td colspan="2"></td></tr>
<tr><td rowspan="6">主要控制参数</td><td colspan="4">设计使用年限　50年</td></tr>
<tr><td colspan="4">结构安全等级　二级</td></tr>
<tr><td colspan="4">抗震设防烈度、设计基本地震加速度、设计地震分组、场地类别、特征周期
8度、0.20g、第一组、Ⅲ类、0.45s</td></tr>
<tr><td colspan="4">抗震设防类别　标准设防类(丙类)</td></tr>
<tr><td colspan="4">主要经济指标</td></tr>
<tr><td colspan="4"></td></tr>
<tr><td rowspan="9">结构选型</td><td colspan="4">结构类型　空间支撑结构</td></tr>
<tr><td colspan="4">概念设计、结构布置:利用8组斜柱形成交叉支撑结构</td></tr>
<tr><td colspan="4">结构抗震等级:支撑柱与梁均为二级</td></tr>
<tr><td colspan="4">计算方法及计算程序:SAP2000</td></tr>
<tr><td colspan="4">主要计算结果有无异常(如:周期、周期比、位移、位移比、剪重比、刚度比、楼层承载力突变等):无</td></tr>
<tr><td colspan="4">伸缩缝、沉降缝、防震缝:无</td></tr>
<tr><td colspan="4">结构超长和大体积混凝土是否采取有效措施:无</td></tr>
<tr><td colspan="4">有无结构超限:无</td></tr>
<tr><td colspan="4"></td></tr>
<tr><td rowspan="6">基础选型</td><td colspan="4">基础设计等级:无</td></tr>
<tr><td colspan="4">基础类型:无</td></tr>
<tr><td colspan="4">计算方法及计算程序:无</td></tr>
<tr><td colspan="4">防水、抗渗、抗浮:无</td></tr>
<tr><td colspan="4">沉降分析:无</td></tr>
<tr><td colspan="4">地基处理方案:无</td></tr>
<tr><td>新材料、新技术、难点等</td><td colspan="4">与五环转动装置配合设计，考虑各种工况下荷载的不利影响</td></tr>
<tr><td>主要结论</td><td colspan="4">优化柱脚节点设计，补充复杂节点受力分析，补充验算五环风荷载，优化门头标识与主体结构的连接做法
（全部内容均在此页）</td></tr>
<tr><td colspan="2">工种负责人:刘先明　杨开　日期:2016.4.26</td><td colspan="3">评审主持人:朱炳寅　日期:2016.4.26</td></tr>
</table>

注意：1. 评审申请时间：一般项目应在初步设计完成之前，无初步设计的项目在施工图1/2阶段。

2. 工种负责人、审核人必须参加评审会，审定人以及项目组其他人员应量参会。工种负责人负责项目组与会人员的通知事宜，在必要时可邀请建筑专业相关人员出席。

3. 评审后工种负责人应填写《结构方案评审意见回复表》，逐条回复《结构方案评审表》和《会议纪要》中提出的评审意见，并在签署齐全后归档。

68　昌平区北七家镇 HQL-02 等地块 F1 住宅混合公建、A33 基础教育、U17 邮政设施、R2 二类居住、F81 绿隔产业用地（配建限价商品住房）项目

设计部门：任庆英结构设计工作室
主要设计人：王奇、任庆英、朱炳寅、张晓宇、刘福、张雄迪

工程简介

一、工程概况

本项目位于北京市昌平区北七家镇，用地范围东至七星路和海鶄落新村三号地，紧邻未来科技城产业园区，南至七北路，西至望都东路，北至名佳花园北路和郑海路。项目是规划中的未来文化城的重要组成部分，包含多个不同用地性质的地块，总用地规模 102240.8m^2，总建筑面积约 32.6 万 m^2。

图 68-1　项目鸟瞰图

图 68-2　建筑效果图（一）

图 68-3　建筑效果图（二）

HQL-02 地块：建筑面积约 6.3 万 m²。

地块	建筑名称	建筑功能	层数	房屋高度(m)	结构体系	地基基础
HQL-02	1 号楼	限价商品房	15/1	45.0	剪力墙结构	筏板基础（CFG 桩复合地基）
	2 号楼		15/1	45.0		
	3 号楼		14/1	42.2		
	G1 号楼	办公、商业	8/1	36.8		
	地下车库	车库	0/2	—		

HQL-07 地块：建筑面积约 3360m²，建筑功能为幼儿园，尚未开始设计。

HQL-08 地块：建筑面积约 3300m²，建筑功能为邮局，无地下室，地上 4 层，建筑高度 18.9m。采用钢筋混凝土框架结构，独立基础。

HQL-12 地块：建筑面积约 12.4 万 m²。

地块	建筑名称	建筑功能	层数	房屋高度(m)	结构体系	地基基础
HQL-12	1 号楼	限价商品房	11/3	32.0	剪力墙结构	筏板基础（CFG 桩复合地基）
	2 号楼		14/3 21/3	40.4 60.0		
	3 号楼		13/3 20/3	37.6 57.2		
	4 号楼	商品房	9/2	26.9	剪力墙结构	筏板基础（CFG 桩复合地基）
	5 号楼		15/3	44.4		
	6 号楼		18/3	53.4		
	7 号楼～16 号楼	商品房（叠拼联排）	4/2	14.6		筏板基础
	17 号楼	商业＋商品房	4/3	15.4		筏板基础
	车库	车库	0/2	—	框架结构	筏板基础

HQL-17 地块：建筑面积约 13.3 万 m^2。

地块	建筑名称	实际功能	层数	房屋高度(m)	结构体系	地基基础
HQL-17	1 号楼	限价商品房	12/3	34.8	剪力墙结构	筏板基础（CFG 桩复合地基）
			20/3	57.2		
	2 号楼		13/3	37.6		
			20/3	57.2		
	3 号楼		13/3	37.6		
			20/3	57.2		
	4 号楼	商品房	18/3	53.4	剪力墙结构	筏板基础（CFG 桩复合地基）
	5 号楼		18/3	53.4		
	6 号楼		15/3	44.7		
	7 号楼	商业＋商品房	6/2	19.9	剪力墙结构	筏板基础
	8 号楼～19 号楼	商品房（叠拼联排）	4/2	14.6	剪力墙结构	筏板基础
	车库	车库	0/2	—	框架结构	筏板基础

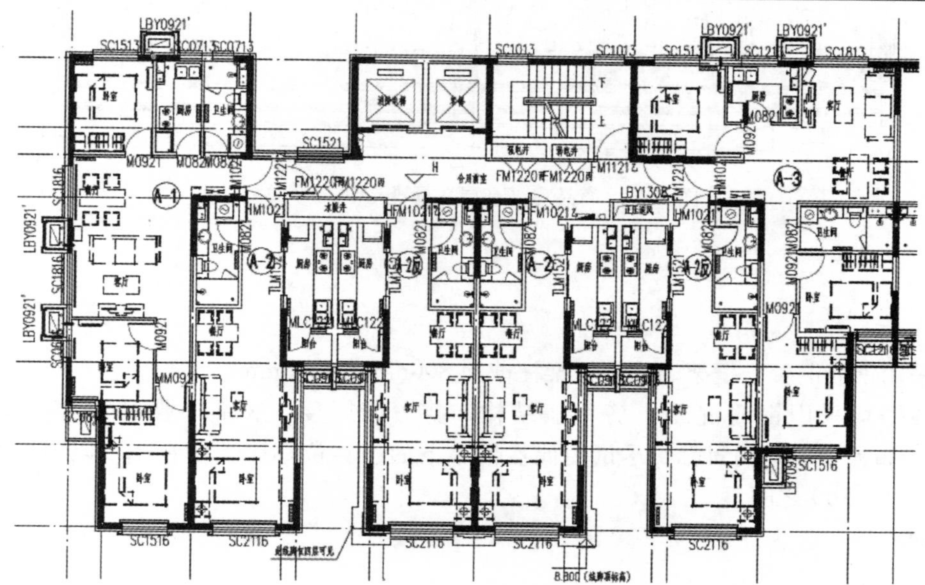

(a) 保障房标准层建筑平面图(一)

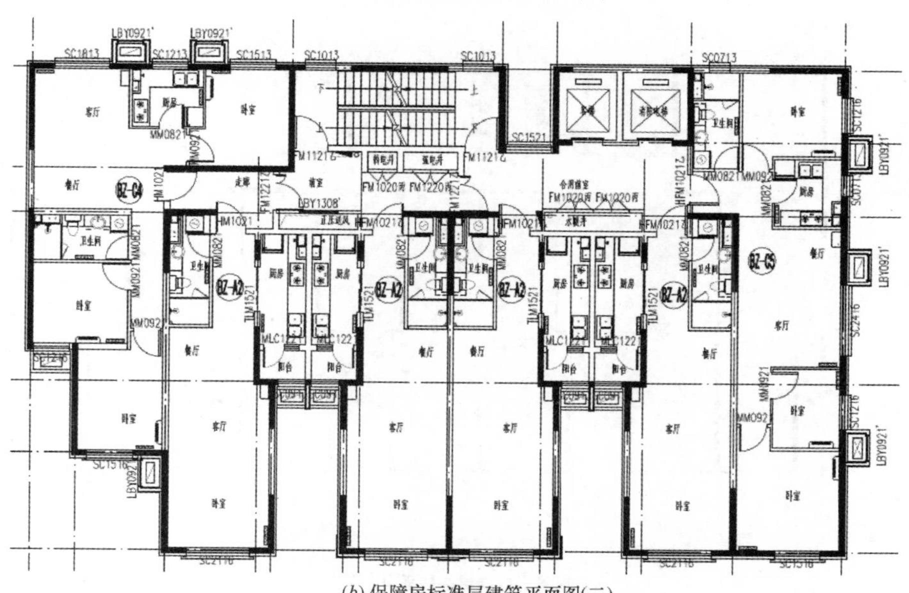

(b) 保障房标准层建筑平面图(二)

图 68-4　保障房平面

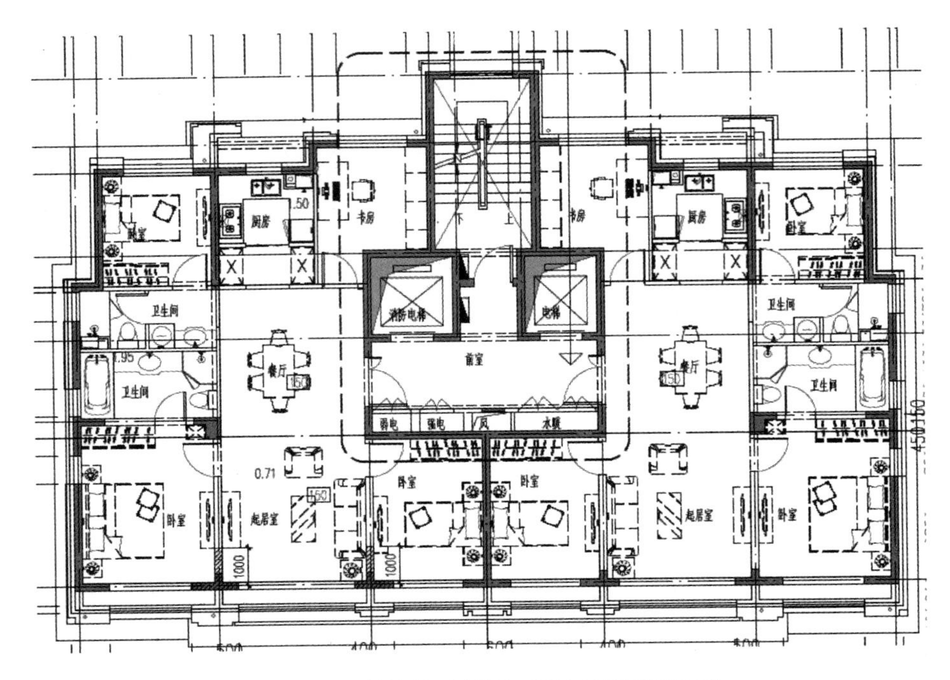

图 68-5　商品房（高层）标准层建筑平面图

二、结构方案

1. 抗侧力体系

(1) 邮局采用钢筋混凝土框架结构，框架柱截面 800mm×1000mm。

(2) 其余各楼均采用钢筋混凝土剪力墙结构，剪力墙厚度：底部加强区为 200mm，其上部为 180mm。剪力墙布置力争均匀对称，尽量使偶然偏心下的扭转位移比控制在 1.2 以内，并控制层间位移角在 1/1000～1/1200 之间。

2. 楼盖体系

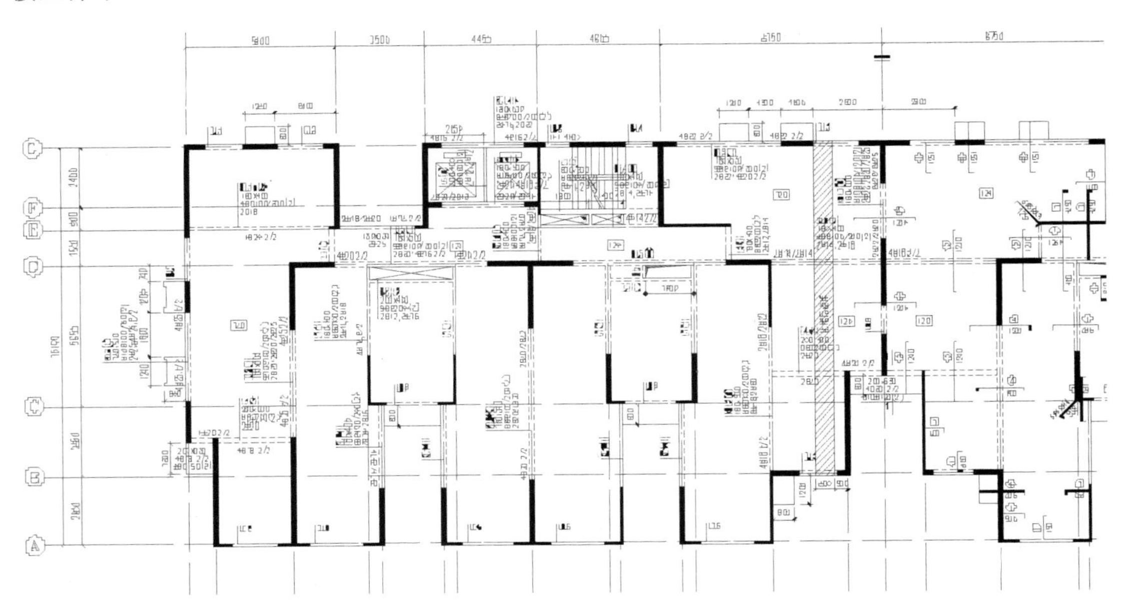

(*a*) 保障房标准层结构平面布置图(一)

图 68-6　保障房结构布置

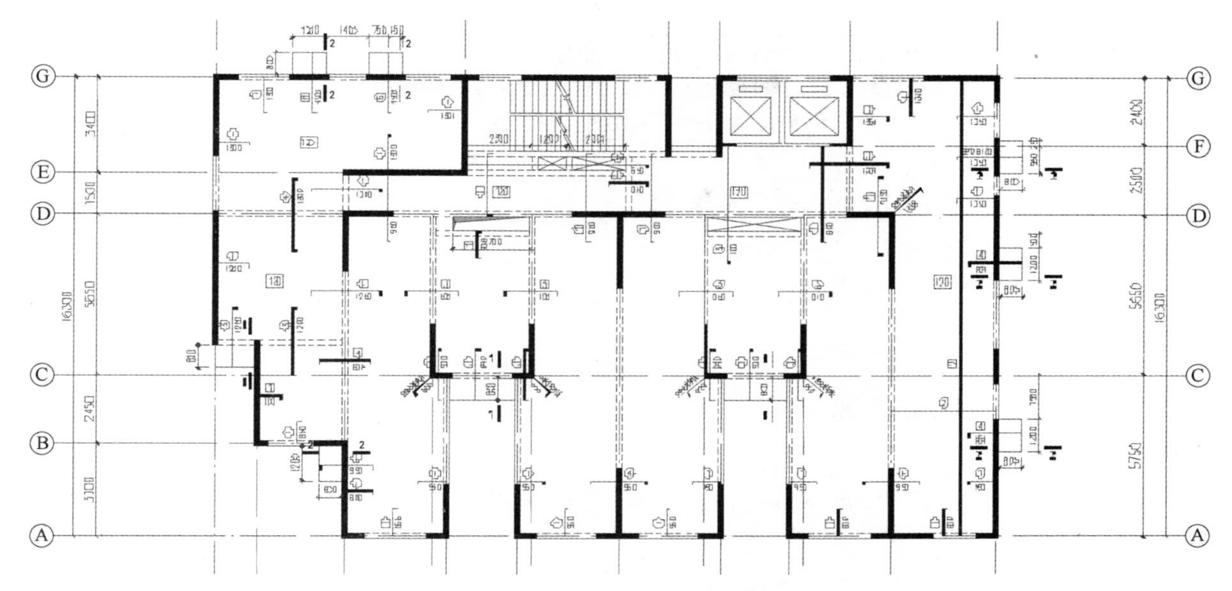

(*b*) 保障房标准层结构平面布置图(二)

图 68-6　保障房结构布置（续）

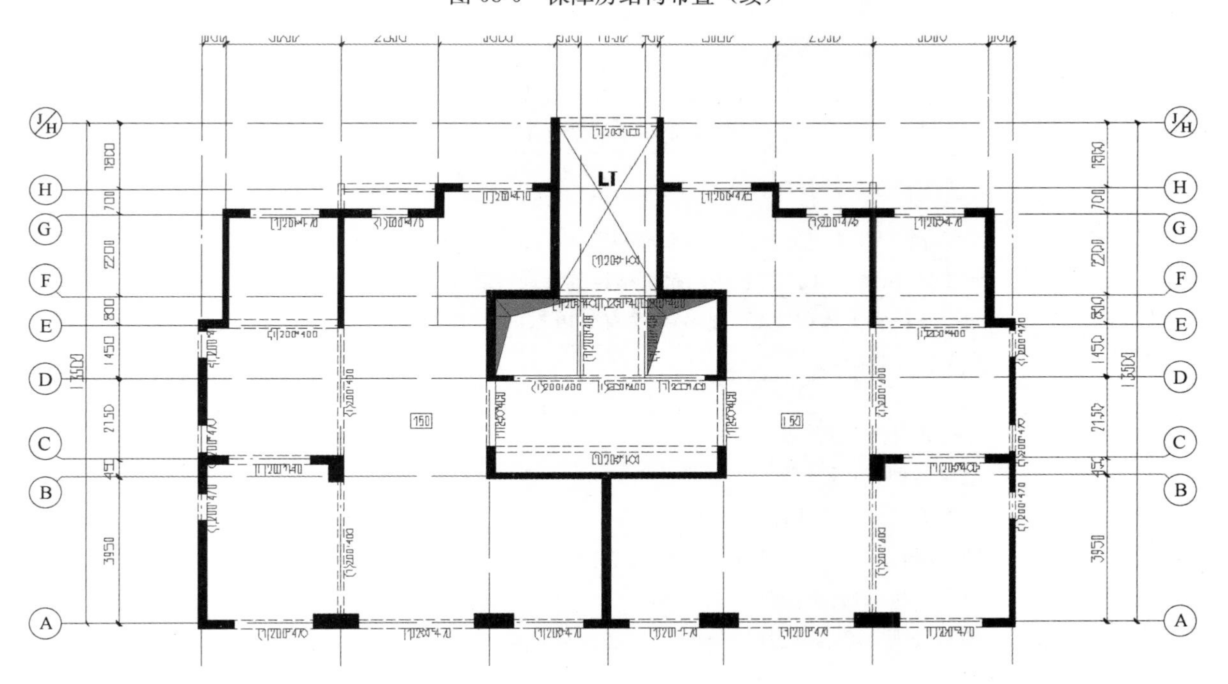

图 68-7　商品房（高层）标准层结构平面布置图

地上部分的各层楼盖均采用钢筋混凝土主、次梁体系，梁布置及梁高适应管线布置及净高要求。板厚一般为 100～120mm，由于嵌固的需要，地下室顶板厚度为 180mm。

地下车库的无上部结构部位的轴网间距为 7.8m，采用无梁楼盖体系。地下室顶板覆土厚度为 3m，板厚取 450mm；地下一层楼板为人防顶板，板厚取 250mm。

三、地基基础方案

根据地勘报告建议，并结合结构受力特点，本工程以采用天然地基上的筏板基础或独立基础为主，高层塔楼采用 CFG 桩进行地基处理。叠拼联排的下沉庭院部分根据抗浮要求设置抗拔桩。

结构方案评审表

结设质量表（2016）

<table>
<tr><td>项目名称</td><td colspan="2">昌平区北七家镇 HQL-02 等地块 F1 住宅混合公建、A33 基础教育、U17 邮政设施、R2 二类居住、F81 绿隔产业用地(配建限价商品住房)项目</td><td>项目等级</td><td>A/B 级□、非 A/B 级☑</td></tr>
<tr><td></td><td colspan="2"></td><td>设计号</td><td>13281</td></tr>
<tr><td>评审阶段</td><td>方案设计阶段□</td><td>初步设计阶段■</td><td colspan="2">施工图设计阶段□</td></tr>
<tr><td>评审必备条件</td><td colspan="2">部门内部方案讨论　有■　无□</td><td colspan="2">统一技术条件　有■　无□</td></tr>
<tr><td rowspan="4">工程概况</td><td colspan="2">建设地点：北京市昌平区</td><td colspan="2">建筑功能：住宅及地下车库等</td></tr>
<tr><td colspan="2">层数(地上/地下)：4～20/3</td><td colspan="2">高度(檐口高度)：56m</td></tr>
<tr><td colspan="2">建筑面积(m²)：32.6 万</td><td colspan="2">人防等级：核 5 常 5、核 6 常 6 级</td></tr>
<tr><td colspan="2"></td><td colspan="2"></td></tr>
<tr><td rowspan="6">主要控制参数</td><td colspan="4">设计使用年限：50 年</td></tr>
<tr><td colspan="4">结构安全等级：二级</td></tr>
<tr><td colspan="4">抗震设防烈度、设计基本地震加速度、设计地震分组、场地类别、特征周期
8 度、0.20g、第一组、Ⅲ类场地、0.45s</td></tr>
<tr><td colspan="4">抗震设防类别：标准设防类</td></tr>
<tr><td colspan="4">主要经济指标</td></tr>
<tr><td colspan="4"></td></tr>
<tr><td rowspan="9">结构选型</td><td colspan="4">结构类型：剪力墙结构</td></tr>
<tr><td colspan="4">概念设计、结构布置：结构布置力求均匀、对称</td></tr>
<tr><td colspan="4">结构抗震等级：根据各结构单元高度分别确定</td></tr>
<tr><td colspan="4">计算方法及计算程序：SATWE、盈建科</td></tr>
<tr><td colspan="4">主要计算结果有无异常(如：周期、周期比、位移、位移比、剪重比、刚度比、楼层承载力突变等)：无</td></tr>
<tr><td colspan="4">伸缩缝、沉降缝、防震缝：地上超长结构单元通过防震缝分开</td></tr>
<tr><td colspan="4">结构超长和大体积混凝土是否采取有效措施：采取设缝及后浇带等措施</td></tr>
<tr><td colspan="4">有无结构超限：无</td></tr>
<tr><td colspan="4"></td></tr>
<tr><td rowspan="6">基础选型</td><td colspan="4">基础设计等级：乙级</td></tr>
<tr><td colspan="4">基础类型：筏板基础</td></tr>
<tr><td colspan="4">计算方法及计算程序：盈建科</td></tr>
<tr><td colspan="4">防水、抗渗、抗浮：局部地下室采取抗浮措施</td></tr>
<tr><td colspan="4">沉降分析：进行沉降计算</td></tr>
<tr><td colspan="4">地基处理方案：高层住宅采用 CFG 桩复合地基</td></tr>
<tr><td>新材料、新技术、难点等</td><td colspan="4">各楼根据不同的建筑功能布局和高度选用合理的结构体系</td></tr>
<tr><td>主要结论</td><td colspan="4">结构体系合理。
对地基、基础再进一步细致分析</td></tr>
<tr><td colspan="2">工种负责人：王奇　　日期：2016.5.9</td><td colspan="3">评审主持人：陈文渊　　日期：2016.5.12</td></tr>
</table>

注意：1. 申请评审一般应在初步设计完成前，无初步设计的项目在施工图 1/2 阶段申请。

2. 工种负责人负责通知项目相关人员参加评审会。工种负责人、审核人必须参会，建议审定人、设计人与会。工种负责人在必要时可邀请建筑专业相关人员参会。

3. 评审后，填写《结构方案评审意见回复表》，逐条回复《结构方案评审表》和《会议纪要》中提出的评审意见，并由工种负责人、审定人签字。

会议纪要

2016 年 5 月 12 日

“昌平区北七家镇 HQL-02 等地块 F1 住宅混合公建、A33 基础教育、U17 邮致设施、R2 二类居类、F81 绿隔产业基地（配建限价商品住房）项目”施工图设计阶段结构方案评审会

评审人：谢定南、罗宏渊、王金祥、尤天直、陈文渊、张亚东、彭永宏、王大庆

主持人：陈文渊　　　记录：王大庆

介　绍：王奇

结构方案：本次评审 HQL-02、12、17 三个地块。HQL-02 地块含 3 栋 14～15/－1 层住宅。HQL-12、HQL-17 地块各含 1 个两层地下车库和多栋 4～20/－2～－3 层住宅。住宅均采用混凝土剪力墙结构体系，地下车库采用带柱帽无梁楼盖。

地基基础方案：6 层及以下楼栋采用天然地基，9 层及以上楼栋采用 CFG 桩复合地基，基础形式为筏板基础。

评审：

1. 细化沉降分析；在此基础上，进一步对地基基础方案进行技术、经济比选和优化。
2. 注意复核筏板基础的抗冲切验算。
3. 慎重推敲无梁楼盖的厚度，保证安全、合理。
4. 进一步优化结构布置，一字墙适当设垛，并尽量避免梁搭梁情况。
5. 采取有效措施，确保楼梯间外墙的稳定性。
6. 带下沉花园房屋建议按不同嵌固端模型分别计算，包络设计。

结论：

建议根据结构方案评审表的主要结论以及会议纪要内容，进一步优化结构设计。

结构方案评审表

结设质量表（2016）

<table>
<tr><td rowspan="2">项目名称</td><td rowspan="2" colspan="2">大栅栏项目 H 地块　京银招待所</td><td>项目等级</td><td>A/B 级□、非 A/B 级■</td></tr>
<tr><td>设计号</td><td>11246</td></tr>
<tr><td>评审阶段</td><td>方案设计阶段□</td><td>初步设计阶段□</td><td colspan="2">施工图设计阶段■</td></tr>
<tr><td>评审必备条件</td><td colspan="2">部门内部方案讨论　有■　无□</td><td colspan="2">统一技术条件　有■　无□</td></tr>
<tr><td rowspan="4">工程概况</td><td colspan="2">建设地点　北京市西城区</td><td colspan="2">建筑功能　公建(招待所＋办公)</td></tr>
<tr><td colspan="2">层数(地上/地下)　2/1</td><td colspan="2">高度(檐口高度)　6.900m</td></tr>
<tr><td colspan="2">建筑面积(m^2)　3058.0</td><td colspan="2">人防等级　无</td></tr>
<tr><td colspan="2"></td><td colspan="2"></td></tr>
<tr><td rowspan="6">主要控制参数</td><td colspan="4">设计使用年限　50 年</td></tr>
<tr><td colspan="4">结构安全等级　二级</td></tr>
<tr><td colspan="4">抗震设防烈度、设计基本地震加速度、设计地震分组、场地类别、特征周期
8 度、0.20g、第一组、Ⅲ类、0.45s</td></tr>
<tr><td colspan="4">抗震设防类别　标准设防类(丙类)</td></tr>
<tr><td colspan="4">主要经济指标</td></tr>
<tr><td colspan="4"></td></tr>
<tr><td rowspan="9">结构选型</td><td colspan="4">结构类型　框架结构</td></tr>
<tr><td colspan="4">概念设计、结构布置　楼面梁板布置</td></tr>
<tr><td colspan="4">结构抗震等级　框架抗震等级二级</td></tr>
<tr><td colspan="4">计算方法及计算程序　YJK 结构分析程序</td></tr>
<tr><td colspan="4">主要计算结果有无异常(如:周期、周期比、位移、位移比、剪重比、刚度比、楼层承载力突变等)
无</td></tr>
<tr><td colspan="4">伸缩缝、沉降缝、防震缝　设置防震缝</td></tr>
<tr><td colspan="4">结构超长和大体积混凝土是否采取有效措施　设置伸缩后浇带</td></tr>
<tr><td colspan="4">有无结构超限　无</td></tr>
<tr><td colspan="4"></td></tr>
<tr><td rowspan="6">基础选型</td><td colspan="4">基础设计等级　三级</td></tr>
<tr><td colspan="4">基础类型　筏板基础</td></tr>
<tr><td colspan="4">计算方法及计算程序　YJK 基础分析程序</td></tr>
<tr><td colspan="4">防水、抗渗、抗浮　有抗渗，有防水，无抗浮</td></tr>
<tr><td colspan="4">沉降分析　无</td></tr>
<tr><td colspan="4">地基处理方案　无</td></tr>
<tr><td>新材料、新技术、难点等</td><td colspan="4"></td></tr>
<tr><td>主要结论</td><td colspan="4">结构选型合理，建议 1. 嵌固端应根据各块不同情况确定是否包络设计。2. 餐厅过于空旷、宜采用零厚度板、弹性板模型包络设计。3. 比选大板与加次梁方案(全部内容均在此页)</td></tr>
<tr><td colspan="2">工种负责人:彭永宏　田川</td><td>日期:2016.5.16</td><td>评审主持人:尤天直</td><td>日期:2016.5.17</td></tr>
</table>

注意：1. 评审申请时间：一般项目应在初步设计完成之前，无初步设计的项目在施工图 1/2 阶段。

2. 工种负责人、审核人必须参加评审会，审定人以及项目组其他人员应尽量参会。工种负责人负责项目组与会人员的通知事宜，在必要时可邀请建筑专业相关人员出席。

3. 评审后工种负责人应填写《结构方案评审意见回复表》，逐条回复《结构方案评审表》和《会议纪要》中提出的评审意见，并在签署齐全后归档。

71　新华人寿保险合肥后援中心

设计部门：第二工程设计研究院
主要设计人：张淮湧、史杰、郭俊杰、施泓、朱炳寅、曹清、王婷、郑红卫、鲍晨泳

工 程 简 介

一、工程概况

新华人寿保险合肥后援中心位于安徽省合肥市滨湖新区合肥国际金融后台服务基地南部，北临滨湖新区启动区，东临滨湖环城景观带。项目的总建筑面积为364038.62m^2，分两期建设，包括：1号楼（新华保险大厦）、2号楼（会议及客户联络中心）、3号楼（宿舍服务楼）、4号楼（档案及数据中心）、5号楼（二期数据中心）、6号楼（二期办公楼）。本次仅评审1号～4号楼。

图71-1　建筑效果图

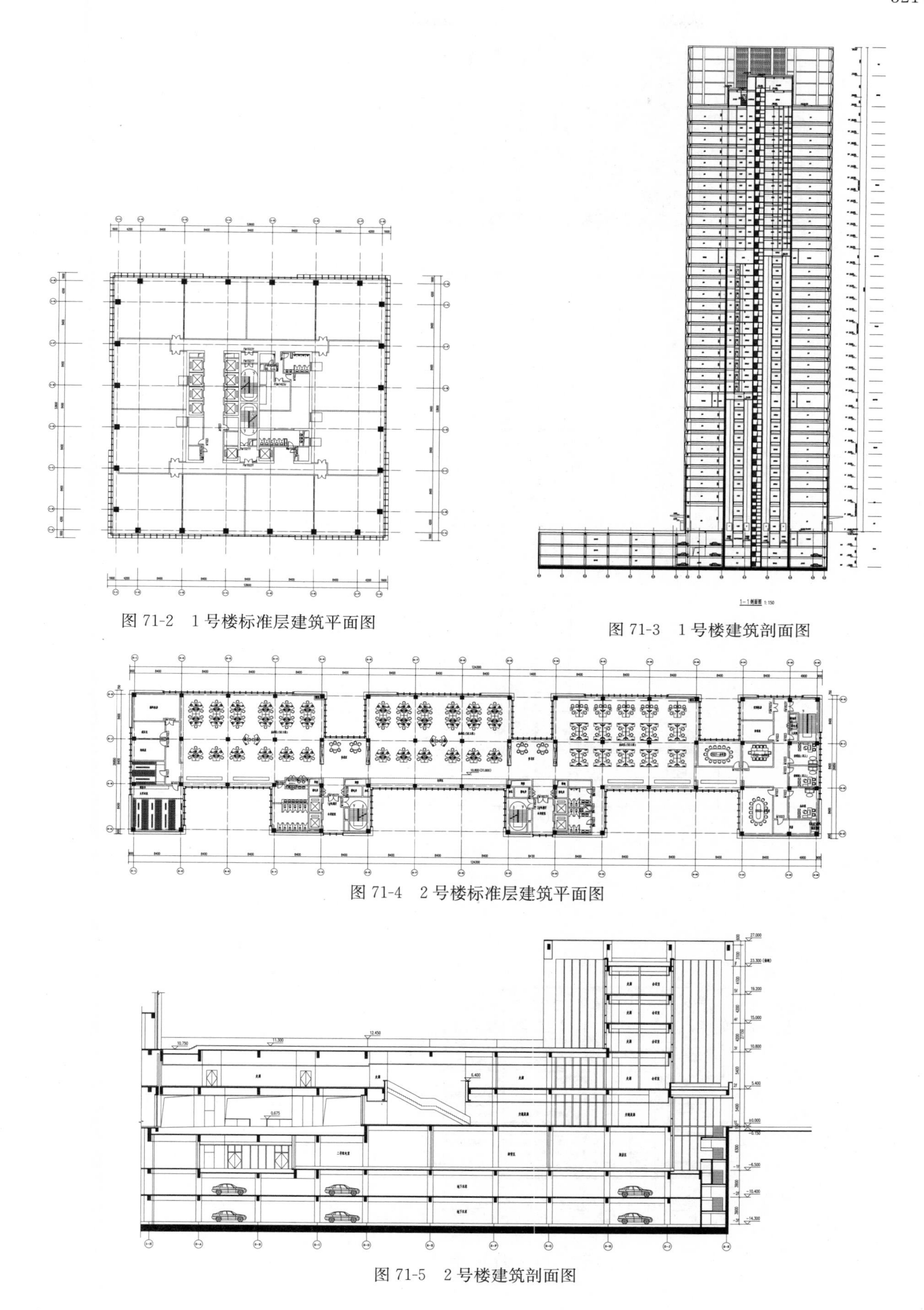

图 71-2　1 号楼标准层建筑平面图

图 71-3　1 号楼建筑剖面图

图 71-4　2 号楼标准层建筑平面图

图 71-5　2 号楼建筑剖面图

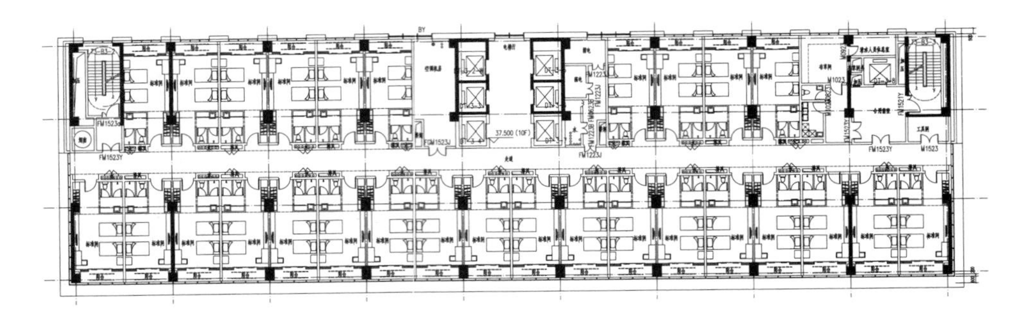

图 71-6　3 号楼标准层建筑平面图

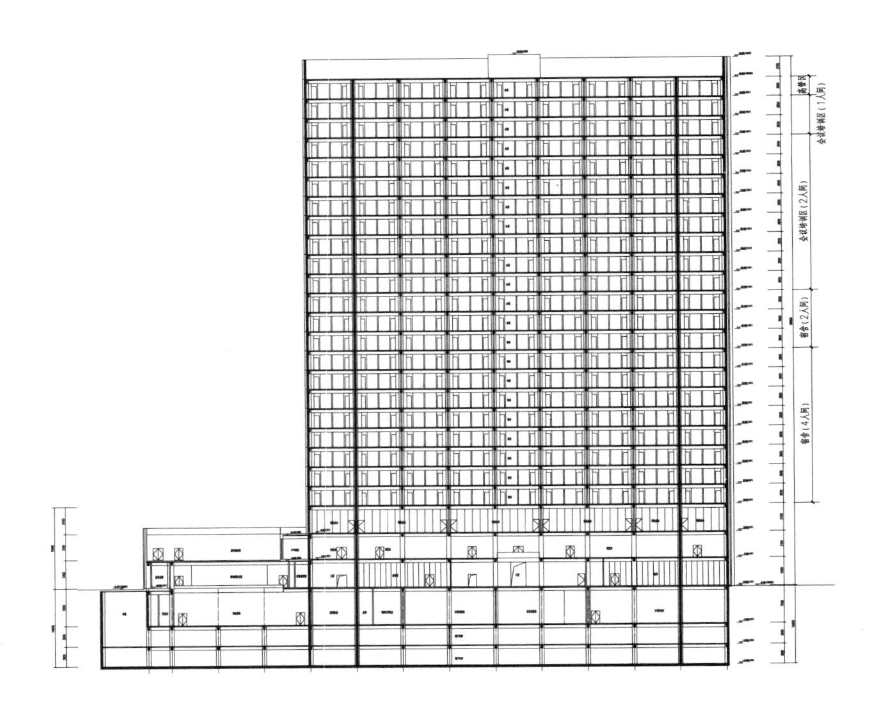

图 71-7　3 号楼建筑剖面图

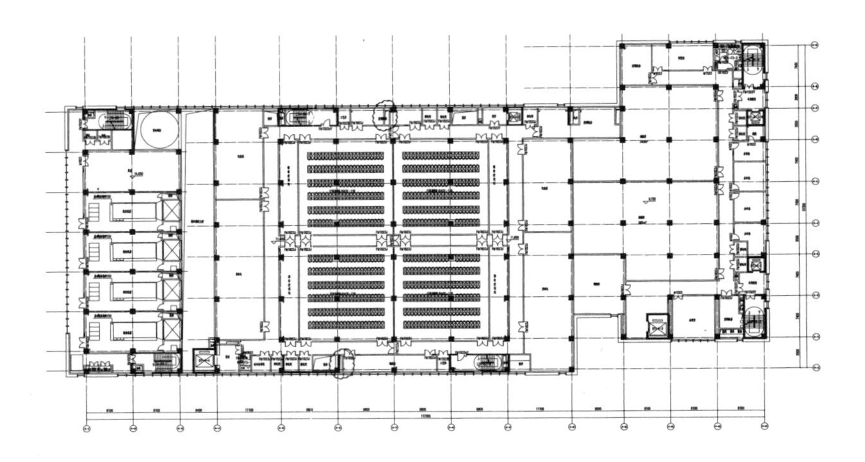

图 71-8　4 号楼标准层建筑平面图

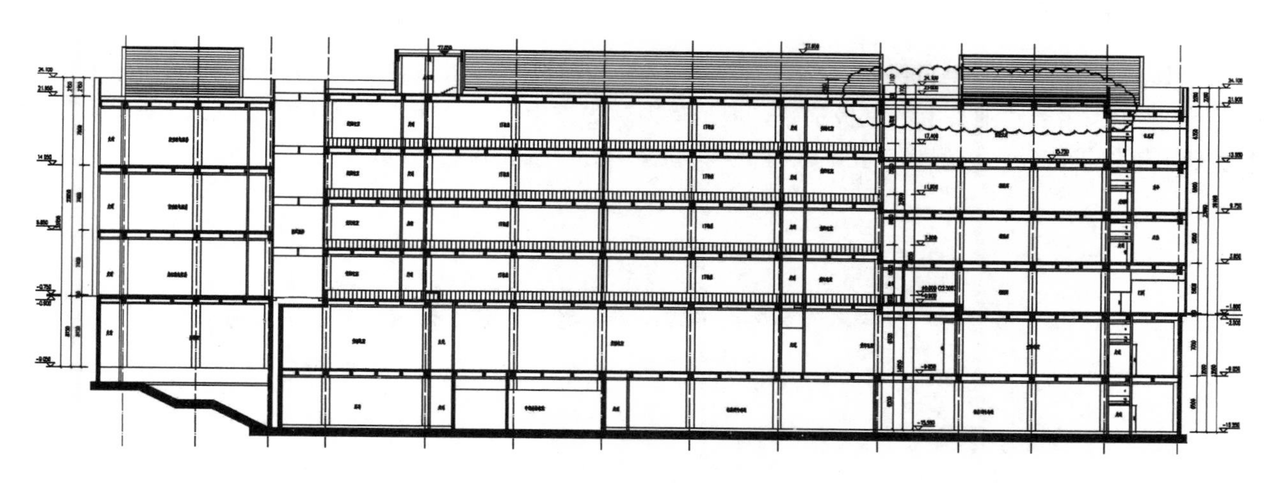

图 71-9　4 号楼建筑剖面图

二、结构方案

1. 抗侧力体系

1 号楼为办公楼，檐口高度为 165.2m，属于 B 级高度高层建筑。建筑的平面尺寸为 50.4m×50.4m，核心筒的平面尺寸为 22.4m×24.0m，建筑高宽比为 3.28，核心筒高宽比为 7.38，核心筒所占楼层面积比以及高宽比均较为合理。综合考虑结构合理性及经济性，本工程最终选用现浇钢筋混凝土框架-核心筒结构。核心筒的外墙厚度为 400～800mm，内墙厚度为 300～400mm。核心筒外墙设置型钢，以抵抗中震作用下的墙肢拉力。外框柱的柱距为 8.4m；外框架与核心筒的距离为 12m。为减小柱截面，降低柱轴压比，同时提高外框架的延性，底部加强区范围内的外框柱采用钢骨柱。外框柱的截面尺寸为 1400mm × 1400mm（钢骨柱）、1400mm × 1400mm、1200mm × 1200mm、1000mm × 1000mm、800mm×800mm。

2 号楼为会议楼，檐口高度为 23.4m。考虑到可布置墙体处位于平面突出部位，平面不连续，对传递水平力贡献不大；同时本楼首层主要为大空间的会议厅及报告厅，布置墙体将影响建筑功能；综合以上因素，本楼采用框架结构，框架柱采用 800mm×800mm、700mm×700mm。

3 号楼为公寓，檐口高度 95.6m。结合建筑使用功能，本楼采用框架-剪力墙结构，在北侧楼、电梯间设置剪力墙筒体，并在建筑外墙处设置竖向墙体，以抵抗结构扭转。由于地下室为车道及车库，考虑到净宽要求，框架柱只能设置为扁长柱，截面尺寸为 1400mm × 800mm、1200mm × 800mm、1000mm×800mm、800mm×800mm。

4 号楼为数据机房，檐口高度为 23.4m。本楼采用框架-剪力墙结构，墙体布置在楼、电梯间，尽可能不影响建筑使用功能。墙厚为 300mm～400mm。柱网尺寸为 9.0m×8.4m；框架柱的截面尺寸为 1000mm×1000mm、900mm×900mm。

2. 楼盖体系

1 号楼外框架的柱距为 8.4m，外框架与核心筒的距离为 12m。2 号、3 号楼的柱距为 8.4m×8.4m。结合建筑功能，1 号～3 号楼的楼盖体系采用现浇钢筋混凝土梁、板结构，设置单向次梁，次梁间距为 2.8～4.2m。依据楼板跨度及荷载条件，楼板厚度取 120～150mm；首层楼面由于嵌固需要，板厚为 180mm。纯地下室地下三层～首层的柱距为 8.4m×8.4m，采用主梁＋大板体系，板厚为 210～250mm。4 号楼考虑到数据机房荷载较大、楼板开洞较多的特点，楼盖体系采用普通梁、板结构，次梁为井字梁布置；板厚取 150mm。

三、地基基础方案

1号、3号楼采用直径800mm的钻孔灌注桩（桩端后注浆），桩端持力层为中风化泥质砂岩⑥层。2号、4号楼采用天然地基上的筏板基础，地基持力层为黏土③层，地基承载力特征值为280kPa。纯地下室采用抗拔桩抗浮，桩型为钻孔灌注桩（桩侧后注浆），桩径为600mm。

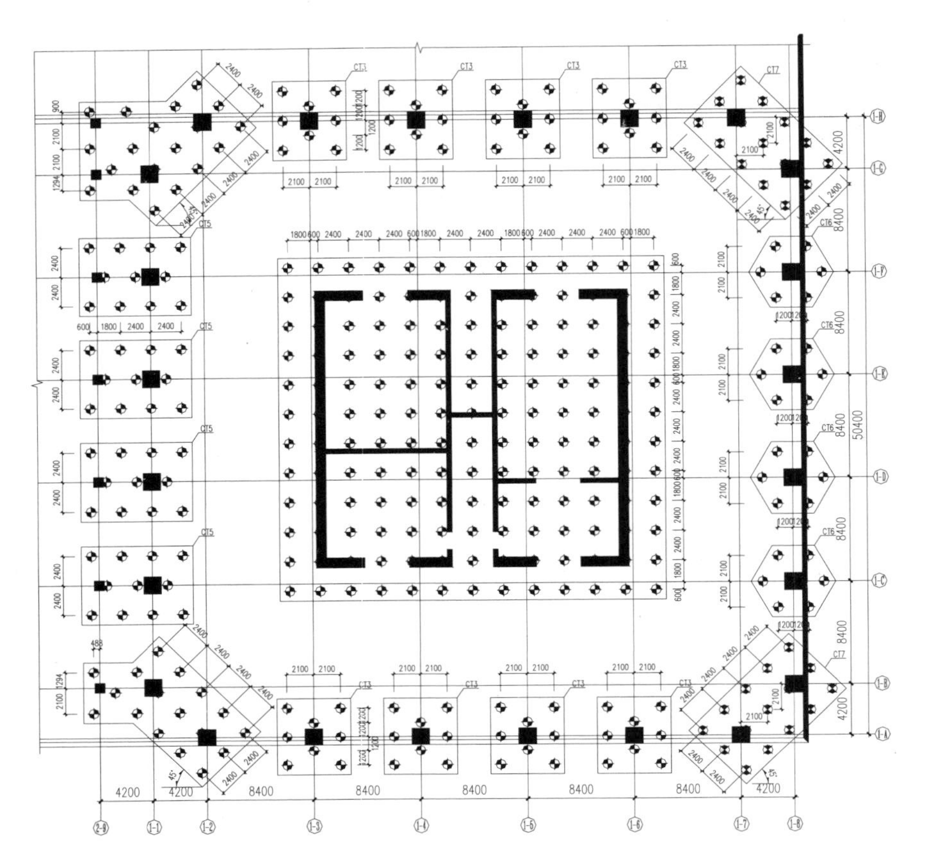

图71-10　1号楼桩基平面布置图

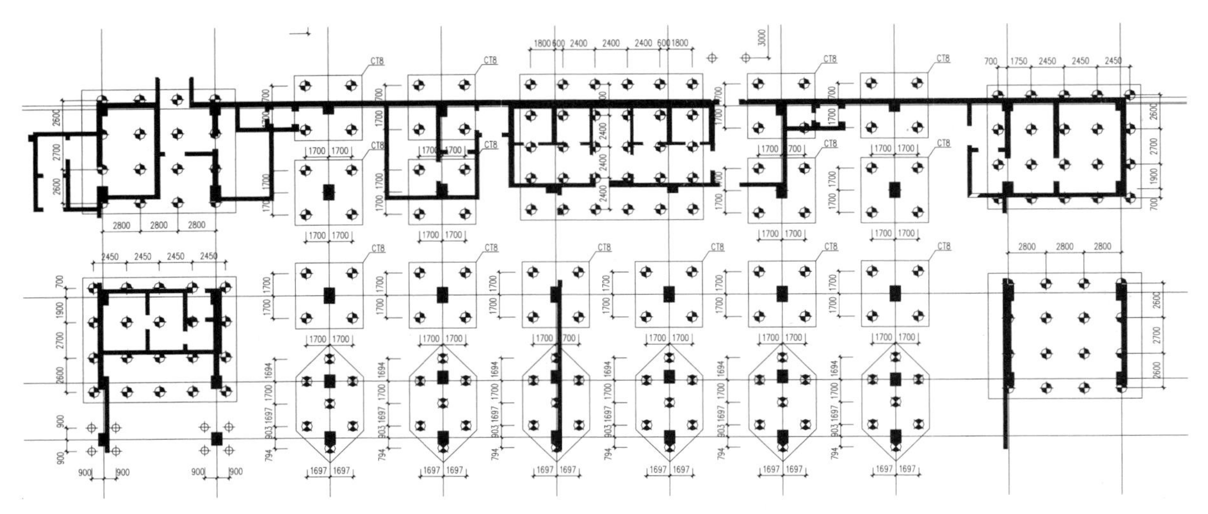

图71-11　3号楼桩基平面布置图

结构方案评审表

结设质量表（2016）

项目名称	新华人寿保险合肥后援中心	项目等级	A/B级□、非A/B级■
		设计号	15457
评审阶段	方案设计阶段□	初步设计阶段□	施工图设计阶段■
评审必备条件	部门内部方案讨论　有■　无□	统一技术条件　有■　无□	
工程概况	建设地点：安徽省合肥市	建筑功能：办公、宿舍、数据中心	
	层数(地上/地下)：35/3	高度(檐口高度)：165.2m	
	建筑面积(m^2)：27万	人防等级：核6级	
主要控制参数	设计使用年限：50年		
	结构安全等级：二级(数据中心一级)		
	抗震设防烈度、设计基本地震加速度、设计地震分组、场地类别、特征周期 7度、0.1g、第一组、Ⅱ类、0.35s		
	抗震设防类别：标准设防类(数据中心：重点设防类)		
	主要经济指标		
结构选型	结构类型：框架、框架-剪力墙、框架-核心筒		
	概念设计、结构布置：165.2m高办公楼选用钢筋混凝土框架-核心筒结构		
	结构抗震等级：一级剪力墙、一级框架		
	计算方法及计算程序：YJK		
	主要计算结果有无异常(如：周期、周期比、位移、位移比、剪重比、刚度比、楼层承载力突变等)：位移比大于1.2、楼板不连续、刚度突变		
	伸缩缝、沉降缝、防震缝　有		
	结构超长和大体积混凝土是否采取有效措施：超长部分进行温度应力计算		
	有无结构超限：有		
基础选型	基础设计等级：甲级		
	基础类型：筏板		
	计算方法及计算程序：YJK		
	防水、抗渗、抗浮　有抗浮问题		
	沉降分析		
	地基处理方案　无		
新材料、新技术、难点等	B级高度钢筋混凝土框架-核心筒结构、超长结构		
主要结论	结构选型可行，建议：1. 1号楼提请业主书面确认使用人数以便合理确定抗震设防类别。2. 1号楼底部较多跃层柱应有有效加强措施。适当提高核心筒与非穿层柱的性能目标。3. 2号楼细化不规则判别，采取相对应的措施。4. 3号楼比较分缝方案和框剪方案。5. 优化抗拔桩布置		
工种负责人：张淮湧　史杰　郭俊杰	日期：2016.5.26	评审主持人：尤天直	日期：2016.5.27

注意：1. 评审申请时间：一般项目应在初步设计完成之前，无初步设计的项目在施工图1/2阶段。

2. 工种负责人、审核人必须参加评审会，审定人以及项目组其他人员应尽量参会。工种负责人负责项目组与会人员的通知事宜，在必要时可邀请建筑专业相关人员出席。

3. 评审后工种负责人应填写《结构方案评审意见回复表》，逐条回复《结构方案评审表》和《会议纪要》中提出的评审意见，并在签署齐全后归档。

会议纪要

2016年5月27日

"新华人寿保险合肥后援中心"施工图设计阶段结构方案评审会

评审人：陈富生、谢定南、罗宏渊、王金祥、尤天直、陈文渊、张亚东、胡纯炀、王大庆

主持人：尤天直　　　记录：王大庆

介　绍：郭俊杰

结构方案：一期工程含1号～4号楼。1号～3号楼坐落于3层大底盘地下室。1号楼地上35层，檐口高度165.2m，采用混凝土框架-核心筒结构体系，为B级高度高层建筑，已通过超限审查。2号楼地上5层，采用混凝土框架结构体系。3号楼地上25层，为主楼带裙房建筑，采用混凝土框架-剪力墙结构体系。4号楼为数据中心，单独设两层地下室，地上4层，采用混凝土框架-剪力墙结构体系。

地基基础方案：1号、3号楼采用桩筏基础，桩型为后压浆钻孔灌注桩。2号、4号楼采用天然地基上的筏形基础。抗浮采用抗拔桩方案。

评审：

一、1号楼

1. 提请甲方书面确认结构单元内的经常使用人数，以便合理确定抗震设防类别。

2. 二层楼板缺失较多，外框架与核心筒连接薄弱，且形成较多穿层柱。除穿层柱采取有效加强措施外，尚应对核心筒和非穿层柱设定适当的抗震性能目标，予以加强。

3. 注意对薄弱层、软弱层采取相应的结构措施。

4. 进一步优化剪力墙布置，长墙肢适当开设结构洞，保证其延性；核查中震下的墙肢拉应力分布，相应采取加强措施。

5. 适当优化框架柱内的钢骨截面，以方便施工，保证混凝土浇筑质量。

6. 优化楼面梁与其支承构件的连接方式，次梁端部、楼面梁与核心筒之间应适当采用铰接。

7. 注意核查单位面积的楼层重量，进一步优化楼面梁布置，适当优化梁截面和楼板厚度，以合理减轻结构自重。

8. 尽早落实塔冠做法，注意其对结构的影响。

二、2号楼

1. 结构存在多种不规则情况，应细化不规则情况判别，并有针对性地采取结构措施。

2. 进一步推敲拟用结构体系的合理性，比选框架-剪力墙结构方案的可行性。

3. 结构长度约120m，应采取可靠的防裂措施，并特别注意温度应力对结构端部竖向构件的不利影响；建议适当设置结构缝，缩短温度区段。

4. 错层柱应采取有效加强措施，适当提高其抗震承载力。

5. 框架结构的楼梯间四周应设置框架柱，形成封闭框架。

6. 适当加强弱连接部位的平面连接，建议与建筑专业协商，凹口处适当设置框架梁。

7. 进一步优化楼面梁布置，8.4m柱网可比选一道次梁方案，大跨度部位可比选井字梁方案。

8. 大会议室宜由结构找坡，以减轻荷载。

三、3号楼

1. 结构存在多种不规则情况，应细化不规则情况判别，并有针对性地采取结构措施。

2. 土楼带裙房建筑的平面呈L形，存在结构超长、刚度偏心情况，建议比选主楼与裙房分缝方案。

3. 进一步优化剪力墙布置，建议适当增设沿结构纵向的剪力墙，适当弱化沿横向的剪力墙。

4. 适当优化楼面梁的布置和截面尺寸。

四、4号楼：适当优化楼面梁的截面尺寸。

五、基础

1. 在进一步计算分析的基础上，适当优化1号楼的筏板厚度。

2. 优化抗拔桩的布置和桩径，适当柱间布桩，并注意落实桩基施工的可实施性；在此基础上，适当优化基础底板的厚度和配筋。

结论：

建议根据结构方案评审表的主要结论以及会议纪要内容，进一步优化结构设计。

72　威海南海新区商务中心项目（地块二）

设计部门：任庆英结构设计工作室
主要设计人：刘文斑、李森、任庆英、朱炳寅、李雪、李梦珂

工 程 简 介

一、工程概况

本工程位于山东省威海市南海新区商务中心地块，南侧为现代路，北侧为蓝天路，东、西两侧为规划道路，场地平整。项目的主要建筑功能为综合办公，本次评审的地块二包括两栋100m办公楼、一栋50m办公楼、两栋26m办公楼、两栋多层商业楼。为满足建筑平、立面设计及使用功能要求，100m办公楼采用框架-核心筒结构，50m办公楼采用框架-剪力墙结构，其余楼栋采用框架结构，标准轴网尺寸为8.4m×8.4m。

图72-1　建筑效果图

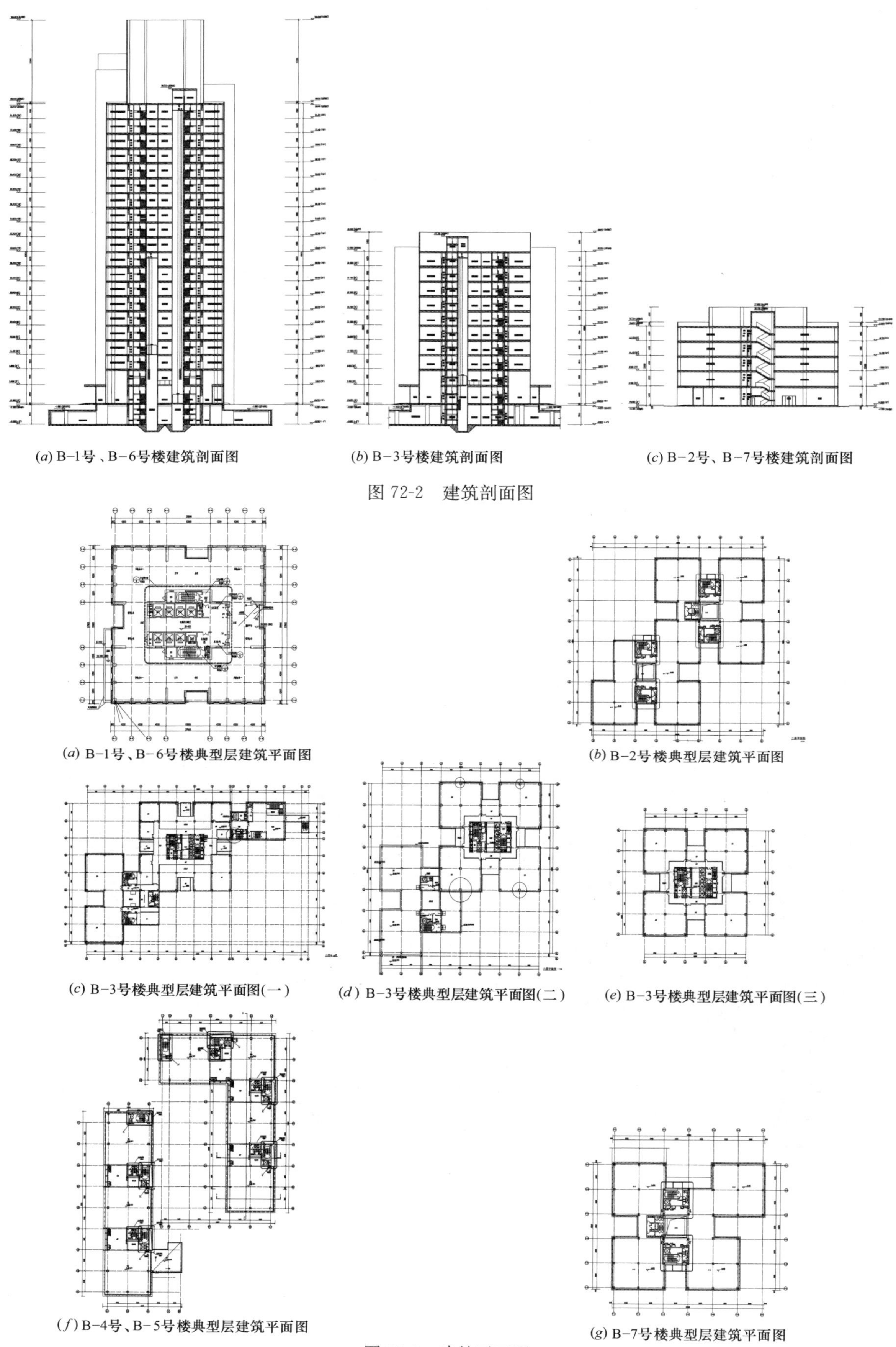

(*a*) B-1号、B-6号楼建筑剖面图

(*b*) B-3号楼建筑剖面图

(*c*) B-2号、B-7号楼建筑剖面图

图 72-2 建筑剖面图

(*a*) B-1号、B-6号楼典型层建筑平面图

(*b*) B-2号楼典型层建筑平面图

(*c*) B-3号楼典型层建筑平面图(一)

(*d*) B-3号楼典型层建筑平面图(二)

(*e*) B-3号楼典型层建筑平面图(三)

(*f*) B-4号、B-5号楼典型层建筑平面图

(*g*) B-7号楼典型层建筑平面图

图 72-3 建筑平面图

二、结构方案

1. 抗侧力体系

综合考虑结构合理性、经济性及业主单位的比选意见，本工程最终选用现浇钢筋混凝土结构。100m 办公楼（B-1 号、B-6 号楼）采用框架-核心筒结构，50m 办公楼（B-3 号楼）采用框架-剪力墙结构，办公楼（B-2 号、B-7 号楼）以及商业楼（B-4 号、B-5 号楼）采用框架结构，标准轴网尺寸 8.4m×8.4m。

（1）B-1 号、B-6 号楼（框架-核心筒结构）：

核心筒：核心筒的平面尺寸为 20.3m×16.7m。核心筒的外墙厚为 500～300mm，内墙厚为 250～200mm。结构在中震不屈服情况下，剪力墙底部墙肢拉应力未超过 f_{tk}（底部剪力墙混凝土抗拉强度标准值），故本工程剪力墙无需设置抗拉钢骨。

外框架：框架柱的最大柱距为 4.2m；框架柱与核心筒的距离为 7.45～12.20m。柱截面尺寸为 600mm×800mm、800mm×800mm。

（2）B-2 号、B-4 号、B-5 号、B-7 号楼（框架结构）：

框架柱的最大柱距为 8.4m。柱截面尺寸：二层以下为 700mm×700mm，二层以上为 600mm×600mm、500mm×500mm。

（3）B-3 号楼（框架-剪力墙结构）：

筒体：筒体的平面尺寸为 12.2m×17.8m。筒体的外墙厚为 400～300mm，内墙厚为 200mm。

框架：框架柱的最大柱距为 4.2m。柱截面尺寸为 900mm×900mm、800mm×800mm。

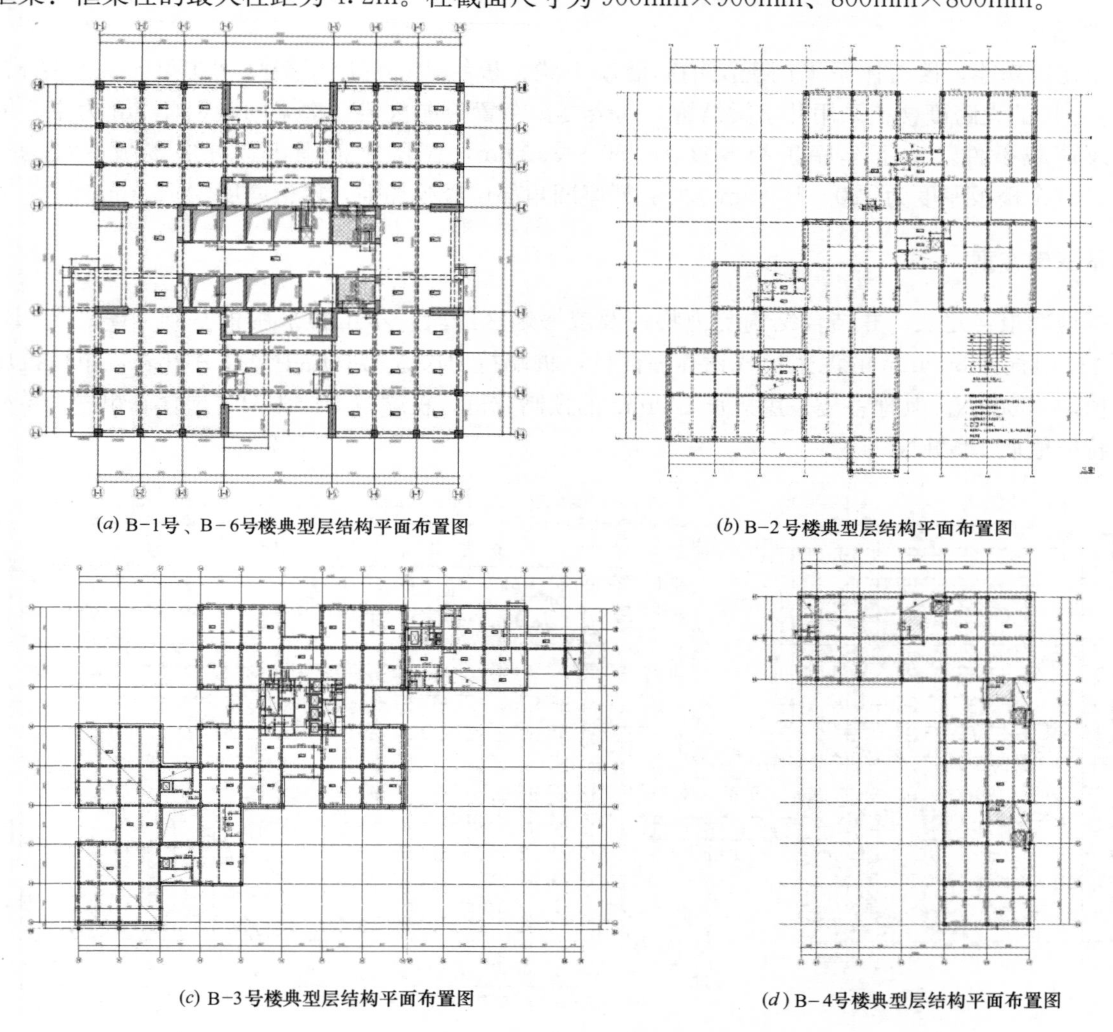

(*a*) B-1号、B-6号楼典型层结构平面布置图

(*b*) B-2号楼典型层结构平面布置图

(*c*) B-3号楼典型层结构平面布置图

(*d*) B-4号楼典型层结构平面布置图

图 72-4　结构平面布置图

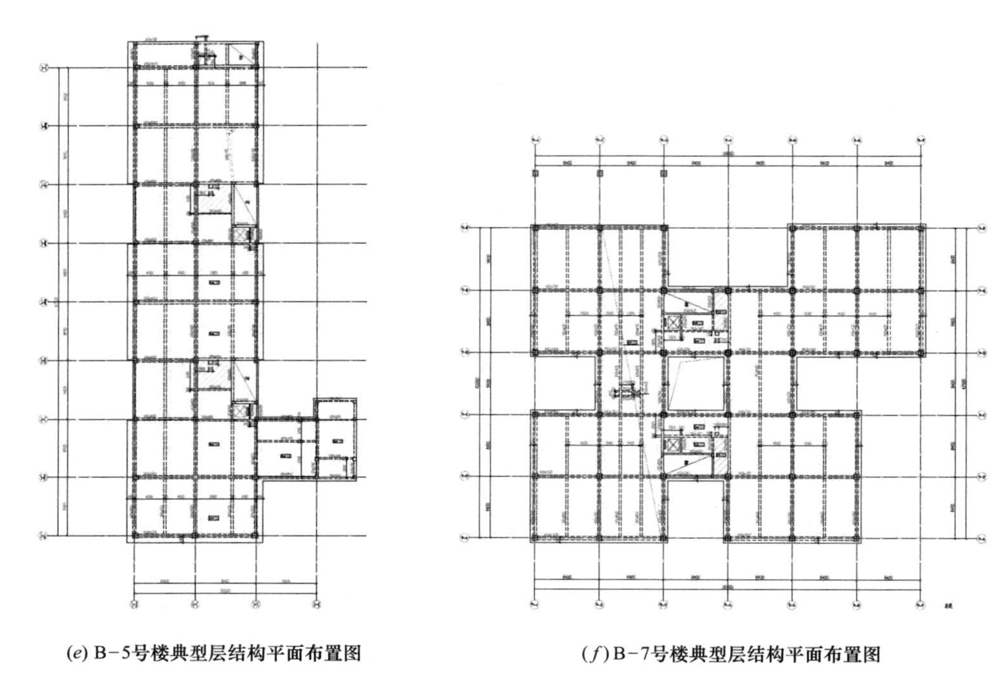

(*e*) B-5号楼典型层结构平面布置图　　(*f*) B-7号楼典型层结构平面布置图

图 72-4　结构平面布置图（续）

2. 楼盖体系

结合建筑功能，楼盖体系采用现浇钢筋混凝土梁、板结构；首层楼盖采用主梁＋大板结构，B-1号、B-6号楼的大跨度楼盖采用井字梁结构，其余楼盖布置单向次梁，次梁间距以4.2m为主。依据楼板跨度及荷载条件，地下车库顶板厚度为250～350mm，在楼座范围内，首层楼板厚度为180～250mm，其余楼板厚度为120～150mm。所有楼座凹角部位楼板加强，楼板厚度为150mm。

三、地基基础方案

根据地勘报告建议，并结合结构受力特点及威海地区经验，本工程采用桩基础。B-1号、B-3号、B-6号楼采用直径800mm的泥浆护壁钻孔灌注桩，桩端持力层为第6层中风化片麻岩，单桩抗压承载力特征值取4500kN。其他各楼采用边长500mm的预制方桩。桩端持力层为第4层含砾粗砂，单桩抗压承载力特征值取1050kN。

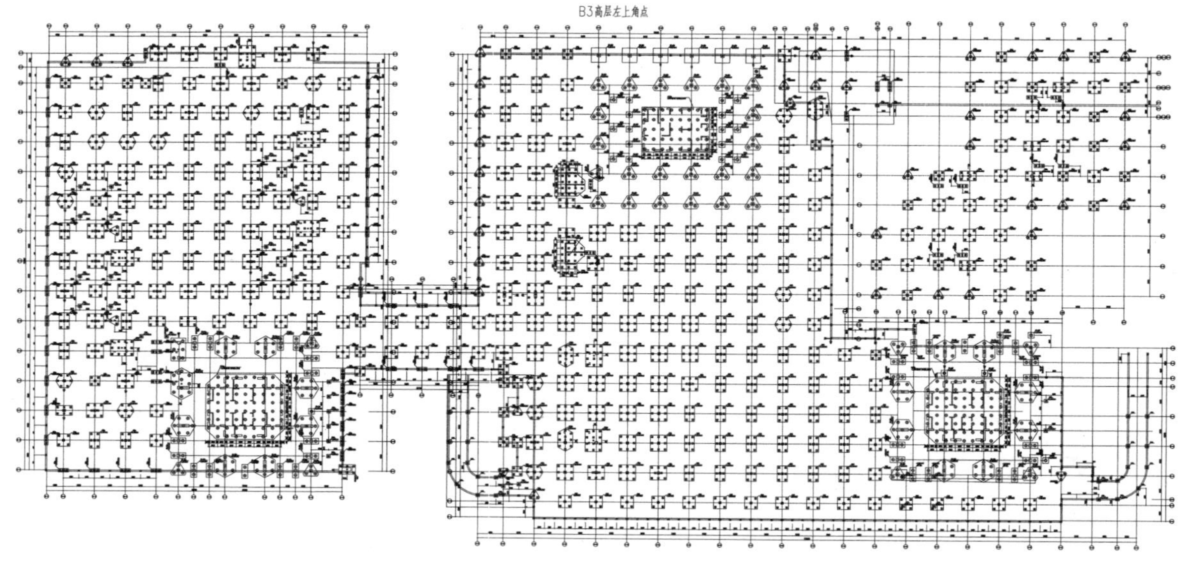

图 72-5　桩基平面布置图

结构方案评审表

结设质量表（2016）

<table>
<tr><td>项目名称</td><td colspan="2">威海南海新区商务中心项目(地块二)</td><td>项目等级</td><td>A/B级□、非A/B级☑</td></tr>
<tr><td></td><td colspan="2"></td><td>设计号</td><td>15536</td></tr>
<tr><td>评审阶段</td><td>方案设计阶段□</td><td>初步设计阶段□</td><td colspan="2">施工图设计阶段☑</td></tr>
<tr><td>评审必备条件</td><td colspan="2">部门内部方案讨论　有☑　无□</td><td colspan="2">统一技术条件　有☑　无□</td></tr>
<tr><td rowspan="4">工程概况</td><td colspan="2">建设地点：山东威海南海新区</td><td colspan="2">建筑功能　办公</td></tr>
<tr><td colspan="2">层数(地上/地下)　22/1</td><td colspan="2">高度(檐口高度)　100m</td></tr>
<tr><td colspan="2">建筑面积(m^2)　14.33万</td><td colspan="2">人防等级　无</td></tr>
<tr><td colspan="2"></td><td colspan="2"></td></tr>
<tr><td rowspan="6">主要控制参数</td><td colspan="4">设计使用年限　50年</td></tr>
<tr><td colspan="4">结构安全等级　二级</td></tr>
<tr><td colspan="4">抗震设防烈度、设计基本地震加速度、设计地震分组、场地类别、特征周期
7度、0.1g、第一组、Ⅲ类、0.45s</td></tr>
<tr><td colspan="4">抗震设防类别　标准设防类(丙类)</td></tr>
<tr><td colspan="4">主要经济指标</td></tr>
<tr><td colspan="4"></td></tr>
<tr><td rowspan="9">结构选型</td><td colspan="4">结构类型　框架、框剪、框架-核心筒</td></tr>
<tr><td colspan="4">概念设计、结构布置</td></tr>
<tr><td colspan="4">结构抗震等级　二级、三级</td></tr>
<tr><td colspan="4">计算方法及计算程序　盈建科1.7.1.0</td></tr>
<tr><td colspan="4">主要计算结果有无异常(如：周期、周期比、位移、位移比、剪重比、刚度比、楼层承载力突变等)无异常</td></tr>
<tr><td colspan="4">伸缩缝、沉降缝、防震缝　设防震缝</td></tr>
<tr><td colspan="4">结构超长和大体积混凝土是否采取有效措施　设置后浇带</td></tr>
<tr><td colspan="4">有无结构超限　二层有大开洞，开洞面积大于30%局部的穿层柱</td></tr>
<tr><td colspan="4"></td></tr>
<tr><td rowspan="6">基础选型</td><td colspan="4">基础设计等级　甲级</td></tr>
<tr><td colspan="4">基础类型　预制方桩　泥浆护壁钻孔灌注桩</td></tr>
<tr><td colspan="4">计算方法及计算程序　盈建科1.7.1.0及理正软件V7.0网络版</td></tr>
<tr><td colspan="4">防水、抗渗、抗浮</td></tr>
<tr><td colspan="4">沉降分析</td></tr>
<tr><td colspan="4">地基处理方案</td></tr>
<tr><td>新材料、新技术、难点等</td><td colspan="4"></td></tr>
<tr><td>主要结论</td><td colspan="4">各框架结构、优化结构布置及构件截面、平面连接软弱、补充单榀(及分块)框架承载力分析，按±0.0和基础嵌固包络设计、B3主楼与裙房之间和建筑协商、宜分缝或平面凹口处设拉接梁、预制桩遇有粗砂层、应注意沉桩试验、完善穿层柱及相关部位剪力墙设计措施</td></tr>
<tr><td colspan="3">工种负责人：刘文斑　李森　日期：2016.5.26</td><td colspan="2">评审主持人：朱炳寅　日期：2016.6.1</td></tr>
</table>

注意：1. 评审申请时间：一般项目应在初步设计完成之前，无初步设计的项目在施工图1/2阶段。

2. 工种负责人、审核人必须参加评审会，审定人以及项目组其他人员应尽量参会。工种负责人负责项目组与会人员的通知事宜，在必要时可邀请建筑专业相关人员出席。

3. 评审后工种负责人应填写《结构方案评审意见回复表》，逐条回复《结构方案评审表》和《会议纪要》中提出的评审意见，并在签署齐全后归档。

会议纪要

2016年6月1日

“威海南海新区商务中心项目（地块二）”施工图设计阶段结构方案评审会

评审人：陈富生、谢定南、罗宏渊、王金祥、陈文渊、徐琳、任庆英、朱炳寅、彭永宏、王大庆

主持人：朱炳寅　　　记录：王大庆

介　绍：李森

结构方案：本次评审的地块二含7栋建筑。B-1号、B-3号、B-7号楼坐落于1层大底盘地下室，B-4号～B-6号楼坐落于另一个1层大底盘地下室，两地下室以通道相连。B-2号楼无地下室。B-1号、B-6号楼高约100m，采用混凝土框架-核心筒结构体系。B-3号楼设缝分为两个结构单元，50m的高层采用混凝土框架-剪力墙结构体系，多层采用混凝土框架结构体系。其他各楼均采用混凝土框架结构体系。

地基基础方案：采用桩基础，B-1号、B-3号、B-6号楼采用泥浆护壁钻孔灌注桩，其他各楼采用预制方桩。

评审：

1. 适当优化各框架结构的结构布置和构件截面尺寸，使结构侧向刚度趋于合理。
2. 部分结构单元的平面连接较弱，应与建筑专业进一步协商，宜适当分缝，或在平面凹口处设置拉接梁。
3. 部分结构单元的平面连接较弱，协同作用较差，应补充单榀模型和分块模型承载力分析，包络设计。
4. 当±0.0层的嵌固条件不足时，应按±0.0层嵌固和基础嵌固包络设计。
5. 部分结构单元的斜方向较薄弱，应补充最不利方向的地震作用分析。
6. 完善穿层柱及相关部位剪力墙的设计措施。
7. 进一步优化B-1号、B-6号楼的结构布置，尽量避免采用大尺寸的长矩形截面柱。
8. 预制桩遇有粗砂层，应注意沉桩试验。
9. 地下室的细腰部位宜适当分缝；当无法分缝时，应采取可靠的防裂和防水措施。

结论：

建议根据结构方案评审表的主要结论以及会议纪要内容，进一步优化结构设计。

73　平安金融中心-北京丽泽（丰台区丽泽路 E-01 地块 C2 商业金融用地项目）

设计部门：合作设计事业部
主要设计人：王载、王文宇、王大庆、任庆英、叶垚、王皓淞

工 程 简 介

一、工程概况

平安金融中心-北京丽泽项目位于北京市丰台区丽泽商务区，建筑功能为高端写字楼及配套商业，总建筑面积为 15.7 万 m^2。本工程设 4 层地下室；塔楼地上 40 层，建筑高度 200m，结构高度 190m，采用框架-核心筒混合结构；裙房地上 3 层，结构高度 17m。塔楼与裙房连为一体，未设结构缝。塔楼平面轴线尺寸为 40.7m×66.1m；东西向柱跨度为：11.35m＋9m＋9m＋11.35m，南北向柱跨度为：9m×7。塔楼高宽比为 4.5，核心筒高宽比为 10.8。

图 73-1　建筑效果图

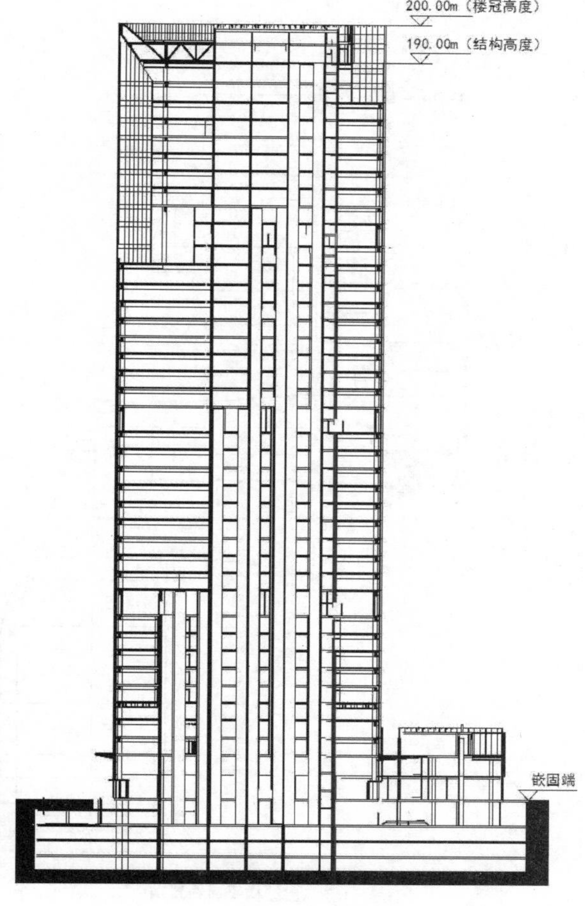

图 73-2　建筑剖面图

二、结构方案

1. 抗侧力体系

抗侧力体系采用框架-核心筒混合结构（矩形钢管混凝土框架柱＋钢框架梁＋钢筋混凝土核心筒）。

（1）钢筋混凝土核心筒：核心筒平面尺寸为 17.6m×45.9m。底部楼层的剪力墙设置抗拉型钢，以承担地震作用下较大的墙肢拉力。核心筒的外墙厚度为 1000～400mm，内墙厚度为500～300mm。

（2）外围框架：外框架的基本柱距为 9.0m，外框架距离核心筒 10.6～11.6m。外框架柱采用矩形钢管混凝土柱，柱截面尺寸为 1200mm×1200mm～800mm×800mm。楼面梁均采用焊接 H 型钢梁，外框架梁两端与柱刚接；外框架柱与核心筒之间的钢梁在柱侧为刚接、筒侧为铰接；楼面次梁两端均为铰接。

（3）加强层：结合设备层设在 21 层，为 4 道伸臂桁架＋环带桁架。

2. 楼盖体系

上部结构的楼盖体系采用钢筋桁架楼承板，厚度为 110～200mm。

地下室楼盖采用现浇钢筋混凝土梁、板结构。地下四层、地下三层为人防地下室，其顶板为人防板，采用主梁＋大板结构；其他楼层采用主、次梁结构。

三、地基基础方案

塔楼采用桩基础＋防水板，桩型为钻孔灌注桩，桩径为 ϕ1000mm，桩长为 15～16m。

裙房及纯地下室采用天然地基上的柱下独立基础、墙下条形基础＋防水板。抗浮不足部位设置抗拔桩，桩径为 ϕ600mm，桩长为 12～15m。

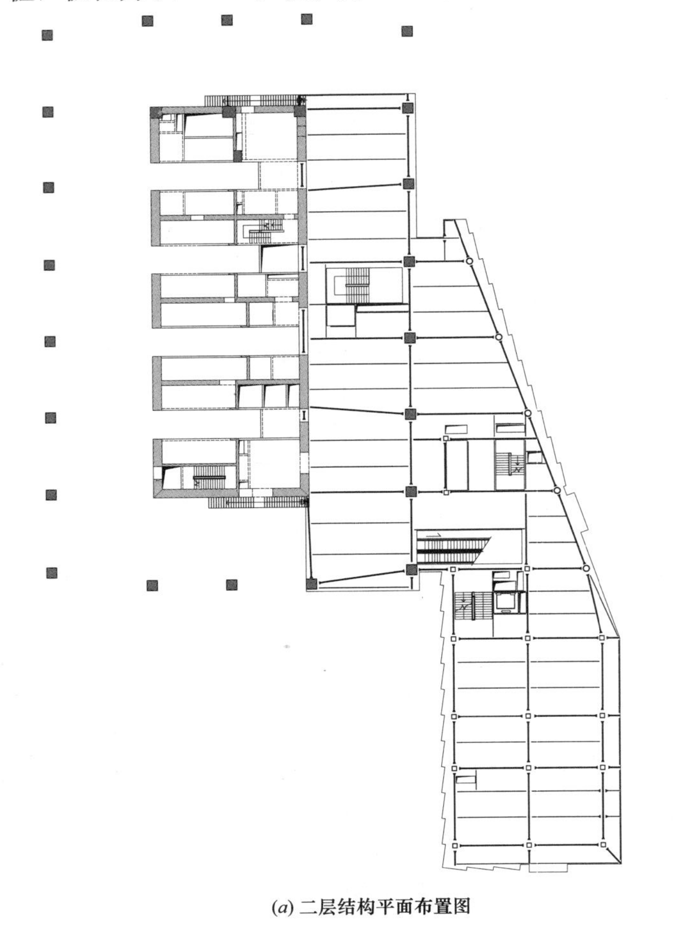

(*a*) 二层结构平面布置图

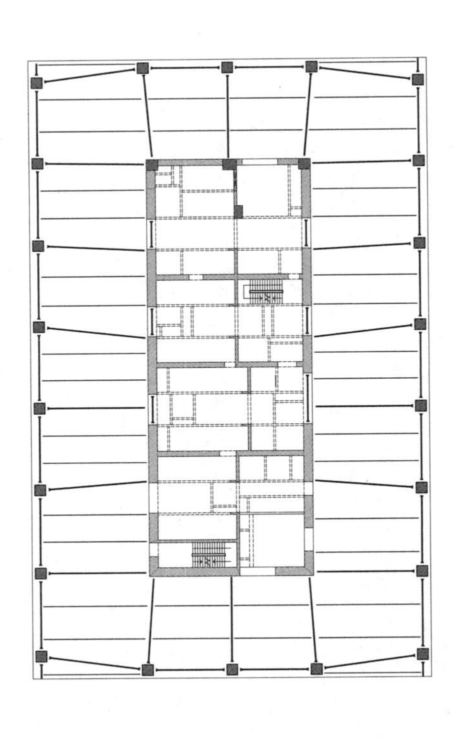

(*b*) 一区结构平面布置图

图 73-3　结构平面布置图

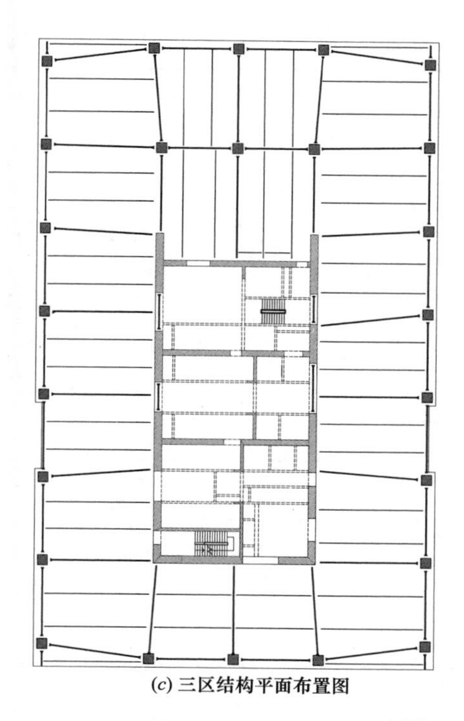

(c) 三区结构平面布置图

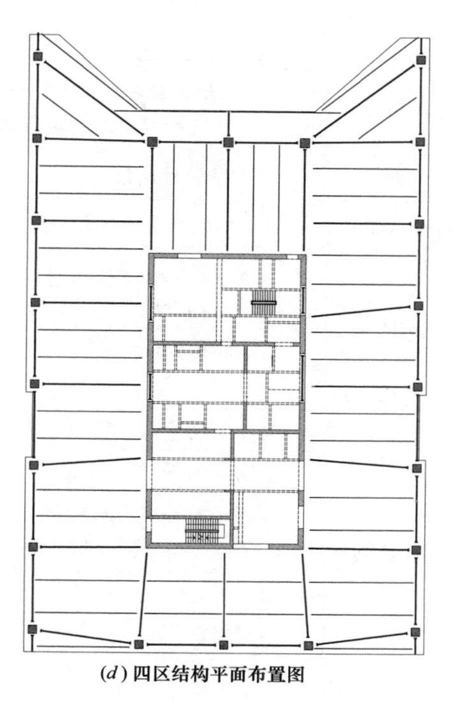

(d) 四区结构平面布置图

图 73-3　结构平面布置图（续）

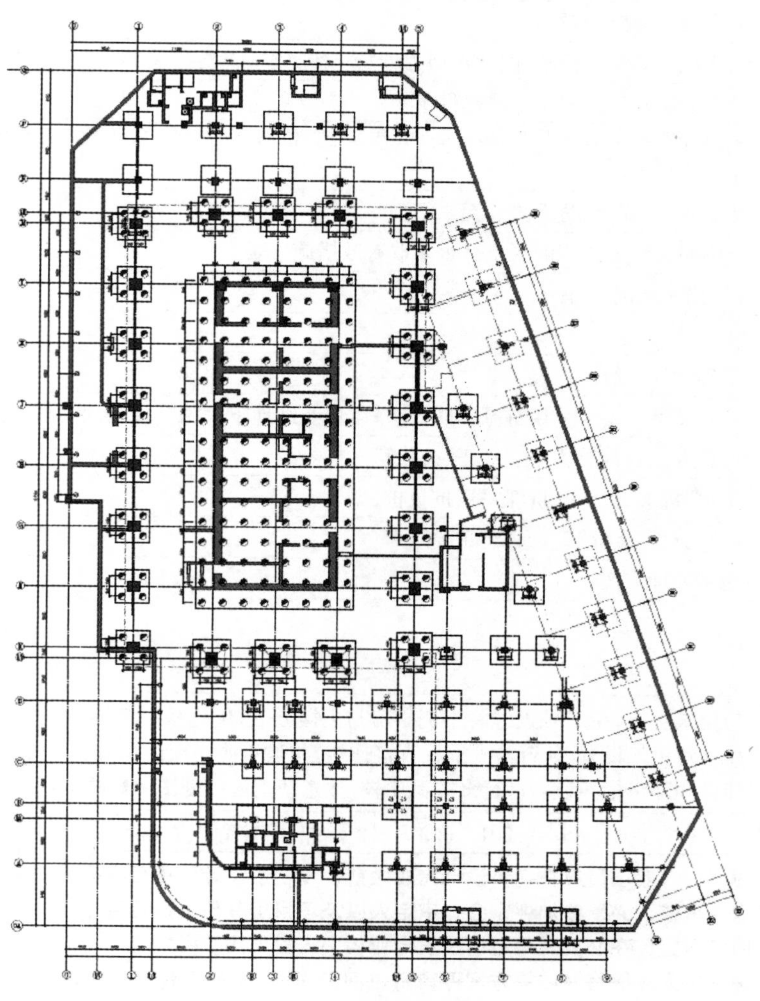

图 73-4　桩基平面布置图

结构方案评审表　　　　结设质量表（2016）

<table>
<tr><td rowspan="2">项目名称</td><td colspan="2" rowspan="2">平安金融中心-北京丽泽（丰台区丽泽路
E-01 地块 C2 商业金融用地项目）</td><td>项目等级</td><td>A/B 级□、非 A/B 级■</td></tr>
<tr><td>设计号</td><td>15358-00</td></tr>
<tr><td>评审阶段</td><td>方案设计阶段□</td><td>初步设计阶段■</td><td colspan="2">施工图设计阶段□</td></tr>
<tr><td>评审必备条件</td><td colspan="2">部门内部方案讨论　有 ■　无 □</td><td colspan="2">统一技术条件　有 ■　无 □</td></tr>
<tr><td rowspan="4">工程概况</td><td colspan="2">建设地点　北京市丰台区</td><td colspan="2">建筑功能　办公及局部商业</td></tr>
<tr><td colspan="2">层数（地上/地下）　40/4</td><td colspan="2">高度（檐口高度）　200m</td></tr>
<tr><td colspan="2">建筑面积（m²）　15.7 万</td><td colspan="2">人防等级　甲 6</td></tr>
<tr><td colspan="2"></td><td colspan="2"></td></tr>
<tr><td rowspan="6">主要控制参数</td><td colspan="4">设计使用年限　50 年</td></tr>
<tr><td colspan="4">结构安全等级　二级</td></tr>
<tr><td colspan="4">抗震设防烈度、设计基本地震加速度、设计地震分组、场地类别、特征周期
8 度、0.20g、第一组、Ⅱ类、0.35s</td></tr>
<tr><td colspan="4">抗震设防类别　丙类</td></tr>
<tr><td colspan="4">主要经济指标</td></tr>
<tr><td colspan="4"></td></tr>
<tr><td rowspan="9">结构选型</td><td colspan="4">结构类型　框架-核心筒混合结构（钢管混凝土柱＋钢框架梁＋钢筋混凝土核心筒）</td></tr>
<tr><td colspan="4">概念设计、结构布置</td></tr>
<tr><td colspan="4">结构抗震等级　框架柱一级，剪力墙特一级，钢框架梁二级</td></tr>
<tr><td colspan="4">计算方法及计算程序　盈建科 1.7</td></tr>
<tr><td colspan="4">主要计算结果有无异常（如：周期、周期比、位移、位移比、剪重比、刚度比、楼层承载力突变等）
无</td></tr>
<tr><td colspan="4">伸缩缝、沉降缝、防震缝　无</td></tr>
<tr><td colspan="4">结构超长和大体积混凝土是否采取有效措施　是</td></tr>
<tr><td colspan="4">有无结构超限　有</td></tr>
<tr><td colspan="4"></td></tr>
<tr><td rowspan="6">基础选型</td><td colspan="4">基础设计等级　甲级</td></tr>
<tr><td colspan="4">基础类型　塔楼采用桩基＋防水板；裙房及纯地下采用筏板基础，局部抗浮采用抗拔桩</td></tr>
<tr><td colspan="4">计算方法及计算程序　理正、盈建科</td></tr>
<tr><td colspan="4">防水、抗渗、抗浮　抗浮采用抗拔桩</td></tr>
<tr><td colspan="4">沉降分析　沉降差计算满足要求</td></tr>
<tr><td colspan="4">地基处理方案</td></tr>
<tr><td>新材料、新技术、难点等</td><td colspan="4"></td></tr>
<tr><td>主要结论</td><td colspan="4">与建筑协商，在 E 轴设缝将南侧裙房与主楼分开，优化核心筒墙体设置尤其是 K-J 轴间剪力墙，优化伸臂桁架设置、伸臂与外框柱直接连接，与建筑协商探讨在 L 轴 11 层以上设置支撑的可能性，对伸臂和环带桁架设置进行多方案比较，注意新地震区划图的影响问题，细化基础及地基方案比较</td></tr>
<tr><td colspan="3">工种负责人：王载　王文宇　日期：2016.6.3</td><td colspan="2">评审主持人：朱炳寅　日期：2016.6.3</td></tr>
</table>

注意：1. 评审申请时间：一般项目应在初步设计完成之前，无初步设计的项目在施工图 1/2 阶段。

2. 工种负责人、审核人必须参加评审会，审定人以及项目组其他人员应尽量参会。工种负责人负责项目组与会人员的通知事宜，在必要时可邀请建筑专业相关人员出席。

3. 评审后工种负责人应填写《结构方案评审意见回复表》，逐条回复《结构方案评审表》和《会议纪要》中提出的评审意见，并在签署齐全后归档。

会议纪要

2016 年 6 月 3 日

“平安金融中心-北京丽泽（丰台区丽泽路 E-01 地块 C2 商业金融用地项目）”初步设计阶段结构方案评审会

评审人：陈富生、谢定南、罗宏渊、王金祥、陈文渊、徐琳、朱炳寅、王载、王大庆

主持人：朱炳寅　　记录：王大庆

介　绍：叶垚

结构方案：本工程地下 4 层，地上主楼 40 层、裙房 3 层，未分缝。主楼的建筑高度为 200m，结构高度为 190m，采用框架-核心筒混合结构体系（钢管混凝土框架柱＋钢框架梁＋钢筋混凝土核心筒），是超过框-筒混合结构高度限值的超限高层。主楼于 12 层核心筒收进，21 层结合设备层设加强层（伸臂桁架＋环带桁架），顶部楼层平面凹进。塔冠采用带支撑框架结构＋悬挑钢桁架结构。

地基基础方案：场地附近有地铁通过。主楼采用桩基础＋防水板，裙房及纯地下室采用天然地基上的筏板基础。局部抗浮采用抗拔桩。

评审：

1. 注意新版地震动参数区划图的影响问题。

2. 裙房南侧与主楼之间平面连接薄弱，协同作用差，应与建筑专业协商，在 E 轴处设缝，将其与主楼分开。

3. 结合核心筒收进情况，适当优化核心筒墙体设置（尤其是 J～K 轴之间的剪力墙），以改善结构刚心和刚度突变的状况。

4. 为弱化 L 轴剪力墙不到顶对结构侧向刚度的不利影响，建议与建筑专业协商，探讨在 11 层以上的 L 轴框架柱之间设置支撑的可能性。

5. 适当优化伸臂桁架设置，伸臂桁架与外框架柱直接连接，缩短传力路径，提高伸臂桁架的效率。

6. 对伸臂桁架、环带桁架设置进行多方案比较，使之更合理、有效，并减小其引起的结构侧向刚度突变。

7. 考虑本工程的地基条件较好，且设有 4 层地下室等情况，并结合地铁对本工程的相关要求，细化地基基础方案比选。

结论：

建议根据结构方案评审表的主要结论以及会议纪要内容，进一步优化结构设计。

74　漯河市“居民之家”一期项目

设计部门：任庆英结构设计工作室
主要设计人：刘文斑、李正、任庆英、尤天直、李雪

工程简介

一、工程概况

本工程位于河南省漯河市西城区，总建筑面积为46590m²，其中地上建筑面积为34428m²，地下建筑面积为12162m²。主楼单体地上6层（局部夹层），层高7.2m，最高点的建筑高度为50m，用作居民之家办公用房；设1层地下室，层高6.6m，为车库及设备用房。

图74-1　建筑效果图

二、结构方案

根据建筑功能及建筑形式，主楼采用现浇钢筋混凝土框架-剪力墙结构体系，框架抗震等级为三级，大跨度框架（跨度不小于18m）抗震等级为二级，剪力墙抗震等级为二级。

本工程主楼地上6层（局部夹层），建筑平面呈矩形，结构平面的纵向尺寸为136m，横向尺寸为47.5m，长宽比L/B约为2.86，平面比较规则。结合建筑功能，在楼、电梯间设置剪力墙，形成典型的框架-剪力墙结构。结构计算分析表明：框架部分承受的地震倾覆力矩与总倾覆力矩的比值两个方向分别约35%和41%，符合框架-剪力墙结构的特征。

本工程的建筑特点之一是在整个建筑物的中部各楼层设置椭圆形中庭。为实现此功能特点，在二～

六层的中庭外走廊等局部区域设置大悬挑梁，最大悬挑长度达6m，且部分悬挑梁上支承有跨度较大的自动扶梯。针对这些特点，结构设计时采用变截面钢筋混凝土梁，并考虑在支座处施加预应力；计算分析时考虑竖向地震作用的影响，严格控制悬挑梁的挠度、裂缝宽度及悬挑扶梯的舒适度。这一结构选型措施可以降低工程成本和施工难度，便于控制工程质量。

对于二～六层的全程代办区、会议室、开标室及数据处理中心等部位的局部大空间、大跨度楼盖(27m×31.8m)，设计中采用钢筋混凝土井字梁结构，为控制大跨度梁的变形和裂缝，对其施加缓粘结预应力。由于抽掉部分框架柱削弱了结构抗侧刚度，为提高抗震性能，对周边关键框架柱适当设置型钢，增强大空间周边柱的刚度，并有效控制其截面尺寸。

对于纯地下室顶板，由于存在地面覆土，荷载较大，加之柱网不太规则，其楼盖体系采用主梁＋大板结构，一方面可通过大板提高抗浮配重，另一方面可方便施工，节省工期。

本工程建筑造型的另一特点就是采用“人”字屋脊造型及建筑物两侧与“人”字相呼应的立面造型，而该造型仅止于首层中段不能落地，给外立面幕墙设计带来较大的困难。通过对上述建筑方案的充分理解，为与建筑外形相适应，在建筑物两侧设置钢筋混凝土分叉柱，一方面为两侧建筑幕墙设计带来较大的便利，另一方面可以大幅度降低该部位实现外立面效果的用钢量，较好地控制工程成本。

由于建筑屋面采用轻质金属屋面，且业主希望与下层开设椭圆洞口处对应的屋面中部做成穹顶并下凹，为与其连接相适应，给施工便利创造条件，屋盖体系采用钢结构，水平构件采用H型钢梁。

本工程纵向超长，为保证建筑立面效果，未设置伸缩缝。为解决结构超长带来的不利影响，对主体结构进行温度应力分析，并通过设置收缩后浇带、控制混凝土入模温度及采用适当添加剂等措施，有效降低收缩应力，限制混凝土裂缝的开展。

本工程的后浇带封闭时间取60d，在这种情况下，混凝土残余收缩变形等效降温为－15℃，综合考虑施工阶段和使用阶段的结构最不利部位温差为－10℃，则温差、收缩综合效应为－25℃，故分析时考虑升、降温±25℃。

根据《混凝土结构设计规范》GB 50010—2010，钢筋混凝土结构的伸缩缝间距不宜大于50m左右，而本工程地下室平面尺寸为140m×87m，超过该限值。为了保证使用功能，地下室不分缝，属于超长结构，温度应力及混凝土收缩变形不能忽视。设计时详细计算温度应力和收缩、徐变当量温度应力，并根据不同部位结构的环境情况，采取相应措施，解决温度应力和混凝土收缩可能产生的裂缝问题：

(1) 混凝土中掺一定量的粉煤灰（也可同时掺粉煤灰和矿粉）和高效减水剂。粉煤灰的等级不应低于Ⅱ级（矿粉的等级为S95）。

(2) 利用60d的混凝土后期强度代替28d强度进行配合比设计，减少水泥用量。

(3) 选用水化热较低的425普通硅酸盐水泥；在保证混凝土设计强度的前提下，严格控制水泥用量，减小水灰比，严格控制混凝土坍落度，建议采用140±20mm。

(4) 采用5～40mm连续级配的粗骨料，严格控制砂的含泥量在1.5%以内，控制粗骨料石子的含泥量在1.0%以内。

(5) 采用分仓施工方法。

(6) 对地下室底板、顶板、外墙等受温度影响较大部位，适当提高配筋率，采用较小直径和间距配筋。单向通长配筋率不低于0.35%。

(7) 施工时从混凝土自身、施工工艺两方面综合考虑，科学合理地设计混凝土配合比。采用商品混凝土时，与商品混凝土搅拌站合作，制定合理的混凝土施工方案。

(8) 施工中特别加强后浇带的施工管理，后浇带施工后保湿养护不应少于14d。

(9) 低温入模，并应保证混凝土充分养护，制定混凝土养护保湿措施。

(10) 对于板类构件，除采取上述养护措施和相关施工规范规定的养护措施外，尚应采取下列附加处理措施：

① 混凝土初凝前，应采用平板振动器进行二次振捣；

② 终凝前，应对混凝土表面进行抹压；

③ 掺加粉煤灰、缓凝剂的混凝土应增加养护时间。

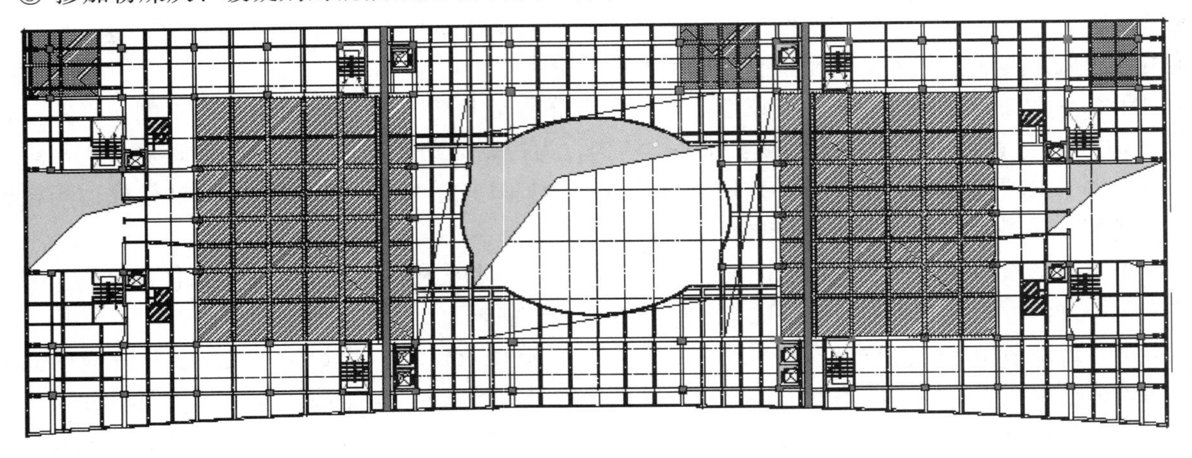

图 74-2 典型层结构平面布置图

三、地基基础方案

根据地勘报告，并考虑到主楼的主要功能用房多为大空间，其结构为大跨度框架，柱底轴力差异较大，故主楼基础采用桩基础＋防水板，桩型选用钻孔灌注桩，并采用后注浆工艺提高承载力，桩径为 ϕ800mm，有效桩长为 35m，桩端持力层为第⑫层中砂层，桩端入持力层深度不小于 2 倍桩径。施工图设计时，将按实际试桩结果，进行桩基础设计。

纯地下室的基础采用带上反柱帽的筏板基础，板厚取 500mm，柱帽上反 250mm。地下室层数为 1 层，层高为 6.6m，抗浮水头约 3.7m；考虑地下室顶板有 1.65m 厚的覆土和地下室内地面有 300mm 厚的建筑做法，经验算，抗浮满足要求。

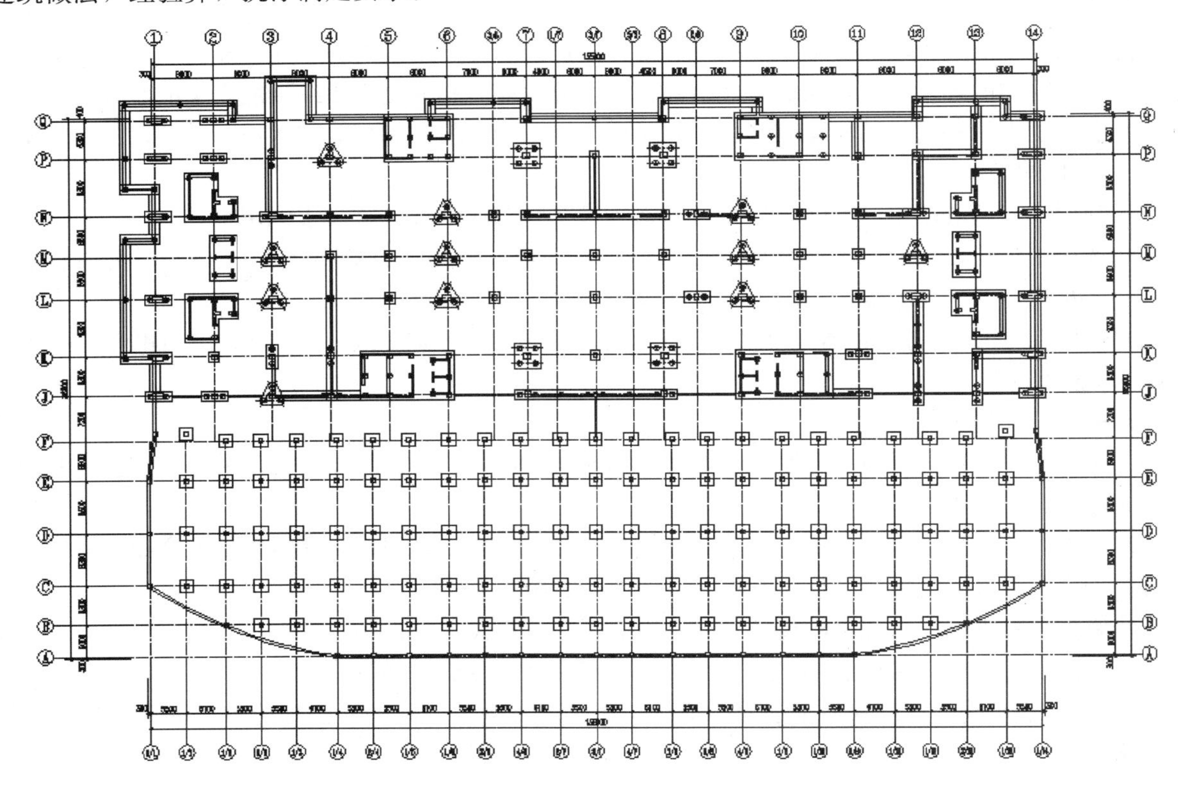

图 74-3 基础平面布置图

结构方案评审表

结设质量表（2016）

<table>
<tr><td rowspan="2">项目名称</td><td colspan="2" rowspan="2">漯河市“居民之家”一期项目</td><td>项目等级</td><td>A/B级□、非A/B级☑</td></tr>
<tr><td>设计号</td><td>16101</td></tr>
<tr><td>评审阶段</td><td>方案设计阶段□</td><td>初步设计阶段☑</td><td colspan="2">施工图设计阶段□</td></tr>
<tr><td>评审必备条件</td><td colspan="2">部门内部方案讨论　有☑　无□</td><td colspan="2">统一技术条件　有☑　无□</td></tr>
<tr><td rowspan="4">工程概况</td><td colspan="2">建设地点：河南省漯河市西城区</td><td colspan="2">建筑功能　办公</td></tr>
<tr><td colspan="2">层数（地上/地下）　6/1</td><td colspan="2">高度（檐口高度）　49.9m</td></tr>
<tr><td colspan="2">建筑面积（m²）　4.99万</td><td colspan="2">人防等级　无</td></tr>
<tr><td colspan="2"></td><td colspan="2"></td></tr>
<tr><td rowspan="6">主要控制参数</td><td colspan="4">设计使用年限　50年</td></tr>
<tr><td colspan="4">结构安全等级　二级</td></tr>
<tr><td colspan="4">抗震设防烈度、设计基本地震加速度、设计地震分组、场地类别、特征周期
6度、0.05g、第一组、Ⅲ类、0.45s</td></tr>
<tr><td colspan="4">抗震设防类别　重点设防类（乙类）</td></tr>
<tr><td colspan="4">主要经济指标</td></tr>
<tr><td colspan="4"></td></tr>
<tr><td rowspan="9">结构选型</td><td colspan="4">结构类型　钢筋混凝土框架-剪力墙</td></tr>
<tr><td colspan="4">概念设计、结构布置</td></tr>
<tr><td colspan="4">结构抗震等级　剪力墙二级、框架三级</td></tr>
<tr><td colspan="4">计算方法及计算程序　盈建科　1.7.1.0</td></tr>
<tr><td colspan="4">主要计算结果有无异常（如：周期、周期比、位移、位移比、剪重比、刚度比、楼层承载力突变等）无异常</td></tr>
<tr><td colspan="4">伸缩缝、沉降缝、防震缝：不设缝</td></tr>
<tr><td colspan="4">结构超长和大体积混凝土是否采取有效措施：设置后浇带，配温度筋</td></tr>
<tr><td colspan="4">有无结构超限：无结构超限</td></tr>
<tr><td colspan="4"></td></tr>
<tr><td rowspan="6">基础选型</td><td colspan="4">基础设计等级　乙级</td></tr>
<tr><td colspan="4">基础类型　平板式筏形基础　泥浆护壁钻孔灌注桩</td></tr>
<tr><td colspan="4">计算方法及计算程序　盈建科1.7.1.0及理正软件V7.0网络版</td></tr>
<tr><td colspan="4">防水、抗渗、抗浮</td></tr>
<tr><td colspan="4">沉降分析</td></tr>
<tr><td colspan="4">地基处理方案</td></tr>
<tr><td>新材料、新技术、难点等</td><td colspan="4">双向大跨度井字梁及大跨度梁内布置预应力筋，预应力筋均采用缓粘结预应力技术</td></tr>
<tr><td>主要结论</td><td colspan="4">取消平面角部不落地柱及相应吊柱，优化平面布置、斜柱下端与二层梁柱节点相交，弱化平面端部纵向剪力墙设置，注意温度应力控制，大跨度预应力梁下框架柱可不设置十字型钢、与建筑协商观光梯设置、优化屋顶钢结构布置、注意坡屋顶水平力控制、核查乙类建筑的合理性</td></tr>
<tr><td colspan="2">工种负责人：刘文珽　李正　日期：2016.6.6</td><td colspan="3">评审主持人：朱炳寅　日期：2016.6.6</td></tr>
</table>

注意：1. 评审申请时间：一般项目应在初步设计完成之前，无初步设计的项目在施工图1/2阶段。

2. 工种负责人、审核人必须参加评审会，审定人以及项目组其他人员应尽量参会。工种负责人负责项目组与会人员的通知事宜，在必要时可邀请建筑专业相关人员出席。

3. 评审后工种负责人应填写《结构方案评审意见回复表》，逐条回复《结构方案评审表》和《会议纪要》中提出的评审意见，并在签署齐全后归档。

会议纪要

2016 年 6 月 6 日

"漯河市'居民之家'一期项目"初步设计阶段结构方案评审会

评审人：谢定南、罗宏渊、王金祥、尤天直、徐琳、朱炳寅、张淮湧、彭永宏、王大庆

主持人：朱炳寅　　　记录：王大庆

介　绍：李正、刘文斑

结构方案：本次仅评审主楼。建筑平面长度 136m，地下 1 层，地上 6 层，采用混凝土框架-剪力墙结构体系。结构两端设置斜柱。楼面中部和两端开大洞。部分楼盖采用大跨度预应力梁和型钢混凝土柱。坡屋顶采用钢梁。

地基基础方案：主楼采用桩基础＋防水板，桩型为后压浆钻孔灌注桩。纯地下室采用天然地基上的筏板基础。抗浮采用压重方案。

评审：

1. 核查抗震设防类别设定为乙类的合理性。当确应取为乙类时，结构安全等级宜规定为一级。

2. 取消平面角部的不落地柱及相应吊柱，并与建筑专业协商，适当优化平面布置，尽量减小各层悬臂梁的悬挑长度。

3. 斜柱下端与二层梁、柱节点相交，保证传力直接、有效。

4. 结构的弹性层间位移角为 1/3500 左右，应适当优化结构布置和剪力墙刚度，使结构侧向刚度趋于合理。

5. 结构超长（平面长度 136m），应适当弱化平面端部的纵向剪力墙设置，注意温度应力控制。

6. 建议与建筑专业协商，优化观光梯设置。

7. 大跨度预应力梁下的框架柱可不设置十字型钢，以降低施工难度。长悬臂梁宜施加预应力。

8. 适当优化楼面梁布置和截面尺寸，如大跨度部位、扶梯支承部位等。

9. 细化屋顶钢结构方案比选，可考虑比选空腹桁架结构；并适当优化钢结构布置，注意坡屋顶水平力控制。

10. 进一步优化基础方案，主楼与纯地下室之间应设置沉降后浇带；主楼的墙体集中部位可适当布置局部筏板，以优化桩基布置；注意防水板厚度；地下室墙体布置应注意差异沉降的影响。

结论：

建议根据结构方案评审表的主要结论以及会议纪要内容，进一步优化结构设计。

75　吕梁学院新校区教学行政楼

设计部门：第三工程设计研究院
主要设计人：鲁昂、袁琨、毕磊、尤天直、成博

工 程 简 介

一、工程概况

吕梁学院新校区教学行政楼项目位于山西省吕梁市北川河蓄水公园岸边吕梁学院新校区东大门南侧，为学校的标志性建筑物；总建筑面积约 18000m²，其中地上建筑面积约 17000m²。本项目主楼地上 8 层，结构高度为 33.80m，局部设置 1 层地下室。主体结构采用钢筋混凝土框架-剪力墙结构体系，基础主要为平板式筏形基础，部分框架柱采用独立基础。

图 75-1　建筑效果图

二、结构方案

1. 抗侧力体系

本项目为高层建筑，结构高度为34.1m，典型柱网间距为8.0m×8.0m。根据建筑功能和建筑高度要求，抗侧力体系采用现浇钢筋混凝土框架-剪力墙结构。利用南、北四个交通核，布置剪力墙筒体，与周边框架柱形成结构的抗侧力体系，其中剪力墙筒体为第一道抗侧力防线，承担主要抗侧力作用。结构的竖向荷载通过楼层水平构件传递给剪力墙及框架柱，最终传至基础。框架-剪力墙结构体系的组成简单明了，荷载传递路线清晰，适合本工程。

2. 楼盖体系

楼盖体系采用现浇钢筋混凝土普通梁、板结构，沿结构侧向刚度较弱的方向布置一道次梁，使得多数楼层形成连续单向板楼（屋）盖。除首层外，各楼层典型楼板厚度为120mm。

三、地基基础方案

本工程由于①层素填土层很厚（最厚处为11m）；如果采用天然地基，级配砂石换填量巨大，且难以控制回填质量。经方案比较并与相关单位沟通，本工程采用桩基础＋防水板，桩型为后注浆钻孔灌注桩，桩径为1m，单桩承载力特征值为3500kN（其中摩擦部分为1500kN，端承部分为2000kN），桩长为13m，桩端持力层为③层混合土层（卵砾石、粉质黏土、中砂）。

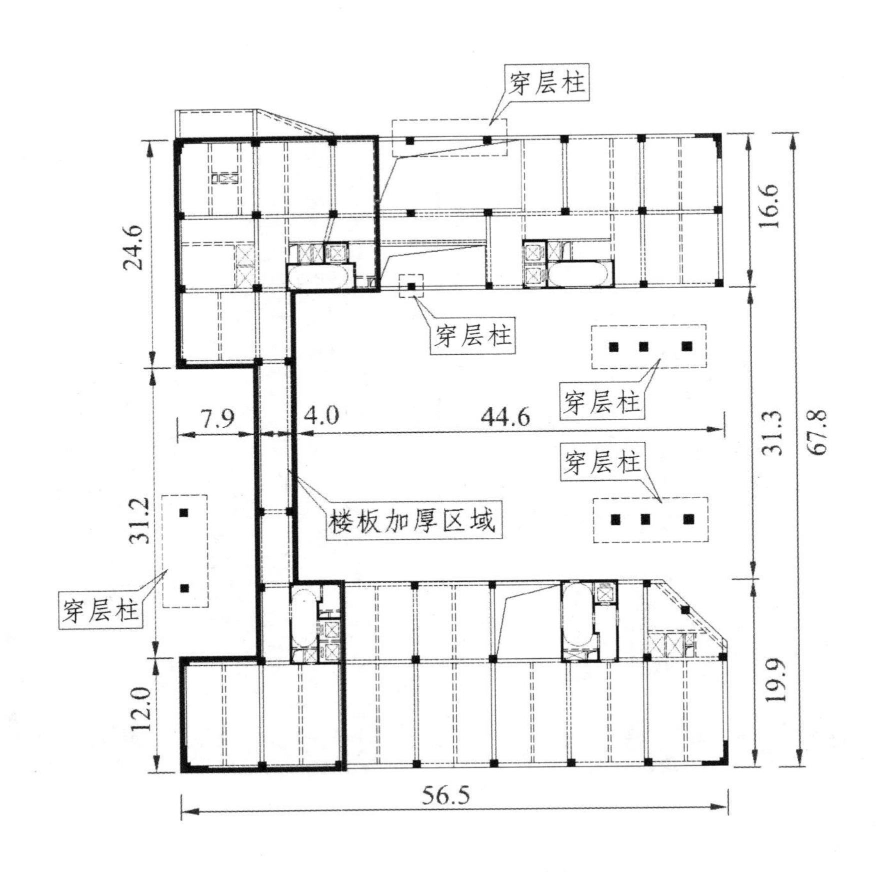

(*a*) 二层结构平面示意图（单位·m）

图75-2　结构平面示意图

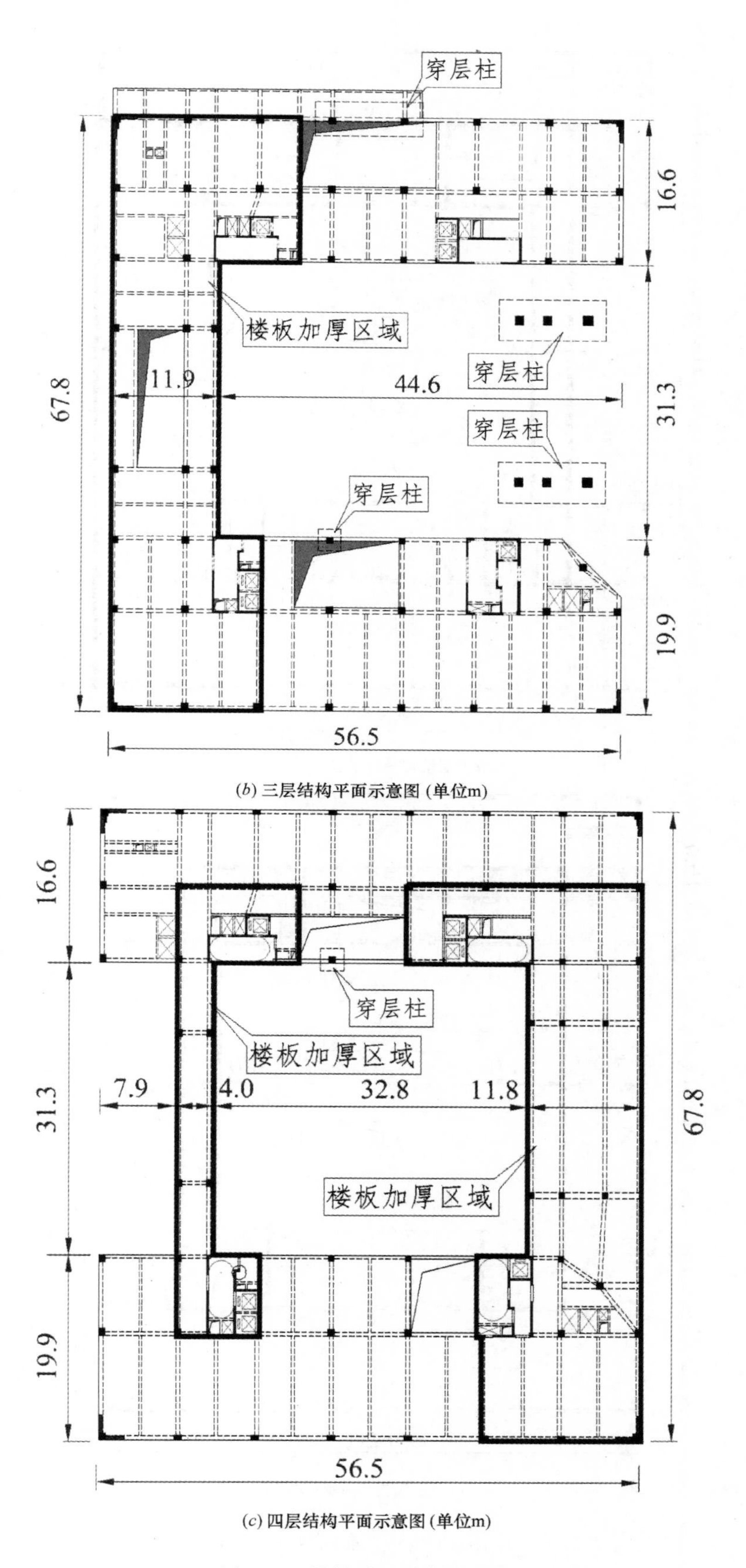

图 75-2 结构平面示意图（续）

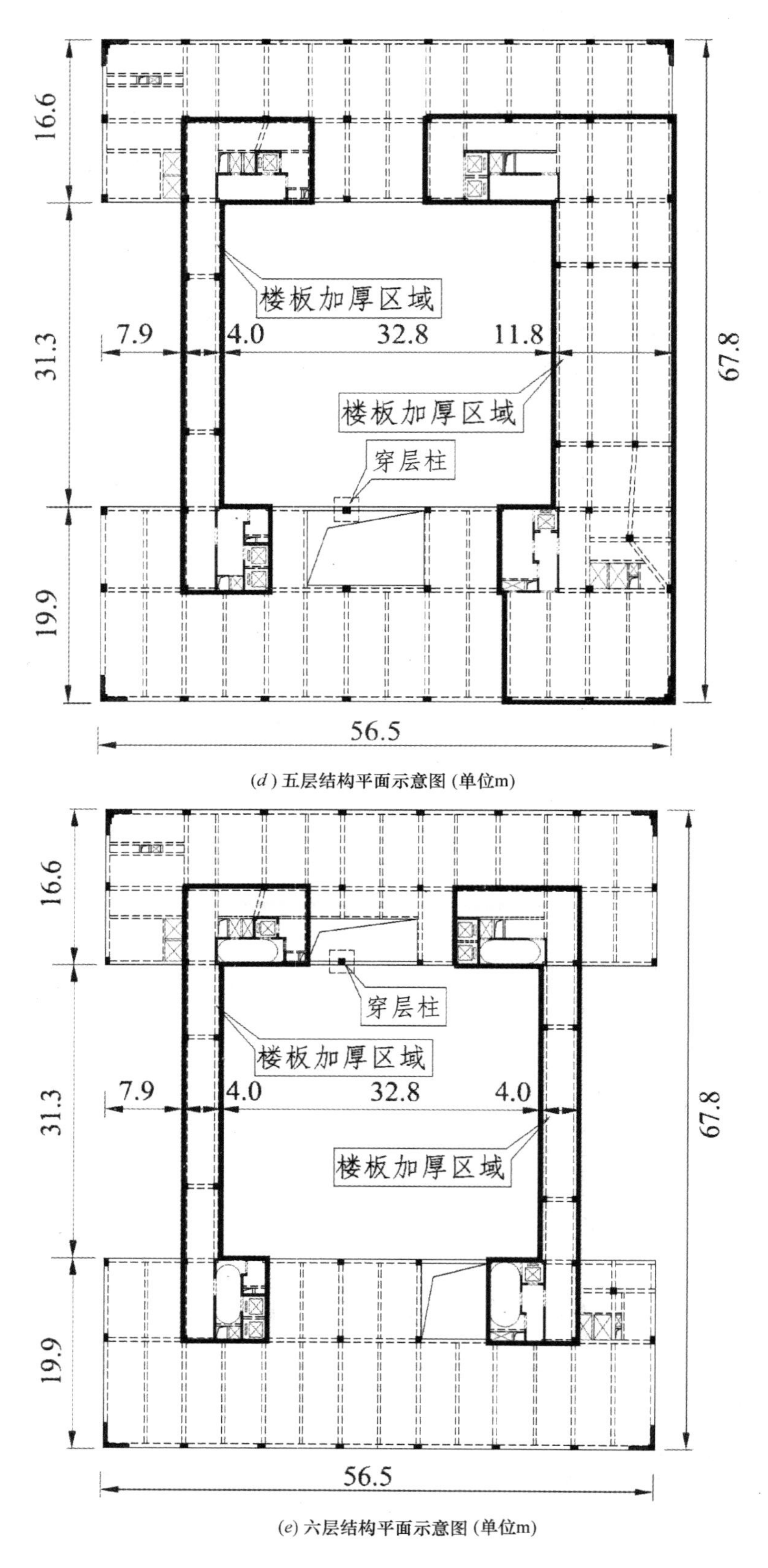

(*d*) 五层结构平面示意图 (单位m)

(*e*) 六层结构平面示意图 (单位m)

图 75-2　结构平面示意图（续）

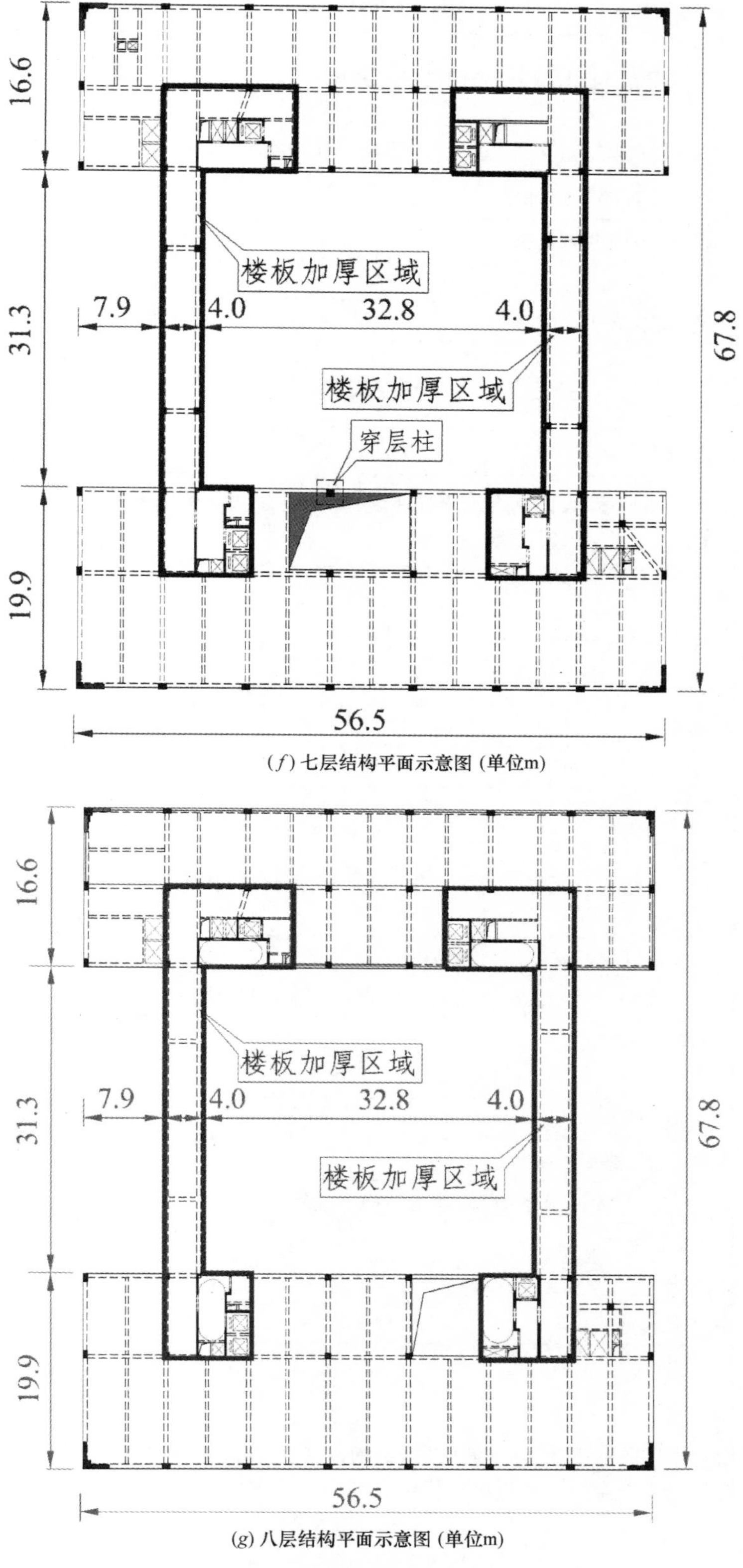

(*f*) 七层结构平面示意图 (单位m)

(*g*) 八层结构平面示意图 (单位m)

图 75-2　结构平面示意图（续）

结构方案评审表

结设质量表（2016）

<table>
<tr><td rowspan="2">项目名称</td><td colspan="2" rowspan="2">吕梁学院新校区教学行政楼</td><td>项目等级</td><td>A/B级□、非A/B级■</td></tr>
<tr><td>设计号</td><td>13268</td></tr>
<tr><td>评审阶段</td><td>方案设计阶段□</td><td>初步设计阶段□</td><td colspan="2">施工图设计阶段■</td></tr>
<tr><td>评审必备条件</td><td colspan="2">部门内部方案讨论　有■　无□</td><td colspan="2">统一技术条件　有■　无□</td></tr>
<tr><td rowspan="4">工程概况</td><td colspan="2">建设地点：山西省吕梁市</td><td colspan="2">建筑功能：教学行政楼</td></tr>
<tr><td colspan="2">层数(地上/地下)：8/1</td><td colspan="2">高度(檐口高度)：33.8m</td></tr>
<tr><td colspan="2">建筑面积(m^2)：18000</td><td colspan="2">人防等级：</td></tr>
<tr><td colspan="2"></td><td colspan="2"></td></tr>
<tr><td rowspan="6">主要控制参数</td><td colspan="4">设计使用年限：50年</td></tr>
<tr><td colspan="4">结构安全等级：二级</td></tr>
<tr><td colspan="4">抗震设防烈度、设计基本地震加速度、设计地震分组、场地类别、特征周期
7度、0.1g、第三组、Ⅲ类、0.45s</td></tr>
<tr><td colspan="4">抗震设防类别：丙类</td></tr>
<tr><td colspan="4">主要经济指标：</td></tr>
<tr><td colspan="4"></td></tr>
<tr><td rowspan="9">结构选型</td><td colspan="4">结构类型：钢筋混凝土框架-剪力墙</td></tr>
<tr><td colspan="4">概念设计、结构布置：</td></tr>
<tr><td colspan="4">结构抗震等级：剪力墙：二级；框架：三级</td></tr>
<tr><td colspan="4">计算方法及计算程序：YJK</td></tr>
<tr><td colspan="4">主要计算结果有无异常(如：周期、周期比、位移、位移比、剪重比、刚度比、楼层承载力突变等)；满足规范要求</td></tr>
<tr><td colspan="4">伸缩缝、沉降缝、防震缝：设防震缝</td></tr>
<tr><td colspan="4">结构超长和大体积混凝土是否采取有效措施：设后浇带</td></tr>
<tr><td colspan="4">有无结构超限：无</td></tr>
<tr><td colspan="4"></td></tr>
<tr><td rowspan="6">基础选型</td><td colspan="4">基础设计等级：乙级</td></tr>
<tr><td colspan="4">基础类型：桩基+防水板</td></tr>
<tr><td colspan="4">计算方法及计算程序：YJK 理正结构工具箱</td></tr>
<tr><td colspan="4">防水、抗渗、抗浮：</td></tr>
<tr><td colspan="4">沉降分析：</td></tr>
<tr><td colspan="4">地基处理方案：</td></tr>
<tr><td>新材料、新技术、难点等</td><td colspan="4"></td></tr>
<tr><td>主要结论</td><td colspan="4">结构选型可行，建议：1. 应按超限结构设计、提请业主尽快报审。2. 进一步明确不规则项的计算措施和构造措施。3. 比选桩径优化方案。4. 加强连廊部分与主体的连接</td></tr>
<tr><td colspan="2">工种负责人：鲁昂　　日期：2016.6.7</td><td colspan="3">评审主持人：尤天直　　日期：2016.6.12</td></tr>
</table>

注意：1. 评审申请时间：一般项目应在初步设计完成之前，无初步设计的项目在施工图1/2阶段。

2. 工种负责人、审核人必须参加评审会，审定人以及项目组其他人员应尽量参会。工种负责人负责项目组与会人员的通知事宜，在必要时可邀请建筑专业相关人员出席。

3. 评审后工种负责人应填写《结构方案评审意见回复表》，逐条回复《结构方案评审表》和《会议纪要》中提出的评审意见，并在签署齐全后归档。

会议纪要

2016年6月12日

"吕梁学院新校区教学行政楼"施工图设计阶段结构方案评审会

评审人：谢定南、罗宏渊、王金祥、尤天直、陈文渊、徐琳、彭永宏、王大庆

主持人：尤天直　　　记录：王大庆

介　绍：袁琨、鲁昂

结构方案：地上8层，局部设1层地下室，结构高度33.8m，采用混凝土框架-剪力墙结构体系。1～3层平面呈"["形，4～8层平面呈"口"形，未设缝。

地基基础方案：采用桩基础＋防水板，桩型为后压浆钻孔灌注桩，桩径1m。地下水位低，无抗浮问题。

评审：

1. 本工程存在多种不规则情况，应按超限结构设计，并提请业主尽快报送超限审查。
2. 细化结构不规则情况判别，并针对不规则情况，采取相应的计算措施和构造措施。
3. 考虑房屋高度和桩的受力特点，比选桩径，并进一步优化桩基方案。
4. 场地的填土层较厚，且±0.0高出现状地面较多，桩基础设计应考虑负摩阻力的影响。
5. 结构的平面连接薄弱，应相应补充分块模型、单榀模型计算分析，包络设计，并注意主体结构的整体指标控制，使其动力特性尽量接近。
6. 适当加强连廊与主体结构的连接，连接连廊的剪力墙应设置端柱。
7. 主体结构适当增设剪力墙，以减小刚度偏心引起的结构扭转。
8. 注意复核结构的各项指标，使之与取用的抗震设防参数相对应。

结论：

建议根据结构方案评审表的主要结论以及会议纪要内容，进一步优化结构设计。

76　北京大学肖家河教工住宅项目-托老所

设计部门：第三工程设计研究院
主要设计人：毕磊、杨杰、刘松华、尤天直

工程简介

一、工程概况

本工程为北京大学肖家河教工住宅项目的托老所子项，位于北京市海淀区肖家河地区，东临肖家河东路。建筑使用功能兼顾托老和周边社区的老年活动中心；总建筑面积为 3859m²，其中地上建筑面积为 2979m²，地下建筑面积为 880m²。本工程地上四层，地下一层，主体结构采用现浇钢筋混凝土框架结构（框架抗震等级为一级），基础采用平板式筏板基础。

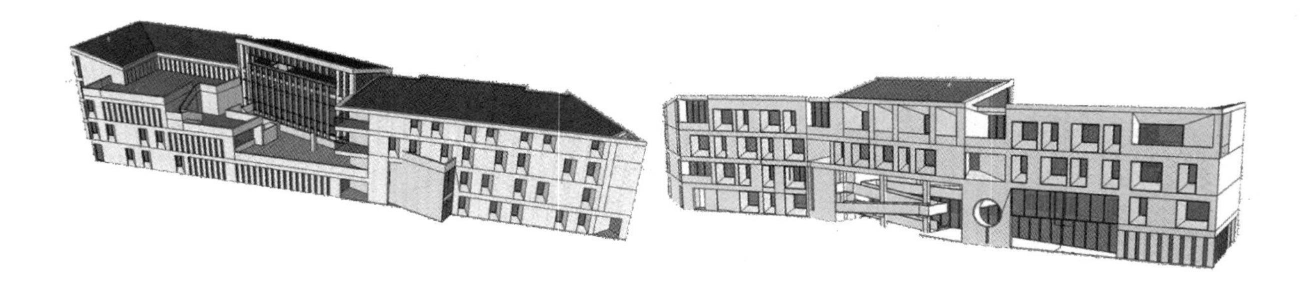

图 76-1　建筑效果图

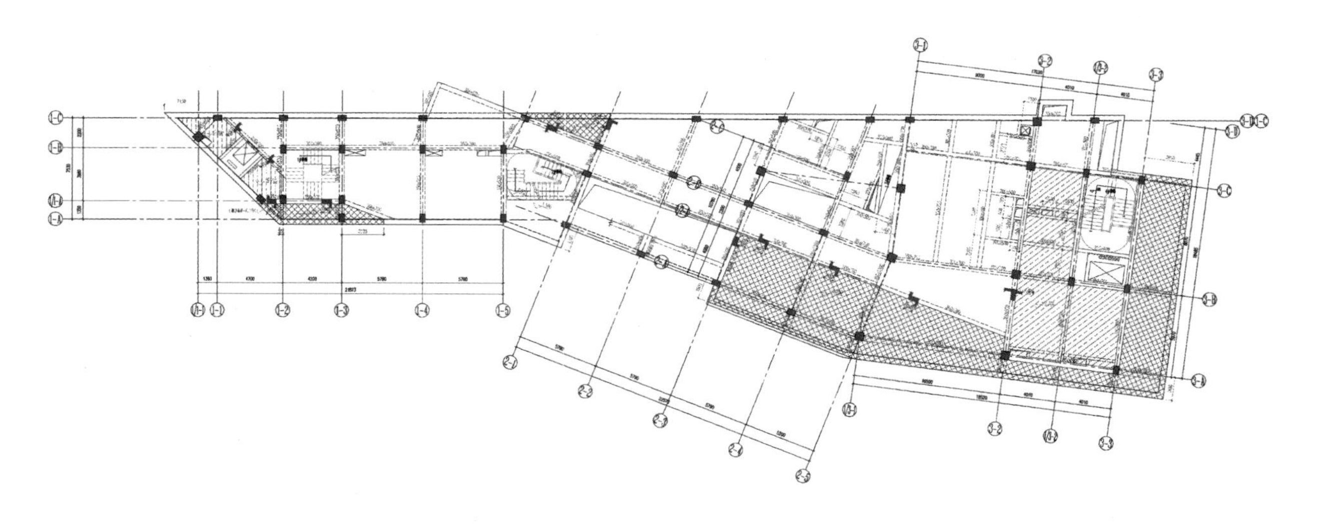

(*a*) 一层模板平面图

图 76-2　各层模板平面图

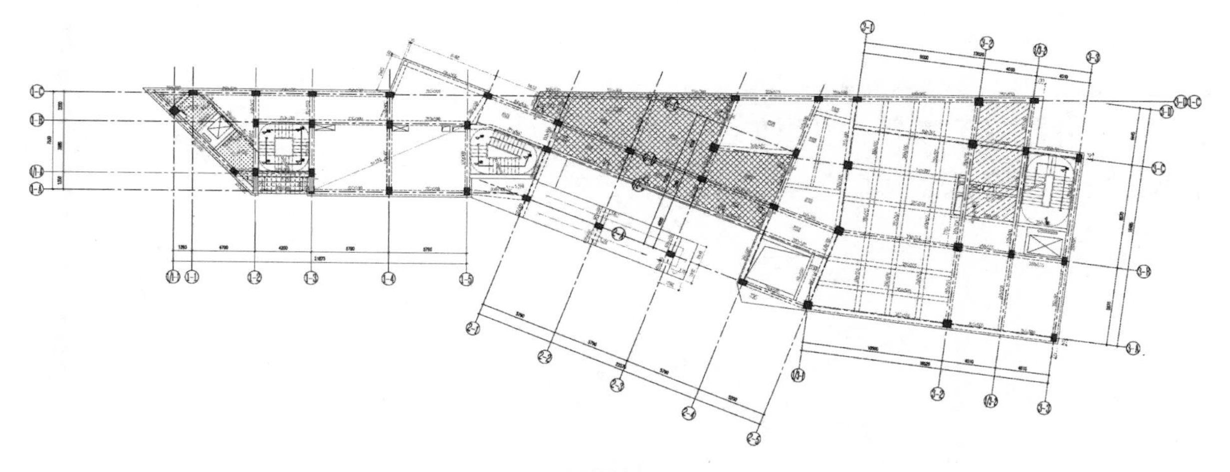

(*b*) 二层模板平面图

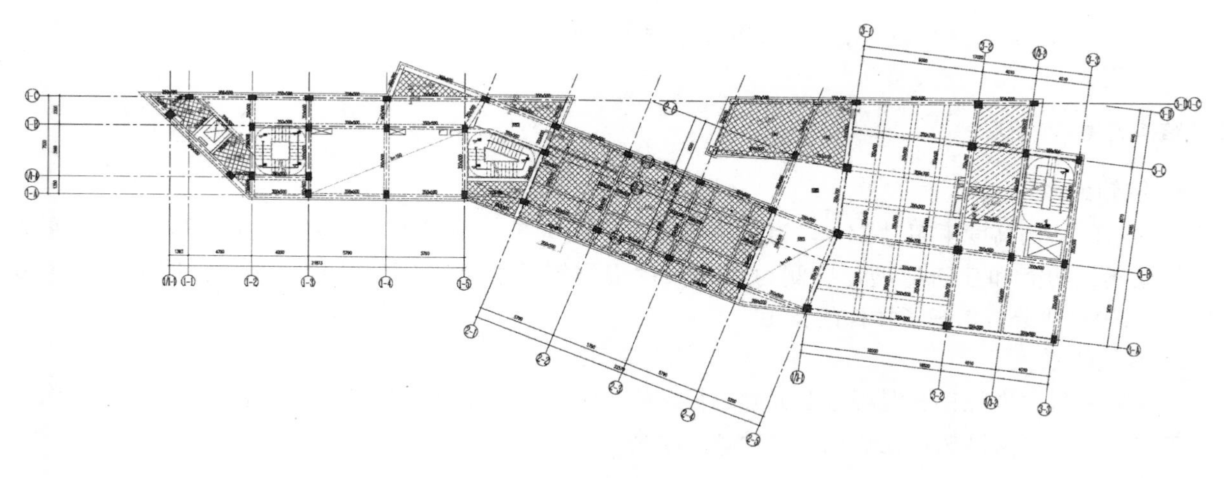

(*c*) 三层模板平面图

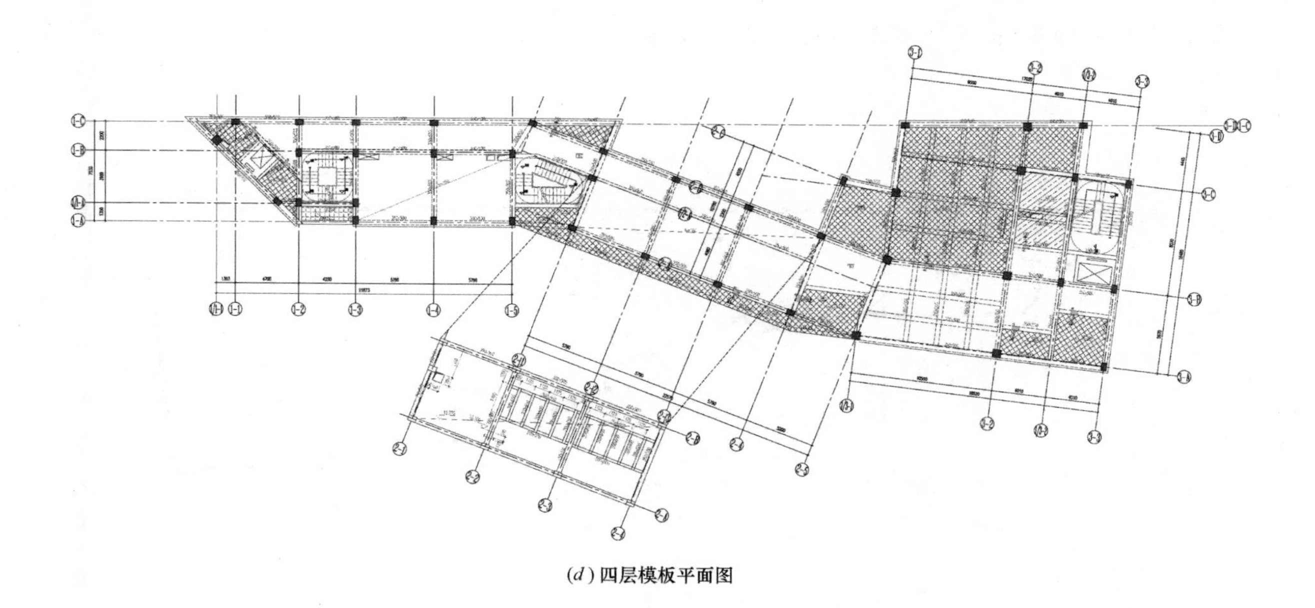

(*d*) 四层模板平面图

图 76-2　各层模板平面图（续）

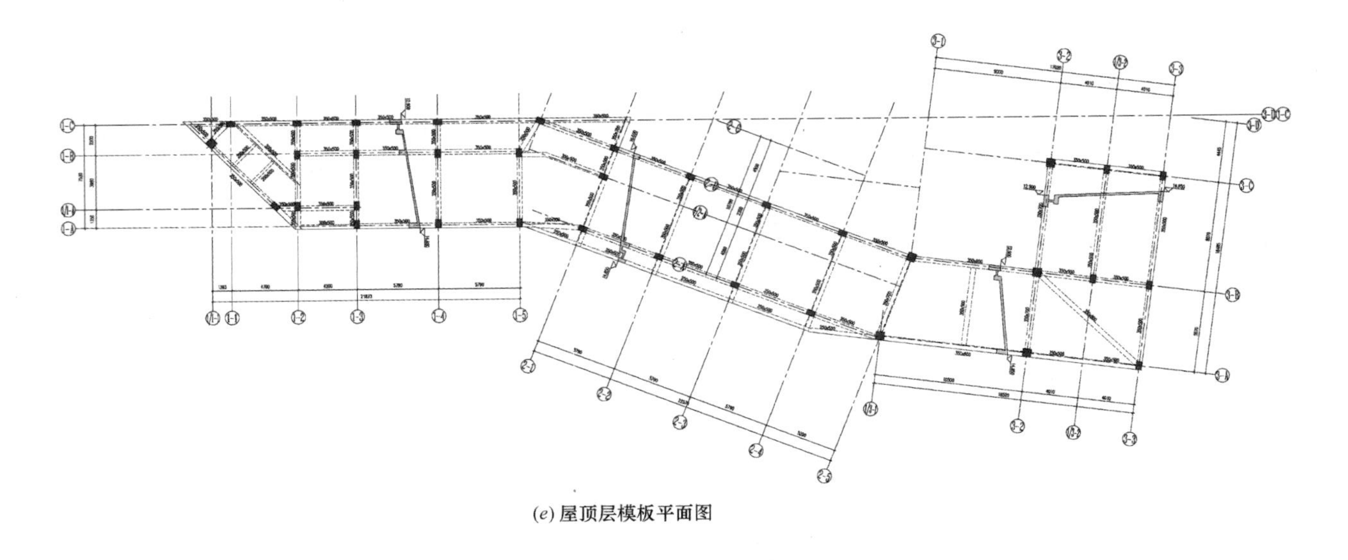

(e) 屋顶层模板平面图

图 76-2　各层模板平面图（续）

二、结构方案

1. 抗侧力体系

本项目的结构高度不超过 24m，为多层建筑。平面细长、不规则，因建筑功能要求，未设置结构缝。根据建筑功能和建筑造型，抗侧力体系采用现浇钢筋混凝土框架结构，典型柱网间距为 6.0×6.0m。结构整体分析考虑了楼梯的作用。

2. 楼盖体系

楼盖体系采用现浇钢筋混凝土普通梁、板结构。考虑建筑要求，典型柱网采用主梁+大板结构，大跨度楼盖采用井字梁结构，使建筑获得较高的净高。

三、地基基础方案

现阶段暂无地勘报告。参考邻近场地的地质条件，拟采用天然地基上的筏板基础，厚度取 500mm。

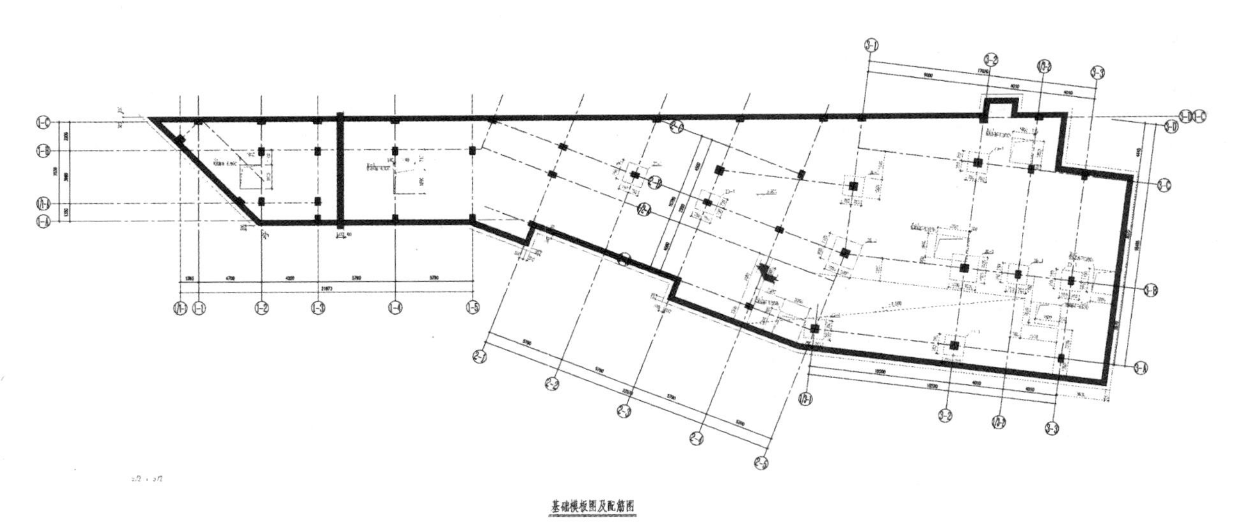

基础模板图及配筋图

图 76-3　基础模板平面图

结构方案评审表

结设质量表（2016）

<table>
<tr><td rowspan="2">项目名称</td><td colspan="2" rowspan="2">北京大学肖家河教工住宅项目-托老所</td><td>项目等级</td><td>A/B级□、非A/B级■</td></tr>
<tr><td>设计号</td><td></td></tr>
<tr><td>评审阶段</td><td>方案设计阶段□</td><td>初步设计阶段□</td><td colspan="2">施工图设计阶段■</td></tr>
<tr><td>评审必备条件</td><td colspan="2">部门内部方案讨论　有■　无□</td><td colspan="2">统一技术条件　有■　无□</td></tr>
<tr><td rowspan="4">工程概况</td><td colspan="2">建设地点　北京市海淀区肖家河地区</td><td colspan="2">建筑功能　养老所和老年活动中心</td></tr>
<tr><td colspan="2">层数(地上/地下)　4/1</td><td colspan="2">高度(檐口高度)　15.0m</td></tr>
<tr><td colspan="2">建筑面积(m^2)　3859</td><td colspan="2">人防等级　无</td></tr>
<tr><td colspan="2"></td><td colspan="2"></td></tr>
<tr><td rowspan="6">主要控制参数</td><td colspan="4">设计使用年限　50年</td></tr>
<tr><td colspan="4">结构安全等级　一级</td></tr>
<tr><td colspan="4">抗震设防烈度、设计基本地震加速度、设计地震分组、场地类别、特征周期
8度、0.2g、第一组、Ⅱ类、0.45s</td></tr>
<tr><td colspan="4">抗震设防类别　乙类</td></tr>
<tr><td colspan="4">主要经济指标</td></tr>
<tr><td colspan="4"></td></tr>
<tr><td rowspan="9">结构选型</td><td colspan="4">结构类型　框架结构</td></tr>
<tr><td colspan="4">概念设计、结构布置</td></tr>
<tr><td colspan="4">结构抗震等级　一级</td></tr>
<tr><td colspan="4">计算方法及计算程序　PKPM</td></tr>
<tr><td colspan="4">主要计算结果有无异常(如:周期、周期比、位移、位移比、剪重比、刚度比、楼层承载力突变等)
无</td></tr>
<tr><td colspan="4">伸缩缝、沉降缝、防震缝　未设缝</td></tr>
<tr><td colspan="4">结构超长和大体积混凝土是否采取有效措施　没有此类问题</td></tr>
<tr><td colspan="4">有无结构超限　无</td></tr>
<tr><td colspan="4"></td></tr>
<tr><td rowspan="6">基础选型</td><td colspan="4">基础设计等级　乙级</td></tr>
<tr><td colspan="4">基础类型　筏板基础</td></tr>
<tr><td colspan="4">计算方法及计算程序:JCCAD</td></tr>
<tr><td colspan="4">防水、抗渗、抗浮</td></tr>
<tr><td colspan="4">沉降分析</td></tr>
<tr><td colspan="4">地基处理方案　天然地基</td></tr>
<tr><td>新材料、新技术、难点等</td><td colspan="4"></td></tr>
<tr><td>主要结论</td><td colspan="4">结构选型可行，建议：1. 进一步优化结构布置，2. 楼梯间四角宜加柱，3. 楼梯间斜杆应按反映实际受力状态的模型计算，进行构件设计</td></tr>
<tr><td colspan="2">工种负责人:毕磊　杨杰　日期:2016.6.12</td><td colspan="3">评审主持人:尤天直　日期:2016.6.12</td></tr>
</table>

注意：1. 评审申请时间：一般项目应在初步设计完成之前，无初步设计的项目在施工图1/2阶段。

2. 工种负责人、审核人必须参加评审会，审定人以及项目组其他人员应尽量参会。工种负责人负责项目组与会人员的通知事宜，在必要时可邀请建筑专业相关人员出席。

3. 评审后工种负责人应填写《结构方案评审意见回复表》，逐条回复《结构方案评审表》和《会议纪要》中提出的评审意见，并在签署齐全后归档。

会议纪要

2016年6月12日

“北京大学肖家河教工住宅项目-托老所”施工图设计阶段结构方案评审会

评审人：谢定南、罗宏渊、王金祥、尤天直、陈文渊、徐琳、彭永宏、王大庆

主持人：尤天直　　记录：王大庆

介　绍：杨杰、毕磊

结构方案：地上4层，地下1层，采用混凝土框架结构体系。结构存在斜交抗侧力构件和平面弱连接情况。

地基基础方案：暂无地勘报告。参考邻近场地，拟采用筏板基础。

评审：

1. 注意新版地震动参数区划图的影响问题。
2. 进一步优化结构布置，适当加强弱连接部位的平面连接，注意悬挑、大跨等部位的处理。
3. 框架结构的楼梯间四角设置框架柱，以形成封闭框架。
4. 楼梯对框架结构的影响应按能真实反映实际受力状态的模型计算分析，并进行构件设计。
5. 结构存在斜交抗侧力构件，应补充最不利方向及多方向地震作用计算。
6. 单跨框架应补充单榀模型计算分析，包络设计。

结论：

建议根据结构方案评审表的主要结论以及会议纪要内容，进一步优化结构设计。

77　万州三峡文化艺术中心

设计部门：第三工程设计研究院
主要设计人：毕磊、胡彬、刘松华、尤天直、韦申、贾月光

工程简介

一、工程概况

万州三峡文化艺术中心选址在万州市江南新区新行政中心区，位于三峡移民纪念馆北侧，并与之分列在市民广场的东西向轴线两侧。建设场地基本呈不规则形状，东西较窄（最宽处约 117m），南北狭长（约 300m），占地面积为 32204m^2；整个场地地势随广场逐步上升，高差较大，由江边南滨路（绝对标高 200.370m）至坡上用地东边界相差约 18.94m。

万州三峡文化艺术中心分两期开发建设。本次评审的一期项目为大剧院，位于整个场地的西侧，总建筑面积为 21355.61m^2，包括一个 1430 座（含升降乐池 84 席）的大剧院以及贵宾室、观众休息厅、化妆室、排练厅、办公、设备机房等相关配套设施。项目地下 1 层，地上 4 层，建筑高度为 37.027m（舞台塔最高点），内部混凝土结构高度为 34.500m，外部钢结构最高点为 37.027m。

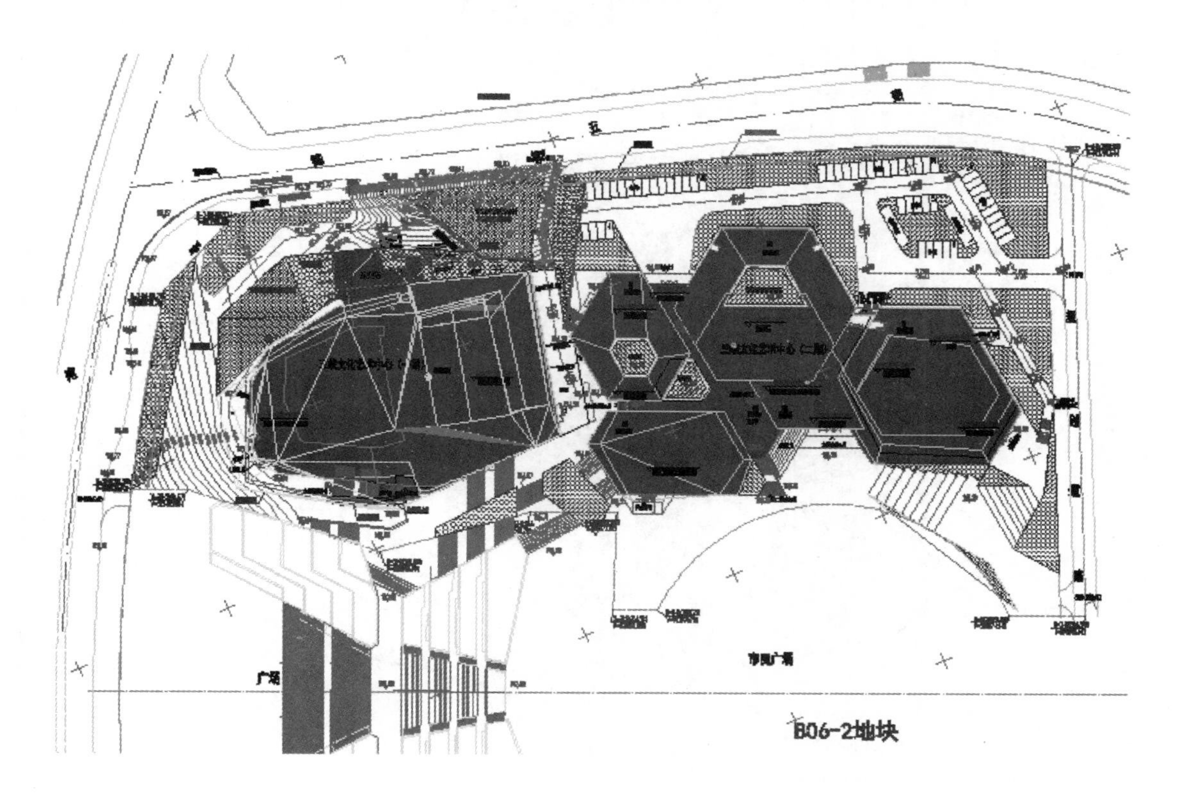

图 77-1　总平面图

图 77-2　建筑效果图

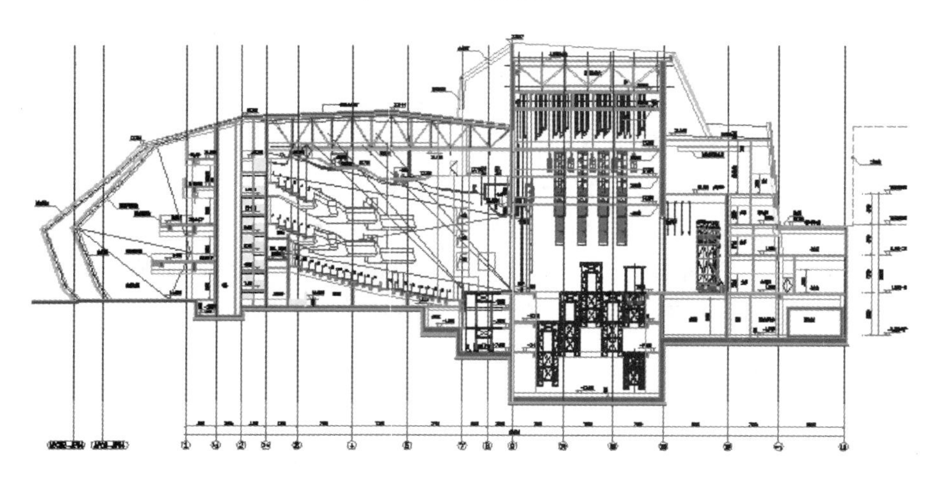

图 77-3　建筑剖面图

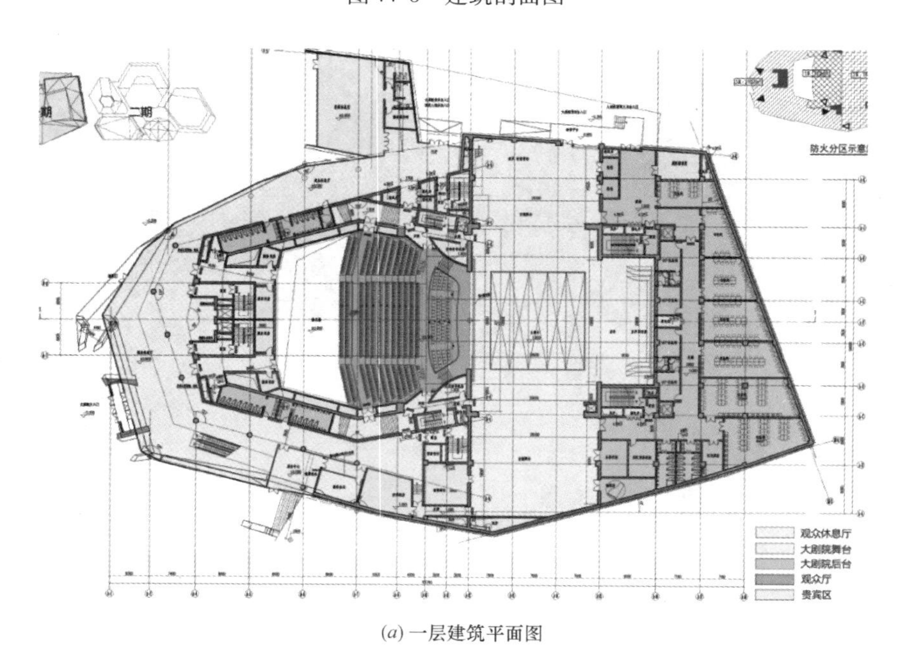

(*a*) 一层建筑平面图

图 77-4　建筑平面图

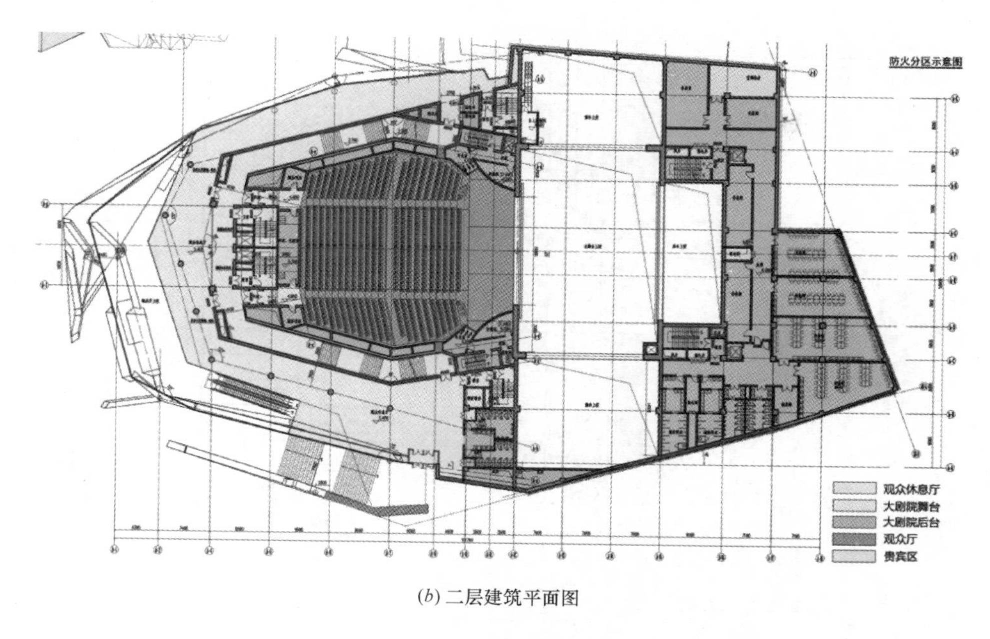

(*b*) 二层建筑平面图

图 77-4　建筑平面图（续）

二、结构方案

通过多方案比较，综合考虑建筑功能、立面造型以及结构传力明确、经济合理等多种因素，大剧院的主体结构采用抗震性能较好的现浇钢筋混凝土框架-剪力墙结构体系，利用舞台、观众厅周边墙体和竖向交通的楼、电梯间布置剪力墙，其余部位设置框架，形成两道抗侧力防线。舞台周围的混凝土墙体厚度为 700mm，其余墙体的厚度为 300mm 或 400mm。框架柱的典型截面为 800mm×800mm 的方柱或直径 800mm 的圆柱。

本工程的楼盖体系采用现浇钢筋混凝土梁、板结构，设单向次梁。由于嵌固需要，一层楼板厚度取 180mm；其他各层楼板厚度为 120mm。

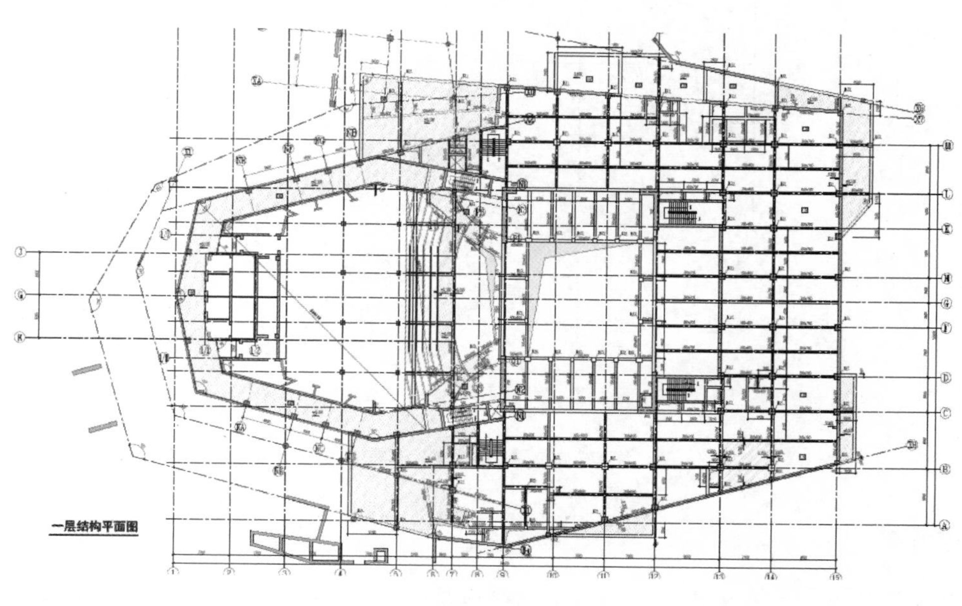

(*a*) 一层结构平面图

图 77-5　结构平面图

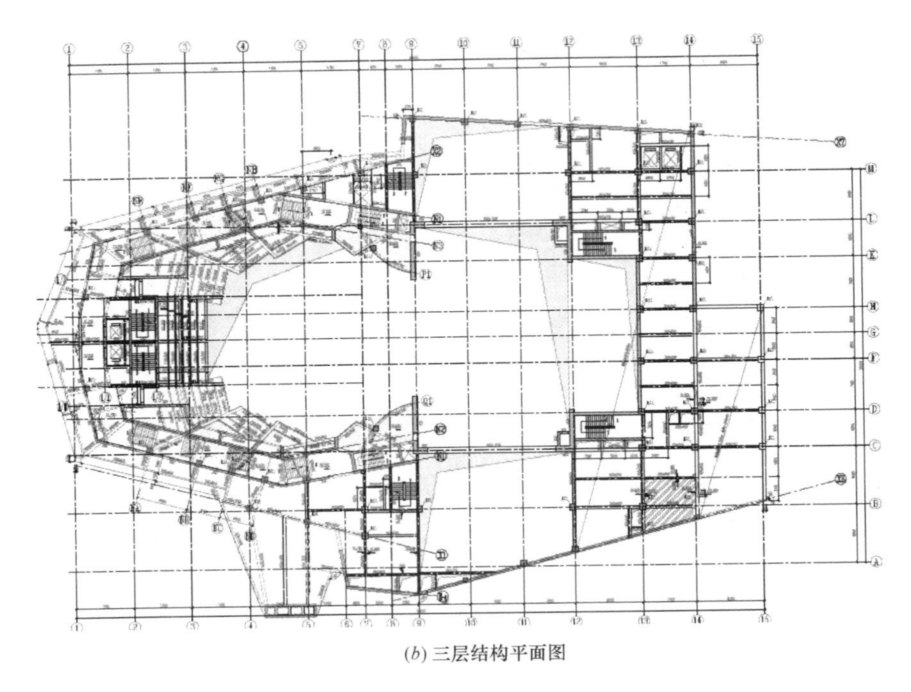

(*b*) 三层结构平面图

图 77-5 结构平面图（续）

观众厅屋顶采用钢桁架结构，舞台屋顶采用平板钢网架结构，为配合建筑造型，其余屋面采用单层折板钢网壳结构。

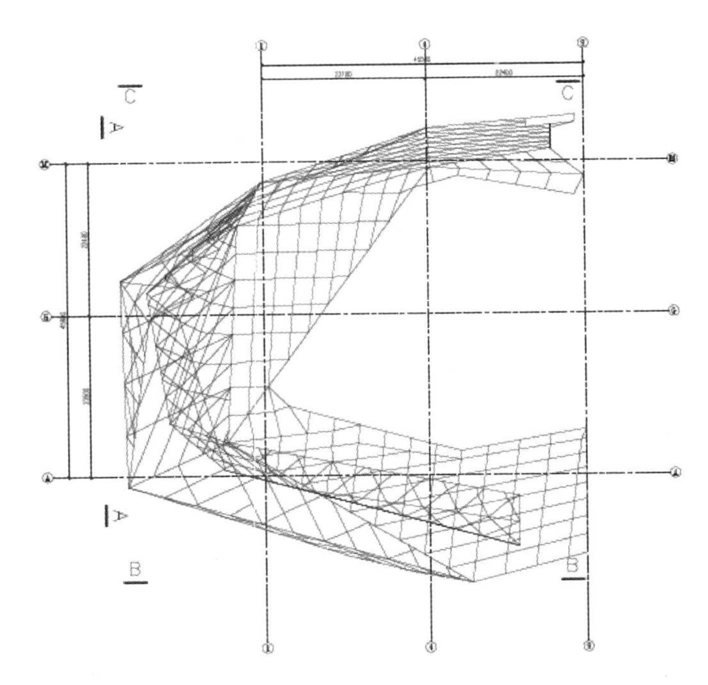

图 77-6 网壳结构平面布置图

三、地基基础方案

根据地勘报告建议，台仓采用天然地基上的筏板基础，地基持力层为中等风化基岩层；其他部位采用桩基础+防水板，桩型为钻孔灌注桩，桩端持力层为中等风化基岩层，桩端进入持力层不小于1.0m。桩基安全等级为二级。

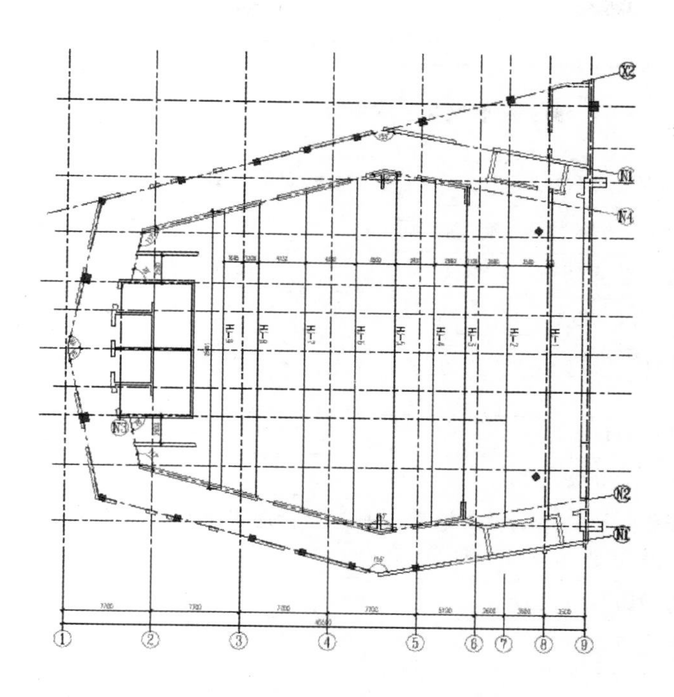

图 77-7　观众厅钢桁架结构平面布置图

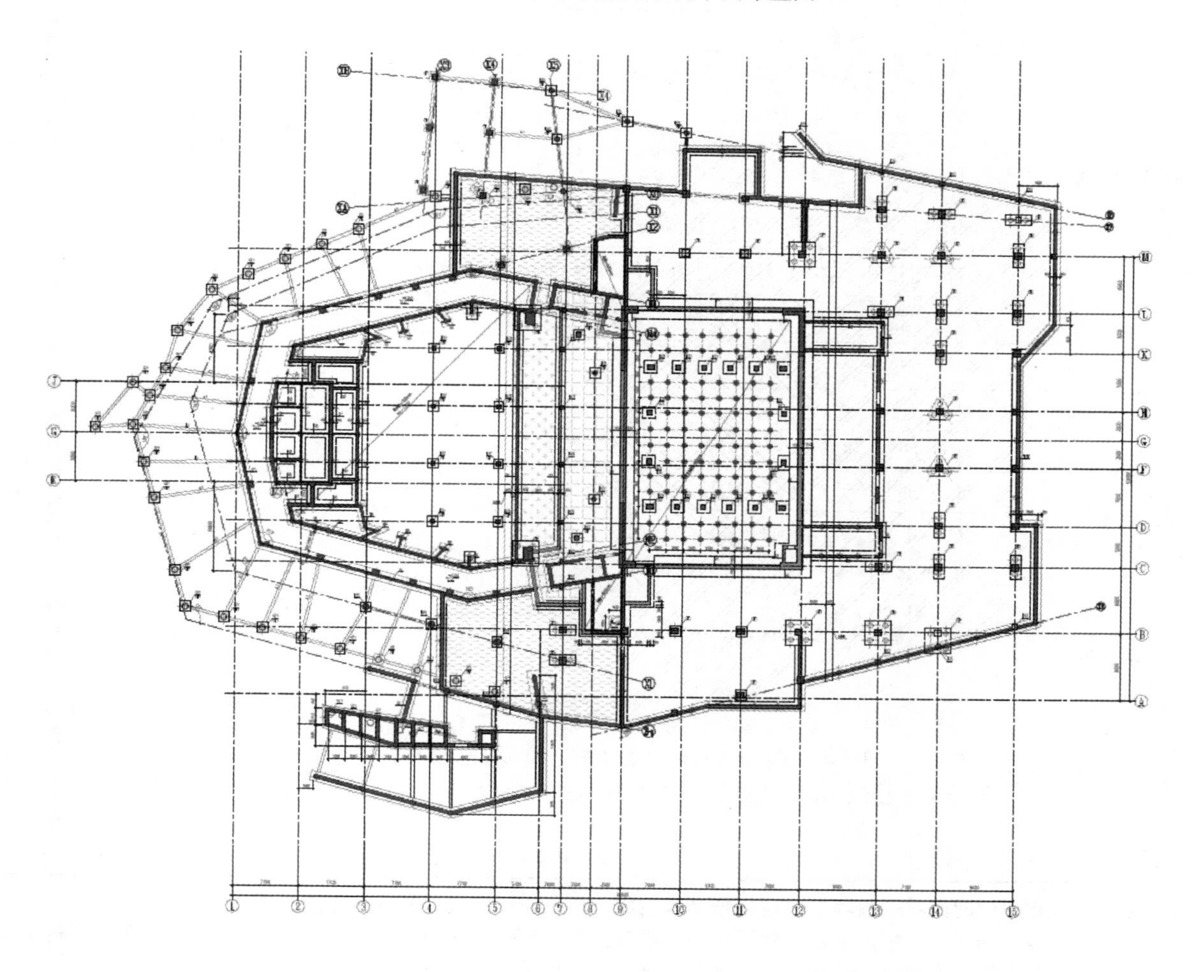

图 77-8　基础平面布置图

结构方案评审表

结设质量表（2016）

<table>
<tr><td rowspan="2">项目名称</td><td colspan="2" rowspan="2">万州三峡文化艺术中心</td><td>项目等级</td><td>A/B级□、非A/B级■</td></tr>
<tr><td>设计号</td><td>10140</td></tr>
<tr><td>评审阶段</td><td>方案设计阶段□</td><td>初步设计阶段■</td><td colspan="2">施工图设计阶段□</td></tr>
<tr><td>评审必备条件</td><td colspan="2">部门内部方案讨论　有■　无□</td><td colspan="2">统一技术条件　有■　无□</td></tr>
<tr><td rowspan="4">工程概况</td><td colspan="2">建设地点:重庆市　万州区</td><td colspan="2">建筑功能:大剧院</td></tr>
<tr><td colspan="2">层数(地上/地下):4/1</td><td colspan="2">高度(檐口高度):34.5m</td></tr>
<tr><td colspan="2">建筑面积(m^2):21355.61</td><td colspan="2">人防等级:无</td></tr>
<tr><td colspan="2"></td><td colspan="2"></td></tr>
<tr><td rowspan="6">主要控制参数</td><td colspan="4">设计使用年限:50年</td></tr>
<tr><td colspan="4">结构安全等级:一级</td></tr>
<tr><td colspan="4">抗震设防烈度、设计基本地震加速度、设计地震分组、场地类别、特征周期
6度、0.05g　第一组　Ⅲ类　0.45s</td></tr>
<tr><td colspan="4">抗震设防类别:乙类</td></tr>
<tr><td colspan="4">主要经济指标:</td></tr>
<tr><td colspan="4"></td></tr>
<tr><td rowspan="9">结构选型</td><td colspan="4">结构类型:钢筋混凝土框架-剪力墙</td></tr>
<tr><td colspan="4">概念设计、结构布置:</td></tr>
<tr><td colspan="4">结构抗震等级:剪力墙:二级;框架:三级</td></tr>
<tr><td colspan="4">计算方法及计算程序:</td></tr>
<tr><td colspan="4">主要计算结果有无异常(如:周期、周期比、位移、位移比、剪重比、刚度比、楼层承载力突变等);满足规范要求</td></tr>
<tr><td colspan="4">伸缩缝、沉降缝、防震缝:设防震缝</td></tr>
<tr><td colspan="4">结构超长和大体积混凝土是否采取有效措施:设后浇带</td></tr>
<tr><td colspan="4">有无结构超限:无</td></tr>
<tr><td colspan="4"></td></tr>
<tr><td rowspan="6">基础选型</td><td colspan="4">基础设计等级:乙级</td></tr>
<tr><td colspan="4">基础类型:桩基础</td></tr>
<tr><td colspan="4">计算方法及计算程序:YJK、PMSAP(SPASCAD)、JCCAD</td></tr>
<tr><td colspan="4">防水、抗渗、抗浮:锚杆</td></tr>
<tr><td colspan="4">沉降分析:</td></tr>
<tr><td colspan="4">地基处理方案:</td></tr>
<tr><td>新材料、新技术、难点等</td><td colspan="4"></td></tr>
<tr><td>主要结论</td><td colspan="4">建议:1. 细化不规则项和相对应的措施。2. 大跨、长悬臂应考虑竖向地震作用。3. 舞台部位,进一步优化结构布置注意台口剪力墙的稳定和受力状态。4. 完善主体结构的支撑体系</td></tr>
<tr><td colspan="2">工种负责人:毕磊、胡彬　日期:2016.6.7</td><td colspan="3">评审主持人:尤天直　日期:2016.6.13</td></tr>
</table>

注意：1. 评审申请时间：一般项目应在初步设计完成之前，无初步设计的项目在施工图1/2阶段。

2. 工种负责人、审核人必须参加评审会，审定人以及项目组其他人员应尽量参会。工种负责人负责项目组与会人员的通知事宜，在必要时可邀请建筑专业相关人员出席。

3. 评审后工种负责人应填写《结构方案评审意见回复表》，逐条回复《结构方案评审表》和《会议纪要》中提出的评审意见，并在签署齐全后归档。

会议纪要

2016年6月13日

“万州三峡文化艺术中心”初步设计阶段结构方案评审会

评审人：谢定南、罗宏渊、王金祥、尤天直、陈文渊、徐琳、张亚东、王大庆

主持人：尤天直　　　记录：王大庆

介　绍：胡彬、韦申、毕磊

结构方案：地上4层，地下1层，内部混凝土结构高度为34.5m，外部钢结构最高点约37m。主体结构采用混凝土框架-剪力墙结构体系。舞台屋顶采用平板钢网架结构，观众厅屋顶采用钢桁架结构，其他部位的屋顶采用折板形单层钢网壳结构。

地基基础方案：台仓采用天然地基上的筏板基础；其他部位采用桩基础+防水板，桩型为钻孔灌注桩，桩端持力层为中风化基岩。台仓局部抗浮采用抗拔锚杆。

评审：

一、细化结构不规则情况判别，并根据不规则情况，采取有针对性的结构措施，必要时报送超限审查。

二、进一步优化混凝土主体结构和屋顶钢结构的布置，理清二者关系；钢结构应适当增设支点，尤其应避免主要振型中出现局部振型的情况。

三、大跨度构件、长悬臂构件应考虑竖向地震作用。

四、注意结构计算模型的阻尼比取值。

五、混凝土主体结构

1. 注意斜墙、长墙肢等对结构计算结果真实性的影响。

2. 前、后台口部位的结构构件应设定适当的抗震性能目标。适当优化舞台部位的结构布置，设置台口柱；台口柱与台口剪力墙之间开设计算缝，单独计算。注意台口剪力墙的稳定性和受力状态。

3. 进一步优化剪力墙的布置和厚度，以适当优化结构刚度。

4. 适当优化楼面梁的布置和截面，注意悬挑构件与相邻构件的内力平衡问题，注意悬挑板附加弯矩对相关构件的影响。

5. 与建筑专业进一步沟通、协商大面积清水混凝土饰面的做法，注意清水混凝土墙对结构刚度的影响，注意施工和开裂问题对建筑效果的影响。

六、屋顶钢结构

1. 屋顶钢结构支承于混凝土主体结构，且主体结构刚度很大，应注意核查主体结构对屋顶钢结构的影响。

2. 细化钢结构的荷载。

3. 舞台屋顶较高，平板网架结构高空施工的难度较大，建议比选钢桁架结构方案。

4. 细化单层网壳结构计算分析，注意其稳定性。

5. 完善钢结构的支撑体系。

6. 优化钢结构的杆件布置和节点构造，补充节点分析。

7. 注意舞台、观众厅等部位的工艺要求对结构的影响。

8. 建议钢结构防火不采用薄型涂料。

结论：

建议根据结构方案评审表的主要结论以及会议纪要内容，进一步优化结构设计。

78　房山区长阳镇起步区九号地 03-9-02 等地块

设计部门：第三工程设计研究院
主要设计人：鲁昂、毕磊、尤天直

工程简介

一、工程概况

本工程为长阳半岛·中央城项目的文娱创作楼子项，位于北京市房山区长阳镇起步区九号地，南邻京良路、地铁房山线，西邻长泽北街，北邻康泽路，东临长政北街、长阳镇政府，用地被三条规划道路划分为 9 个可建设的子地块。工程地下一层，平时为停车库，战时为六级人员掩蔽所；地上五层，建筑功能为创意工作室。整个工程的地下部分连为一体，地上设置结构缝，划分为 5 个独立的结构单元。工程的总建筑面积为 2.31 万 m^2，房屋高度为 21.9m。

图 78-1　建筑效果图

二、结构方案

1. 抗侧力体系

本工程平面呈回字形。为优化结构布置，设置防震缝，将建筑划分为 5 个独立的结构单元。

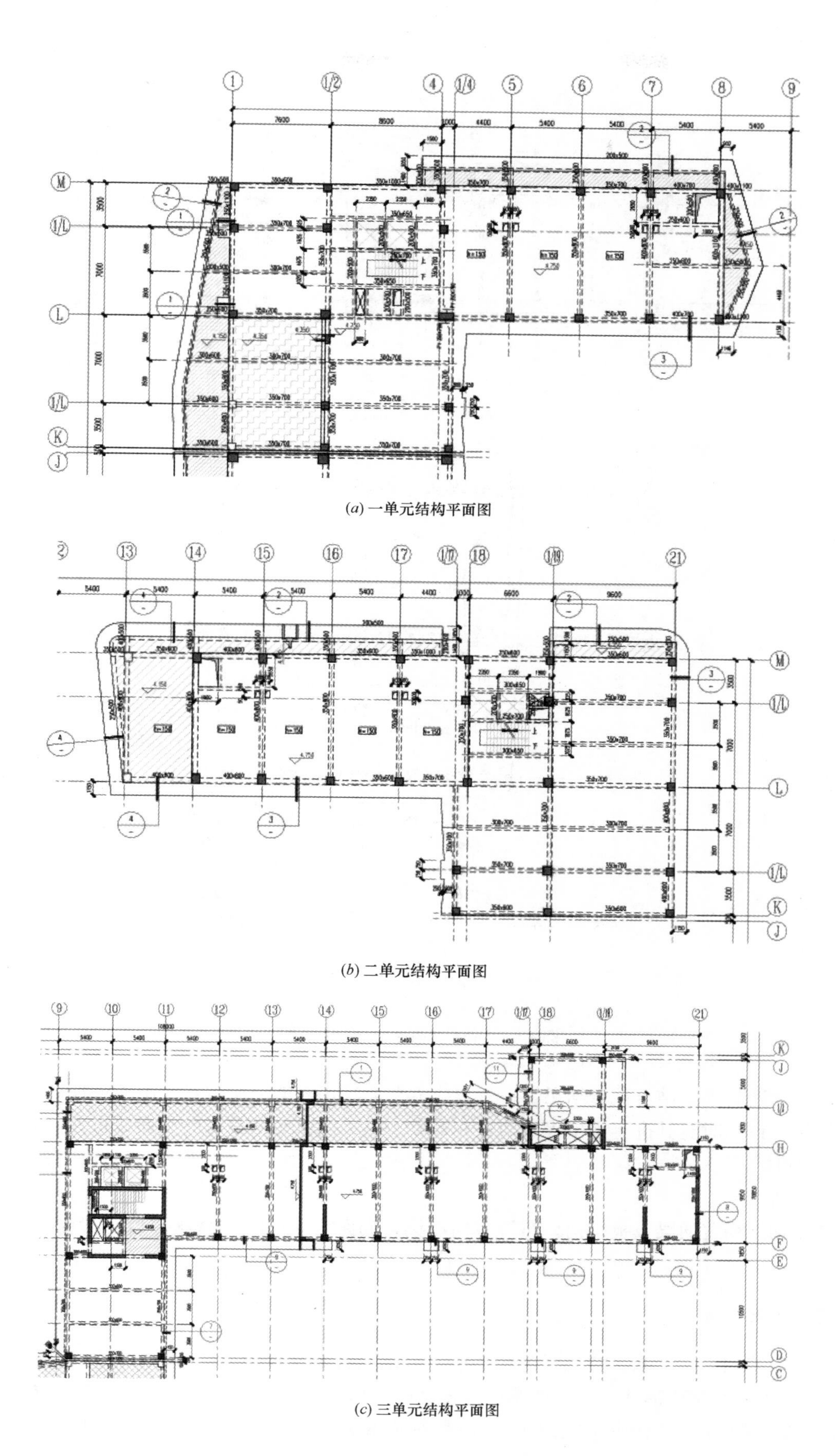

(*a*) 一单元结构平面图

(*b*) 二单元结构平面图

(*c*) 三单元结构平面图

图 78-2　各单元结构平面图

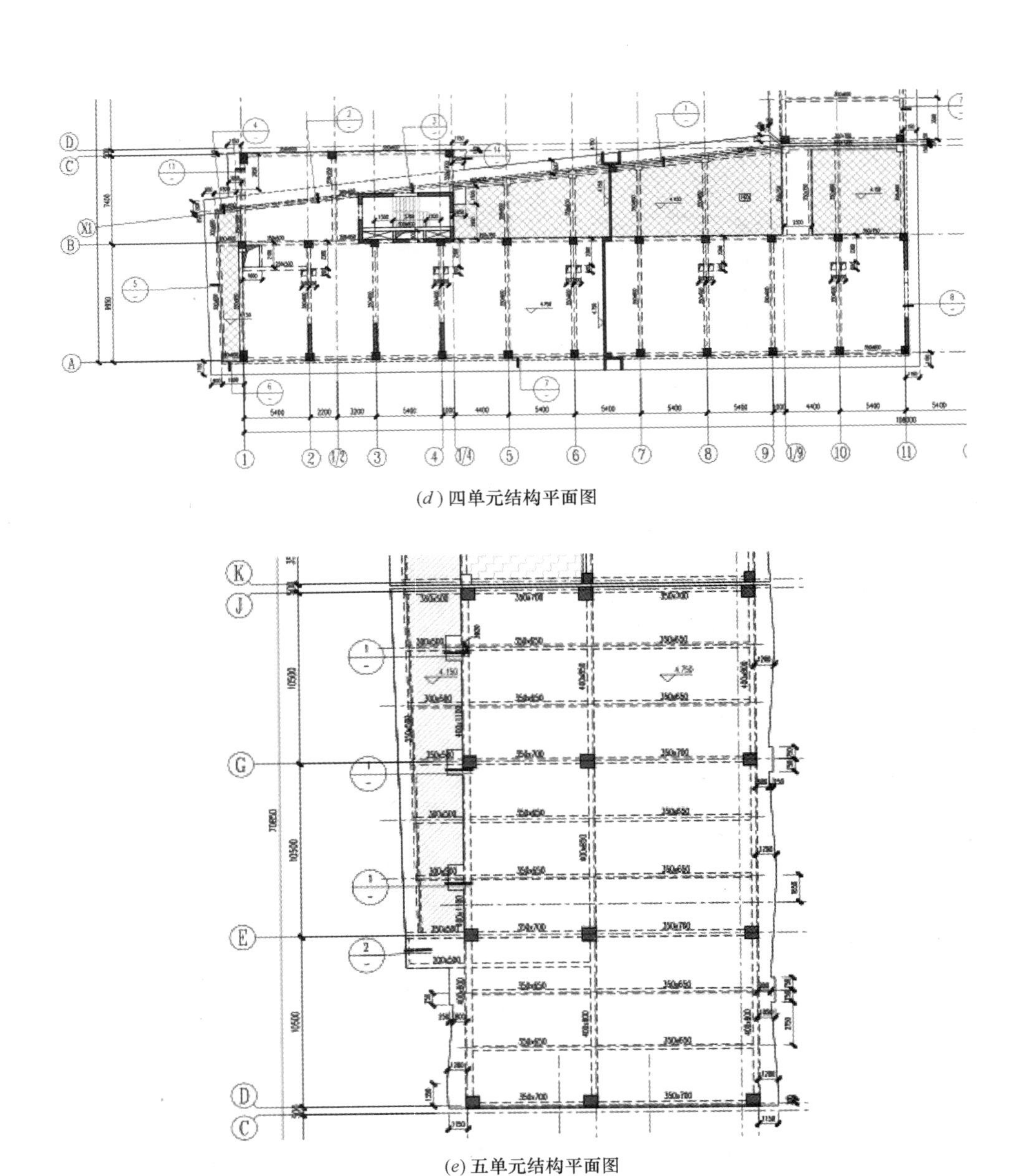

(*d*) 四单元结构平面图

(*e*) 五单元结构平面图

图 78-2 各单元结构平面图（续）

根据建筑功能要求，结合试算结果，一、二、五单元采用框架结构体系。由于建筑进深要求，局部形成单跨框架，计算时对其进行了单榀框架补充计算。三、四单元结合竖向交通核布置抗震墙，形成框架-抗震墙结构体系。

2. 楼盖体系

楼盖体系均采用普通梁、板结构，布置单向次梁，间距为 3～4m。楼板厚度一般为 120mm，局部为 150mm。

三、地基基础方案

本工程一般采用天然地基，持力层为细砂层，地基承载力标准值为 100kPa，地基承载力不足处采用 CFG 桩复合地基。基础形式一般为变厚度筏板基础，局部为柱下独立基础。普通地下室的筏板厚度为 500mm，核心筒底部的筏板厚度为 850mm，利用局部变厚度筏板方案进一步扩散核心筒的压力，使基底压力趋于均匀。

结构方案评审表

结设质量表（2016）

<table>
<tr><td rowspan="2">项目名称</td><td colspan="2" rowspan="2">房山区长阳镇起步区九号地 03-9-02 等地块</td><td>项目等级</td><td>A/B 级□、非 A/B 级■</td></tr>
<tr><td>设计号</td><td>14115</td></tr>
<tr><td>评审阶段</td><td>方案设计阶段□</td><td>初步设计阶段□</td><td colspan="2">施工图设计阶段■</td></tr>
<tr><td>评审必备条件</td><td colspan="2">部门内部方案讨论　有 ■　无 □</td><td colspan="2">统一技术条件　有 ■　无 □</td></tr>
<tr><td rowspan="4">工程概况</td><td colspan="2">建设地点：北京市　房山区</td><td colspan="2">建筑功能：创意产业园</td></tr>
<tr><td colspan="2">层数(地上/地下)：6/1</td><td colspan="2">高度(檐口高度)：21.90m</td></tr>
<tr><td colspan="2">建筑面积(m^2)：23099</td><td colspan="2">人防等级：核六</td></tr>
<tr><td colspan="2"></td><td colspan="2"></td></tr>
<tr><td rowspan="6">主要控制参数</td><td colspan="4">设计使用年限：50 年</td></tr>
<tr><td colspan="4">结构安全等级：二级</td></tr>
<tr><td colspan="4">抗震设防烈度、设计基本地震加速度、设计地震分组、场地类别、特征周期
8 度、0.20g、第一组、Ⅱ类、0.35s</td></tr>
<tr><td colspan="4">抗震设防类别：丙类</td></tr>
<tr><td colspan="4">主要经济指标：</td></tr>
<tr><td colspan="4"></td></tr>
<tr><td rowspan="9">结构选型</td><td colspan="4">结构类型：钢筋混凝土框架-剪力墙、框架结构</td></tr>
<tr><td colspan="4">概念设计、结构布置：</td></tr>
<tr><td colspan="4">结构抗震等级：剪力墙：二级；框架-剪力墙结构中的框架：三级；框架结构（二级）</td></tr>
<tr><td colspan="4">计算方法及计算程序：</td></tr>
<tr><td colspan="4">主要计算结果有无异常（如：周期、周期比、位移、位移比、剪重比、刚度比、楼层承载力突变等）；满足规范要求</td></tr>
<tr><td colspan="4">伸缩缝、沉降缝、防震缝：设防震缝</td></tr>
<tr><td colspan="4">结构超长和大体积混凝土是否采取有效措施：设后浇带</td></tr>
<tr><td colspan="4">有无结构超限：无</td></tr>
<tr><td colspan="4"></td></tr>
<tr><td rowspan="6">基础选型</td><td colspan="4">基础设计等级：乙级</td></tr>
<tr><td colspan="4">基础类型：筏板基础</td></tr>
<tr><td colspan="4">计算方法及计算程序：盈建科结构设计软件中的基础计算模块</td></tr>
<tr><td colspan="4">防水、抗渗、抗浮：</td></tr>
<tr><td colspan="4">沉降分析：</td></tr>
<tr><td colspan="4">地基处理方案：局部 CFG 复合地基</td></tr>
<tr><td>新材料、新技术、难点等</td><td colspan="4"></td></tr>
<tr><td>主要结论</td><td colspan="4">结构选型可行。建议：1. 进一步比选基础方案，采用筏板式 GFG 桩方案。2. 单榀框架宜加柱，或增加单榀分析。3. 可比选框剪方案</td></tr>
<tr><td colspan="2">工种负责人：鲁昂　　　　日期：2016.6.7</td><td colspan="3">评审主持人：尤天直　　　　日期：2016.6.13</td></tr>
</table>

注意：1. 评审申请时间：一般项目应在初步设计完成之前，无初步设计的项目在施工图 1/2 阶段。

2. 工种负责人、审核人必须参加评审会，审定人以及项目组其他人员应尽量参会。工种负责人负责项目组与会人员的通知事宜，在必要时可邀请建筑专业相关人员出席。

3. 评审后工种负责人应填写《结构方案评审意见回复表》，逐条回复《结构方案评审表》和《会议纪要》中提出的评审意见，并在签署齐全后归档。

会议纪要

2016年6月13日

“房山区长阳镇起步区九号地03-9-02等地块”施工图设计阶段结构方案评审会

评审人：谢定南、罗宏渊、王金祥、尤天直、陈文渊、徐琳、张亚东、王大庆

主持人：尤天直　　记录：王大庆

介　绍：鲁昂

结构方案：地上6层，地下1层（局部无地下室）。地上设缝，分为5个结构单元：1号、2号、5号单元采用混凝土框架结构体系，3号、4号单元采用混凝土框架-剪力墙结构体系。

地基基础方案：一般采用天然地基，地基承载力不足处采用CFG桩复合地基。基础形式一般为筏板基础，局部为柱下独立基础。

评审：

1. 注意新版地震动参数区划图的影响问题。

2. 本工程将不同类型的地基、基础混合设置，过于复杂；应进一步比选地基基础方案，例如：天然地基上的筏板基础方案或CFG桩复合地基上的筏板基础方案；并建议与建筑专业协商，适当优化地下室设置。

3. 细化地基基础计算分析。考虑柱距较大、荷载较重等因素，筏板基础宜适当加厚。

4. 本工程存在多榀单跨框架，应与建筑专业进一步协商，单跨框架适当增设框架柱。当确实无法加柱时，应补充单榀模型计算分析，包络设计。

5. 细化结构分缝和结构体系的比选，可比选框架-剪力墙结构的两单元方案。

6. 核查结构计算结果，注意其真实性。

结论：

建议根据结构方案评审表的主要结论以及会议纪要内容，进一步优化结构设计。

79　荣宝斋生产基地项目

设计部门：第三工程设计研究院
主要设计人：崔青、陈文渊、尤天直、冯启磊、刘文阳

工程简介

一、工程概况

荣宝斋生产基地项目位于北京市顺义区高丽营镇，总建筑面积约 16 万 m^2。本次评审仅涉及南区，建筑面积为 6.2 万 m^2，主要建筑功能为生产车间和库房。本项目地下两层；戊区地上最高 7 层，采用混凝土框架-剪力墙结构体系；己区地上最高 5 层，采用混凝土框架结构体系；屋顶逐渐退台，为满足建筑要求，屋顶设 1 层钢框架结构。

图 79-1　建筑效果图（方框内为南区）

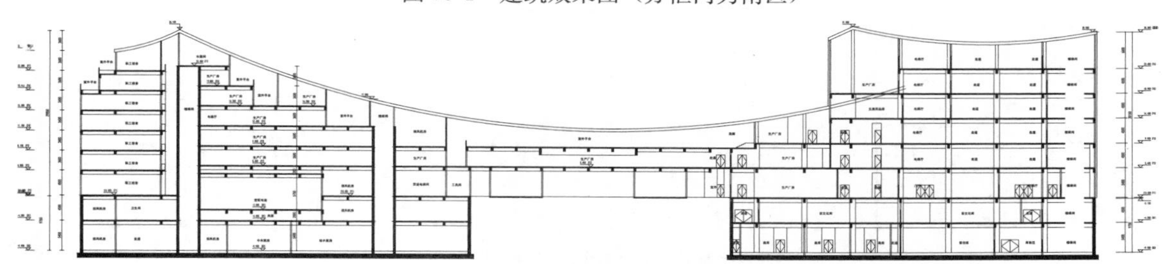

图 79-2　建筑剖面图（左为戊区，右为己区）

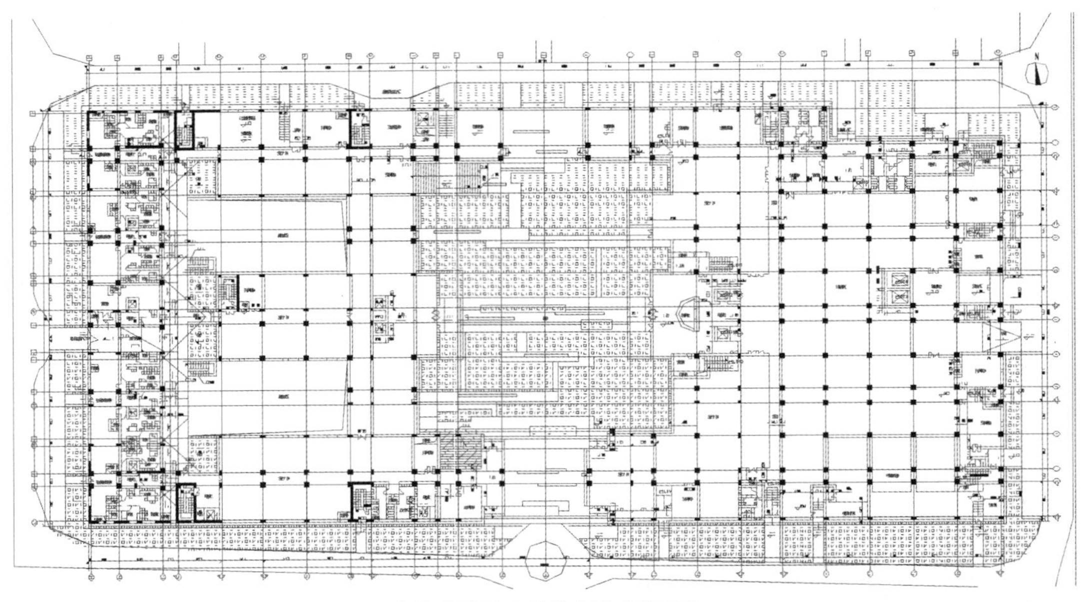

(*a*) 建筑平面图(一)(左为戊区,右为己区)

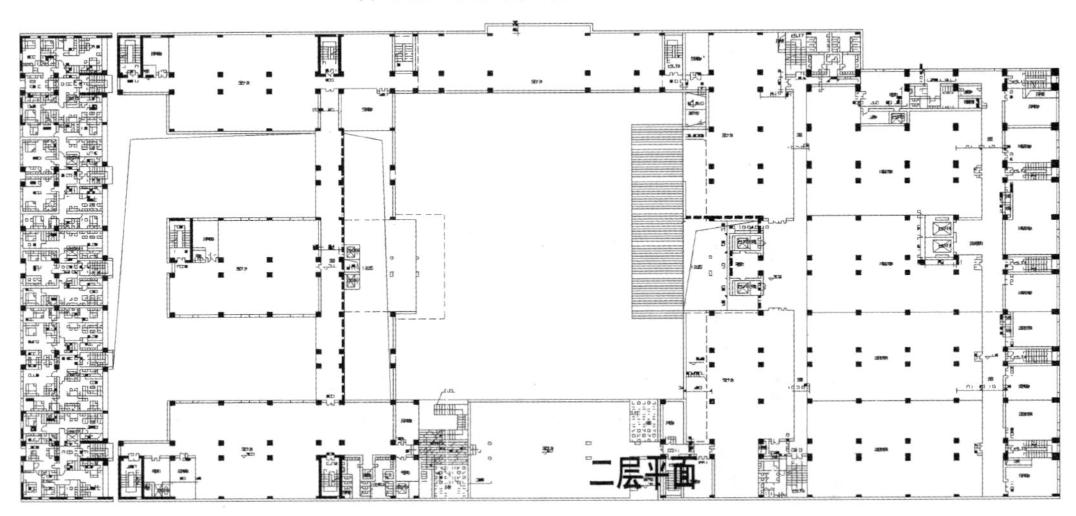

(*b*) 建筑平面图(二)(左为戊区,右为己区)

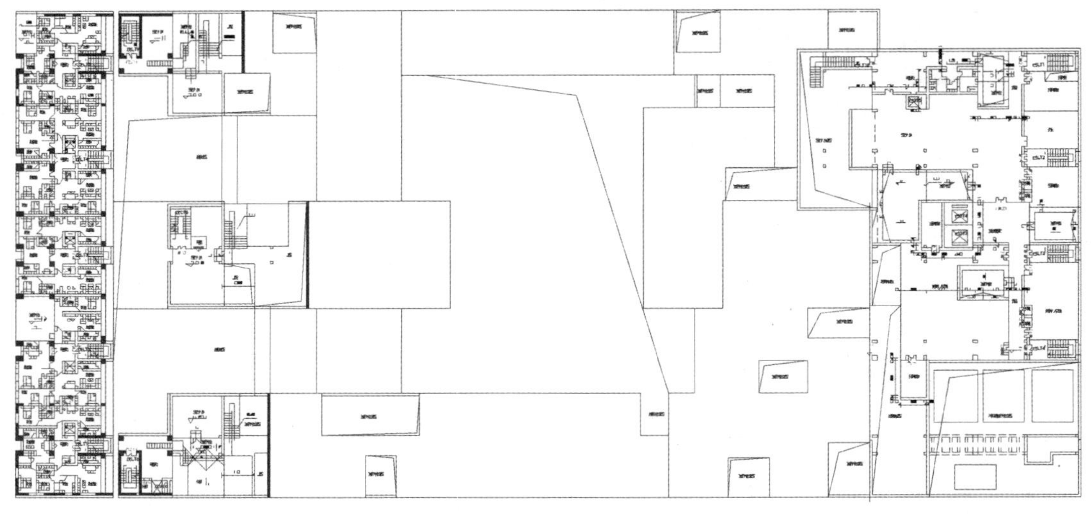

(*c*) 建筑平面图(三)(左为戊区,右为己区)

图 79-3 建筑平面图

二、结构方案

戊区利用建筑的楼、电梯间，设置竖向剪力墙筒体，构成混凝土框架-剪力墙结构体系。该体系在充分满足建筑使用功能的前提下，具有较好的结构安全性。檐口高度最高为 32m。戊区柱截面：900mm×900mm、900mm×600mm；墙厚：400mm、350mm；梁截面：400mm×750mm、400mm×700mm；板厚：首层为 180mm，其他层为 120mm。

己区由于主要用于库房，采用混凝土框架结构体系。己区柱截面：1000mm×1000mm、900mm×900mm、900mm×600mm；梁截面：400mm×1000mm、400mm×800mm；板厚：首层为 200mm，其他层为 150mm。

各混凝土结构屋顶上设 1 层钢框架结构，形成建筑要求的下凹形屋面。钢柱截面：500mm×500mm×20mm、600mm×600mm×20mm；H 型钢梁：H500/200×300×11×18mm、H700×300×20×20mm、HM500×300×11×18mm、HN200×100×5.5×8mm。

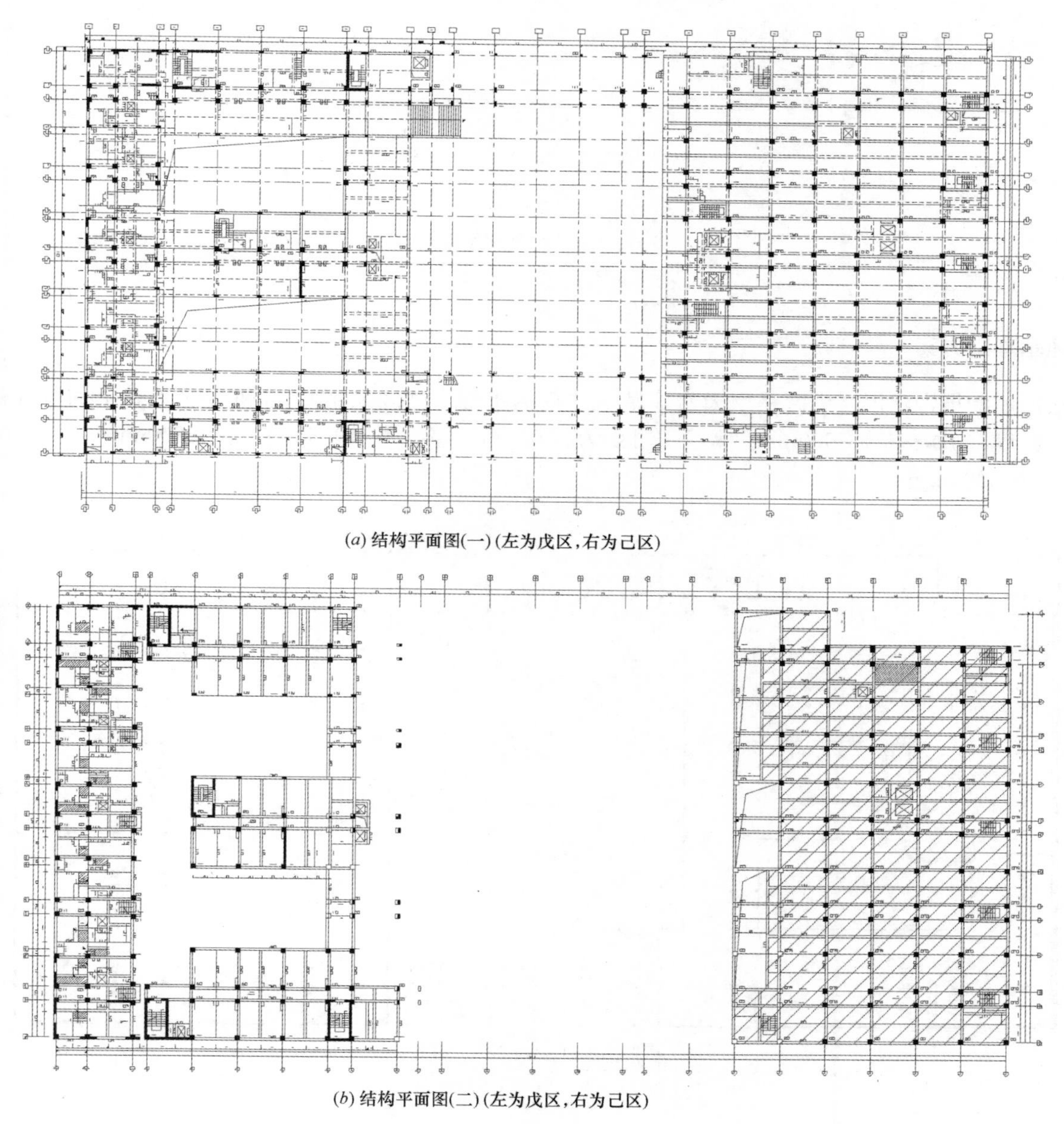

(*a*) 结构平面图(一)(左为戊区，右为己区)

(*b*) 结构平面图(二)(左为戊区，右为己区)

图 79-4　结构平面图

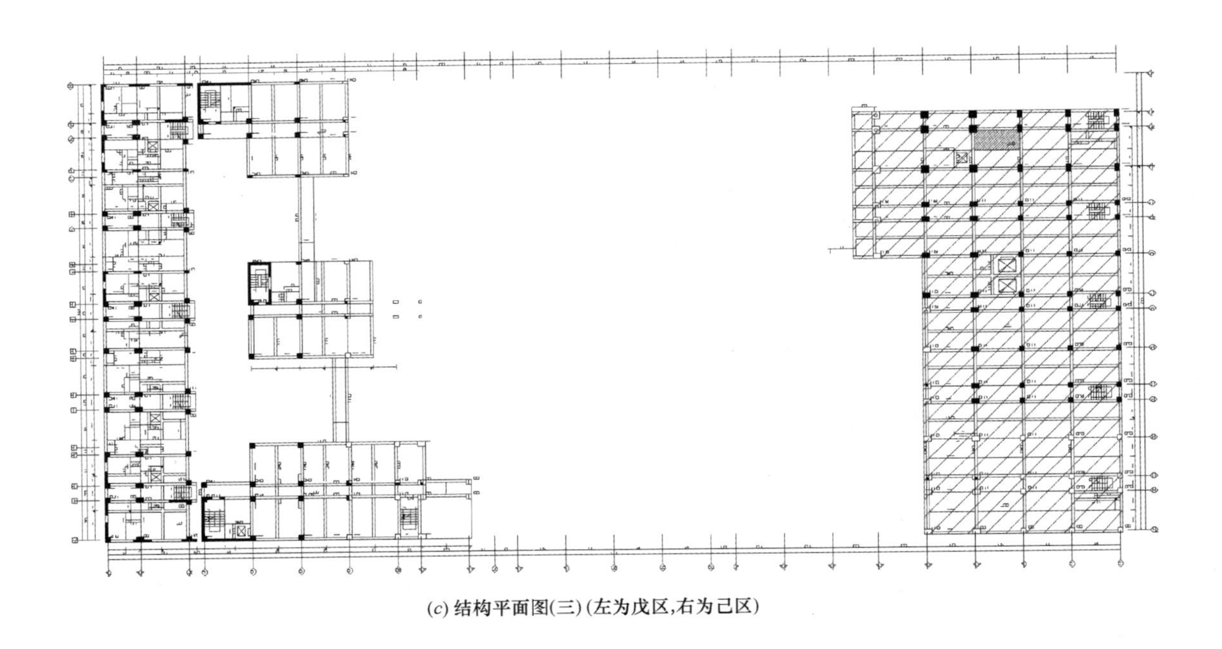

(c) 结构平面图(三)(左为戊区,右为己区)

图 79-4 结构平面图（续）

三、地基基础方案

根据地勘报告建议，戊区采用天然地基上的筏板基础，己区采用 CFG 桩复合地基上的筏板基础。基础厚度：戊区为 600mm 厚，己区为 700mm 厚，柱墩大小为 2200mm × 2200mm、3000mm×3000mm。

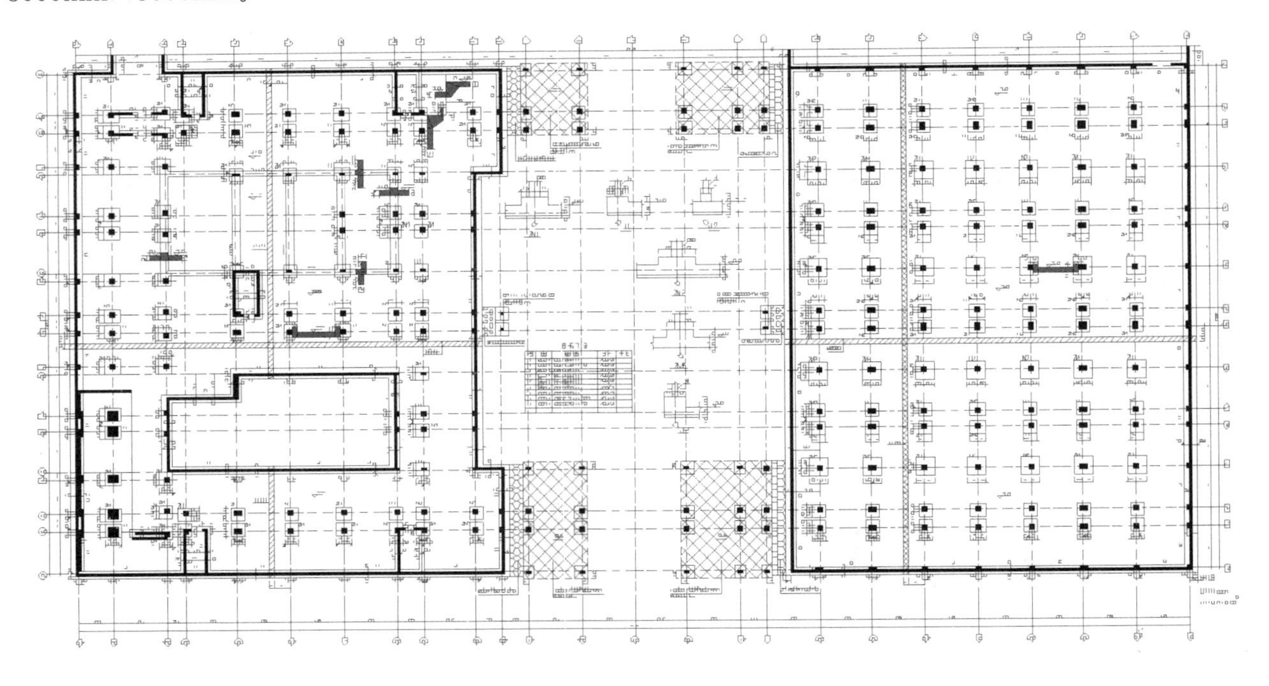

图 79-5 基础平面布置图

结构方案评审表

结设质量表（2016）

项目名称	荣宝斋生产基地项目	项目等级	A/B级□、非A/B级☑
		设计号	14570-01
评审阶段	方案设计阶段□	初步设计阶段☑	施工图设计阶段☑
评审必备条件	部门内部方案讨论　有☑　无□	统一技术条件　有☑　无□	
工程概况	建设地点　北京顺义	建筑功能　厂房	
	层数(地上/地下)7/2	高度(檐口高度)31.95m	
	建筑面积(m^2)62639	人防等级　无	
主要控制参数	设计使用年限　50年		
	结构安全等级　二级		
	抗震设防烈度、设计基本地震加速度、设计地震分组、场地类别、特征周期 8度、0.20g、第一组、Ⅲ类、0.45s		
	抗震设防类别　丙类		
	主要经济指标		
结构选型	结构类型　戊区:框架-剪力墙、己区:框架		
	概念设计、结构布置　梁板		
	结构抗震等级　戊区:框架二级,剪力墙一级;己区:框架一级		
	计算方法及计算程序　YJK-A		
	主要计算结果有无异常(如:周期、周期比、位移、位移比、剪重比、刚度比、楼层承载力突变等)　无		
	伸缩缝、沉降缝、防震缝　设防震缝		
	结构超长和大体积混凝土是否采取有效措施　地下超长采用后浇带		
	有无结构超限　无		
基础选型	基础设计等级　乙级		
	基础类型　筏板		
	计算方法及计算程序　YJK-F		
	防水、抗渗、抗浮　YJK-F		
	沉降分析		
	地基处理方案		
新材料、新技术、难点等			
主要结论	右侧结构:明确屋顶层的功能、优化结构体系、优化平面布置,注意屋顶钢梁拉力,补充弹性时程分析,注意屋顶积水积雪荷载、风荷载,注意柱拉力控制 左侧结构:平面连接弱,补充分块分榀结构承载力分析,进一步细化结构设计 屋顶钢结构按下部结构分区分缝(纵向)。 中部基础应加强整体性、相邻地下室外墙考虑附加应力影响		
工种负责人:崔青	日期:2016.6.12	评审主持人:朱炳寅	日期:2016.6.17

注意：1. 评审申请时间：一般项目应在初步设计完成之前，无初步设计的项目在施工图1/2阶段。

2. 工种负责人、审核人必须参加评审会，审定人以及项目组其他人员应尽量参会。工种负责人负责项目组与会人员的通知事宜，在必要时可邀请建筑专业相关人员出席。

3. 评审后工种负责人应填写《结构方案评审意见回复表》，逐条回复《结构方案评审表》和《会议纪要》中提出的评审意见，并在签署齐全后归档。

会议纪要

2016年6月17日

“荣宝斋生产基地项目”初步设计阶段结构方案评审会

评审人：陈富生、谢定南、罗宏渊、王金祥、陈文渊、朱炳寅、张亚东、王大庆

主持人：朱炳寅　　　记录：王大庆

介　绍：崔青

结构方案：戊、己两区设缝分开。戊区功能为宿舍、办公和食堂等，设缝分为4个结构单元：宿舍7/−2层、办公4～6/−2层，采用混凝土框架-剪力墙结构；食堂1/0层，采用混凝土框架结构。己区为5/−2层的厂房、库房，未分缝，采用混凝土框架结构。各混凝土结构屋顶上设1层钢框架结构，形成建筑要求的下凹形屋面。

地基基础方案：戊区采用天然地基上的筏板基础，己区采用CFG桩复合地基上的筏板基础。

评审：

一、细化结构不规则情况判别，以便采取有针对性的结构措施，并注意判别是否为超限工程。

二、屋顶结构

1. 明确屋顶层的建筑功能，以进一步比选和优化结构体系，宜尽量避免采用混合结构体系。

2. 适当优化屋顶结构分缝方案，纵向按下部结构单元分缝。

3. 补充弹性时程分析，以计入屋顶高振型对结构的影响。

4. 屋顶为下凹形轻屋面，应注意屋顶钢梁拉力，注意屋顶积水、积雪荷载和风荷载。

5. 屋面坡度较大，应注意屋顶结构的稳定性。

三、注意柱拉力控制，例如：屋顶悬挑钢梁引起的柱拉力、小柱距边跨的边柱拉力等。

四、右侧结构（己区）为8度区的6层厂房、库房，层高较高（4.5m），活荷载大（20kN/m^2），应与建筑专业进一步协商，优化结构体系和平面布置，适当设置剪力墙，比选框架-剪力墙结构方案。

五、左侧结构（戊区）的平面连接弱，协同作用差，应补充相应的分块、分榀结构承载力分析，包络设计。

六、进一步优化剪力墙布置，使之尽量均匀；长墙肢适当开洞，以保证其延性。

七、进一步比选和优化地基基础方案，处理好基底高差处基础之间的相互关系；平面中部的基础应加强整体性，相邻的地下室外墙应考虑附加应力的影响。

八、进一步细化结构设计，适当优化结构布置和构件截面尺寸，注意重点部位加强和细部处理。

结论：

建议根据结构方案评审表的主要结论以及会议纪要内容，进一步优化结构设计。

80　首钢老工业区改造西十冬奥广场项目职工倒班公寓

设计部门：第二工程设计研究院
主要设计人：王树乐、郭俊杰、施泓、朱炳寅、居易

工程简介

一、工程概况

本项目位于新首钢高端产业综合服务区北部西十筒仓冬奥组委用地内，为改、扩建项目。原建筑建于1992年，由4栋单体建筑组成：空压机站、返焦返矿仓、配电室、转运站，地上2～5层，无地下室。改建后的建筑地上6～7层，建筑使用功能为餐饮、办公、宿舍等，改建后的建筑面积为9826m²。原建筑平面布置图如下：

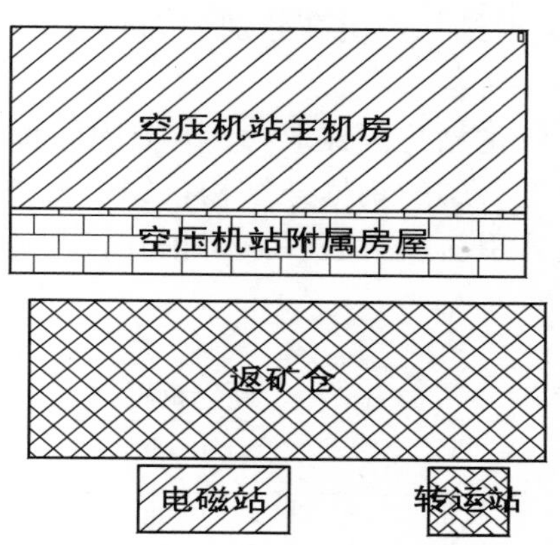

图80-1　原建筑平面布置图

二、结构方案

项目分为南、北两个分区。北区由原空压机站改建而成；南区由原返矿仓、电磁站、转运站改建而成。各区建筑均由新建建筑、原建筑保留部分组成，分区布置详见建筑分区平面图。

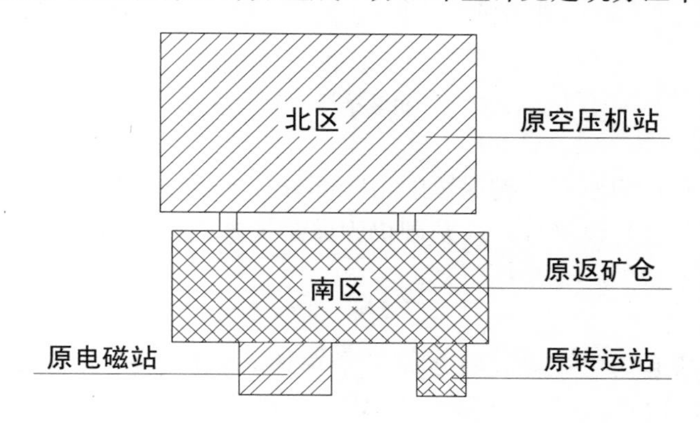

图80-2　建筑分区平面图

1. 结构布置

1）北区

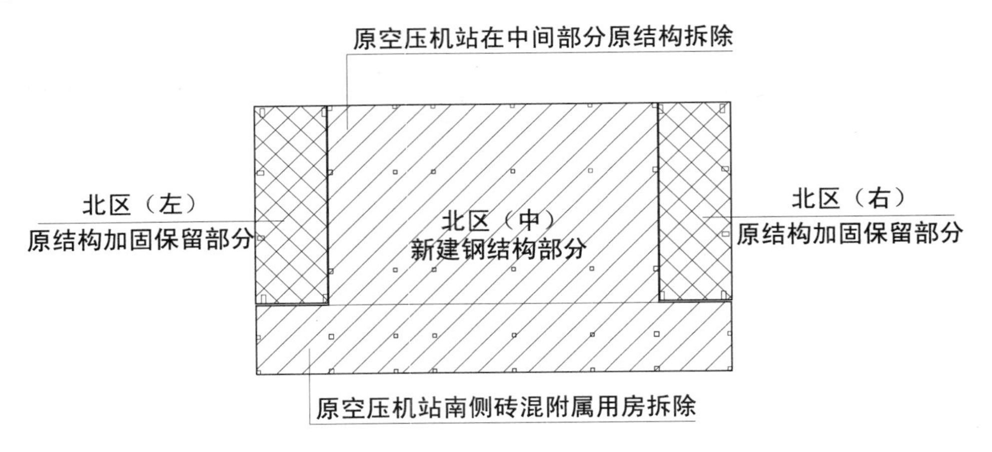

图 80-3　北区建筑平面布置示意图

原空压机站由主站房及辅助用房组成。主站房地上两层：二层楼面标高 4.500m，屋顶檐口标高约 13.540m。结构形式为预制梁、预制柱、吊车梁、柱间支撑、屋面支撑及屋面板组成的整体装配式结构。主站房南侧的附属用房为 3 层砖混结构，层高分别为 5m、1m、4.5m，二层楼板为现浇楼板，三层及屋面为预制楼板结构。

根据改建后的建筑功能需要，将主站房原结构 2～7 轴中间部位的地上部分拆除（保留基础），主站房南侧附属用房拆除，新建地上 7 层的钢框架结构，钢框架抗震等级为三级，新建部分与北区（左）、北区（右）设缝脱开。基础采用新设大直径人工挖孔桩与原基础相结合的方式。结构剖面示意图如下：

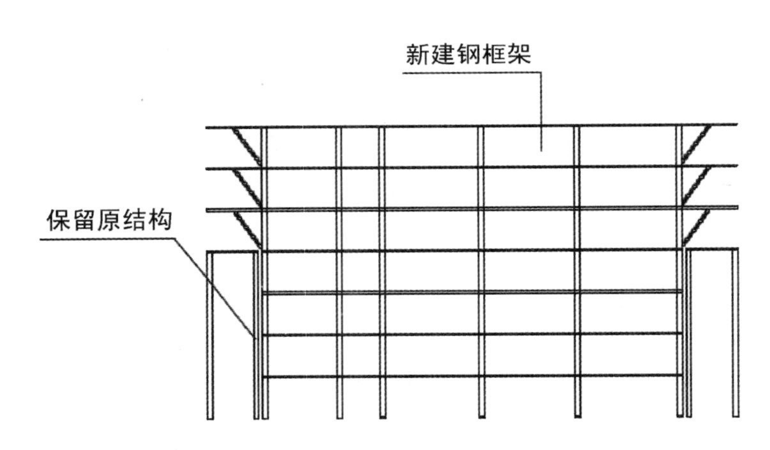

图 80-4　北区结构剖面示意图

北区（左）及北区（右）为原有结构保留的边跨部分，通过增加柱间支撑及节点加固方式，改造为混凝土框架结构，与北区（中）设缝分开，基础仍为原结构基础，不需加固。此区域施工时严禁破坏原结构东、西侧围护墙。

2）南区

南区的原建筑包括返矿仓、电磁站、转运站三个单体。返料仓的原结构为地上 3 层，层高分别为 12.7m、6m、1～8m（坡屋面），在首层设置层间梁支撑料斗。结构形式为现浇钢筋混凝土-钢框架结构。基础采用柱下独立柱基。目前现状只有 12.7m 标高以下的结构。电磁站的原结构为地上 3 层，层高分别为 4.6m、2.5m、4.6m。结构形式为装配整体式框架结构，框架梁、柱均为预制；二层楼面及屋面采用长向圆孔预制板，三层楼面为现浇板。基础采用柱下独立柱基。转运站的原结构为地上 5 层，层高分别为 5.1m、5.1m、5.2m、2.5m、4.0m。结构形式为装配整体式框架结构，框架梁、柱均为预制，楼面为现浇板。基础采用柱下独立柱基。

根据建筑改建后的功能需要，在原返矿仓 12.7m 标高以上增加 3 层混凝土框架结构，同时在原电磁站、转运站内部增加竖向结构构件与返矿仓主体连接，形成一个整体混凝土框架结构，框架抗震等级为二级。此区域施工时严禁破坏返料仓南、北两侧原结构围护墙；严禁破坏电磁站东、南、西侧的原结构围护墙；严禁破坏转运站东、南、西侧的原结构围护墙。结构布置示意图如下：

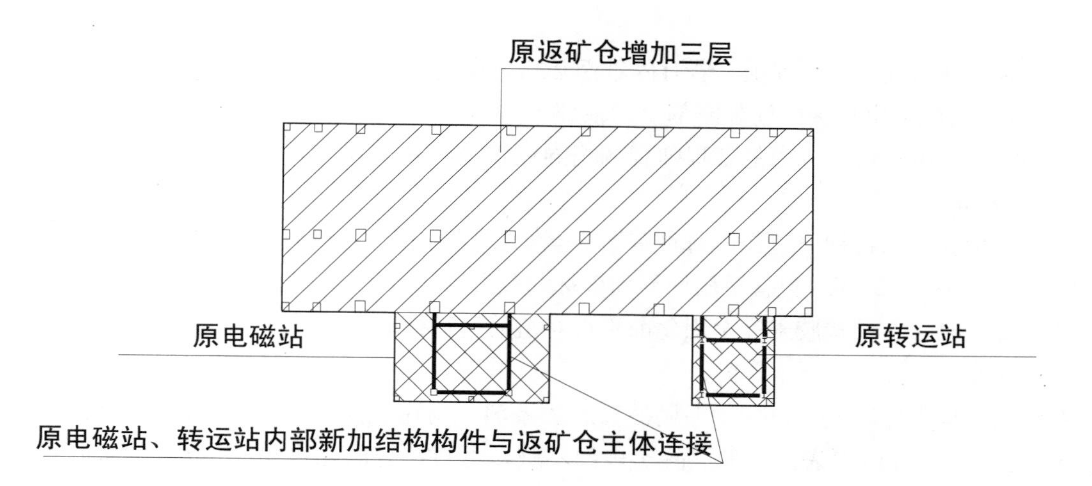

图 80-5　南区结构平面布置示意图

2. 结构加固设计

（1）原结构拆除

① 应选择具有相应资质并具备与本工程结构类型、工程规模相当的改造工程经验的施工单位，进行本工程的结构拆除、剔凿工作。

② 拆除前，应充分熟悉原厂房结构图纸以及厂房使用过程中的改造图纸，并应制定详细的施工方案，再经各相关部门确认后，方可施工。

③ 结构拆除分为局部结构全部拆除和剔凿掉混凝土保留原结构钢筋两种情况。对原结构拆除应采用无损、无震动直线切割工艺，如液压墙锯或链锯切割工艺。拆除时不影响相邻结构的安全；结构剔凿严禁采用大锤、风镐等对结构有重大影响的施工方法。在剔凿的交接面，应轻凿，避免结构因剔凿而产生内部裂缝。

④ 拆除作业前，应对整体结构进行测量，确定已建结构构件的定位及尺寸，如发现与图纸不符，应与设计单位协商解决。

⑤ 拆除原则上按自上而下，先水平、后竖向构件的原则进行。

⑥ 结构施工前，施工单位应制定详细的施工组织方案，在报经监理核准后，方可施工。

（2）加固改造原则

① 结构加固工程应由具有加固资质的施工单位严格按《建筑结构加固工程施工质量验收规范》GB 50550—2010 进行施工。

② 加固施工单位应根据现场情况和设计方提供的加固图纸，制定合理的施工方法，并深化施工图准备图纸。

③ 加固施工时，应对原有结构进行必要的支撑维护，确保施工时的结构安全性。

④ 加固顺序自下而上，逐层加固，先竖向、后水平。

⑤ 对所有新、旧混凝土的结合部位应采取有效连接措施，如凿毛、洗净等，保证新、旧混凝土结合的可靠性。

(3) 植筋加固要求

按照国家标准《建筑工程冬期施工规程》JGJ 104-97 规定，当室外平均气温连续5天稳定低于5度时，即进入冬期施工，本要求不用于冬期施工要求。

① 在原有结构构件上钻孔时，应事先探测、确定原有钢筋的位置，以保证钻孔位置与原有结构钢筋不发生冲突。

② 植筋时，钢筋宜先焊后种植。若有困难而必须后焊时，其焊点距基材混凝土表面应大于15d，且应采用冰水浸渍的湿毛巾包裹植筋外露部分的根部。

③ 植筋时，应由材料供应商的工程师到场指导或按产品说明操作，不应出现注胶不满、空鼓和气孔等影响工程质量的问题。

④ 每种结构胶、每种钢筋直径、每种基层应至少在现场进行3组静力拉拔破坏性试验，不得出现混凝土基材破坏和拔出破坏（包括沿胶筋界面破坏和胶混凝土界面破坏）。

⑤ 植筋加固时，在结构胶未完全固化前不得对植筋进行扰动。

(4) 粘钢加固要求

① 对混凝土构件原表面，可用硬毛刷沾高效洗涤剂，刷除表面油垢后，用冷水冲洗，再对粘贴面进行打磨，除去2～3mm厚表面。如混凝土表面不脏，可直接打磨除去1～2mm厚表面，用压缩空气除去粉尘或清水冲洗干净，待完全干燥后，用脱脂棉沾丙酮擦拭干净。

② 用胶粘剂粘贴钢板加固混凝土结构时，其长期使用的环境温度不应高于60度。

③ 本工程被加固构件的表面有防火要求，按《建筑防火设计规范》GB 50016 规定，粘钢加固钢板耐火时间：柱3.0小时、梁2.0小时、板1.5小时。粘钢完毕后，在钢板外层喷涂厚型防火涂料，并满足《钢结构防火涂料应用技术规范》CECS24 的相关要求；或采用25mm厚水泥砂浆保护。

④ 粘贴钢板应遵守《混凝土结构加固设计规范》GB 50367—2013 的有关规定。

(5) 后补混凝土要求

① 加固部位施工时，剔掉混凝土后，应将新、旧混凝土接合面处彻底清洗干净，再刷界面剂，用比旧混凝土高一级的无收缩混凝土浇筑新构件。

② 原结构构件保护层剔凿后，新钢筋与原钢筋焊接，再用喷射混凝土将保护层重新补齐，后补混凝土以及与原有构件的连接部位不应低于原有构件强度。

三、地基基础方案

1. 北区

经复核，北区（左）、北区（右）的原基础满足设计要求，不需加固。

北区（中）的原地基持力层为②层粉质黏土或$③_2$层碎石，地基承载力标准值为180kPa。新建结构的基础采用原结构基础＋基础梁并与新设大直径人工挖孔桩相结合的方案，人工挖孔桩以$③_2$层碎石或④层全风化砂岩为桩端持力层。

2. 南区

经复核，原结构的基础满足设计要求，不用加固。新增柱采用大直径人工挖孔桩基础，人工挖孔桩以$③_2$层碎石或④层全风化砂岩为桩端持力层。

结构方案评审表

结设质量表(2016)

<table>
<tr><td>项目名称</td><td colspan="2" rowspan="2">首钢老工业区改造西十冬奥广场项目职工倒班公寓</td><td>项目等级</td><td>A/B级□、非A/B级■</td></tr>
<tr><td></td><td>设计号</td><td>16046</td></tr>
<tr><td>评审阶段</td><td>方案设计阶段□</td><td>初步设计阶段□</td><td colspan="2">施工图设计阶段■</td></tr>
<tr><td>评审必备条件</td><td colspan="2">部门内部方案讨论　有■　无□</td><td colspan="2">统一技术条件　有■　无□</td></tr>
<tr><td rowspan="4">工程概况</td><td colspan="2">建设地点:北京市</td><td colspan="2">建筑功能:宿舍、餐饮、客房</td></tr>
<tr><td colspan="2">层数(地上/地下):7/0</td><td colspan="2">高度(檐口高度):22.8m</td></tr>
<tr><td colspan="2">建筑面积(m^2):1万</td><td colspan="2">人防等级:无</td></tr>
<tr><td colspan="2"></td><td colspan="2"></td></tr>
<tr><td rowspan="6">主要控制参数</td><td colspan="4">设计使用年限:新建部分50年;北区保留部分40年</td></tr>
<tr><td colspan="4">结构安全等级:二级</td></tr>
<tr><td colspan="4">抗震设防烈度、设计基本地震加速度、设计地震分组、场地类别、特征周期
8度、0.20g、第二组、Ⅱ类、0.40s</td></tr>
<tr><td colspan="4">抗震设防类别:标准设防类</td></tr>
<tr><td colspan="4">主要经济指标</td></tr>
<tr><td colspan="4"></td></tr>
<tr><td rowspan="9">结构选型</td><td colspan="4">结构类型:钢框架、混凝土框架</td></tr>
<tr><td colspan="4">概念设计、结构布置:原工业建筑改建为框架结构的民用建筑</td></tr>
<tr><td colspan="4">结构抗震等级:一级剪力墙、一级框架</td></tr>
<tr><td colspan="4">计算方法及计算程序:YJK</td></tr>
<tr><td colspan="4">主要计算结果有无异常(如:周期、周期比、位移、位移比、剪重比、刚度比、楼层承载力突变等):位移比大于1.2、楼板不连续、刚度突变</td></tr>
<tr><td colspan="4">伸缩缝、沉降缝、防震缝　有</td></tr>
<tr><td colspan="4">结构超长和大体积混凝土是否采取有效措施:超长部分进行温度应力计算</td></tr>
<tr><td colspan="4">有无结构超限:有</td></tr>
<tr><td colspan="4"></td></tr>
<tr><td rowspan="6">基础选型</td><td colspan="4">基础设计等级:乙级</td></tr>
<tr><td colspan="4">基础类型:独立柱基+桩基</td></tr>
<tr><td colspan="4">计算方法及计算程序:YJK</td></tr>
<tr><td colspan="4">防水、抗渗、抗浮　有抗浮问题　无</td></tr>
<tr><td colspan="4">沉降分析</td></tr>
<tr><td colspan="4">地基处理方案　无</td></tr>
<tr><td>新材料、新技术、难点等</td><td colspan="4"></td></tr>
<tr><td>主要结论</td><td colspan="4">北侧保留的单跨结构应设置交叉支撑、分清地基处理与主体结构基础设计的关系,地基处理后应有检测报告作为上部结构基础设计依据,注意外墙及抗风柱对结构的影响,细化加固设计
(全部内容均在此页)</td></tr>
<tr><td colspan="2">工种负责人:王树乐　郭俊杰</td><td>日期:2016.6.17</td><td>评审主持人:朱炳寅</td><td>日期:2016.6.17</td></tr>
</table>

注意:1. 评审申请时间:一般项目应在初步设计完成之前,无初步设计的项目在施工图1/2阶段。

2. 工种负责人、审核人必须参加评审会,审定人以及项目组其他人员应尽量参会。工种负责人负责项目组与会人员的通知事宜,在必要时可邀请建筑专业相关人员出席。

3. 评审后工种负责人应填写《结构方案评审意见回复表》,逐条回复《结构方案评审表》和《会议纪要》中提出的评审意见,并在签署齐全后归档。

81　通州潞城镇棚户区改造项目（A 区）

设计部门：人居环境事业部
主要设计人：蔡扬、曾金盛、常林润、朱炳寅、包梓彤、朱正洋、李芳、杨勇

工 程 简 介

一、工程概况

本工程位于北京市通州区潞城镇，建筑面积：西南角地块约 17.88 万 m^2，东北角地块约 8.34 万 m^2，建筑的主要功能为住宅、地下车库、养老设施、幼儿园、配套设施等。建筑效果图和各子项概况如下：

图 81-1　建筑效果图

各子项概况如下表：

序号	子项	层数（地上/地下）	房屋高度(m)	结构形式	基础形式	地基
1	西南角地下车库	0/−2（3.4m 覆土）	—	框架结构	筏板基础	天然地基
2	1 号住宅	27/−3	79.5	剪力墙结构	筏板基础	CFG 桩
3	2 号住宅	20/−3	59.2	剪力墙结构	筏板基础	CFG 桩

续表

序号	子项	层数（地上/地下）	房屋高度(m)	结构形式	基础形式	地基
4	3号住宅	27/－3	79.5	剪力墙结构	筏板基础	CFG桩
5	4号住宅	27/－3	79.5	剪力墙结构	筏板基础	CFG桩
6	5号住宅	20/－3	59.2	剪力墙结构	筏板基础	CFG桩
7	6号养老设施	3/0(局部－1)	12.5	框架-剪力墙	条形基础（局部筏板）	液化处理
8	7号幼儿园	3/0	12.6	框架-剪力墙	条形基础	液化处理
9	8号～10号配套	1～2/－3	3.8～8.6	框架结构	筏板基础＋抗浮锚杆	天然地基
10	东北角地下车库	0/－3（3.4m覆土）	—	框架结构	筏板基础＋抗浮锚杆	天然地基
11	11号住宅	27/－3	79.5	剪力墙结构	筏板基础	CFG桩
12	12号住宅	27/－3	79.5	剪力墙结构	筏板基础	CFG桩
13	13号配套	1/－3	3.8	剪力墙结构	筏板基础＋抗浮锚杆	CFG桩

二、结构方案

1. 抗侧力体系

1）地下车库

采用混凝土框架结构，并结合住宅主楼位置和人防分隔，适当设置部分剪力墙，加强对主楼的嵌固作用。地下一层抗震等级为三级，其下均为四级，主楼相关范围内的抗震等级同主楼。柱网尺寸主要为8.1m×8.4m，柱截面尺寸为700mm×700mm。

地下车库为超长结构，最长边约220m。为不影响建筑使用功能，不留设伸缩缝，结合主楼位置，设置沉降后浇带和收缩后浇带，将车库分为30～40m的温度区段。

2）住宅主楼

当住宅主楼为3个户型单元时，为避免超长并减小扭转效应，设置结构缝，将其分为两个独立结构单元。住宅主楼采用混凝土剪力墙结构，剪力墙抗震等级为二级。

3）养老设施和幼儿园

养老设施和幼儿园为乙类建筑，采用混凝土框架-剪力墙结构，框架抗震等级为二级，剪力墙抗震等级为一级。

4）配套及配电室

采用混凝土框架结构，抗震等级为二级。

2. 楼盖体系

楼盖和屋盖采用现浇混凝土梁、板结构，地下车库采用主梁加大板，其余建筑结合房间功能，适当布置次梁。

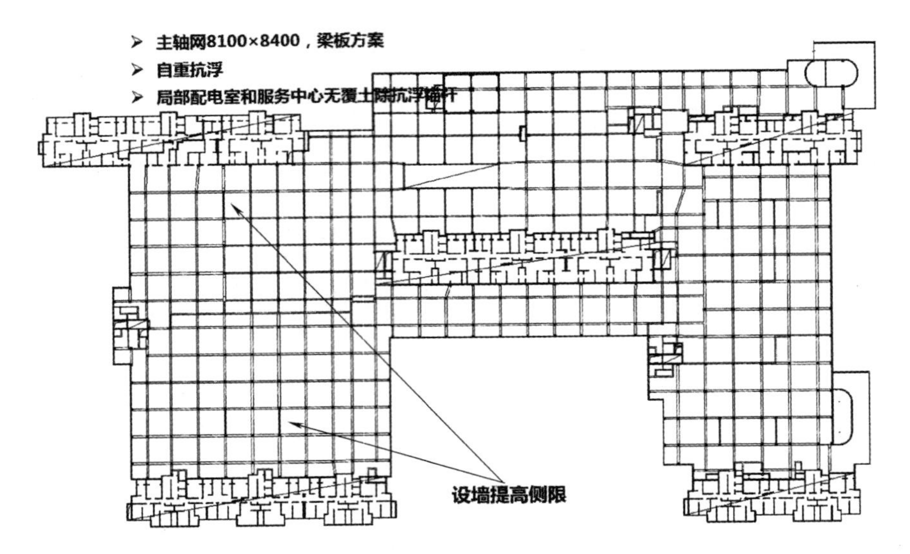

图 81-2 西南角地块地下车库典型层结构平面布置图

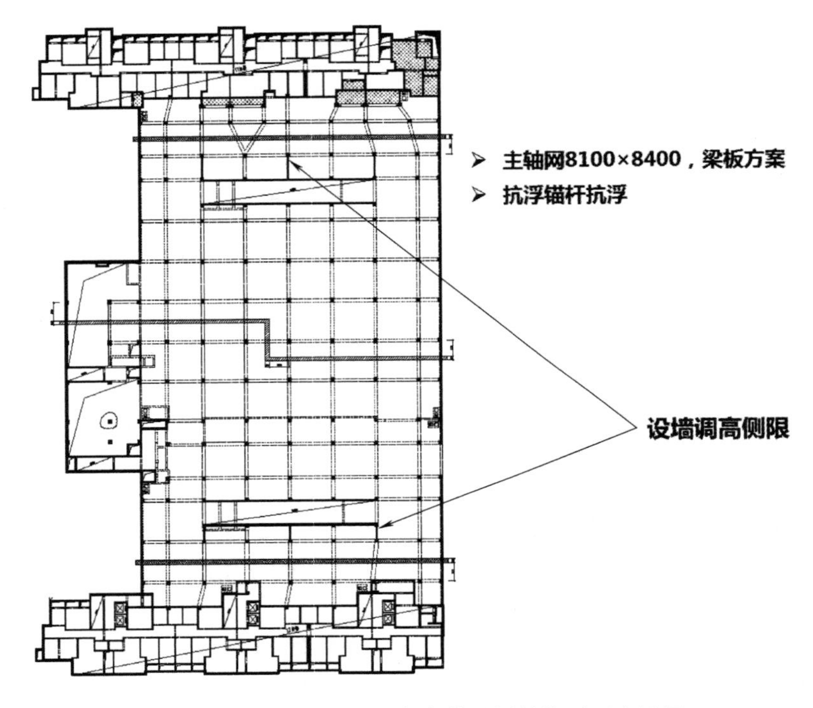

图 81-3 东北角地块地下车库典型层结构平面布置图

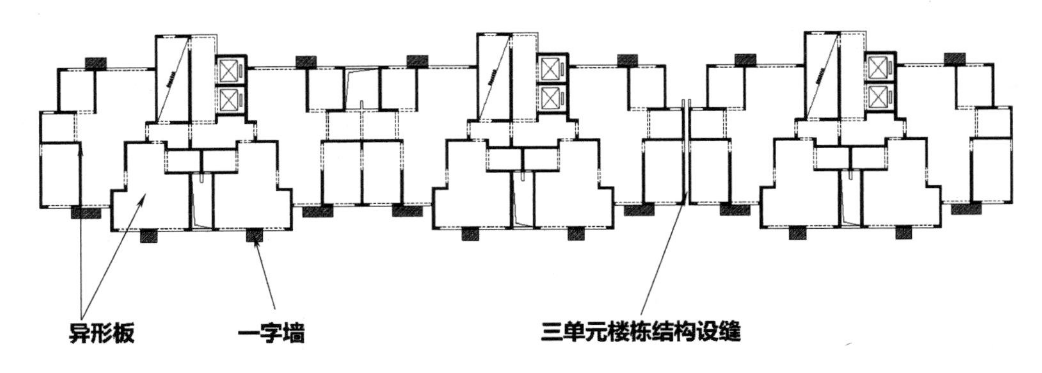

图 81-4 住宅主楼标准层结构平面布置图

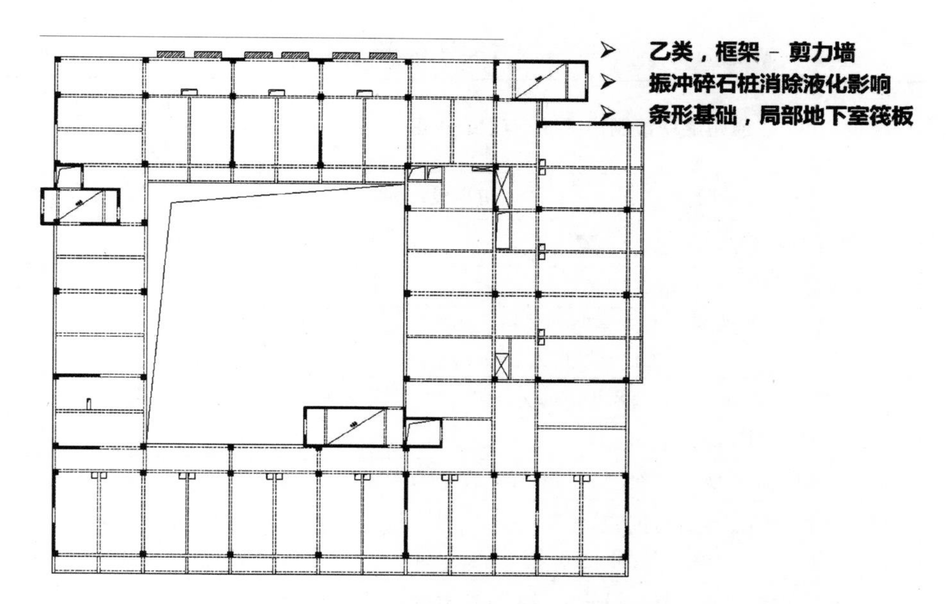

图 81-5　养老设施典型层结构平面布置图

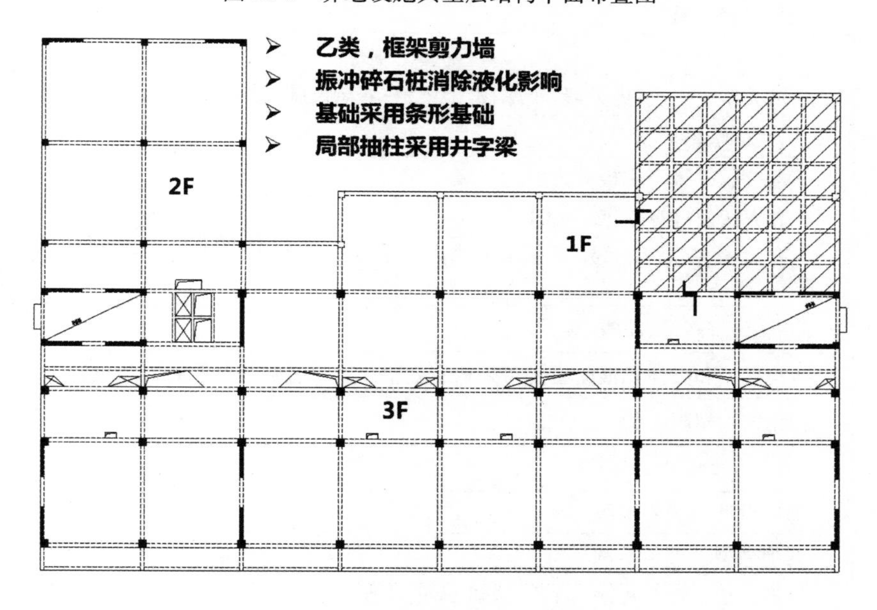

图 81-6　幼儿园典型层结构平面布置图

三、地基基础方案

西南角地块地下车库采用天然地基上的筏板基础，地基持力层为细砂④层、局部粉细砂③层。基坑开挖时挖除液化土层。西南角车库采用自重和覆土抗浮，8 号配套设施、9 号和 10 号配电室抗浮不足，采用抗拔锚杆抗浮。

东北角地块地下车库采用天然地基上的筏板基础，综合考虑的地基承载力标准值为 170kPa。东北角车库的地下水头较高，压重不满足抗浮要求，采用抗拔锚杆抗浮。

1～5 号、11 号和 12 号住宅楼采用 CFG 桩复合地基上的筏板基础，要求处理后的地基承载力标准值为：27 层住宅楼不小于 520kPa，20 层住宅楼不小于 420kPa；处理后的最终沉降量不大于 40mm。

6 号养老设施、7 号幼儿园的基底位于液化土层，采用振冲碎石桩复合地基或振冲碎石桩＋CFG 桩复合地基消除液化，要求处理后地基承载力标准值不小于 120kPa。地下室采用筏板基础，其余采用条形基础。

结构方案评审表

结设质量表（2016）

<table>
<tr><td rowspan="2">项目名称</td><td rowspan="2" colspan="3">通州潞城镇棚户区改造项目（A区）</td><td>项目等级</td><td>A/B级□、非A/B级☑</td></tr>
<tr><td>设计号</td><td>15538</td></tr>
<tr><td>评审阶段</td><td>方案设计阶段□</td><td colspan="2">初步设计阶段□</td><td colspan="2">施工图设计阶段■</td></tr>
<tr><td>评审必备条件</td><td colspan="2">部门内部方案讨论　有 ■　无 □</td><td colspan="3">统一技术条件　有 ■　无 □</td></tr>
<tr><td rowspan="3">工程概况</td><td colspan="2">建设地点　北京市海淀区</td><td colspan="3">建筑功能　住宅与车库、养老、幼儿园</td></tr>
<tr><td colspan="2">层数(地上/地下)　住宅主楼 27/3～4、20/3
车库 0/2、0/3(3.4m覆土)</td><td colspan="3">高度(檐口高度)　约 78m</td></tr>
<tr><td colspan="2">建筑面积(m^2)　17.88+8.34 万</td><td colspan="3">人防等级　核六级(局部核五级)</td></tr>
<tr><td rowspan="6">主要控制参数</td><td colspan="5">设计使用年限　50 年</td></tr>
<tr><td colspan="5">结构安全等级　二级(幼儿园、养老设施为一级)</td></tr>
<tr><td colspan="5">抗震设防烈度、设计基本地震加速度、设计地震分组、场地类别、特征周期
8 度、0.20g、第二组、Ⅲ类、0.55s</td></tr>
<tr><td colspan="5">抗震设防类别　标准设防类(幼儿园、养老设施为重点设防类)</td></tr>
<tr><td colspan="5">主要经济指标</td></tr>
<tr><td colspan="5"></td></tr>
<tr><td rowspan="9">结构选型</td><td colspan="5">结构类型　主楼：剪力墙；车库：框架梁板；养老设施、幼儿园：框剪</td></tr>
<tr><td colspan="5">概念设计、结构布置</td></tr>
<tr><td colspan="5">结构抗震等级　主楼剪力墙为二级</td></tr>
<tr><td colspan="5">计算方法及计算程序　YJK</td></tr>
<tr><td colspan="5">主要计算结果有无异常(如：周期、周期比、位移、位移比、剪重比、刚度比、楼层承载力突变等)　无</td></tr>
<tr><td colspan="5">伸缩缝、沉降缝、防震缝　设置</td></tr>
<tr><td colspan="5">结构超长和大体积混凝土是否采取有效措施　设置后浇带和补充温度计算</td></tr>
<tr><td colspan="5">有无结构超限　无</td></tr>
<tr><td colspan="5"></td></tr>
<tr><td rowspan="6">基础选型</td><td colspan="5">基础设计等级　甲级</td></tr>
<tr><td colspan="5">基础类型　筏板基础</td></tr>
<tr><td colspan="5">计算方法及计算程序　YJK 基础、理正基础</td></tr>
<tr><td colspan="5">防水、抗渗、抗浮　西南角地块自重抗浮，东北角地块抗浮锚杆抗浮</td></tr>
<tr><td colspan="5">沉降分析　满足</td></tr>
<tr><td colspan="5">地基处理方案　主楼采用 CFG 复合地基，车库采用天然地基</td></tr>
<tr><td>新材料、新技术、难点等</td><td colspan="5">1)车库埋深较深，东北角地块整体采用抗浮锚杆抗浮；2)项目位于东郊来广营沉降中心影响地带，沉降控制从严；3)存在液化土层，车库及主楼基坑开挖可以挖除，养老及幼儿园采用振冲碎石桩进行地基处理；4)±0.000 无法满足嵌固要求，采取包络设计</td></tr>
<tr><td>主要结论</td><td colspan="5">与甲方沟通对来广营沉降带沉降规律和沉降特征及相应结构措施由相关部门进行专门论证，细化消除液化措施和基础方案，注意地下室施工顺序，宜补充地下车库温度应力分析</td></tr>
<tr><td colspan="2">工种负责人：曾金盛</td><td>日期：2016.6.27</td><td colspan="2">评审主持人：朱炳寅</td><td>日期：2016.6.27</td></tr>
</table>

注意：1. 评审申请时间：一般项目应在初步设计完成之前，无初步设计的项目在施工图 1/2 阶段。

2. 工种负责人、审核人必须参加评审会，审定人以及项目组其他人员应尽量参会。工种负责人负责项目组与会人员的通知事宜，在必要时可邀请建筑专业相关人员出席。

3. 评审后工种负责人应填写《结构方案评审意见回复表》，逐条回复《结构方案评审表》和《会议纪要》中提出的评审意见，并在签署齐全后归档。

会议纪要

2016年6月27日

“通州潞城镇棚户区改造项目（A区）”施工图设计阶段结构方案评审会

评审人：谢定南、罗宏渊、王金祥、朱炳寅、张亚东、彭永宏、王大庆

主持人：朱炳寅　　　记录：王大庆

介　绍：曾金盛

结构方案：分为西南角、东北角两地块。西南角地块的主体为坐落于两层大底盘地下室的5栋高层住宅，另有3层的养老设施、幼儿园，养老设施设局部土1层地下室，幼儿园无地下室。东北角地块为坐落于3层大底盘地下室的2栋高层住宅。高层住宅采用混凝土剪力墙结构体系，养老设施、幼儿园采用混凝土框架-剪力墙结构体系，地下车库采用混凝土框架结构体系。

地基基础方案：工程位于来广营沉降带，且场地存在液化土层。高层住宅及地下车库埋深较深，可挖除液化土层；高层住宅采用CFG桩复合地基上的筏板基础，地下车库采用天然地基上的筏板基础。养老设施、幼儿园采用振冲碎石桩或振冲碎石桩＋CFG桩进行地基处理，消除液化；采用筏板基础。东北角地块的地下车库抗浮采用锚杆方案。

评审：

1. 与甲方沟通，由相关部门对来广营沉降带的沉降规律、沉降特征以及相应结构措施进行专门论证。
2. 注意地基沉降控制，从严控制差异沉降。
3. 摸清液化范围和液化程度，细化消除液化措施和地基基础方案，适当加强基础整体性。
4. 注意地下室施工顺序对结构的影响，并在设计文件中明确施工顺序。

结论：

建议根据结构方案评审表的主要结论以及会议纪要内容，进一步优化结构设计。

82 赣南职业技术学院建设工程规划及方案设计

设计部门：人居环境事业部
主要设计人：曾金盛、蔡扬、常林润、朱炳寅、包梓彤、朱正洋、李芳、杨勇

工程简介

一、工程概况

本工程位于江西省赣州市，总建筑面积约28万m^2，主要建筑功能为学院楼、行政办公楼、学科实训楼、图书馆、食堂、培训中心、教师公寓、学生宿舍、值班管理用房等。部分楼栋下设一层地下室，主要建筑功能为车库，局部为人防。

图82-1 建筑效果图

主要建筑单体概况如下表：

序号	子项		层数	房屋高度(m)	结构形式
1	A1 综合楼	信息智能中心	8	32.55	框架结构
		基础教育学院	2	13.05	框架结构
	A2 综合楼	行政办公中心	8	32.55	框架结构
		创业孵化中心	2、3	12.45、13.05	框-剪结构
2	A3	信息工程学院	3、4	14.40、17.80	框架结构
		经济管理学院	3、4	14.40、17.80	框架结构
3	A4	机电工程学院	3、4	14.40、17.80	框架结构

续表

序号	子项		层数	房屋高度(m)	结构形式
4	A5	人文艺术学院	3、4	13.50、16.90	框架结构
		现代服务学院	4	16.90	框架结构
5	A6	汽车工程学院	4	16.90	框架结构
		建筑工程学院	3	13.50	框架结构
		新材料工程学院	4	16.90	框架结构
6	A7	食品与园艺教学楼	4	16.90	框架结构
7	A8	畜牧与农业教学楼	4	16.90	框架结构
8	A9	现代农业实训中心	4	16.90	框架结构
9	A10	图书馆	4	18.30	框-剪结构
10	B1	风雨操场			
11	B2	体育场			
12	B3	南区学生食堂	3	14.30	框架结构
13	B4	北区学生食堂	4	18.80	框架结构
14	B5 社会技能培训中心	教工食堂	2	7.80	框架结构
		培训中心	6	21.80	框架结构
15	B6	教师单身公寓	6	21.30	框-剪结构
16	B7	值班管理用房	7	21.45	剪力墙结构
17	C1、C4～C7	多层学生公寓	3、6	11.50、21.30	框架、框-剪
18	C2、C3	多层学生公寓	3、6	11.50、21.30	框架、框-剪
19	C9、C11	高层学生公寓	3、11	11.50、38.80	框架、框-剪
20	C8、C10	高层学生公寓	3、11	11.50、38.80	框架、框-剪

二、结构方案

1. 抗侧力体系

教学楼、办公楼、食堂、培训中心、3 层学生公寓等为多层建筑，采用框架结构。大部分多层建筑的平面狭长、复杂（如 E 字形布置），设置结构缝，将其分为相对规则的结构单元。结构存在多种不规则情况：大部分建筑的首层为架空层（无填充墙）；3 层学生公寓和连廊为单跨框架；部分结构分缝处屋面两端悬挑，长度约 6m；存在穿层柱。

图书馆地上 4 层，无地下室，平面尺寸约 93.6×43.1m，房屋高度 18.3m，屋面为坡屋面。由于楼板开洞较多（例如中庭 15.7×23.8m 洞口、井字梁处 16.2m×16.2m 洞口等），东、西两侧局部抽柱退台，结构整体性受到削弱，设计时结合楼梯间，适当布置剪力墙，形成框架-剪力墙结构。框架抗震等级为四级，剪力墙抗震等级为三级。

6 层、11 层学生公寓为单跨建筑，采用框架-剪力墙结构。结合建筑平面布置，设置剪力墙，沿结构纵向的剪力墙间距约 40m。

小剧场为空旷结构，看台大悬挑约 5～7m，设置部分剪力墙，增加结构整体性，形成框架-剪力墙结构，框架抗震等级为四级，剪力墙抗震等级为三级。屋盖采用钢桁架结构，桁架高度约 2.3m。

7 层值班管理用房结合建筑特点，采用剪力墙结构，抗震等级为四级。

2. 楼盖体系

楼、屋盖采用现浇梁、板结构。经比选，各单体采用不同的楼面梁布置方案：

(1) A1、A2 综合楼一般采用主梁＋大板结构；地上结构的板厚一般为 150mm；首层楼面为嵌固端，板厚为 180mm；地下一层采用主、次梁结构，板厚为 180mm；地下二层为人防顶板，板厚取 250mm。

(2) 公寓等建筑采用主、次梁结构，结合房间隔墙布置次梁。

(3) 图书馆等建筑考虑楼板大开洞和建筑使用功能，采用主梁＋大板结构。

(4) 部分单体抽柱形成 16～18m 的局部大空间，采用井字梁结构或单向密肋梁结构。

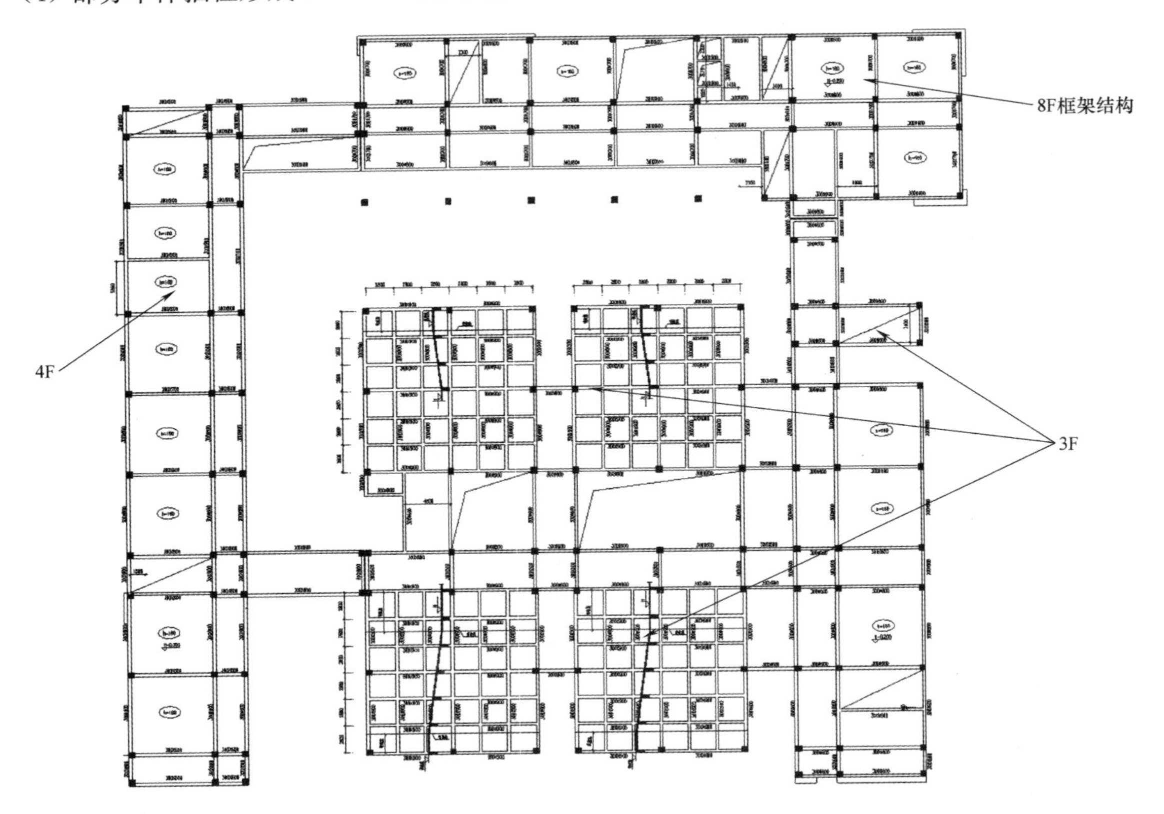

图 82-2 综合楼典型层结构平面布置图（一）

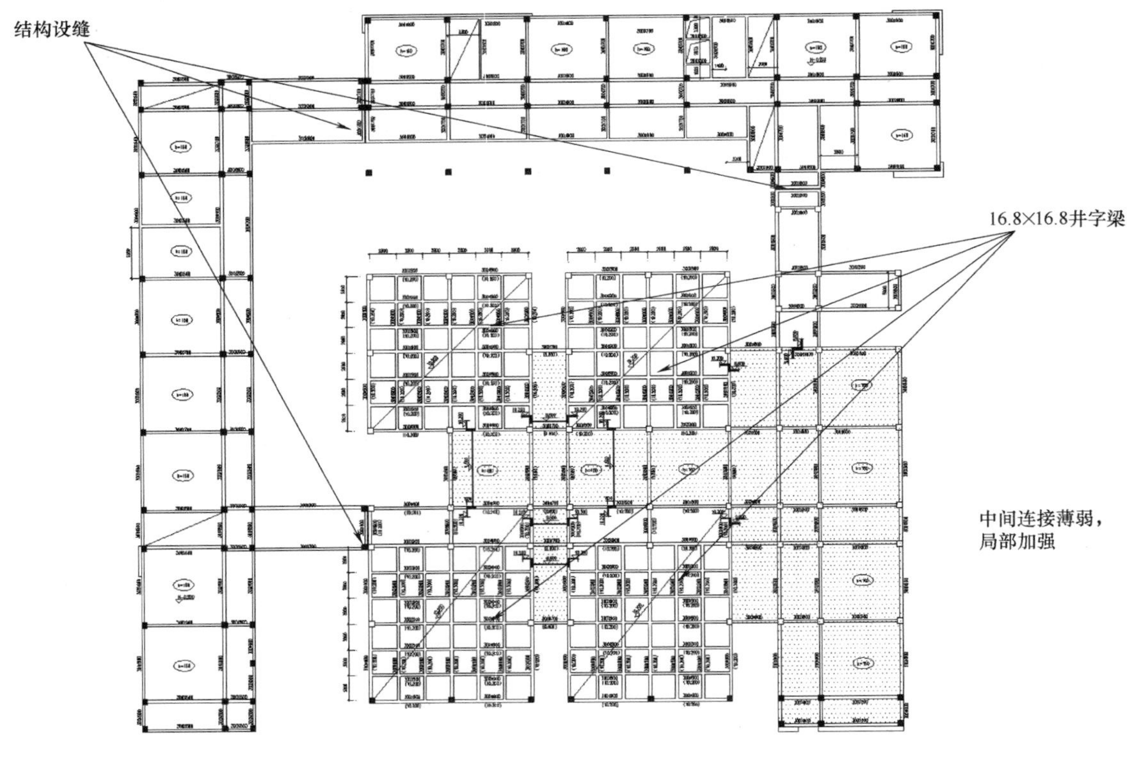

图 82-3 综合楼典型层结构平面布置图（二）

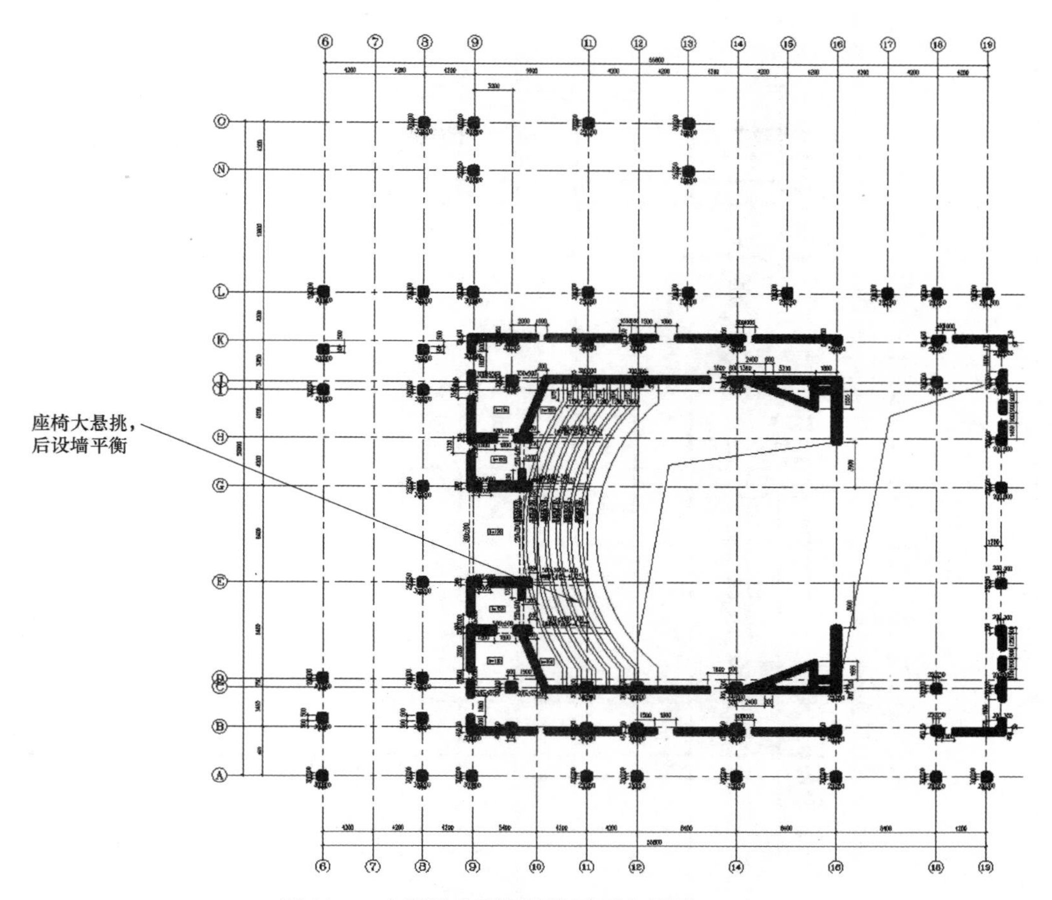

图 82-4　小剧场典型层结构平面布置图（一）

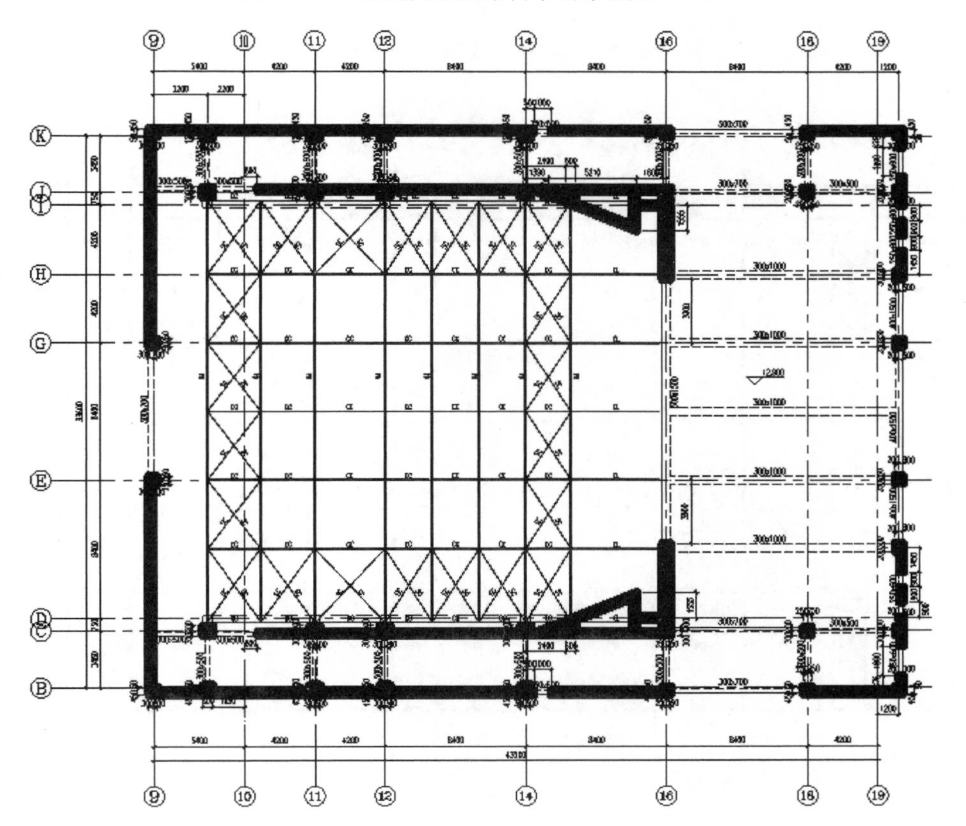

图 82-5　小剧场典型层结构平面布置图（二）

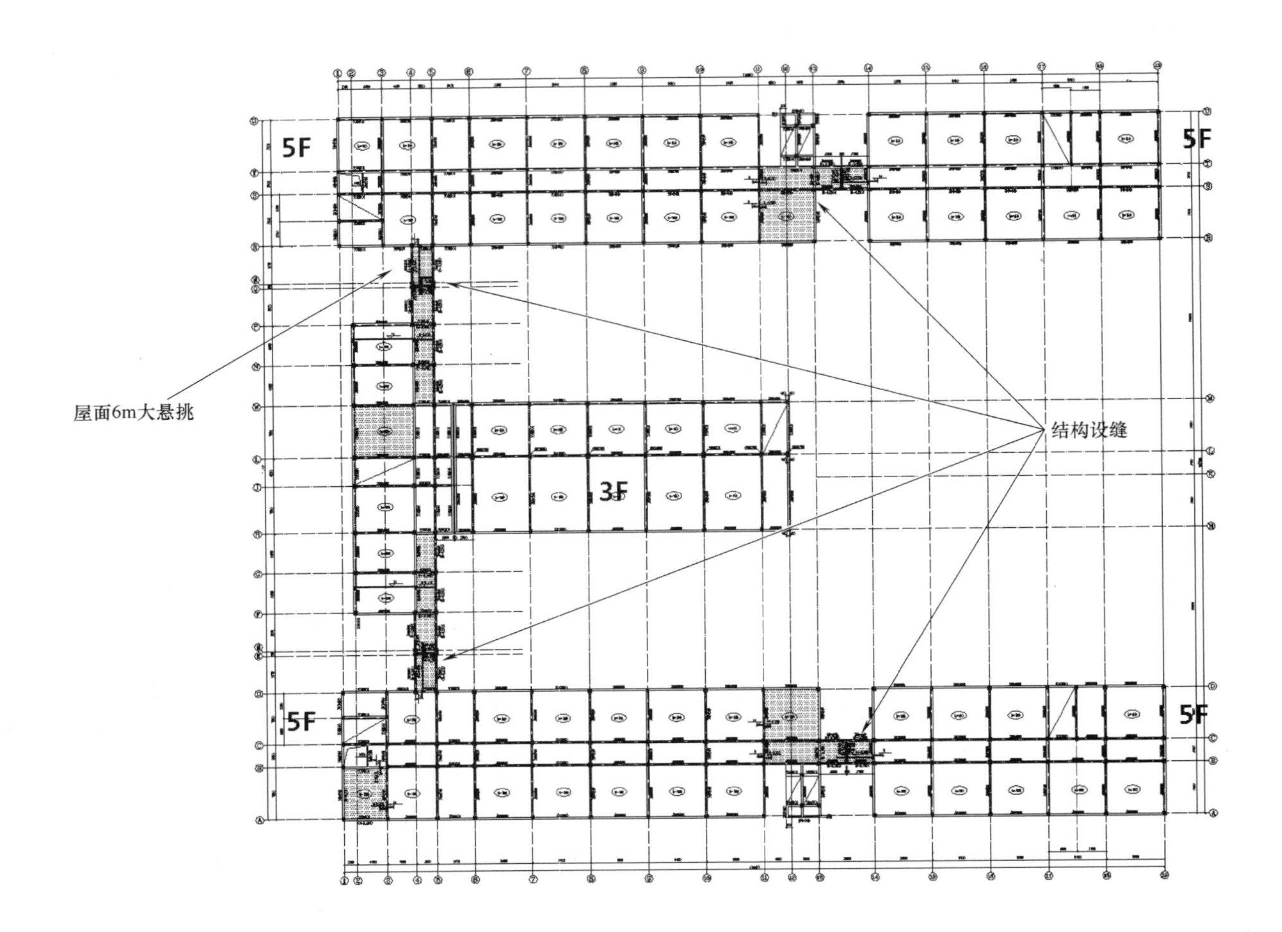

图 82-6　学院楼典型层结构平面布置图

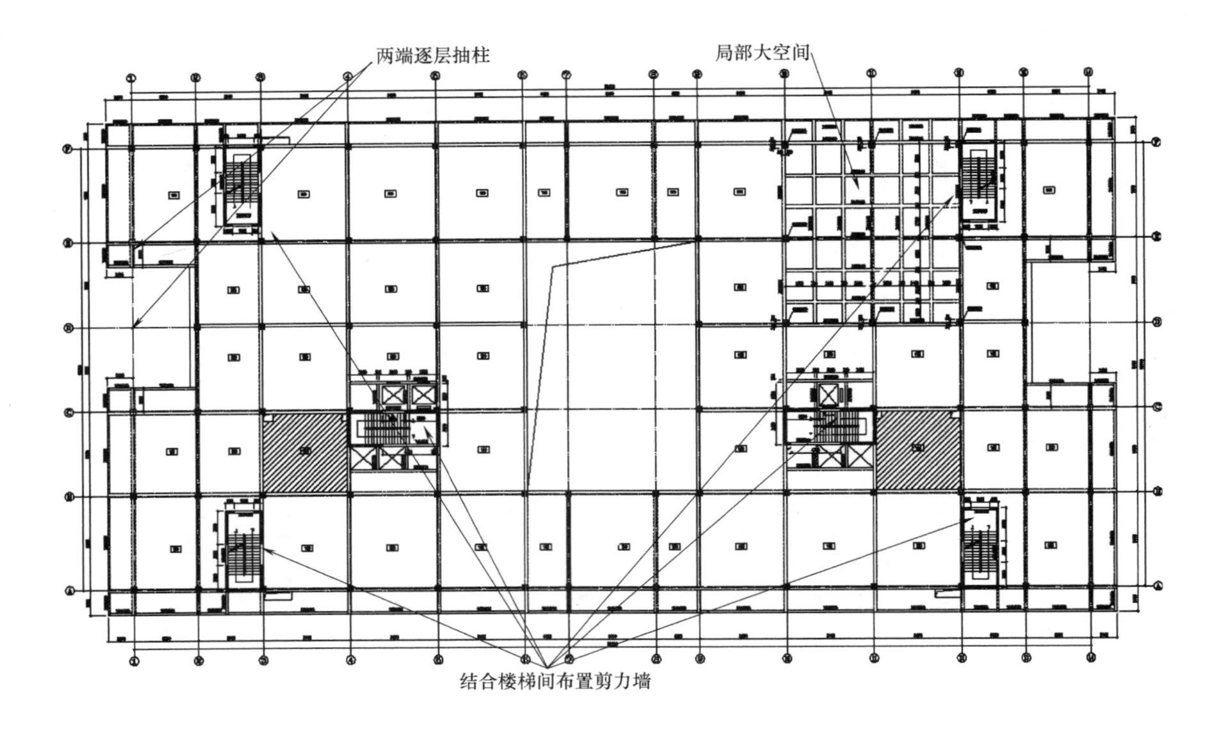

图 82-7　图书馆典型层结构平面布置图

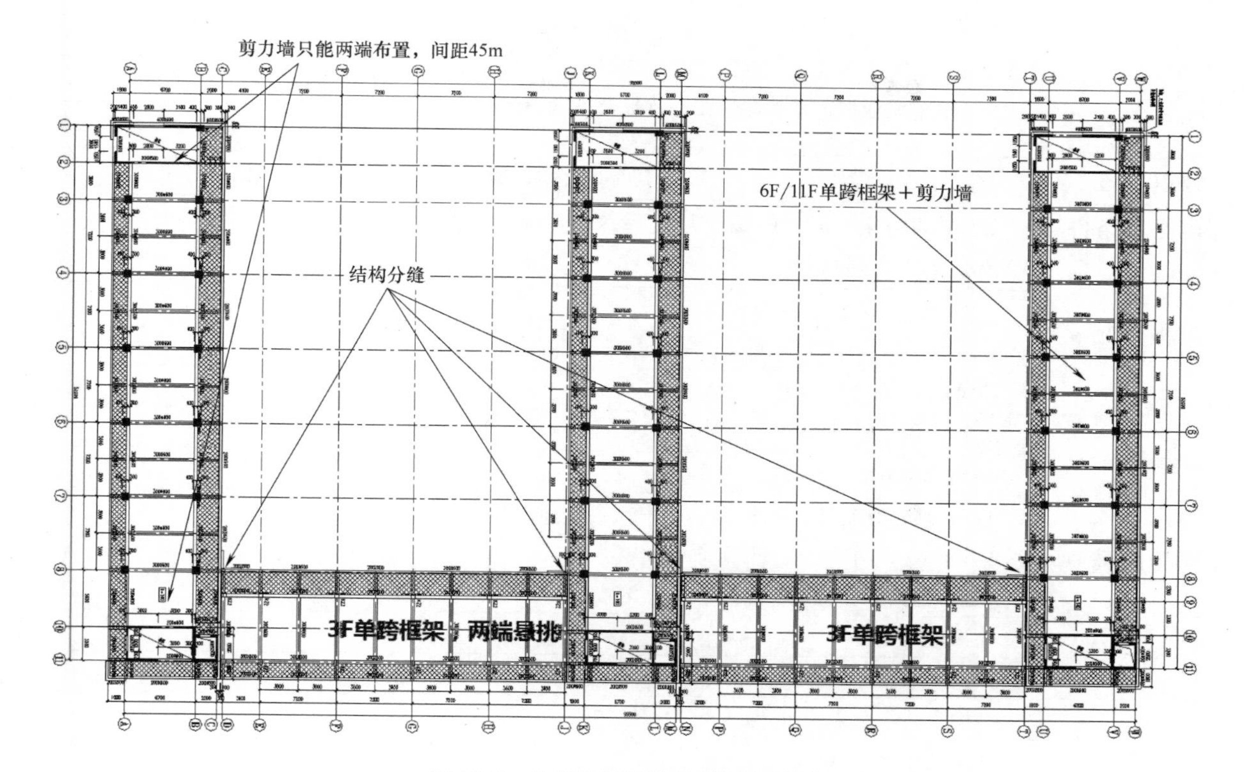

图 82-8　公寓典型层结构平面布置图

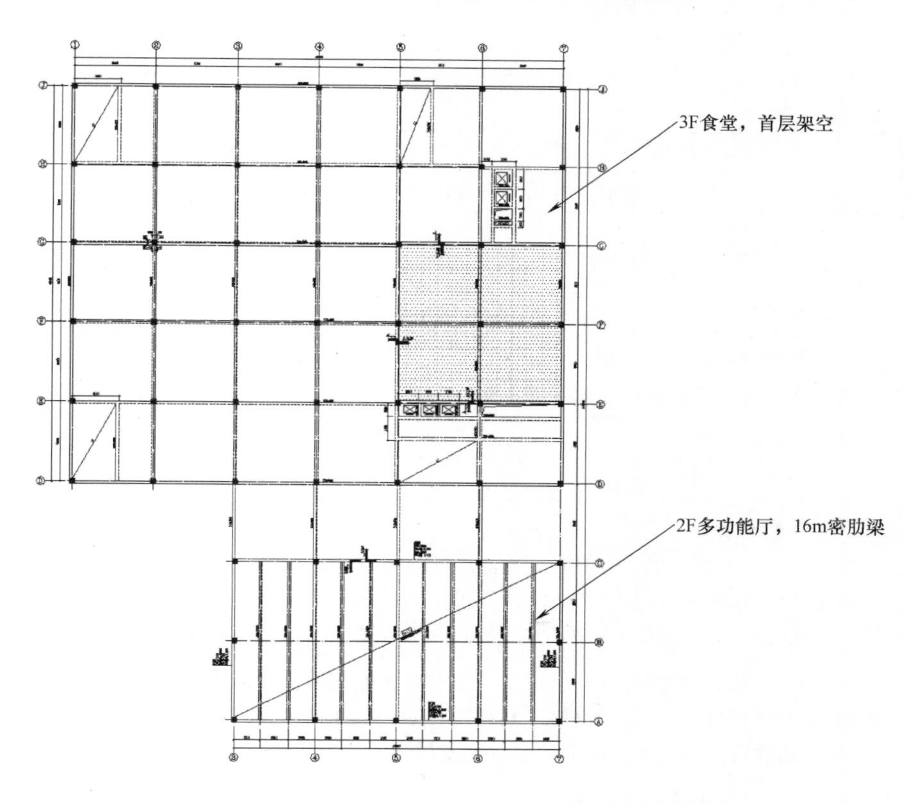

图 82-9　食堂、多功能厅典型层结构平面布置图

三、地基基础方案

因目前暂无地勘报告，地基基础方案待定。

结构方案评审表　　　　结设质量表（2016）

<table>
<tr><td rowspan="2">项目名称</td><td colspan="2" rowspan="2">赣南职业技术学院建设工程规划及方案设计</td><td>项目等级</td><td>A/B 级□、非 A/B 级☑</td></tr>
<tr><td>设计号</td><td>15191</td></tr>
<tr><td>评审阶段</td><td>方案设计阶段□</td><td>初步设计阶段■</td><td colspan="2">施工图设计阶段□</td></tr>
<tr><td>评审必备条件</td><td colspan="2">部门内部方案讨论　有 ■　无 □</td><td colspan="2">统一技术条件　有 ■　无 □</td></tr>
<tr><td rowspan="3">工程概况</td><td colspan="2">建设地点　江西赣州</td><td colspan="2">建筑功能　学校</td></tr>
<tr><td colspan="2">层数（地上/地下）　最高为 11 层
局部设一层地下室</td><td colspan="2">高度（檐口高度）　最高约 38.8m</td></tr>
<tr><td colspan="2">建筑面积（m^2）　28 万</td><td colspan="2">人防等级　局部地下核六级</td></tr>
<tr><td rowspan="6">主要控制参数</td><td colspan="4">设计使用年限　50 年</td></tr>
<tr><td colspan="4">结构安全等级　二级</td></tr>
<tr><td colspan="4">抗震设防烈度、设计基本地震加速度、设计地震分组、场地类别、特征周期
6 度：0.05g、第一组、暂按Ⅱ类、0.35s</td></tr>
<tr><td colspan="4">抗震设防类别　标准设防类</td></tr>
<tr><td colspan="4">主要经济指标</td></tr>
<tr><td colspan="4"></td></tr>
<tr><td rowspan="9">结构选型</td><td colspan="4">结构类型　框架结构、框架-剪力墙结构</td></tr>
<tr><td colspan="4">概念设计、结构布置</td></tr>
<tr><td colspan="4">结构抗震等级　详见各楼栋</td></tr>
<tr><td colspan="4">计算方法及计算程序　YJK</td></tr>
<tr><td colspan="4">主要计算结果有无异常（如：周期、周期比、位移、位移比、剪重比、刚度比、楼层承载力突变等）　无</td></tr>
<tr><td colspan="4">伸缩缝、沉降缝、防震缝　设置</td></tr>
<tr><td colspan="4">结构超长和大体积混凝土是否采取有效措施　设置后浇带和补充温度计算</td></tr>
<tr><td colspan="4">有无结构超限　无</td></tr>
<tr><td colspan="4"></td></tr>
<tr><td rowspan="6">基础选型</td><td colspan="4">基础设计等级　A1～A2 为乙级，其余为丙级</td></tr>
<tr><td colspan="4">基础类型　待详勘后确定</td></tr>
<tr><td colspan="4">计算方法及计算程序　YJK 基础、理正基础</td></tr>
<tr><td colspan="4">防水、抗渗、抗浮　无</td></tr>
<tr><td colspan="4">沉降分析</td></tr>
<tr><td colspan="4">地基处理方案</td></tr>
<tr><td>新材料、新技术、难点等</td><td colspan="4">1）部分框架单跨布置，对四层以上、高层楼座设置剪力墙形成框架-剪力墙结构；2）其中 A2 为类似剧场结构，座椅采用混凝土梁大悬挑，屋盖采用钢桁架；3）教学楼等平面不规则通过设置结构缝分割为规则结构；4）局部大空间抽柱采用井字梁楼屋盖</td></tr>
<tr><td>主要结论</td><td colspan="4">首层架空、注意结构侧向刚度计算、长矩形平面补充单榀承载力计算，注意架空引起的温度应力问题，框架结构楼梯间周边加柱，注意穿层柱验算，8 层房屋设剪力墙，优化结构布置，明确剧场要求，补充初勘或参考相邻工程完善基础方案设计</td></tr>
<tr><td colspan="2">工种负责人：曾金盛　　日期：2016.6.7</td><td colspan="3">评审主持人：朱炳寅　　日期：2016.6.27.</td></tr>
</table>

注意：1. 评审申请时间：一般项目应在初步设计完成之前，无初步设计的项目在施工图 1/2 阶段。

2. 工种负责人、审核人必须参加评审会，审定人以及项目组其他人员应尽量参会。工种负责人负责项目组与会人员的通知事宜，在必要时可邀请建筑专业相关人员出席。

3. 评审后工种负责人应填写《结构方案评审意见回复表》，逐条回复《结构方案评审表》和《会议纪要》中提出的评审意见，并在签署齐全后归档。

会议纪要

2016年6月27日

“赣南职业技术学院建设工程规划及方案设计”初步设计阶段结构方案评审会

评审人：谢定南、罗宏渊、王金祥、朱炳寅、张亚东、彭永宏、王大庆

主持人：朱炳寅　　　记录：王大庆

介　绍：曾金盛

结构方案：分为A、B、C三区，含多栋2～11层建筑，并设缝分为相对简单的结构单元。A1、A2楼设1层地下室，A3楼设局部1层地下室，其余楼栋无地下室。A2楼剧场部分（3层）、A10楼（4层）、B6楼（6层）、C区的6层及以上楼栋采用混凝土框架-剪力墙结构体系，其余楼栋（最高8层）采用混凝土框架结构体系。

地基基础方案：暂无地勘报告，待定。

评审：

1. 提请甲方尽早补充地勘报告或可靠的地质参考资料，以完善地基基础方案和结构方案的设计。
2. 细化结构超限情况判别，并相应采取有效的结构措施。
3. 重视首层架空（填充墙极少）引起的刚度突变问题，注意结构侧向刚度计算，仔细核查首层与相关上部楼层的实际侧向刚度比，避免出现软弱层和薄弱层。
4. 重视首层架空（结构外露）引起的温度应力问题，补充温度应力分析，严控温度应力，并采取可靠的防裂措施。
5. 建议提请建筑专业注意首层架空方案的合理性问题。
6. 单跨结构、长矩形平面的结构应补充单榀承载力计算，包络设计。
7. 注意单跨结构的稳定性，注意控制悬挑梁引起的单跨框架的柱拉力。
8. 注意穿层柱验算，确保其承载力和稳定性。
9. 大跨度构件、长悬臂构件应采用合理的计算方法，计入竖向地震作用。
10. 框架结构楼梯间周边加设框架柱，形成封闭框架。
11. 8层框架结构适当设置剪力墙，比选框架-剪力墙结构。
12. 明确剧场的功能和工艺要求，以优化屋面结构方案，完善屋顶钢桁架结构及其支撑体系布置，理清钢屋盖结构的下部支承条件。
13. 优化剧场台口部位的结构布置，适当设置台口柱，注意台口剪力墙的稳定性。
14. 优化剧场剪力墙的布置和厚度，以适当优化结构侧向刚度。
15. 部分结构单元的剪力墙间距偏大、墙肢偏小，应适当增设剪力墙并优化其布置。
16. 适当优化各单元的结构布置和构件截面尺寸，注意重点部位加强和细部处理，例如井字梁楼盖的边梁抗扭问题、长悬臂部位的受力合理性问题、剪力墙与相关部位的连接问题等。

结论：

建议根据结构方案评审表的主要结论以及会议纪要内容，进一步优化结构设计。

83　北京永嘉南路物业改造工程

设计部门：医疗科研建筑设计研究院
主要设计人：刘新国、刘锋、尤天直、丁思华、冯付、赵雅楠、石光

工 程 简 介

一、工程概况

本工程位于北京市海淀区北清路与永丰路交叉路口的永丰工业园内，由 B-6 楼、C-1 楼及 C-2 楼三栋现状单体建筑组成，原建筑面积为 3.10 万 m^2，原设计功能为工业厂房，现改造为综合医疗建筑。

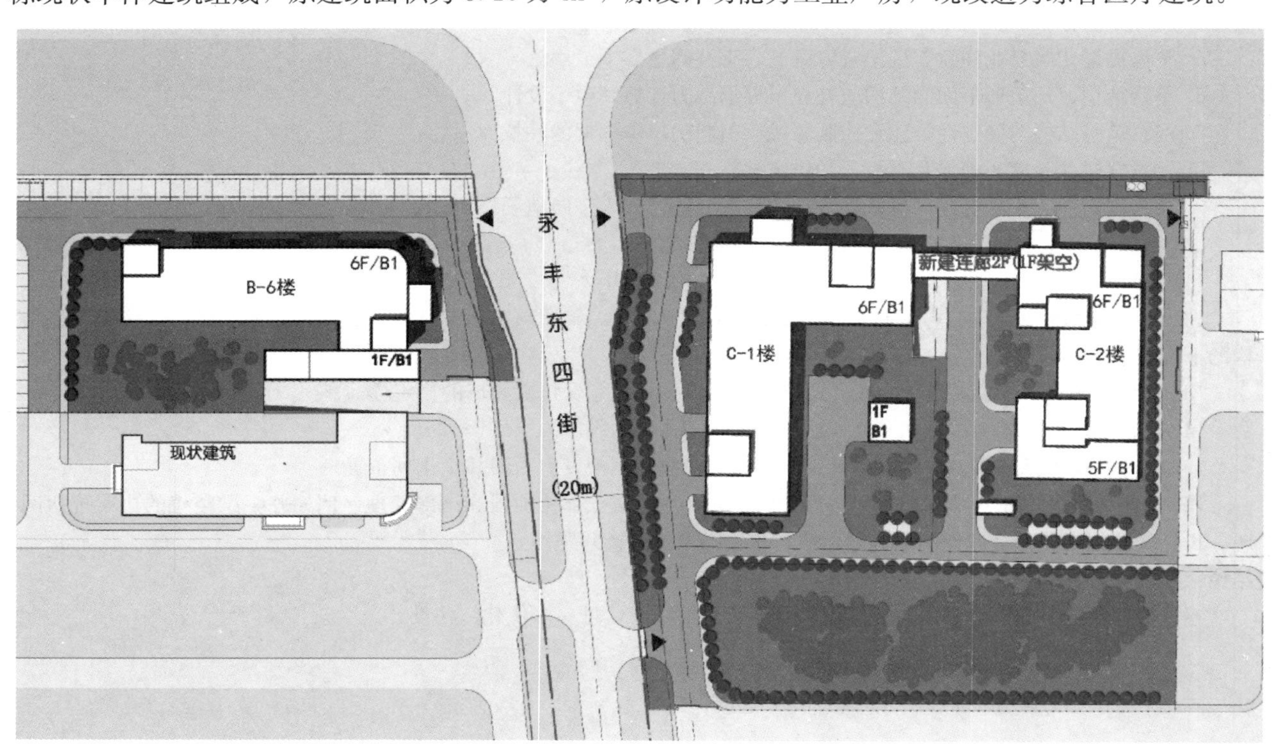

图 83-1　总平面图

各栋建筑概况见下表：

建筑名称	B-6 楼	C-1 楼	C-2 楼
建设年代	2009 年	2009 年	2013 年
结构形式	框架-抗震墙结构	框架结构	框架-抗震墙结构
基础形式	梁板式筏形基础	梁板式筏形基础	平板式筏形基础
建筑层数(地上/地下)	6/1	5/1	6/1
房屋高度(m)	23.30	23.35	23.30
地下室形式	普通地下室	普通地下室	普通地下室＋甲类核 6 级人防物资库

二、结构方案

1. 结构设计标准

建筑名称	建筑结构安全等级	建筑抗震设防类别	抗震措施	设计使用年限或后续使用年限	地震影响系数最大值折减系数
B-6 楼	二级	乙类	提高一度	50 年（抗震鉴定 C 类）	1.0
C-1 楼	二级	乙类	提高一度		1.0
C-2 楼	二级	乙类	提高一度		1.0
连廊	二级	丙类		50 年（新设计）	

2. 结构加固方案

设计中首先核实实际使用荷载，将原内隔墙及建筑面层尽量拆除；除卫生间外，新内隔墙均采用轻钢龙骨墙，以减轻荷载，确保改造后荷载基本不增加。

改造、加固分为抗震加固和功能改造两部分。抗震加固是由于三栋主体建筑的抗震设防类别由原丙类提高到乙类，需对原结构进行全面复核，对原结构不满足抗震承载力及构造要求的部分构件进行抗震加固，采用增大截面法、粘钢或粘碳纤维法对构件进行补强。功能改造则是根据新的建筑布置和荷载对原结构和构件进行改造设计，并对相关构件进行复核及加固，如：楼、电梯间改造、墙体开洞及楼板开洞等，采用新增钢筋混凝土梁、板、墙或钢梁，进行相关改造。

各栋建筑的新增外挂电梯采用现浇钢筋混凝土结构，并与原结构的每层楼板进行有效的构造连接，确保新增结构与原主体结构能够整体协同工作，而且满足承载力及使用要求。

本工程的新增连廊采用现浇钢筋混凝土框架结构，框架柱作为结构的抗侧力构件，楼板采用现浇肋梁楼盖。

3. 主要加固做法

(1) B-6 楼和 C-2 楼的原结构为钢筋混凝土框架-抗震墙结构。改造、加固时保持原有结构形式不变，并结合新增医疗电梯，以新增电梯间参与主体结构整体计算的模型为主，与新增电梯间及原主体结构各自独立的计算模型进行承载力包络设计；柱、墙加固以增大截面法加固为主，粘钢加固为辅，梁、板构件以粘碳纤维加固为主，承载力不足较多的梁均采用增大截面法加固。

(2) C-1 楼原为现浇钢筋混凝土框架结构，抗震鉴定报告建议采取整体加固措施。

首先加强建筑地下室侧限。在 C-1 楼南侧、东侧地下室通长采光条窗井处，采取措施将主楼基础底板及地下室顶板与相邻纯地下车库结构有效连接，并设置钢筋混凝土窗井隔墙连接两个结构，确保原主楼结构周边具备侧限条件，使上部结构的嵌固端位于地下室顶板，降低结构的设计高度，减小地震作用，进而节约结构抗震加固成本。

原结构为平面呈 L 形的框架结构，属平面不规则结构，扭转效应明显，整体刚度较弱，周期比、位移角不满足《建筑抗震设计规范》要求。结构加固采用加设阻尼墙和阻尼器的消能减震方案，进行体系加固，可以较好地控制结构扭转效应，满足抗震要求。消能器选用黏滞阻尼墙 VFW 和金属复合摩擦型阻尼器 CFD，VFW 主要用于增大结构阻尼，CFD 主要用于调整结构刚度。通过设置阻尼器，使结构的附加阻尼比达到约 3%，总阻尼比达到约 8%，使结构承受的地震作用下降；同时建筑端部各跨设置的金属阻尼器，可提高结构抗扭刚度，使结构的扭转和位移均满足抗震要求。阻尼器能够灵活布置，较好地满足建筑使用要求，减小加固工作量，具有良好的技术效果和经济效益。

三、地基基础方案

各楼新增外挂电梯的地下室与原结构地下室相通，基础采用梁板式筏形基础，并与原结构基础连接，基础埋深同原结构基础，地下室外墙采用钢筋混凝土墙。地基采用天然地基，地基持力层分别为粉质黏土③层及黏质粉土②层，地基承载力标准值分别为 f_{ka}=130kPa、150kPa。

新增连廊西侧基础采用梁板式筏形基础，并与原 C-1 楼基础相邻，基础埋深与原 C-1 楼基础相同，均为−5.90m；地基采用天然地基，地基持力层为黏质粉土②层，地基承载力标准值为 f_{ka}=150kPa。东侧基础坐落在原 C-2 楼基础上。

结构方案评审表

结设质量表（2016）

<table>
<tr><td rowspan="2">项目名称</td><td colspan="3" rowspan="2">永嘉南路物业改造工程</td><td>项目等级</td><td>A/B级□、非A/B级■</td></tr>
<tr><td>设计号</td><td>16120</td></tr>
<tr><td>评审阶段</td><td>方案设计阶段□</td><td colspan="2">初步设计阶段□</td><td colspan="2">施工图设计阶段■</td></tr>
<tr><td>评审必备条件</td><td colspan="2">部门内部方案讨论　有■　无□</td><td colspan="3">统一技术条件　有■　无□</td></tr>
<tr><td rowspan="3">工程概况</td><td colspan="2">建设地点：北京市海淀区北清路与永丰路交口、永丰工业园内</td><td colspan="3">建筑功能：综合医疗建筑（包括医疗用房、办公用房及后勤用房等）</td></tr>
<tr><td colspan="2">层数（地上/地下）：6/1（连廊3/0）</td><td colspan="3">高度（檐口高度）23.30m（连廊12.40m）</td></tr>
<tr><td colspan="2">建筑面积（m²）31000</td><td colspan="3">人防等级：仅C-2楼甲类核6级人防物资库</td></tr>
<tr><td rowspan="5">主要控制参数</td><td colspan="5">设计使用年限：现状3栋楼后续使用年限50年、新增连廊使用年限50年</td></tr>
<tr><td colspan="5">结构安全等级：二级</td></tr>
<tr><td colspan="5">抗震设防烈度、设计基本地震加速度、设计地震分组、场地类别、特征周期
8度、0.20g、第一组、Ⅲ类、0.55s</td></tr>
<tr><td colspan="5">抗震设防类别：现状3栋楼为乙类，新增连廊为丙类</td></tr>
<tr><td colspan="5">主要经济指标</td></tr>
<tr><td rowspan="8">结构选型</td><td colspan="5">结构类型：现状3栋楼为钢筋混凝土框架-抗震墙、新增连廊为钢筋混凝土框架</td></tr>
<tr><td colspan="5">概念设计、结构布置：
现状3栋单体建筑依据各栋楼的《抗震安全性评价报告》结论，抗震设防类别由丙类提高到乙类，对原结构部分不满足抗震承载力及构造要求的构件进行抗震加固设计，采用增大截面、粘钢或粘碳布进行补强；对原结构部分不满足新的使用要求的构件进行相关改造设计。新增外挂电梯采用钢筋混凝土结构，并与原结构连接。
新增连廊采用全现浇钢筋混凝土框架结构，楼板采用现浇肋梁楼盖</td></tr>
<tr><td colspan="5">结构抗震等级：现状3栋楼为抗震墙一级、框架二级；新增连廊为框架一级（提高一级）</td></tr>
<tr><td colspan="5">计算方法及计算程序：采用盈建科建筑结构计算软件（版本号：1.6.3.2）</td></tr>
<tr><td colspan="5">主要计算结果有无异常（如：周期、周期比、位移、位移比、剪重比、刚度比、楼层承载力突变等）：无</td></tr>
<tr><td colspan="5">伸缩缝、沉降缝、防震缝：有</td></tr>
<tr><td colspan="5">结构超长和大体积混凝土是否采取有效措施：</td></tr>
<tr><td colspan="5">有无结构超限：无</td></tr>
<tr><td rowspan="3">基础选型</td><td colspan="5">基础设计等级：三级（北京地区规范）</td></tr>
<tr><td colspan="5">基础类型：现状3栋楼的新增外挂电梯结构部分及新增连廊采用梁板式筏板基础方案</td></tr>
<tr><td colspan="5">计算方法及计算程序：采用盈建科建筑结构计算软件JCCAD（版本号：1.6.3.2）</td></tr>
<tr><td>新材料、新技术、难点等</td><td colspan="5">无</td></tr>
<tr><td>主要结论</td><td colspan="5">阻尼器宜设置在同一轴线上（上、下层），注意阻尼产生的附加弯矩和剪力对主体结构的影响，明确传力路径，注意加固改造的细部处理，加强对全楼的复核验算：比较采用全楼金属阻尼器的可能性，合理采用粘钢、碳纤维方法，注意其耐久性、防火性能及胶的可靠性对结构的不利影响</td></tr>
<tr><td colspan="2">工种负责人：刘新国</td><td>日期：2016.6.30</td><td colspan="2">评审主持人：朱炳寅</td><td>日期：2016.6.30</td></tr>
</table>

注意：1. 评审申请时间：一般项目应在初步设计完成之前，无初步设计的项目在施工图1/2阶段。

2. 工种负责人、审核人必须参加评审会，审定人以及项目组其他人员应尽量参会。工种负责人负责项目组与会人员的通知事宜，在必要时可邀请建筑专业相关人员出席。

3. 评审后工种负责人应填写《结构方案评审意见回复表》，逐条回复《结构方案评审表》和《会议纪要》中提出的评审意见，并在签署齐全后归档。

会议纪要

2016年6月30日

“永嘉南路物业改造工程”施工图设计阶段结构方案评审会

评审人：谢定南、罗宏渊、王金祥、徐琳、朱炳寅、张亚东、彭永宏、王大庆

主持人：朱炳寅　　记录：王大庆

介　绍：刘新国

结构方案：B-6、C-2楼为6/－1层的框架-剪力墙结构厂房，分别建于2009年、2013年；C-1楼为5/－1层的框架结构厂房，建于2009年。均有验收资料、竣工图和鉴定报告。改造为综合医疗建筑（乙类），后续使用年限50年。B-6、C-2楼仍采用框架-剪力墙结构，C-1楼为设置摩擦型金属阻尼器、黏滞阻尼墙的框架结构。各楼新增外挂电梯采用混凝土结构，并与原主体结构连接。新增连廊采用混凝土框架结构。

地基基础方案：经计算复核，原结构的地基基础可不加固。新增外挂电梯、连廊采用梁板式筏形基础。

评审：

1. 适当优化阻尼器布置，使上、下层的阻尼器设置在同一轴线上；注意阻尼产生的附加弯矩和剪力对主体结构的影响，明确传力路径。等效阻尼计算宜适当留有余量。

2. 比较C-1楼单独采用金属阻尼器的可能性，并对方案作进一步技术、经济分析。

3. 加强全楼及各部位的复核验算，注意加固改造的细部处理，注意施工过程和施工安全控制。

4. 合理采用粘钢、粘碳纤维加固方法，注意其耐久性、防火性能以及胶的可靠性对结构的不利影响，承载力补强时更应慎重。

5. 注意后建夹层与主体结构的连接，尽量减少对原结构的损伤。

6. 注意分清与参建各方的责任界限。

结论：

建议根据结构方案评审表的主要结论以及会议纪要内容，进一步优化结构设计。

84　甘肃灵台体育馆

设计部门：第一工程设计研究院
主要设计人：徐杉、罗敏杰、段永飞、陈文渊、董明昱

工程简介

一、工程概况

甘肃灵台体育馆位于甘肃省平凉市灵台县新城区（西城区），北侧紧邻发展大道，南侧为滨河路及达奚河，东面为已建成的黄甫谧大剧院，东北角为县政府大楼及相应的大型市民广场，西北向为灵台县法院，视野开阔，景色优美。建筑用地呈 L 形，场地南北向长为 144.6m，东西向长为 271.6m，总用地面积为 30460m^2。

体育馆地上两层，无地下室，总建筑面积为 10224m^2，共 3147 座，其中固定看台 2195 座，活动看台 952 座。场馆最大空间为 53m×34m，具备承接篮球、排球、羽毛球、乒乓球、手球等高水平运动赛事的条件，并且可以满足全民健身、业余比赛及文艺演出等文体活动的场地需求。一层主要为运动员功能区、贵宾接待休息区、赛事管理区和媒体工作区，南侧设有约 500m^2 的乒乓球室及健身房。二层主要为观众活动区域，观众大厅设有商业空间及卫生间等服务设施，南侧设置健身大厅约 550m^2。

图 84-1　建筑效果图

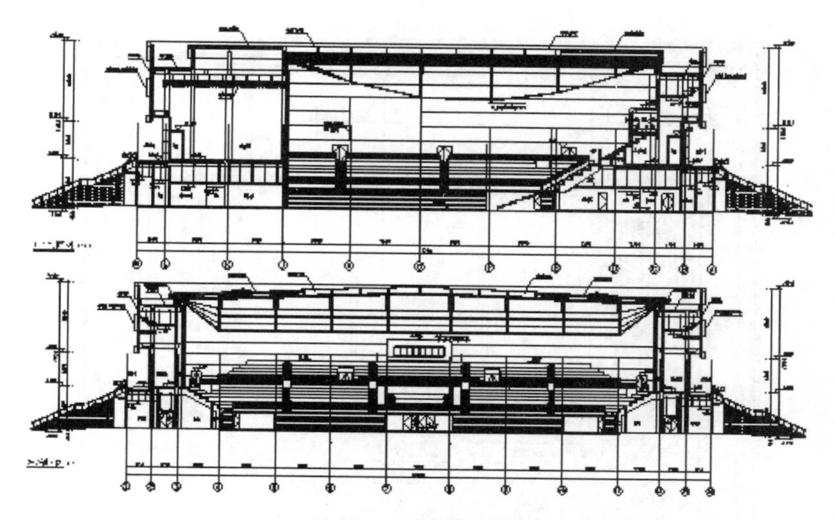

图 84-2　建筑剖面图

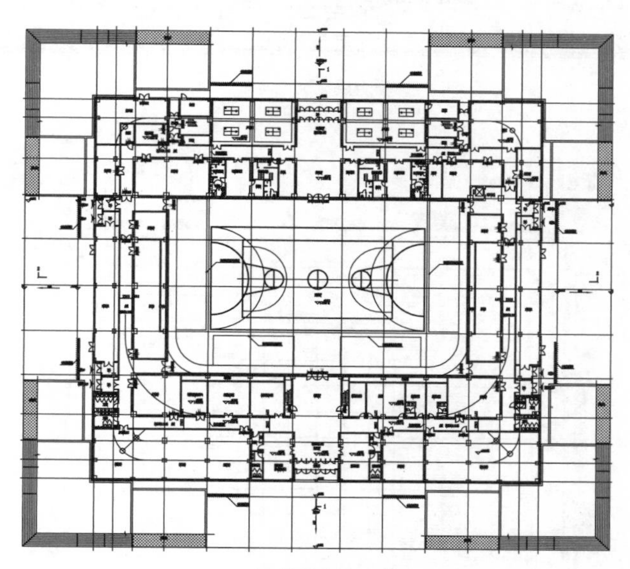

(*a*) 首层建筑平面图

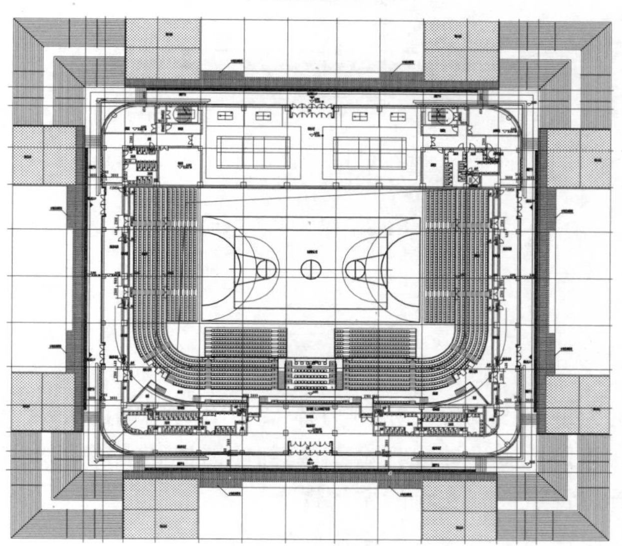

(*b*) 二层建筑平面图

图 84-3　建筑平面

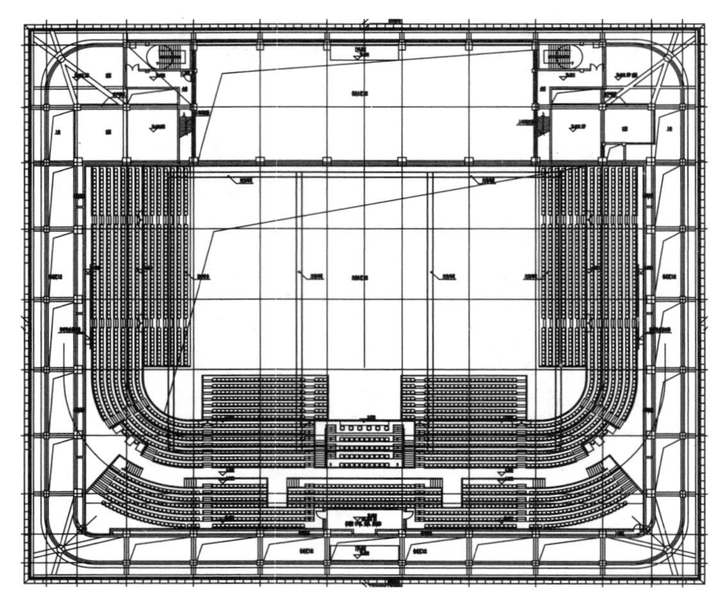

(c) 看台层建筑平面图

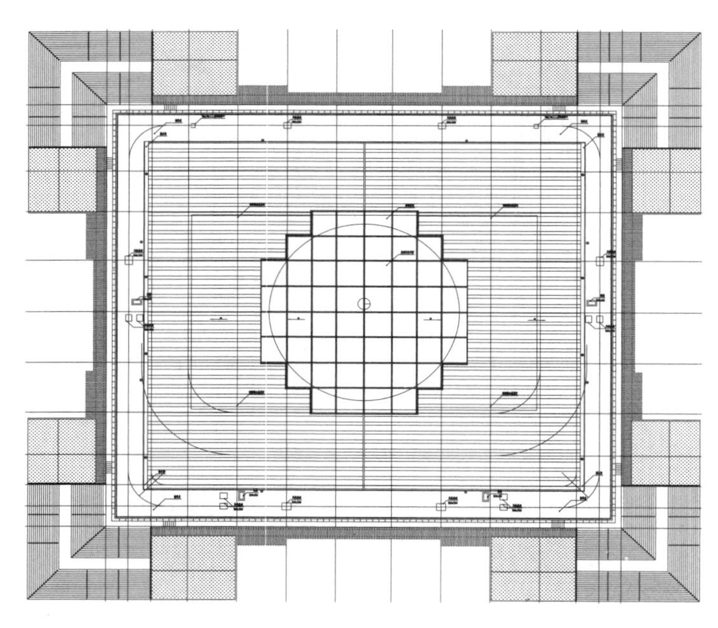

(d) 屋顶层建筑平面图

图 84-3 建筑平面（续）

二、结构方案

1. 抗侧力体系

体育馆的抗震设防类别为重点设防类，抗侧力体系采用现浇钢筋混凝土框架结构，抗震等级为二级，依据甘肃省地方标准《建筑抗震设计规程》，下列部位需提高抗震等级：

（1）半框架与主梁连接位置点铰，支承的主梁提高一级；

（2）短柱、单边梁和穿层柱提高一级，按中震弹性复核；

（3）悬挑结构关键构件与之相邻的主体结构提高一级；

（4）局部单榀框架提高一级；

（5）错层框架柱提高一级。

框架柱的最大柱距为 9m。柱截面尺寸主要为 800mm×800mm、800mm×1000mm、900mm×900mm，梁截面尺寸主要为 400mm×700mm、500mm×700mm。

结构计算分析按首层地面和基础顶面两个嵌固端分别计算，承载力包络设计。

2. 楼盖体系

各层楼盖均采用现浇钢筋混凝土梁、板结构。结合建筑功能，设置单向次梁，次梁间距为 4.0～4.5m，梁布置及梁高适应管线布置及建筑净高要求。依据楼板跨度及荷载条件，楼板厚度一般为 120～150mm，有局部地下室的一层楼面由于嵌固需要，板厚为 180mm。

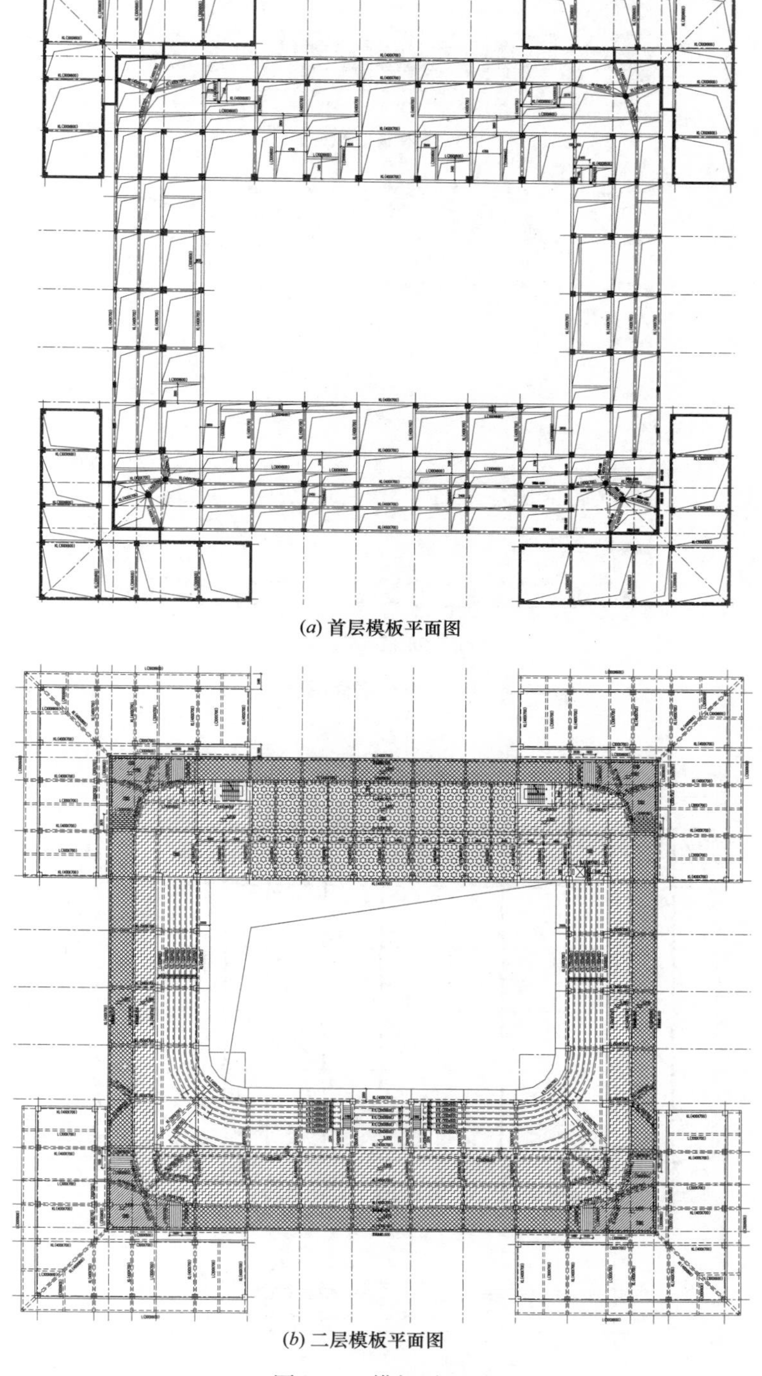

(*a*) 首层模板平面图

(*b*) 二层模板平面图

图 84-4　模板平面图

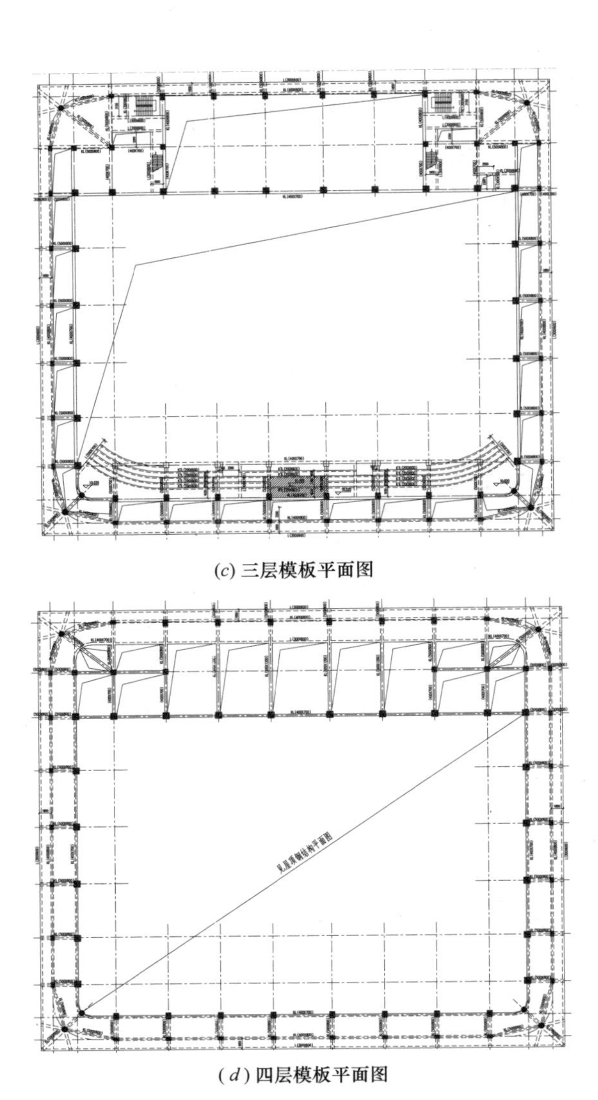

(c) 三层模板平面图

(d) 四层模板平面图

图 84-4　模板平面图（续）

3. 屋盖体系

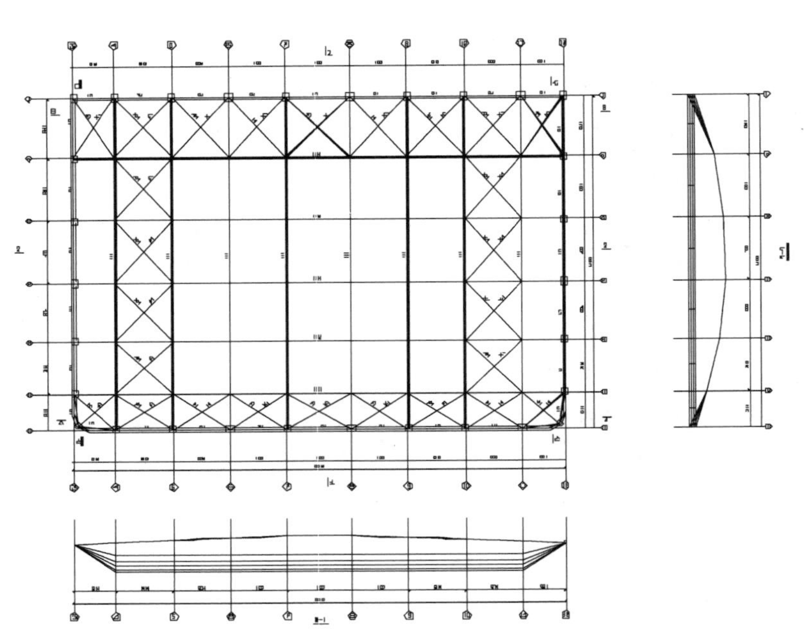

图 84-5　屋盖结构平面布置图

入口大厅及训练大厅屋盖采用现浇钢筋混凝土梁、板结构。

比赛大厅的平面尺寸为 68.8m×47.7m，屋盖采用双向张弦梁结构，平面布置如图所示，从左到右共设置 8 榀张弦梁，跨度为 35.7m，间距 5.9～9.0m 不等。上弦钢梁截面为□700×300×25×25mm、□300×200×10×10mm，材质为 Q345B。拉索采用 ϕ7×109 钢索，钢丝抗拉强度为 1670MPa，索体弹性模量不小于 1.9×10^5MPa。

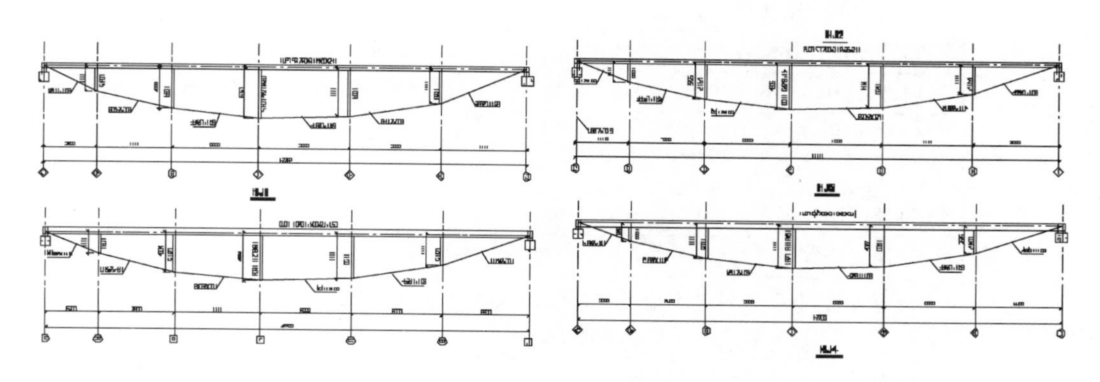

图 84-6　张弦梁示意图

三、地基基础方案

地基基础设计依据平凉市规划建筑勘测设计有限责任公司，2016 年 6 月编制的《灵台县体育中心建设项目岩土勘察报告》（编号：D16-036）。本工程采用钻孔灌注桩，以第四层砂岩层为桩端持力层，极限端阻力标准值 2400kPa，桩长约 10m，单桩竖向承载力特征值通过单桩竖向静载试验确定。

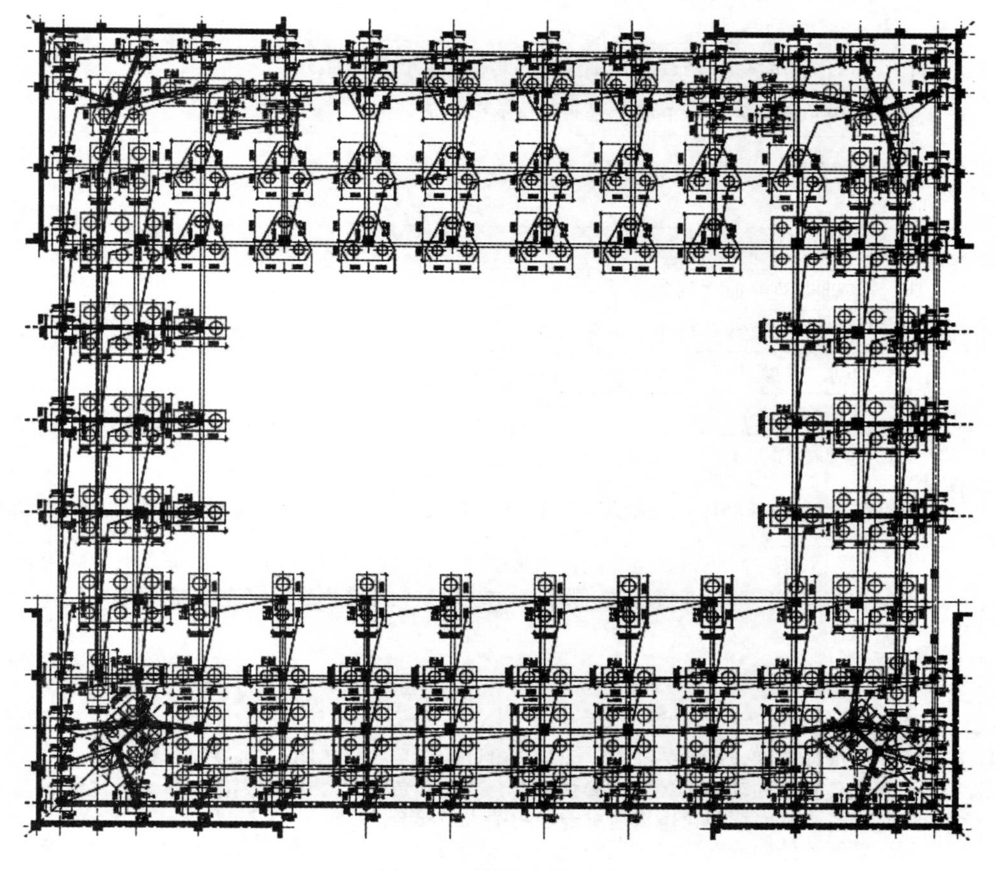

图 84-7　桩平面布置图

结构方案评审表 结设质量表（2016）

<table>
<tr><td rowspan="2">项目名称</td><td rowspan="2" colspan="2">甘肃灵台体育馆</td><td>项目等级</td><td>A/B级□、非A/B级☑</td></tr>
<tr><td>设计号</td><td>16102</td></tr>
<tr><td>评审阶段</td><td>方案设计阶段□</td><td>初步设计阶段☑</td><td colspan="2">施工图设计阶段□</td></tr>
<tr><td>评审必备条件</td><td colspan="2">部门内部方案讨论　有☑　无□</td><td colspan="2">统一技术条件　有☑　无□</td></tr>
<tr><td rowspan="4">工程概况</td><td colspan="2">建设地点　甘肃省平凉市灵台县</td><td colspan="2">建筑功能　体育馆</td></tr>
<tr><td colspan="2">层数(地上/地下)　2/0</td><td colspan="2">高度(檐口高度)　21.950m</td></tr>
<tr><td colspan="2">建筑面积(m^2)　10800</td><td colspan="2">人防等级　无</td></tr>
<tr><td colspan="2"></td><td colspan="2"></td></tr>
<tr><td rowspan="6">主要控制参数</td><td colspan="4">设计使用年限　50年</td></tr>
<tr><td colspan="4">结构安全等级　二级</td></tr>
<tr><td colspan="4">抗震设防烈度、设计基本地震加速度、设计地震分组、场地类别、特征周期
7度　0.10g　第三组　Ⅱ类场地　0.45s</td></tr>
<tr><td colspan="4">抗震设防类别　重点设防类</td></tr>
<tr><td colspan="4">主要经济指标</td></tr>
<tr><td colspan="4"></td></tr>
<tr><td rowspan="9">结构选型</td><td colspan="4">结构类型　框架结构</td></tr>
<tr><td colspan="4">概念设计、结构布置</td></tr>
<tr><td colspan="4">结构抗震等级　二级</td></tr>
<tr><td colspan="4">计算方法及计算程序　盈建科 V1.6</td></tr>
<tr><td colspan="4">主要计算结果有无异常(如:周期、周期比、位移、位移比、剪重比、刚度比、楼层承载力突变等)
无异常</td></tr>
<tr><td colspan="4">伸缩缝、沉降缝、防震缝　主体与四角楼梯设置防震缝分开</td></tr>
<tr><td colspan="4">结构超长和大体积混凝土是否采取有效措施　是</td></tr>
<tr><td colspan="4">有无结构超限　无</td></tr>
<tr><td colspan="4"></td></tr>
<tr><td rowspan="6">基础选型</td><td colspan="4">基础设计等级　乙级</td></tr>
<tr><td colspan="4">基础类型　独立基础</td></tr>
<tr><td colspan="4">计算方法及计算程序　盈建科 V1.6</td></tr>
<tr><td colspan="4">防水、抗渗、抗浮　无</td></tr>
<tr><td colspan="4">沉降分析</td></tr>
<tr><td colspan="4">地基处理方案</td></tr>
<tr><td>新材料、新技术、难点等</td><td colspan="4">跨度为48m的体育馆屋盖采用双向张弦梁结构,短跨方向为主受力方向,长跨设置稳定索</td></tr>
<tr><td>主要结论</td><td colspan="4">屋顶采用双向张弦梁施工及控制难度较大,建议进行单向张弦梁方案及其他结构方案比较,优化结构布置,补充弹性时程分析,张弦梁与主体结构可采用后固定连接,根据地勘报告,细化并优化地基基础方案
（全部内容均在此页）</td></tr>
<tr><td colspan="2">工种负责人:罗敏杰　　日期:2016.6.23</td><td colspan="3">评审主持人:朱炳寅　　日期:2016.6.30</td></tr>
</table>

注意：1. 申请评审一般应在初步设计完成前，无初步设计的项目在施工图1/2阶段申请。

2. 工种负责人负责通知项目相关人员参加评审会。工种负责人、审核人必须参会，建议审定人、设计人与会。工种负责人在必要时可邀请建筑专业相关人员参会。

3. 评审后，填写《结构方案评审意见回复表》，逐条回复《结构方案评审表》和《会议纪要》中提出的评审意见，并由工种负责人、审定人签字。

附录A　中国建筑设计院有限公司结构专业设计评审细则

为落实中国建筑设计院有限公司（以下简称本院）《质量体系文件》及《中国建筑设计院有限公司技术经济管理办法》的相关要求，促进本院设计质量和设计水平的提升，特制定本院结构专业设计评审细则如下：

1. 评审范围及要求

1.1. 评审范围：本院承接的所有设计项目。

1.2. 评审要求：

a. 本院承接的所有设计项目均应进行结构方案评审；

b. 当设计人员在项目设计或施工中遇到重大疑难技术问题或重大质量问题时，可申请进行结构专题评审。

2. 结构方案评审程序

2.1. 评审时机：

设计人员在对项目的结构方案做了一定的深入研究，确定了结构体系及基础选型，得出了结构的主要计算控制指标及主要经济指标（钢筋混凝土结构的混凝土折算厚度、钢结构的用钢量）后，工种负责人按要求填写《结构方案评审表》提交总工办（结构）。由总工办（结构）组织项目的结构方案评审。

对于A、B级项目和结构复杂项目，必要时可在评审前申请若干次结构方案预审；当评审过的项目结构方案有重大调整时，应申请复审。

2.2. 评审资料：

工种负责人在评审前应准备的评审资料包括：结构专业统一技术条件、主要的建筑和结构设计图、必要的计算分析结果等。

2.3. 会议评审：

首先，由工种负责人简要介绍项目概况、结构方案及主要设计难点。评审委员针对结构方案的安全性、合理性、先进性、经济性等方面进行评审，提出评审意见和建议并形成评审文件，提供给该项目工种负责人。

2.4. 评审意见落实：

结构方案评审意见的落实由该项目的工种负责人和审定人负责。工种负责人填写《结构方案评审回复表》，并须经审定人签字确认。

2.5. 评审意见保存：

依据《质量体系文件》要求，评审记录、评审结论及评审回复均应作为设计文件由工种负责人进行归档存留。

3. 重大疑难技术问题和重大质量问题专题评审程序

当设计人员在项目设计或施工中遇重大疑难技术问题或重大质量问题，需进行结构专题评审时，由工种负责人填写《结构疑难问题、结构质量问题评审表》，提交总工办（结构）。总工办（结构）组织项目的结构专题评审。

工种负责人在评审前应准备的评审文件包括：说明问题的建筑和结构图、相关结构设计说明及必要的计算分析结果等。

在评审会上，首先由工种负责人简要介绍项目概况，提出结构问题及相应的解决方案。评审委员针对该方案的安全性、合理性、经济性等方面进行评审，提出评审意见和建议并形成评审文件，提供给该项目工种负责人。

重大疑难技术问题和重大质量问题评审意见的落实由该项目的工种负责人和审定人负责。工种负责人填写《结构疑难问题、结构质量问题评审回复表》，并须经审定人签字确认。

依据《质量体系文件》要求，评审记录、评审结论及评审回复均应作为设计文件由工种负责人进行归档存留。

4. 设计项目等级划分

设计项目的等级划分执行本院《建筑工程设计项目等级确定及相关技术管理办法》文件规定。

5. 评审人员

5.1. 结构专业设计评审委员会组成：院科技委结构分委员会成员。

5.2. 评审主持人员：院结构副总及以上人员。

5.3. A、B级项目及结构复杂项目评审，要求参加评审的委员7人及以上。

5.4. 对于结构简单且规模较小（单体建筑面积≤1万m^2）的项目，要求参加评审的委员3人及以上。

5.5. 其他项目评审，要求参加评审的委员5人及以上。

中国建筑设计院有限公司
科学技术委员会　结构分委员会
2012年5月15日

附录 B　关于保密工程结构方案评审办法的通知

结质［2017］03 号

院公司各部门结构专业：

为做好保密工程的结构方案评审工作，结合保密工程特点，制定如下评审办法：

1. 保密工程由项目的结构审定人、审核人和工种负责人组成三人评审小组，对承担的保密工程进行专项评审（部门评审和院公司评审合并为一次评审）。

2. 项目审定人负责项目的评审组织工作和评审意见落实的监督工作。

3. 评审记录和回复意见按院公司归档要求归档（保密图档）。

科技委结构分委员会

2017 年 1 月 19 日

附录C　部门结构方案评审表

结设质量表（2017）

项目名称		项目等级	A/B级□、非A/B级□
		设计号	
评审阶段	方案设计阶段□	初步设计阶段□	施工图设计阶段□
评审条件	勘察报告：　有□、无□		统一技术条件：　有□、无□
工程概况	建设地点：		建筑功能：
	层数（地上/地下）：		房屋高度（m）：
	建筑面积（m^2）：		人防等级：
主要控制参数	设计使用年限：		
	结构安全等级：		
	抗震设防烈度、设计基本地震加速度、设计地震分组、场地类别、特征周期：		
	抗震设防类别：		
	主要经济指标：		
结构选型	结构类型：		
	概念设计、结构布置：		
	结构抗震等级：		
	计算方法及计算程序：		
	主要计算结果有无异常（如：周期、周期比、位移、位移比、剪重比、刚度比、楼层承载力突变等）：		
	伸缩缝、沉降缝、防震缝：		
	结构超长和大体积混凝土是否采取有效措施：		
	有无结构超限：		
基础选型	地基基础设计等级：		
	基础类型：		
	计算方法及计算程序：		
	防水、抗渗、抗浮：		
	沉降分析：		
	地基处理方案：		
新材料、新技术、难点等			
主要结论			
工种负责人：	日期：	评审主持人：	日期：

注意：1. 工程项目在院公司方案评审前必须进行部门方案评审。

2. 部门技术负责人（结构）负责主持本部门方案评审会，并负责检查评审意见的落实情况。

3. 院公司方案评审会前将对部门评审情况进行抽查。

丛书介绍

朱炳寅　编著

建筑结构设计规范应用书系（共四个分册）

为便于建筑结构设计人员能准确地解决在结构设计过程中遇到的规范应用中的实际问题，本套丛书就结构设计人员感兴趣的相关问题以一个结构设计者的眼光，对相应规范的条款予以剖析，将规范的复杂内容及枯燥的规范条文变为直观明了的相关图表，指出在实际应用中的具体问题和可能带来的相关结果，提出在现阶段执行规范的变通办法，其目的拟使结构设计过程中，在遵守规范规定和解决具体问题方面对建筑结构设计人员有所帮助，也希望对备考注册结构工程师的考生在理解规范的过程中以有益的启发。

1.《建筑抗震设计规范应用与分析》（第二版）

中国建筑工业出版社 2017 年 2 月出版，16 开，征订号：(29738)，定价：90 元

本书所依据的主要结构设计规范有：《建筑结构荷载规范》《建筑抗震设计规范》《高层建筑混凝土结构技术规程》《混凝土结构设计规范》《建筑地基基础设计规范》《砌体结构设计规范》和《钢结构设计规范》。本次再版对实际工程中的难点问题，结合《建筑抗震设计规范》GB 50011—2010（修订版）要求，通过工程案例和注册考试的相关要求进一步补充完善，以利于对规范规定的正确理解。

本手册可供建筑结构设计人员（尤其是准备注册结构工程师考试的结构专业人员）和大专院校土建专业师生应用。

2.《高层建筑混凝土结构技术规程应用与分析 JGJ 3—2010》

中国建筑工业出版社，2013 年 1 月出版，16 开，征订号：(30098)，定价：79 元

本书对《高层建筑混凝土结构技术规程》JGJ 3-2010 的相应条款予以剖析，结合其他相关规范的规定，将规范的复杂内容及枯燥的规范条文变为直观明了的相关图表，指出在实际应用中的具体问题和可能带来的相关结果，提出在现阶段执行规范的变通办法，其目的拟使结构设计过程中，在遵守规范规定和解决具体问题方面对建筑结构设计人员有所帮助，也希望对备考注册结构工程师的考生在理解规范的过程中以有益的启发。

3.《建筑地基基础设计方法及实例分析》（第二版）

中国建筑工业出版社，2013 年 1 月出版，16 开，征订号：(30103)，定价：70 元

本书对多本规范中地基基础设计的相关规定予以剖析，指出在实际应用中的具体问题和可能带来的相关结果，提出在现阶段执行规范的变通办法，并对地基基础设计的工程实例进行解剖分析，其目的拟使结构设计过程中，在遵守规范规定和解决具体问题方面对建筑结构设计人员有所帮助。本书力求通过对地基基础设计案例的剖析，重在对工程特点、设计要点的分析并指出地基基础设计中的常见问题，以有别于一般的工程实例手册，同时也希望对从事结构设计工作的年轻同行们在理解规范及解决实际问题的过程中以有益的启发。

4.《建筑结构设计问答及分析》（第三版）

中国建筑工业出版社，2017 年 5 月出版，16 开，征订号：(29995)，定价：70 元

随着编者的几本应用类书籍相继出版发行，作者博客的开通，以及在国内主要城市的巡回宣讲，编者有机会通过博客、邮件、电话与网友和读者交流，就大家感兴趣的工程问题进行讨论，本书将编者对这类问题的理解和解决问题的建议归类成册，以回报广大网友和读者的信任与厚爱，希望对建筑结构设计人员在遵循规范解决实际工程问题时有所帮助，也希望对备考注册结构工程师的考生有所启发。本书可供建筑结构设计人员（尤其是备考注册结构工程师考试的结构专业人员）和大专院校土建专业师生应用。